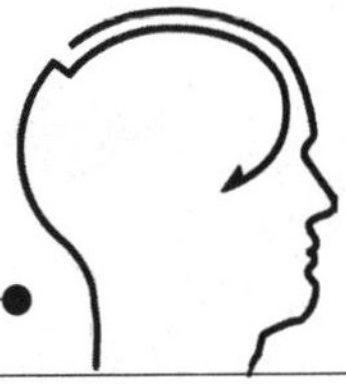

超级记忆术

越练越聪明

超级记忆术

于海娣——编著

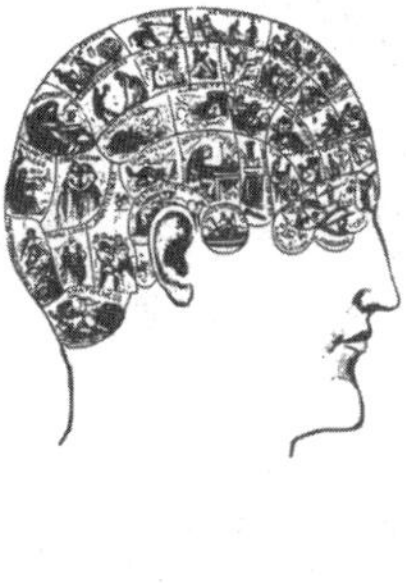

江西美术出版社
全国百佳出版单位

图书在版编目（CIP）数据

超级记忆术 / 于海娣编著 . -- 南昌 : 江西美术出
版社，2018.5
ISBN 978-7-5480-5069-8

Ⅰ. ①超… Ⅱ. ①于… Ⅲ. ①记忆术
Ⅳ. ① B842.3

中国版本图书馆 CIP 数据核字 (2018) 第 026169 号

出 品 人：周建森
责任编辑：陈军 廖静
责任印制：谭勋

超级记忆术

于海娣 编著

出 版：江西美术出版社
社 址：南昌市子安路 66 号 邮编：330025
电 话：0791-86566274
发 行：010-88893001
印 刷：北京海石通印刷有限公司
版 次：2018 年 5 月第 1 版
印 次：2018 年 5 月第 1 次印刷
开 本：830mm × 1180mm 1/32
印 张：22
ISBN：978-7-5480-5069-8
定 价：39.80 元

前言
PREFACE

良好的记忆是获取成功的基石之一，也是许多人登上事业顶峰不可或缺的重要因素。记忆力的好坏，往往是学业、事业成功与否的关键。在历史上，许多杰出人物都有着超凡的记忆力。古罗马的恺撒大帝能记住每一个士兵的面孔和姓名，亚里士多德能把看过的书几乎一字不差地背诵出来，马克思能整段整段地背诵歌德、但丁、莎士比亚等大师的作品……

如今，我们生活在一个信息爆炸的时代，每时每刻都有大量新技术知识和信息问世，而其中的一些知识和信息是我们不得不了解甚至要记住的。然而我们每个人都会遭遇遗忘的问题：写作时提笔忘字；演讲时张口忘词；面对无数英语单词、计算公式总也记不住；走出家门后突然想起煤气没关；到银行取钱却发现密码记不起来……

为什么学习那么用功却总也记不住？为什么电话号码、重要纪念日记了又忘？为什么看到一张十分熟悉的面孔却想不起名字？为什么连重要的谈判会议都能忘词？你是否对自己的记忆力抱怨不已？你的记忆潜能还有多少没有被挖掘出来？

研究表明，人脑潜在的记忆能力是惊人的和超乎想象的，只要掌握了科学的记忆规律和方法，每个人的记忆力都可以提高。记忆力得到提高，我们的学习能力、工作能力、生活能力也将随之提高，甚至可以改变我们的个人命运。

本书是改善和提高记忆力的实用指南，囊括了古今中外应用广泛、记忆高效的超级记忆术。书中对记忆的复杂机制、影响记忆力的因素、提高记忆力的方法等问题进行了深入探讨，并且介绍多种有利于提高记忆效率的实用方法，不仅告诉你如何记忆名字、数字、日期，还有公式、文章、演讲词等，并辟有专门的章节告诉你如何学习新语言，能快速开发你的记忆潜能，让你的学习更轻松，成功更容易。同时，书中还提供了400余个提升记忆力的思维游戏，帮助你对自己的训练成果进行检查，掌握适合自己的记忆方法。这里有理论，更有大量的研究案例；有历史性的回顾，更有前瞻性的展望；有实用的方法，更有哲人的启示，期望你能够在阅读中不断挖掘、拥有用之不竭的记忆资本。

本书既是一把进入超级记忆王国的智能钥匙，又是个人必备的挖掘大脑潜能的指南。超级记忆术不仅能帮你造就某一方面的出色记忆力，让你快速掌握一门外语，记住容易疏忽的细节，克服心不在焉的毛病；更能让你的记忆力在整体、在许多方面都达到杰出水平，轻松记住想记住的事物，让记忆更快更持久。

随着记忆力的提高，你会发现自己的知识结构更加完善，处理问题更加得心应手；你会发现自己的自信心大大提高，在说话时更加有底气，办事时更有效率；你还会发现自己的学习力、判断力、分析力、决策力等都随之得到了增强。

丰富的内容、精彩的案例、科学有效的方法，结合大量的实用技巧，不仅可以帮助学生提高学习效率，而且对于上班族、需要创造力及想象力的专业人士，以及随着年龄的增长而有必要重新给大脑充电的人，都有一定的帮助。

目录
CONTENTS

第一篇　记忆和记忆术概述

第一章　了解你的记忆

记忆是什么……002

1.大脑与记忆……002

2.记忆是什么……003

3.记忆是个性化的……006

4.记忆是复杂的……007

5.记忆是分散的……009

6.关于记忆的问题……010

7.了解记忆的方法……018

记忆的要素……020

1.感知……020

2.感觉记忆……041

记忆是如何运作的……043

1.剖析记忆……043

2.记忆的细胞机理……047

3.从巴甫洛夫的狗到大象的记忆……051

4.想象力——记忆的来源……053

5.记忆的运行……056

6.注意力和回想……059

7.感情扮演的角色……070

8.被抑制的记忆……072

9.必要的重复……074

10.记忆的工作原理……076
11.对信息进行选择和分析……079
12.双重编码……081
13.注意与信息加工……083
14.表征信息……098
15.储存信息……116
16.语言加工……129
记忆的类型……146
1.记忆库……146
2.为了记忆而记忆……148
3.短时记忆……150
4.长期记忆……152
5.专业象棋师和运动员的记忆……159
6.莫扎特的传奇记忆力……161
7.自传性记忆……163
8.前瞻性记忆和元记忆……166
9.终极记忆……168
10.感官记忆……169
11.记忆的其他类型……175

第二章　忘记或记忆丧失

我们为什么会忘记……178
1.舌尖现象……178
2.遗忘规律——艾宾浩斯曲线……182
3.拒绝进入……183
4.拒绝访问……185
记忆的疾病和障碍……187
1.器质遗忘症……187

2.突发性遗忘症 191
3.阿尔茨海默氏病 193
4.焦虑与抑郁 199
5.心理病源的遗忘症 201
6.药物 203
7.再教育 205

当记忆欺骗我们或者记忆丧失 208

1.记忆的局限 208
2.记忆会减弱或衰退吗 211
3.痛苦的记忆 212
4.建议力的影响 215
5.当记忆背叛我们 219

第三章　记忆术概述

记忆术简史 223

1.记忆术简史 223
2.从简单的窍门到记忆策略 226
3.记忆策略的主要原则 231

记忆规则 236

1.我的记忆能提高多少 236
2.编译记忆的原则 238
3.增强记忆力的原则 242
4.记忆术和记忆恢复 244

记忆术在学习中的应用 247

1.记忆术在教育中的作用 247
2.学习中的成功编码策略 249
3.成功学习中的增强记忆策略 251

第二篇　你也可以拥有超级记忆力

第一章　伴随一生的记忆

最初几年的记忆……256

1.从出生前开始……256

2.脑的早期发育……259

3.记忆和行为……264

在学校的记忆……268

1.“照片式”记忆：一个虚构的神话……269

2.从短期记忆到专业记忆……269

3.课堂上的记忆……270

专业领域的记忆……272

1.演员和导演……272

2.儿童神经科医生……274

3.咖啡店业主……275

4.集邮家……276

5.出租车司机……277

6.没有人的记忆是完美的……278

退休后的记忆……279

1.记忆的年龄……279

2.什么是随着年龄真正改变的东西……280

3.如何保持良好的记忆力……281

集体记忆……283

1.信息的传递……283

2.重新激活记忆……284

3.纪念：一种被要求的记忆分享……284

第二章　找到影响记忆的因素

你并不是电脑……286

1.电脑……286

2.人脑……287

注意力问题……287

1.注意不够……287

2.分散注意力的事物……288

年龄和记忆……289

1.年龄与记忆的关系……289

2.老年人的记忆力……291

身体与健康因素……293

1.寻找记忆与健康间的平衡……293

2.身体与健康因素……295

药物影响记忆……298

1.影响记忆的药物……298

2.其他因素……299

食物和记忆……301

1.饮食对记忆的影响……301

2.其他记忆必需物质……305

情绪和记忆……309

1.情绪怎样影响记忆力……310

2.各种坏情绪……311

性别和记忆……315

1.有什么不同……315

2.原因是什么……317

压力和记忆……318

1.压力的类型……318

2.压力是如何影响记忆的 320

影响记忆的其他因素 322

1.内部因素 322
2.外部因素 324

第三章　评估你的记忆能力

我们是如何了解记忆的 328

1.形态成像技术 328
2.功能成像技术 329
3.功能磁共振图像 330

评估你的记忆能力 330

1.你对待生活的大体方法 330
2.评估你的临时记忆 333
3.评估你的长时记忆 337
4.评估你的前瞻性记忆 340
5.诠释你的强势和弱势 342
6.你适合哪种记忆方法 343

第四章　提高你的记忆力

提高你的内部主观记忆 347

1.主动编码和存储策略 347
2.注意力集中的威力 349
3.学习时的联系策略 354
4.脑海中的演练 355

提高你的外部客观记忆 357

1.再现策略 357
2.时间管理 359
3.区分任务的优先次序 362
4.提高自己的组织能力 363

5.控制自己所处的环境......364
6.激发永久记忆......366

第五章　追求有益于记忆的生活方式

呵护你的大脑......368

1.大脑所需的营养......368
2.大脑所需的食物......370
3.锻炼大脑和身体......375

健康的睡眠......377

1.睡眠之谜......377
2.保证睡眠......379

减少酒精摄入量......382

1.酒精是如何影响记忆的......382
2.可怕的宿醉......383
3.更安全地喝酒的小窍门......384

第三篇　超级记忆术

第一章　超级记忆技巧

重复和机械学习......386

1.大脑所需的营养......386
2.熟记......386
3.重复巩固时间......387

联想记忆法......387

1.联想法......387
2.实际应用......388

联系法......389

1.记忆和联想......389

2.形成联系……390
图像记忆法……391
细节观察法……393
1.概述……393
2.实例运用……394
外部暗示法……396
1.好的和坏的记忆辅助工具……396
2.书面提示：将事情写下来……397
3.改变环境……398
感官记忆法……400
1.听觉暗示：使用声音引发你的记忆……400
2.温柔地触摸……400
3.我记得那个味道……401
数字记忆法……401
1.增进对数字的记忆力，这真的可能吗……401
2.复述法……404
3.组合法……404
虚构故事法……404
习惯记忆法……406
搜索记忆法……407
1.在记忆库中搜索……407
2.提前回顾……408
路线记忆……409
1.基本方法……409
2.举例分析……409
“WWWWHWW”法……411

逻辑推理法……412

记忆地图……413

追溯个人经历……414

1.发生在什么时候，有什么标志……414
2.当时的确是这样的吗……415

位置法……416

1.位置法的由来……416
2.如何运用……416
3.建议……417

第二章　不同对象的专项记忆术

记住名字和面孔……418

1.基本原则……418
2.如何记忆……420

从阅读中受益……421

1.阅读时的记忆……421
2.从阅读中受益……423

对外语的记忆……425

1.从书写到学习外语……425
2.单词拼写……427
3.近声词……428
4.代用语……428

对地点的记忆……429

1.记住方向和路标……429
2.将视觉信息口头化……429
3.将口头信息视觉化……430
4.找到自己的路……430

记住名言、名诗和理论 430

对历史知识的记忆 432

1.记忆历史事件 433
2.掌握历史术语 435
3.重要的历史日期 436

对地理知识的记忆 437

1.记忆中的世界 437
2.针对性记忆 438

记住数字和数学定义 440

1.数字记忆 440
2.数学定义及其他 441

对化学术语和化学元素的记忆 442

1.如何记忆化学术语 442
2.元素及其符号 444

第四篇 提高记忆力的思维游戏

第一章 记忆力与思维游戏

记忆力与思维游戏 446

第二章 提高记忆力的思维游戏

初级 448

1.缺失的图像（1） 448
2.重新排列（1） 449
3.阅读应用（1) 450
4.服务员（1） 450
5.重组旗帜（1） 451
6.找出入侵者（1） 451

7.逻辑推理（1）……452
8.恰当地配对（1）……452
9.旋转的立方体（1）……452
10.找不同（1）……453
11.整理书籍（1）……454
12.旋转的立方体（2）……455
13.找出入侵者（2）……456
14.他是谁（1）……456
15.恰当地配对（2）……457
16.重组旗帜（2）……457
17.找不同（2）……457
18.缺失的图像（2）……459
19.重新排列（2）……460
20.阅读应用（2）……460
21.他是谁（2）……461
22.正确的图案（1）……461
23.整理书籍（2）……462
24.逻辑推理（2）……462
25.迷宫（1）……463
26.在镜子中的记忆（1）……463
27.树形家谱图（1）……464
28.不同的选项……464
29.斗兽之星（1）……465
30.在镜子中的记忆（2）……466
31.正确的图案（2）……466
32.找不同（3）……467
33.重组旗帜（3）……468
34.阅读应用（3）……468
35.旋转的立方体（3）……469
36.重新排列（3）……469
37.找出入侵者（3）……470

38.在超级市场（1）......470
39.逻辑推理（3）......471
40.恰当地配对（3）......471
41.正确的选项......472
42.整理书籍（3）......472
43.正确的图案（3）......473
44.旋转的立方体（4）......473
45.阅读应用（4）......474
46.缺失的图像（3）......474
47.重组旗帜（4）......475
48.重新排列（4）......476
49.找不同（4）......477
50.在超级市场（2）......478
51.逻辑推理（4）......478
52.整理书籍（4）......478
53.正确的图案（4）......479
54.逻辑推理（5）......480
55.恰当地配对（4）......480
56.找出入侵者（4）......480
57.缺失的图像（4）......481
58.迷宫（2）......482
59.逻辑推理（6）......483
60.在镜子中的记忆（3）......483
61.在镜子中的记忆（4）......483
62.树形家谱图（2）......484
63.填入缺失的数字......485
64.斗兽之星（2）......485
65.阅读应用（5）......486
66.旋转的立方体（5）......486
67.缺失的图像（5）......487
68.服务员（2）......488

69.逻辑排序（1）……488
70.找不同（5）……489
71.他是谁（3）……489
72.找出入侵者（5）……490
73.重新排列（5）……490
74.整理书籍（5）……491
75.重组旗帜（5）……491
76.找出入侵者（6）……492
77.恰当地配对（5）……492
78.不相同的项……493
79.服务员（3）……493
80.逻辑排序（2）……494
81.整理书籍（6）……494
82.逻辑推理（7）……495
83.重组旗帜（6）……495
84.旋转的立方体（6）……496
85.缺失的图像（6）……496
86.找不同（6）……497
87.他是谁（4）……498
88.补白……499
89.找出入侵者（7）……499
90.阅读应用（6）……500
91.服务员（4）……501
92.在镜子中的记忆（5）……501
93.正确的图案（5）……502
94.树形家谱图（3）……502
95.找出入侵者（8）……503
96.重新排列（6）……503
97.迷宫（3）……504
98.植物专家……504
99.补空缺……505

100.找不同（7）……………………505

中级……………………506

1.拼汉字……………………506
2.诗词填数……………………506
3.纵横交错……………………507
4.三国演义……………………508
5.疑惑的小书童……………………508
6.文学想象……………………508
7.成语十字格……………………508
8.一笔变新字……………………509
9.识图猜字（1）……………………509
10.一台彩电……………………509
11.成语猜谜……………………509
12.几家欢喜几家愁……………………510
13.快乐联想……………………510
14.象棋成语……………………510
15.成语接龙……………………510
16.学三部曲……………………511
17.组合猜字……………………511
18.串门……………………511
19.乌龟信……………………512
20.拜访……………………512
21.长联句读……………………512
22.成语与算式……………………513
23.穿针引线……………………513
24.一封怪信……………………513
25.秀才贵姓……………………514
26.成语加减……………………514
27.“山东”唐诗……………………515
28.雪中送炭……………………515

29.汉字拼凑……515
30.真实的谎言……515
31.老父读信……516
32.诗词影片名……516
33.断肠谜……517
34.巧对对联……517
35.是否别字……517
36.趣味课程表……518
37.屏开雀选……518
38.相得益彰……518
39.环形情诗……519
40.组字透诗意……520
41.多维提示……520
42.几读连环诗……520
43.树木字谜……521
44.什么关系……521
45.孪生成语……521
46.难解之谜……521
47.文静的姑娘……521
48.水果汉字……522
49.拆字猜谜……522
50.运动会……522
51.张三李四……522
52.填字组字……522
53.郑板桥劝学……522
54.字画藏唐诗……523
55.聪明的长生……523
56.大树不得砍……523
57.数字藏成语……524
58.答非所问……524
59.心连心……524

60.蜻蜓点水 524
61.人名变成语 525
62.“5”字中的成语 525
63.三谜同底 525
64.图片猜成语 526
65.填字组成语 526
66.一环扣一环 526
67.省市组唐诗 527
68.剪读唐诗 527
69.三个举人 528
70.钟表成语 528
71.迷宫成语 528
72.博杂填字 528
73.诗句重排 531
74.幽默的夫妻 531
75.成语之最 531
76.以谜和谜 532
77.巧拼省名 532
78.意外收获 532
79.藏头成语 532
80.指路 533
81.百鹅题诗 533
82.画师 533
83.魔法字条 533
84.二王相争 534
85.拆字对联 534
86.智改电文 534
87.唐伯虎填诗 534
88.接头暗语 535
89.地名填字 535
90.神童解缙 536

91.棋盘成语 536
92.快乐猜想 537
93.识图猜字（2） 537
94.猜谜招亲 537
95.城市正名 537
96.开国君主 538
97.虎字成语 538
98.猜一猜 538
99.成双成对 539
100.更正片名填成语 539
101.和珅求匾 539
102.书生猜字 539
103.寻找作家 540
104.拼单词 540
105.回忆填图 540
106.寻找底片 541
107.图形再现 541
108.回忆手势 541
109.补充图案 542
110.减少信息 542
111.记忆历史事件 542
112.规律推图 542
113.记忆涂格 543
114.面面俱到 543
115.消失的标记 544
116.选择记忆 544
117.判断图形 544
118.记住词义 545
119.谐音法记忆 545
120.图形选择 546
121.回忆选图 546

122.底部的图案 546
123.倒扣的扑克 547
124.超级联想 547
125.破译数字密码 547
126.记忆填箭头 548
127.过程描述 548
128.记忆推图 548
129.图形组合 548
130.慧眼识星 549
131.拼凑瓷砖 549
132.动物公共汽车 549
133.细节比较 550
134.图符相对 550
135.巧记圆周率 551
136.巧记书名 551
137.与椅子有关的东西 551
138.图形推理 551
139.超级记忆 551
140.记忆分辨 552
141.众里挑一 552
142.停车次数 552
143.正方形个数 553
144.猫窝的门 553
145.渐变 553
146.地理标志（1） 554
147.地理标志（2） 554
148.地理标志（3） 555
149.地理标志（4） 555
高级 556
1.比比谁大 556

2.商业谈判 556
3.地牢奇事 556
4.奇怪的线 556
5.太空人 556
6.奇特的算式 557
7.过桥 557
8.魔法变数 557
9.五棵松 557
10.半张唱片 557
11.几人能脱险 558
12.青蛙爬井 558
13.军队成员 558
14.冬日受伤记 559
15.纽扣 559
16.立方 560
17.瓶子（1） 560
18.扑克筹码 560
19.绳梯 561
20.胶合板 561
21.多米诺骨牌 562
22.装饰物 562
23.三位数 562
24.印度方块 563
25.接触 563
26.服务员 564
27.绳索 564
28.桥 564
29.手 565
30.啤酒搅拌器 565
31.狗窝 565
32.钉子 566

33.硬币 566
34.农夫 566
35.布料 567
36.疯狂的科学家 567
37.银行业务 568
38.拼图 568
39.地理名胜 569
40.不同之处 569
41.凸面镜 569
42.三维世界的剑 570
43.瀑布 570
44.花瓶 570
45.底片 570
46.距离 571
47.几个人？ 571
48.最矮 571
49.巧分农庄 572
50.间谍之死 572
51.四减四的结果 572
52.错觉 573
53.6+5=9 573
54.12顶帐篷 573
55.出征 574
56.财主分田 574
57.钟表不慢了 574
58.客轮 574
59.得分 574
60.卖水 575
61.实际损失 575
62.回到地球 575
63.电话 576

64.填空（1）…… 577
65.路径逻辑（1）…… 577
66.排行榜 …… 578
67.房间之谜 …… 578
68.女运动员 …… 579
69.巴士停靠站 …… 580
70.填空（2）…… 581
71.路径逻辑（2）…… 582
72.说谎的女孩 …… 582
73.邮票的面值 …… 583
74.与朋友相遇 …… 584
75.军官的来历 …… 585
76.填空（3）…… 586
77.站岗的士兵 …… 586
78.路径逻辑（3）…… 587
79.在国王桥上接客人 …… 588
80.下火车后 …… 588
81.填空（4）…… 589
82.欢度国庆 …… 590
83.刺绣展览 …… 590
84.电影制片厂 …… 591
85.美好的火车旅行 …… 592
86.沿下游方向 …… 593
87.路径逻辑（4）…… 593
88.跨栏比赛 …… 594
89.穿过通道 …… 595
90.填空（5）…… 595
91.叠纸牌 …… 596
92.票 …… 596
93.加薪要求 …… 597
94.照片定输赢 …… 598

95.路径逻辑（5）............ 599
96.溜冰............ 600
97.四人骑自行车............ 600
98.阳光中的海岛............ 601
99.服务窗口............ 602
100.路径逻辑（6）............ 603
101.填空（6）............ 603
102.学习走廊............ 604
103.善于针织的母亲们............ 604
104.早上的电话............ 605
105.瓶塞（1）............ 606
106.用奇数写出偶数............ 606
107.瓶子（2）............ 606
108.置换............ 607
109.狂欢大转盘............ 607
110.蜂箱............ 608
111.牌点............ 608
112.铁匠............ 609
113.热狗............ 609
114.玻璃杯............ 609
115.火柴杆............ 610
116.调换............ 610
117.筹码............ 610
118.瓶塞（2）............ 611
119.撞球............ 611
120.标志牌............ 611
答案............ 612
初级............ 612
中级............ 622
高级............ 640

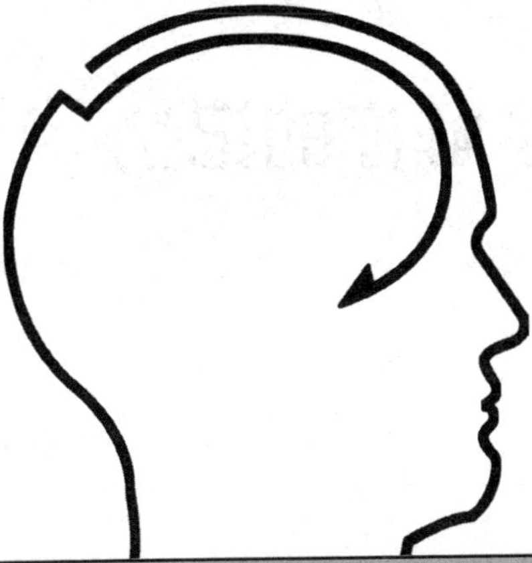

第一篇

记忆和记忆术概述

第一章
了解你的记忆

记忆是什么

1. 大脑与记忆

大脑由 140 亿个脑细胞组成，每个脑细胞可生长出 2 万个树枝状的树突用来传递信息。人脑“计算机”的功能远远超过世界上最强大的计算机。

人脑可储存 50 亿本书的信息，相当于世界上藏书最多的美国国会图书馆藏书（1000 万册）的 500 倍。

人脑神经细胞功能间每秒可完成信息传递和交换次数达1000亿次。

处于激活状态下的人脑，每天可以记住 4 本书的全部内容。

……

净重约 1.5 千克，拥有天文数字一样多的神经细胞以及数十亿的连接，这就是人类的大脑——我们的神经系统中起着关键作用的部分。大脑包含左右两个半球。半球表面是层层折叠的“灰色物质”——大脑皮质，这一部分负责处理决断、记忆、言谈和其他复杂过程。左脑半球控制着右半边身体，右脑半球则控制左半边身体。两个半球中间的连接部分被称为胼胝体。

大脑控制着人类所有的动作和思维，从我们伸出的一根手指，到做算术题目，再到回忆过去美好的时光。但是我们的大脑和记忆之间到底有什么联系呢？事实上，大脑是我们的记忆存储的地方，我们的很多行为都帮助它发挥作用。记忆在一定程度上决定了我们的身份、智力以及情绪，那么，记忆到底在哪里呢？

美国加州理工大学的心理学家罗格·斯佩里曾于20世纪60年代进行过一项针对裂脑（通过外科手术切断胼胝体，常用于治疗癫痫病）患者的研究。斯佩里在研究中发现了大量重要证据，证明了两个半球都有着它们独特的功效。

左半球	右半球
分析	视觉
逻辑	想象
顺序	空间
线性	感性
语言	音韵
列表	整体（概况）
数字能力	色彩感知

大脑半球思维功能表。

在其中一项实验中，斯佩里让患者们用手接触物体，然后把它和对应的图片联系起来。他发现：左右手完成这一行为的方法不同，并且左手能比右手更好地完成这一行为。

不过，当要求将物体和文字描述联系起来时，右手比左手完成得更好。左手（对应大脑右半球）更适合将触觉和视觉联系起来。

斯佩里的这一突破性发现为他赢得了1981年诺贝尔医学奖。其后许多科学家对这一领域进行了深入研究，目前，人们已经基本上熟悉了两个半球的思维功能。

看着这张表格，我们很容易就能理解为什么人们总是把一个人分成“左脑擅长”或者“右脑擅长”——也就是有逻辑性的或者有创造性的。但这一概念过于简单，容易误导他人。尽管我们可以认为会计师对左脑依赖比较重而艺术家右脑用得比较多，但这两个半脑并不是独立工作的。如果它们真的如此，那我们的生活就会乱作一团。

2. 记忆是什么

王太太是一家玩具商店的店员，也是一位精力充沛的女士，她有一个安排得满满当当的时间表。她的工作做得很好，也从不错过任何一场儿子的足球比赛。最近，她非常吃惊，当她在一场足球比赛上偶然遇到一个熟人时，她竟然叫不上对方的名字。一周之后，王太太走出购物中心时，她竟不记得将自己的车停在了哪里。在此之后的一个月，她发现她已经想不起来她正在读的一本小说中的人物角色。后来，她完全忘记了和一位好朋友约好共进午餐的事。这种恼人的健忘让王太太忧心不已。

李先生是一位工程师，他退休后就把自己的时间全部用于志愿工作。最近，他记不得上个月他是否给他的汽车换了油，或者刚想起来要去换油。他忘记了要去健身房的事，直到走过几条街后才想起来。他曾把房门钥匙藏在车库，但又想不起来放在了哪里。李先生找他的医生检查，看看他的健忘是不是因为得了什么病。

你或你的朋友也许会有与王太太和李先生相似的经历，你也许已注意到了你自己的记忆问题。各种年龄段的人都抱怨记不住东西。

这是我们经常听到的一些抱怨（应该承认我们自己也经常说这些话）。

· 我进了一个房间，却不知道要来干什么。
· 我想不起来要问医生什么。
· 我忘记了我是不是已经吃过药。
· 我曾经把我的项链收好了，却不记得放在哪里。
· 我必须要交纳一笔过时附加费，因为我没有按时交电费。
· 我忘记在旅行时带上我的照相机。
· 我去商店买牛奶，结果什么都买了，最后就是忘了买牛奶。
· 我忘了我姐姐（妹妹）的生日。

记忆和智力

智力并不完全是遗传的，其遗传因素仅占很小的一部分。聪明到底意味着什么？IQ 智力商数测试在评估智力方面很有效，但是我们也不能太过相信这种测试的分数。更重要的是在个人能力和所处环境之间找到平衡。拥有良好的记忆力、平衡的心态，具有敏锐的判断力、良好的知识储备，这些重要的素质并不能通过 IQ 测试来评估。

如果你曾经有过任何一次这种经历，都应该尝试采取有效措施或训练来提高或改善自己的记忆力。首先，就需要了解一下记忆力是什么，以及记忆力是如何工作的。

记忆是我们大脑中一个存东西的地方，它为我们提供历史信息。它告诉我们昨天以及十年前我们干了什么，它也知道我们明天会干什么。童年的记忆可能会因为听到一首摇篮曲而被唤起，而一段浪漫的回忆在我们闻到某种特殊的花香时浮现在脑海。记忆用各种各样的线索让我们感觉到我们是谁。

事实上，从一个时刻到另一个时刻，你对所有东西都有一个不变的定义，且可以持续很长时间。就好像你会记得昨晚睡在你身边的那个人就是你早上醒来看到的这个人。有了这样的记忆，我们才被称之为人类。没有了记忆，世界便不可能存在。

这一点并不只相对于个人而言，而是整个人类社会都是如此。我们能够记住一个人、地方、东西，或者事件。设想如果我们失去了这一能力，那么世界将会变成什么样！

随着年龄的增长，我们积累越来越多的记忆。我们称之为阅历，它非常珍贵。有了它，我们可以不必绞尽脑汁去想如何解决问题或者揣测接下去将会发生什么。

经验会告诉我们，我们已经碰到过很多次这样的问题，并且知道事态将如何发展。当我们还小的时候，我们常常认为大人们有魔法能够预知电视情节。我们不知道，他们已经看过许多相似的电视节目。这些节目情节并不能迷惑他们。

由于积累了很多经验，年长的人总不如年轻人的思维来得敏锐、快速。年长的人思考得很慢，但是通常他们并不用深入地去思考问题，因为经验就已经告诉他们有可能的答案。年轻人碰到问题时能够学得更多，他们会归类没有遇到过的问题。因此，小孩子在掌握新技术方面总是胜过大人。

记忆就像你的一个小帮手，它会帮助你找到车钥匙。但是，仔细想想，它的作用远远大于这些。

3. 记忆是个性化的

梦想、思想、行动、姓名、地点、面孔、香味、事实、感情、味道，以及许许多多的东西通过记忆带入我们的意识。它们对于我们的记忆来说有着不同的形态。有时，记忆不是这种形态就是那种形态；而有时它们是一个香味、花纹和声音组成的万花筒。一句话，记忆就如同一张由声音、香味、味道、触觉和视觉组成的网。

当你想要进行信息回忆时，记忆会通过联系走捷径来帮助完成记忆任务。然而，许多研究显示，正是你个人的知识、经历，以及一些事情对你的意义在驱动你的记忆。正是在它的帮助下，记忆有了一定的意义。

“生存还是毁灭，这是一个问题。”大多数人知道这引自莎士比亚的《哈姆雷特》。如果你熟悉这个故事，就知道这些话是在一

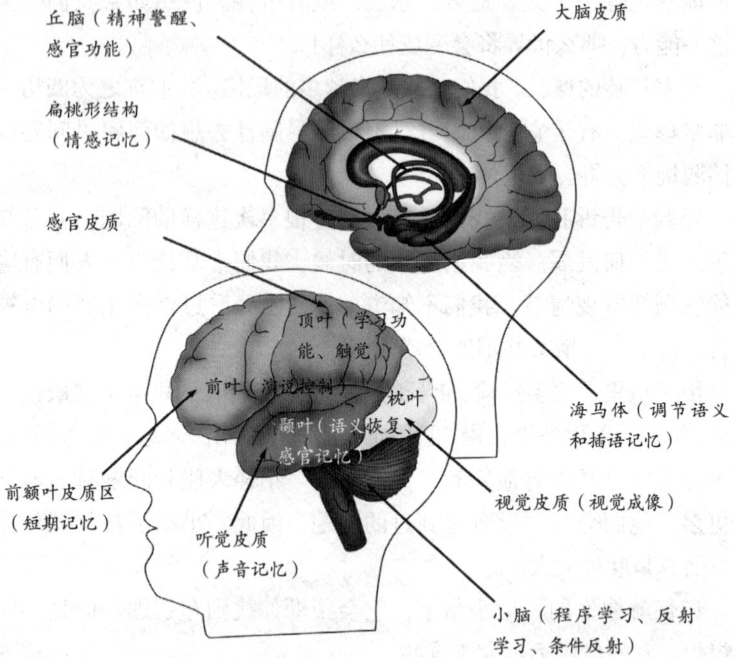

个特定的时刻说的。然而，这些话与你的孩子们第一次说的话或者你的配偶第一次表示他或她爱你相比，就不是那么重要了。你可以想象出一个比莎士比亚作品更戏剧化的场景，因为它是你的。那个地点、那种香水、你的那种感受——当你记起它时，可能产生一种朦胧感而且心潮汹涌。

记忆是我们拥有的最个性化的东西。它给予我们自我感觉。在记忆深处，就是你自己。记忆的运作很大程度上遵循的原则是："它现在或是将来某个时刻是否会与我个人有关？"这种"更高"层次的记忆就是有时我们所称的有意识感觉。

4. 记忆是复杂的

记忆有三个主要的过程：编码（摄入记忆）；存储（保持记忆）；以及再现（再次提取记忆）。记忆是一个动态的和经常存在的活动，而我们关于如何解答记忆的十字交错谜语的理论和概念也仅仅只是处于正在开始形成的阶段。然而，这个不断发展的知识群体已经在对提高我们的记忆力产生帮助。

如果你经常说，"我再也记不住什么东西了"或"我的记忆力怎么变得这么差"，你也许会认为自己的记忆力越来越差了。然而事实证明，通过训练和练习，记忆力是可以得到提高的。

记忆在做某件我们熟悉的事情时可能也在做许多其他的事情。它在许多层面开展工作。

记忆过程是在大脑中发生的。不同种类的信息被接收并存储在不同的位置。

正在运行的记忆过程，或者叫作短时记忆过程，可能发生在大脑的前部。

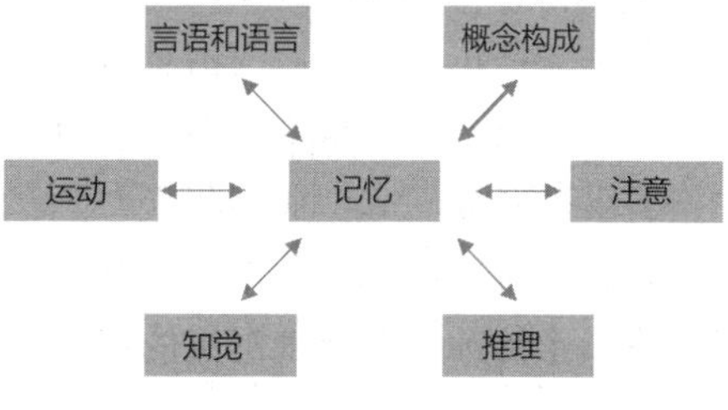

存储新记忆（即新学的东西）的过程发生在大脑两侧的颞叶。

大脑较大的外层部分叫做大脑皮质，它可能是

古代哲学家把记忆比做大型鸟笼中的鸟。一旦信息被储存，要想再提取那个正确的记忆，就如同如何从大型鸟笼中抓住那只特别的虎皮鹦鹉一样难。

记忆存储的地方。

视觉信息通过我们的眼睛进入叫作枕叶的大脑后面某部分，并在此进行加工。

听觉信息通过我们的耳朵进入，并在颞叶进行加工。

立体三维的信息是在大脑顶部的顶叶进行加工的。

还有一些特殊的区域进行着感情记忆加工，以及掌管语言和爱好习惯。

大脑的左半球更多从事的是言语记忆，而右半球更多从事的是视觉记忆。

记忆并不像电脑程序一样死板地记录过去。记忆有极端巧合性。一些没必要记住的事，我们往往能记住它，然而一些值得记忆的事，却常常从我们的记忆中溜走。电影《公民凯恩》中有这样一个引人深思的情节：男主角凯恩在弥留之际说了几个字“玫瑰花蕾”，他本可以讲述其他更多更重要的事情。这也正是影片的悬念之处。直到影片的最后，人们才发现那是凯恩幼年时玩的雪橇的名字。关于凯恩为什么在死前留下这几个字的讨论变得无休无止。

为什么我们说记忆是如此的珍贵，那是因为记忆不是机械呆板的。我们的思维运作能提高自己的记忆力。无意识中，我们的记忆力得到了提升。一些不愉快的事情会从我们的记忆中扫除。

记忆的力量远远超出这些。在必要的时候，记忆能调配出你此刻需要的一些信息，而这些信息可能由于长期的储存已被遗忘。如果你曾参加过一个极富创造力的项目，那么你会发现你的记忆能产生许多没有束缚、令人惊叹的宝贵意见或主意。

也许你并没意识到你的记忆中储存着如此多的信息。所以，记忆不是一个冷冰冰，死气沉沉的记忆工具，记忆就像一个如意库堆满了无数令人惊叹的知识宝藏。

我们不能随意地进入如意库，但是我们能够练习、训练自己的大脑，为如意库储存更多的知识宝藏。

5. 记忆是分散的

与一个长久以来的看法相反的是，记忆并不是只储存在大脑的一个区域。大脑是通过神经细胞的网络结构来处理和储存各种信息的，而神经细胞的网络结构广泛分布于大脑的各个区域。一旦有一条信息需要被提交给记忆系统，无数条连接脑细胞的网线就会被同时激活，也就是说，大脑的绝大部分结构都和记忆的加工、存储有密切关系。

因此所谓“记忆中心”的说法是错误的。任何信息的记忆和再现都要依靠许多不同的记忆系统以及不同类型的感觉通道（听觉、视觉等）。据此推论，记忆只储存在大脑的一个区域的说法也就无法立足。可以说，记忆是“分散的”，不同种类的记忆各自依靠大脑的不同区域。

随着科学实验的深入以及脑电图技术的进步，目前科学家已逐步发现参与记忆的加工存储过程的那些大脑区域。概括地来说包括：

瞬时记忆或短时记忆的加工需要大脑皮质的神经系统；语义记忆需要新大脑皮质对覆盖在灰质外层的两个大脑半球进行调节来完成加工；行为记忆的加工过程涉及位于灰质层之下的结构，比如说，小脑和锯齿状的灰物质块，等等；情景记忆主要依赖额叶皮质，还有海马状突起以及丘脑，这些结构都是大脑边缘系统的组成部分。

神经生物学家们通过研究发现，海马状突起在记忆的加工处理过程中起着至关重要的作用。它位于大脑的里层，属于脑边缘系统，和太阳穴叶平齐，因此它可以保证不同的大脑区域之间相互联系。短时记忆向长时记忆转换时，也就是记忆的巩固强化阶段，需要大脑的不同区域的参与，这一过程中，海马状突起发挥了关键作用。如果一个人的海马状突起受损，将会导致记忆新信息的能力完全丧失，无论是文字、形象还是图片信息。

6. 关于记忆的问题

⊙如何定义记忆

记忆不是以简单的程序存在的，关于记忆最常见的说法是学习和记住信息的能力。然而，随着年龄的增长，人们发现先前的知识不断被遗忘，并开始抱怨自己的记忆。事实上，生物学的实际情况比这个相当模糊的“记忆”术语复杂得多。

面对一条新信息，通常先是一个极其短暂的感官记忆，接着是一个 20 多秒钟的短期记忆，然后是通过各种途径构筑成长期记忆。

记忆这一术语也同样应用于对 3 个动态过程的参照：学习新信息，将其储存在大脑的特殊空间，然后在需要的时候将其找出来。

对大多数人来说，记忆基本上被用于自主学习的场合，而在日常生活实践中我们常处于不自觉记忆的情况下，即科学家们所说的“无意识记忆”。这种应用于日常的记忆，使我们无须真正去学习就能记住邻居所穿裙子的颜色。这种能力是我们自然智力功能的基本要素之一。

⊙什么是“好的”和“差的”记忆

比较“好的”和“差的”记忆涉及记忆程序的运行效率问题，我们认真地学习并很好地储存所学的信息，是否就能够很容易地回想起来？我们会发现有许多不同的描述，并且每个人对记忆的抱怨也不相同。

另一方面，一些事物有助于发展某些人的记忆力，对另一些人则不然。所以，我们不能真正地比较“好的”或者“差的”记忆。因为，对记忆效率的感觉是非常主观的：一个人与另一个人不同，一个领域与另一个领域不同，一个年龄段也不同于另一个年龄段。另外，在医学上，虽然神经学家和心理学家能够判断一个人是否存在记忆的障碍，但是，对他们来说衡量和断定一个人记忆力的真实情况是极为困难的。

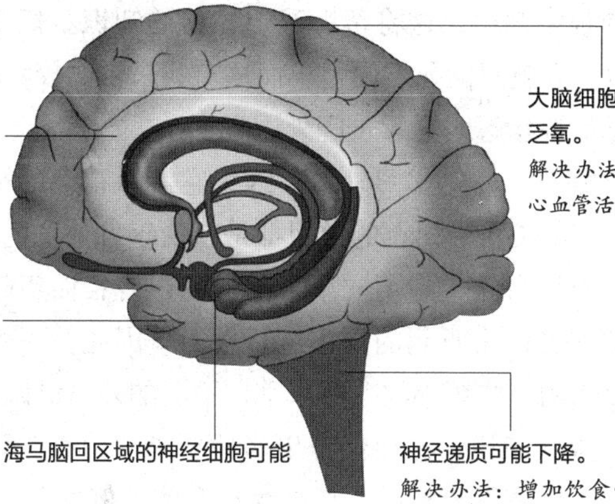

好的记忆是年龄的问题吗

应该以另一种方式来提出这个问题：是否存在一个学习效果最佳的年龄段？答案是肯定的。人们在大约 30 岁之前，能表现出不同寻常的记忆能力，较容易集中精神，并且学习速度较快。在这之后，人们学习变得有些困难。但是，这并没有什么可怕的！只不过为了达到同样的效果，人们需要用更多的时间。在 15 岁时我们只需要学习 3 次就能记住一首诗，而 50 岁时我们必须投入更多的精力来分析和处理信息，而且我们对干扰和噪音更敏感，所以需要更多的时间和更多的尝试来记住同一首诗。一个中学生可以边听音乐边复习功课，而一个 40 岁的人只能在安静的环境中才能保持精神集中。

然而，当涉及重新提取信息时，年龄大则构成一个优势，因为一个人的年龄越大，所储存的信息相对就越多。让我们来举一个例子：如果你是一位年轻记者，正在跟进一个选题，关于这项任务你一定比你的主编知道得更多。但是他可能会告诉你，关于类似的内容，在 60 年前的某份报纸上曾发表过一篇非常有意思的文章。这是记忆中经验的参与，是随着时间的推移所积累的知识的反映。如果你让我学习一篇医学文章，我将比较容易记住，因为我已经拥有了这个领域的很多知识，这将帮助我记住新的知识。相反，如果是一篇法律文章，我就只能死记硬背，而这对我来说比较困难。

最好在年轻时学习一门外语吗

最好早点开始学习外语，因为它涉及精确的知识，而通常一种语言词汇的构筑、语调的学习都是在幼年自觉发生的。5岁之前，一个孩子能够自觉学习不同语言的全部语音；而年龄稍大一些，则会选择那些自己常听到的词汇进行学习。因此，一个年纪非常小的孩子可以借助一些短小的歌曲来掌握不同的外语语调。

对成人来说，这项任务更多地要求“用心”强记，因此将更难以实现。但是不要忘记，总是存在个体的例外。一家公司的老总在退休后学习了西班牙语和意大利语，并且达到了相当优秀的水平。而这对其他人来说，则被证明是比较困难的。

记忆力的好坏是基因决定的吗

即使教育可能扮演着一个重要的角色，我们还是发现，一些人虽然没有在著名的院校进行过长时间的学习，却有着非常出色的记忆力；相反，有一些人虽然经常出入重点院校，却并没有良好的记忆力。因此，学习能力的不同，不仅仅归因于教育的影响。

然而，还没有任何一个研究人员发现超常记忆的主控基因！虽然在某些动物身上发现遗忘基因和记忆基因，但是直到现在，这些通常是从一些非常特殊的实验中总结出来的假设，很难用以推断人类记忆的自然功能。总之，记忆肯定表现为天生所有和后天获得、基因和教育的混合物。

男性和女性以相同的方式记忆吗

回答这个问题并不容易，虽然绝大部分的性别特征与教育有关，然而通过采用激素分泌的间接方法却证明，基因也是一个需要被考虑的因素。某些激素分泌的多少是性别特征形成的主导因素，并且对许多智力功能，特别是记忆的运作具有影响。这种干预如果出现在儿童发育期间，将决定男孩和女孩的不同能力；如果出现在成人期间，将导致不同的行为效率，例如女性月经期间行为效率多少会有所下降。

通常女性在应用语言的活动中更有成就，而男性在需要求助于视觉—空间记忆时则表现得更有效率。例如，为了记住一条路线，女性趋向于记忆口语标志——“到了药店，向右拐”，而男性更注意空间方位的变化。

个人文化扮演着什么角色

基本上是记忆构筑了我们的个人文化，因为文化是我们通过学习获得的知识，它既包括亨利四世于1610年5月14日在巴黎被杀，都柏林是爱尔兰的首都等这样的常识，也包括你小学四年级历史老师的姓名，或者你最喜爱的电影导演的名字。的确，新信息越是能和先前的知识建立联系，就越容易被掌握。记忆帮助我们构建了知识储存库，使我们更容易记住在同一领域里的新信息。

因此，一个律师或一个演员通常要比一个花匠更“擅长”学习一篇文章。律师将立即发现一篇文章分成4个部分，其中第二部分使他想起以前在别处读到过的论点。相比之下，一个花匠或一个猎人可能更容易记住一条路线。简而言之，越是从事一项专门的、职业的活动，就越能开发在这一领域的记忆能力。

良好的记忆是智力使然吗

记忆当然与智力有关。同样不可否定的是，它参与智力的运行功能。但是从柯萨科夫综合征患者身上发现，他们虽然遗忘了许多东西，智力却保存完好。1888年俄罗斯医生柯萨科夫曾经记录，他的一个遗忘症患者在赢得一盘象棋两分钟后，就忘记了自己获胜的事实。

心理学家用“认知”或者“认知过程”代替“智力”这个术语。如果把智力定义为解决问题或者适应新情况的能力，那么在缺乏记忆参与的情况下，它将是极为残缺的。事实上，智力因生活经验丰富而逐渐提升，而经验就是记忆。

我们的大脑是否在不断地记忆

只要我们不睡觉，大脑就会感知信息，我们就可以或多或少地去记住某些信息。当我们正在聚精会神地阅读一篇文章时，有人在隔壁房间听收音机，起初我们可能没注意或者听不见……直到某个时刻阅读无法再吸引我们的注意力，于是我们的精神由于音乐的干扰而开始漫游。幸运的是，意图、动机、意识（我想学习）能够过滤这种对干扰的感知，使我们的注意力集中。

但是，我们是否能记住所感知到的一切？所有的都被储存起来了吗？我们都能够回忆起来吗？一切感知都在我们的大脑里刻印下痕迹，但其中一些被删除了，另一些改变了：不太重要和未被利用的信息将趋于消失，或隐藏在某种存在之中。总之，很可能我们记住了比我们所想象的要多的信息，但也应该考虑一下所有信息是否都真的有用。

我们冒着记忆“饱和”的危险吗

我们的记忆存储似乎从来都不能达到饱和，并且我们总是能够学习更多的东西。除非在生病的情况下，一个 80 岁或 90 岁的人完全有能力学习新知识。

然而，学习机制则不同。在一段时间的学习之后，平均在 45 分钟到 2 个小时之间，记忆即达到饱和。但如果我们隔一段时间更换一个科目，就能够连续 6 个小时不断地学习。例如，在学医的时候，先学习 1 小时的肺病学，然后再学 1 小时的神经学，以及 1 小时的血液学，而不是 3 小时都在学习神经学。事实上，最好将知识分成小块来学习，以避免极为相近的知识之间互相干扰。虽然每门学科都没有全部学完，但是我们却能够很好地掌握已经学过的部分。当然，一段时间之后，应该休息或者更换学习内容。更换科目能重新刺激学习机制，不要忽视新事物的激励作用。

⊙我们能够在大脑中确定记忆的位置吗

解剖学的观点认为，记忆痕迹储存在整个大脑中，特别是大脑后面的感官部分。

神经元间的相互连接形成了神经“网络”，它的形状像蜘蛛网，连接着所有与同一事件相关的感觉元素。当一个神经元学习时，会产生特殊的电活动，分泌出蛋白质，并且与其他神经元建立连接形成环路。以后，每一次做同样的事情时，都会巩固相关的电痕迹和蛋白质合成的记忆。因此，环路用得越多，记忆痕迹在大脑中保存得就越持久。

当我们要回忆上个周末做了什么的时候，会尝试寻找相关的神经元地图，包括所有与其联系在一起的味道、声音、情感等。回忆的过程就是重新构建神经元地图，聚集所有分散了的记忆痕迹。

⊙我们应该在什么时候为自己的记忆担忧

约有50%的50岁人和70%的70岁以上的人常抱怨自己的记忆，但这些抱怨并不一定对应着记忆障碍——没有疾病就没有记忆障碍。许多抱怨自己记忆不好的人，记忆检测结果却完全“正常”，其实他们只是缺乏注意力。然而在日常生活中对另一些情况的抱怨则确实令人担忧，比如别人重复了20次的问题仍然记不住；经常在马路上迷失方向；不记得10天以前做过什么，而那天正是侄女的生日……如果在记忆检测中确实显示出不正常，那就有可能真正患了疾病。

如何进行记忆诊断

首先，帮助那些来做记忆诊断的人消除疑虑是非常必要的，要让他们有信心。记忆测试一般需要1—3个小时，为了确定某一种记忆障碍，必须对记忆的不同方面进行测试：视觉记忆、口头记忆、文化知识、个人经历，等等。并且不应仅局限于测试记忆，同样也需要测试注意力、语言能力、演绎推理能力等。

所谓对“情景”记忆的测试，包括对一列词汇、历史知识或者地图的学习，可以是简单的，也可以是复杂的。一旦被测试者已经记住了一列词汇，我们将立刻让他复述（即刻回忆），然后在2分钟、5分钟或者10分钟之后再次复述（分散记忆）。测试可以通过提供一个线索来简易化：“请你回忆一下，在那列词汇中有一种花的名字。”也可以要求在第二列词汇中找出在第一列中出现过的词，也就是说，通过“识别”来回忆。

如果测试结果显示不正常该怎么办

如果结果是正常的，测试就到此为止。如果测试表明存在记忆障碍，医生可以要求被测试者做其他医学影像的检查。通过扫描或者磁共振图像可以知道某种功能丧失是源于肿瘤还是脑部疾病发作，或是记忆区域萎缩。这种检查报告有时候对探测某些疾病非常有用。

⊙我们为什么记住一些事情，却忘记另一些事情

在个人记忆中，感情、感觉和动机扮演着重要的角色。记忆一条信息，不仅只是学习这条信息，也是学习它所要表达的内容，也就是说不仅是记住时间和地点，也包括情感体验。我们知道，愉悦可以刺激学习机制，而当缺乏快乐的因素时，记忆力就会下降。因此，记忆的选择性必定与动机、个性、个人经历、已有的知识等因素相关。例如，一些焦虑的人较不善于记住那些不让他们担忧的事物的信息，因为他们的注意力被焦虑“消耗着”。

我们为什么会遗忘

随着年龄的增长，记忆的动机和能力会改变。我们学得不好，因为我们很累，动机不够，并且注意力也降低了。以前记住的一些信息变得普通或失去作用，要想从大脑中重新提取出来变得更加困难，而且需要投入更多的注意力。这就是为什么那些年龄大的人更容易回忆起以前那些经常被重复，并且在脑海中打下深深烙印的事情。

这种难以找回记忆的现象常表现为两种形式。第一种是“舌尖现象”，其特征是对一条信息的回忆非常困难，然而我们知道它就在那儿——比如一个人的名字——只是一时想不起来。而当我们成功地想起第一次遇到这条信息的场景时，它就会出现在我们的脑海中。

第二种现象则与记忆的“源头”有关。我们记住了一些事情，但是却记不清事情发生的具体时间和地点。例如，我们接连几次向同一个人讲述同一则轶事，因为我们忘了在生命中的哪个时刻已经讲过它了，而且讲过不止一次。

一些记忆为什么被扭曲

因为一个很简单的原因：记忆不是以一个自主的实体存在的。记忆不是你能在图书馆的书架上找到的一本书，也不是一张相片。

我们记住一张相片，是记住了这张相片的组成要素，也就是说，回忆的过程是对一副图像或者一种状况的重组。在这个过程中，我们只能重组不超过 80% 的信息，而另一个参加了同一个场景的人也记住了 80%，但是他所记住的内容和我们记住的是不同的。长久之后，一些要素将永远消失或者被别的信息干扰而改变、扭曲。因此，我们可能以为堂妹曾经在 1986 年的假期来看望过我们，而实际上她是在 1989 年的假期来的。尤其是如果我们在同一个地点度假，错误的信息就更容易对记忆造成干扰。

为什么有时候我们找不到钥匙

我们的日常生活充满了很多随意的情形。当把钥匙随意放在某个地方时，我们总是不太注意，因为放钥匙的动作在记忆中与其他相似的、重复了上百遍的动作混淆在一起了。要知道，我们的大脑不能记住或者以有意识的方式回忆起所有的东西。为什么我们要记住一切？那将很可怕。我们做过太多的事情！我们的大脑使某些信息变得容易回想起来，并使另一些信息变得模糊不清，这样才能为其他更有意义的信息保留空间。因此，自动化的行为带来的更多是好处——留着空间去记住那些比把钥匙放在什么地方更重要的信息。如果我们经常忘记把钥匙放在哪儿了，不妨利用一些外部辅助工具，比如空口袋——总是把钥匙放在同一个地方。

⊙我们能否改善记忆力

通过训练可以改善记忆力，但只局限在被训练的那个领域里。如果训练的是记忆文字的能力，我们并不会更容易找到钥匙，但是却在记忆文字方面越来越有效率。我们可以训练注意力，但是记忆名字的能力并不会因此增强。通过练习能够改善一些能力，但关键还在于是否能够把得到的益处应用于实际生活中。如果利用练习来开发视觉能力，却不尝试把它应用到生活中，则没有任何意义。练习应该是快乐的并且符合自己的兴趣，否则效果将会是有限的，甚至造成焦虑。这意味着，最好的激励是在日常生活中开展各种活动，阅读、与朋友聚会、旅游等。良好的生活保健也同样是不可忽视的，失眠、劳累过度、焦虑都是影响注意力的消极因素。

是否存在可以增强记忆力的维生素

人在疲劳的状态下，补充维生素 C 能够增强注意力。脑营养学家建议每个星期吃两次饱和脂肪含量高的鱼，但这并不是说，吃鱼会使我们拥有超乎寻常的记忆力。只不过，我们不太重视养成良好的生活习惯——均衡的饮食、充足的睡眠、良好的身体状况对记忆功能的重要性。

如何训练我们的记忆

在本书中，你将发现一系列趣味练习，这些练习不是让我们学习如何选择正确的答案，而是帮助我们学习解决问题的技巧。如果涉及记忆数字的练习，重要的不是找到正确的答案，而是掌握应该应用的方法。这样，在今后的生活中再遇到数字问题的时候，我们就知道该使用哪种方法了。要记住，生活中所有要求我们集中注意力的情形都对记忆有帮助。

7. 了解记忆的方法

⊙使用心理测试

科学家们，特别是神经心理学家，已经开发了许多方法来研究记忆。其中一个方法就是让人们做测试以发现他们是如何反应的，以及有什么可能干涉他们的表现。例如，心理学家可能给人们看几幅图片，然后看他们是否能从其从未看到过的其他图片中将它们分辨出来。这叫做形象认知记忆。或者，他们可能读出一组词汇，然后要求人们复述。这叫做语言回忆。

通过这些种类的测试已经发现，一般性来说，人们能回忆大约七个词（或其他像数字之类的信息），而且他们发现更容易回忆起开头和最末的几项。如果信息以某种方式组织起来，如分类，那么人们通常能回忆起更多东西和更长时间的东西。通过使用这些种类的测试，心理学家们已经拼出了他们所认为的记忆系统工作的模式。

⊙大脑及记忆的紊乱失调

我们许多有关记忆的知识都是通过研究大脑紊乱失调的人而获

得的。这也同时帮助临床医生们开发出了更好的诊断技术和大脑功能紊乱康复技术。

健忘症的研究也对科学有着很大的帮助。健忘症指的是大脑中对记忆系统的一部分——具有支持功能的一部分（或几个部分）——受到了损伤。健忘症患者们经常能用不同于他们以往的方式来描述他们对这个世界的体验。他们的大脑功能也可以用测量不同类型的记忆的目标测试来进行评估。

大脑的功能磁共振图像（IRMf）

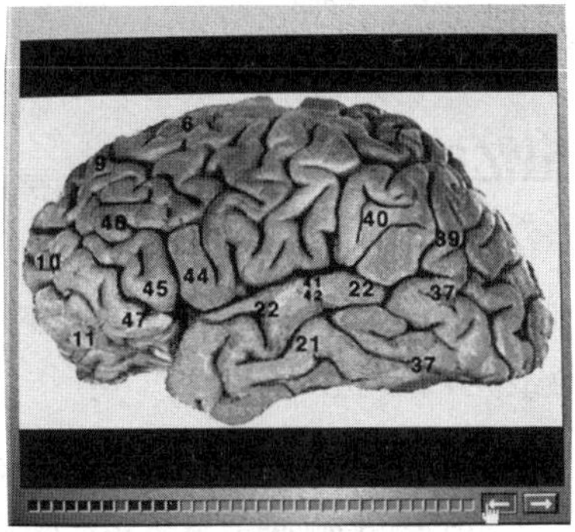

◉ 通过磁共振技术得到的图像革新了人们对大脑的认识，上面这幅图像展示出被测者在默念词汇时某些语言区域（区域 44）的活化。

因此，通过这些类型的案例，以及其他记忆功能失调，科学家们已经建立起了不同类型的记忆加工的轮廓和对记忆有着重要作用的大脑区域的轮廓。

大脑成像（神经性放射医学）

大脑成像已经被证实是在对记忆的研究中的一个进步。它为我们提供了一幅真实的形象，指示记忆在大脑中所处的位置。

诸如电脑 X 射线断层摄影扫描（CAT 或 CT）之类的基础扫描方法通过发射 X 射线穿透大脑的细胞组织揭示大脑的结构。把受损伤的大脑的图像同记忆测试的结果结合起来，帮助我们对记忆发生的位置有了更多的了解。

功能性磁力共振成像（功磁共像）可以被用来跟踪当一个人被要求去干如记住一串单词之类的事情时大脑中的变化。功磁共像是通过收集大脑活动的磁力“标记”来做到这些的，如氧摄入。这项技术能让我们真切地“看到”记忆在实际情况下的活动。

另外一种现行的“有用的”扫描叫做“正电子放射断层摄影扫描”（PET）。它揭示了在完成记忆任务时血液流动和大脑中化学物质的变化。它帮助科学家们获悉在记忆研究时大脑中的化学系统与身体结构是如何相互作用的。

记忆的要素

记忆的形成取决于多个因素，包括时间、重要性、目的、内容、强度以及刺激源——记忆的基本要素。每一个因素都会影响到人类记忆力的质量和可达性。

1. 感知

烤面包和咖啡散发出来的味道、我们赤裸的双脚下冰凉的草皮、鸟儿在歌唱、蔚蓝的天空……我们能够分辨出种种色彩、感觉、声音、味道，全在于我们的大脑和它与我们感知体系的联系。

这个世界充满了各种我们能感知的事物，即各种各样的能量或结构皆能转变为感觉。感觉是眼睛、耳朵、鼻子、舌头和其他感官的活动，这些特定的器官可以对热、冷和压力做出反应。没有大脑，感觉自身没有什么特别的意义，因为它不过是把震动、光线、有气味的分子这些物理刺激转变为神经冲动。大脑对神经冲动的解释，使我们能够感觉到我们生存的这个世界中的各种颜色、形状、声音和感情。

视觉、嗅觉、味觉、感觉、听觉——这5种感官是信息从外部的大千世界进入人脑的主要途径。通过这些通道，所有的数据得到记录，并逐渐积累成为构成记忆基础的丰富原料。罗马帝国的基督教思想家圣奥古斯丁曾说，这5种感官是通向“记忆的殿堂”里广阔空间的“特定的入口”。

在人体内部的中心，有一个巨大的神经系统，神经系统在身体各部都有神经线分支，可以捕捉外界不断循环的信息。而这种“信息的捕捉”正是通过人的5种感官来实现的。

每一种感官都有一个相对应的波长。根据不同的情况，这些视觉、听觉、味觉、嗅觉的电波会被不同的人体器官接收，同时，它们还会被遍布人体各部、能够激活各种感觉的器官——皮肤接收。

感官所捕捉的信息将会被大脑的特定部位持续不断地识别、分析、加工处理。接收来自人体外部的信息叫做感受外界刺激的信息。但是人也能感受到来自身体内部的信息，如疼痛或喜悦。

⊙我们的感觉

古希腊哲学家亚里士多德把人类的5种感觉——听觉、嗅觉、触觉、味觉和视觉比为我们大脑进行感知的5个窗口。这些窗口只能接收信息而不能对信息进行分析。感觉不像普通的窗口，因为它要把所有外部世界发生的事情（比如一声喊叫或温度下降）转变为大脑能够解读的电子神经冲动。这些神经冲动允许大脑进行感知。此外，我们的感觉也不像普通的窗户那样，能够允许各种事物通过。所有的刺激中只有一小部分能够产生大脑可以解释的神经冲动。

如果不是这样，我们就会被时刻环绕在我们周围的各种声音、图像、气味及其他感觉弄懵。事实上，我们仅注意到许多潜在信息中的一小部分，其他的都被忽略，就像我们忽略无线电广播中的背景噪音一样。

在无线电传输中，信号与噪音的区别很明显：信号是一段信息，噪音是无序的或者可能是一段无关的信息碰巧用同样的频率播出。同样，在我们的神经系统中，信号是我们正在注意的神经活动，其他的是噪音。例如，当你读这段文字时，文字是信号；其他人的谈话声或你饿了的感觉，都可以看成为“噪音”。

⊙数据消减系统

通过过滤外界的噪音，我们的大脑使我们免于被信息淹没。感觉吸收信息，然后大脑进行过滤，只保留它可以做出反应的信息量。鸡尾酒会现象对大脑扮演的这种数据消减系统角色做了很好的说明。在酒会上与他人交谈时，我们通常不会注意到我们自身周围其他话题，但我们可以瞬间转换话题。如果某个人在我们的听力范围内叫我们的名字，或提到我们感兴趣的话题，我们的注意力可能会马上转移。猛然听到谈话中的一部分，我们会促使自己倾听他们的谈话。我们在任意时间感知到的事物都会立刻引起我们有意识的关注，这就是注意力。

从大脑活动层面来看，注意力和感知是不能简单地进行分割的。

⊙信号入口

我们的感觉过滤我们许多潜在的信号。一些潜在的信号，比如一名警察鞋子的颜色是一个不会引起别人注意的信号。另外一些信号，像你鼻梁上眼镜的重量，是一种持续的信号，你很快对它们做出反应。还有一些信号，比如远处乌鸦扇动翅膀的声音，你根本无法接收到。早期的心理学家古斯塔·费克纳、威廉·冯特、爱德华·布拉德福·撒切尔对于引起刺激的阈限非常感兴趣。他们会问：人眼所能感知的最弱光亮是多少？耳朵所能听到的最轻微的声音是多少？手能感觉到的最轻的触摸是多少？

为了回答这些问题，研究人员测量了物理刺激量和它们产生的效果，此举为精神物理学奠定了基础。起初，精神物理学家认为他们能够测量出引起感觉的最小刺激量。但是不久他们发现这行不通，因为一些人比其他人更加敏感，而且一个人的阈限也是随着时间而改变的。你可以非常容易地证明你自己的阈限如何变化。拿一只走动的闹钟，把它放在你房间的一端，然后走远一点，直到你听不见闹钟发出的滴答声。现在往回慢慢走，直到你能再次听到闹钟声为止。这一点就是你受刺激的阈限。但是如果你静静地站在那里几秒钟，闹钟声有可能消失或者变大。为了再次找到你的刺激阈限，你不得不前倾或后仰。因此，费克纳认为，阈限不是固定不变的。费克纳还推论说，存在这样两个点：在其中一点，任何刺激都可以感受到，而在另一点任何刺激都无法感受到。在这两点中间，所检测

感知系统的绝对阈限

这里有一些拥有正常感觉灵敏度的人所无法察觉的刺激。

感知系统所能察觉的最小刺激

视觉	空旷漆黑的夜晚，48 千米处蜡烛的火苗
听觉	在绝对安静的屋子里 6 米处手表的嘀嗒声
味觉	一桶 7.5 升纯净水中加入一茶匙糖
嗅觉	6 间房子内加入一滴香水
触觉	距离你脸颊 2.5 厘米的地方，一只扇动翅膀的蜜蜂

到的阈限应该是上下限的 50%。费克纳称其为绝对阈限。

⊙恰可察觉差

早期的精神物理学家不仅想知道引起感觉的最小刺激量，而且想知道能够感受到的刺激量之间的差别。比如，有 2 只猫，一只重 0.9 千克，另一只重 1.8 千克，在你蒙上眼的情况下，你可以轻松分辨出哪只比较重。但是如果一只猫重 0.96 千克，另一只重 1.02 千克，你就可能无法分辨出哪只比较重。欧内斯特·韦伯认为两个刺激量之间的恰可察觉差是一种比例而不是常量。在研究了相当一部分人后，韦伯认为重量的恰可察觉差是 1/53。这就是说一个通常能够举起 90 千克的人可能觉察不出增加了 0.9 千克的重量，但可以觉察出增加了 2.3 千克的重量，因为 2 千克超过了 0.9 千克的 1/53。一个能举 136 千克重物的人在增加了 2.7 千克或更重的重量时，才能感到重量的增加。这就是韦伯法则，它不仅仅适用于重量，而且适用于味觉、亮度、响度。不同的人或一个人在不同的时间对于不同刺激的承受水平是不同的。

⊙现代的研究方法

在感觉与感知的研究中，重点不是测量绝对阈限和恰可察觉差。相反，现代科学家关注大脑是如何发现神经活动与感知之间的联系的。研究神经体系如何运作的称之为神经系统科学。这一研究领域建立在对人类行为、动物、精神病人以及神经学和解剖学的研究基础之上。

也许最重要的事实在于神经系统科学家拥有精密的仪器使得他们可以探测、勘查大脑活动，而这些手段在几十年前还无法应用。精神物理学家能够测量单个神经细胞的活动，并且通常能确认我们对刺激做出反应时所牵扯的特定的大脑区域。研究显示，在我们如何感知与我们如何在大脑中呈现外界事物两者之间存在着密切的联系。哈佛大学心理学家史蒂芬·考斯林和他的同事们进行了一系列研究。他们向参与此项研究的人员展示了一幅图景。在这幅图景中，有一些清晰的、能够辨认的标记。在参与者仔细观察这幅图景后，图景被拿走。令人惊异的是，当研究人员要求受测试者设想图景中任意两点的距离时，受测者完成此项测试所花费的时间同任意两点的实际距离有直接的比例关系——两点之间的距离越远，受测者所花费的时间越长。

⊙视觉

我们大脑所形成的图像不是平面的，而是三维的，有高度、宽度、深度。我们能够在精神上移动这些高度、宽度和深度，以便从不同的角度观测它们。根据考斯林的研究，如果问我们图中的青蛙是否有嘴唇和尾巴的话，我们会先从大脑图景的一端来观察青蛙，然后在大脑中将图景旋转再从另一端来观察它。如果青蛙的尾巴与嘴唇在同一端，我们回答上述问题所花的时间就比较少。不仅你的青蛙3D图像来自你的其他感官，而且有关青蛙的其他特征也来自你的其他感官。比如，你的青蛙图景可能还包括青蛙的皮肤肌理、青蛙的叫声、青蛙的腿部力量等。同样，你大脑中形成的玫瑰可能有你无法用语言描述的香味。也许，这朵玫瑰还带着尖锐的刺。尽管你大脑中的图景不是完全可见的，但可见的绝对是这些事物现实中最显著的特色。

人类的视觉

我们对于人类视觉与视觉体系所做的实验远多于对其他感知体系所做的实验。我们的眼睛是我们大脑的延伸，它沿着神经细胞突出在头部的前沿。这些神经束使我们的大脑和眼睛联系紧密。实际上，在参与将我们的神经网络与外界联系的细胞中，有40%的细胞来自眼睛。

◎ 你头脑中关于这只青蛙的图景是三维的，这幅图景还包括其他一些特征，比如青蛙皮肤的肌理等。

色彩视觉

每只眼睛的视网膜包含了7000万个视锥细胞（一种在视网膜上感受光线和色彩的感光细胞），视锥细胞的数量几乎是杆状细胞的20倍。那些感光细胞则被压缩在一块只有棉纱厚薄、邮票大小的区域里。杆状细胞与视锥细胞有着各自不同的功能。杆状细胞比视锥细胞对光更加敏感。实际上，两种细胞对光都很敏感，以致其在正常的光线条件下都无法很好地发挥作用，因此主要在黑暗中发挥作用。同时，视锥细胞也需要较好的光线才能发挥作用。它们使得我们可以看清细节和色彩。

尽管视锥细胞和杆状细胞有着不同的功能，但它们对光线的反应是相似的。当它们吸收光线时，两者所含的吸收光线的分子都发生变化。比如，杆状细胞含有微光感受器——视紫红质，这是一种非常敏感的化学物质，单个的光子都可以打散它的一个分子。当视紫红质被打散后，它就会引发一种神经信号。如果杆状细胞要继续对光线做出反应，视紫红质的各组成部分就要重新结合。正因为这种重新组合需要在黑暗中进行，所以杆状细胞才不能在白天很好地发挥作用。

视紫红质的微光感受器的再生很大程度上依靠维生素 A 和某些特定的蛋白质。橙色的食物比如胡萝卜和杏都富含维生素 A。所以说吃胡萝卜可以获得很好的夜视能力是对的。在那些缺少富含维生素 A 的食物的地区，夜盲症比较普遍。

有关色彩视觉的理论

如果我们把彩虹中的 7 种色彩混合在一起，那么结果是白光。如果我们仅选其中 3 种色彩——蓝、绿、红，结果仍旧是白光。如果我们仅选取上述 3 种色彩中的两种，我们就有可能得到我们所看得见的所有颜色。

最后一种情况是三色视觉理论的基本出发点。这个理论首先由生理学家托马斯·杨（1773—1829 年）提出并最终获得承认。生理学家赫尔曼·赫尔姆霍茨对三色视觉理论进行扩充。根据杨—赫尔姆霍茨理论，将红、绿、蓝这 3 种不同波长的颜色混合，我们可以得到所有的色彩。因此眼睛只需要 3 种感色细胞。一种主要对红色做出反应，另一种对绿色，还有一种对蓝色。这些感色细胞体系的不同活动水平可以使我们感知不同的色彩。对色盲人群的研究显示出杨和赫尔姆霍茨是对的，但这一过程用了 100 多年的时间。最后，科学证实人类的视网膜上含有 3 种类型的视锥细胞：一种主要对长波（红光）有反应，另一种主要对中波（绿光）有反应，第三种对短波（蓝光）有反应。

色盲

如果这 3 种类型视锥细胞的活动是帮助我们分辨颜色，那么一种或几种视锥细胞体系的缺陷所产生的结果是可以预料的。例如，视锥细胞体系不发挥作用的人群，他们眼中的世界就只有黑色、白色，一切都灰蒙蒙的。他们要么视力很差，要么白天什么也看不见。事实上的确存在这种情况，尽管比较稀少。仅有一种视锥细胞发挥作用的人群，在白天和夜晚都有正常的视力，但是他们无法区分颜色，因为他们仅能看见一种色彩密度。这种情况也比较少，但确实存在。有两种视锥细胞发挥功能的人能够看见很多色彩，但是会把某些特定的色彩弄混，而其他人则不会。实际上，有 10% 的人存在这种情况，他们当中 90% 是男人。经常被混淆的颜色是红色与绿色，最不常见的是蓝绿色盲。在许多情况下他们不是完全混淆，很明亮的色彩仍能被分辨出。这一方面是因为色彩明亮，另一方面是因为色彩是一个主观的反应，许多患有色盲的人都意识不到这一点。

三色视觉理论没有解释色彩视觉的所有方面。在赫尔姆霍茨进一步发展杨的理论 50 年后，神经学家尤恩 · 海瑞（1834—1918 年）指出，我们似乎没有从纯色彩方面考虑问题，这有可能也是这个理论的基础。相反，如果我们让人们说出纯色彩的名字，他们会说出 4 种主要颜色：红、绿、蓝、黄。这 4 种颜色代表着两对互补色或相反色：红色与绿色相对，蓝色与黄色相对。我们无法设想带绿的红色或者带蓝的黄色，这就像没有带黑的白色一样。因此，海瑞的对立过程学说能够更好地解释色彩视觉。这个体系包含 3 个独立的通道，对应着 3 对互补色：红—绿，蓝—黄和黑—白。

眼睛与大脑

眼睛对光波做出反应，并把它们翻译成神经信号传递给大脑。

正是大脑解释信息，感知颜色、形状、质地和运动。把眼睛与大脑连接起来的是视觉神经。眼睛右半部分接收的信号传递给大脑左半球。眼睛左半部分接收的信号传递给大脑右半球。视觉信号的主要目的地是大脑的最后部——视觉皮质，也叫枕叶。视网膜上的影像是倒置的，并且比实际的物体小。视觉皮质将影像正过来并进行诠释，以便使其看起来像实际的物体。

为了检验大脑在视觉感知中的作用，调查人员在刚出生的小猩

眼睛的结构

眼睛是一个圆形的器官，被包裹在坚硬的且有弹性的巩膜中，巩膜从前方看是白色的（见图）。每个眼球都位于骨头突出的眼窝中并受到复杂的肌肉组织的控制。这些肌肉可以转动眼睛并改变它们的方向。这些肌肉也可以让眼睛保持连续的运动。即使你看一些绝对静止的物体，你的眼睛也在做微小的急速运动。这种运动让形成的图像不会消散。

巩膜在眼睛的最前端，并形成角膜，它像一扇透明的窗户。角膜没有血液，所以角膜移植很少有排斥反应。

角膜后面是虹膜。它是一个有色的圆状物，在其中心有一个小孔。虹膜赋予眼睛色彩。它中心的小孔称为瞳孔，光线通过瞳孔进入眼睛。瞳孔的大小由虹膜控制，并决定着进入眼睛的光线量。站在屋子的镜子前，你就可以非常容易地证实此点，因为在此处你可以控制光线的密度。当有微弱的光线时，瞳孔就放大；当光线强烈时，瞳孔就缩小。瞳孔的后面是晶状体，它由睫状肌肉包裹着。睫状肌肉控制着晶状体的形状。晶状体的主要功能是聚光，以便在眼睛后部的感光细胞能清楚地成像。晶状体变圆时，你就可以看清近处的物体；当睫状肌肉把晶状体拉长时，你就可以看清更远的物体。

在眼球的后部，是一组感光细胞和辅助神经细胞，称之为视网膜。视网膜有3层，第一层离眼睛前端最远，由杆状细胞和视锥细胞组成。这些细胞感受器把它们接收的信息通过其他细胞层间接地传递给大脑。紧挨着杆状细胞和视锥细胞的是两级细胞层，它有两个主要的分支。一个分支同杆状细胞和视锥细胞相连并受感受器细胞的刺激。另一个分支同直接连接视觉神经的细胞层相连，而连接眼睛与大脑的神经主要是视觉神经。

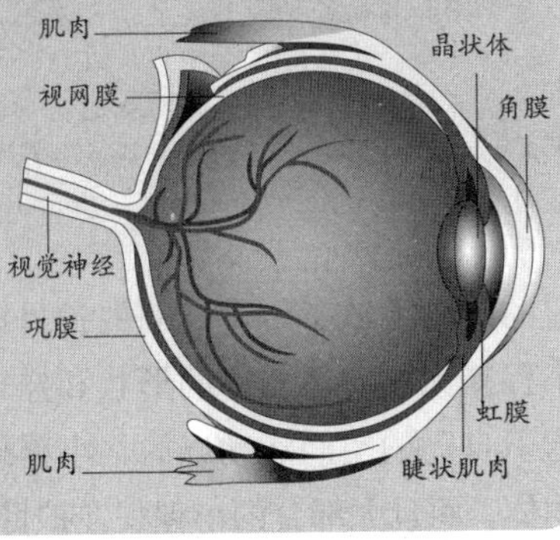

视觉失认症

假如有一缸泡菜，有些人尽管没有忘记“泡菜”这个词，但是他们无法叫出泡菜的名称。虽然他们无法说出泡菜的名称，却可以准确地描述泡菜的形状和颜色。如果允许触摸或品尝这些泡菜，他们会立刻说出泡菜的名称。这种人就是患上了失认症（依靠一种或几种感官无法辨别事物）。失认症是因为大脑损伤或疾病引起的。有一种非常特殊的失认症叫脸部失认症。患有此症的病人能叫出任意他看到的事物的名字，但是，即便他们能认出一张脸，却无法轻易地认出这是谁的脸或那些是否是相似的脸孔。比如一位52岁的患有典型脸部失认症的男子可以清楚分辨并说出除了脸部他所看到的一切物体，他也知道脸是什么，但他甚至无法辨识自己妻子或孩子的脸孔。可当他所认识的人说话时，他立刻认出他们，并能轻易地叫出他们的名字。

◎ 当你第一眼看到上图时，你看见一行是3个字母，另一行是3个数字。你可能没有注意到B不是真正的B，或者说它与13相同。我们所看到的部分是我们所期望的。

对于失认症病人的研究告诉了我们一些有关大脑参与分辨和命名部分的知识。失认症提供的证据表明，分辨并命名物体或脸部，涉及负责不同感知体系的大脑的不同部分。视觉失认症只限于脸部，表明大脑中一个特定的区域参与通过视觉确认脸孔。这对动物和人类的社会进程具有一些进化学意义。利用特征检测器，我们经常能在物体与脸孔特征的基础上确认他们。感知不仅仅是把检测的特征如角度、线条放在一起的机械过程。例如，上图两行字母与数字，看起来非常简单A、B、C、14、13、15。现在仔细观察一下。注意第一行的B与第二行的13是一样的。毫无疑问，这个过程不仅只包括你的特征检测能力。否则，你看到的要么是B，要么是13。

在一项试验中，用一种可以同时向两只眼睛出示不同场景的幻灯机向来自美国和墨西哥的受试者展示几对图片。每对图片由一幅典型的美国风景和一幅典型的墨西哥风景组成。在这种情况下，受试者仅能看见一幅幻灯片。受试者能看见哪幅图片呢？来自美国的受试者只看见美国的风景，来自墨西哥的受试者只看见墨西哥的风景。这个试验再次证明了经历与期望影响着我们的感知。

猩的眼睛上放了一个透明的护目镜。护目镜使光线可以通过，但是小猩猩无法看清物体的形状和样式。即使将护目镜摘掉或小猩猩能指引自己的空间运动以后，小猩猩也需要几个月的时间才能够辨清物体，而且大部分的小猩猩在护目镜摘除后，无法获得正常的视觉。

同样，一出生就待在黑暗中或带有眼罩的小猫在打开灯光或摘除眼罩后也无法获得正常的视觉。在幼年时期失明或无法接触光线的人类也有类似的经历。这种对光线的剥夺使大脑与视觉建立联系的早期发展阶段受到损害。通过对动物的实验及某些人的个案研究，似乎可以证明早期的视觉刺激对于正常视觉感知的形成具有极其重要的作用。

特征检测

为什么出生后被剥夺了一段时间的正常视觉刺激后的动物和人类会有视觉问题呢？1981 年，因共同发现大脑在视觉中作用而获得诺贝尔奖的神经生物学家戴维·休伯尔和托斯登·威塞尔为我们提供了答案。他们记录了被剥夺视觉刺激的动物们的大脑活动水平，发现视觉皮质的很多细胞似乎不再发挥作用。而且，大脑视觉皮质的神经细胞之间的联系也更少。在一项研究中，研究者将猫的一只眼缝合，另一只眼保持睁开。当研究者拆除缝合以便使两只眼都发挥功用时，视觉皮质也只对没有缝合的眼睛做出反应。休伯尔和威塞尔在一些研究试验中记录了单个视觉皮质的活动，这使他们可以测量特定刺激对视网膜的效果。他们发现视觉皮质的某些细胞能够被一些明确的刺激激活。比如，一些细胞仅对特定的宽度做出反应，另一些细胞则只对特定的角度或轨迹清晰的运动有反应。一些细胞对垂直线做出反应，另一些则对水平线做出反应。如果那些做特征检测的细胞在生命早期未被激活的话，那么它们将永远不会发生作用了。我们的感知体系依赖特征检测来认识我们周围的一切，从有皮毛的猫到声音，以及人类的脸庞。

识别脸庞和物体

粗略估计一下，我们可以识别大约 3 万种不同的物体，其中一些物体有几十亿种不同形式。人脸就是一个很好的例子。作为个体，我们仅看到这个星球上的 60 亿副脸孔中很小的一部分。但是拿出 60 亿副脸孔做例子，我们都会毫无困难地辨认出来。不仅如此，我们还可以马上识别出我们所认识的几百副脸孔。可是，那些脸孔的差别有时非常微小，以至于我们无法用语言来形容它们的差别。如果从几十副相似的照片中挑出一副脸，你会发现你很难用语言描述它，除非这副脸孔有明显的标记，比如最近摔坏的鼻子。

那么我们是怎样识别脸孔的呢？这不是一个简单的问题。脸孔识别是非常复杂的过程，甚至精密的计算机做这件事都有困难。编程人员发现很难制订出一定的规则以便计算机能够检测出重要的特点，分辨出相似的组合。我们的感知体系好像有某种特征侦测器，它可以为视觉感知分辨出几十种重要的特征，比听觉感知分辨出的声音更多。

格式塔法则

识别像脸孔一样的复杂形式，或更复杂的脸部表情似乎需要一定水平的抽象能力和决策能力——这不容易解释。根据格式塔心理学家马克斯·魏特海墨（1880—1943 年）、考夫卡（1886—1941 年）、苛勒（1887—1967 年）的理论，我们不是感知个别的特征，而是整体特征。

格式塔理论的基础是整体大于局部的简单相加，曲调比单个的音符更重要。是各个部分组成的结构而不是线条、角度和组成部分的简单相加决定了图形是梯形、三角形、正方形还是汽车。我们的大脑似乎会对感官接收的信息做出最好的诠释，而且这些诠释经常反映出其他格式塔原则，如封闭性、连续性、相近性、相似性。

感知运动

当一个物体穿过我们的视野时，会在我们的视网膜上产生一系列的图像。但是如果我们在把头从左转向右的同时睁着双眼，你只能得到一系列视网膜图像，却不会看见物体运动，这是因为你的大脑抵消你的运动。同样，如果一个物体通过你，你的头部也同时随着物体运动，这可能无法在你的视网膜上产生图像，但是你的大脑再次抵消你的运动却使你知道物体在运动。旅行病是由于大脑从眼睛和内耳接收到令人疑惑的信息引起的。

期望的感官刺激与大脑感知的刺激之间的冲突导致大脑向身体

器官发出有冲突的信息。并不是所有运动都是真正发生的运动。比如，一系列静止的图片快速展示，就会出现运动的图像。有光的氖信号快速开关也会有相同的效果。还有很多假象，例如大脑对感知的解释所产生的图像。

⊙听觉

在所有感官中，听觉对于口头表达和避免感情孤寂是最重要的。很多动物种类都是更多依靠听觉不是视觉来交流、定位和生存的。海豚在黑暗的水中不能依靠它们的视觉，而它们实际上也不需要，蝙蝠也同样不需要。这两种动物都能够发出声波，声波碰到物体后，以回声的形式返回来。神经信号从听觉器官传递到大脑，这样它们就可以依靠接收到的信息得到外部世界的图像。尽管我们不知道它们从回声中创造的心理表征是什么，但是它们对运动出色的控制力

视觉错觉

我们所知道的和期望的事有时会对我们产生误导。以下是3个常见的视觉错觉，每一个都建立在观察的基础上。线条与角度会产生几何假象。在礼帽错觉（右）中，弯曲的线条暗示着距离，因此好像当帽檐宽时更高。波根多夫错觉（中）中，向一起汇聚的线条似乎高度各不同。距离向一起汇聚的线条外端最近的垂直线条似乎更长。穆勒－赖尔错觉箭头（左）似乎是右边的线条比左边的长。

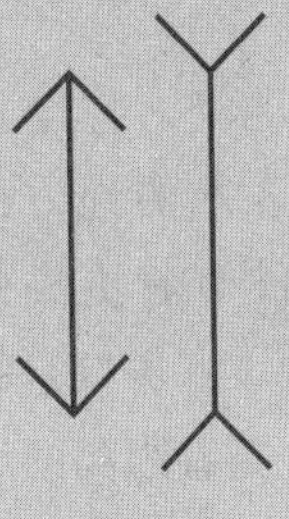

穆勒—赖尔错觉。平行线长度一样吗？

波根多夫错觉。斜线的高度都一样吗？

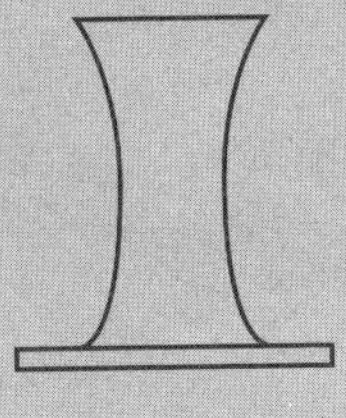

在礼帽错觉中，帽檐宽时更高吗？

⊙ 这些错觉都是利用大脑中的观测知识来诱使你误认为物体比它实际的样子要近或远。

显示出它们有着同人类一样复杂的空间意识。对于所有意图与目标，它们都可以看见，并能意识到它们周围的世界。尽管人类的心理图像比蝙蝠或海豚的心理图像更形象，但对于有听觉的人来说，声音为大脑开启了另一扇窗户。

产生声音的刺激

声音是我们对由震动引发的波动效果的感知。声波通常是由分子（包括空气分子、水分子和固体分子）交替收缩和扩张引起的。实际上，叫它声波是错的，因为我们对波动的感知是声音，而不是波动本身。

声波的产生与扩散就类似于你向平静的池塘扔下一块鹅卵石。如果你仔细观察，你就会看见水波如何从鹅卵石入水的地方产生，如何一圈比一圈大地向外散开。水波的产生有一个固定比率，它们每秒钟通过一些固定的点，这就是它们的频率。当波浪扩散时，频率不会发生改变。声波就像水波一样。声波的频率用赫兹来衡量。一赫兹就是每秒一圈或者说一次颤动。假如声音达到 16—2 万赫兹，人类的耳朵就能听到。超过这个频率的就是超声波，低于这个频率的就是亚声波。频率越低，我们感知到的音调就越低。

海豚发出的一些信号高达 10 万赫兹，因此人耳无法听到。而另一些信号低于 2 万赫兹，我们就可以听到。

◉ 向水中扔一块石头就会在平静的水面上产生扩散的波纹，这类似于声波的产生与扩散。靠近石头入水地方的水波比较远处的水波有更大的振幅。声波的振幅越大，产生的声音就越大。

再来看一下池塘，你会注意到靠近鹅卵石入水的地方的水波比较远的水波有着更高的顶点（更大的振幅）。振幅是一个波形的高度，它随着距离的增加而减小，直到波形完全消散。在声波中，振幅或者说是响度以分贝来衡量。0 分贝是人们刚刚能听到的最弱音。很高强度的声音是危险的，尤其长期接触高强度的声音就更危险。接触 100 分贝的声音超过 8 个小时会对听觉造成永久性损害，超过 130 分贝的声音会立刻损害听觉，而摇滚乐有 120 分贝左右。

我们向池塘中扔入两个鹅卵石会怎么样呢？水波会从每个鹅卵石入水的地方向外扩散，并相互碰撞、交织、翻滚，形成网状的小波浪。这些波浪不能仅用频率和振幅来形容，因为它们太复杂了。复杂性是声波的第三个特点。我们周围的声波通常不是单纯来自一个源的声波，更多的情况是几个声波的结合。我们对声波复杂性的感知就是我们所说的音高。声音的这种特性使我们能够分辨出是父母的声音还是其他人的声音。

耳朵的结构

鲑鱼和其他鱼类在身体两侧有着对压力敏感的细胞线（称为侧线），这些细胞线能使鱼类侦测到水中的振动和化学物质，是它们在水下的嗅觉和听觉。同样，一些无耳蜥蜴和蛇通过骨头，特别是鄂上的骨头感觉振动。但人类不像这些动物，我们有耳朵。

耳朵的可见部分是耳朵外部的耳郭。这是一块软组织，它像问号一样盘旋在我们的头部两边。而短小、充满蜡状物的耳道可以把振动从耳郭传向耳鼓。耳郭与耳道构成了外耳部分。

中耳是一个狭窄的、充满空气的腔，由 3 块小骨构成：锥骨的一端直接与耳鼓连接，另一端与砧骨相连。砧骨与镫骨相连。镫骨上 有一层小小的薄膜通向内耳。这里还有一个像欧氏管的通道，从中耳通向喉咙。

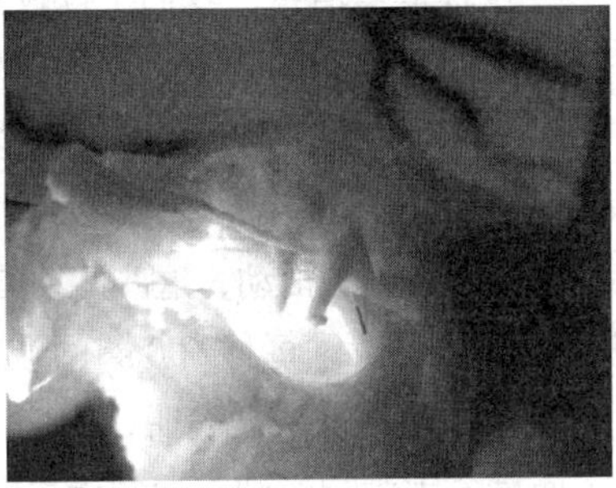

鼓膜，也就是我们所熟知的耳鼓，是耳朵的一部分，当声波进入耳朵时，它发生振动。图片中的小骨是中耳的锥骨，它通过砧骨和镫骨把声音从耳鼓传到内耳。

内耳包括一个充满流质的结构，形状像蜗牛壳，称为耳蜗。耳蜗向里伸展是基底膜，沿着基底膜是接收声音的毛细胞，它们构成了柯蒂氏器。

耳朵如何工作

外耳把空气分子搅动形成的声波通过耳道传向中耳的耳鼓，并引起耳鼓振动。尽管振动非常微小，但它能引起中耳内3块小骨头的振动，接着振动通过卵形窗传入内耳。卵形窗的运动促使耳蜗内液体的运动，从而引发基底膜的波形运动，再促使柯蒂氏器的毛细胞运动。当毛细胞弯曲旋转，就会激起底部的神经细胞。神经细胞的脉冲信号在通过听觉神经传给大脑的左右半球。

定位声音

我们的耳朵会在前后相差很短的时间里接收到许多声波。如果声音直接来自耳朵一边，0.8毫秒后，我们另一边的耳朵才会听到。最先听到声音的耳朵直接收到振动，后听到声音的耳朵所收到的振动强度也比较弱，因为这些振动已经在大脑中转换了很多次。如果振动直接来自头顶、前方、后方，双耳听到声音的时间和强度是一样的。但是耳郭的形状会以不同的方式改变声波，这取决于声波的方向。我们用3种线索来判断声音的方向：时间差异、强度差异以及振动从不同角度冲击耳朵所发生的变形。

感知音调

在日常生活中，我们不仅仅想知道声音来自哪里，我们还想了解更多同声音有关的事物。我们想知道声音是谁的，是歌声、是鸟叫，还是动物发出的。我们希望能够检测、学习和分辨声音。为此，我们需要能分辨音高（就像音乐中的高音和低音）。频率理论表明声波引起大脑的活动，这些活动是对声波频率的直接反应。

换句话说，每秒500圈的波动（500赫兹）将引发每秒500次的神经冲动。有证据表明，的确存在这种情况，但这仅对较低的频率而言，因为神经细胞通常无法每秒达到1000次的冲动。第二种解释叫作部位论，它告诉我们如何感知音调。高频和低频影响耳蜗的不同部分。如果耳蜗的底部很活跃，我们能听到较高的频率。如果耳蜗后部的上半部分比较活跃，我们能感知较低的频率。

听觉与语言

口语是对我们日常生活贡献最大的。语言帮助我们创造文化。语言可以在近距离也可以在远距离发挥作用，可以在白天也可以在黑夜发挥作用。语言在人类进化过程中意义无可估量，它对我们思考、解决问题的能力和适应能力的意义也是无法衡量的。在口语中，我们使用的声音是因为我们对它们的意义有广泛的共识。语言不仅包含听觉符号，而且也包含视觉信号，比如，你正在阅读此页的文字。口语依赖于我们的听觉，而听觉像其他感官一样，依赖于大脑的活动。来自两只耳朵的信息通过听觉神经传递给大脑的任意一边，我们的大脑听见并处理这些信息。处理声音可能就是分辨已经出现的声音或者分辨声音的意义。大脑如何把声音与意义联系起来仍需要仔细地思考，但是科学家确实知道这个活动发生在大脑的哪个部分。

有关大脑活动的研究

1861 年，外科医生保罗·布洛卡（1824—1880 年）碰见一位患有严重语言表达混乱症状的病人，他仅能说一个单词。这位病人死后，布洛卡对他做了尸体解剖，并发现病人左前脑皮质有一个区域有损伤。布洛卡正确地推论出，就是这个损伤导致了这名男子无法有正常的发音能力。大脑的这个区域后来被称为布洛卡区。

不久以后，神经学家卡尔·韦尼克确认大脑另外一块区域同产生语言能力的关系相对于其与语言理解力的关系来说更加密切。这部分区域称为韦尼克区域，也位于大脑的左半球。与韦尼克区域非常近的第三个结构，是角状脑回。研究人员普遍认为，相对于右脑来说，左脑对语言的作用更大。

事件相关电位

脑电图、断层摄影扫描仪、脑功能测试器能够给出整个大脑或大脑各个区域的活动信息。最近的一些研究都利用了这些先进的手段来侦测大脑的活动。比如，脑电图给出了大脑活动总体记录；断层摄影扫描仪显示了大脑不同区域的活动水平；脑功能测试器描绘了各种大脑结构的神经活动。

当对一个人进行特殊刺激时，我们会采取脑电图记录。它使我们可以侦测到大脑中与刺激直接有关的电子活动，这种活动被称为事件相关电位。事件相关电位现在是大脑研究领域中最重要的变量（变量是指事物的价值易于发生变化）。许多涉及事件相关电位的研究都使用听觉刺激。一些研究表明，大脑左半部分对口语的反应及与产生语言相关的反应比大脑右半部分强。而听觉刺激中的事件相关电位在大脑左右半球都出现。当一只耳朵接收到信号时，在相反大脑部位中的事件相关电位更强烈。这些发现支持了语言主要与大脑左半球相关的观点和反侧主宰的一般原则。

反侧主宰意味着身体某侧（左或右）的接收及控制中心是在大脑另一边的半球（右或左），就像视觉区域与大脑的关系一样。尽管我们知道布洛卡区域涉及产生发声能力，韦尼克区域涉及理解发声，但事件相关电位的研究表明大脑的许多区域都参与这两个过程。语言背后的神经结构是复杂的，而且不太明晰。比如，听觉信号产生的事件相关电位最早发生在脑干中，然后是其他几个大脑区域，最后才是听觉皮质。而且，事件相关电位不仅是对外界刺激的反应，独立于外界刺激的思考和感情也能引发事件相关电位。比如，当一个人期待一个信号时，就会出现事件相关电位。事件相关电位的研究仍旧处于早期阶段，但是它可能最终会告诉人们更多的有关参与不同的感知、心理、物理过程的大脑特定区域的知识。

⊙触觉、味觉和嗅觉

我们的世界不仅仅只有声音、颜色和运动，它还有气味、味道和质地结构。周围的世界有时酷热，有时寒冷，有时充满痛苦。它可以垂直、倾斜、颠倒。我们有时也会处在倾斜和颠倒的位置。幸运的是，我们有其他一些感知体系和其他能发挥作用的感官，这使得我们的大脑可以了解有关我们周围世界的这些事情。

身体感觉

我们对视觉器官和听觉器官的了解比对其他器官的了解要多得多。特别是许多研究都集中在视觉研究上。这一方面归因于视觉与听觉在进化过程中明显更加重要，尤其是在交流和运动方面。另一方面在于研究其他感知体系比研究视觉、听觉更困难。但是这些感知体系对于我们身体功能也非常重要。举例来说，身体感觉（也称为体觉）对于到处走动、对于保持身体垂直或了解身体位置、对于避开那些可能伤害甚至杀死我们的事物来说都是必不可少的。

触摸：触觉体系

“触觉的”一词源于希腊语“能够抓住”，因此可以作为触觉的意思来使用。触觉感知体系也称为皮肤感觉，它们由各种接收器组成，这些接收器可以告诉我们身体接触的信息。一些接收器对压力非常敏感，另一些对冷热做出反应，还有一些让我们产生痛苦的感觉。这些感觉依赖于1000多万个神经细胞，它们拥有神经末梢或接近表皮（皮肤最外层）。位于脸部和手部皮肤的接收器比身体其他部位要多，因为脸部与手部是最敏感的区域。这些区域的敏感性可能是为确保物种的生存而慢慢进化来的。

压力

压力接收器在身体各部分的分布是不均衡的。两点阈限程序很容易证明这一点，让人在两点范围内轻触你身体的不同部分，同时逐渐改变两点之间的距离。压力接收器越集中的地方，你越能感受到这两点紧密靠在一起，而不是只有一点。在不太敏感的区域，这两点感觉起来就比你单独触摸起来要相距远些。对大多数人来说，手指尖的两点阈值大约是0.2毫米。前臂上的两点阈值是其5倍，再往后阈值更大。这些对触摸敏感性的测试只是近似值，它们也没有完全反应一个人对突如其来的刺激的正常敏感性。这是因为当我们预料到一次接触或振动时，我们会特别敏感。我们对毫无准备的刺激就比较迟钝，不那么确定。

温度

两种不同的感受器使得我们可以感受温度的变化。一种感受器对热敏感，一种感受器对冷敏感。冷敏感器的敏感度是热敏感器的5倍。同我们对压力的敏感度一样，我们对温度的敏感随着年龄的增大而降低。脸部是对温度最敏感的地方，手足最不敏感。当温度下降时，冷接收器兴奋度提高，当温度升高时，热感受器的兴奋度提高。如果我们想保持身体的温度在正常的范围内，冷热感受器提供给大脑的信息就必不可少。大脑通过发出使血管膨胀的信息调节我们的温度。当我们太热时，大脑增加排汗；当我们太冷时，大脑使血管收缩。如果这些措施还不够，我们的温度感受器继续发出我们太冷或太热的信息，我们的大脑会建议我们烤火或跳进充满冷水的湖中。

疼痛

压力接收器能够快速地适应刺激。当你从头上穿上毛线衫时，你能感受到它轻柔的压力，但几分钟后，你就不会感受到它。与此相反，疼痛感受器不会那么快适应刺激。这通常很有用，因为疼痛是某个地方出错的信号。疼痛的功能之一就是阻止我们去做对我们有害的事情，如在碎玻璃上行走或靠在发烫的炉子上。压力、热度、某些化学物质对神经末梢的刺激都会产生疼痛。身体的一些特定区域，像膝盖后面、臀部、颈部等，比鼻尖、拇指根或脚底等区域包含更多的疼痛感受器。而且，内部器官也有疼痛感受器。当他们受到刺激时，我们感到内脏疼痛即内部器官疼痛。在远离真正疼痛根源的其他身体部位我们也会感受到内脏疼痛。比如，心脏疼痛的人会在手臂、脖子或手部感到疼痛。

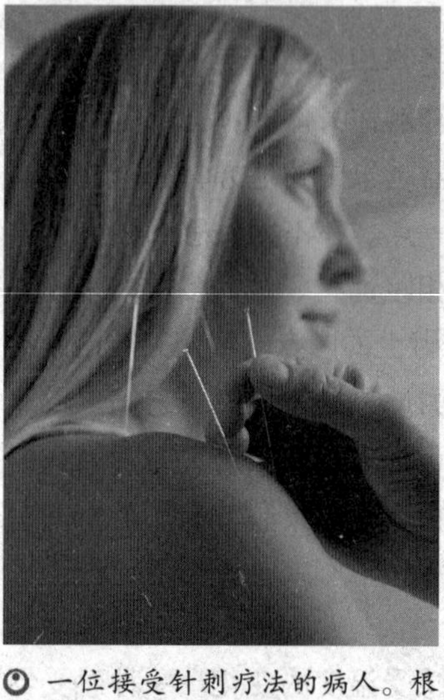

一位接受针刺疗法的病人。根据有关学说，向身体插入一根针并控制它们，可以刺激中脑的神经元并阻止痛感传递。

两种特征鲜明的神经纤维链把痛感传给大脑。一个速度快，一个速度慢。每种都导致不同的痛感。当你弄伤你的手或踩在荆棘上时，你所感受到的瞬间的剧痛由快速神经纤维链传导。强烈的、持续的疼感迅速传到大脑，因为它的功能是让你迅速离开引起疼痛的地方以避免更严重的伤害。它引起的反应是急速的、自发的。第二种类型的痛感通过较慢的神经纤维传导，它引起隐约的疼痛，即使你离开引起疼痛的地方，它还是存在。

马尔札克—瓦尔提出的闸门控制学说对大脑如何处理疼痛提出解释。他们认为，当连接疼痛感受器与大脑的神经细胞被激活时，我们就感到疼痛。那些称为刺激C纤维的神经细胞通过一系列“闸门”到达大脑。但是，那些“闸门”不是一直都完全敞开的，有时会彻底关闭。这是因为有另一种称为刺激A纤维的神经细胞能关闭一些“闸门”，阻止疼痛信号传给大脑。传递疼痛信号的刺激A细胞的传输速度快于阻止痛感的刺激A纤维。这就解释了为什么我们伤害自己时，我们会感到强烈的疼痛。“神经闸门”涉及中脑的一部分区域，此区域的神经细胞抑制了那些通常可以传递从疼痛传感器接收痛感的细胞。当神经细胞活跃时，“神经闸门”就关闭，反之，“神经闸门”就开放。“闸门控制”理论也可以解释为什么针刺疗法可以缓解疼痛。如果针刺疗法是有效的，那么针的插入与活动可以刺激A纤维阻止疼痛信号的传递，然后关闭“神经闸门”。这个理论有时也用来解释幻觉肢体疼痛。

化学知觉

味觉和嗅觉在生物学意义上特别重要。它们的功能之一就是防止我们自己毒死自己，另一功能就是诱使我们进食。这两个功能对于生存都是必不可少的。使我们能够闻的器官是嗅觉上皮细胞，它位于鼻腔的上部。嗅觉上皮细胞表面覆盖着一团类似头发结构的纤毛。这些纤毛可以对溶解在黏液（稠且黏的液体）中的分子做出反应。这些分子成线状排列在鼻腔中，可以把神经冲动直接传递给位于嗅觉上皮细胞上面的大脑前下侧一个小突起——嗅球。

包括人类在内的许多动物的鼻孔都是向下倾斜的。这样有两个明显的优点：首先热的物体发出的气味是向上的，开口向下的鼻子就比较容易捕捉到气味。第二，鼻孔向下，鼻子就不会被雨水或空

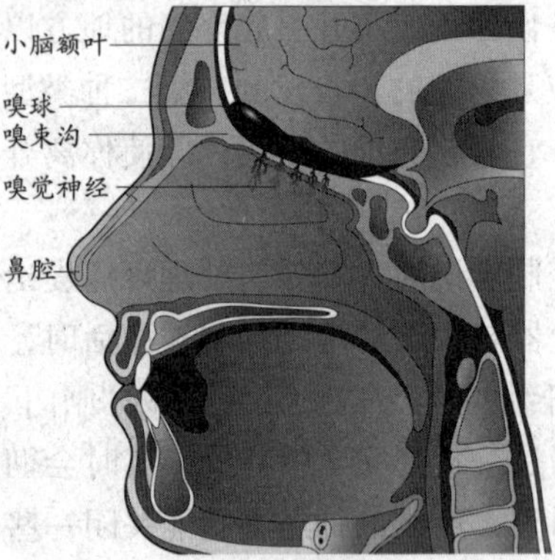

鼻子的侧面图，展示了嗅觉上皮细胞和嗅球。察觉气味的能力依赖于一种类似于头发的细胞扩展物——纤毛，它组成了嗅觉上皮质。参与嗅觉的大脑器官——嗅球位于紧贴嗅觉上皮质的正上方。

中落下的物体阻塞。

有关气味的词汇是模糊的。我们不容易分辨相像的气味，但如果有强烈的类似的气味作比较，我们就比较容易区分。尽管有许多方法区分气味，可没有一种是大家公认的。不过，研究表明人类对气味有强大的回忆能力与联想能力。此外，尽管我们描述气味的词汇比较贫乏，可我们能够区分超过1万种不同的气味。人类的嗅觉远远没有动物的发达。人类大脑只有很小的一部分参与嗅觉，而狗的脑皮质有1/3参与嗅觉。一些科学家估计狗的嗅觉能力比人类强大100万倍。

味觉

我们已经知道嗅觉依赖于溶解在黏液中的空气分子引发与感受器细胞的联系。味觉则依赖于环绕在对味道敏感的细胞周围的液体中的化学物质。这些对味道敏感的细胞就是舌头上的小突起——味蕾。味蕾上有圆形的小孔，溶解的化学物质通过这些小孔能够到达味觉细胞。味觉细胞的生命周期为4—10天，之后细胞死去并再生。随着我们年龄的增长，味觉细胞的再生速度会变慢。人们有时会向食物中加入更多的盐和胡椒来弥补他们越来越少的味觉细胞。

我们有关味道的词汇和有关气味的词汇一样贫乏。当问及某物的味道像什么时，我们都会将其与其他类似的食物作比较。否则，我们就会简单地回答说它是甜的、酸的、咸的、苦的，或者这几种味道的结合。心理学家普遍认为酸、甜、苦、咸是最普遍的味道。而且，舌头的不同部位似乎对这4种不同的味道有不同敏感度。这不意味着我们对这4种味道有不同的感受器，而是感受器对4种味道的结合做出反应，尽管不清楚这种结合会留下何种味道印象。

我们对味道的感觉只有部分来自舌头。无嗅觉的人不能像大多数人那样品尝食物。实际上，在品尝食物的过程中，嗅觉比味蕾的反应更重要。当我们紧紧捏住鼻子，咬一口苹果和洋葱，我们就不能分辨出两者味道上的差别。温度和质地也会影响味道。冷的马铃薯泥与热的马铃薯泥味道不一样。味道的好坏也依靠经验。在特定的文化中，幼虫、甲虫、肠子、鱼眼、驯鹿的胃、动物的脑子被认为是美味佳肴。各种汉堡和炸土豆条等垃圾食品对于有些人来说就不太好吃。味道的偏好也会随着年龄的增长发生变化。

⊙ 一名香料商正在测试香水。人类可以分辨出 1 万种不同的味道，但是却没有丰富的或者准确的语言来描述它。

视神经的 80 万根纤维向大脑传输的信息量如此集中，以至于它们被认为是宇宙里最密集的运输通道。

2. 感觉记忆

如果没有情感活动为记忆提供材料，记忆就根本不会存在。我们所称的嗜好（事实上是你的偏好）是个人味觉长久积累的结果，只不过我们没有意识到这一点。这个过程形成了一个人最初级的感觉以及相关的情绪，并进一步塑造了人作为个体的特征，而且还在继续为人的感觉和情绪增加新的内容。对你过去所经历的一切，无论是欢乐的、期待已久的，还是讨厌的、害怕的、唯恐避之不及的，你的整个身体都是这些感觉的真实记录。

⊙味觉

人并不是一出生就有饮食上的个人偏好的。童年时周围环境所提供的选择，还有个人经历，都能影响一个人对食物的偏好。比如说，如果你不喜欢吃香蕉，是不是跟你小时候曾经看到过捣碎的香蕉泥很快变成了棕色有一定的关系呢？任何事件，如果用食物来加以纪念，就都会借助食物的滋味而被铭记于心。简而言之，人对食物的偏好是由后天的培养决定的。

⊙触觉

运用触觉时，我们就回归到生命最开始的状态，也回到了记忆最原始的来源。我们对触觉和身体接触的体验，根植于我们还在子宫里时与母亲身体的联系。

⊙嗅觉

作为一种早期的交流方式，嗅觉也和人的情绪有很大的联系。嗅觉总是包含有情感尺度：对一种气味，我们不是喜欢就是讨厌，而且嗅觉也能像味觉一样唤起记忆。你所想起的某种气味总能打开你的记忆之门，那些或喜或悲的片段、热巧克力的气味、野餐时烤肉的气味，甚至是牙医诊所里的气味。即使气味被尽量压抑，我们仍然能跟随鼻子的本能，接受无法预料的影响。商人们深谙其中的门道——他们利用新鲜面包或是鲜花等人造的香气来吸引人们购买他们的商品。

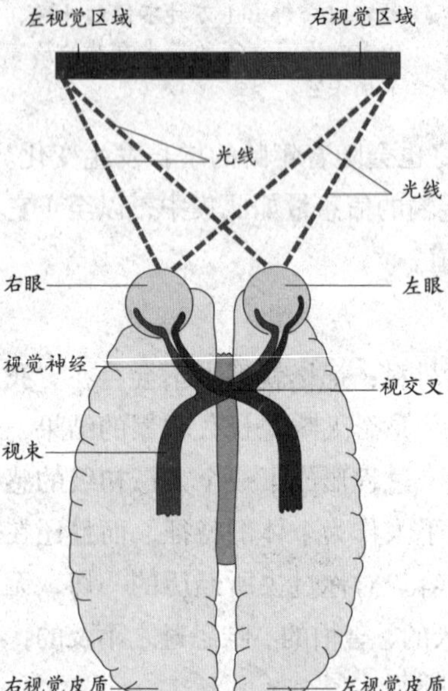

⊙ 左视觉区域的图像被传递给右脑，右视觉区域的图像传递给左脑。视觉皮质对这些图像进行诠释、修正。

⊙视觉

视觉能够丰富你和周围世界的联系。通过视觉，数以万计的事实被大脑记录。对身边的面孔、色彩和食物的记忆就体现了视觉记忆的能力。我们都需要亲眼看才能记住一个物体，有的人尤其依赖视觉来记忆。不过，视觉也是有选择性的，因为它跟个人感兴趣的领域有关。有的人更容易记住人的面孔，而有的人更容易记住颜色或风景。同时，人们更倾向于看到具有欢乐、新奇或是恐怖特点的事物。附带有情感因素的形象要比平庸老套的形象更利于记忆。

⊙听觉

听觉是交流中使用最多的感觉手段。能够听到谈话、音乐还有鸟叫是至关重要的。听觉记忆也附带有情感因素。听到熟悉的电影插曲时，人们会回想起电影中的经典镜头；听到父母亲切的话音时，人们会回想起儿时的温馨片段。当你在厕所或浴室里唱歌时，你也在使用听觉记忆。因为你已经不自觉地记录了一系列的声音，它们都能够在记忆中重现。当然，拥有良好的听力记忆，对一个音乐家来说是非常关键的，否则，他将无法正确地演奏乐谱，发出协调的音调。

记忆是如何运作的

1. 剖析记忆

大脑和整个神经系统因其复杂性，长久以来一直属于不可被认知的领域。但随着现代科技的发展，神经生物学家已经能在人类的记忆深处遨游。

记忆功能的正常运转需要整个神经系统的参与，神经系统负责传递并处理感觉信息。感觉信息影响着我们的情绪、行为（比如语言）和个性，以及记忆的特殊性。

⊙神经系统

神经系统由周边神经系统和中枢神经系统两部分组成，神经网络遍布全身的各个部分（皮肤、肌肉、关节等），包括所有的器官、腺体和血管。神经系统将外界的信号（视觉的、听觉的等）传递给大脑，使人体以运动的方式反馈回应。例如，大脑将听觉

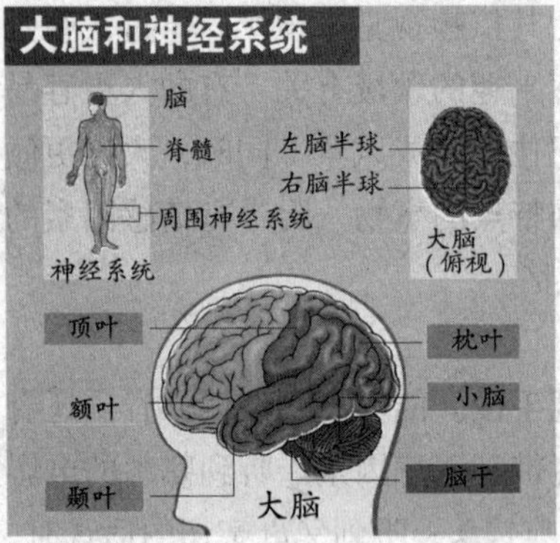

● 中枢神经系统由脊髓和脑组成，大脑的每个部分都与一个确定的功能相结合。

信息解码后，回应的动作才能被组织起来。并不像我们想象的那样，大脑是中枢神经系统的唯一构成物。

⊙大脑，中央组织者

中枢神经系统由脊髓（位于脊柱中）和脑组成。脑被封闭在头骨中，包括小脑、脑干、间脑和大脑。小脑位于大脑的后面，是运动的控制中心。脑干在脊髓的上方，也是一个关键部位，因为它是循环系统、呼吸系统、觉醒和体温的控制中心。

大脑左半球与右半球通过一个称为胼胝体的结构连接起来。右脑半球负责接收触觉信息和控制左半边身体的运动，而左脑半球负责接收触觉信息和控制右半边身体的运动。每个脑半球都以复杂的方式分析听觉信息和进行思维，它们在一些特定的行为中扮演着重要角色。例如，左脑半球控制语言，而右脑半球参与分析空间位置和掌管面部表情。

⊙当感觉到达大脑时

脑半球的表面被许多脑回缠绕包裹着，并被几条沟分成 5 个主要的区域：枕叶、顶叶、颞叶、额叶和岛叶。岛叶隐藏在外侧沟深处，参与调节感觉信息。

枕叶、顶叶和颞叶位于脑半球后部，分别控制一项或几项感觉功能：枕叶负责视觉，顶叶负责触觉，听觉、味觉和嗅觉由颞叶负责。当然，它们之间的连接部分可以交换、比较和修改各自所带的信息。

额叶位于大脑前部，占了整个大脑的 40%，是一个专门负责复杂行为的区域，管理着个性、创造力以及精密的认知行为，比如计划、策略、组织、预测等。

⊙每种类型的记忆由其对应的大脑区域负责

根据所涉及的是要记住一条新信息，还是回忆过去的时间、地点或是以往学过的知识、经历的感情，记忆功能所要求和利用的环路是不同的。

⊙短期记忆

短期记忆的每个组成部分都与不同的大脑区域相连，语音圈与大脑左半球的顶叶和额叶区相连，视觉—空间记事区位于大脑后部，中央管理者可能与左脑半球的额叶联系着。

⊙陈述性记忆

对新信息的学习和巩固发生在两个巴贝兹环路里，其中一个位于左脑半球，另一个在右脑半球。这些环路由大脑内部的海马脑回和扣带回构成，属于大脑的边缘系统。以前，我们以为这些环路与感情环路是一样的，但事实上是扁桃核结构给记忆装载了感情。左脑半球的巴贝兹环路用来记忆由语言带来的信息，比如阅读或听到的句子；右脑半球的环路用于记忆空间信息，比如路线和抽象的图像等。两个环路又互相联系在一起，实现紧密的合作。

记忆的重组需要通过不同的环路，因为不同的记忆对应着不同的神经元网络。诱发性问题能提供回忆的线索，从而引导我们通向记忆库并实现记忆的有意识再现。但是，目前科学家还不是很了解这个过程的具体情况，只是知道与实际事件的地点和时间相关的线索保存在额叶中。记忆的再现分两步实现，首先靠额叶与颞叶区域的激活来重建，然后由脑后区保存。左颞—额叶区的损伤会造成整体认

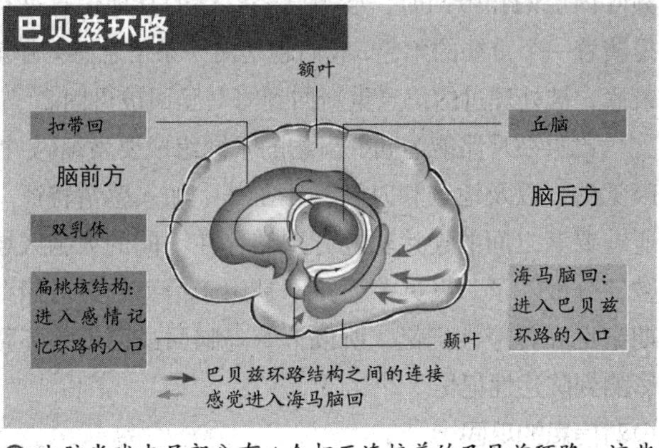

⊙ 大脑半球内层部分有4个相互连接着的巴贝兹环路，这些环路用于对新信息的学习。

知的困难，对应的右边系统的损伤则会造成个人记忆的残缺。

⊙程序性记忆

我们通过反复学习所获得的行动、习惯和技能，构成最基本和最原始的记忆形式。运动习惯的形成归功于3个大脑区域之间的相互联系，它们以间接的方式参与对运动功能的控制：小脑、大脑深处的区域（纹状体和丘脑）和顶—额叶的局部。

⊙感情环路

给记忆加上感情色彩能够调整行为适应各种状况。例如，当我们看到蜘蛛时会恐惧、惊叫、逃脱或采取防御行为。这种感情的“着色”通过一个特殊的环路得以实现——扁桃核环路。构成感情环路入口的扁桃核结构与大脑的其他众多区域都相关联，它接受来自所有感觉区域的信息，也与控制本能（比如饥饿、干渴、欲望、愉悦）的海马脑回联系着。这一结构还与控制自主神经系统的脑干区域相连，调节心脏和肺部功能，以及皮肤的反应，这就解释了为什么恐惧和愉悦总伴随着心跳加速、呼吸加快、过量出汗和皮肤泛红。

⊙对新信息的学习

巴贝兹环路的入口是海马脑回。信息从海马脑回出发，通过双乳体和丘脑（这两个大脑区域使得信息得以长时间保存），当经过额叶内层的扣带回时，会与已经存储的其他信息进行比较。扣带回扮演着一个重要的角色，我们越是对一条信息感兴趣就越容易记住。最后，被处理过的信息重新回到海马脑回被巩固。

巴贝兹环路能为同一事物的不同组成要素编码：视觉的、听觉的、嗅觉的，以及地点和时间，并在其中加入感情特征。神经元网络将所有要素之间的连接轨迹分别储存在不同的大脑区域中，于是记忆被“分散”了。巴贝兹环路不是用于信息的最后储存，也不干涉短期记忆和程序性记忆，所以，海马脑回或巴贝兹环路的损坏将只会影响到陈述性记忆。

⊙对信息的巩固

可以通过新的学习或者简单的重复来巩固已被储存的信息，例

记忆和好奇心

无可否认，好奇心是一个坏毛病。但另一方面，在提高我们记忆力的时候它又是一个真正的优点。好奇说明一个人有很广泛的兴趣。这是保持良好记忆力的最好的办法。对比之下，只对一两个特殊领域感兴趣对记忆而言就不是一件好事。

如为了记住一首诗而反复背诵。在连续重复时巴贝兹环路扮演着重要角色，颞叶会逐渐加强分布在大脑中的不同元素之间的联系。

2. 记忆的细胞机理

记忆能力与大脑区域的面积无关，也与细胞数量无关，包括最重要的神经元细胞，而是取决于神经元之间接合的数量和性质。

神经系统是由几十亿个功能不同的神经元构成的。感觉器官的神经元把来自周围神经系统的信息（视觉、听觉、味觉、嗅觉、触觉）传递到大脑，而运动神经元把它们传向相反的方向以控制肌肉。大脑本身也是一个复杂的神经元网络，用于整合感觉信息，并决定做出何种回应。

为了弄清楚记忆所依赖的生理和生物化学机理，首先必须了解单个神经元是如何传递信息的，以及与其他神经元是如何接合的。

⊙神经元和突触

神经元是一种特殊的细胞，能够更新、传递和接收电脉冲，或者更确切地说是生物电，因为这种电现象产生于活的生命体。电脉冲（称为动作电位或者神经冲动）先在一个神经元内部传递，然后在构成整个神经系统的网络中传递，某些神经纤维每秒能够传输150米。

神经元细胞体包括细胞核、树突和轴突。轴突是一个单一的延长部分，长度从1毫米到1米不等，在末端都形成球状。动作

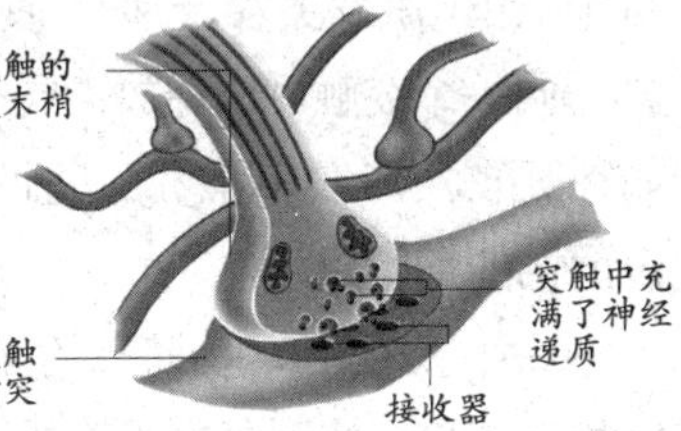

⊙ 借助特殊的化学分子——神经递质，突触得以保证神经信息从一个神经元传递到另一个神经元。

电位通过轴突被传递到位于另一个神经元表面的接收器上，连接两个神经元的“接合”区域称为突触，根据其承担功能的不同，每个神经元与其他的神经元通过1000—100000个突触连接在一起。

⊙信息如何传递

细胞膜起着划分电势能的作用，细胞外部为正，细胞内部为负。有些细胞称为应激细胞，如神经元，这种细胞能够产生动作电位，一种和正负电极转换有关的生物电刺激。在千分之几秒内，大量汇集在细胞膜上的钠离子（正离子）进入细胞内，迅速改变细胞内外的极性，使得细胞内部变成正极，外部为负极。

⊙为信息编码

动作电位差约为100毫伏，它们的频率随着需要传输的信息的变化而变化，刺激越强烈频率就越紧凑。动作电位就像一种简易的莫尔斯代码，由简单的符号与停顿组成，或像只使用0和1的计算机二进制语言。

⊙从一个神经元传递到另一个神经元

动作电位通常在树突的表面产生，延伸到整个细胞体，直到轴突的顶端，表现为生物电形式的信息通过突触从一个神经元传递到另一个神经元。

当动作电位到达前突触的轴突末梢时，化学分子——神经递质被释放到两个神经元之间的突触空间中。随后，化学分子固定在后一个神经元的接收器上，引起化学反射串，在第二个神经元里促发动作电位（激发突触传递），或反之，阻止动作电位（抑制突触传递）。

同一个突触可以释放不同类型的神经递质，至今已发现100多种，如谷氨酸、γ-氨基酸和乙酰胆碱都出现在与记忆相关的大脑活动中。

⊙记忆的细胞机理

一个人在出生时拥有约400亿个神经元，它们之间通过众多突触相互连接，特别是在大脑中。神经元网络随着生命的进程而改变，一些连接将被巩固（例如通过学习），另一些则被消除。这就是我们所说的神经元和大脑的“可塑性”。

然而，人类神经系统如此复杂，以致无法研究记忆的细胞机理。目前，关于这个领域的大部分研究，均来自对无脊椎动物或者某些哺乳动物的最简单的神经系统的研究。

⊙习惯化和敏感化

某些海洋蛞蝓的神经系统是最常被研究的对象之一，它由分布在10个神经节上的20000个神经元组成。这些神经元直径可达1毫米，对其染色有助于对它们的分辨、操作和观察。

当我们碰触蛞蝓位于腮下的排泄口时，它会紧缩，同时腮片也会缩到外壳里。如果不断重复这个生理刺激，排泄口的收缩程度会随着时间减弱（习惯化），腮片也越来越放松。在我们自己身上做类似的实验会出现什么现象呢？电话铃声先会让我们吓一跳，之后，我们对电话铃声的反应越来越弱。在另一个实验中，我们在触碰蛞蝓的排泄口时，如果同时用弱电点触它的尾部，它的运动反应会加强（敏感化）。

⊙长期协同增效作用

在蛞蝓身上观察到的反应从几分钟持续到几小时，甚至在停了几天之后再进行刺激时，又能够持续几个星期。在显微镜下可以看到，神经递质的自由度在神经元接合的突触上被潜在作用增强了，同时发生生物电的变化，这从本质上影响到神经元的应激性。我们称这一效应为长期协同增效（或抑制）作用，“长期”的定义与神经元应激性的持续时间有关，而与记忆形式无关。

比方说在敏感化作用中，两个优先结合的神经元被同时刺激，后突触的神经元会增强其应激性（协同增效作用），或恰恰相反，造成应激性减弱（协同抑制作用）。

在哺乳动物的某些大脑区域也观察到了类似的现象，特别是在海马脑回和小脑中。而海马脑回直接作用于记忆，小脑则影响运动功能。

⊙短期记忆：生物电的改变

生物电的改变是构建短期记忆的基础，这一现象能从一个更微

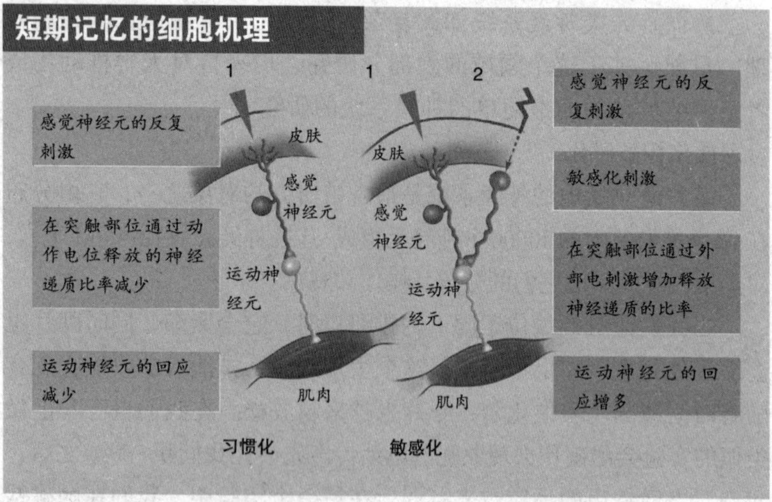

⊙ 对无脊椎动物（如海洋蛞蝓）的研究证明，有两种类型的适应：习惯化，由感觉神经元的重复刺激引发；敏感化，由在对感觉神经元刺激时连接外部电刺激引发。

观的层面上找到解释：分子说。

在习惯化的实验中，我们观察到神经递质释放的比率随着时间的推移而减少；而在敏感化实验中，这个比率会增加。记忆被解释为，通过突触的包含神经递质的突触小泡的数量的变化，这种变化直接与细胞间钠的变化有关。像长期协同增效作用这样的生物程序是极其复杂的，研究人员已发现了几十种在这些程序中作为媒介或调节者的分子，如接收器 AMPA 和 NMDA、蛋白质 G、蛋白酶等。

⊙长期记忆：神经元结构的改变

如果生物电的改变能够作用于短期记忆，那么如何能够“决定性”地储存记忆呢？又如何在神经元上加固记忆呢？对于长期记忆，仅仅是生物电临时的和可逆的改变是不够的，是基因发挥了作用。事实上，对一个神经元的重复刺激将引起处于细胞核内的某些特殊基因的活化，于是真正的“加工”便开始了。

第一步，基因活化将引发大量蛋白质的产生，这些蛋白质用于形成接收器和能够保证持久强化神经信息传递的元素。

第二步，在重复刺激的作用下，基因活化产生的新的蛋白质将参与神经元自身的增生。这些蛋白质首先在树突的顶端形成许多刺状物，刺状物在伸长的同时又产生新的树突，并与其他神经元建立新的连接。如此发展，就形成一个新的特殊网络，这些神经元结构的改变就是长期记忆的细胞基础。

3. 从巴甫洛夫的狗到大象的记忆

从蜜蜂到候鸟、猩猩、大象，动物表现出强大记忆能力的例子比比皆是。

今天，生物学家甚至在最初级的生物体上（比如海绵）都发现了一种记忆，即记录环境的改变。而高等脊椎动物利用记忆的能力，有时候可以与人相比。每天与动物打交道的人，比如狗或者猫的主人，常遇到这类的范例。100 多年来，科学家对动物记忆的探索取得了巨大的进步。

⊙令人惊讶的实验

俄国生理学家伊万·巴甫洛夫（1849—1936 年）曾做过一个著名的实验，他还因此获得了 1904 年的诺贝尔奖。实验证实了狗能对刺激做出反应：如果在喂食时摇铃，那么几次实验之后，只要铃声响起，狗就会流口水。如今，就我们看来，这个实验既平常又没什么价值。

⊙只懂得“学舌”的鹦鹉

现今最会说话的鸟是加蓬一只名叫亚历克斯的灰鹦鹉，它能够复述所学的所有词汇。20 多年来，它不仅记住了 50 多种物体的名字，还学会了辨别类属，比如形状和颜色。如果向亚历克斯展示两个用木头做的三角形，一个绿色一个蓝色，当问它两者的相似之处时，它会回答说“形状”，然后补充说“材料”。

⊙专为海狮设计的实验

为了证明海狮能在记忆中长时间保存较少见到的猎物的图像，加利福尼亚大学的两位生物学家用了十几年的时间训练并测试了一

> **记忆和刺激**
>
> 药店和保健品店是各种提高记忆力的药物和配方的最大供应商。他们所供应的诸多相关的非处方类药品，号称能增强记忆力，甚至能预防这方面的疾病。对此我们应该如何看呢？一个不幸的事实是真正的记忆良药根本就不存在。那些广告宣传的所谓的“灵丹妙药”，成分只不过是一些维生素，其中有维生素 C（据说它能增添活力，促进血液循环），还有矿物质，通常声称是从一些奇异的据说有魔力的植物中提取的（例如银杏叶、人参、大豆、木瓜等等）。不管什么配方，很多这种类型的药被证实都毫无效果。

头名叫瑞欧的母海狮。在 1991 年期间，研究人员先让瑞欧学习一些符号、字母和数字，然后让它从众多的卡片中辨认出所学过的东西，每一次辨认成功就给它一条鱼作为奖赏。随着时间的推进，学习内容也不断增加。10 年后测试时，研究人员向它展示了以前从来没有见过的符号、字母和数字，然而它竟然能将新的元素分辨出来。对这种令人惊讶的记忆能力，生物学家解释为，海狮在每个季节都会遇到种类繁多的猎物，它们都能够认出来。

⊙自然界中动物的记忆

动物生态学的研究人员对自然界中动物行为的研究，不仅局限于孤立的个体，他们同时也研究了动物间传递知识的可能性及其方式。

⊙灵长类动物的特殊能力

黑猩猩比较有团队精神，群居数量可达到 100 多只。这些“社会”或者“社区”在生产某些工具方面可以实现专业化，例如，一些黑猩猩专门使用某种形状的树枝捕捉白蚁，而另一些黑猩猩则专长于捕捉黑蚁。我们在一个“社区”观察到，一些黑猩猩借助石头或者木块来砸核桃，而其他“社区”里的黑猩猩却没有掌握这种技巧。20 世纪 70 年代，动物生态学家发现日本一种猕猴懂得用海水清洗块茎里的沙子以改善块茎的味道。经过反复的观察，研究者还发现了黑猩猩对药用植物的使用情况。一只母黑猩猩在腹泻时吃了一种含有抗生素的合欢树的树皮，而这之前黑猩猩群里的其他成员并不知道这种植物的功用。但不久之后，合欢树的这种功用便在群体里被记住并传播开来。

⊙“从母亲到子女”：大象和鲸

对于大象和鲸，知识是通过“从母亲到子女”的方式进行传递的。一个家庭中，老年雌象教导年幼的象了解地理知识，即迁徙过程中的安全区域和危险区域。同样，年长的雌鲸能够记住那些“有危险”的船只，并告诉小鲸鱼毫无恐惧地去接近那些安全的航船。

研究人员推测，大象家族能够在100多年的时间内都带着“集体记忆”，从雌象的成熟，直到它们最小的孩子死去。对于幼象来说，年长的雌象就是一部在它们的生存环境中求生的百科全书，除非一个猎人过早地结束了这个传递之源。

⊙借助游戏训练狗

狗一直有种作为人类的伙伴的天赋，通过人类的选择，这种天赋能得到更好的发展。英国的驯狗师通过一系列的训练来调教他们的伙伴，当收到“蹲下”或“睡觉”的命令时，狗便会卧下来并保持不动。接受过特殊训练的狗对人类有很大的贡献，雪崩救人、清除碎瓦、寻找毒品或炸弹、帮助残疾人、表演杂技等。为了获得良好的效果，驯狗师需要不断地激励自己的伙伴，使它们乖巧地服从命令，通常借助游戏和奖励能达到这个效果。对被训练的狗来说，仅服从命令还不够，讨主人欢心也是必不可少的。

4. 想象力——记忆的来源

记忆是一种生物过程，在这个过程中，信息被编码、重新读取。它使人类个性化，在动物王国里与众不同。

知道记忆究竟是什么以及它是怎样运作的，对开发人类的记忆力很重要。记忆力的形成需要特定的“路径”。记忆的形成取决于多个因素，而想象力参与了记忆的每个过程，因为正是它为记忆提供了所有的心理意象。它的创造力更体现在对储存在记忆中的信息能够有效地加以利用，以及在深刻理解现实的基础上进行的各种活动。但是它也会受你的期望或是挫折的影响，所以要有节制地放任想象力自由驰骋——它可能会带着你脱离轨道，最终导致错误的判断，甚至是失败！

18 世纪，法国作家伏尔泰是这样定义想象的："它是每个有感知能力的人都能意识到他所具有的、在脑海中再现真实物体的能力。这种能力取决于记忆。我们能够看到人类、动物和花园，是因为我们通过感官接收到对它们的感知。记忆将这些感知信息保存起来；而想象把这些信息组合在一起。"

现代心理学证实了这个观点。想象力为记忆的主要组成部分——大脑形象的构成做出了很大的贡献。还有观点认为想象力具有利用以前记忆的信息进行复制再现的功能。另外，想象力还有再创造的能力，它可以重新排列大脑中已经存储的信息，建立新的组合；也可以改造以前经历中记录的形象，创造全新的联系。简而言之，想象力主要以先前已经存储在记忆中的材料为基础，进而创造出全新的形象：例如，当你在头脑中想象一种完全未知的动物时，实际上你是在将你所熟悉的各种动物的一些特征拼凑在一起。

所以，真正的创造性想象，首先要求有一些声音感知的信息，接下来需要一个存储状况良好的记忆，能够迅速而又轻松地提取出任何已存储的信息，最后就是创造全新组合的能力。这种创造能力仍然是建立在对已存储在记忆中的信息进行高效组合的基础之上的。在科学中，一个假想只有建立在对已观察到的现象做认真分析，以及对已有知识的精确掌握的基础之上，才有可能最终引向科学规律的发现。在物理中，要想对未来做出正确的预测，或是要保证计划方案的实施，最关键的条件就是对现实情况的准确把握和理解。能

记忆与故事

故事是培养想象力必不可少的源泉。孩子们非常喜欢故事，并且经常把他们自己的形象编进故事里。成年人可能不会像孩子那样把自己编进故事里，因为他们必须坚定不移地立足于现实。经常编造一些故事，并构造一个情节，运用一些轶事来充实它，使人物真实化，是激发记忆力和想象力的一种很好的方法。

够根据现实情况来设计未来发展计划的能力，是对未来进行重大的干涉的前提条件。

创造出记忆力的杰作的，除了将分散的信息集中到一起，还有将它们组合在一起创造新的“事实”。

想象力总是建立在一些感官活动的基础上。经过良好训练的感官能力会使记忆变得更加高效，并且能够增强信息再现的能力。

想象力不只是伟大的创造者、艺术家或发明家的独有能力。爱幻想的儿童、遐想未来的成年人，还有在头脑中显现小说中的英雄人物和故事背景的人，他们都在运用自己的想象力。阅读（这会促使你的思想自由驰骋，将无数人物、景色和气氛的心理形象召唤出来）、写作，以及你对身边世界的兴趣和好奇心，所有这些都能激发想象力的创造能力。你的想象世界的产物也来源于你的欲望、你的幻想，还有你受到过的挫折。想象通常暗示出认为现实世界不够完整，并且相信有可能设计出新的、更加令人满意的版本，因为这些想象的版本比现实更加接近你的愿望。这就解释了为什么现实总是会让人的期望落空，例如被搬上银幕的小说，与原先互相联系但未曾谋面的人的会面，或是任何其他先做想象后化为现实的情况。

想象力的这种补偿性的作用，能够促使人行动。当然想象力也有它的缺点：会使人倾向于逃避现实，沉溺于生活在幻想的世界中。你的想象力会跟你开玩笑，伪造对事物的感知，从而误导你将自己的幻想当成现实。因此，失去束缚的想象力是幻觉和失望的主要源泉。最终，它可能会伪造甚至扭曲事实，这些可以在白日梦、疯狂和说谎狂（情不自禁地伪造）症状中看到实例。

希腊哲学家亚里士多德相信人类的灵魂必须先通过在脑海里创建图片才能思考。他坚信，所有进入灵魂（或者说人脑）的信息和知识，都必须通过五感：触觉、味觉、嗅觉、视觉和听觉。首先发挥作用的是想象力，它修饰这些感觉所传来的信息，并把它们转化为图像。只有这样，智慧才能开始处理这些信息。

换句话说，为了理解身边的每一件事物，我们必须不停地在脑中创造世界的模型。

大部分人从小就学着在心中构造模型，并很快精于其中。我们可以单凭脚步声认出一个人，可以从一个人最细微的动作直觉地判断出他的情绪。而你现在正在做的事情就是更为典型的例子——你的眼睛轻而易举地扫过一行行杂乱的字符，与此同时，你的大脑识别出一组组词语并在大脑中同步，从而形成图像。

想象力能做很多事，其中最突出的大概就是梦境了，不过前提是我们能记住它。有很多种仪器可以帮助我们记住梦境，其中一种能检测快速眼部运动（REM）的护目镜已经经过志愿者的测试。REM 睡眠是梦境最活跃的阶段，它一般仅在特定时间突发，持续时间也很短。一旦 REM 发生，检测器会在护目镜内部发出一道小闪光。这样做的目的是为了让志愿者能在睡眠状态下逐渐意识到他在做梦。这种亚清醒状态可以让人以奇妙的旁观视角，来体验想象力的虚拟世界。试验报告指出，“所有的物体看起来都像是全息真彩照片，每一个细节都非常完美”。多年不见的亲友，面孔会被精确地再现在眼前，而且这一切体验都真实得不可思议。

5. 记忆的运行

记忆的运行过程会牵涉到整个身体的参与，它的每一个步骤都需要感觉、认知和情感的参与。因此，感觉和知觉对记忆来说，就像推理和思索一样重要。

飞机上的黑匣子会记录并保留机长和地面控制台在整个航行过程中的对话，以便需要时重新提取有用的信息，记忆的形成与之类似。它包括接收信息、保持信息的完整、在需要时再现该信息 3 步。但是，这 3 个步骤的顺利进行要依赖于一些在现实中实际上很少能遇到的条件。

接收信息以及从记忆中再次提取信息是大脑的一个十分复杂的运转过程。对信息的接收、编码、整理和巩固是这个过程的必要步骤。了解记忆这个奇妙的运行过程，对充分发挥记忆的潜能非常有用。

⊙接收信息的要素

接收信息首先要求感官——视觉、听觉、嗅觉、触觉和味觉有效地发挥功效。一般情况下，记忆信息所出现的问题都可以在检查信息进入“黑匣子”的方式之后找到原因。如果看不清楚或者听不清楚，就无法清楚地记忆。事实上，如果你的感觉不够灵敏，你是无法记住任何信息的；所以不要归罪于记忆力，而应该训练你的感觉器官。

另一方面，良好的感觉系统也不能代表一切。另一个重要的因素是集中注意力，这是由诸如兴趣、好奇心和比较平静的心理状态决定的。有效地接收信息决定于拥有正确的思维模式，以及保持信息过程不受干扰。

在19世纪90年代，一些发明家（包括托马斯·爱迪生）在记录音像方面取得了成功。但是真正成功地完善了用胶片捕捉动作系统的人，还是要数法国人路易斯·卢米埃尔，如今我们的照相机依然保留着他所发明的图像捕捉方式，只是在每秒钟所捕捉的图像数量上有了变化：从过去的16个变成了现在的18个。

⊙信息的编码和整理

你所接收的所有信息会先被转化成“大脑语言”。这是一个被称为编码的生理过程，在这一过程中信息被输入记忆系统。在编码过程中，新的信息和记忆中已存储的相关的部分放置在一起。它会被分给一个特定的代号：可能是一种气味、一个形象、一小段音乐，或者是一个字——任何标记符号都可以，只要能够使这个信息被重新提取。如果一个词“柠檬”被用“水果”“有酸味儿”“圆形”或是“黄色”来编码，那么当你不能自发地回忆起这个信息时，这几个特征中的任何一个都可以帮助你回忆起它。如果你接收的信息属于一个新的类别，大脑会给它一个新的代号，并与记忆已经存储的信息类别建立联系。信息再现的效率取决于大脑对这条信息的编码程度，还有数据的组织情况和数据之间的联系。这个过程需要利用人脑对过去的丰富记忆做基础，对每个个体来说，这个过程都是

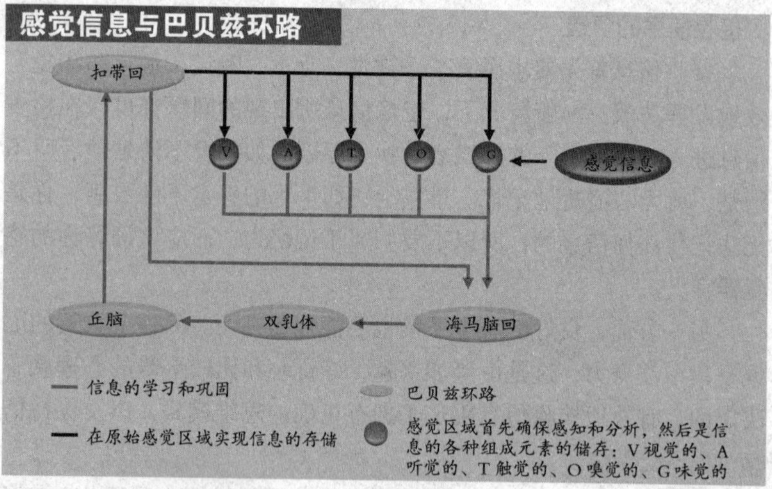

感觉信息的各种组成元素通过巴贝兹环路被记住，循序渐进的巩固程序将强化各个元素之间的连接。

独特的，而且它的进行方式也是不同的。尽管如此，信息编码的潜能还是要受到大脑接收信息能力大小的限制——一次最多可以对5—7条信息进行编码。

此时，信息的性质就从一种从外界接收的感官信息，转变成了一个心理映像，也就是大脑受到某种行为刺激而导致的转换过程的产物。然后，这条信息就会被保存在记忆里，只是保存的种类、强度和持续期限各不相同。

短期记忆主要是一些日常生活中的事情，这样的记忆只需要保留到任务完成——比如说购物、打电话等。

普通记忆，或者叫中期记忆，对需要一定程度的注意力的信息发挥作用。我们对这些信息感兴趣，并希望把它传递到大脑中。个人能力、时间段、感官所受的训练，还有信息所包含的情感因素，都会影响到普通记忆的多样性。普通记忆是生活中利用频率最高的。尽管如此，它的潜在容量却无法预测，没有人知道它的极限是多大。

长时记忆会在我们不自知的状态下，不需做任何额外的努力就能把一些信息铭刻于心。通常，能唤起强烈情感的事件是形成无法磨灭的记忆的基础。它们内在的情感性使我们倾向于向别人讲述，而这个叙述的过程会将记忆巩固并存储到大脑的更深处。我们并不受这些深层的记忆所控制，这些被埋葬的记忆表面上似乎被长久地遗忘了，事实上却会在任何时刻重现脑海：出现在梦中或是被某种气味唤醒。

⊙巩固

有些信息由于自身所附带的强烈情感因素，会在记忆中自动留下难以磨灭的印象；而有些信息，如果你想把它保留得久一些，就必须用一些方法去巩固它，而这种巩固的过程需要存储信息时有良好的组织工作。一条新的信息首先必须被划分到合适的类别中，就像你把一个新的文件放进一个文件柜时需要做的一样。至于把它划分为哪一类，就要看你个人的信息分类标准——按照意义、形状等等，或者被包含在某个计划、故事中，又或者是所能唤起的联想。举个例子，“文明”这个词，作为“文化”的义项可以被划分为“名词”的类别，但是作为“社会发展到较高阶段”的义项又可以和形容词建立联系。不过你也可能会用别的分类方式，因为没有任何两个人会对同一条信息采用同一种分类方式。

当你把新的文件归档时，很可能会把它放在其他已存的文件的前面；同样，处在不停变动中的记忆库会把新的信息储存在旧的信息之前，这样的过程不断重复，越来越多的新信息被存储，最终，“文明”的文件将会被彻底地覆盖。只有在你再次使用这个词时，它才能回到文件夹的最前面；否则，它将被转移到文件夹的最后面，束之高阁，就像其他被遗忘的信息那样。所以为了确保信息得到有效的巩固，仅仅组编数据还不够，在最初的24小时之内必须重复信息4—5遍，之后还要有规律地重复记忆，这样才能避免信息被遗忘。如果信息的重复工作得到很好的实践，我们就可以随时根据需要从记忆中提取完整的信息。

6. 注意力和回想

我们经常会抱怨自己的记忆力太差，而事实上出错的通常是我们的注意力。当我们注意到某个物体，并给予特别关注时，全身的智力和才力都会被调动起来，经过大脑一番精密的操作过程之后，我们所感知到的物体形象才能被记录进记忆中，并且能够在需要时被再现。

⊙注意力概括分析

每个人的注意力保存量都不相同，因为我们的专注程度不同，关注事物的方式也各不相同。一个人接收信息的方式受他的教育背景的影响，但是同时也决定于他的性格、个人兴趣还有世界观。以下对注意力所做的概括分析，虽然是传统的分类，但是还是能够显示出个体的注意力之间的差别。

极度注意细节的人会表现出过度关注事物的行为：任何事物都会引起他们的兴趣；任何东西都可以，确切地说是必须被记住，哪怕是冒着记忆过度负担、塞满许多没有价值的信息的危险。这类人不加选择，总是投入相同的注意力。

符合上述描述的人通常会追求完美、拘泥小节，而且天生赋有良好的记忆力。他会让你注意到自己的套衫衣领上的一点儿绒毛，或者是清楚地记得你觉得并不重要的事情的每个细节。而且他们还会期望别人也和他们一样不加选择、毫无遗漏的记忆。这类对所有的事物都投入注意力的人，通常会有一个庞大的信息存储库，但是他们很少会使用到这些信息。对他们来说，大部分存储的信息是没有用的，因为他们很难发现真正能够吸引自己的事物。

对特定领域有强烈兴趣的人，将他们的注意力集中在一个或几个吸引他们的方面。这类人的注意力得到了很好的利用，并被有效地施展在他们真正感兴趣的事物上；至于不感兴趣的方面，他们基本上不会关注。关注特定领域的人经常会力图向别人表现自己在这个领域知识的渊博。他们的注意力具有选择性，但是集中程度很高，他们的记忆也是如此，专而精。

粗心大意的人一般不会关注周围的环境。他们看起来总是在不切实际地幻想，因而经常会丢东西，或是忘记做事；他们也不会真正听从别人的建议，因而可能会忽视世俗常规。对周围环境的忽略是和对自我的过度关注紧密联系的。这类人对任何事物都不会深入了解，保存的记忆也多是杂凑的，充满自我影子的。这种现象在一些成年人身上表现得比较明显。

你可能在上面这几个类别中都能找到与自己某方面吻合的特征。最重要的是保持灵活多变，既能够对自己感兴趣的特定领域集中精力，同时又能思想开明，善于适应新的要求和挑战，这样才能保证对信息的成功记忆。

⊙注意力的助手

仅仅主观希望集中注意力是不够的。回忆一下，在学校里，你觉得有些课你确实是听得非常认真，但是事实上你什么都没记住。过去，你曾经拼命想要记住物理定律，却都没有效果。你怎么解释这些问题呢?

在 88 岁的时候，法国探险家保罗·艾美尔·维克托这样解释他依然精力充沛的秘诀："在我没有将我那有限的精力计划分配到第 2 天的活动中之前，我是决不会睡觉的。"通过每天进行有限而又

测试你的注意力

进入这个迂回曲折的迷宫中，集中注意力尽可能快地出来。

⊙ 迷宫游戏虽然看上去像是儿童游戏，却是训练注意力的一个非常好的方式，因为这个游戏需要高度的注意力和抗干扰能力。另外，这个游戏也有助于锻炼我们的视觉—空间记忆。

高效的活动来保持自己的兴趣，这位年迈的探险家实际上发现了能让注意力高度集中的关键因素。当然还有其他的一些影响因素，但只有这些因素的协调统一才是注意力高度集中的保障。

兴趣 它能够触发注意力的开始。任何不能吸引你，或是不能引发某种情感的事物，都无法引起你的注意。

个性 容易受到焦虑和紧张影响的人会有想法过多和精力分散的困扰。心不在焉是个不利因素。开明的思想和乐观的态度是能够集中注意力的最好前提。

乐趣 能够产生乐趣的事物会受到人们更多的关注。

动机 要达到某个目标，要成功，或是要发挥自身潜力，这些心理期望都会使我们自动地增加注意力的投入。

警惕或冷静 超然的警觉状态能够使注意力持续集中一段时间，而且可以毫不疲倦地关注新的事物。

好奇 这会激发注意力。对自己的环境和生活越好奇，被激发的注意力就越多。

专注 这会使你的注意力能够集中在选择的目标上，而不会轻易被他物转移。需要注意的是注意力也有它的极限。在注意力能够集中的强度和时间长度方面，我们每个人各不相同；即使同一个人，在生命的不同阶段，这些因素也是不同的。

情绪 积极和消极的情绪都能自动激发注意力，并且提高其强度：害怕忘记一个极小的信息，会驱使你对它投入极大的关注。

环境因素 当周围环境有利时，没有听觉或视觉的干扰，注意力会得到增强，可以专心致志地关注目标。

这些因素中有一个不存在，注意力就无法达到最完美的状态。即使是这些因素全都实现了，记忆也不会是顺理成章的结果：除了这些，还需要记忆的意愿。

⊙注意力的分散

环境不可能总是让你可以轻易地保持高度集中的注意力。想一想日常生活中所有那些需要与之作斗争的困难：疲劳、紧张、某些治疗造成的后遗症、糟糕的生活方式、疾病……这些都是注意力集中的初级障碍。如果你不能处理好这些小问题，那么更为严重的障碍将会在暗中以一些特定的行为方式来造成不好的影响，而且这种危害会无限期地延续下去。

⊙ 图中女生上课注意力不集中。她也许想到了与朋友在一起的情景，如上周末与朋友外出、第二天的曲棍球比赛等除了目前任务之外的任何事情。我们加工当前信息的能力是有限的，因为对许多其他事情的思考对我们同等重要。

如果你对环境不投入足够的关注，注意力被切断，不能被激发的现象就会出现。出于各种原因，我们都倾向于不能充分利用我们的“注意力资源”。

注意力利用不足主要是长期缺乏努力造成的。懒惰潜伏到一定时间，就会损害到我们投入注意的能力，因此注意力就会很难被激发。这可以解释为什么在完成学业多年之后，如果要重新开始学习，就需要接受训练，再次适应学习的规律。

注意力缺乏专注性，无法集中的成因是注意力的利用不足。如果你没有经常将注意力集中在某物的习惯，那么要让注意力集中就会更加困难。

好奇心、愿望和计划性的缺失可能是注意力最大的敌人。当你需要实行某个计划，或是非常希望实现一个愿望时，这些心理因素和对周围环境的好奇心一起，将会成为保持注意力高度集中的最好保障，最终会使信息记忆高效快捷。

⊙在所有状态下的注意力

你能描绘出一张10元钞票的正面吗？你不记得了，那是因为你从来都没有仔细地看过，然而你却在无数次地使用它。这个例子很好地展示了应该如何记忆：有效的感知、注意力和动机。

有效的感知

在打电话或者对话时，没有听清楚的名字很难被记住；以不正

记忆和无线电新闻广播

为什么我们对收音机里的新闻总是比电视里的新闻记得更清楚呢？在收音机里，新闻总是在很短的时间内播报，因此新闻内容的编排更为简洁，不像电视里的新闻有很多的补充性细节，所以更容易被记忆。相反，电视新闻播放的图片信息会分散人的注意力，从而干扰了人们对主要新闻内容的关注。

确的方式阅读黑板或者印刷文件上的文字既不利于理解，也不利于记忆。当信息没有被很好地捕捉时，对它的分析就需要付出更大的努力，尤其是当信息不完整时，将很难被保留在长期记忆中。

通常情况下，学习条件本身也妨碍有效的感知（例如噪音干扰）。但是困难也可能源于视觉不佳或者听觉衰退，而又拒绝佩戴眼镜或者助听器。

在必要的时候需要注意力

即使感觉器官正确、完整地接收了信息，一般来说，在被存储前信息还需要被定位和处理（分析、比较等），这就要有点警觉性和注意力了。当然，根据实现目标的不同需要不同程度的注意力。

短期记忆比较容易受注意力的影响。大部分关于日常记忆的抱怨都源自缺乏注意力或者精神不集中，这主要是由于疲劳、压力、过度劳累、焦虑或者抑郁导致。同样，酒精、毒品（印度大麻、迷幻药）和某些药品（安眠药、镇静剂、抗抑郁剂等）也会影响注意力。

自发或被引导的动机

有时候，我们似乎无须努力或者无意识就记住了一些东西，比如某位名家的作品。而有时候，我们需要付出很多努力才能掌握某种知识，比如学校开设的一门科目。有时候，会形成一个恶性循环：在同一个起跑点竞争力弱会让人泄气并抑制学习的欲望，即使复习了成绩仍是平平，这又进一步造成自信心的缺乏，从而使得摆在面前的任务变得更难以完成。

当缺乏自发的动机时，就必须求助于被引导的动机，以达到原本不太感兴趣的目标，比如为了从事某种职业或者梦想的事业而通过考试。动机越缺少自发性和对应该学的东西越不感兴趣，巩固记忆的机会就越小。在这种情况下，首先需要有意识地付出努力，包括求助相关辅助工具、确定合适的记忆技巧以及花更多的时间重复。当面对一个新情况而非常规任务时，这些策略就更便于应用。

如果缺乏动机呢？恒心会帮助你。还有，为什么不创造一个新的激情？通常，一个奖励就足以激发我们的动机。

不同等级的注意力

注意力与记忆联系紧密。每一刻我们都收到无数来自外部世界（图像、声音等）和内部世界（欲望、感情、思想等）的信息，我们必须做出选择。为了阅读和理解一段文字，我们必须将对它的注意力与在同一时间感知的其他信息（背景噪音、灯光的改变、一阵风吹来……）分开。然而，这不是集中注意力的唯一方法。

注意力强度或高或低

如果我们必须在一天的每个时刻都保持相同程度的注意力，那么我们很快就会累了。幸运的是，不是所有的活动都要求高度的注意力。因此，我们可以根据强度区分不同的注意力形式。

（1）高强度警告

强烈的饥饿感或者消化不好，又或者宴会第二天起不来，甚至面对同一件事情，我们都应根据具体情况来确定需要投入的注意力。以一天为例，从苏醒状态到睡眠，可以看到一些逐渐、缓慢、非自愿的改变，这是源自生理上的需要。因此，良好的生活习惯能帮助我们集中注意力，并且提高记忆力。

（2）阶段性警告

如果事先被警告，我们将会做出比较快的反应。这就是为什么在向某人抛东西前喊“小心”，或者按喇叭警告其他司机和行人的原因。这样一个警示信号（视觉的、听觉的、触觉的等）会引起一种短暂的注意力，使得其在极短的时间内做出有效反应。而 10 秒钟后，效果就不明显了，注意力的顶峰处于 0.5 秒到 0.75 秒之间。但是警示信号并不总是能够起到积极作用，有时候反而会变成干扰，造成负面效果。比如，一个司机不恰当地按了一下喇叭，警告不成

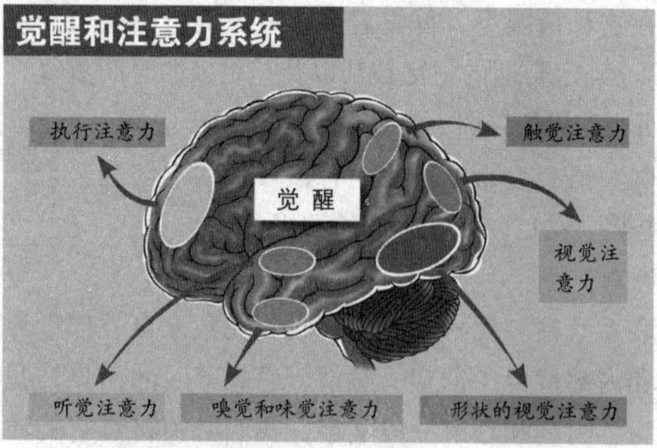

觉醒和警醒能保证大脑对突然出现的不可预料的事做出反应。另外，大脑对每个感觉领域都保持着特别的注意力，而集中注意力能让我们调动显著能力去实现一个确定的行为和应对明显的矛盾冲突。

反而惊吓了骑自行车的人，导致行人摔倒。

（3）持续性注意力

上课或者听讲座、玩文字游戏、在高峰期开车……所有这些活动都需要持续性注意力，通常我们用“全神贯注”来形容。注意力障碍源于多种因素。很多情况下我们的注意力赶不上信息到来的节奏，例如当车开得太快的时候，我们看不到某些指示牌或者障碍物。注意力也可能因为我们缺乏某些必要的能力而降低，例如当我们用一种掌握得还不是很好的外语进行对话时。也可能是我们无法转移足够的注意力去完成某项活动，例如当我们已连续听了几个讲座后精神疲倦时，我们将很难再继续专注地听完最后一个讲座。注意力衰退也可能在执行一项任务的中途产生，表现为行动速度逐渐变得缓慢，或者大脑出现“空白”，即在几秒钟内没有任何行为反应。

（4）警觉性

对其他一些单调的活动，我们则需要另一种完全不同的注意力。一个钓鱼者应该明白在垂钓时要有耐心，并准备在鱼上钩的那一刻迅速做出反应。保安在面对几个录像屏幕时，需要注意所有特殊事件，以避免危险事故或紧急状况的发生。其实，警觉性首先是为了留意和探测非常规事物，这与持续性注意力截然不同。警觉性的功能障碍表现为判断错误、做出错误警报，或由于疏忽造成行动障碍。

注意力的灵活性

注意力不仅在强度上有变化，还表现出极大的灵活性，在集中于一个确定的范围之前，它会首先最大量地捕捉信息。

（1）选择性地投入注意力

研究人员给这种注意力方式起了个绰号叫“鸡尾酒宴会效应”。因为，在社交晚会上，我们能成功避开酒杯的碰撞声和其他人交谈声的干扰。日常生活中还存在很多这类情况，我们能够选择性地投入注意力。在火车站或者机场大厅，我们“滤过”嘈杂的喧闹声，竖起耳朵听广播中的提示；在商业大街，我们“忽视”各种广告信息牌，将目光锁定在一个确定的商品上；欣赏老唱片时，我们可以“略去”破坏快感的细微噪音……

（2）注意力分配

通过分配注意力我们可以同时完成多项任务，如在开车的时候听收音机、在做菜时打电话等。然而，我们可能会突然在一项活动上投入更多的注意力，而减弱对另一项活动的注意力，由此引发错误的行为（因此法律禁止在开车的时候打电话）。通常，同时从事多种活动的能力会随着年龄的增长而减弱。年轻人可以一边听喜欢的音乐，一边复习功课，而年长者则会感到背景噪音太大，干扰阅读。

执行性注意力

显而易见，需要一种即刻控制以应对突发状况。例如，当我们阅读报纸或者看电视时，对电话铃声做出反应。执行性注意力就具备这一功能，尤其在运作记忆中，它能为在长期记忆中储存信息做准备。

⊙回想

回想是将信息由长期记忆转变为工作记忆意识状态的过程，其实就是指再现已经提交给记忆的信息。

通常就是在记忆过程的这个阶段，人们会遇到问题，体会到那种话到嘴边却说不上来的恼怒感觉。信息明明已经储存在记忆中，就是无法再次提取——哪怕你无比确定你肯定是知道它的！

经验之谈是最好不要强迫自己去回忆，等过了一段时间（或长或短），当一些与你想回忆的信息有联系的东西凑巧被你注意到时，你就能够回忆起它了。

按照要求回忆信息的条目，被称为自发性回忆，比如说迅速说出《伊索寓言》中3个故事的题目。而在你被要求说出3个分别讲野兔、老鼠和狐狸的故事时所进行的回忆被称为触发性回忆。这几个动物，先是在信息的编码过程中起到建立联系的媒介作用，随后又在信息的回忆过程中起触发器的作用。

记忆所包含的情感因素越多，附带有个人联系的显著细节就越多，这样能用于触发回忆的线索就会越多。比起与你没有直接的个人联系的文明史上的重大事件，你能够记住更多你个人生命中发生的大事的生动细节——入学、作文获奖等等，而正是这些细节，极大地丰富了你的短时记忆。

另一方面，当你从所给的几种可能性中准确无误地选出答案时，认知过程也在发挥着作用。举个例子，《野兔与鹳》《狗和狼》《狐狸和乌鸦》，这几个故事中哪一个是出自《伊索寓言》？

触发性回忆和认知过程带来了更好的结果：能够回忆起更多的信息，而且这些信息的生动性和准确性也大大提高了。

遇到拼命回忆也想不起来某个信息时，质疑为什么信息会被暂时忘记是没有用的，还不如看看记忆信息时所用的方法更为实际：信息是否得到了良好充分的处理，以确保它被有效地传递到记忆库中？如果这个过程没有做好，那么作为触发器的线索就不能确保信息通过简洁迅速的途径被回忆起来。

绝大多数记忆方面的疾病，主要都是由于不能按要求记住信息。然而事实上，我们在巨大的记忆库中找到一条信息并将它记住的能力是非常惊人的。

有两种方法可以让你取回长期记忆中的信息：认同和回忆。

认同是对信息的理解，它可以作为你已知的某事或某物出现。例如，当你听到她提到一个名字时，你知道这就是你朋友儿子的名字，但你自己却记不起来。

记忆和电影

你很喜欢去电影院或者在电视上看电影，但是却怎么也想不起来刚刚看过的情节，即使当时看的时候觉得非常有意思。遇到这样的时刻，不要担心，这是很正常的。当观众时，你只是在被动地接收信息，重要的感官系统基本上都没有得到锻炼。要是真的想记住电影的情节，在电影开始播放最后的致谢名单时，就应该开始积极地记忆：总结电影的情节，回忆你喜欢的或是让你印象深刻的场景，评价各个角色在剧中的表现……还有，不要忘了跟你的朋友们一起讨论这部电影。

回忆是一种自发搜索你想要的长期记忆信息的行为。例如，你想在会议上谈论你们的客户，你就需要在你的记忆库中搜索他的名字。

在大多数情况下，认同比回忆容易得多。当你说“我记不起来”时，通常你的意思就是：“我想不起来。”

如果在会议上你想不起来你们客户代表的名字，但当你听到这个名字时，你也许会很容易认出它。

想起一档特别电视节目的名字也许很难，但当你在当地报纸的电视节目单中看到它时，你会很容易识别它。

由于你需要在成千上万条长期信息中找到一条信息，因此，对信息的回忆是有难度的。

有时候，一个提示可以使你想起某条信息。提示是一个事件、想法、画面、词语、声音或其他可以引发获取长期记忆信息的事物。例如，当有人提示你一部经典电影的名字时，你可能就会想起电影中的演员。这个具有引发作用的信息，即电影的名字，就是一个提示。

人们常说：“我记不住一些人的名字，但我永远忘不掉一张脸。”

我们很容易就能记住一些人的脸，这是因为它们可以通过认同来呈现它们自己。记住了许多人的名字，就涉及长期记忆中信息的回忆，因为脸只是一个提示。

当我们正在搜寻一个名字或另一条信息时，我们会想到一些相关的事情，这些事情就可能作为提示并且常常会引发出那些想要得到的信息。例如，如果你想不起来你在暑期班中学习的课程，你可以回想一下上课的地点、和你一起上课的人，以及你曾学习过的其他课程。

7. 感情扮演的角色

开学的第一天，结婚的那天，生孩子或者一次意外……只要稍微分析下，就会发现感情在我们的记忆中扮演着重要角色。

⊙为什么我们更容易记住使自己感动的事

当认识到注意力和动机以关键的方式作用于记忆后，我们就会明白为什么感情也可以帮助构筑记忆了。强烈的感情不仅让我们的注意力放弃其他不太重要的信息，还会引发一个程序的开始——在接下来的几小时、几天甚至几个星期内，承载着这种感情的事件将不停地在我们脑海中重现。这期间，我们会自觉地将这件事与以前的事以及未来的计划联系起来，以便精确地确定它的时间和地点。

这就是为什么我们能更好地记住与自己相关的或感动自己的事物的原因。如果事件具有特别的悲剧性，并造成重大的压力感，它甚至能够以入侵的方式固定在记忆中。

在大脑中我们是否可以给感情确定一个“位置”呢？在一个记忆

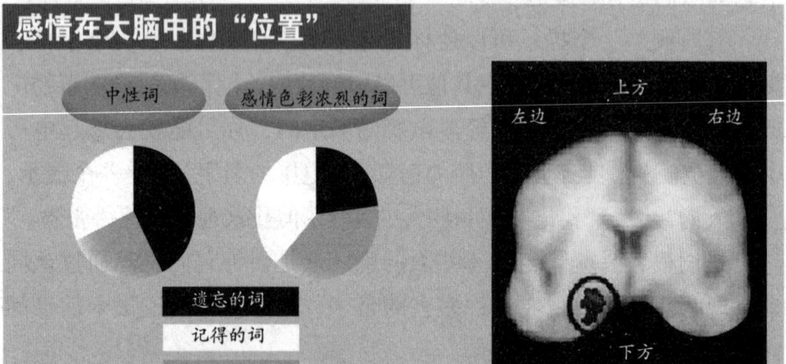

⊙ 感情色彩浓烈的词更能抵抗遗忘（黑色部分）的侵蚀，并且比中性词更容易被自发地想起（白色部分）。正如功能磁共振图像（右边的图像）显示的那样，感情色彩浓烈的词能同时激活海马脑回和扁桃核结构。

测试中混合着中性词（桌子、门、椅子等）和富有感情色彩的词（快乐、幸福、疼痛等），后者通常能更好地被记住。通过功能磁共振图像我们可以观察到，在对后者的记忆过程中同时激活大脑的两个区域：海马脑回和扁桃核结构。

⊙以自我为中心的记忆

对老年人的“自传性记忆”的研究表明，一生中构筑记忆数量最多的阶段是10—30岁。其实，“记忆构建高峰”与我们在工作和感情生活中做出的大部分有强烈情感特征的选择时间相对应。在很久以后，我们仍然能够想起当时的许多细节和确切的时间，比如我们是如何遇到现在的配偶的（确切的情景、对方的衣着等）。不同的经历为我们的职业生涯划定了方向，偶然瞥见的通知、在班机上抓住的一次机会等。当然，这些重要的信息也是以我们的动机为前提的。

⊙瞬间记忆

2001年9月11日，世界贸易中心被炸的时候你在做什么？1998年7月12日，世界杯足球赛决赛中法国获胜的时候呢？1997年8月31日，戴安娜王妃去世的时候呢？1969年7月21日，人类第一次踏上月球的时候呢？1963年11月22日，约翰·菲茨杰拉德·肯尼迪被刺杀的那天呢？按年龄来说，无疑你对某些事件还是存在些“瞬间记忆”的。

“瞬间记忆”用来描述那些非常逼真、详细的记忆，就像瞬间拍下的照片，它能引发强烈的个人或集体情感，并持续很久。这种记忆可能涉及一个公共事件，也可能是个人事件——一次意外、一次感情伤害、一次运动拓展、学业成功等。在前一种情况下，我们几乎经常回忆起自己是如何获知某一事件的，它是在哪个确切的时间发生的，当时我们正在做什么……

⊙当感情阻碍记忆时

的确，轻微的压力可能带来良好的记忆效果。对一个焦虑的人来说，过多的麻烦可能使他产生超常记忆。但这通常是以降低对日常对话或对事件的注意力为代价的，因而很难记住细节。另外，基于情绪的疾病，比如抑郁症或者焦虑症，即使有些痛苦的记忆是因为当事人自己过分夸大了，但在回忆时通常还是会伴随着伤痛，有时还会妨碍患者面对真正的注意力和记忆问题。

在某些情况下，强烈的感情同样会妨碍记忆（遗忘症突发）或者阻碍某些个人回忆（功能性遗忘症）。压力是生活的自然产物。我们需要刺激，因而少量的压力（有利的压力）可能是有用的，能帮助我们保持最佳的思维警觉水平。例如，当我们需要完成一份重要的报告时。但是如果压力太大（不利的压力），我们就会变得惊慌和不知所措。而且在我们对它采取措施之前，生活似乎失去了控制。

8. 被抑制的记忆

梦中无条理的关联景象和遗忘的随机性一定程度上显现了我们受压抑的记忆和无意识的欲望。19—20 世纪，精神分析之父西格蒙德·弗洛伊德发展了精神分析学说，改变了我们关于记忆、心理机制以及自身的观念。

⊙被抑制的记忆

抑制的概念是西格蒙德·弗洛伊德（1856—1939 年）提出的精神分析理论的核心。关于灾难的记忆、心理冲突或者负载太多感情的事件，当它们逃离意识，被“储存”在潜意识中时，称为“抑制”。但是，这些被抑制的东西试图以行为缺失、口误或者梦的形式“重回”意识中。在 1901 年出版的《日常生活的心理疾病》中，弗洛伊德分析了 100 多个源于他自己和周围人的例子，以表明“遗忘”——忘记人名、地名或者某个字，又或者口误、阅读错误等——不仅是简单的记忆衰退，还是潜意识欲望的表现。

然而，口误和行为缺失具有一些共同之处，都经常涉及人名、地名、时间，或词汇的颠倒，如“好”和“坏”。对于一个问题“你的旅程怎样”，一个患者的回答令自己都感到吃惊“没有比这再好的了”，而实际上他本来想表达相反的意思。精神分析专家经常提到一个经典的口误，患者本来希望谈论自己的妻子，但是他说出口的却是“我的母亲”。很显然，每个人都有错用一个词来代替另一个词的经历。

⊙精神分析革命

关于精神心理，弗洛伊德解释道：“一个个体的家园有多个主人。”我们做出错误的行为、口误或做梦时，受抑制的无意识欲望（精神分析学家称之为“本我”）上升成意识（“自我”），从内部监督者（“超我”）的控制中脱离出来。这并非记忆功能障碍或某种精神病症状，遗忘和梦的奇怪产物都是建立在贯穿我们精神生活的复杂原动力基础上的，我们无法控制。

弗洛伊德毫不自谦地把自己提出的精神分析理论与另两大科学革命相提并论——哥白尼提出的地心说和达尔文提出的进化论。

⊙通向无意识的完美途径

如何知道哪些记忆被抑制了，或者哪些潜意识的欲望试图通过某种形式表达出来？弗洛伊德利用催眠术发展了一种精神分析治疗法，这种方法试图对无意识表现进行有意识的解释，尤其是梦，它被称为“通向无意识的完美途径”。在梦中，来源于现实生活的“日间残余”与被抑制的记忆相结合，因为在潜意识中“时间不存在”。

精神分析法是一种复杂的心理治疗过程。患者面对的是有意识和无意识的记忆，精神分析专家提供的是对这些记忆的解释。通过与心理分析专家的交流，有些患者童年时期未解决的矛盾冲突能在意识中重现，在心理分析专家的分析和帮助下，使得问题得以解决。

⊙存在于幻觉和假象之间的记忆

心理分析理论甚至走得更远，对它来说，不存在被潜意识、恐惧、感情、欲望改变的记忆。因为，正是它们“冲动地投入”给我们的精神心理活动提供了动力，才使我们能“回到”过去。当精神分析专家试图找回“过去”时，他们会尽力去发现连接记忆的现实心理基础，而非真实的“历史”现实。为了揭示被隐藏的精神心理，心理分析需要进行一个扭曲幻觉的“动态”操作，这种对记忆的寻找使我们意识到，记忆若没有与其相结合的感情就永不存在。

9. 必要的重复

如果强烈的情感可以保证个人经历永远刻印在记忆中，那么，学习复杂的、中性特征的东西就更需要持久的努力和不断重复。

⊙为了分析而重复

为了记住一列词、一个人名或一个电话号码，我们会以自觉的方式去重复。通常我们会把它们写在记事本上，以便需要的时候查找。这种简单的重复，被心理学家称为“维护性自动重复”。

很少情况下，我们重复有关信息是为了更好地将其巩固在长期记忆中。因为直觉告诉我们，简单的重复对长期记忆并不十分有效。所以，我们通常不仅重复需要记住的东西，同时还要对其进行深入分析。这种形式的重复被称为“加工性自动重复”。

例如，为了记住澳大利亚和塔斯曼尼亚的一种哺乳动物鸭嘴兽的名字，我们可以多次重复。但是如果我们看过鸭嘴兽的图片——它拥有鸭子的典型嘴巴、有蹼的脚掌和扁平的尾巴——将更容易想起它的名字。

已经有许多实验验证了第二种方式更有效，因为我们在重复的同时进行了分析，对信息进行了思维组合、心理成像或深刻的感觉体验……

⊙适量地重复

为什么即使拥有出色的记忆力，也要注意应分步骤进行学习，特别是需要长期记住某些东西时。以下是一个关于重复影响记忆效果的例子。

乌鸦先生，在一棵树上休息……

为什么，在拉封丹的寓言《乌鸦和狐狸》中，我们对前面的诗句比对后面的诗句记忆更深刻？原因很简单：我们最先用心学习了第一个诗句，然后是第二个诗句……总是在重复第一个诗句后，再进入第二个诗句，然后总是重复前两个诗句后，再进入第三个诗句，如此这样继续下去。当我们学到最后一个诗句时，第一个诗句已经被重复了至少十几次。因而，留在我们记忆最深处的还是第一句，而最后一句我们通常无法想起——即使我们可能在听到或者重新阅读它的时候辨认出来：

乌鸦先生羞愧不已，

对天发誓，今后再也不会上当受骗了，

但为时已晚。

即使极富激情也需要重复

上面的例子还显示出另一点，但极少有人会注意到，对一条信息的每一次回忆都构成了一次新的学习。因此，在一个令我们着迷的领域，表面上我们似乎从来都没有努力学习过，而事实上，在许多场合我们对知识进行了重复和深化。例如，孩子们常能认识那些名字生僻的动物，因为他们总是能遇到这些动物，它们常在电影中、电视上、书中出现或者以玩具的形式出现。

⊙如果重复得更多，是否能更好地记住

如果重复得更多，是否就能更好地记住呢？不是，因为增加学习的长度或者重复的次数，不足以获得良好的效果。必须选择适当的学习节奏，最好分几个时段而不是一次性实现（尤其是学习复杂的知识），每个时段之间需要一定的间隔，而不是在极短的时间间隔内连续学习。如果我们希望为生活而非为考试而学习，那么更应该注意这些。

学习和遗忘法则

我们能否更精确地指出最适用的节奏？某些研究人员，比如加拿大心理学家约翰·安德逊，试图通过数学函数描绘出学习和遗忘的过程，并衡量投入学习或者遗忘所需的时间。根据获知过程画出的曲线图常常是持续而快速的，开始时飞跃进展，之后是缓慢的巩固过程。根据遗忘过程画出的曲线图也表明先忘记一大部分，之后遗忘的就越来越少了。

但是，正如我们所知道的那样，面对同样的任务每个人的学习节奏不同，而同一个人对不同的任务学习节奏也不一样。因此，每个人应该找出适合自己的节奏。

10. 记忆的工作原理

⊙编码

对学习内容进行分析有助于记忆。但是应该遵循什么原则来优化这种分析呢？为了回答这个问题，心理学家设计了一些实验来实践不同的编码方式。

形状、声音和语义

当我们在大脑中“操纵”一条信息时，会进行不同类型的分析——书写（NO，是小写还是大写）、发音（“湍”与“惴”是念同样的音吗）或者语义（溜须拍马：比喻谄媚奉承）。

心理学家所做的各种实验表明，最后一种处理方式——自问词汇的意思，而非发音或者书写形式——有助于更好地记忆，这一过程经过了一个更为深入的分析。因此，这通常是我们学习时最经常的自发性处理方式。由此可见，在记忆领域也一样，“最好不要只相信表面”。

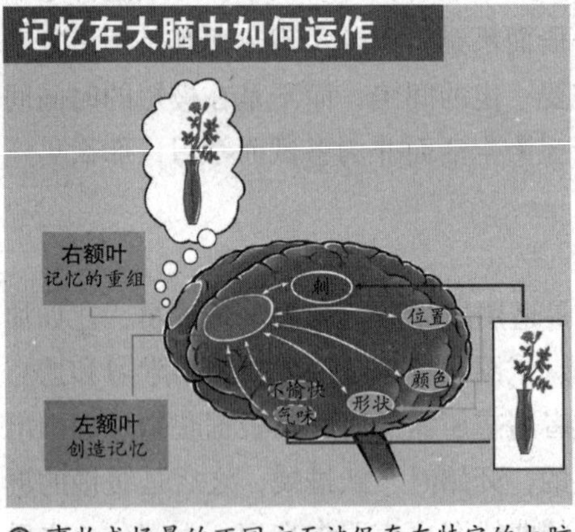

⊙ 事物或场景的不同方面被保存在特定的大脑区域，记忆痕迹之间通过神经元网络相互连接。为了回忆起某一事物或场景，大脑将通过右额叶重新激活相关的神经元网络。

联系自我进行记忆

如果成功地在信息与自我之间建立联系，很有可能改善我们的记忆能力。为了记住像“过滤器”这样普通的词，可以联想自己曾经弄坏了一个过滤器，另一个借给了邻居，在一个月前我们买了第三个。这一过程叫做“自我参考”，能最大限度地调动我们的精神重心，从而强化词汇在长期记忆中的痕迹。

根据目标调整编码

我们是否必须不惜任何代价地弄清楚一个词的意思，或者将其与我们的个人生活联系在一起？事实上，我们还需要考虑到信息的不同类型。如果需要记住的是一篇散文，最好把注意力集中在它所要表达的意思上。但是，如果要背诵一首诗歌，最好注意诗句的节奏及韵律，这些才是易化记忆的有用线索。至于诗歌的意思，在回忆的时候它将帮助重组诗歌的主题。

⊙储存

信息不是以把东西放在仓库或商店里的方式存储在大脑中，因此信息的记忆需要被“巩固”。我们时刻面临着遗忘的挑战，因此必须要“强化”记忆痕迹，以增加信息被长期保存的机会。反复学习有助于巩固知识，并延长记忆。

⊙重新提取

当然，记忆的目的是为了以后的再利用。有时候，我们能毫不费力地想起一些事情。而有些时候，话就在嘴边，但是我们需要一个线索才能够回想起来。事实上，存在 3 种方式来“找回”记忆。

自由回忆

这种回忆是最困难的。在日常生活中，常以开放式问题的方式出现，例如“你昨天晚上吃了什么”。而在关于记忆障碍的会诊时，医生或者心理学家会询问被测试者:“请告诉我你刚才所学的4个词。”

借助线索易化回忆

这种回忆可以依赖于某种辅助条件来减少可能的答案。比如，在上面的第一个问题中加入一条普通的信息，“那是一种主要原料为苹果的甜点”。在第二种情况下，医生和心理学家也给出了线索：“它有可能涉及一棵树、一种鸟、一种乐器或是一种水果。”

通过识别易化回忆

在这种情况下，可以在不同的可能性中选择答案。比如，第一个问题会变成“涉及一个苹果夹心蛋糕、黄油面包片还是一盒苹果酱”。

在第二种情况下，医生和心理学家将给出提示："在以下 8 个词中找出那 4 个词，鹳、李子、铃鼓、山毛榉、乌鸦、竖琴、桦树、菠萝。"

⊙不要忽略背景环境

谁没有过这种令人难堪的经历：在路上遇到一个认识的人，但是却怎么也想不起他的名字……直到在"习惯性"的环境中重新见到他的时候才知道，原来他是我们每天去买面包的面包店的售货员，或者是我们常去看的牙医的助手。

事实上，一个信息的所有元素还包括我们记忆时所依靠的背景环境，它们常常在不为我们所知的情况下被记住了，正如一些生理现象（饥饿、口渴、快乐、兴奋、呼吸加快、心跳等），还有一些背景则是我们能识别的，如时间和地点。

潜入水中学习

1975 年，英国心理学家邓肯·戈顿和艾伦·巴德雷做了一个实验，要求一个大学俱乐部的潜水员分成两组学习 40 个词，第一组潜入水中学习，第二组坐在沙滩上学习。然后要求每一组的一部分成员在水中回忆，另一部分成员在沙滩上回忆。结果，第一组在水中回忆的人平均记住 11—12 个词，而在沙滩上回忆的人平均记住 8—9 个词；第二组在沙滩上回忆的人大约能记住 14 个词汇，而在水中回忆的人平均记住 8—9 个词。

也就是说，面对同等的要求，当回忆和学习的背景环境相同时效果更好。通过对饮用酒精或者吸食大麻的人的观测，也证实了这一结论。

"令人难忘的演出……"

如何使演出令人难以忘怀？美国心理学家杰罗姆·瑟赫斯特考察了城市大剧院的演出，他询问了 25 年里的观众对 284 场演出的记忆。结果发现，被记得最牢的是一个歌手或者乐队指挥的名字。一个 4 人专家评委组给出的解释是，这些人在公众中特别"引人注目"。有感情才能有特征——初次表演或第一次和爱人约会的地方——我们才能将日期或地点记得更牢。

另一方面我们发现，人们能够更好地记住具有积极意义的词（快乐、幸福等），除非一个人具有阴暗的情绪或者患有抑郁症，描述不愉悦东西的词（害怕、恐怖等）则更容易被记住。

记忆的“回归”

“2003 年 8 月到达萨那希时，我想起 2000 年夏季的一些经历。”重新进入我们获得信息的背景，回忆会变得更容易。这种记忆的“回归”可能是自觉的或者是不自觉的。有时候，学习时背景环境的独一性足以使得大量细节重新涌现出来：你住所附近新开的一家意大利餐厅的一份佳肴，就有可能引发出曾经在意大利的一次旅行的回忆。

相反，有时候由于背景环境的改变，我们无法想起一些事：在考试的时候，我们无法想起一些课程细节，而这些我们却在家里复习过了，并且已经很好地掌握了。

为了解释这种现象，心理学家提出特殊的编码原则：如果学习和回忆的背景环境相同，那么我们的记忆更有效。例如，当我们想找回某个记忆时，有时候“往回走”是很有用的，也就是在脑海中重新经历当时的过程。

11. 对信息进行选择和分析

注意力、动机、重复……所有这些都很重要，但还不足以提升我们的记忆潜能。因为，记忆不以某种自动的方式（比如，照相机或者录音机的方式）照原样储存信息。面对每一刻传来的多种信息，我们的大脑进行选择后只记住了其中的一部分。因此，良好的记忆力依赖大脑强大的组织能力来消减信息的复杂性和数量，以便进行分析，并与其他信息建立联系。

⊙寻找逻辑关系

每个人都知道，把一个 10 位数分成一对一对（10–35–79–11–13）比一个一个（1–0–3–5–7–9–1–1–1–3）或者作为一个整体（1035791113）来记忆要容易。除了这样简单的组合，有时候在一些数字中还存在一定的数学逻辑关系。例如，在 30–42–53–64–75 这组数中，后 4 对数具有一个共同的特征：把每组的第一个数字减去 2 就得到第二个数字（如 4–2=2）；它也符合另一个递进规律，每组中的两个数字分别加 1 则得到下一对中的第一个数字和第二个数字（例如 4+1=5，2+1=3）。

在其他情况下，也需要将信息进行分类。例如，在面对一张购物单时，我们首先根据商店，然后再根据经过商店的顺序——面包店（面包）、食品店（番茄酱）、邮局（邮票）——重组所要购买的物品。

⊙建立联系

布料和纽扣——醋和树木——灯和椅子，我们更容易记住哪对词？毫无疑问是第一对，因为这两个词之间存在强烈的组合关系。对信息进行组合是思维的主要手段，同样也有助于记忆。

通常组合是自发进行的，尤其适用于记忆反义词或同近义词。例如，区分凸和凹这两个字的意思，我们只需要记住其中一个字的意思就够了，因为它们的意思是相反的。以组合的方法，我们还可以尝试记忆电话号码、亲人或朋友的生日，或者记忆历史日期。例如，某个朋友的生日是 8 月 4 日，就可以联系到 1789 年 8 月 4 日法国大革命开始，废除特权的那一天。

⊙心理成像

为了确认是否锁好了住宅大门，我们会有意识地回想在出门前自己正在做什么。在找眼镜时，我们经常在脑海中重现它可能被放置的地方。

心理成像不仅有助于回忆，在学习过程中也扮演着关键角色。借助于这种能力，在手头没有实际图示时，我们可以在脑海中想象一条路线，构思一个曲线图或者图表……由此可以解决许多问题，甚至可能有重大的科学发现。阿尔伯特·爱因斯坦说自己曾想象骑着一束光线，并因此对光的速度产生了兴趣。实验显示，当我们构建一幅心理图像让一些词处于某个场景中时，记忆效果比只是简单的重复要好两倍。

一张图片胜过 1000 个单词

最早验证视觉想象如何作用于记忆的是英国人类学家弗兰西斯·高尔顿。高尔顿是查尔斯·达尔文的堂弟，他为人类作出了一些意义重大的贡献，包括著名的优生学、现代气象图技术和指纹鉴定的导入。当高尔顿开始对视觉想象产生兴趣后，他做了一项关于 100 人的问卷调查，请被调查者运用心理成像法来回忆他们早餐时的细节。

结果很有意思：或许是俗语所断言的——一张图片胜过 1000 个单词。高尔顿发现能够回忆自己经历的人，通过构建心理图像形成了丰富的描述性叙述；那些回忆较少的人仅形成了模糊的印象；而那些记忆空白的人根本没有任何印象。通过这个简单却有说服力的实验，高尔顿推测视觉想象对于记忆是非常重要的；而那些拥有最好记忆力的人能够恢复大量储存于大脑中的印象和感情。

在日常生活中，可以通过心理成像记住人名、地名、新词汇，甚至一门外语词汇。为十字或者白色这样的名词构建一幅心理图像非常容易，而其他的词可能要求更多的想象力。与广为流传的观点相反，心理图像并不一定要拥有“奇怪”的特征。

12. 双重编码

大脑由两个半球组成，它们各自以不同的方式发挥作用，同时又相互协作。

⊙“我把钥匙放在哪了？”

这个日常生活中常见的问题能调动大量的记忆资源。一次内省就足以说明这一点。我们“看见”钥匙，感觉它就在手中，并在锁眼里“转动”，我们尽力回想当时的环境背景和准确时间，以及和别人的谈话，有时同时进行的其他事情会干扰我们对放置钥匙的常规记忆。

用神经心理学家的话来说，对这样的任务我们既需要情景记忆，也需要语义的、程序性的记忆。尽管所有回想起来的信息——视觉的、口头的、语义的、行为的等——都与“钥匙”有关，但它们是在大脑的不同区域里被处理的。借助神经元环路，这些联系才得以在两个脑半球中被激活。

大脑的可塑性

我们对大脑功能的许多认识都来源于对疾病的研究。受损的大脑区域可以帮助我们对引起大脑损伤的功能障碍进行研究。在脑病例中，患者最初多进行颞瓣（海马脑回中）内部双边切除，以根治难医的癫痫，使病人手术后不记得新近的事情。

相反，当两个脑半球中的一边受伤或者被切除，另一边通常能够以近乎正常的方式保证日常生活所需的大部分功能。除非进行精确的测试，才能体现出某些能力的缺失。

⊙脑半球的分工和协作

大脑半球的专业化致使语言发展的最主要部分与左脑半球相连。当我们学习或者回忆语义信息时，例如一组词或者一首诗歌，由左脑半球的记忆系统负责。而当信息具有视觉的或空间的属性时，右脑半球将参与进来。例如，当我们记忆一条路线或者辨认一张面孔时。每个脑半球处理信息的编码方式不同。

视觉信息和口头信息

语言在我们的精神活动中扮演着一个如此关键的角色，以至口头分析可能参与像记忆路线或者面孔这样的任务。功能核磁共振图像技术使我们可以看到在执行给定任务时大脑的活动区域，通常右海马脑回负责通过视觉辨认面孔，而左海马脑回用于搜寻对应的人名。为了确定名字和面孔的对应关系，活动是双边的。

然而，应该注意两个脑半球也有其相对独立性。在大脑一边受损的情况下，另一边脑半球几乎仍可以保证正常的记忆功能。

分析处理和总体处理

另外，根据某些经验，“口头”和“非口头”的区别并不总是足以解释两个脑半球各自扮演的特殊角色，它们的专门化可能并不只是与信息的属性有关，而且还与信息如何被处理有关。左脑半球可能负责分析和暂时的处理，以逻辑的方式或者根据表达的意思将信息分类。而右脑半球可能进行一个总体处理以建立空间关系，或者根据形态和感情的指示将信息分类。

无论如何，我们的精神活动经常要求两个脑半球同时参与。依赖于双重编码的记忆会更有效，因此，阅读是最好的学习方法之一。

⊙语言：左脑半球负责管理，右脑半球负责补充

几乎所有的右撇子和大多数的左撇子，都是由左脑半球掌控与语言相关的精神活动。但是，右脑半球也能够记忆简短的词汇，特别是有着具体意思能引起强烈的视觉图像或者负载着感情的词。一个词或者一句话的表面意思由左脑半球负责，而对其隐喻意的分析则需要右脑半球的参与。

⊙空间：右脑半球负责管理，左脑半球负责补充

空间管理更多地依赖于右脑半球。当我们在空间中定位，或者学习一条新的路线、辨认一个标志时，比如一栋楼房，将由右海马脑回及其相邻区域负责掌控。同时，右脑半球也记录了一些口头编码："在第三个红绿灯后向右拐……"

其实，每个脑半球都可能与一些特殊的定位方式有关。在一个不太熟悉的环境中，或者面对一条复杂的路线，我们倾向于自己设定一些路标默想出一张路线图，这些"路标"会刺激右海马脑回。另一方面，对线路的整体处理和设计则需要依靠左海马脑回。但是，这种任务的分工可能不只是人类特有的，因为这种任务的分工也能在鸡的身上被观察到！

13. 注意与信息加工

你现在正在干什么？你在阅读这些文字。但即使在阅读时，你的感官也会接收到周围的信息。尝试思考一下你现在所能看到、听到、闻到和触摸到的一切。你仍能够集中精力于你阅读的内容吗？你的注意分散了，你发现很难顺利地继续阅读。这表明了注意和信息加工在执行日常事务中的重要性。

考察一下交通高峰时的十字交叉路口，我们发现交叉路口无法处理交通流量，它很快就形成堵塞。当只有一辆汽车行驶时，交通就非常畅通。你的心理情况同此相似。现在选择关注这一页的语句，你的大脑也很容易加工这一单个的信息源，因此很容易理解文章。如果你试图思考感官收集到的其他信息时，情况就变得更加复杂，大脑的加工能力有限，你无法同时加工所有的信息，就像交叉路口一样。

经常乘汽车的人常常会谈到交叉路口的瓶颈问题。心理学家也用这一词汇来描述大脑有意识地加工信息能力的有限性。我们怎样来对付这一局限性呢？

你也许会认为，当你阅读这一章时，周围的事物都是无关的，甚至是分散你注意的事物，你就干脆忽略它们。也就是说，你使用注意从一大堆构成注意瓶颈的信息中仅仅选择相关的信息，同时忽略其他一切信息。

美国著名哲学家威廉·詹姆斯（1842—1910年）将注意描述为“利用心理占据几个可能思路中的一个”。但我们怎样选择哪些该注意，哪些该忽略呢？我们有足够的资源来分散注意吗？或者说，如果采用迫使我们仅选择一种事物的模式，我们的注意是不是很有限呢？

想象一下你正在观赏你最喜爱的电视节目。此时，有人试图与你聊他当天的见闻。你选择聚精会神看银屏上表演的内容，尽管你假装在倾听，甚至也听懂了一部分，但你不能完全集中精力于这个人所说的内容。

关注某件事而忽略周围的其他事涉及选择性注意。选择性注意能够让你选择某一件事来占据你的心理。但如果你的注意偏离电视节目去关注他人突然所说的让你感兴趣的事情（如付钱），你的注意又会怎样呢？你也许会发现自己处于相似的境地，并因选择性耳聋而受到指责。这表明，心理在某些境况下能够关注不止一个的信息源，但有时它又选择不这样做。

⊙听觉注意

选择性听觉的研究成果已经解答了我们对如何集中注意的诸多疑问。我们的生活充满着各种声音，如果没有选择性注意，要弄懂并利用任何一种声音都是不可能的。

为了对此进一步做出解释，大多数研究人员使用了双耳分听任务的方法。即被试者戴上两个耳机，并且每只耳朵同时分别听不同的信息。只需要被试者对其中的一个信息做出反应，同时忽略其他信息。柯林·切利的遮蔽实验是双耳分听任务的典型例子。

切利的实验结果回答了有关集中注意这一重要问题。大脑是在什么时候选择其注意的信息呢？大脑是在集中注意之前就加工了所有信息，还是首先对信息做出选择，把其他信息留在数据瓶颈里不做加工呢？

双耳分听研究表明，大脑在做大量信息加工之前就选择了信息。在切利的实验中，被试者对未注意的信息知之甚少。这表明大脑在信息加工早期就对信息进行了选择。

鸡尾酒会现象

想象你在参加一个酒会。人们三五成群谈着不同的话题，你首先听到的是难以理解的杂音。后来，当你在酒会上待了一会儿并且和朋友聊起来后，你就似乎听不到周围其他人的谈话（除非你与其他谈话者非常近），你只能听到与你谈话者的声音。你的注意力完全集中在你的谈话对象身上，耳朵所接收的其他声音被放在注意瓶颈后，被忽略了。集中精力于某个谈话，忽略周围其他谈话的能力被称为鸡尾酒会现象。这一现象是柯林·切利在1953年首先发现的。

⊙ 酒会上的人们唯独集中精力于自身参与的谈话，而对其他声音充耳不闻，除非有人叫他们的名字或者提到引起他们注意的事情。

柯林·切利是麻省理工学院的一名电子学研究员。他发现，我们集中注意于某个谈话的能力涉及我们所选择的感兴趣信息的物理差异。差异包括说话者的声调（例如，女人的声调一般比男人的高）和位置。

切利使用双耳分听遮蔽任务考察了鸡尾酒会现象。被试者戴上两个耳机，两只耳朵听不同的信息，其中一个信息必须被遮蔽。也就是说，被试者一听到信息马上进行复述。他发现，被试者听不到任何没有被遮蔽的信息。实际上，被试者基本没注意到这一信息是颠倒的或是外语。然而他们能够发现从属信息的物理变化，如语言被音乐取代、说话者性别的变化等。

切利所做的工作为一个简单的观察（即我们能够集中精力于众多谈话中的一个）怎样发展成一个假说进而能够在实验室里进行研究、论证树立了很好的榜样。搬进实验室和使用耳机也许会因为与真正的社会环境相比过于人工化而受到批评。然而，实验很好地帮助我们对注意的理解，并且促使其他研究者（如唐纳德·布罗德本特）进一步探索我们怎样选择和注意周围的感官信息。

1958 年，英国心理学家唐纳德·布罗德本特在这一证据的基础上发展了一种早期注意选择的理论。他把这一理论叫做过滤论。这一理论的基本观点是：当感官信息到达瓶颈时，大脑就必须选择对哪个信息进行加工。到这一点之前，大脑未对任何信息进行加工。

布罗德本特认为，感官过滤器会基于信息的物理特征来选择该信息以对其进行进一步的加工，如声调和位置。正如通过过滤器的咖啡会留下沉淀物一样，被选择的信息也会通过过滤器，把不需要的东西留在瓶颈里。在瓶颈里，信息无法得到进一步的加工。布罗德本特的过滤理论解释了双耳分听任务实验的发现。例如，在遮蔽任务中，两个信息都会到达感官过滤器，然而只有目标信息在位置的基础上被选择。这一理论也解释了切利关于集中注意于众多谈话中某一个谈话的实验。

⊙核查姓名

现在想象你在参加一个酒会，而且精力完全集中于你参与的对话中。突然，有人提到你的名字，你的注意会立即发生转移，就像上文中出现的在你看电视时突然有人提到钱的例子一样。你改变注意力的原因不是因为你听到信息的方式，而是你听到信息的内容。布罗德本特认为，信息在到达感官过滤器之前未经过任何处理。如果真是这样的话，那么，我们为什么会对另一个随之而来的信息的意思做出反应，进而改变注意力呢？

布罗德本特的观点是建立在这一观察的基础之上的，即被试者没有有意识地觉察到未被注意信息的意义。那么，意义是否在有意识的觉察之外得到处理了呢？1975 年，心理学家埃尔沙·万·莱特、鲍尔·安德森和埃瓦尔德·斯迪曼呈现了一组单词给被试者，其中一些单词伴随着轻微的电击。结果发现，即使面对遮蔽实验中未被注意的信息，被试者对伴随着电击的单词也能做出下意识的生理反应。这一实验的推论很清楚：尽管被试者没有意识到听到了这些单词，但他们在大脑的某个地方理解了单词的意义。

布罗德本特理论的核心是：只有经过过滤器选择的信息得到了

处理，其他信息才都会被忽视。然而，我们可能会在意义的基础上改变注意力，例如，我们听到自己的名字或者是有人提到钱。莱特和其他人的实验也表明，大脑一定在某种程度上处理了未被布罗德本特注意的信息，尽管人们没有有意识地觉察到这一处理的发生。

⊙认知联系

布罗德本特的过滤理论在认知心理学的发展中具有巨大的影响。然而这一理论也有问题（它不够灵活）。我们可以依赖信息的意义转移注意，也可以对意识之外的信息进行加工。尽管这一理论有很多的优点，但它不能解释这些事实。

⊙衰减理论

为了克服种种局限性，普林斯顿大学的心理学教授安妮·特雷斯曼发展了一种新的关于选择注意的衰减理论。特雷斯曼保留了在注意瓶颈上有感官过滤器的观点。然而她解释道，这一过滤器更加灵活，对信息的物理特性和意义都有依赖。而且，她放弃了布罗德本特关于未被注意的信息会被简单地忽略的观点。相反地，她认为，这些未被注意的信息是衰减了，或者说减弱了，因此，被加工的程度也减弱了。然而，这一加工衰减是如此之弱，以致实验参与者没有意识到，除非信息的意思非同寻常。

特雷斯曼的理论不仅可以解释莱特和其他人的发现，而且解释了我们基于信息意思而转移注意的能力。

布罗德本特和特雷斯曼的理论都认为，感官信息一进入大脑，记忆力瓶颈就会在大脑对信息加工之前出现。另一个假说认为，大脑对信息做出选择之前就对接收的所有信息进行了处理。心理学家J. 多伊奇和 D. 多伊奇在 1963 年提出了一个观点，即所有信息只有经过大脑完全处理后，我们才能意识到该选择哪条信息。

这一选择注意的“后期理论”也能解释莱特的发现和我们转移注意的能力，但却与特雷斯曼的理论相对立。后来的研究表明，早期和后期选择注意理论之间的差异也许需要彻底改变。因为注意运行的方法是可变动的，信息选择的方法也取决于具体环境。例如，当输入的

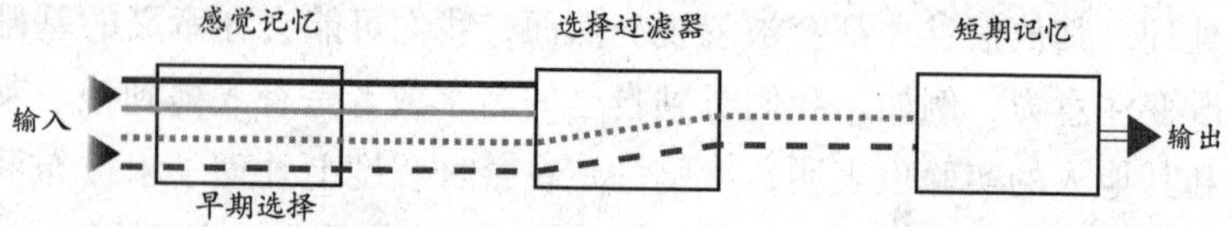

⊙ 这是布罗德本特过滤器选择性注意理论的简图。

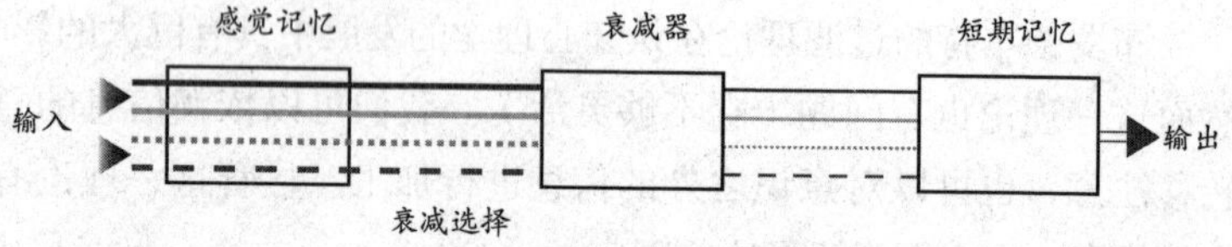

⊙ 图中表示的是安妮·特雷斯曼的衰减理论。该理论认为，输入信息的加工程度是由接收者对信息重要性的认识决定的。

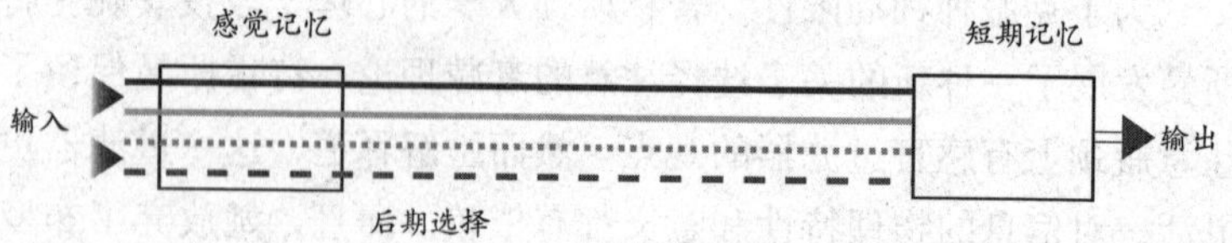

⊙ 图中表示的是J. 多伊奇和D. 多伊奇有关选择注意的后期选择理论。输入信息只有在到达短期记忆后才能被选择。

信息都相似，输入速度较慢，而且无需对信息加工的本质或者方向做决定时，后期选择理论也许更正确。相反，没有以上因素影响时，更正确的也许是早期选择理论。

⊙搜索

到目前为止，对于集中注意我们已经探讨了利用大脑有限的信息加工资源从感官不断接收的大量信息中选择何种信息的方法。但是如果你要搜索某个具体的事物又会怎样呢？在某个环境下搜索一个你并不清楚在哪里的事物，如在繁忙的机场寻找你要迎接的亲戚或在拥挤的酒会上寻找你想相聚的朋友。你怎样才能从眼睛所看到的人群和信息中筛选出你要找的亲戚或朋友呢？你要克服哪些困难呢？

心理学家使用“视觉搜索”的实验回答了这些问题。在继续阅读之前试着做下面两道视觉搜寻练习题。毫无疑问，你的结论是：找到字母O比找到字母T容易。为什么会这样呢？因为字母T和字

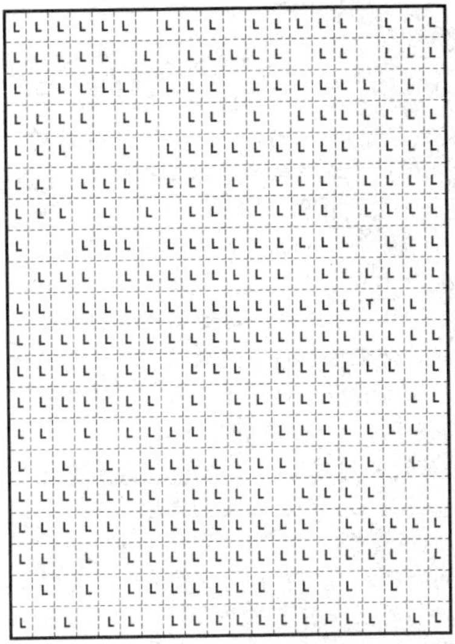

⊙ 试着找出字母 T，找到后再看右表。

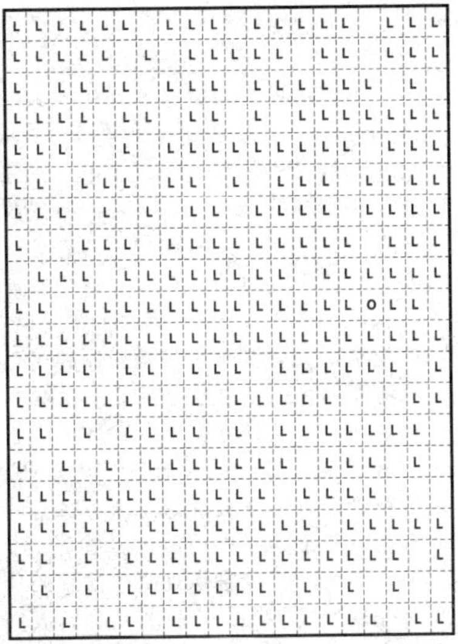

⊙ 试着找出字母 O，你会发现比左表容易，因为与周围的 L 相比，字母 O 比字母 T 更加突出。

母 L 有相同的特征，即都有一条横线和一条竖线，唯一的区别是两条线相交的地方不同。而字母 O 和字母 L 没有相同的特征，因此容易找出来。

⊙特征整合理论

对诸如此类的问题，有人认为目标字母会从周围字母中“跳”出来。这一用来解释视觉搜索和其他发现的主要理论是由安妮·特雷斯曼在 1986 年提出的，被称为特征整合理论。

特雷斯曼的理论认为，当你看见一个视觉情景时，你就会创造出描绘此种情景的一系列“地图”。例如，当你看见本书中的字母表时，你就会创造一个地图，表明所有的横线在哪里，所有的竖线在哪里等。如在字母 L 里有字母 T 的情境中，你必须在心里搜寻这些地图，把每一个位置的横线和竖线都结合起来，直到找到不同的那个字母。而对于在字母 L 中找到字母 O，由于没有相似的特征，就无须经过费时、费力的特征整合阶段，搜寻起来就快得多。字母 T 和字母 O

变化盲视

观察者看不出场景的变化，如图片的变化。这一现象叫做变化盲视。正是由于变化盲视使得“找差异”的游戏非常棘手。1997 年，认知科学家罗纳德·韧帧克、凯文·奥利根和詹姆斯·克拉克给被试者出示了几幅图片，除了一个细节不同外（如：一幅图片的男子戴了帽子，另一幅图片的男子没戴），这些图片基本相似。尽管被试者知道他们的任务是找出图片之间的差异，但他们发现要找到差异很难，有时要对比看上好多遍才能找到。

也是在 1997 年，俄亥俄州肯特州立大学的丹尼尔·莱文和哈佛大学的丹尼尔·西蒙探讨了移动图像的变化盲视。他们给被试者播放了一段两个女人聊天的电影。在整个聊天的过程中，摄像机都跟着这两个女人。摄像机每改变一次镜头，场景的细节就会发生一些变化。例如，当镜头对准 A 女人时，能看见桌上有红色的盘子。几秒钟后，当镜头对准 B 女人时，红盘子变成了白盘子。大多数被试者没有注意到有任何变化。即使让他们再看一遍，也只能从 9 个差异中平均找出 2 个。

那么，变化盲视说明了注意的什么问题呢？我们自认为完全看清了世界的一切。实际上，变化盲视告诉我们，我们的认知有问题。我们只有有目的地专注于物体才能看见它们，而且经常看不出它们位置的任何变化。

是目标元素，它们就是观察者必须从背景元素中找出的元素。

特雷斯曼为支持她的理论，提出了一个叫做错觉关联的现象。根据特征整合理论，如果你向大街上望去，你就会创造出许多心理地图，一个地图描述横线在哪里，另一个描述所有的红色物体在哪里，等等。你于是需要整合这些地图，以致你看见的是一辆红色的汽车，而不是个别的特征。这需要注意，在繁忙的情景下还需要足够的注意资源才可以整合这一部分内的特征。在这部分之外，整合显得很随意，有时甚至特征被错误地整合起来。例如，你用余光看见的一辆（非白色的）经过白色商店的汽车会被错误地看成是白色的汽车。特雷斯曼的理论已经激发了人们的研究热情，例如，研究者们仍然在做有关结构或形状特征的感知实验。

⊙相似性理论

特雷斯曼的理论遭到了更为简单的相似性理论的挑战。这一理论是由约翰·邓肯和格利姆·汉弗莱斯在 1992 年提出的。特雷斯曼的理论无法解释汉弗莱斯和 P.T. 昆兰在 1987 年的研究结果。他们认为，识别某个特征所需的时间取决于识别该特征所需的信息量。相似性理论认为，视觉搜索的难易度是由目标图像和其他吸引注意的图像（即分散注意的图像）的相似程度决定的。因此，在这两个视觉搜索练习中，字母 T 比字母 O 更难寻找，因为字母 T 的形状与分散注意字母形状更为相似。目标字母和分散注意字母的形状越相似，找到目标字母的难度就越大。

相似性理论也认为，分散注意的图像之间越相似，视觉搜索就会越困难。在小写字母中找到 b 比在大写字母中找到 B 要容易，因为大写字母之间有更多的相似性。搜索效果与分散注意图像之间的相似度有函数关系。根据这一理论，视觉搜索仅仅是个相似性的问题，不存在任何特征整合过程。对这一理论的主要批评是：相似性是一个模糊的概念，对什么是相似性没有统一的标准。

有时我们想要同时做一件以上的事情是容易的，如边开车边聊天。然而，要在做复杂数学题的同时背诵诗歌简直就不可能做到。

G	D	C	F	F	H	H	T	I	K	V	R	H	E	Q	T	K	N	M	I
R	V	F	A	D	V	J	K	M	Y	N	E	D	K	N	H	F	P	D	N
G	U	H	K	E	H	E	K	Z	V	J	R	P	T	V	E	H	P	Z	H
Y	G	N	F	M	T	R	D	C	R	N	Q	J	O	T	H	F	N	E	H
H	U	U	S	E	N	T	S	N	J	H	P	O	H	J	D	R	S	T	U
X	F	G	N	S	K	H	E	E	Y	M	T	N	E	D	D	F	T	P	Y
A	N	E	S	D	R	Y	N	J	R	E	I	H	P	O	U	J	U	R	Z
U	K	S	R	K	E	G	E	H	Y	N	H	U	E	P	I	U	R	H	R
J	M	L	G	N	Y	M	M	P	T	S	D	M	I	U	R	N	T	J	F
V	U	D	Y	R	O	D	Z	T	B	R	A	O	R	D	H	Z	C	G	H
S	N	K	E	O	M	T	G	N	T	H	H	R	U	Y	R	T	P	K	U
J	X	R	Y	G	T	U	X	R	H	R	N	U	N	M	D	F	E	H	R
D	P	E	N	O	H	M	R	Z	K	D	J	H	K	Y	G	P	R	N	R
R	G	H	Y	N	T	H	G	M	C	V	U	S	E	D	G	T	N	T	S
Q	U	T	P	R	O	J	O	R	G	K	N	T	H	A	D	M	N	E	G
S	N	G	O	R	N	A	R	O	I	O	A	J	M	O	Z	H	R	A	H
D	S	I	D	T	R	D	M	H	N	D	U	G	G	N	Y	T	V	K	E
P	P	S	G	N	Y	O	Y	O	H	F	E	M	I	Y	D	J	R	O	R
R	O	U	P	M	C	R	O	N	R	N	D	R	O	Z	G	M	I	G	I
U	Z	K	T	E	G	I	T	Z	H	H	E	N	E	J	I	P	T	K	T

在此表中找出字母 B，找到后再看右表。

g	x	c	f	f	h	h	t	i	k	v	r	h	e	q	t	k	n	m	i
r	b	f	a	d	v	j	k	m	y	n	e	d	k	n	h	f	p	d	n
g	u	n	h	e	h	e	k	z	v	j	r	p	t	v	e	h	p	z	h
y	g	n	f	m	t	r	d	c	r	n	q	j	o	t	h	f	n	e	h
h	u	u	s	e	n	t	s	n	j	h	p	o	h	j	d	r	s	t	u
x	f	g	n	s	k	h	e	e	y	m	t	n	e	d	d	f	t	p	y
a	n	e	s	d	r	y	n	j	r	e	i	h	p	o	u	j	u	r	z
u	k	s	r	k	e	g	e	h	y	n	h	u	e	p	i	u	r	h	r
j	m	l	g	n	y	m	m	p	t	s	d	m	i	u	r	n	t	j	f
v	u	d	y	r	o	d	z	t	j	r	a	o	r	d	h	z	c	g	h
s	n	k	e	o	m	t	g	n	t	h	h	r	u	y	r	t	p	k	u
j	x	r	y	g	t	u	x	r	h	r	n	u	n	m	d	f	e	h	r
d	p	e	n	o	h	m	r	z	k	d	j	h	k	y	g	p	r	n	r
r	g	h	y	n	t	h	g	m	c	v	u	s	e	d	g	t	n	t	s
q	u	t	p	r	o	j	o	r	g	k	n	t	h	a	d	m	n	e	g
s	n	g	o	r	n	a	r	o	i	o	a	j	m	o	z	h	r	a	h
d	s	i	d	t	r	d	m	h	n	d	u	g	g	n	y	t	v	k	e
p	p	s	g	n	y	o	y	o	h	f	e	m	i	y	d	j	r	o	r
r	o	u	p	m	c	r	o	n	r	n	d	r	o	z	g	m	i	g	i
u	z	k	t	e	g	i	t	z	h	h	e	n	e	j	i	p	t	k	t

在此表中找出字母 b，你会发现比左表容易，因为小写字母的形状比大写字母更容易区分。

我们试图同时完成一件以上的任务时，我们就把大脑有限的信息加工资源分配给了不同的工作任务。有的任务容易，有的任务难。这取决于两个方面：一是这两个任务的相似程度；二是我们对任务的熟练程度。尽管大脑的容量有限，只要两个任务都没有超过大脑一般和特殊资源的限度，大脑可以同时完成它们。

⊙分散注意和集中注意

在探讨任务相似性对分散注意的重要性之前，我们首先考察一下大脑信息加工资源及其分配情况。执行所有任务占据的注意都一样吗？执行不同的任务是不是使用不同的心理资源呢？如果执行所有任务涉及的仅仅是同样普遍适用的心理资源，那么任务的性质不再重要，所有的任务将平等竞争现有的心理资源。只要提供的注意允许，我们将能做尽量多的事情。然而，如果信息加工资源因任务不同有所差异的话，执行不同任务时，我们很容易同时完成它们（如边开车边聊天），使用相似的心理资源时（如边看书边聊天），就不易同时完成。

许多研究表明，任务相似时，分散注意就比较困难。没有哪个任务是完全直截了当的，但你肯定会发现，边听收音机或电视上的谈话边找元音比较困难，因为两项任务都涉及语言处理。在 1972 年《实验心理学季刊》发表的一个实验中，D. A. 奥尔伯特、B. 安东尼斯和 P. 雷诺德要求被试者复述一篇文章的一个小节。同时要求被试者通过耳机听一组单词或者记住一组图片。被试者的单词记得很差，但却很好地复述了文章和记住了图片。这是因为执行相似的任务需要争取我们的注意，因而会相互干扰。

两个相似的任务很难同时执行的事实支持了这一观点，即大脑信息加工资源因任务不同而相异。这就是我们为什么能边开车边聊天，边听音乐边写作的原因。然而，当汽车行驶到繁忙的交叉路口又会怎样呢？我们在进行重要谈话的同时还能处理安全通过交叉路口的信息吗？即使任务不同，我们也不能同时完成复杂的任务。这表明，我们大脑的有些信息加工资源对所有任务是普遍适用的。这

边开车边使用手机：致命的组合

现在，全美国有1亿多部手机在使用。人们到处都在用：家里、学校、街上、公交车和火车上，甚至在开车的时候。边开车边用手机安全吗？你也许认为安全。毕竟，能边开车边聊天，为什么不能用手机聊天呢？最近的调查显示，85%的司机承认至少是偶尔在开车时使用手机。如果开车是项自动的工作，倒不会出现什么问题。我们在自动加工驾驶信息的同时，有意识的注意还能集中到谈话上。然而，研究结果表明这样做是令人担忧的。

1998年，J. M. 维奥兰蒂通过研究发现，边用手机边开车发生致命事故的风险比不使用手机高9倍。实际上，让手机在汽车里开着不用，发生致命事故的风险也会高2倍。边开车边用手机为什么如此危险呢？维奥兰蒂查看了俄克拉荷马州1992年至1995年的交通事故报告。与发生事故时不使用手机的司机相比，维奥兰蒂发现，使用手机的司机在事故前易不注意马路，易于超速行车，易于走错道，易于撞上固定的物体，易于翻车，易于突然掉头。1999年的另一个研究表明，与正常行车相比，拨打手机时的开车速度控制和车道保持都不准确。

如此令人震惊的证据已经使得一些国家（如巴西、以色列、意大利和澳大利亚）的一些城市，认为驾驶时使用手机是非法的。美国一些州采取了立法措施，华盛顿州实行的法律规定：手机只有装备该州批准生产的“无须用手的设备”时才可在汽车里使用。

1999年，芬兰赫尔辛基大学的大卫·兰布尔发现使用无须用手的设备的司机察觉前面有车的能力减退了。他把一直向前看、不分散精力的司机与随意拨打手机的司机（分散了视觉注意）和无须视觉注意执行简单记忆任务的司机进行了比较。可想而知，被分散视觉注意的群体反应最为困难。与一心一意注意大路的司机相比，同时执行两项任务的司机反应也较慢。无须用手的设备并不能排除开车的手机使用者的安全问题。

就涉及边开车边打电话的情况。这时，普遍适用的注意资源就会从执行开车任务转向打电话任务。

如果你演奏乐器、学跳舞、进行体育运动和从事诸如此类的技巧性活动时，也许有人会告诉你：熟能生巧。我们知道练习某种技巧时，我们会做得更好。但这与分散注意有关吗？

我们已经谈到边开车边聊天很容易做到。但这是对有经验的驾驶者而言的，新手一般发现边开车边聊天几乎是不可能的。因此，在两个我们熟练的任务中分散注意比较容易。要想明白为什么会这样，我们必须仔细地考察一下要执行像边开车边聊天这样的任务时会涉及什么。

⊙ 图为小女孩学拉小提琴。在开始学琴时，她必须有意地拉奏每一个音符。随着自信和技能的增加，她的许多动作逐渐变得很自然，进而无须再加以思考。

到目前为止，我们把开车这样的任务看成是一项任务。真的如此简单吗？驾驶任务涉及必须注意速度、路线、方向、前后的车辆、潜在危险（如走在人行道上的小孩），等等。能说这是单一的任务吗？也许驾驶本身就是注意分散的一个例子。聊天也一样，必须控制嘴唇的运动，处理耳朵接收到的信息，还要决定该说些什么。实际上，任何任务都可以看成是小型子任务的集合。

学习驾驶确实像分散注意。学习驾驶时，所有的子任务都是分开的。你必须思考道路的弯曲情况，思考怎样用后视镜相应地调整方向盘，思考怎样控制速度等。当新手正在注意复杂路况（如交叉路口）时，他们也许忘了该用多大的力量踩刹车以减缓车速。思考这么多的子任务会用尽他们的注意资源。一旦掌握驾驶技术后，开车就变成了一项单一、有组织的任务。有经验的驾驶者能让子任务在互不干扰的情况下处理好它们。

每学习一项新任务时，你都会或多或少有意识地在子任务之间分散注意。那需要大量的信息加工资源。如学习拉小提琴，演奏C调时会涉及：

从乐谱上阅读正确的音符；

使用正确的琴弦；

手指正确地放在琴颈上；

用琴弓拉动琴弦。

小提琴新手必须考虑到每一步。经过大量的实践后，经验丰富的小提琴手只需简单地看看音符C，在没有注意到相关子任务的情况下就会拉出声音。这只需要一小部分注意，就有足够的注意用来执行其他任务。小提琴家利伯雷斯在表演时经常一边拉小提琴一边和听众聊天。

看来，对某项任务进行大量训练后，我们就擅长了，再执行这项任务时就不需要用光注意资源。这项任务就不再是有意识的控制行为，相反地，会成为自动行为。例如，我们小时候也许要思考走路或骑自行车所涉及的每一个子任务，现在都变成自动行为了，根本无须思考。实际上，一旦成为自动行为后，想要阻止它都很难。这就是“斯特鲁普效应”的核心。“斯特鲁普效应”是用来研究自动化的任务。

⊙人类自动驾驶仪

你曾经在周末走出家门像工作日那样径直上学或上班吗？如果自动这样做的话，我们称之为坐上自动驾驶仪。我们无须有意识地控制行动，就像飞行员坐上自动驾驶仪无须手工操作飞机一样。完成这些任务不再需要我们有限的注意资源，自动行为因而非常有用处。

为什么会发生自动化呢？约翰·安德森在 1983 年提出，在练习中，人们对该任务的每项子任务越来越擅长。如在学驾驶时，控制刹车、使用后视镜等的能力在提高。最终这些子任务会合并成较大的部件，因而，控制刹车和使用后视镜无须再分别思考就可以同时完成。这些较大的部件进而继续合并，直到整个任务变成单一的、整体的程序，而不是单个子任务的集合。安德森认为，当子任务完全融合成单项任务时，任务就自动化了。这一切发生得就像汽车换挡一样突然。

⊙事件关联电位

另一个研究注意的可选方法是使用脑电图。心理学家能够使用脑电图来记录大脑电脉冲的变化。有时，人们一看见或听见什么后，电脉冲的情况马上就能记录下来。这种记录叫做事件关联电位，因为它们是大脑对某些特定事件的电位反应。

从 1988 年到 1992 年，芬兰赫尔辛基大学的认知神经科学家里斯托·纳塔，通过使用事件关联电位的方法做了许多实验研究注意。

◎ 视觉忽视综合征并不限于人类。这条狗也有脑损伤，因而只吃食盘左边的食物。

纳塔能的实验表明，我们确实对刺激做出了反应，例如，在遮蔽任务中未注意信息的非常小的变化。然而，这对控制遮蔽任务没有影响，而且经常是无意识地出现。这些发现支持了有些自动简单的信息加工无须注意资源就可以发生的观点。

我们从对正常"被试者"的成像和记录中学到了很多注意的知识，我们也可以通过研究不能正常进行注意信息加工的人那里学到不少。我们知道，注意是所有认知任务的核心，我们需要它来感知感觉信息以集中思考，避免干扰。毫无疑问，大脑的紊乱会影响注意。这些条件是怎样影响注意，我们又能从像大脑受伤、注意加工受损的情况中得到什么教训呢？

想象一个叫比尔的虚构人物的真实情况。比尔的个案研究是脑卒后视觉忽视综合征病人的典型情况。脑卒或者对大脑的其他损伤都会导致对大脑某一部分的伤害（像比尔一样右脑的损伤比例比较大），会使得病人无法对侧视阈的物体做出反应。比尔的例子显示了视觉忽视综合征的所有主要特征。

忽视左边空间的倾向与患者不能运用左边身体相联系。比尔确信他抬起左手拍手了，他抬不起左手不是因为身体残疾。视觉忽视综合征患者根本注意不到左边，也忘记了左边的存在。这不是因身体动力障碍引起的，他们注意不到左边的视觉刺激也与感觉障碍无关。视觉忽视综合征不是视觉或动觉的失调，而是经历和反应的失调；不是感知的紊乱，而是注意的紊乱。简言之，视觉忽视综合征患者对左边世界“选择性不注意”。

视觉忽视综合征患者最为鲜明的特点是他们不会意识到没注意到的那边。他们并不认为“我注意不到我的左边”，实际上，他们的左边就好像根本不存在一样。

⊙疾病感缺失

拒绝承认自己有病是疾病感缺失的症状，意味着根本不知道自己有病。视觉忽视综合征是一种注意紊乱，它的鲜明特征是疾病感缺失。

波斯纳和同事们研究了视觉忽视综合征患者的注意。经研究发现，在注意任务中，不能指令这些人去注意他们忽略的那一边。根据研究，他们提出了三阶段注意模式。要注意某个刺激，我们必须：

（1）偏离目前的注意焦点。

（2）将注意转向新的地方。

（3）注意新的任务。

视觉忽视综合征患者对第一阶段的任务存在问题，例如，他们无法偏离视阈中的右边以集中注意于左边。

⊙注意缺陷障碍

视觉忽视综合征患者无法偏离右边以注意左边的刺激。然而注意缺陷障碍与波斯纳第三阶段模型有关。视觉忽视综合征患者发现很难将注意集中于任何一个任务。

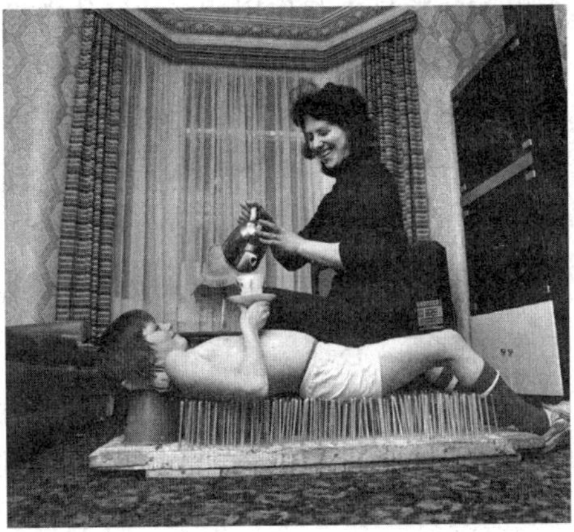

⊙ 通过有意识的行动，疼痛可以得到控制。这个孩子通过睡钉床的例子证明了疼痛能够控制的事实。

美国大概有4%—6%的儿童患有注意缺陷障碍。这是由于信息加工的注意控制不成熟或功能失调导致的。很多情况下，不成熟会随着时间的推移有所改善，但大约仍有一半人在成人时仍会有问题。注意缺陷障碍的特征是集中注意于某项任务或刺激有困难。这就使得注意缺陷障碍患者很容易分心、冲动和亢奋。他们的注意问题也导致他们无法将生活、思考、情感与行为联系起来，进而导致行为碎片化。患有注意缺陷障碍的孩子上学时很难集中注意力，而且行为的问题也会造成社会问题和家庭困难。有人认为，当大脑控制和指示注意的区域不成熟或者不完全“在线”时，注意缺陷障碍就会出现。正电子发射断层显像研究表明，注意缺陷障碍患者的左脑活动有所减少，尤其是前扣带皮层的活动，因为大脑的这部分与注意集中有联系。经观察，前脑叶（该部位与意识有关联）和上听觉皮层（该部位将思维和知觉整合起来）的活动都有所减少。这些模式导致了注意缺陷障碍的注意和行为特征。许多思想、感情和信息都会竞争注意资源，而且处理它们的机制也出现了问题。

为控制注意缺陷障碍的症状，医生给许多孩子开了像利他林这样的药物。这与苯丙胺基本相似。20 世纪 90 年代末，美国使用利他林儿童的数量增加了 150%。目前，美国利他林的用量是其他国家使用总量的 5 倍多。利他林是通过提高大脑皮质神经传递素，尤其是多巴胺的数量来起作用的。神经传递素的不断作用刺激了注意缺陷障碍患者的大脑皮质，包括大脑不活跃部位的活动。这就使得大脑能够集中注意，并且将感觉信息、思维和行动拼合起来，从而产生更加集中的行为、更好的注意力和较少的干扰。

14. 表征信息

我们的大脑可以容下大量的信息：大多数人都知道怎样阅读、写作和说话。心理学家指出，我们可以记住几千张不同的图片。大量对大脑的研究集中在：大脑是怎样储存和表征如此丰富的数据的。

当今社会，各种各样的物件都能表征信息，有些物件（如图书、地图）已经存在了几千年。万维网直到 1993 年才出现，尽管这时互联网已经存在了多年。然而与大脑相比，即使是最古老的图书也是新来者，人类大脑表征信息已达数百万年了。

几千年来，哲学家们一直试图弄清楚大脑是怎样储存和表征信息的。大约在100年以前，心理学家们开始通过实验来回答这一问题。实验前，你要对实验的结果有所认识。科学家们称之为假说。在实验中，心理学家们找到了一些恰当的用以表达大脑如何表征信息的假说。记忆的过程是否像在你大脑中绘画一样呢？人们所熟知的故事是储存在“心灵之书”上吗？大脑对不同词汇的含义的表征就像字典一样吗？

人们以各种方式分享信息。书是写出来的，图片是画出来的，地图是绘出来的。然而，书、图片和地图与它们代表的许多事物并不一样。例如，纽约地图并不就是纽约。书、图片和地图只是表征（表征就是给我们提供有效信息的物体）信息，它们会省略无效的信息。例如，纽约市的地图没有标出出入孔盖的位置（旅游者无须知道出入孔盖在哪里）。若将不必要的信息绘入地图中，将会使地图更难读。

心理学家将书、图片和地图描述为外部表征，它们与内部表征不同。内部表征是指大脑储存和表征潜在有用信息的方式。

⊙大脑中的图片

人们构建内部表征的理论已有几个世纪了。古希腊哲学家亚里士多德（公元前384—前322年）认为，记忆就像在大脑中储存图片。哲学家们从那时开始就争论这一问题，但直到大约120年前，科学家才加入这一争论的行列。1883年，英国的科学家弗朗西斯·加尔顿（1822—1911年）通过让被试者想象餐桌的样子来研究大脑的意象。许多被试者都说他们对餐桌没有心理印象，他们只记得吃过的东西，认为餐桌在大脑中没留下印象。

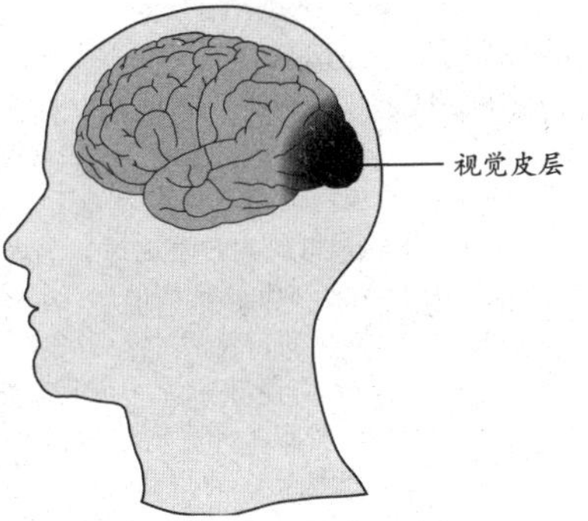

⊙ 视觉皮层位于大脑的后部。它是通过视觉神经和视网膜连接起来的。视网膜是眼球后面将光转化成神经电脉冲的结构。在看图像或者后来回忆该图像时，视觉皮层都很活跃。

心理学家们经过研究认为，人能产生心理意象。描绘大脑功能的技术，如功能性磁共振成像能显示人脑的哪个部位最活跃。当人们看图片时，大脑初级视皮层就开始努力运行。当拿走图片时，初级视皮层就会松弛下来。当人们回想刚才看到的图片时，初级视皮层会再次开始运行。实际上，初级视皮层几乎在图片呈现的同时运行。这一研究表明，不管我们是看图片还是想象图片，大脑的同一区域都很活跃。

如果想象我们刚刚看过的图片就像现在正在看一样，我们从未看过的图片又怎样呢？人们擅长形成心理意象。想象一下在对面的

重点提示

⊙ 地图、书和图片都是外部表征。它们给我们提供了这个世界的有用信息，同时有意省略了无用信息。

⊙ 内部表征是大脑储存潜在有用信息的方式。

⊙ 当我们想象某个图片时，我们使用的大脑部位与看图片的大脑部位相同。

⊙ 想象的图片（也称心理表象）从某些方面来说和照片相似。

⊙ 对图片的记忆受到我们对其诠释方式的影响。

⊙ 尽管我们能记住几千张图片，但对细节的记忆消退得很快。

⊙ 心理地图要经过几个月才能建立起来。

⊙ 类别是包含名词、动词或抽象概念的物体组。

⊙ 概念的定义属性观认为，所有的概念都可以通过属性组来描述。每一个属性都是必要的，所有的属性组合在一起才能定义概念。

⊙ 类别成员资格不是“全或无”的，成员的特征各不相同。例如，心理学的研究已经表明，人们把知更鸟归为典型的鸟类，而不归为企鹅类。

⊙ 当人们想到某一类别时，总是会想到它的典型成员。

⊙ 大脑是以特征联系网络的方式储存类别信息的。博弈论认为，信息储存在具体实例的网络之中。

⊙ 人类大脑存有在特殊场景下发生的日常事件的普通信息。罗格·尚克和罗伯特·埃贝森将这一信息称之为脚本。

⊙ 人们根据故事的广义主题，即图式对其进行了分类。

⊙ 我们对某个场景下通常会发生事件的期待影响了我们对实际发生事件的记忆。

⊙ 我们对故事的记忆能力受到故事意义的影响。

⊙ 连接主义是大脑的一种思维方式，该思维方式考虑到了大脑的生物性知识。

地上有只跳跃的知更鸟，在它后面有一头母牛，母牛弯着脖子看着知更鸟。当被试者想象这些图片时，许多人都会经历相同的事件序列。首先，他们看到了一只知更鸟。知更鸟在他们心理意象中体型较大，也许占据半张图片。当他们想把母牛包含进来时，他们就从知更鸟那儿“放大”，或者把知更鸟“缩小”，以便在意象中为母牛留下足够的空间。

1975 年，美国心理学家斯蒂芬·考斯林让人们想象某个动物站在另一个动物旁边。例如，让一个人想象一只兔子蹲在大象旁边。他询问了有关兔子的一个问题，如“兔子的鼻子是尖的吗？” 考斯林又让另一个人想象一只兔子，但这次旁边是只苍蝇。当他问第二个人相同的问题时，考斯林发现，若兔子站在大象旁边，人们就要用更长的时间回答有关兔子的问题。

当实验对象构成心理图像时，他们必须“放大”或“缩小”以将动物包含进来。兔子在苍蝇附近的图像要比它在大象附近要大。考斯林表示，回答有关心理图像问题所需的时间与呈现细节所需的“缩放”量关系紧密。如果被试者面前有一大一小两张同一兔子的图片，他们观察较大图像时会更快地看出兔子的鼻子是否是尖的。考斯林认为心理意象也是相同的道理。就像照片，我们在头脑中构成图像的大小也有限，要弄清小的细节也许需要从较近的视角来观察。

将心理意象描绘成大脑中的照片颇具诱惑力。然而，心理意象并不能表征我们所看到的事物；相反地，它们表征了我们对该事物的解释。1985 年，德博拉·钱伯斯和丹尼尔·莱斯贝格在一个精彩而又简单的实验中证明了这一点。在合上书之前让你的朋友很快地看一眼图片。问你的朋友图片是什么，是否还可能是其他事物。然后让你的朋友将对该图片的记忆画在纸上，再问一次同样的问题。

大多数人认为，原来图片上画的不是鸭子就是兔子。实际上，这张图片是两可的。实验中没有人在他们的心理意象中既“看到”了鸭子又“看到”了兔子。然而，一旦人们将心理意象画在纸上，几乎所有人都看到了一只动物。

心理旋转

想象从不同的角度看同一物体的两张图片。人们经常会推断出，两张图片的物体相同，但他们是怎样得出这一结论的呢？很多人感到好像在他们的想象中旋转了物体，直到它与另一个物体的方位一致为止。他们因而知道两个物体相同。

⊙ 施帕德和梅兹勒就像图中那样向实验对象呈现图像，并询问这些图像是否代表不同角度的同一物体。研究人员发现，图像之间的旋转角度和人们判断物体是否相同所用的时间之间联系紧密。

人们真的在想象中旋转物体，并对它们加以比较了吗？1971 年，罗格·施帕德和雅克林·梅兹勒为此做了一系列的实验以进行探索。他们画了一对物体的很多图片。一些图片是从同一角度画的，另一些是从 20° 至 180° 之间不等的角度画的。一组图片显示了不同角度的一对物体，其中一个物体是另一个物体的镜像。

研究人员向一组人员出示了这些图片，并对他们判断这两个物体是否一致所需的时间进行了计时。当施帕德和梅兹勒看到数据结果时，他们注意到，物体每旋转一定的角度，人们就要花更长的时间去判断两个物体是否相同。看起来，人们能在大脑中以每秒钟 50° 的速度旋转物体的图像。

在后来的实验中，科学家们在图片上加上箭头符号以表示心理旋转的方向。大多时候，箭头的指向正确无误。如果箭头指向顺时针方向的话，图像向顺时针方向旋转就比按逆时针方向旋转效率高。然而在少数情况下，箭头指错了方向。这就误导了实验对象，他们的心理旋转方向也发生错误。研究人员还发现，图像旋转的角度和判断图像所需的时间之间有紧密的联系。

施帕德和梅兹勒的研究工作催生了许多有趣的研究项目。1982 年，胡安·奥拉尔和瓦莱里·德利乌斯对鸽子做了相似的实验。与施帕德和梅兹勒以人为实验对象的实验相反，鸽子看起来并未进行图像的心理旋转。鸟类判断图像是否是同一物体所用的时间不受角度差异的影响。

心理意象有固定解释的倾向，而外部世界的图片和照片则不会。头脑中呈现的意象不能简单地描述成内部照片。这些图片是内部表征，其意义是表征的重要部分。心理图片存在的时间也短。默顿·杰恩斯巴切尔的实验很好地证明了这一点。杰恩斯巴切尔向被试者出示了一对图片中的其中一个（如下面图片）。10 秒钟后再同时出示两张图片，并询问被试者先前看到的是哪张。

经过 10 秒的间隔后，大多数人得出了正确的答案。经过 10 分钟后，得出正确答案的人数和猜谜差不多（正确率为 50%）。若被试者在此之前不知道将要被问的问题，实验的效果会最好。经实验证明，从长期来看，被试者不会在头脑中储存像照片一样的意象。他们开始也许会储存，但细节很快会丢失。一些实验表明，心理意象会在大约 2 秒钟内就会丢失一些照片呈现的信息。

只要被试者选择的图片代表不同的场景或者事件，他们就很容易说出以前是否看过某张图片。后来的研究表明，看过 1 万张图片的被试者后来只能正确地识别出 8300 张。

⊙心理地图

地图和照片在很多方面存在差异。主要差异是地图不是很真实，地图有表征用户所需的最少信息的倾向。正如我们所知，心理意象也同样缺乏细节。而且，地图有时还用错误的颜色来帮助解释。例如，宽马路和窄马路通常都是灰色的，但在交通图上通常是蓝色和绿色。

正如我们所知，心理意象和照片的准确性一样都与解释有关。因此，如果我们的大脑像地图一样表征照片，那么，大脑也用相似的方法表征外部地图提供的信息吗？正常情况下，人们都知道怎样从 A 地到 B 地。例如，你也许知道，要想从家到地铁站，你必须下山，在角落处左拐，地铁站就在右边。你也许知道怎样从游泳池到家，你得经过一座桥，爬上山，走完一条街，在角落处右拐即可。人们每天都记忆和使用着这种信息。

⊙ 杰恩斯巴切尔先向被试者出示这两张图片中的一张。然后再向他们同时出示两张，并询问他们看过哪一张。这一研究有助于解释心理图像的短时本质。

认为大脑拥有表示一系列心理地图的记忆集的观点颇具诱惑力。然而，与方向和地标集相比，地图包含更多的信息。你若在朋友家，你能在地图的指引下去往杂货店；你若在图书馆，你能找到朋友的家。然而，你若在图书馆，你能弄清杂货店的方向吗？除非你有地图，否则，答案也许是“不能”。大多数情况下，有丰富城镇生活经验的人和以前研究过地图的人对这些信息都记得很牢靠。

1982 年，佩里·桑代克和巴巴拉·哈耶斯·罗斯证明了人们心理地图的不准确性。他们访谈了在特大综合写字楼里工作的秘书。他们发现，刚来的秘书能准确地描述怎样从 A 地到 B 地。例如，他们对辨认从咖啡厅到计算机中心的方向没有什么困难。

然而，这些新来的秘书经常分不清从咖啡厅到计算机中心的直线方向。一般来说，只有在这个楼里工作过多年的秘书才能做到这一点。

即使对外部地图有多年经验的人也会犯错，除非地图就在他们面前。若你住在美国或者加拿大，问问自己蒙特利尔是否在西雅图的北边。若你在欧洲，问问自己伦敦是否在柏林的北方。两个问题的答案都是“不是”，但大多数人都回答“是”。加拿大在美国以北，但加拿大在美国东部的边境还在其西部边境以南。英国的大部分地方在德国的北边，但英格兰南部与德国的北部在同一纬度上。

人们经常会犯这类错误，这表明，大脑不能像地图一样真实地表征位置。人们会从包含这些城市的更大区域的位置来推断这些城市在哪里。这经常会犯错误。

⊙大脑中的词典

词典里储存着物体特性的信息。他们也会储存动作（动词）和抽象概念（如民主）的信息。人们也在大脑中储存一些这样的信息。大脑也像词典一样表征这些信息吗？心理学家经常关注像猫、鞋或锤子这样的物体。他们也会关注定义不清的事物，如“心理障碍患者”。词典条目编写者旨在呈现定义属性或者特征序列。

例如，《剑桥英语辞典》将大象定义为：“有能够卷起东西的长鼻（象鼻）的大型灰色哺乳动物”。戈特勒布·弗雷格（1848—

“涂鸦”图片

看右边的图片。如果合上书，你能准确地画出它们吗？如果有28个图片又怎么样呢？1975年，研究员戈登·鲍尔和同事使用类似的图片做了一个实验。他们向被试者出示了28张不同的图片，并让他们根据记忆画出尽量多的图片。

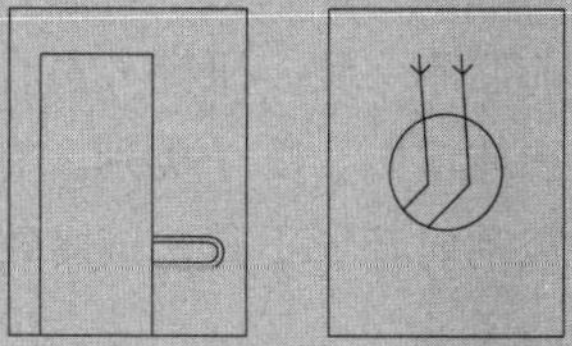

图为鲍尔和他的研究团队使用的28个“涂鸦”之中的两个。经研究发现，当这些无意义的图片配上语境文字说明时，人们就更容易记住和画出这些图片。

被试者发现这一任务很难。平均下来，他们大约只能画出这些无意义图片的一半。然而，向第二组被试者出示图片时，配上简短的说明文字。例如，左边图片配上的说明文字是一个在电话亭里吹长号的侏儒。右边图片的说明文字是一只捉到了非常肥美昆虫的早起的鸟儿。当图片因配上说明文字被赋予意义后，被试者发现要记住并画下这些图片要容易得多。

鲍尔和他的研究团队表示，语境提示能够激发记忆。鲍尔将他的图片称为“涂鸦”，因为不配文字，它们就是涂鸦，配上文字就成为图画。

1925年)是第一个认为所有的概念都可以用定义属性集来描述的人。“定义属性”理论最好通过举例来说明。以“单身汉”这个词为例，这一概念的定义属性有“男性”“未婚”和“成人”。每个属性都是“必需的”。若缺少任何一个属性，这人就不是单身汉。这3个属性组合在一起就“足够了”。若你知道某人是成年的单身男性，你可以肯定他是单身汉——再也不需要更多的信息。很长时间以来，认为所有的可见物体和概念都可以用定义属性来表征的观点在哲学和心理学界占统治地位，但却遭到卢德维格·维特根斯坦的强烈反对。

心理学家将具有相同定义性特征的物体群称为“类别”。将构成类别的物体称为“成员”。弗雷格的观点导致了这样一个结论，即所有的物体要么归为类别的成员，要么归为类别的非成员。

例如，所有的物体要么是类别“家具”的成员，要么不是。类别的成员关系是“全或无的”，没有中间成员。然而，人们做出物体归类决定时并没有遵循这一规则。心理学家麦克尔·麦克罗斯基和山姆·戈拉克伯格问被试者某些物体是否属于“家具”类别。被试者都认为椅子是家具，黄瓜不是。然而，当问到压书具时，有人认为应归为家具类别，有人不这样认为。而且，被试者对物体的定义前后不一致。研究人员在不同的场合询问了被试者像压书具这样的物体应归为哪个类别。有些人在第一次被问时说是家具，但第二次被问时却说不是；或者第一次被问时说不是家具，但第二次被问时却说是。

如果人们的心理词典含有定义属性清单的话，实验结果应当是，人们在压书具是否属于家具类别这个问题的回答上保持完全一致的意见。我们期待着人们对普通类别的看法一直前后保持一致。

依莲娜·罗许的研究对定义属性的观点提出了进一步的问题。若心理词典仅仅是定义属性清单，任何东西就没有好的或者坏的实例。所有的物体要么是鸟，要么就不是鸟。罗许让人们对类别的典型性进行评级。人们通常对典型性成员和非典型性成员的观点保持一致。例如，人们都认为知更鸟是典型性鸟，但对企鹅却有不同的观点。如果人们的心理词典像弗雷格说的那样，就没有所谓的典型性鸟。这一问题应该没多大意义，但迫使人们去猜测。当人们猜测时，观点又不一致。人们观点不一致的事实表明，对于概念，除了系列定义属性外，还应当有更多的东西来定义。

罗许想让人们明白，典型性是人们思考类别的核心。她将这样的句子出示给被试者看：

知更鸟是鸟。

鸡是鸟。

被试者必须尽快地判断每个句子是对的还是错的。当物体是其类别的典型性实例时，他们就能较快地判断。例如，被试者判断“知更鸟是鸟”所花的时间比判断“鸡是鸟”所花的时间要少。很明显，这两个问题都容易回答。经测试，被试者回答第二个问题所需的时间要长一些（尽管时间差是以几分之一秒来计算）。

罗许认为，当被试者被要求思考类别时，他们不会想到定义属性清单。相反，他们想到的是那一类别的典型性成员。若有人让你思考“鸟”，你会倾向于思考一些典型的鸟。也许知更鸟会跃然脑际。如果有人问你知更鸟是否是鸟时，答案很简单，因为“鸟”这个词就会让你想起知更鸟。如果有人问你海豚是否是哺乳动物时，回答这个问题需要较长的时间，因为“哺乳动物”这个词很可能会让你想起其他更典型的哺乳动物。

即使属性很容易界定类别，人们仍然会受典型性影响。我们知道，“单身汉”可以由“男性”“未婚”和“成人”等属性来定义。然而，人们倾向于认为，有些单身汉比其他单身汉更典型。例如，他赞就不是典型的单身汉，因为他住在丛林中，没有机会结婚。即使像数字这样的概念在典型性上也有差别。

层级

我们都知道，词典将大象定义为“大型灰色哺乳动物”。在词典定义中，像哺乳动物这样的词很普遍。词典编写者试图将物体定义为“层级”的一部分。如果你看了图，你就会明白，层级的顶部是词汇“动物”。鸟和鱼都是动物的一种，因此在层级中，它们位于“动物”的下一个层次，并且用向下箭头与“动物”相连。知更鸟和企鹅都是鸟，它们与“鸟”相连。同样，“鳟鱼”和“鲨鱼”都是“鱼”，与“鱼”相连。词典编写者使用层级的目的是缩短定义。若词典陈述说“知更鸟是鸟”，读者就知道知更鸟有羽毛和翅膀，而且雌性知更鸟下蛋。词典在定义中无须包含“雌性知更鸟下蛋”的陈述，因为“知更鸟是鸟”这一陈述已经告诉了读者。大脑也会使用同样的技巧来减少信息的储存量吗？

艾伦·柯林斯和罗斯·奎利恩认为，答案是“肯定的”。他们将一系列这样的句子呈现给

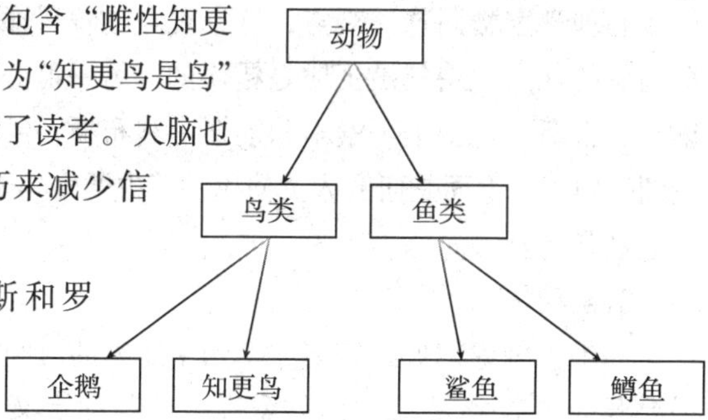

图为层级的样例。动物在层级树顶，“鸟”和“鱼”是动物的类别，“鸟”和“鱼”又可以再分为更细的样例，如“鳟鱼”和“知更鸟”。

被试者：

金丝雀会唱歌。

金丝雀有羽毛。

被试者很快就能肯定金丝雀会唱歌，但却要更长的时间肯定金丝雀有羽毛。如果大脑像词典一样组织的话，这就是你需要的结果。想象你对鸟一无所知，你就需要词典去查“金丝雀是否会唱歌”，词典将会告诉你“金丝雀会唱歌”。那是因为不是所有的鸟都会唱歌，唱歌就成为定义的必要成分。然而，词典并未提到羽毛。词典告诉你金丝雀是鸟。如果你查“鸟”，词典会告诉你它有羽毛。你只有在查完词典的两个地方后才知道答案，这就需要很长的时间。

不是所有的鸟都能唱出动听的调子，因此词典定义需要包含“金丝雀会唱歌”的陈述。然而，只要词典定义提到“金丝雀是鸟”的话，“金丝雀有羽毛”和“雌性金丝雀能下蛋”的陈述就会显得多余。

柯林斯和奎利恩认为，人类大脑是像词典那样去组织信息的。许多心理学家赞同这一观点，这个观点也曾风靡一时。但柯林斯和奎利恩的观点很快就被证明是错误的。另一群心理学家，包括爱德华·史密斯、爱德华·索本和朗斯·利布斯，给被试者一系列稍有差别的句子。下面是研究人员使用的其中两个句子：

鸡是鸟。

鸡是动物。

如果大脑像词典，查第二个句子所需的时间应该比查第一个句子要长。要查鸡是鸟，你只需查“鸡”的定义。要查鸡是动物，你还需查“鸟”的定义。研究表明，结果恰恰相反。人们肯定“鸡是鸟”所需的时间比肯定“鸡是动物”所需的时间长。为什么会这样呢？

还记得依莲娜·罗许是怎样告诉我们一些类别成员比其他成员更具典型性吗？根据她的研究，知更鸟是典型的鸟，鸡不是。当让被试者想一想鸟时，他们通常想不到鸡。结果，要查“鸡是鸟”这样的句子需要更长的时间。

现在再来看第二个句子：“鸡是动物。”当有人让你想动物时，鸡有时还会出现在脑际。因此，查找和肯定“鸡是动物”需要的时间较少。同样的论据也可以应用到柯林斯和奎利恩的最初成果。当你想金丝雀时，也许歌唱是你最初想到的。拥有羽毛也是构成金丝雀定义的一部分，但这也许不是你最先想到的。人们确信金丝雀会唱歌比确信金丝雀有羽毛更快，因为与羽毛相比，唱歌是金丝雀更“典型”的特征。

⊙心理词典

我们不能肯定大脑是怎样储存信息的。一个流行的观点是，大脑词典的组织相当杂乱无章。我们的心理词典并没有整洁而又长长的定义清单，相反，我们的知识储存在小信息模块之间的大量联结中。心理学家将信息模块叫做特征。狗的有些特征可以是“有皮毛的”“四条腿”和“有一条会摇的尾巴”。我们小时候就是像认识狗这样来认事物的。我们的大脑是通过构建特征（如“摇尾巴”）和标签（如“狗”）之间的联系来储存信息的。图中标示的是我们心理词典的一部分。心理学家将这类联系称为特征联系网络。

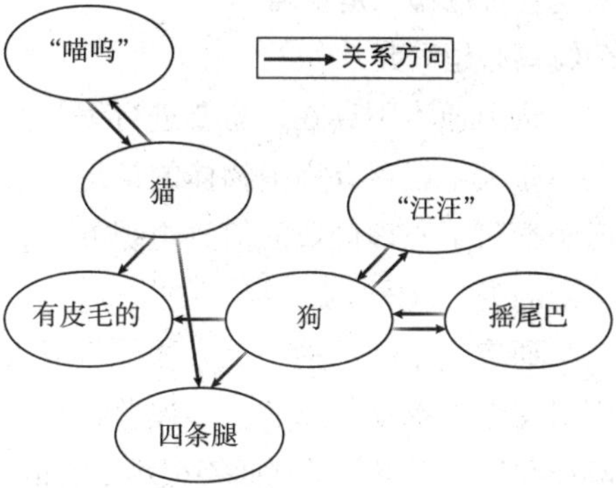

⊙ 特征联系网络中的“猫”和“狗”都与它们共有的特征相联系，如“四条腿”，也与特有的特征相联系，如“喵呜”。

怎样来“阅读”这类心理词典呢？最简单的方法就是将图中的圆圈想象

成灯。你如果想知道狗是否是有皮毛的，你就点亮“狗”。由于“狗”和“有皮毛的”之间有联系，“有皮毛的”这个“灯”也会亮起来。于是，你就会得出答案——狗是有皮毛的。

心理词典的另一个流行的观点是，心理词典充满实例。根据这一理论，心理词典中“狗”的词条是你碰到的特定狗的集合。该集合也许包含对你的宠物狗、邻居家的狗和你在工厂见过的看门狗的描述。你的心理词典中“猫”的词条也相似。它也许包含对你祖母家的猫、朋友家的猫和你在电视上看到的猫的描述。

想象你正在街上散步，刚好看到一个四条腿的动物向你走来。它是猫还是狗呢？你很快就把面前的动物与心理词典中的猫和狗进行比较。结果它更像猫而不是狗，于是你断定是猫。这一观点的问题是，你每次见到什么东西，都要翻查很多实例。你不仅要查找猫的实例（因为你还不知道它是否是猫），还需要查找所有的类别，将这一物体与狗、汽车、黄瓜、冰箱等一一进行比较。这样我们才在几分之一秒时间内断定该物体是否是猫。如果大脑每次都需要进行这么多的比较，那么，做出决定将要花更长的时间。我们知道，大脑非常擅长同时做很多事。如果方便作比较的话，认为心理词典仅仅是实例的集合就有可能。对这一领域的研究目前主要集中在判断这些观点哪个是正确的。

⊙编写心理词典

词典原本不存在，需要进行编写。我们的心理词典也是如此。人不是天生就存有周围物体的信息，信息是通过学习获知的。我们已经探讨了心理词典的信息组织方式，那么，这些信息一开始是怎么来的呢？

研究这个问题的一个方法是教成人新的类别。为了确保这些类别对每个人都是全新的，心理学家经常使用人造类别。人造类别能够让我们用真正的类别回答很难回答的问题。1981年，唐纳德·霍马、沙龙·施特林、劳伦斯·特雷佩尔所做的实验就是很好的例子。研究人员编造了一些涂鸦类别。制造每个涂鸦类别需要两步。第一步，

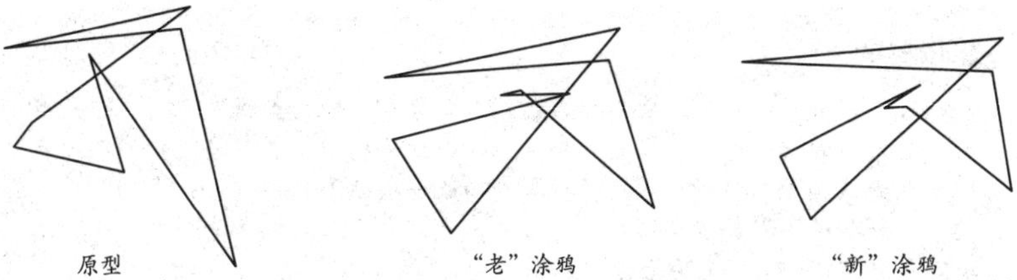

◎ 霍马和他的同事基于不同的原型设计了不同类别的涂鸦。被试者学会了怎样将“老”涂鸦和正确的原型类别联系起来。之后，他们又将被试者以前没见过的“新”涂鸦出示给被试者看。被试者只是很好地对“老”涂鸦进行了分类。这是因为“老”涂鸦已经融入被试者的心理词典中，而“新”涂鸦还没融入。

编造一个原型涂鸦（原型就是类别的最典型成员）。第二步，通过对原型涂鸦稍加变化来编造该类别的其他成员。它们也是原型涂鸦类别的一部分，但没有原型涂鸦那么典型。心理学家这样就编写了3种不同的涂鸦类别。霍马和他的同事将他们编造的一些涂鸦放在一边，然后将剩余的涂鸦出示给被试者看，并教他们每个涂鸦属于哪一类别。这些涂鸦被称之为“老”涂鸦。

当被试者掌握“老”涂鸦后，心理学家们将刚才放在一边的涂鸦出示给被试者看，并问他们每个“新”涂鸦属于哪个类别。相对“老”涂鸦而言，被试者对“新”涂鸦进行的分类没有对“老”涂鸦分类得好。

被试者发现“老”涂鸦更容易处理，因为在他们的心理词典里存有“老”涂鸦的信息。被试者以前没见过“新”涂鸦，因此，“新”涂鸦还未进入他们的心理词典。许多心理学家认为，这些实验结果很好地证明了心理词典是特定实例的集合。另外，有的心理学家认为，特征联系网络也能解释这些结果。正确答案还不清楚，但这一领域的研究进展很快。

⊙脚本和主题

词典告诉人们鸡蛋和面粉是什么，但不会告诉人们怎样烤蛋糕。要想知道怎样烤蛋糕，你得查食谱。食谱只不过是人们依赖的众多操作工序说明书中的一个范本。家庭维护书籍和汽车修理手册是另外两个普通的范本。操作工序说明书告诉我们完成一项任务的步骤。

记忆故事

人们具有听故事、记故事和再向别人讲故事的能力。很久以前，这是我们了解故事的唯一途径。这些故事被一代一代地传讲下去。与记忆相比，我们今天更依赖于书籍。尽管大多数人都知道一些故事，但也许是我们孩提时读过的一些故事书或者是影片中的情节。虽说每个人心中都有一本小说并不一定是事实，但大多数人至少可以讲一个故事。

记忆故事就像往大脑里写书吗？若是这样，故事本身是否有意义就无关紧要：我们仍然可以把它记在心理故事书中，并把它读出来。将下面的故事读给你的朋友听，然后叫他在不回查文本的情况下将它回忆起来。

“如果气球爆炸了，爆炸声不会传很远，因为每个人都离气球爆炸的楼层很远。关闭的窗户也阻止了声音的传播，因为大多数大楼都密封得很好。由于整个表演依赖于持续供电，电线断了就会出问题。当然可能会有人喊，但人的声音传得不远。乐器的琴弦也可能会断，这样就没有伴音。很明显，解决这一问题的最好办法是缩短距离。如果面对面地交流，出现的问题将会降到最少。”

被试者不回头查看就很难记住这个故事。研究人员约翰·布兰福德和玛西亚·约翰逊发现，通常被试者只能记住故事中的3—4件事情。这个故事没什么意义，因此很难记。于是，他将一幅图片给被试者看，同时，他把故事再读一遍。这次故事就有了更多的意义。布兰福德和约翰逊发现，看了图片的人能记住故事中的8件事情，这大约是未见过图片的人所记住事情的2倍。这表明，我们对故事的记忆主要取决于我们的理解能力。

当我们熟悉某项任务后，我们就无须使用操作工序说明书——我们可以依赖记忆来完成任务。例如，几乎没有人每天早上穿衣服需要操作工序说明书。

大脑像操作工序说明书一样储存日常事件信息的吗？罗格·尚克和罗伯特·埃贝森认为，人们使用心理脚本表示情境，如去餐馆。脚本是在特定情境下发生的典型事件的序列。例如，去餐馆的脚本可以是：

走进餐馆、选择餐桌、坐下、拿菜单、点菜、边等边聊、服务员上菜、边吃边聊、收单、买单、离开。

很明显，并非所有的餐馆都是这样的。有的餐馆会要求你先付钱再吃饭。脚本并不肯定地告诉你会发生什么事，但肯定会告诉你在大多数情况下很可能会发生什么事。

脚本也能帮助人们更有效地交流。你如果问某人昨晚干了什么，而且他的回答是“我去了餐馆”的话，你的餐馆脚本将会让你知道那人经历的一些事件。例如，如果你去过医院，你也许就有“看医生”的脚本，通过脚本你就大体知道看医生会发生些什么事。你如果从未看过牙医，你就没有“看牙医”的脚本，也就不知道看牙医会发生什么事。“看医生”的脚本也许没什么帮助，因为你现在是在看牙医。

然而，我们对事件的期待很可能比脚本更广泛。我们看任何保健专家时，我们期待的步骤会有很多。这些步骤包括预约、描述症状和接受治疗。如果我们看过医生，即使没看过牙医，在去牙医办公室的路上，也许我们能猜测出将会发生的事情。当然，人们对一些事件具有共同的知识，如去餐馆。

心理学家戈登·鲍尔、约翰·布莱克和特伦斯·特纳让被试者列举去餐馆时经常会发生的20件事情。几乎3/4人认为包括5个关键事件。这些事件是：看菜单、点菜、吃饭、付账和离开。几乎被问的一半人认为包含7个事件。包括：点饮料、商量菜单、聊天、喝汤、点点心、吃点心和离开。

人们对特殊事件的记忆会受到心理脚本的影响。鲍尔的研究团队让被试者阅读一些故事。故事是以脚本（如去餐馆）为基础的，但心理学家们弄乱了一些事件的顺序。例如，某个故事可能会涉及去餐馆、付账、坐下、点菜；然后是吃饭、看菜单；最后离开。

当让被试者回忆这些故事时，他们经常描述去餐馆通常发生的事情，而不是故事中实际发生的事。这样，这个故事被典型

证人的证词能完全相信吗？霍尔斯特和佩兹德克认为，脚本会影响人们对某些事件的回忆。他们告诉被试者一个虚构抢劫的系列事实。一个星期后，他们再问被试者，那次抢劫发生了哪些事情。被试者的故事经常与一般的“抢劫”脚本相符，而不是陈述故事实际发生的事实。这一发现具有广泛的法律意义，也为证人具有错误识别和不实回忆提供了心理学的框架。

记忆为：去餐馆、坐下、看菜单、点菜、付账、离开。脚本有助于我们对特定情境下会发生的事有所预期，同时还会对我们回忆实际发生的事情加以润色。

瓦莱里·霍尔斯特和凯西·佩兹德克认为，犯罪目击者也会有相同的问题。研究表明，当人们试图回忆他们所目击的犯罪时，他们有时会参考心理脚本，回忆典型情况下发生的事。在另一个实验中，戈登·鲍尔和他的同事让被试者阅读几个不同的故事。随后，又让他们阅读另外一些故事。有些故事是重复出现的，有些是新的。之后让被试者判断哪些是新故事，被试者一般回答得较好，但对某些类型的新故事会存在问题。

如果某个故事是新的，但描述的是与老故事相似的事件，有的被试者就会认为他们以前阅读过。被试者混淆了具有相同脚本的故事，而且也对虽然不同但有联系的脚本的故事有疑惑。例如，原来的故事说的是去看牙医。后来，被试者阅读了一篇去看医生的故事。被试者经常认为他们以前阅读过这个故事，而实际上没有读过，只是故事的主题相似而已。这表明，人们是按一般主题来记故事的。这些组织化的主题没有脚本与特殊情境的联系紧密，而且会被一般化。例如，大多数人认为，20世纪的《西区故事》与莎士比亚的《罗密欧与朱丽叶》相似，尽管这两个故事发生在不同的国家、不同的世纪。

《西区故事》是音乐剧，而《罗密欧与朱丽叶》是1595年写的戏剧(实际上,《西区故事》是建立在《罗密欧与朱丽叶》基础之上的)。

罗格·尚克认为，这两个故事有共同的主题，即“追求共同目标，抗争外来反对”。罗密欧和朱丽叶互爱对方，因而在一起就是他们共同的追求。双方父母反对他们的恋爱的关系，因此，罗密欧和朱丽叶为了追求这一目标就同外来反对相抗争。《西区故事》的主题完全一样。

心理学家柯林·塞弗特和她的同事将许多细节不同但主题相同的故事给被试者看。当被试者读完这些故事后，研究人员让被试者写出相似的故事。大多数被试者写出的故事许多细节不同，但一般主题相同。塞弗特的研究团队接着让被试者对一组故事进行分类。被试者允许按照自己的意图分类，但结果是大多数人都按故事的（共同）主题进行了分类。

⊙信息和大脑

在 20 世纪的大部分时间，心理学家靠暗喻来解释大脑怎样储存信息。在文学上，暗喻是指将某事物比拟成和它有相似关系的另一事物。如“城市是丛林”就是暗喻。

心理学家用暗喻物来描述大脑——大脑被等同于相册、词典和戏剧脚本（大脑最终并不是这些，大脑就是大脑）。

许多心理学家经研究得出结论，认为应当考察大脑本身是什么。这一研究方向的第一步就是人们所说的“连接主义革命”。连接主义不是什么具体的理论，而是心理学的一种思维方式。连接主义者认为，心理理论应当考虑大脑本身是怎样运行的。大脑并不包含词典、地图、图片和操作工序说明书。它有通过电波信号（神经脉冲）传播信息的神经细胞——神经元。我们对神经元的相互作用知之甚多，但对神经元怎样储存信息了解不够。例如，与现代计算机相比，神经元的运行速度很慢。

我们知道神经元是“大规模并行”运行的。当你看图时，一些神经元探测横线，一些神经元探测竖线，还有一些神经元寻找对角线。它们在进行这些工作的同时，还要执行许多其他的功能。连接主义理论加入了大脑的生物学特征。这些理论通常也包括描述神经元之间怎样传播信息和如何

⊙ 塞弗特和同事的实验表明，人们将所看到的故事分类成不同主题。人们利用这一组组主题对进入大脑的许多信息进行了分类。

互相学习的数学原理。其中一些理论就有使大脑和计算机运行之间建立某种关系的原理。

15. 储存信息

记忆是一个关键的心理过程。没有它我们将无法学习，无法有效工作，甚至无法保留我们之前习得的任何知识。几个世纪以来，存在很多关于记忆是如何运行的理论。近年来，人们对人类记忆有大量的研究。我们现在知道，记忆不是一个被动的信息接收者，而是一个对信息进行演绎、对事件进行重组的主动过程。

记忆使我们回忆起生日、假期和其他有意义的事情。这些事情可能发生在几小时、几天、几个月甚至是很多年以前。正如达特茅斯大学著名的认知神经科学家迈克尔·加扎尼加所述："除了此时此刻，生活中的每一件事都是记忆。"没有记忆，我们不能进行对话，不能辨认出朋友的脸，不能记住约会，不能理解新思想，不能学习和工作，甚至不能学会走路。英国小说家简·奥斯汀（1775—1817年）恰当地总结了记忆的这种神秘特性："记忆的功能、失效与不均衡，似乎比我们智力的其他部分更加难以言传。"

古希腊哲学家柏拉图（约公元前428—前348年）是最先提出记忆理论的思想家之一。他认为，记忆就像一块蜡制便笺薄。印象在便笺薄上被编码，进而储存在那，这样我们便可以在一段时间后返回或者提取它们。另一些古代哲学家把记忆比做大型鸟笼中的鸟或图书馆里的书。他们指出，提取已经被存储的信息是有困难的，就像在大型鸟笼中抓住那只鸟或者在图书馆里找到那本书那样难。现代理论家如乌尔里克·内塞尔、史蒂夫·切奇、伊丽莎白·若甫图斯和艾拉·海曼开始认识到，记忆是一个选择

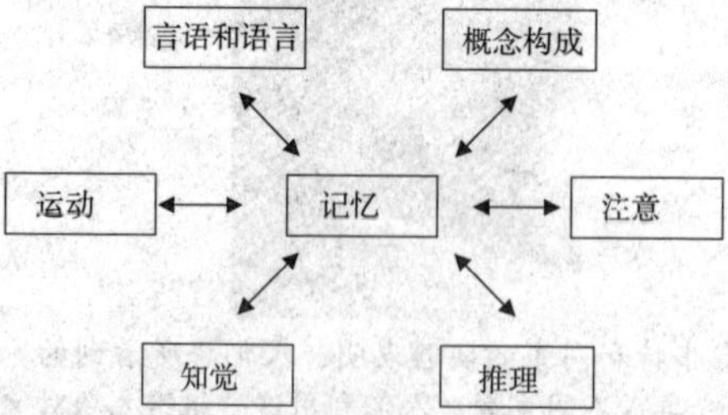

◎ 图片为与记忆有关的几种活动类型。

和解读的过程，涉及大量的加工（如感知），而不仅仅是消极的信息存储。这些心理学家所做的实验表明，记忆可以重组、整合先前的编码时的观念、期待和信息（包括误导性信息）。例如，切奇向从没去过医院急诊室的孩子反复询问在他们生活中有没有发生过类似的事件。开始，孩子们准确地报告他们没有去过急诊室，但在第三次实验后（自从其中一个小孩说他的手被捕鼠器夹着并被送往医院后），孩子们开始说他们去过，还能提供详细的故事。这一实验被称为捕鼠器实验。这些孩子并没有被给予错误的信息，但被反复提问，这导致他们开始用想象创造记忆。

作家兼哲学家C.S.路易斯的论述表明，我们的记忆远不够完善。这是因为它不可能记住我们所经历过的每一件事。为了在这个世界有效地生存，我们需要记住其中一些事情，当然还有一些事情无须记住。我们能记住的那些事情似乎是取决于它们在功能上的重要性。在人类进化的进程中，人们可能通过记住那些发出威胁信号（如一个潜在食肉动物的出现）或奖励信号（如一个可能食物来源的发现）的信息而得以生存下来的。我们的记忆就像筛子或过滤器这样的装置一样工作，这些装置保证我们记住的不是每一件事。我们也能利用所学到和记住的信息来选择、解释，并将一件事与另一件事联系起来。记忆的这一特质使很多当代研究者把它看作一项积极而不是消极的东西。

⊙记忆的逻辑

任何一套有效的记忆系统（无论它是合成器，还是声音混合器、录像机、电脑中的硬盘，甚至简单文具柜）都需要做好3件事。它必须能够：

编码（接收）信息；

在长期记忆的情况下，经过较长的时间后能够很好地储存或保留信息；

编码 → 储存 → 提取

◎ 任何有效的记忆系统都需要完成这3项功能：编码即获得信息，储存即保留信息，最后能提取即存取信息。

提取（能够存取）已被储存的信息。

以比较常见的文件柜为例，你把文件放在某一个文件夹里，它就一直保存在那。当你需要它的时候，你会很容易找到这个文件。但是如果你没有一个好的查找系统，你可能不容易找到想要的文件。因此，记忆包括提取信息的能力，也包括接收和储存信息的能力。如果我们的记忆要有效地运行，那么编码、储存和提取这 3 个组成部分就必须共同运行好。

如果当信息呈现给我们时却没有注意到它们，我们可能不能对它们进行有效地编码，甚至根本就不能编码。如果我们没有有效的编码信息，就只能说我们把它们忘记了。对提取信息而言，可利用性和可存取性之间，常常会有一个重要的差别。例如，有时我们不能很快地想起某个人的名字，但感觉到它好像就在嘴边，呼之即出。我们可能知道这个名字的第一个字，但是我们无法说出完整的名字。

拥有完美记忆的人

人们经常渴望拥有一个完美的记忆，但无法忘记也有其明显的弊端。下面的研究就表明了这一点。心理学家亚历山大·鲁利亚在《记忆大师的心灵》（1968 年）一书中报道了这个案例。在 20 世纪 20 年代，Shereshevskii（简称为 S）是一名记者，他的编辑注意到 S 非常善于记住指令。不管 S 收到的简报有多复杂，他无须做笔记就能逐字逐句地复述出来。S 认为这很自然，但是他的编辑劝说他去鲁利亚那儿测试一下。鲁利亚设计了一套更加复杂的记忆任务，包括超过 100 位的数字序列、毫无意义的音节组合、未知语言的诗歌、复杂的数字和复杂的科学公式。S 能正确地复述出这些记忆任务，并能倒背如流。他甚至还能在几年后回忆起这些信息。

他的秘诀看上去是双重的。他不费多大力气就能创造出大量的视觉形象，他还有联觉（联觉意味着某种刺激会记起不同寻常的感官体验）的能力。一种特别的声音会唤起特定的嗅觉，或者某一个单词可能唤起一种特别的颜色。甚至是，对于其他人来说枯燥无趣的信息，在 S 看来都是可以产生出生动鲜活的感官体验，不仅是在视觉方面，听觉、触觉和嗅觉上也是如此。

不幸的是，他的才能意味着 S 是按事实的原样子记住每件事。对于 S 来说，新的信息（如无聊的流言）引起了一系列不可控制的使人分心的联系。最后，S 甚至连日常会话都难以把握，更不要说作为一名记者来工作了。他被迫成为一名专业的研究记忆术者，在舞台上表演他的特技。然而，他变得越来越不快乐，因为他的记忆被越来越多的无效信息搅乱了。

这就是“舌尖现象”。我们知道我们已经把信息储存在某个地方。在理论上，我们也可能使信息之为信息的那部分知识潜在地具有可利用性，但它目前却不可存取——我们无法想起它。

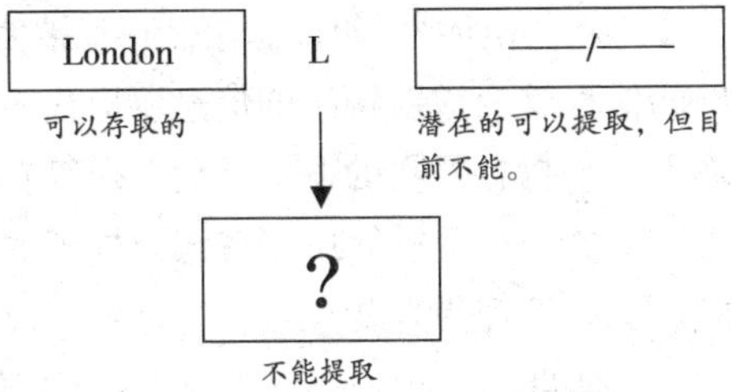

当存储的信息不能提取时，“舌尖现象”就出现了。如：“英国的首都是哪儿？”答案可能知道，潜意识中知道，或者根本不知道。

记忆失败可归因于编码、储存和存取这3个要素中一个或更多部分出现障碍。在“舌尖现象”例子中，就是恢复部分的功能趋于失效。因此，对于有效记忆来说，这3个要素都是必要的，只有一个要素是不够的。

⊙记忆的程序

柏拉图和他的同时代人把对大脑的思考建立在他们自己个人的印象基础之上。然而，当代的研究者通过操作严格、高度控制的实验研究，搜集到关于人们记忆工作方式的客观信息。实验结果往往与过去所推崇的“常识”相抵触。

过去100年的主要发现之一，是记忆有不同的类型。我们现在知道，记忆有不同的种类：感观储存、短期（工作或者初始）记忆和长期（次级）记忆。长期记忆也有不同的类型，如外显记忆与内隐记忆、情景记忆、语义记忆和程序记忆。

感官储存看上去是在潜意识层面上运行。它从感官中获取信息，并保持1秒钟，在这一刻我们决定如何处理。例如，如果你在鸡尾酒会上听到另一个地方有人谈话提到你的名字，你的注意力会自动地转向那个谈话。在感觉记忆中，我们所忽略的东西会很快被丢失，不能恢复：就如光的消失或声音的逝去。当你没有注意某个人说话时，你有时能听见那些话的某个回音，但1秒钟后，它就会消失。

注意某件事，就会将之转换成工作记忆。工作记忆有一个有限的容量，大概是在7个项目加或减2个项目的范围内。例如，当你拨一个新的电话号码时，这个储存就被使用。你的工作记忆一旦饱和，旧的信息就会被新输入的信息所取代。不太重要的信息条目（比如你不得不拨打一次的电话号码）保存在工作记忆中，被使用，再被丢弃。这个过程被使用于有意识处理的每件事——即你当前所思考的。继续处理信息就意味着将之转换成好似无限量的长期记忆。更重要的信息，就如你离开时不得不记住的新的电话号码，（长期记忆）被放置在长期记忆库。而这正是本章的关注的焦点。

以前人们相信工作记忆是一个消极的过程。但是我们现在知道，它不仅仅只是保存信息。根据工作记忆的模态模型，人们可以在4—5个记忆槽中储存信息的同时进行并行信息处理，这一点已被心理学家普遍接受。此外，工作记忆还能进行其他的认知活动。

⊙工作记忆

有一个证据表明，短期记忆至少由3个部分组成。1986年，心理学家艾伦·巴德利公布了一个短期记忆模式，它由发音回路、视觉空间初步加工系统和中枢执行系统3个部分组成。

发音回路由两部分组成：内声和内耳。内声重复被储存的信息（隐蔽语音），直到你已经注意到它，而内耳收到听觉表达。随后，该回路退出，中枢执行系统重新启动它（像一个交通指挥员）。大脑成像表明，当人们在用工作记忆储存信息时，通常大脑处理语音或听觉信号的两个区域是积极活跃的。如果外部的噪音干扰了你的耳朵，或者妨碍了你的语音系统（因说话或者咀嚼而占用发音所需的肌肉），它就无法被用作隐蔽语音，你的记忆性能就会下降，因为发音回路被妨碍了。

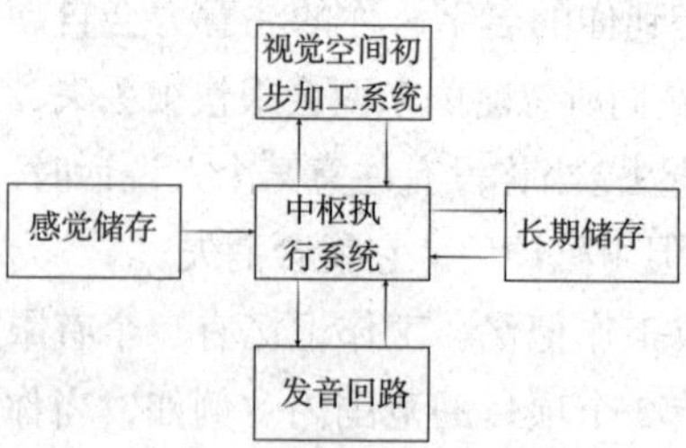

视觉空间初步加工系统为短暂储存和处理图像提供了一个媒介。从一些研究中我们可以推断出它的存在，而这些研究表明在同一空间并发的任务会互相干扰。如果你试图同时进行两个非语言的任务（比如，拍拍你的头和摸摸你的肚子），视觉空间初步加工系统可能会因延伸过长而不能有效运行。中枢执行系统的一项功能就是将视觉空间初步加工系统与发音回路联结起来。

中枢执行系统也被认为是用来控制工作记忆的注意和策略。它可能也与发音回路和视觉空间初步加工系统的协调有关，如果后两者同时保持活跃状态的话。在大脑的额叶受到损害后，病人经常很难做出计划和决定。他们能够进行机械的常规的运动，但不能被中断或修正。巴德利将这称为执行失调综合征，因为中枢执行系统受到了损害。

工作记忆可能相当于电脑中的随机存取内存，电脑当前执行的工作（根据它的处理来源）占据着内存。硬盘就像长期记忆，当电脑被关闭时，你输入的那些信息仍存储下来，并可能被无限期地保留下来。关闭电源就像进入睡眠。当你在良好的晚间睡眠后醒来时，你仍然可以获得储存在长期记忆中的信息，比如你是谁，在你过去生涯中的一个特别事件的日子里发生了什么事。然而，你通常无法记起入睡前在工作记忆中最后的想法，因为那些信息常常没有被转换成长期记忆。

电脑硬盘的例子也有利于解释关于记忆的编码、储存和提取之间的区别。互联网上庞大的信息可以被看作一个规模宏大的长期记忆系统。然而，如果你没有找到从互联网上搜寻并恢复信息的有效工具，那么，那些信息就是无用的。虽然这些信息在理论上是可以获得的，但当你需要它时它却无法得到。

⊙处理层级

1972年，实验心理学家弗格斯·克雷克和罗伯特·洛克哈特提出了“处理层级”分析框架，这对后来关于记忆的理论产生了巨大的影响。它的关键原理模仿了马塞尔·普鲁斯特的思想。随后，正式的实验测试人们在一段时间间隔之后记起事物的能力，实验表明“更深层”的信息处理更优越于表层处理。

克雷克和洛克哈特指出，（记忆）材料的精细能提高我们记忆项目的能力。这是什么意思呢？假如要求你研究一串单词，然后测试你对它们的记忆。通常，如果你解释词汇表上每个词语，并赋予每个单词个性化的联系，你将会记住更多的单词——这一技巧被称为材料精细化。如果给每个单词提供一个韵律或给每个字母一个数字反映它在字母表中的位置，那么你记住的单词将更少。因为在语义学的范围内，这是更表层的任务。语义学是关于语言意义的研究。

根据“处理层级”理论，如果一个特定的操作或程序产生更好的记忆成绩，是因为处理中的深层编码在起作用。相反，如果一个操作或程序呈现出低劣的记忆成绩，它可能被归因于更为表层的处理。

为了充分论证“处理层级”理论，心理学家们需要设计出一种测量记忆处理深浅、不依赖随后记忆成绩的方法。然而，还是在克雷克和洛克哈特进行了更进一步的实验后，这一模式才被当今的心理学家普遍接受。这些实验表明，学习和记住信息的意图完全是无意义的——深层处理是必要的。

拿电脑打比方，记忆的“软件”是它的功能和程序运行部分。记忆也能运行于另一层级——“硬件”，即在记忆工作方式之下的中枢神经系统。深藏在我们大脑中的记忆被归类为大脑的一部分，称为海马。海马扮演一个守卫的角色，决定信息是否足够重要而需要放入长期储库。海马也可以被称为新记忆的“印刷机”，重要的记忆被海马“打印”，并被无限期地归档到大脑皮质。大脑最外部的折叠层容纳了几十亿个神经细胞的丛状物，电子和化学冲击波使它保留信息。大脑皮质被看作重要记忆信息的图书馆。

⊙巴特雷特传统

心理学家弗雷德里克·巴特雷特（1886—1969年）举例论证了记忆研究的第二大传统。在他的《记忆》（1932年）一书中，巴特雷特攻击了艾宾浩斯传统。他认为，无意义音节的研究并不会告诉我们多少关于真实世界中人们记忆的运作方式。艾宾浩斯使用无意义音节并努力排除他的测试材料的意义，而巴特雷特关注那些在相对自然的环境下被记下来的有意义的材料（或者那些我们试图赋予意义的材料）。

在巴特雷特的一些研究中，要求被试者读一个故事。然后，要求被试者回忆那个故事。巴特雷特发现被试者是以他们自己的方法回忆的，同时也发现了一些普遍的倾向：

（1）故事趋向更短。

（2）故事变得清晰紧凑。因为被试者会通过改变不熟悉的材料以适应他们的先验理念和文化期待来使这些材料变得有意义。

（3）被试者做出的改变与他们初次听到故事时的反应和情感是相匹配的。

巴特雷特认为，从某种程度上讲，人们所记住的东西是由他们对原始事件的情感和个人努力（投资）所驱动的。记忆系统保留了“一些突出的细节”，而剩余部分则是对原始事件的精细化或重构。巴特雷特把这些看作是记忆本质“重构”，而不是“再现”。换句话说，我们不是再现原始事件或故事，而是基于我们现存的精神状况进行重构。例如，假想两个支持不同国家（如加拿大和美国）的人，会如何报道他们刚刚看过的这两个国家之间的体育赛事（如曲棍球或网球）。对于在赛场上发生的客观事实，加拿大支持者将很可能以与美国支持者根本不同的方式报道赛事。

巴特雷特观点的核心（即人们试图赋予自己对世界观察以意义，并且这将影响到他们对事件的记忆）对在实验室中运用抽象而无意义的材料进行的实验可能并不那么重要。然而，根据巴特雷特的观点，这种“理解意义后的努力”是人们在现实世界中记忆或遗忘方式的最突出的特征之一。

⊙组织和误差

20 世纪六七十年代，研究者们进行研究以发现象棋手记忆棋盘上棋子位置的能力究竟有多好。研究表明，优秀的象棋手只需要瞥上 5 秒，就能记住棋盘上 95% 的棋子位置。而较差的象棋手只能记住 40% 的棋子位置，他需要经过 8 次努力才能达到 95% 的准确率。这些发现表明：优秀的象棋手享有的优势应归因于他们能够把棋盘看做一个有组织的整体，而不是单个棋子的集合。

有些实验要求专业桥牌手回忆手中的桥牌，要求电子专家回忆电路图，这些实验产生了相似的结果。在每个实验中，专家都能把材料组成一套有条理、有意义的模式，这导致了他们记忆能力的显著提高。经研究发现，在提取（记忆）时（以提供线索的方式），经过组织的信息能够帮助回忆，而这些研究也揭示出学习时组织信息的好处。在实验室里，研究者将学习相对无结构化材料的记忆与学习时将材料赋予某种结构后的回忆进行对比。例如，当你努力记住一个无规则的单词列表时，你将发现如果你把正在学习的单词表归类，如蔬菜或家具，你会发现记住它们更加容易。当人们被要求回忆那些在编码时被组织的名单时，他们的表现实际上要比记住无规则名单更好。

学习时赋予信息以有意义的结构能够提高被试者的记忆效果，但它也会带来信息歪曲。我们知道记忆绝对不是确实可靠的。大多数人对日常生活和环境方面的记忆不够好。如果一条信息在日常生活中是无用的，那么，我们可能不会很成功地记住它。例如，你知道你口袋中钱币上的头像是面向左还是面向右吗？一般来说，尽管人们几乎每天都在用它们，但许多人不能正确地回答这个问题。一些人可能认为，我们不必要为了每天有效地使用钱而记住头像是面向哪个方向。但是，我们应该正确观察和记住不同寻常的事件（如犯罪）。

（记忆）误差可能是由许多因素引起的。如漫不经心，它将造成编码不完全；最初的误解，它将造成误差的侵入。它们是那些使你最初理解的部分，而不是你正努力记住的部分。这些误差经常是不易察觉到的，因为这些重构就像准确的记忆一样会被详细生动和自信地回忆起来。催眠术或者产生记忆的药物也不会产生更加准确的记忆。

⊙记忆与犯罪

法律界、警察和新闻媒体仍然相当重视目击者的证据。目击者

《记忆的七宗罪恶》

2001年，丹尼尔·L.沙克特在他的《记忆的七宗罪恶》一书中指出，记忆故障是由7个基本侵犯或者说是“罪恶”造成的。

瞬时性　记忆经过一定时间后就会弱化或消失。这意味着尽管我们能记住早期做过的一些事情，也许经过几个月后，我们会忘掉大部分细节。

心不在焉　注意和记忆之间的中断要么意味着我们没有把该信息放在第一位，要么意味着我们的注意集中在其他地方，根本没有注意该信息。

阻塞　我们也许会努力回忆某些信息，但却回忆不起来。“舌尖现象”就是这种现象的一个实例。

归因错误　我们经常会弄错记忆的来源。例如，我们经常会把从报纸上得知的信息误以为是朋友传播的信息。

暗示性　错误的记忆经常是由主导性的提问、评论或者暗示引起的。

偏差　我们已有的知识和观点对我们对过去事物的记忆会产生重大的影响。结果，我们会无意识地扭曲过去的事件或者按照我们已有的观点来学习材料。

持久性　我们想从大脑中抹去那些令人不快的信息或者事件，但总是挥之不去。这包括工作中的令人尴尬的错误和产生严重的心理创伤的经历。

也许会提供犯罪事件的一些细节和证据，但根据研究者认真的实验和对记忆运行方式的研究，认为目击者的这些细节和证据是很不现实的。目击者对犯罪情况的描述也取决于他们的感情投资和个人观念。例如，也许他们对罪犯（或者受害者）更为同情。

在一起犯罪事件中，许多因素会共同作用使目击者的描述显得不可靠，同时会使目击者的记忆模糊不清或者发生扭曲，进而导致他们做出不准确的描述：

（1）当人们承受巨大压力时，他们注意的范围会变窄，从而导致他们的感官经常会发生偏差。

（2）当人们面临暴力或者身陷暴力时，他们的记忆有不准确的倾向。

（3）犯罪现场的武器会分散人们对犯罪者的注意。

（4）尽管与犯罪现场的其他信息相比，人们更容易记住罪犯的相貌，但人们尤其会在服装的识别上发生偏差。和罪犯穿相似衣服的人经常会被错误地认为是罪犯。

（5）即使人们与其他种族人群交流很多，他们识别其他种族面貌的能力还是比较差。这种现象与种族歧视无关。

扭曲记忆的另一个重要原因是使用主导性提问，即假定或暗示发生了某件事情。“你看见这个男人强奸这个女人了吗？”就是主导性提问的一个例子，该提问假定了强奸已经发生。与“你看见一个男人强奸这个女人了吗？”这个提问相比，上面的提问让人们更加坚信强奸发生了。

如果你在十字路口目击了一起交通事故，当后来有人问你汽车是在这棵树前面还是后面停下来时，即使开始你的记忆中根本没有树，你结果很可能会“插入”或者“增加”一棵树到你的现场记忆中。一旦这棵树插入后，树就好像是记忆的一部分，进而很难区别真正的记忆和后来引入的内容。这个提问就导致了偏差。

这些研究传递的重要信息是：记忆不是一个消极的过程。它既是一个“自上而下”的过程，也是一个“自下而上”的过程。人们不仅接收信息然后储存在记忆中，他们还会赋予信息以意义，塑造信息，让信息与他们的世界观相一致。这表明，记忆是一个积极的过程。

⊙大脑损伤

研究人员非常感兴趣的一个研究领域是研究由正常衰老引起的记忆变化是否真的是大脑损伤的征兆。例如，“轻度认知损伤”被归为介于正常衰老和完全性老年痴呆症之间的一类。很多被诊断为轻度认知损伤的人在 5 年内就演变成完全性老年痴呆症。

记忆功能障碍是老年痴呆症的早期典型特征。最为常见的老年痴呆症——阿尔茨海默氏病就是如此。在该病的患病初期，仅仅只有记忆受到影响，很快其他功能也会受到损伤，如感知、语言和执行（前脑叶）功能。与其他患有更具选择性健忘症的人不同，阿尔茨海默氏病患者在进行外显记忆和内隐记忆的测试时，都具有痴呆的表现。

“遗忘综合征”是记忆损伤最为纯粹的例子，其也关涉到某种

健忘的 N.A

N.A 是一个被充分研究的患者，他是在遭受一次非同寻常的脑损伤后患上健忘症的。“我正在伏案工作……我的室友走进来并且取下墙上的一把小钝头剑。他像切拉诺·德贝杰拉克那样在我后面挥舞着剑……我突然感到背上被轻敲了一下……我转过身来……同时他就刺中了我。刚好刺进我的左鼻孔，进而向上刺中了大脑筛区。”

下面是心理学家韦恩·威克尔格伦和 N.A 之间谈话的一个节选。韦恩·威克尔格伦是在麻省理工学院的一个房间里见到 N.A 的。N.A 听到韦恩·威克尔格伦来了后，问道：

“威克尔格伦，这不是一个德国名字吗？”

威克尔格伦答道：“不是。”

“是爱尔兰名字？”

“不是。”

“斯堪的那维亚名字？”

“是的，是斯堪的那维亚名字。”

在经过 5 分钟的谈话后，威克尔格伦离开了房间。5 分钟后，他又回到房间。N.A 盯着威克尔格伦，就好像从未见过他一样，双方互相介绍。谈话又像刚才一模一样。

N.A 保留了语言能力，他能理解别人跟他说的话，也能做出合情合理的反应。他的短期记忆让他能够记住谈话中正在说的内容，但经过一段时间后就丧失了保留新信息的能力。也就是说，他丧失了将新信息储存到长期记忆中的能力。这是健忘症的重要特征之一。

形式的具体脑损伤。这些损伤通常会牵涉到前脑的两个关键区域——海马和间脑。这些患者表现出严重的顺行性遗忘和一定程度的逆行性遗忘。顺行性遗忘是指记忆信息丧失发生在大脑损伤之后，而逆行性遗忘是指记忆信息丧失发生在大脑损伤之前。

一般来说，健忘症患者拥有正常的智力、语言能力和瞬时记忆广度，他们只是长期记忆受到损害。对这种损害本质的理解目前仍有争论，有些理论家认为是对情境记忆的选择性丧失，其他人则认为丧失了包括陈述性记忆在内的范围广泛的记忆。外显记忆指的是对事实、事件或者能够回忆并有意识表达的陈述的记忆。比较而言，健忘症对现存的内隐记忆（程序性记忆）的影响甚微。患者也可以形成新的程序性记忆（即以前没学会的技巧或者习惯），如杂耍或者骑独轮车。换句话说，健忘症患者能正常地（或者非常接近正常地）执行广泛的内隐记忆任务，无论这些任务是否需要新的或是老的技巧。

健忘症患者也许学不会新信息（经过一段时间就会忘记），尽管他们能够背诵他们注意范围内的信息；他们也许能够保留儿时的记忆，但却几乎无法获取新记忆；他们也许能够报时，却不知是哪一年；他们也许很快就能学会像打字这样的新技巧，却否认使用了键盘。不同层级健忘症的表现特征不同，这取决于大脑损伤的具体部位。看起来，是健忘症患者长期记忆的“出版社”（位于大脑的海马或者间脑）而不是其“图书馆”（位于大脑皮质）受到了损伤，因为记忆（书籍）保存在图书馆里。不同类型的健忘症表现特征不同，这取决于大脑损伤的位置。

记忆在日常生活中发挥着非常重要的作用，丧失记忆后非常碍事，也会对照顾者形成巨大的压力。有的患者会不断重复问相同的问题，是因为他们不记得以前已经问过或者完成了这项任务。外部辅助物（如个人电脑笔记本）是有帮助的，但记忆不像肌肉一样可以通过训练机器来改善。

记忆损伤很少单独发生，因而通过临床实践和研究对患者的记忆障碍进行系统评估尤为重要。一种最为常见的记忆损伤叫作科萨科夫综合征，该病通常还会影响除记忆之外的其他心理机能。因此，建议要对记忆丧失患者的其他心理能力（如感知、注意、智力及语言和脑前叶功能）进行评估。

⊙心理损伤

并非所有的记忆障碍都是由疾病或伤害引起的。一些心理学家认为，有些记忆障碍是由心理或者情感因素引起的，而不是由神经性大脑伤害引起的。有这样一些例子，当患者进入一种与记忆部分或全部分离的分离性状态（分离性状态的例子之一是神游状态），在该状态下，人们完全丧失了个人身份和与之伴随的记忆。他们经常意识不到任何问题，而且还采用新的身份。这一神游状态只有当患者在突发事件后几天、几个月甚至几年“苏醒”时才会变得明显起来。

由一些心理学家定义的分离性状态形式是多重人格障碍，这种情况下，不同人格处理个人过去生活的不同方面。这可以保护个人免受潜在危害记忆的伤害，也能与犯罪相联系。

1977 年，洛杉矶发生了一起山腰绞杀手的案件。肯尼斯·比安琪被指控强奸并杀害了多名妇女，尽管证据确凿，但他拒不认罪，而且声称对谋杀一无所知。比安琪在催眠状态下，另一个以斯蒂夫为名字出现的人格声称对强奸和谋杀负责。解除催眠时，比安琪声称对斯蒂夫和催眠师之间的对话一无所知。如果两个或者两个以上的人格存在于一个人身上，将会产生法律问题，即哪一个将会被指控有罪呢？在本案中，裁决不利于比安琪，因为法庭没有采用他拥有两个人格的说法。

至于对比安琪的审判，心理学家指出，比安琪的其他人格出现在开庭中，而在此过程中，催眠师向比安琪暗示他的另一个部分将会出现。催眠作用可能是因为比安琪按照测试师的指令做，从而暗示，另一个人格可能存在。比安琪也利用这一次机会为自己辩护。而且，警方认为，比安琪对心理疾病，特别是对多重人格病例的基本了解也许为他令人信服的反应提供了基础。

所谓的多重人格障碍因其具有戏剧性已经成为媒体感兴趣的话题，许多描述这种案例的书也出版了。《三面夏娃》和《一级恐惧》就是基于这一障碍的两部电影。在《一级恐惧》这部电影中，一个被指控犯有谋杀罪的男子成功地假装患有多重人格障碍逃过了罪责。

在现实生活中，人们可以伪装记忆丧失，要检测出这种伪装仍是一个挑战。伪装就意味着其表演水平比正常情况要低。人们有意识地这么做也许是为了获得经济上的奖赏，也许是为了引起照顾者的注意，否则，这种动机就处于更深层的无意识水平。

16. 语言加工

众所周知，与分辨脚步声、区分图片上的苹果和香蕉相比较，识别语言或者阅读文字要复杂得多。语言的不同之处在于它是人类所拥有的最有力的交流工具。通过语言，人类不仅能交流思想感情，还能进行文化、生活方式和世界观的交流。所有的民族都有语言能力，但语言又彼此有别，比如，我们有不同的语言、方言，甚至口音也不同。语言具有使我们与其他动物明显区别开来的功能。尽管动物也有交流体系，但其复杂程度与人类语言相去甚远。

⊙非人生物的语言

许多非人生物在其种群内部拥有非常强大的信息交流方式。例如，昆虫释放一种叫作信息素的化学物质来与其同类交流；蜜蜂用身体语言交流，在回蜂房时，它们跳着复杂的舞蹈，以使同伴知道食物源在哪里、数量有多少。研究人员表示，蜜蜂的舞蹈由不同的样式组成，可以以各种不同的方式组合，从而传达多种多样的信息。

黑猩猩的语言是最让人感兴趣的动物语言之一。由于它们没有必需的发声器官，因而教它们使用语言的所有努力都付诸东流。然而，在教它们手语方面却很成功。瓦索是第一只参加20世纪60年代进行的语言学习实验的黑猩猩，它在4年时间里学会了132种手势，它能将几种手势组合起来表达意思，这些表达（如“更多食物”“道歉”）和儿童的句子结构差不多。

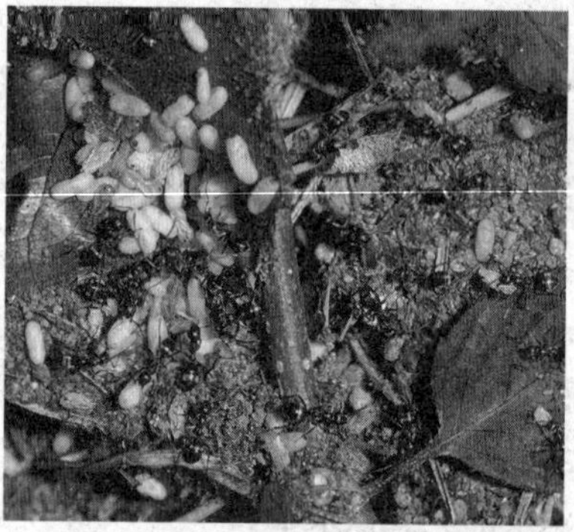

⊙ 与人类语言相比，其他动物的交流体系相差甚远。这些蚂蚁分泌化学物质，为它的同伴留下信息，它们的交流仅停留在最低的层次，不能表达思想，诸如对世界的感受，抑或自己的哲学观等这些人类能够表达的思想。

莎拉是另一只著名的黑猩猩，它学会把塑料做的符号与名词、动词或者关系（如“颜色是”）联系起来。它能将磁板上的塑料符号排成短句，如“莎拉将苹果放到了盘中”；还能在一个句子中替换一个词而形成新的意思——它能把“兰迪给莎拉苹果”变成“兰迪给莎拉香蕉”；有时它会用连接词，如“如果……那么”。

这些研究表明，动物能成功

地进行交流，有些动物甚至能像人类一样学习和使用语言（尽管没有人类语言这么复杂）。这些是否表明黑猩猩有学习语言的能力呢？如果答案是肯定的话，那么伊万·巴甫洛夫的观点“正是文字使得我们成为人类”，是否暗示黑猩猩和我们非常相像呢？

⊙ 瓦索是第一只参加 20 世纪 60 年代进行的语言学习实验的黑猩猩。它在 4 年时间里学会了 132 种手势，能造简单的句子。这些实验是否证明黑猩猩能够像人一样学习语言还存在争论，然而黑猩猩偶尔能正确地造句倒是事实。

许多科学家并不认为黑猩猩能交流就表明它们的语言能力能和人类相提并论。他们指出了以下的局限性：第一，黑猩猩的语言源于老道的模仿，而不是真正的语言加工；第二，黑猩猩不能自发形成语言，而且在教它们时，它们对语言没有多大的创造力；第三，它们学得很慢，需要细心地训练，反应方式也很死板。

关于黑猩猩语言方面的争论远未结束。许多人仍然认为，黑猩猩能学会人类语言，只是熟练程度不同而已。按这种说法，黑猩猩能学会语言，只是不能和人类一样好——黑猩猩能达到两岁半孩子的语言理解力。主要论据是：有时黑猩猩能够按照特定的规则组合信息（比如“香蕉在橘子后面”与“橘子在香蕉后面”）。黑猩猩是能系统地组词成句，还是只偶然成功了一次，尚不清楚，然而，这却引入了语言定义方面的一个重要概念，即词的组合方式。

⊙句法

动物语言的研究表明，语言最重要的特征是造句方法。如在英语中，可以按两种方法组合“玛丽”“保罗”“推”，而得到不同的意思：“玛丽推保罗”和“保罗推玛丽”。两种组合方式词汇相同，由于词汇顺序不同而使得意义有别。规则决定了特定词汇顺序和句子含义之间的联系，各种语言的规则数量都有限。决定词汇如何组合才能使句子具有完整结构的规则称之为句法。

借助规则，我们可以通过简单地在一个句子中将一些词替换成别的词来创造无限的句子（例如“约翰推比尔”，“比尔看玛丽”）。将有限的规则运用到有限的词汇中就能创造出无限含义不同的句子，语言的独特性正在于此。

那么，当我们理解语言时，我们到底知道了什么呢？如果语言是按照句法规则构造的话，我们就把交际系统称之为语言。为了“理解语言”或拥有语言能力，我们就得学习和使用这些句法。举例来说，如果我们真的理解语言，我们必须要能够理解：“猫像鸟”和“鸟像猫”的区别；“猫抓住了鱼”和“鱼被猫抓住了”两者含义相同；“那个看见了警察逮捕了偷学生书包的小偷的女人拉开了窗帘”的含义。

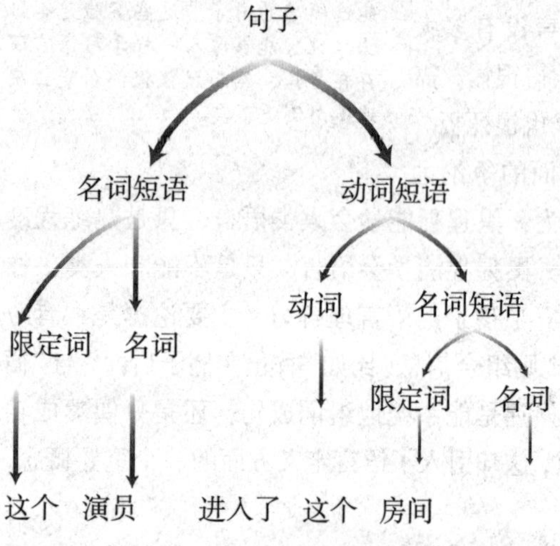

⊙ 图为“这个演员进入了这个房间”句子的句法结构树。整个单元是一个句子，其中，名词短语是“这个演员”和“这个房间”，动词短语是“进入房间”。这个句子能进一步拆解成单个的词，包括限定词（这个）、名词（如演员、房间）和描述动作的动词（进入）。

⊙语言的结构

句子在语言中起到关键性作用，因为句子能使我们表达完整的想法和观点。句子能够传达有意义的资料或语义信息。句子是由按照句法规则来组织的一组词。但词是由语素构成的，语素是传达意义的最小语言单位，例如，单词“blueish”是由“blue”和“ish”两个语素组成，许多单词只由一个语素组成

（如“tree”“person”）。我们按照规则将语素组合成词汇，例如，如果将“un-”放在动词之前，则表明不做，或指该动词的反义词，如“untie”（解开）、“unleash”（解除）。

此图是电脑制作的语音直观图，也叫语音信号波形图。它是将声音震动导致的空气气压的变化记录下来而得到的。音素不同、语言单元不同，波形也就不同。

音素是词汇组成中的语音。每一个音素由一个常用符号表示，例如，单词“bat”由3个音素组成：[b]，[æ]和[t]，“bat”和“pat”唯一的不同是第一个音素（[b]和[p]）。每种语言都有一套不同的音素，其中一些为许多语言所共有（如[b]，[p]，[t]），而其他的则是一些语言所特有的（如滴答音是南非克瓦桑语所独有）。音素少的只有11个（如Rotokas，一种印度洋—太平洋地区语言），多的可达141个（如in、Xu是克瓦桑语的音素）。

英语大约有40个音素。尽管可以用一组音素来代表一个单词（如[kritik]代表“critic”），但人们习惯把音素分成音节（如[kri-tik]）。音节是比音素大的语言要素，它由元音、辅音或两者结合体组成。每个音节相当于一种特定的发音姿势，发音时胸腔收缩，增高 的气压由肺而出。元音是音节的核心，1个音节的元音之前可以有3个辅音（如“string”），之后可以有5个辅音（如“strengths”）。音节在语言加工中很重要，因为它很可能在言语的生成和理解中起重要作用。

单词中音素前后排序的规则，被称为音素结构规则。例如，英语单词音[ŋ]可以居尾但不能居首（如“sing”）；一个词前面的音节中，音[b]不能挨在音[p]之后，如“pbant”就不合规则。语言不同，音素结构规则也不同。

语言不仅包括音素、音节、词和句子，而且包括韵律、语调和语速。语言的这些特征称为超切分，超切分的含义丰富。在句子“我喜欢凝胶物”中，把重音放在“我”（我比别人更喜欢凝胶物）或“喜欢”（我喜欢凝胶物，而不是不喜欢）上，其含义有别；在句末提高句子的语调，则句子含义又有不同，因为这样表示的是疑问句（一个问题）。语言的一个重要特征是韵律学，在本文中是指节律和重音。许多单词，重音放在第一个音节还是第二个音节，单词词义是不同的（如，`refill 是名词，而 re`fill 是动词）。在外语学习中，发错重音常留下笑柄，甚至引起误解。

语言可分解为句子、词、音节、音素和分析特征（如重音和语调）。语言分解非常有用，因为这有助于组构我们的知识。更重要的是，它反映了语言加工体系的重要特征。事实上，语言层次不同，需要的语言感知和加工机制可能不同（如理解音素和切分音节），需要的记忆库也不同（如音素表征、心理词汇、句法知识）。不同的语言层次可能由大脑的不同区域所控制。

⊙语言和大脑

每个人的知觉、心理和运动机能都要由大脑来处理。语言加工是分布于全脑，还是局限于脑的一个特定区域呢？如果大脑损伤，损伤脑的某一部位就会影响全部的语言功能吗？如果大脑严重损伤，只要不损伤大脑的特定部位就能保留语言能力吗？

语言和大脑关系的科学知识有两个来源：神经心理学研究（研究有语言障碍的脑损伤患者）和脑成像研究（此研究监控正常人语言加工时的大脑活动）。弗朗兹·戈尔是第一位把大脑特定区域和一些特殊功能相联系的科学家，他的设想已经被证实，只是他寻找不同认知功能对应的大脑区域时找错了地方。

脑损伤最常见的语言障碍是失语症。病理学家保罗·布洛卡发现了第一例失语症。有一种失语症叫运动性失语，其特征为说话慢、不流畅。运动性失语是典型的大脑特定区域损伤（如因脑血管意外损伤、肿瘤、脑出血和刺入伤所致的脑损伤）导致的失语症。导致运动性失语的大脑区域被称作布洛卡氏区，位于大脑左侧额叶运动皮层。刺入性脑损伤的发生概率大约为 1/200，其中男性居多，大约 1/4 的刺入性脑损伤会出现失语症，1/4 的患者 3 个月左右能恢复，1/4 的患者将终身带病。

损伤布洛卡氏区的后部则对语言有不同的影响。大脑左侧颞前叶和颞中叶联合区的损伤通常会导致感觉性失语，也称为威尔尼克氏失语，它是以德国神经病学家卡尔·威尔尼克（1848—1904 年）的名字来命名的。这种病的特点是言语理解十分困难，不过语言很流畅。因此，与运动性失语者相比，感觉性失语者不能理解口语，回答也文不对题，但是说话很流畅。

当前，科学家还发现了许多与大脑特定区域损伤相关的语言障碍。例如，传导性失语能较好地理解语言，但不能复述单词（如，把“pubble”读成“bubble”）。它通常是连接布洛卡氏区和威尔尼克氏区的弓状束受损所致。

经研究，一些失语症患者伴有语法缺失症。患此病的人构造句子能力很差，他们会遗漏功能性词汇（如“彼得来……晚上”），还会颠倒词序。也有患者患有新语症，它是威尔尼克氏区受损所致。患者很难想起要说的词，于是会用自造词汇来代替（如用“stringt”代替“stream”，用“orstrum”代替“saucepan”，用“stroe”代替“stool”），不过，句法结构通常正确。

语言区域的损伤并不都会导致语言障碍，同时，非语言区域的损伤也可能导致语言障碍。总的来说，语言心理学的研究有力地证明了语言能力位于大脑的特定区域，而不是遍布整个大脑。此外，选择性语言障碍的存在（如语法缺乏失语症和新语症是因大脑局部损伤所致）表明，特定的语言功能在大脑有对应的区域。当今科学家已基本接受了这一观点。

⊙神经影像学研究

神经影像（脑影像）使我们能够看到活体脑的图片。神经影像学研究显示左侧大脑半球比右侧大脑半球更多地参与语言任务，这和神经心理学研究结果相同；此外，神经影像学研究还显示，在进行发音、韵律、造句和语义分析加工时，大脑的兴奋部位不同。然而，研究神经影像学时却存在一个问题：在不同的研究中，同一个语言加工过程，大脑的兴奋部位不同。这可能是因为研究所用的刺激方法不同，所要完成的任务不同。科学家们倾向于认为：在特定的条件下，不同的研究侧重于语言加工的不同方面。因此，“全景”必须通过对全体大样本的调查才能得到，不过目前还没有进行这样的调查。

总之，假如大脑中有像语言机制这样的事物的话，这个事物肯定为人类所独有，且很可能在左侧大脑半球。然而，大脑某个特定区域不太可能独立控制某种语言能力，也不太可能只完成一个独立任务。在语言过程中，大脑兴奋区域有很多重叠，且这些重叠因人、因刺激不同而异。

⊙语言的理解

理解口语是一个迅速而又自动的行为。我们每天都会听到数以千计的词和句子，理解起来也很快。然而，理解语言看起来简单不费力，却包含丰富的声音、词汇、语法规则、听力以及语言加工技巧知识。语言加工可分为4个阶段：感知阶段、词汇阶段、句子阶段和语篇阶段。句子的加工包括语法（语言的构造）和语义（赋予语素以意义）。尽管4个阶段很快地相互反馈，相互加工，但最好还是将它们分开来描述。

语音感知

理解语言以感知气压变化（声音信号）开始，以完全整合信息结束。语言加工开始时，我们的感知系统必须把声音信号转换为一连串的音素。比如把声音信号转换成40多个英语音素比表面看起来的要难很多，听者必须清楚，音素没有自己的“声音名片”。比如说，同一个音素［s］，在“sue”和“see”中发音不同，在发“sue”音时嘴唇是圆的，而在发“see”音时嘴唇伸长，这是协同发音（把声音连起来发）的一种效果，在声音信号中能反映出这些区别来。因此，一个音素［s］，有多个而不是一个“声音名片”。

声音信号与音素的差别迫使我们的感知系统把每一个音素与和它相近的因素作区别，也就是说，在确定我们听到的是哪个音素前需要考虑音素是如何协同发音的。正因为我们能识别声音信号的这些差别，许多科学家认为我们感知语音和感知其他声音（如音乐）

的方式肯定有差别。人类拥有特殊的解决语音感知问题的结构，从而可以快速推算出声音是如何协同发声的。我们能感知语音是因为我们知道如何发音，这个大胆的假说是阿尔文·利伯曼和他的同事们在语音感知的运动理论中提出来的。从20世纪50年代开始，阿尔文·利伯曼和他的同事们在纽约和纽黑文的哈金斯实验室里，经过50年的研究提出了此理论。

词汇通达

一旦语音信号转换成一系列的音素，词汇通达就开始了。词汇通达是把一系列音素与各种可能有关的词汇相联系的过程。不足之处是，在实际说话中，很少在单词间有清楚的停顿，说话的声音连成一片。因此，从理论上说，不能区别“lettuce”和“let us”，而可以区别“decay”和“bloody cable”，这就是为什么词汇通达需要经过词切分这个过程。研究表明，听者会用不同的信息方式来确定声音信号的词汇切分点（包括感觉、发音、重音和停顿）。

事实上，在听到“bloody cable”时，我们不太可能想到“decay”，因为这样理解会形成两个无意义词汇：“bloo”和“ble”。我们一般喜欢能产生有意义的词和有含义的句子的切分处理。我们听到声音就能切分成“bloody”和“cable”，是因为我们知道这两个词。

有些音素出现在单词的开头或结尾时发音略有差别（认真听以区分“gray chip”和“great ship”），我们的感知系统可以敏锐察觉这些差异，并用以作为词汇切分的依据。

在英语中以［z］开头的单词比以［k］或［s］开头的少很多，且很多英语单词把重音放在第一个音节（如“painter”和“table”）。这类规律在英语中还有很多，它们影响着我们对语音的切分。例如，我们容易把单词的第一个音节发成重音（有时甚至导致切分错误，如“a tension”听者会误认为是“attention”）。如果切分正确，就能识别出语音。

此外，听者要联系句子的前后来理解词的含义。理解句子的重要一步是剖析，剖析包括理解词序以及其他信息以确定句子中谁是主语谁是宾语等，以及词在句子中的词性（即名词、动词、形容系、副词）。这可以使我们理解“The dog chases the cat”（狗追逐猫）和“The cat chases the dog”（猫追逐狗）的差异，这一步我们一般用所学的语法知识就能做到。但是，有些句子即使语序已经分析清楚了，但剖析起来仍不清晰。比如说，“妄自尊大的父亲和孩子一起来唱歌了”这句话，就不知道是父亲还是父亲和孩子都妄自尊大。此时，韵律学内容（如语调、重读以及时间安排）可能会有帮助。如果只有父亲妄自尊大，则在说到“父亲”后会有一个停顿，说“父亲”语速较缓，开始说“孩子”时音调上提。

我们一开始听到一句话，一般不知道接下来会说些什么，在句子快说完时，又不能回头去听最开始说的话。语言的连贯性对我们如何理解语句的时间过程影响很大，听到句子：“The horse raced past the barn fell”，直到听到 fell 时，我们才清楚我们原先构建的句式结构有错误（应把“raced”理解为动词而不是名词性短语）。此时，必须重新理解这个句子，把“raced”看成被动分词，句子分解为“The horse, raced past the barn, fell”（那匹跑着经过谷仓的马摔倒了）。对所谓的花园幽径句进行剖析，有时还需要多花一些时间。

语篇加工

当句子组合成语篇（即事件顺序合乎逻辑），则其中包含丰富的信息和几个主要观点。我们的记忆不能记住语篇里所有的词，然而，我们可以只提取关键的词和观点。研究语篇加工的专家主要研究我们是怎样做到这一点。

有一种过时的观点认为信息加工完全是自下而上的。按照此观点，我们倾听每一个词汇、花同样精力理解每一个含义。这种假说的问题在于它不能解释为什么我们有时能预测句子中的词汇。例如，当听到“在英国，交通很差，而真正困扰那些美国游客的是要驾驶在……”时，我们可能会推测接下来的词是“左侧”而不是“右侧”或者“人行横道”。语篇加工有一种很强的自上而下的成分，在加工中，我们拥有的有关语言、世界和话题的知识有助于填补空白。

20 世纪 90 年代，心理学家沃尔特·金西提出了语篇加工理论。此理论第一次提出语篇加工过程中一个故事会精简为几个陈述，如“现在是六点钟”“那位女士需要面包”“她去了面包店”，“面包店在繁华街区”，“那位女士和面包师争论”等等，这些陈述在人脑中是短期记忆，经过自上而下的过程变成长期记忆。比如说，我们知道繁华街道上的面包店很晚才关门，还知道那个女士有些生气，因此这个女士和面包师争论就不足为奇等。最后，对陈述的整合（是自下而上的）和来自长期记忆的推论（是自上而下的）两者一起形成了对整个语篇的记流水账式的陈述，而语篇中的大部分细节被遗漏了。

⊙阅读

正如语言的理解一样，阅读包括一系列很好的相互配合的步骤。阅读者必须认识书面语，将它们组合成词汇，在心里回想这些词汇，进而理解其含义。阅读的深层次的步骤包括利用语法规则理解句子的含义，以及从长期记忆中提炼出结论来理解全文的主题思想。在口语和书面语的识别过程中，许多高层次识别过程是一样的（如语法），但是两者在两个重要方面有差别。

两者最大的不同在于摄取信息的方式不同。声音信号稍纵即逝，听者不能掌控，而书本上的字词只要需要就总能看到。这种差异对阅读中的感知机制的类型有影响作用，例如，在阅读时，如果需要则可以随时回头看看已经看过的词汇。

⊙ 图中学习阅读的儿童不知道阅读涉及的复杂过程，即使是最基本的阅读能力学习所涉及的过程也很复杂。

另一个重要区别是语言至少伴随我们有 3 万年，而最古老的字只有 6000 年。同样，初学者很自然就能理解和使用口语，而阅读和写作需要长时间正规有效的训练。此外，书面语有明确的词界，这一点它和口语不同。书面语的词汇由上文可知，口语的词汇常因为连读而切分不明。因此，词汇切分问题在口语中是非常重要的问题，但是在阅读中根本不存在这个问题。

书面语的识别

很多对阅读的研究是在一个单词单独出现的情况下进行的。单词的识别有 3 个层次：字形层次（字母简单的物质属性，如“k”是由一竖线和两斜线组成），字母层次和词汇层次。尽管有人认为识别字母特征应当先于识别字母，而识别字母比识别词汇要早，但是事实往往并非如此。如果让一串字符在电脑显示屏上一闪而过，然后询问这串字符是以两个字母中的哪一个结尾（比如说是“d”还是“k”），当这串字符是一个词时（如“work”）读者表达更准确，而当不是词（如“owrk”）时则没有那么准确。这个结果被称为单词的优先效应：词汇知识使得识别变得容易。因此，书面语识别的 3 个层次之间有自下而上和自上而下两种联系方式，这就是所谓的互动激发。

很多书面语识别模式中可以看到 3 个层次（字母特征、字母和词汇）的互动激活。1981 年，詹姆斯·麦克莱兰和戴维·鲁梅尔哈特提出的词汇识别模式包括自下而上的联系（从字形到字母，再到单词）和自上而下（由单词到字母到字母特征）的联系。自上而下的联系对解释单词的优先效应至关重要。我们在粗略看到单词“work”时，就清楚了它的词汇层次，随后再运用自下而上联结就清楚了其字母层次是由“w”“o”“r”“k”组成，从而对结尾字母“k”的印象很深。与自下而上联系一样，自上而下联系在日常生活中常被用到，如在破译不熟悉的手稿、开车在街上快速驶过时看路边指示牌时就要用到自上而下的联系。

用眼读还是用耳朵阅读

我们在看一篇文章时，禁不住会把正在看的东西读出来，我们甚至经常能听到我们体内的“声音”。假如书面语可以大略看成是语音的记录的话，那么在阅读书面语时出现听觉和视觉语言系统并不奇怪; 并且，因为阅读是人类的进化和儿童发育中较晚出现的事物，因此，一些阅读机制可能是在语言识别时“捎带”出现的。

同时，有一个理论认为阅读只与视觉有关：我们用眼睛来阅读。这种观点认为，视觉分析过程是识别字母并将字母归类为图形码的过程，其中字母被称作字形，是写作体系的最小基础单位，字形是代表一个音节的一个或几个字母，一个完整的视觉样式在我们的精神词汇中对应一个词汇。这种眼睛阅读理论不涉及任何音韵学的知识，因此，能较好地解释我们在阅读时不会混淆单音节词（比如“two”和“too”），它把每一个词汇看成一个记号（就像物体），因而不用考虑它和别的词音相近。此理论能很好地解释我们为什么可以快速阅读，如果阅读时单词要发出声就不能快速阅读，而视觉阅读每次可以看到多个单词和字母。

然而，也有用耳朵阅读的证据（阅读过程中自动把字形转换成语音）。儿童学习阅读之前先学习口语，因而他们在学习阅读时的一个方法就是把字形和已掌握的语音联系起来学习（如字母“I”发[i]音，“ph”发[f]音）。人们阅读费解的材料时嘴唇常在动，好像语音能帮助认识单词似的，当我们遇到不认识的单词或需要假读（错误的单词）而必须大声朗读时，把阅读材料转化成语音非常重要。此外，用耳朵阅读可能更高效，如果阅读量多、词汇量很大，语音方法更加高效。比如说，如果我们把字形转换成声音，就不需要知道单词如何拼写。声音转换路径产生的语音表征直接和口语识别过程中的语音词汇相联系。两种阅读路径看来都是对的，甚至可以说都是必需的。如果不能直接见到“cause”和“gauge”，我们就无法知道两者的“au”发音有别；如果没有声音转换，我们就无法学习新的词汇。为了解释这些问题，心理学家们猜测我们用眼睛和耳朵来阅读和朗诵书面文字。在双重路径模式下，我们用两套机制理解书面文字：直接路径通过简单的视觉关联将外来信息在大脑中形成映像，声音路径包括字形—声音转换过程。两种路径中哪种占主导地位是由很多因素决定的，比如我们所阅读的文字的类型。

⊙语言的获得

在世界上的任何地方，不管小孩的天分、动机或个性怎样，他们都将学会语言。说英语的双亲培育的孩子学习英语的速度和说西班牙语的双亲培育的孩子说西班牙语的速度一样快、一样自然。他们出生后只要 4—5 年，就能学会语言的语音、词汇、语法规则，以及在环境中的交流技巧。

一个最令人感兴趣的问题是为什么孩子学习语言这么容易。如果就小孩学语言的速度和规律性而言，人们常会认为人类必然天生有学习语言的能力，但是同时，让孩子通过双亲或兄弟姐妹来接触语言也是必需的。的确，和在正常的语言环境中培养的孩子比，幼年没有语言接触的孩子很少能像他们一样好地掌握语言。心理学家试图弄清语言习得有多少是先天的（即语言是生来就有的能力），有多少是后天习得的（即语言是环境培育的结果）。语言获得发生于人生不同的时间段，这些时间段有典型的时间进度，它们自人一出生就开始了，甚至可能还在子宫时就已经开始了。

最初的 12 个月

尽管婴儿要到 8 个月才开始说话，但在那之前他们已经开始了熟悉语音之旅。比如说，把出生不久的婴儿分别放在英语和法语环境中，美国婴儿听英语的时间更长，法国婴儿则听法语的时间更长，这表明婴儿在出生前几个月听到母亲的语言使得他们熟悉了自己的母语。但是，婴儿此时还不能区别有相似重音和节律的语言，如英语和芬兰语，区分这些更加细致的东西要在出生几个月后才能出现。

在音素方面，婴儿也表现出令人震惊的感知能力。例如，他们可以区分重要音素的差别（如［ba:］和［pa:］），尽管这在成人来说一点儿都不复杂，但是对婴儿来说，能区分非常相似的音素的确是一大成就。婴儿还能区分一些非本地语音（他的母语所没有的语音），比如，在日语中［l］和［r］没有差别，日本人区别这两个音有困难（比如，他们不区分“late”和“rate”），但是日本婴儿却不存在这个困难，反过来也一样：学英语的婴儿能区分他们父母不能觉察的外国语音的差别。

不管婴儿多么善于感知语音的差别，多么善于记忆，但是，不到6个月的婴儿一般不能理解词义。婴儿的语言体系在词义方面相对不成熟，他们只能理解几个常用的词汇（如自己的乳名、“妈妈”“爸爸”）。

婴儿在6个月以前的语言特征是对音素差别的高度敏感性，在6—12个月时这个特征就消失了，此时的语音感知能力降低到只能区分他们自己语言的音素差别，此阶段是语音感知的调节时期。换言之，婴儿此时开始发展大家称为“母语”的语言能力（到此时，日本婴儿不再能发觉［l］和［r］的差别）。

此时，婴儿也开始用复杂的方法把连贯的语音切分成词汇，在此过程中，语音摄入的统计规律性是一个强有力的工具。统计规律性来源于有些语音更多地前后相随，例如，“dog”是一个词，则它的三个音［d］、［ɔ:］和［g］常前后相随，“pog”不是词，则它的三个音［p］、［ɔ:］和［g］很少前后相随。因此，婴儿接触语言几个月后，容易得出［d］、［ɔ:］和［g］常连在一起的结论，并且会把这种词序作为一个新词储存在他们的心理词库中。

当然，统计规律性也会用来联系某种声音（如［dɔ:g］）和某种样子（绕着蜡烛飞的小昆虫）、事件或心情。婴儿在6—12个月的阶段理解的词大部分是简单的名词，如“鸭子”“勺子”或“狗”，但他们也能对一些动词（如“给”“推”），甚至一些简短的表达做出反应（如“躲躲猫游戏”）。

尽管大部分婴儿要在1—2岁时才开始真正地说话，但他们通常不到1岁就开始咿呀学语。他们最开始学的元音是［a:］，辅音是［p］和［b］。婴儿甚至在8个月时就开始说出字来，这些字都只有一个音节长，也只有他们的父母能听懂。婴儿早期学会的词除了“不”以外，基本上都是一些具体的能动的东西（如球、车），而不是不能动的物体（如天花板）或表达内在情感的词（如与疼痛、害怕和高兴相关的词）。

一岁及一岁以上

婴儿在 1—2 岁时语言系统迅速成长，变得复杂而高效。其语言感知能力也能更好地切分语言，发现语言中的新词。婴儿在开始掌握重要的概念时（如动词的过去时和句子的组成特征）就开始掌握语法。

这个阶段最引人注目的是幼儿正在增多的语言活动，他们造的大部分句子只有一个词。他们可能会用一个词来解释不同事物，所以这种单字词的意思常模棱两可。例如，他们可能会用“球”表示任何圆的东西、任何卷的东西，或者任何玩具；他们也可能会用一个词特指为这个词的某个特殊含义，如“球”只指邻居家后院的那个球。当幼儿接触不同情景下词汇的多种实例时，这种语法问题就能很快消失。

幼儿的第二个生日常常伴随着语言获得方面的戏剧性的加速。从这时开始，小孩的词汇量迅猛增长，这种快速增长，被称作“词汇爆炸”，词汇量从 18 个月时的几十个增长到 5 岁时的几千个，平均每天增加 10 个词汇量。同时，双字词阶段（电报式言语，在真正的句子之前出现）取代了单字词阶段。儿童在两岁半时就可以造出第一个真正意义上的句子。这个阶段对语言的获得至关重要，因为这意味着儿童开始掌握语法规则。事实上，他们对某些语法规则掌握得非常好，以至于有时不恰当地使用它们，如在所有动词的过去式中加 -ed 后缀（如用“holded”代替“held”）。因此，儿童由对词义的过渡概括，变成了对语法规则的过渡概括。

在不同的语言环境中长大的孩子，语法过渡概括的问题却惊人地相似，只有当他们逐渐意识到语法规则也有例外时，这种问题才开始逐渐消失。他们正在增长的记忆能力使他们能记住诸如不规则动词（不规则动词都是个例，要死记硬背）之类的东西。儿童到 4—5 岁时，语言知识在质量上常常认为可以和成年人相媲美。

语言如此复杂，儿童学得却很快，所以说先天因素必然在语言获得中起作用。来自世界不同地方的儿童，无论其接触的语言有多少（只要有最低限度），都将经历同样的语言发展次序，哪怕是失去了听力或视力的儿童亦是如此。这意味着不论环境有多么不同，语言获得中都有一种先天的机制在发挥作用。

然而，这种语言获得的先天机制也有局限，如语言学习似乎有关键时期。关键时期在生命之初期，那时语言获得很容易。在此之后，语言获得变得困难得多，甚至变得不可能。美国心理语言学家埃里克·雷纳伯格（1921—1975年）认为，在生命的一个特定时间点之后，大脑的一些特征会发生变化，神经细胞的连接因此不能再更改。目前所知的一个与语音的学习能力有关的关键时期大约在1岁时结束，这意味着如果一个人到1岁时也没有接触某些音节，那他要掌握这些音节间微妙的差别就相当困难。

语言获得中另外的一个关键时期一直要延续到青春期（在12—14岁）。在这个语言发育阶段，各种语言能力必定会重新分配到大脑的不同区域，这种特征被称为神经元的可塑性。在青春期之前学习外语必然比较容易——晚于这个年龄段才开始学习外语，可能会有方言干扰，或会降低流利度。在此期，影响到语言区域的脑损伤所导致的语言障碍可以克服，但是，如果脑损伤发生在此期之后则没有这么容易克服。

通过观察接受很少或不全面语言的婴儿的语言输入，科学家们证明了一个观点，即人类有学习语言的先天素质，这个观点被称为输入贫乏假说。有很多语言输入贫乏现象，例如，婴儿听到的语言有口吃、错误的开头、未完成的句子、含糊的词汇，甚至不合语法的体裁；儿童没有正常地接触到足够的用来推断正确语法的合乎语法结构的实例；与这些相类似的是，父母更注意纠正孩子早期造句的含义错误（如，是“喝”水而不是“吃”水），而较少赞赏孩子语法上的正确性（尽管有语言输入贫乏），但人类仍然能在几年内学到语言的精妙，特别是能学会语法。因此，按照输入贫乏假说的观点，人类肯定天生就有语言获得的机制。

然而在语言获得过程中，并不是每件事都是预编好程序的，我们所说的语言必然要取决于我们成长的环境。因此，如果真有一个像语言获得机制这样的东西的话，它肯定非常灵活，能适合于所有的语言，而不是某种语言。

在语法获得方面，一些人认为，婴儿和儿童所学到的语法规则不只是像简单的意义和语音之间的关联一样的一套规则。规则和关联的区别是：语法规则是有目的地习得的，且固定不变地运用于所有语境中，而意义和语音的关联是被动（无意识）习得的，主要用于与原型相似的语境中。因为通过含义和语音的关联来学习的方法在许多非语言学的活动中显得非常有用，因此，有人据此认为语法可以“学”来，而不是与生俱来的语言机制。

记忆的类型

1. 记忆库

我们的大脑已经演化到了有单独的部分处理来自不同感官和不同时间段的信息，并能分辨不同的重要程度。某个朋友的生日、某个商务约谈的方法，以及某个购物清单，都会被存储在记忆的不同部分里。

记忆力最简单的分类与记忆时效或记忆的持续时间有关。例如，短时记忆和长时记忆。短时记忆也可使用瞬时记忆（通过感官获取信息，使信息在神经系统里的相应部位保留下来的一种时间很短的记忆）和工作记忆等术语。瞬时记忆持续时间不足 1 秒。例如，电影就是利用人的视觉暂留这种瞬时记忆特性，把本来是分离的、静止的画面呈现在脑子里，成为连续的动作。记住一个即将要在键盘上敲的足够长的单词时，短时间足已。工作记忆也被称作短时记忆，它能持续足够长的时间，例如，拨一串刚才你所看到的电话号码或在一次买卖中一口说出应当被找多少钱。短时记忆能保留信息将近

20秒，如果该信息被暗示或有意识地被重述的话，保留时间会更长。例如，你对泊车的地点的短时记忆，持续时间会比20秒长，因为醒目的标志像重复的暗示在不断提醒你。在长时记忆中被编码的信息可以被保留一生。一位能清晰地记着自己与配偶相遇日期的90岁的老人，她对此事似乎发生在昨天的鲜活记忆，显示了长时记忆的持久性和能力。

另一种关于记忆的简单分类法是通过它被编码和读取的方式——自觉或本能的。同样，记忆既是外在型（也被称作公开型）的——可通过有意识的努力达到，也是暗示型（也被称作未公开型）的——可以有机或自动地达到。外在记忆功能，比如学习拼写、命令、注意力、注视和练习回忆。大多学校规定的学习内容都是外在型的。暗示型记忆功能，比如学习生火，从另一个角度说也代表了许多最初的记忆能帮人类保护自己，确保我们人类作为一个种类延存至今。

⊙时间的推移

随着时间的推移，你的有意识体验会着重停留在当时和当地。不管你刚刚的有意识体验是什么，都会被推移到记忆系统的另外一个部分，或被抛弃。你现在的短时记忆关注的是阅读。但是你还记得昨天晚上去看过一部电影，而这是你对某个生活片段的特殊记忆（对某人生活中事件的记忆叫作自传式记忆）。你可能还记得电影中的男主角是谁。一个月后，你还会记得自己看过这部电影，但可能记得的只是一个故事大概。一年以后，你可能会在租了一部电影录制光碟，并开始播放后，记起自己已经看过这部电影了。

当时：“我昨天晚上看了奥尔森·威尔斯主演的《第三人》。”

六个月以后：“我看过《第三人》，主演的是，啊，他叫什么来着？”

一年以后：“我可能曾经看过《第三人》。”

⊙记忆库的种类

外部记忆主要有两类存储库。

语义性记忆库

它存储的是综合的世界知识。它有点像大脑中一本不断增长的百科全书。任何种类与事实有关的知识本质上都是语义性的，包括事实（如法国的首都是巴黎）以及更多关于世界的基本知识（如知更鸟是鸟）。

经历性记忆库

它存储的是更加个性化的有关片段和事件的记忆：我们昨天晚上做了什么或者为18岁生日庆典做了什么、暑假去了什么地方，等等。

2. 为了记忆而记忆

一直以来，超常的记忆力都吸引着人们的注意力。这样的例子不少，罗马作家普林尼（公元前23—公元79年）在他的《博物志》里曾记载波斯国王居鲁士能记住所有士兵的名字，数学家约翰·冯·诺伊拥有"照片式"记忆能力，2004年的奥林匹克记忆冠军鲁迪格·加马拥有超乎想象的记忆力。

⊙专业性记忆

通常，出色的记忆力会让人肃然起敬。面对一个学识渊博的行家，我们总是钦佩不已。但不可否认的是，这样的赞赏有时候也带着不相信的惊讶，尤其是当某些东西在我们看来似乎不"值得"记住时。例如，听到 小段音乐就能说出作曲者，根据发动机的噪音就能分辨出不同时期的汽车类型等。有一点我们非常清楚，漫长的职业生涯有时候能带来超乎寻常的专业性记忆。

⊙脑力田径运动

日本官员黑地阿齐·托莫友日花了许多休息时间强记数字 π，1987年他成功地复述出小数点后40000位数字，但这个纪录在之后被另一个日本人以42195位数字打破。1999年马来西亚人西姆·伯罕复述出小数点后的67053位数，仅出现15处错误。

许多数字狂热者之所以醉心于"脑力田径运动"，是仅仅出于兴趣，或是期望在世界纪录中占有一席之地，或是为了赢得一个冠军？在他们身上天生的才能好像并不必要，强有力的积极性就足够了。在很大程度上，好的成绩实际上归功于从古代开始就为人们所

脑力田径运动项目

1991年10月26日，第一个国际记忆冠军在伦敦诞生。今天，为数众多的年度国家级和国际级记忆竞赛不断地被组织。其中，2003年在不同项目中保持世界纪录的有英国人、德国人、奥地利人和丹麦人。脑力田径运动项目主要有以下几种：

数字 4道题，5分钟内记住1000个数字，然后按原顺序在15分钟内复述出来。

单词 2道题，15分钟内记住400个词，然后在30分钟内按原顺序重组出来；用15分钟学习一首没有韵律的诗歌，然后背诵出来。

卡片游戏（扑克） 2道题，每道5分钟，重组被打乱的出牌顺序。

日期 在1000—2099年之间联系一些事件或者名人设置80个日期，在5分钟内记忆，然后说出每一事件对应的正确日期。

人名和面孔 15分钟内记住99个人的名字和他们的照片，然后在30分钟内将人名和照片重组出来。

一个记忆冠军称，记忆日期的世界纪录是60个。英国的安迪·贝尔成功地记住了100张扑克，并且毫无错误地回答出以下问题：“在第65个游戏中的第32张牌是什么？”

知的记忆法的巧妙运用，就像地点法。许多著名记忆冠军和众多记忆“奇才”都毫不犹豫地公开自己的作品、成绩或者组织培训班，以满足盲目追求改善记忆力的公众的需求。

⊙维尼阿曼的例子

然而，一些人似乎比另一些人更有记忆天分。所罗门·维尼阿曼·T是研究“天才记忆”最好的专家之一。1920—1950年间，俄国神经心理学家亚历山大·卢里亚一直对他进行跟踪研究。在短短几分钟里，维尼阿曼就能记住一长串单词或数字（有时多达400个），并且能在几年之后完整地复述出来。除了特殊的天赋外，他还利用了一些记忆策略，比如把每个词同一条臆想的路线结合在一起，第一个词和窗户联系在一起、第二个词和门联系在一起、第三个词和栅栏联系在一起，等等。有时他也会忘记，那是因为他把臆想的形态与颜色搞混了，例如放在白墙前的白色鸡蛋。实际上，维尼阿曼运用了联想，就是说他把每个词的形式或发音都转换成了不可磨灭的“形象”。这个奇人永远保存着对这些词的记忆。为了忘记它们，他必须有意识地努力把它们清除掉，他想象着将这些词列在一块黑板上，然后把它们擦去或者在它们上面盖上一层不透明的薄膜。出色的记忆使他因一个耀眼的职业而闻名，当卢里亚发现他时，他只是一个没多大天分的播报员，之后他凭借自己超常的记忆力成为一个知名艺人。

3. 短时记忆

了解短时记忆最简单的办法是把它当成存在于我们意识中的信息；它是对我们最近所经历的一些事情的记忆。短时记忆是一个工具，我们用它来记住电话号码，以便有足够长的时间去拨打电话，或者记住去一个不熟悉的地方该怎么走。

⊙记忆过滤

我们通过感官将信息摄入大脑。我们的意识只允许我们需要的信息通过——其他的就被过滤掉了。可能现在你就坐在客厅里，关心的只是你在读的书。暂停一下，并感受一下实际在你身边发生的事情——也许是你的伙伴翻报纸的声音、烧香肠的香味、隔壁孩子玩耍的声音，或者是你的电脑一直不断的“嗡嗡”的背景音。

现在让你的注意力重新回到书上来，渐渐地那些声音又会变得无关，于是也就不会让你分心，你的短时记忆又集中到了阅读上。这种过滤是记忆系统中至关重要的一部分，因为它让你的思维避免因为无关的信息而负载过度。

⊙短时记忆的容量

短时记忆的容量是有限的，大约七个空间，或者叫“意元”。例如，你可能记得住七个人的姓名，可一旦有更多的姓名，你就会开始遗忘。要使某样东西保持在你的短时记忆中，你就必须对它进行加工（有时也称之为加工记忆）。例如，如果你查到了一个电话号码，你就必须将它自我复述，以便能记住足够长的时间来拨打，这被称为再现。仅仅几分钟后，你意识中的这个电话号码就会被其他新进入的信息所代替。

重复、重组、建立联系以便更好地记忆

为了突破短期记忆的局限，我们发展了一些有效的策略。

以大声说出或者默念的方式重复信息。

打电话时，对方在做自我介绍，你可以不断默念他的姓名直到能够在通讯录上写下来。

当所要记忆的元素超过 5 个时，可以采用重组的方式。

例如，将电话号码分为 2 个一组或 4 个一组，将更容易记住。

58 81 58 42　　　　5881 5857

在想要记住的信息与已经知道的信息之间建立联系。

比如，在记忆数字 417893 时可以先找出 1789，法国大革命开始的时间。

⊙对信息进行编码

信息以几种方式进行编码后进入我们的短时记忆。

形码：我们试着将人名生成图像或想象他戴着一顶帽子。这种形象在几分钟后会开始淡去，除非我们使之保持活跃。

声码：这是一项最普通的技巧，用于使信息在我们的短时记忆中保持活跃。它包含重复信息，如姓名或数字。

意码：在这里我们运用了某些有意义的联系，例如思考一个有着同样名字的熟人。

⊙注意力

短时记忆是短暂的而且容易被打断。所以，注意力是能否让有关事情保持在脑海中的一个重要因素。它可能只有在你被分心时出现，让你感到你在“有意识地”进行记忆。下面是两个普通的例子：

电话号码

你在地址簿里查了一个电话号码。可正当你要拨这个号码时，你听到有人从前门进来了。你可能就需要再查一下这个号码。这是因为你正在活跃的记忆已经被打断而暂时失去了注意力。

“我到这儿来干什么？”

你正在厨房里整理一些文件并想到要一个订书机。当你走向书房取订书机时，你开始思考那天晚上的晚饭你可以做什么。当你走进书房时，突然发现自己想不起来为什么去那里了。很简单，你只是又一次分心了。

⊙潜意识记忆

有些信息可能在我们不知道的情况下通过了过滤而进入记忆。在20世纪60年代，电视广告制作者们提出了潜意识广告这样一个聪明的理念。例如，某个产品的图片、某个特定品牌的衣物清洗剂，会在电视屏幕上非常短暂地“闪现”。它可能在任何时候出现，甚至出现在一部电影的播出中间。它出现的时间很短，以至于我们不可能有意识地注意到我们看到了什么，但是，我们的记忆已经下意识地储存了这幅图片。

当下一次我们走进超市时，就会对这个品牌的衣物清洗剂有似曾相识的感觉，就会将它同其他产品分辨开来，从而使商家达到了促销的目的。有关方面开始担心这项技术可能被用于（可能实际上正在被用于）对人洗脑，因此该项技术被认定为非法。

4. 长期记忆

长期记忆能够帮助我们回忆或者再认出那些在几分钟、几个小时或者几年前获得的信息。它包括：情景记忆——储存的是那些构成你的自传的一系列生活事件；程序性记忆——储存的是那些使你能够从事机械运动（例如骑自行车）的信息；语义记忆——你的关于这个世界的知识的宝库。

当你使用那些为了某个特定任务而被永久储存的信息时，就会发生信息从长时记忆到短时记忆的转移。举例来说：当你要做一道几天前被详尽地解释过烹调方法的菜时，要做到记住配料和说明而不看任何笔记，就必须对它特别感兴趣，并且有很强的动机。

为了使信息不仅停留于短期记忆中，就有必要把信息传递到另一个更持久的系统中。长期记忆具有我们认为几乎无限的能力，它能够在一段时间后重组信息——一次会面、一个数学公式，或是游泳的动作——从几个小时到几天、几年，甚至有时长达几十年。

⊙两种不同的记忆方式

极少有人埋怨说忘了如何爬楼梯、如何从一个椅子上站起来或者如何刷牙。日常生活中对记忆的抱怨大多数是关于无法想起某个人的名字、某个字，或者一件近期发生的事。在个人经历方面，一个具有遗忘障碍的人将面临更大的困难。为了更好地解释这一现象，心理学家安戴尔·图勒温和拉里·斯里赫定义了两种不同的记忆方式。

陈述性记忆

“你去年去过哪个城市？”“谁是现在的农业农村部部长？”“《英雄》的作者叫什么名字？” “恺撒是在哪一年死的？” 对所有这些问题，我们可以用一个词或者一句话来回答。当然，我们也可以写出答案，在某些情况下还可以画张图或是在一张照片、卡片上指出来。但答案通常都是基于对曾经经历过的或者学过的东西有意识地回忆，并且能够通过口头的方式表述出来。这就是为什么称其为陈述性记忆的原因，也可以用“精确记忆”这一术语。

非陈述性记忆

操纵电视遥控器、使用厨房用具、骑自行车、系鞋带或者仅仅是走路，这些行为都不需要我们有意识地回忆相关的姿势或动作。即使我们可能记得当初学习这些行为时的情景，但更多时候我们只能以非常简单的方式对这些行为进行描述，并且倾向于演示示范。为了解释自由泳时腿的动作，游泳教练更多地会进行动作示范，而不是用长篇大论来解释。出于这个原因，这种记忆形式被称为非陈述性记忆或者隐性记忆。

⊙从生活事件到日常例行公事

1993 年 4 月 11 日我们去过纽约，《罗密欧与朱丽叶》的作者是莎士比亚，骑自行车的方法……所有这些例子都体现了对行为的记忆，但只有第一个例子是唯一真实发生过的，其他的例子似乎和个人特殊经历无关。并且，即使我们在日常用语中应用“学习骑自行车”这种表述，但当我们涉及“学习”这个词的时候，更多会联想到在学校学到某种知识，而非某种体育活动。那么是否对不同的事物存

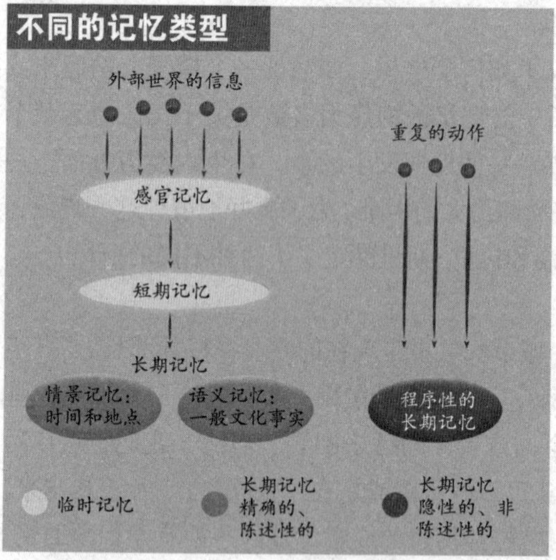

⊙ 为了描述记忆的类型，心理学家设计了一个空间模型，如同一张房屋地图，每个房间代表一种记忆类型。

在不同的记忆呢？

研究人员对某些记忆障碍的研究证实了我们的假设。比如，某些健忘症患者只忘记了个人新近的经历、以前学过的文化知识，或者某些特殊的行为方式。由此，科学家将记忆分成3种类型：对发生在特定时间和地点的事件的情景记忆，用来储存一般知识的语义记忆，以及为了完成一些重复性行为或者标准化动作的程序性记忆。

⊙情景记忆

情景记忆对应着我们在一个确定的时间和地点的特殊经历，上个星期我们看过的电影，或者去年夏季我们做过的事。这些经历构成了情景记忆的一大部分。

一个记忆的诞生

当我们记忆这些情景时，不仅记住了事件本身，还记住了当时的环境背景。例如，在我们回忆与朋友一起吃的晚餐时，我们还记得当时的灯光、声音、气味、味道等。同时，这些要素也在我们的记忆中留下了以后回忆的线索。在回忆时，我们就可以在以往的经历中定位："星期五晚上，我去大剧院看了一场极好的表演《图兰朵》，陪同的有小贝尔纳、安娜·玛丽、吉尔伯特、丹尼尔和雅克。"当然，对这样一个事件的记忆也保存有情感的因素。正如伏尔泰观察到的那样："所有触动内心的，都刻印在记忆中。"

记忆就这样保存着事件的主要方面，然而背景线索并不位于大脑的一个确定区域。因此，记忆的程序一点也不像以前描述的那样：在一个“仓库”里储存着记忆，每一个都有其特定位置，当我们需要的时候就“去那儿找”。

事件的不同方面存在于不同的大脑区域

我们在记忆时大脑是什么样子的？比如，在7月的一个早上我们看见花瓶里插着的玫瑰时。首先，对这个场景的感知需要我们不同的感官共同参与：嗅觉感知玫瑰的香味，视觉记录它的形状、颜色和在花瓶中的位置以及花瓶在房间中的位置。接着，形成各种记忆痕迹。有关玫瑰花香的记忆将存留在大脑的嗅觉区域。如果我们被玫瑰花刺扎了一下，感受到的疼痛记忆将保存在大脑的另一个区域。关于地点和时间的信息则被存储在大脑的前部……

大脑各个区域间连接的建立归功于神经元网络，每次记忆一条信息时神经元网络都会被激活。而在回忆时，右额叶会从神经元网络中的不同记忆痕迹出发，进行对场景的重组。

寻找遗失的记忆

有时候寻找遗失的记忆过程需要很长的时间并且很困难，因为必须要重新激活与之相连的全部神经元网络。但有时一个线索就足以唤回全部记忆。正如《追忆逝水年华》中所描写的，一小块浸入茶水中的玛德兰娜蛋糕唤醒了故事叙事者在贡布雷的整个童年世界，因为雷欧妮阿姨曾在给他一块相同的蛋糕之前把蛋糕浸入椴花茶中。

另一方面，分散储存使得记忆更稳固——大脑部分区域受损极少会造成一个人的全部记忆消失。但是，随着时间的推移，某些记忆痕迹的功用改变或者消除了，于是回忆变得很困难。

⊙语义记忆

大脑中其他被储存的信息普遍发生在学习的环境背景下，即一般的常识，比如《罗密欧与朱丽叶》的作者是谁，意大利的首都是哪……我们从多种渠道获得这些知识，如果这些知识只具有一般的性质，那么当时的学习背景会逐渐从我们记忆中消失。例如，我们很少能想起第一次听到“莎士比亚”或者“罗马”这些词的地点和时间。

有时候，关于时间和地点的记忆痕迹可以帮助我们找到一时遗忘了的东西：我们想起在一本什么样的杂志上读过，要找的东西就在某一页的上方。

什么样的信息储存在语义记忆中

语义记忆存储的不仅是某种类型的百科知识，或一般知识性的问题，还储存了个体在一段时间内的生活事实。借助语义记忆，我们可以给物体命名并将其归类（锤子、螺丝刀、锯子属于工具类），或者给某个种类列举例子（属于昆虫的有蚂蚁、瓢虫、蜜蜂等）。同理，当我们需要记忆一系列混乱无序的词时，我们可以先将其分类，这样就能更容易记住了。

对知识的良好组织

事实上，语义记忆中储存的知识相互联系着，按照逻辑与用途的不同形成复杂的网络（参见图片）。例如当我们想起“大象”这个词时，其他的概念（大象的颜色、形态或者与它相关的历史）也同时处于活跃状态：“大象身躯庞大，它是灰色的，有两个大耳朵、一个长鼻子和两根大牙，重量可达到 6 吨，拥有闻名于世的记忆力。公元前 3 世纪，汉尼拔骑着大象穿越了阿尔卑斯山……”

语义记忆的存储形式

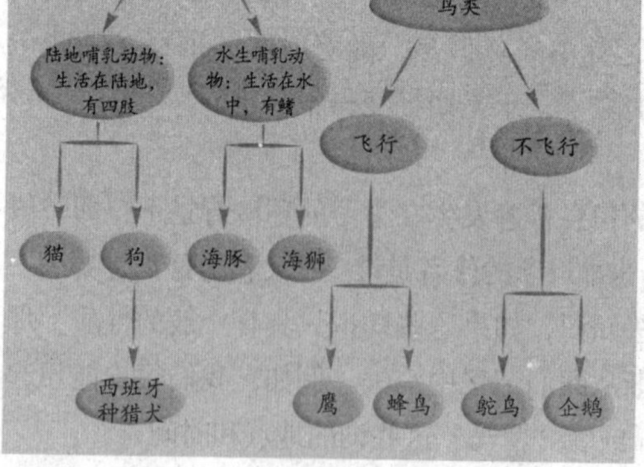

实用性知识的组织形式不尽相同。特别是在日常生活中，当涉及一系列规范性的连续动作时，例如准备早餐、购物、组织聚会等。根据早已建立好的内在逻辑顺序，这些日常规律性的活动一旦开始，接下来的各个步骤便接踵而来，而不需要“图示”或者“脚本”。为了准备早餐，只需要开始第一个动作——在咖啡机里倒入水，这之后就不再需要任何注意力了，接下来的动作会自动执行，我们可以在这段时间去想别的事情。

⊙程序性记忆

第三种记忆类型通常在很大程度上脱离意识，如骑自行车、打网球、弹钢琴、进行心算、母语的正确使用，以及玩扑克牌等，这类活动一般都基于潜意识的记忆，所以很难对其进行详细的描述。这类活动的学习过程通常很漫长，需要经过无数次的练习和重复，而一旦掌握就很难忘记。但某些复杂的活动仍需要坚持实践：一个钢琴家如果不经常练习，他的演奏水平就有可能下降；一位高水平运动员如果缺乏常规的训练，他的成绩也将滑坡。

例行公事性的任务

在日常生活中“自动性动作”扮演着重要角色，让我们可以完成复杂的例行事务，而大脑却保持空闲去面对无法预知的状况。例如，开车时，我们并不十分注意控制方向盘、油门、指示灯等，直到发生特殊情况——一个孩子试图横穿马路——才需要我们动用所有的注意力并结束“自动驾驶”。

按照我们的习惯和偏好

潜意识的程序也是我们许多习惯和偏好的根源。我们能够记住一系列同等商品的价格，可以在比较某种商品时作为参考，比如哪家超级市场里的苹果更便宜。当我们不能够直接地应用这些程序时，比如由于货币的改变或者临时居住在外国，我们则显得特别不相信自己的判断。尽管早在 2002 年初就开始推广欧元了，可是许多法国人仍然继续用法郎进行“思考”，特别是对非日常用品，比如房子或者汽车。

典型的适应状况

在吃完一种特殊的食物（例如牡蛎）后，我们生病了，从此只要看一眼这种食物就可能恶心。在俄国生理学家巴甫洛夫的实验中，

测试你的程序性记忆

阅读镜子里的文字

皮克威克先生感觉到有些焦虑，他发现两个朋友常常地缺席，并且想起整个早上，他们的行为非常神秘。

尝试尽可能快地读出上面这段文字。

在镜子中的图画

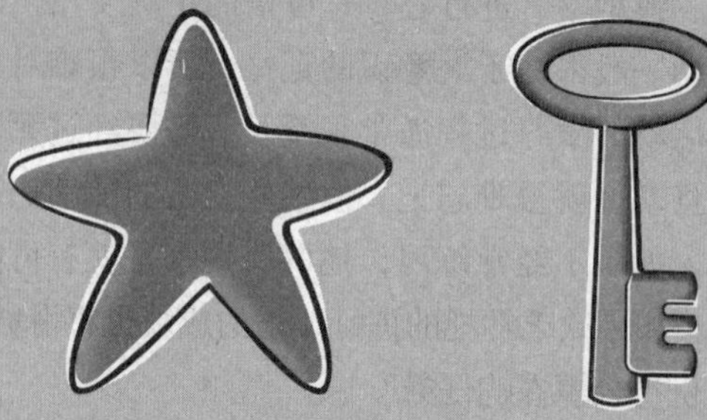

把你的书对着镜子，尽可能快地用笔把镜子中的这两个图画在一张纸上。

借助程序性记忆，我们能毫无困难地进行阅读或者绘画。但当我们不按常规的方式进行时，困难就出现了，例如阅读镜子中的文字。

铃声一响起，那条已把铃声刺激同下一餐的来临结合起来的狗就开始流口水。在人类身上也能发现类似动物的这种典型的适应状况，这类适应状况有时候与由于特殊原因引起的害怕或快乐感有关。例如，如果我们曾被野兔咬伤，即使身处距离事故很远的地方，但是周围的树木或者气味与之相似，我们都可能会心跳加剧。

诱饵效应

我们也会无意识地记住一些信息（比如对话者领带的颜色），在以后某个需要的时刻，这些信息能够帮助我们更快或者更容易地回想起当时的情景，但是这些信息与我们有意识记住的信息具有不同的确定程度（“你的领带好像是红色的”）。

为了描述这一现象，科学家们提出诱饵效应。例如，一个填字游戏的答案是一条定义（比如生产、出售豪华家具），突然我们想到了一个在完全不同的背景下出现过的正确答案（“细木工”）或者类似的答案（“木工”）。有时候，这样的潜意识记忆让我们兜了“一圈”：我们以为自己找到答案了，事实上，答案是通过我们以前读过的一篇文章而得到的，只不过我们早已忘记自己曾经读过那篇文章。

⊙长时记忆

如果某个短时记忆重要到有必要保持得久一些，它就要被存储到长时记忆中。为了对长时记忆是如何工作的有个概念，想象一下某个记忆从前门进来，穿过走廊（短时记忆），然后来到一个房间被分类和存储。这个“记忆存储库”非常大，它有着许多相互连接的房间，以及几乎是无限的容量。

记忆的再现

记忆的存储虽然不如图书馆那么整齐，但也是有组织的。当我们想要再现信息时，就需要搜索它。有时我们发现马上就能找到，有时则需要较长的时间。

偶尔，你可能根本找不到你想找的。这部分是因为你学的越多，那么在你想要再现信息的竞争就更大。好比有一袋玻璃球，如果其中只有几个玻璃球，相互之间就很容易区分。袋子里的球越多，就越难将它们相互区分。

再现失败

有时我们会无法再现确定已知的信息。

“舌尖”现象——你确信自己知道问题的答案，可就是不能完完全全地将它说出来。

编码错误——有时我们对我们想要在以后再现的信息编码不够好。你认为自己已经理解了某件事情，可当你想要给别人解释这件事情时，却发现自己并没有想象中理解得那么好，也就是说还有距离。

5. 专业象棋师和运动员的记忆

第一印象中，一个象棋冠军和一个职业足球运动员之间似乎没有什么可比性。然而，他们所运用记忆的方式却惊人地相似。

⊙大师对新手

1965年，心理学家阿德里安·德赫罗特曾策划了一个著名的实验。让5个大师和5个新手一起观看一系列国际象棋棋局，每个棋局观看5分钟，然后要求他们在一个空棋盘上重新排列出棋局。在第一轮测试中，大师们能够重新摆出90%的棋子，而新手只能摆出40%。然而，当棋子以随机的方式排列在棋盘上时，大师和新手的成绩却是相同的。

大师胜于新手之处，在于他们懂得如何学习、辨认并且记住棋子的摆放，当然前提是棋子遵循一定的模式排列，比如一盘可以下出来的残局。我们猜测，在一个大师的记忆中储存着10000到100000种棋子的摆放模式。由于扫一眼就能组合大量的棋子，凯瑞·卡斯帕罗夫在很短的时间内就可以分析出一个新手的棋局。几年前，科学家设计了一台名为“深蓝”的计算机，它能测算到每步棋的几千个可能位置，除了开局和结果。一个专业棋手有时候用几秒钟就能迅速确定那些制胜的布局，程序员成功地在“深蓝”上模拟了这部分技能，从而使得电脑战胜了国际象棋大师凯瑞·卡斯帕罗夫。

⊙齐达内会怎么做

面对重现比赛情景的图像，当被要求说出一种让球员更好地控球的动作时，传球、护球还是直接射门，球员和教练给出的答案与外行人不一样。专业人员给出了更恰当的建议。这是2003年3个研究者从对一支球队的实验中得出的结论，出现在照片上的比赛状况完全符合专业球员的猜测，而外行人却猜错了。同时，专业球员学习起来也更有效率。当过了一段时间后，再次向他们展示同一张照片时，专业球员更快地给出了答案，这表明他们在第一次时已无意识地记住了。并且对这些职业球员来说，他们的运作记忆被干扰时也同样能够保证效率，因为他们被要求同时完成口头和视觉任务。

⊙获得专家式的记忆

其他集体运动的专业运动员跟足球运动员一样，当被要求准确地记住运动的顺序以及在场地上移动的初始位置时，他们总是比新手表现得更好。滑冰运动员和体操运动员——也包括体育记者评论他们的技能——能更轻松地掌握表演姿势，但是，和在象棋案例里一样，他们的优势仅局限在与自己的专业相关的运动形态中。

正如各行业的专家们一样，运动员培养了“获知—行动”的能力，但这种能力基于普通的能力：扎实的基础要以多年的努力为代价。由于定期训练，他们能更好地专注于特殊的领域，并且能更强地在精神层面上“操作”这些能力。尽管如此，这些能力不能移植到他们专长之外的领域：专家的记忆只在自己的专业领域令人惊奇。

6. 莫扎特的传奇记忆力

无须乐谱，勃拉姆斯就能够演奏巴赫和贝多芬的全部曲子，交响乐队指挥汉斯·翁·布隆也可以指挥瓦格纳创作的整部《特里斯坦和伊索尔特》，莫里茨·罗森塔尔能演奏肖邦的所有曲目……音乐家的记忆有时候可列入传奇。

在意大利小提琴演奏家特利纳萨奇的要求下，莫扎特在 1784 年晚间音乐会的前一天创作了降 B 大调钢琴和小提琴奏鸣曲。但他只写下了小提琴那部分的谱子，以便特利纳萨奇可以在早上准备。在第二天晚上的音乐会上，莫扎特亲自用钢琴在奥地利皇帝面前伴奏。当皇帝要求看钢琴曲谱时，却只有一张白纸……事实上，大多数音乐家、作曲家或者演奏家对这个传说并不感到惊讶，他们自称同样也可以做到。但是，根据传记，早在 14 岁的时候，莫扎特就表现出了超凡的记忆力。

1769 年，在父亲的陪同下，年轻的沃尔夫冈·阿马戴乌斯·莫扎特从萨尔茨堡出发，进行了 15 个月的旅行穿过意大利。1770 年 4 月 11 日，他们来到罗马，这时正值复活节。和其他游客一样，他们参加了在西斯廷教堂举行的从星期三到星期五早上的圣礼拜庆祝，伴随着格雷戈里奥·阿列格里（1582—1652 年）的《上帝怜我》。这部音乐作品没有任何乐器伴奏，是一部带有四声部重唱的五声部合唱歌曲，在欧洲以其优美的旋律而著称，同时也被蒙上了神秘的面纱。

教皇明令禁止在西斯廷教堂和圣礼拜之外唱这首曲子，并严格禁止任何人将此乐谱抄写外传，违令者必受革出教门的重罚。在当时只存在 3 份正式复制本：一份给了葡萄牙国王，一份为马丁尼教士拥有，而他被认为是意大利最伟大的作曲家和教育家之一，第三份存于维也纳的皇家图书馆里。

奥地利皇帝利奥波德一世（1640—1750 年）游览罗马时，贵族们向他讲述了那部超凡脱俗的音乐作品，于是他向教皇要了一份作品的复制本。但是，在维也纳的演出使利奥波德一世非常失望，他以为复本弄错了。因此，他向教皇抱怨，要求立即解雇提供副本的教堂主人。这个不幸的人于是请求听证，并向教皇解释说作品的美源于教皇合唱团的歌唱技术，而这是无法在任何乐谱上标明的。于是，教皇允许他到维也纳为自己辩护，最后教堂主人获得了成功，之后重获职位……

我们再回到莫扎特。星期三，当年轻的天才听完《上帝怜我》后，回到在罗马的居室里他凭记忆将整部曲子写了下来。星期五，他再一次回到西斯廷教堂，并把手写本藏在帽子里，以便修改一些错误。4 月 14 日，他的父亲利奥波德给妻子写了一封信：“……你经常听说的著名的《上帝怜我》禁止任何演奏家演艺，也极少复制给第三者，否则会被驱除出教会。但是我们已经拥有它了，沃尔夫冈抄录下来了。如果我们的在场对演奏不是必要的，我们将通过这封信寄回萨尔茨堡。但是，演奏对它的影响比作品本身大。另外，由于这涉及罗马的一个秘密，我们不希望它落到别人手中……”

莫扎特和父亲继续在那不勒斯游历，然后又回到罗马，并在波伦亚度过了剩下的假期。他曾向《上帝怜我》的一个拥有者马丁尼教士学习过，还结识了英国著名的传记作家和曲谱家查尔斯·伯尼博士。伯尼博士到法国和意大利游历，为一本关于这两个国家音乐状况的著作收集资料。1771 年底，伯尼博士回到英国后出版了自己的游记，以及圣礼拜时在西斯廷教堂演奏的音乐作品集，阿列格里的《上帝怜我》也在其中。伯尼博士的作品集结束了教皇对《上帝怜我》的垄断，在这之后，这部作品被无数次地印刷。

关于伯尼博士是如何获得复制本的，存在着许多猜测。是来自梵蒂冈的教堂主人桑塔雷利？还是在看了莫扎特的手记，并与马丁尼拥有的副本做了比较后，出版的删改本？伯尼博士的版本不同于其他已知版本——官方的或者“盗版的”，可是为什么缺少了合唱团成员加上的“装饰音”？是否正如某些假设那样，伯尼博士想保护莫扎特，避免这个天主教国家的年轻公民被驱逐出教会？甚至他是否毁坏了莫扎特的手记？

所有这些假设依然存在，因为莫扎特的手记似乎并没有幸存，而它的不复存在同时又导致了所有关于这个手本真实度的争论落空。因而，问题的关键就在于，是否年轻的天才在 14 岁时就真的拥有如此超乎寻常的记忆力……

7. 自传性记忆

对于大多数人而言，“记忆”一词最先能让我们想起的是个人世界，我们自主地保留着对自己实际经历过的事件的记忆。然而，简单观察一下就会发现，这种记忆不仅仅由一系列实际发生过的事件组成。

⊙自主与不自主记忆

当我们回忆过去时（例如很久前与朋友的一次晚餐），经常需要几秒钟的时间才能想起细节。事实上，我们先要经过一般性的回忆进行确认，比如是在生命中的哪个时期发生了这一情景（我们是学生的时候），然后上溯到同一类属的事件（在这个时期与朋友的聚餐）。就这样以精神努力为代价，我们找回当时的片段。这个过程有时非常艰难漫长，需要集中注意力有意识地进行记忆重组。一些记忆可能被扭曲，而承载着深厚感情的（我结婚的那一天）往事就能够快速地被想起。

对许多往事的回忆都是由一些同时出现的特殊迹象引发的：

一种气味、一种味道、一段旋律、一个词语，或者一种想法、感情或思想状态。在马塞尔·普鲁斯特的小说《追忆逝水年华》中有许多这类的描述：玛德兰娜蛋糕放入一杯茶水中、从佩塞皮埃医生的汽车中观看马丁维尔的钟楼、香榭丽舍大街一个公共洗手间的气味、勺子与餐碟碰撞的声音……作者用了“自主”和“不自主”这两个术语来区分不同的记忆重组方式。

⊙情景记忆和语义记忆之间的差别

情景记忆使我们能在脑海里重温某些情景，有时伴随着发生在特定时间和空间里的细节（我在学校的第一节课）。这些记忆再现通常由心理图像引起，但是我们也能找出和当时有关的感情或情绪。

在语义记忆中，关于我们自己的信息（周围人的名字、我们的爱好等）和一般事件的信息（我们在乡下过的周末、在学校的生活等）是以互补形式存储的。因此，重溯一般性事件其实是为了找回拥有共同特点的特殊事件。不容忽视的是，情景记忆和语义记忆之间存在着相互过渡和转化。

演员的视角与观察者的视角

受情感重大影响的事物带着大量细节被持久地保存在我们的记忆中，这些情感的印记以强烈的再现感为特征，即表现为确切意识状态的再现。在这种情形下，我们倾向于依靠记忆中所保存的和最初事件相同的观点来重现片段。这种“演员的视角”被认为结合了片段记忆，而“观察者的视角”（就像我们看电影那样）则更多地体现出语义记忆。

年龄与自传性记忆

一般来说，情景记忆历时越久，就越难以被忠实地保存，但是也存在许多例外。在3—4岁前，记忆是罕有的（儿童记忆缺失）。10—30岁之间构筑的记忆能保持得较为生动，40岁后这些记忆将在回忆中占相当大的比例，心理学家称之为“记忆重生的顶峰”。因此，人生的这个阶段对构筑我们个人的特征是具有重大意义的。

年龄与自传性记忆

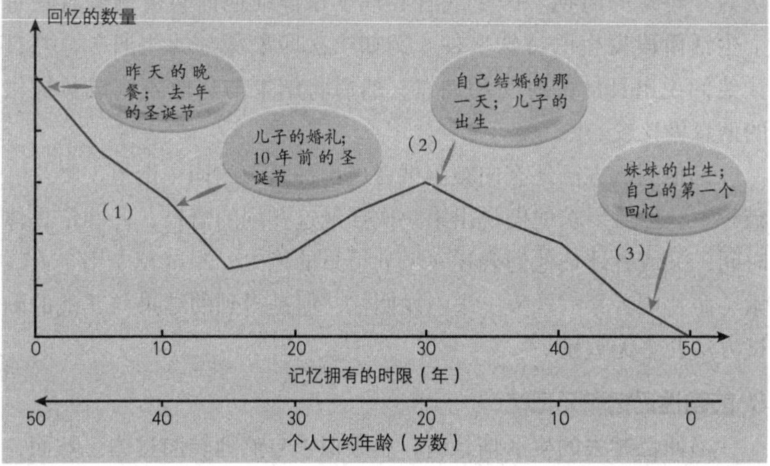

⊙ 这个曲线展示了一个人在 50 年里，其自传性记忆随时间推移的变化趋势。可以看出，随着时间的推移，记忆的数量在减少（1），在 10—30 岁之间编织了最多的记忆（2），而在 3—4 岁前个人记忆几乎缺失（3）。

衰老对我们重温特殊事件（情景方面）是不利的，但却不影响我们回忆一般性事件或者个人资料（语义方面），比如周围人的名字。

承载着深厚感情的事件通常能被很好地保存，然而，太强烈的感情有时会导致相反的效果。例如，抑郁有时候会引起情景记忆的衰退。

近事遗忘症

自传性记忆可能遭遇的主要障碍是近事遗忘症（一种由突然的脑部损伤引起的对既得信息的遗忘），这种病症可能影响识别能力。情景记忆的缺失是这种病症的表现之一，但语义记忆通常不受影响。一些解剖学和临床数据以及功能图像显示，在回忆自传性的情景时，额叶和颞叶右前部的连接处扮演着重要角色。

⊙如何评估自传性记忆

可以通过多种方式来测试自传性记忆受损或者保存的能力，最常用的诊断方式是关于不同生活阶段的问卷调查。除了最近的

12 个月，童年到 17 岁，18—30 岁，30 岁以上，最近的 5 年，都被认为是特殊的时期。医生或者心理学家详细地询问被测试者在每个生活阶段发生的特殊事件（例如一次印象深刻的相遇），并且让他们说出具体的时间和地点，然后将结果与其他家庭成员提供的信息做比较。

其他测试方法还有向被测试者展示一系列的词（街道、婴儿、猫等），然后要求他们说出第一次接触这些词的情景，并确定具体时间；又或者评估他们表述一系列情景的能力。测试较少用个人线索（照片或者家庭轶事）来引发回忆，但是得到的结果与其他的测试方法几乎无差别。

8. 前瞻性记忆和元记忆

当回忆过去的生活情景时，思维似乎自然地转向过去。然而，在回溯性记忆之外，还应该具备前瞻性记忆，它对我们的生活来说也是必需的，因为它能使我们想起在未来应该履行的行为。

⊙记住将要做的事

“不要忘记带面包回来”，“要记得去投寄这封信”，“中午不要忘记吃药”……查看日程簿是用来减轻记忆压力的最广泛方法。为了确保其有效性，前瞻性记忆存储的信息应该表现为：要履行的行为和应该实现的时间，以及应该开始的最佳时间。前瞻性记忆的有效性只有在想起的那一刻才被确定，因此，在记忆时动机和背景是首要的。一旦我们拥有一个填得满满的日程表，就要时不时想着去翻看。

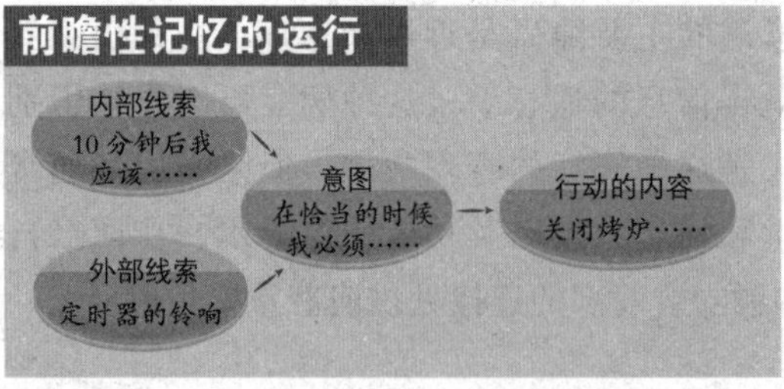

⊙ 前瞻性记忆存储的信息应该表现为：要履行的行为和应该实现的时间，以及开始的最佳时间。

每个人都对不时会忘记做一些事情而感到负疚，而且这还令人非常沮丧。

这种类型的记忆的好处是易于改善。只要稍微有点条理，再加上一些简单策略的帮助，就可以提高这方面的记忆。有时，生活似乎被许多小事所占据，“有条理”可以帮助你理清思路，以便处理更为有趣的事情。

为什么我把手巾打了个结？

这个象征性的“结”表明线索的重要性与直接关联性。事实上，所有记忆都通过线索被异化了，这些线索或者来自外部环境，或者是由我们自己创造的（明天我应该……）。如果需要找回的记忆缺乏外部线索，那我们将更多地依赖内部线索。

经过面包店这样的简单事实，可以帮助我们建立有效的外部线索来使自己想起应该买面包。当所要实现的是一系列相互联系的行为中的一部分时，记忆重现通常是比较容易的。例如，当我们已经花了许多时间调制正在烤的面包时，很少会忘记在恰当的时候关闭烤箱。然而，买蛋糕是一个相对孤立的行为，因此我们极有可能忘记。

我们可以利用某些工具或者自己创造一些线索，比如做饭时使用定时器，又比如在手帕上打个结。一定要选择好辅助工具，因为这些工具不仅要具备时间提醒功能，还要让我们知道该做什么。这种情况下，在手帕上打个结表达的内容就不那么详细和明确了。

⊙元记忆

所谓元记忆是指对记忆过程和内容本身的了解和控制。换句话说，元记忆是有关记忆的知识。个体对自己的记忆功能、局限性、困难以及所使用的策略等的了解程度就代表了他的元记忆水平。以下是元记忆参与记忆的 3 个阶段。

（1）学习：知道怎样学好某条信息。

（2）储存：知道自己认识某条信息。

（3）重组：知道如何重新找回某条信息。

达利出生于哪一天？

对于“达利出生于哪一天”这个问题，可能大部分的人会回答“我不知道”，并且不会在脑海中去寻找答案。是元记忆给了我们一个确定度，去判断是否有机会找到某条信息，或者想起过去和即将发生的事。没有元记忆，我们将一直处在徒劳的寻找中。

当我们评估自己拥有的文化知识时，元记忆就开始工作了。它总是参与我们的决定，包括最实用的那些。在使用新洗衣机前是否应该阅读说明书？在女儿去学校前是否应先在地图上查看下路线？在填写字谜时是否有必要查阅字典？为了理解一篇文章，是否最好从浏览图表开始……

对策略的恰当评估能使我们的记忆更有效率，并且能改善我们获知和回忆的能力。

一种脆弱的记忆

儿童的元记忆很模糊，他们总是被教育不要忘记一切。事实上人们高估了孩子的记忆能力。事实上，直到 7 岁左右，随着年龄的增长，孩子们的记忆力才会伴随着判断力的增强而加强。而另一方面，从某个年龄段开始，我们越来越难以正确判断自己记忆力的极限。当然这也因人而异。

如果说回溯性记忆把我们带回过去，前瞻性记忆把我们带去未来，那么元记忆则告诉我们目前的记忆能力。

9. 终极记忆

许多人不重视与特殊记忆相关的一些奇异的特性，如被科学家发现的增强记忆，只是一些普通记忆达到极限值。以表现为根本出发点的记忆术研究者们一定会证明我们记忆的伟大潜力。但是有的人怀疑他们的能力是耸人听闻的，只是为了达到娱乐的目的。众所周知，图像记忆是把更加准确清晰的印象像抓拍一样快速记忆到脑海中。异常清晰表明记忆确实可靠的意思。但是任何人的记忆都不是可靠无误的。所以即使人们脑海中的一个图像和人们最初的记忆一部分相一致，也有发生错误的趋势。失真和省略经常发生，但是通常短期记忆就不会有这种情况，一旦被长期记忆，即使是记忆天才也不可能记住。

然而，一些人确实证明了这种超乎寻常的记忆能力。拥有终极记忆能力的人往往会夸大他们的一个或多个感官感觉。例如，脑海中清晰的图像就意味着视觉感官中的真实画面。另一些记忆天才都拥有特别的听觉、嗅觉、味觉或者综合感官能力。据估计，50万人中有一人具有天生的共感官能力，而且他的感官能力会不知不觉地交错在一起。就这样，他们把词汇、声音、实物与颜色、味觉、形状联系到一起进行终极记忆。

除了一些极少的例子外，会终极记忆的人最有可能自觉或不自觉地运用记忆术。尽管大约5%—10%的儿童在童年时有这种特殊记忆，但是当他们长大之后就失去了这种能力。这个事实证明了一个理论，即我们都有很多未被利用的记忆潜力等待开发。

10. 感官记忆

外部世界带给我们的感觉信息构成了我们的记忆，我们的5种感官——视觉、听觉、触觉、嗅觉和味觉是记忆的主要入口。但是，通过感官感知而记忆的东西绝不能和相片或者录音磁带相比。感觉信息在大脑深处被分析，然后彼此之间建立联系，在与其他信息比较后，被烙上感情的、形态的（地点）和时间的（日期）印迹。一般来说，这些程序在每个人身上都是一样的，但是每个人的感官能力似乎并不相同。

⊙感官的专业化与缺失

受雇于赌场的能够过目不忘的人、拥有绝妙的耳朵的音乐家、拥有特别敏感的鼻子的香水调剂师等，我们都知道或听说过这种拥有超常视觉、听觉或者嗅觉记忆的人，他们某方面的感觉能力强于一般人，然而能用触觉或味觉创造价值的人就较少见了。一些理发师说，他们一拿起剪刀就知道那是不是自己的私人剪刀。

同时，一种超乎寻常的技能似乎总是与另一种感觉方式的缺失联系在一起。例如，天生失明的人成功地发展了在空间、听觉和触觉记忆方面比视力正常的人更高的技能。但是失去一种感知方式和本身缺乏是不一样的，比如用布莱叶盲文进行触摸式阅读，大脑视觉区无疑也参与了某些语言能力的管理。

接下来，我们将简单介绍视觉、听觉、味觉与记忆的关系。

⊙视觉记忆

英国作家卢迪亚·吉卜林（1865—1936年）在他的小说《吉姆》中，详细描写了少年英雄吉姆如何坚持不懈地记忆放在桌子上的物品，然后再找出缺少的东西的过程。经过不断的训练，吉姆获得了一种超常的技能，他能够记住所有看过的细节。

图像记忆

在一个实验中，研究人员向志愿者展示了2500多张幻灯片，每10秒钟换一张。然后，将每张幻灯片与一张新的幻灯片混合在一起，要求被测试者指出熟悉的那张，即他们之前看过的那张。结果非常令人吃惊：几天后，90%以上的图片被认出；几个星期后，仍然有很大比例的图片被认出。之后再用10000张幻灯片做类似的实验，同样确认了视觉识别不同寻常的效率。

如此熟悉的活动

观看是我们非常熟悉的 项大脑活动，以至我们有时候忘记视觉在记忆过程中扮演着重要角色。信息进入大脑被处理和存储后，就不再依赖语言了。为了解释视觉记忆的运作过程，神经心理学家将视觉记忆（或视觉—空间记忆）同行为记忆进行了比较。视觉记忆能让我们在头脑里“操纵”抽象的图案或路线，而行为记忆则是依靠语言来理解话语的内容和各种视觉信息。

事实上，重要的是不要混淆了视觉信息与视觉记忆。视觉记忆大多数都是按照双重编码的原则来处理词语、图案、照片或者真实的事物等视觉信息。在大量实验中，神经心理学家揭示了双重编码的优点，这种编码方式能将形象信息（形态、尺寸、布局）与动作信息组合在一起。

自闭症患者的记忆：对细节敏锐的感知

人们有时用“照片式”记忆来引出自闭症患者典型的精确记忆。

面孔失认症

面孔失认症是一种极为罕见的病症，会令病患周围的人非常困扰。患者失去了辨认熟悉面孔的能力，虽然他们可以毫无困难地回想起熟悉的人的名字及其相关信息。不过，他们能够通过声音、走路方式、体态，甚至某些面部特征，比如大胡子或者特别的发型，辨认出熟悉的人。

这种奇异的病症是因为大脑右半球损伤而造成的，因为在大脑右半球存储着面部辨认的记忆单位。例如，患者无法再认出自己家畜群中的牛，鸟类学家无法通过视觉辨认出不同的鸟类，然而却能通过声音立即将它们分辨出来。

自闭症是一种发育缺陷，会阻碍患者与社会的互动、对外界情感的反应和与他人的沟通。但这种严重的功能障碍有时却伴随着非凡的音乐记忆能力或“照片式”记忆能力，后一种记忆能力使患者能用复杂的图像表述出记忆里的少量细节，或者毫无困难地进行大量的计算，就像电影《雨人》中达斯汀·霍夫曼所饰演的人物那样。

为了解释这种自发而非凡的能力，神经心理学家提出“表面的记忆”，这种记忆并非想要脱离图像的整体感觉或整体形态，而是试图结合更重要的细节来创造“心理图像”。面对一幅画时，大多数人都是在集中注意力于总体形态后，再试图把握其中的细节，而自闭症患者在没有总体视觉的引领下将同等对待所有细节。因此，在处理信息的第一步，自闭症患者表现得更好，而正常人“消耗”的精力是为了获得更整体或更多的感官信息，以此简化记忆。有些研究人员还认为，自闭症患者越是与世隔绝，越是容易出现运作记忆障碍。

记忆面孔

在图像记忆方面我们是天生的行家，但是我们中有些人在某一特定方面表现出更高的能力，如记忆面孔、建筑物、风景等。这种能力有时候是训练的结果，正如吉卜林的小说中描绘的那样，但是好像真的存在一种“天赋”，比如在过目不忘的人身上。

我们越是能从几千张脸中毫无困难地认出熟悉的那张，越是难以用言语对其进行描述。在描述时，我们通常会提取整体特征，眼睛、胡子、眉毛、痣等，在辨认面孔时语言似乎扮演着次要角色。辨认

⊙ 演奏小提琴不仅需要听觉记忆，还需要触觉和视觉记忆的参与。

面孔的能力很早就在儿童身上得到发展，研究表明6—9个月大的儿童比成年人更容易记住周围人的面孔。

⊙听觉记忆

“如果钢琴演奏家想演奏《瓦尔基里骑士曲》或者《特里斯坦》前奏曲，威尔杜汉夫人称道，不是因为这些音乐使她不高兴，而是因为它们给她留下的印象太深刻了。‘您关心我有偏头痛吗？您知道每次他演奏同样的东西时都一样。我知道等待我的是什么！’”（马塞尔·普鲁斯特，《在斯万家那边》）

情绪——理解音乐的关键

情绪与音乐之间的关系是复杂的。一方面，听一段音乐或进行一次与音乐有关的实践（如唱歌或演奏乐器）会引起一些感觉（比如兴奋或放松），我们根据当时的情绪来阐释这些感觉，并且从此以后我们会把这些感觉与听到的或自己演奏的音乐联系起来。

另一方面，在精神层面，我们大多数人都能够预测一段音乐接下来的部分，“我知道这段之后，铜管将进入交响乐中”或者“节奏将加快，声音将变得更高”。然而，这种才能似乎并不来源于我们受到的音乐教育，而是来自我们从管弦乐中自发得到的“感觉”。

事实上，一段著名的乐曲产生的“震撼”很大程度依赖于我们的精神活动。神经心理学家观察到，某些患者的听力感知（对一段旋律、节奏、音色等）虽然保持完好，但他们失去了听音乐的快乐感。患者自己解释说，他们“不再能理解”不同乐器之间的音乐关系，并且他们也不能再“预知”一段音乐将如何演进。

不同的倾听方式

每个人的音乐才能都不同，一些人似乎比另一些人更有天分去记住一段旋律或者辨认音色。如何解释这些不同？研究人员从对音乐家的观察中发现，他们是以不同常人的方式听，更确切地说是他们“看”所听到的音符，音符对他们来说就相当于“字”。医学图像通过对大脑刺激的研究证明了这些假设，医学刺激利用的是视觉或语言资料。

即使周围存在干扰噪音，职业的或者业余的音乐家都能成功地在意识中保留旋律，而其他人则做不到。在任何情况下，音乐家们都能毫无困难地进行记忆，除非他们同时听到另一段相似的旋律。

记忆和音乐曲目库

得益于我们储存在语义记忆中的理论知识，当我们听到一段旋律或者一个作品时，就会感到熟悉，甚至能够确认其曲名、作曲家或者演奏者。对于那些长期演奏同一种乐器的人来说，曲目库是随着日积月累的实践构筑的。

语言和旋律是两种不同的听觉记忆吗

对旋律的记忆是否比对语言的记忆更持久？专注于歌词和旋律之间关系的神经心理学研究表明，对歌曲的记忆实际上与这两个方面紧密结合，尽管对旋律的记忆在时间上更持久。大脑受损的音乐家能够继续从事音乐活动，但从此再也不能理解歌词或话语。因此，语言和旋律可能以独立的方式保存在长期记忆中。

如果一段音乐在记忆中能保存很久，那毫无疑问它依靠了与语言信息相关的编码，特别是情感信息。某种声音（亲属的声音、环境里的声音、旋律）与某种情感（是否快乐）联系在一起，会对巩固记忆大有帮助。另外，这样的声音现象不需要以有意识的方式被感知也能永久地被储存，而“普通的”听觉信息（如要记下的电话号码）需要意识的参与，因为它们依赖运作记忆。

⊙嗅觉记忆

《追忆逝水年华》中写道：每次在贡布雷游览时，“我总不免怀着难以启齿的艳羡，沉溺在花布床罩中间那股甜腻腻的、乏味的、难以消受的、烂水果一般的气味之中”。

气味，记忆的要塞

马塞尔·普鲁斯特的这段文字，总结了嗅觉记忆的许多特征。

持久性：多年后仍能精确地描述出最初的气味感觉；

幸福的基调：与情景之间的联系；

联觉的特质：能让各种感觉相互联系。

气味是记忆的“要塞”，特别是当记忆痕迹产生于孩童时。我们每个人在成人后，都有突然想起一件极为久远的事的经历，有时候通过一种香水气味、一个房间或者一个在柜子底下找到的毛绒玩具而引发。

幸福的记忆

大多数的嗅觉记忆都是幸福的，唤起曾经“垂涎欲滴”的生活事件。哲学家加斯顿·巴舍拉（1884—1962年）曾说，当记忆“呼吸”的时候，所有的气味都是美好的。

事实上，通过对500多个学生的问卷调查得出的结论是，他们的嗅觉记忆大多数时候是愉快的，无论在所记忆的内容方面，还是在与之相关的情景方面。在儿童身上，常常是重新想起假期、旅游、大自然（大海、山、乡村等）以及家人（父母和祖父母的气味、家庭聚餐、家人的房间等）。

奇怪的是，在一些情况下，也有人把公认为难闻的气味与快乐的经历联系在一起。例如，粪坑的气味让人想起在农场度过的一个假期，氯气让人想起游泳池的游戏。

正如这些联系所展现的，我们在记忆的同时刺激了所有感觉和感情的背景，多个大脑区域参与了嗅觉信息的处理——丘脑、淋巴系统等——烙下了气味的感情价值，聚集了各种感觉信息，因此这些记忆从来都不是纯粹嗅觉的记忆。

嗅觉记忆与其他感觉

嗅觉记忆总是处于其他感觉的中心。例如，在吃饭或喝饮料的时候，如果没有通过鼻后腔的嗅觉信息，就会失去许多其他的感知能力。

同时，其他感觉反过来也会对嗅觉产生影响。例如，医院的气味会引起难以消化的感觉。一个护士这么描述病人的坏死给她留下的印象，“一小块一小块地吞噬着肌体”。另一个护士回忆说，让人难以忍受的气味“注入”了她的衣服和皮肤里。

事实上，似乎很难想象出某种嗅觉记忆，因为它并不以具体的形式同时出现在我们的记忆与身体的某个部位中。但是，嗅觉的特性确实在记忆过程中发挥了很大的功用。

11. 记忆的其他类型

还有其他几种记忆模式，它们帮助我们成功地进行每天的日常生活。

⊙预先记忆

你还需要知道有一种十分古怪的记忆，它是短时记忆和长时记忆合作的产物。这就是你对未来的记忆（对尚未发生的事情的看法），名字叫预先记忆。它包含你下周或是下个月打算干什么，以及你对未来的计划、希望和梦想。

⊙计划性记忆

计划性记忆是对在合适的刺激下自动激发的行动的汇总。例如，如果开车时看见前面有红灯，你会自动地开始刹车。

⊙剧本式记忆

与剧本式记忆有关的是发生在特定的一些社会场景中的事件。它们对得体的行为举止有着影响，并且是处理日常情况时所需的那一类综合性记忆。例如，当你走进一家餐馆时，你知道通常需要坐着等一会儿，然后有人会给你一本菜单让你点菜，然后服务员会将你点的菜端上来，而且按照一定的次序，最后是埋单。

⊙脑海中的地图

我们关于周围环境的知识也会在脑海中被组合成地图。例如，当你搬到一个新的地方后，会感到有点陌生，对周围的道路也不了解。然而，当你在那儿住上几星期后，就会逐渐地越来越熟悉街道的分布、上哪里去买东西，以及如何去某个地方。你有效地在脑海中建立了一幅地图。

⊙反身型记忆

⊙ 反身型记忆由强烈的感官刺激形成。例如，对真的或想象的蛇的恐惧，可以持续一生之久。你害怕什么呢？

反身型记忆也被称为应激反应，是人类生存的基本要素。这种暗示型的记忆路径及时并且本能地对信息进行编码、储存、重新提取。它最基本的功能是使我们远离伤害。比如，尽可能地使自己的手远离火炉；或者当一个人在你的眼前摆弄着一条蛇，你会大喊。恐怖的场景、刺耳的声音、强烈的感情，这些都可能成为反身型记忆伴随我们一生。那些经历可能会使我们一生都有某种恐惧症和持续的毫无道理的害怕。同样，当某种气味、场景、味道、歌声引发出一种核心的感触，这种反身型记忆也会形成一种强烈的感官记忆。例如，一个房子里面，炉子上炖着鸡汤，就会让我回忆起妈妈在我发烧、抑郁及患其他疾病时的照顾，以及那种温馨的感觉。尽管反身型记忆大多数情况下是在不知不觉的情况下形成的，我们仍然能通过不断的重复，通过抽认卡的学习方法进行训练。任何程序只要重复得足够多，都可以成为反身型记忆。

一个职业棒球手不用在挥棒之前去分析快速球，确切地说，他在日常训练中数不清的击球已经强化了他的反身型记忆。同样，伸出手去摇动某人的手是一种反身型的行动。反身型记忆的亚类型通常包括感情记忆、闪光灯泡记忆。

感情记忆

感情记忆也被称为情绪型记忆，指的是因强烈的感官刺激而储存在大脑中的信息。从外伤到愉悦，这种直接的路径可以产生快速的知识。下面的两种清楚的记忆亚类型——语义记忆和插语记忆，代表了大部分我们在学校学到的知识和从日常生活经历中得到的知识。

闪光灯泡记忆

对极端震惊事件的生动回忆，经常是存在于许多人的记忆中。比如“挑战者号”爆炸，或者严重的自然灾害。事件以一种生动的形象被记忆，就仿佛时间在那一刻冻结了。尽管记忆会使我们的感情长时间保持着，但是长期的研究证明，细节上的准确性会慢慢地减弱。

⊙多种记忆类型

为了更好地认识上述的各种记忆类型，我们可以将一个生活中的早晨作为小说的章节。

杰西被从窗子透进来的阳光照醒，说明已经过了平时起床的时间（外在的，视觉记忆）。当他意识到闹钟坏了，他马上从床上跳了下来（反身型记忆）。为了报告停电，他找到了电力公司的电话号码，并在拨号之前重复了几遍（语义，工作记忆）。因为工作要迟到了，他打了脑子里记住的办公室电话（语义，长期记忆）。他察看了日历，看是否错过了什么约会（外在的，视觉记忆）。杰西不必经常停下来考虑如何准备他早晨的咖啡（暗示，程序型记忆）。但是今天他面临了电的问题，他无法使用电咖啡壶。他想起上周野营的时候买过速溶咖啡（插语记忆），这提醒他炉子是使用煤气的，不是电的（语义记忆）。杰西把茶壶灌满放在炉子上，当他听到沸腾声，他去拿茶壶，但是在碰到茶壶之前就把手缩了回来（反身型记忆，应激反应）。他很快地穿上了衣服，并开车去上班（暗示的，程序型记忆）。在办公室，他想起来下午要提交公司年度审计报告。杰西通读了一遍报告，并做出了一个提纲好记住它（外在的，语义记忆）。他想起总裁说过报告中最关键的部分是“公司的高增长率”（语义，听觉的/词汇记忆）。他做了一个“精神上的注释”（提示他的记忆）用来结束他的陈述。仅仅上午10点，杰西就已经使用了多种记忆类型了。

第二章

忘记或记忆丧失

我们为什么会忘记

1. 舌尖现象

仿佛自相矛盾似的，记忆的一个方面存在于遗忘。实际上，要冒着记忆饱和的危险而记住每天所有影响你的信息是毫无意义的。这并不是说你不能借助于好的“拐杖”，或者不能同时做几件事情来确保你记忆力处于良好的状态。尽管有时候我们想要记住东西的欲望被我们的潜意识所阻止，但那些被抑制的信息仍然在那儿。

⊙正常遗忘

记住你在上下班或者上下学途中遇到了多少个红灯有什么意义呢？不管怎样，你当然看到并且记住了它们，但是这些信息只是被短暂地使用一下，很快就会被消除。

所谓的正常记忆，是消除了你一天中所接收信息的90%—95%。这种积极的遗忘，通常被叫作选择性记忆，它事实上是保留日常生活中那些重要信息的一种方法。没有它，你的记忆就会达到饱和。

这种积极的限制过程在每个人身上的表现是不一样的。有的人能够回忆起大量的细节。比如，他们会向你描述你们见面时你的发型和衣着等这样微小的细节。这种记忆并不意味着这些人拥有惊人的记忆力，只是说明这些人与世界的联系基于视觉印象。因为他们

> **我们以何种方式遗忘**
>
> 当要求一组人记忆一列单词，然后尽可能快地重述出来时，你会发现最前面和最后面的几个单词被记得最好(黑色的曲线)。
>
> 但如果 30 秒后要求被测者倒着复述时，只有优先效应起作用（白色的曲线）。这是因为，刚开始时被测者不断在脑海里重复词汇，并成功地把它们储存在长期记忆中。随着词汇的增多，这一程序就会逐渐中断。不过，在倒着复述时，被测者仍能记住最“前面”的那几个词。
>
> 由此可见，优先效应与长期记忆相连，而新近效应与短期记忆相连。

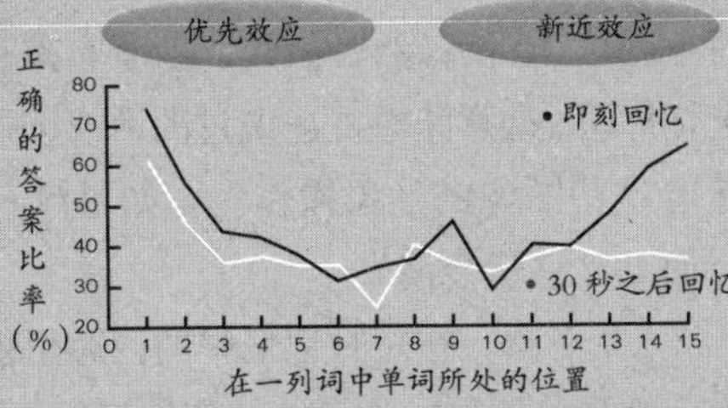

的注意力集中在外表上，因此他们不太可能记得其他的信息，诸如谈话的主题，或者关系的性质。

对另一些人来说，情况恰恰相反。他们忘记了所经历的境遇的自然物质环境，并且被认为是健忘的人！他们与这个世界的关系可能更多地基于情绪和个人经历，因而对物质的细节不是很感兴趣。

许许多多的因素影响着记忆的作用，而为了提高记忆表现，你必须重视那些与你最有关联的因素，以及为什么有时必须忘记一些事情。遗忘的定义是没有能力回忆、辨认，或者再生产以前学过的东西——换句话说，当有人问你“上星期一你做了什么？”这类事时，你脑子里一片空白。

当人们不得不说“我忘了”时，大多数人会感到非常失落甚至难堪。在你埋怨自己记忆力不好之前，应该先了解几个遗忘的真正原因。

遗忘是正常的——我们实际上不需要记住每件事情。没有遗忘，你的头会因为有太多太多的信息而发昏。所以，遗忘实际上对于记忆是至关重要的。因为你需要为你想要或需要记住的事情腾出地方来。

我们为什么需要忘记一些事情？主要有以下 3 个原因。

（1）衰退了的记忆。存在于感官记忆库中的信息似乎很快就会衰退。如果它进入了运作记忆——声音或形象记忆库，也许能在那儿待上30—40秒，然后消失，除非它被有意识地进行了加工（在声音记忆库里，这意味着复述说过的话或读过的东西。在形象记忆库里，意味着这些图像的形象操作）。如果没有被有意识地在短时记忆中进行加工，它就会消失。

（2）干涉。在短时记忆中的内容可能因为新信息的进入干涉而成为牺牲品。例如，你还能清楚地记得5分钟之前在想什么吗？

（3）存储失败。有时记忆没有得到适当或完全地存储，因此就难以从记忆库中再现。这意味着那儿根本就没有记忆，无法再现。如果某个记忆只有片段的存储，同样也很难再现。

⊙舌尖现象

我们通常会有这样恼人的经历，那就是知道的事偏偏记不起来。我们对这种现象似乎已经习以为常。其实这种现象叫作舌尖现象，从20世纪60年代中期开始，认知心理学家们就对这种头脑堵塞或记忆暂时缺失进行了研究。现在已经可以全面揭示这种现象了。主

如何避免“舌尖”现象

你应该注意以下情况，以便避免“舌尖”现象的发生：
精神不集中或被打扰；
焦虑、压力大、性急；
兴奋或者抑郁；
疲劳或者生病；
酗酒或者吸毒；
缺少日常知识的积累；
生活缺少变化；
受时间影响无法进行思考整理。
如果你有上述情况，请你注意以下几个方面：
快速记忆你想要记住的事情；
用相关的图像或声音帮助记忆；
放慢节奏，注意休息；
恢复理智，集中精神，排除干扰；
在合适的时间去记忆新的东西。

流理论认为，当缺少必要的能使人回想的暗示时，一个词会堵在脑中出不来。这就可以解释为什么通常想不起来的词会在几分钟后浮出水面，也可以解释为什么在这种堵塞没有清除的情况下找到一个新思路，或找到与之相关的东西而使问题迎刃而解。

对于这些遗忘的情形，压力往往是罪魁祸首。我们大多数人都有过这样痛苦的经历，明明知道试题的答案，但由于时间紧又必须赶紧往下做，尽管记忆没有恢复，但一个与那个词密切相关的或发音相似的词已经在你脑中形成，而且在某种程度上阻碍着你找到那个确切的词。在这种情况下，一般来说最好想点别的，过一会儿再说。在脑中重组事件顺序、具体情形以及相关概念或按字母表顺序查找可能的联系，这些都可以帮你找到丢失的线索。

另外一种对于舌尖现象的解释是记忆构成出了问题。想想看，要回忆起一本索引缺失或者目录不完全的书中的内容是多么困难。自己的记忆很有可能以一种相似的模式在运转。我们非常清楚我们知道哪些东西，但有时就是想不起来。例如，当我们被问到瑞士的邻国都有哪些时，如果只是用脑子想，很有可能会想不全或者出现错误；但是假如给出一些选项让我们从中做出选择的话，就会立刻给出正确的答案。所以，大脑中的记忆是处在混乱状态的，除非我们很好地理顺这些记忆，做出一些标记，这样我们才能够准确回忆出自己想知道的事。但当我们在一些特定的环境或者在面对一些选择的时候，我们就会给出正确的答案。

在记忆英语单词的时候，我们应该依靠发音、拼写和词义来记忆词汇。想要记起时就可以通过声音、图像以及具体含义来解决这个问题，这样还能有效地降低“话在嘴边说不出”现象的发生频率。例如，最近老是想不起 compound（复合物）这个词，于是就在脑海中想象一个疯狂的科学家在做实验，他把两种物质混合到一起，而且想象 composition 这个词的发音来帮助记忆，这样就再也不会忘了 compound 这个词。

2. 遗忘规律——艾宾浩斯曲线

绝大部分人认为：遗忘的过程是缓慢的但是却是必然的；这个过程是持续不间断的；随着时间的流逝，记忆就像是一个泄露的容器，慢慢地漏空所学的所有内容。但是，这其实只是人们的一种误解。

德国著名的心理学家艾宾浩斯（1850—1909 年）是通过实验的方法研究遗忘规律的第 1 人。在实验中，他以自己为被试验对象，测试自己对于无意义音节的记忆，并且记录不同时间间隔自己所能回忆起的音节数。根据测试的结果，艾宾浩斯绘制出了著名的艾宾浩斯遗忘规律曲线图，真实再现了人脑的遗忘过程。

这条公认的遗忘曲线纠正了我们关于遗忘机理的一贯错误认识。事实上，遗忘的过程是不均衡的，而是遵循着一个对数曲线的变化规律，逐渐减慢。最初遗忘得很快，之后随着时间的推移，遗忘逐渐减缓。遗忘过程是伴随着学习过程的开始而开始的。几个小时之后，我们能够回想起来的不足百分之七八十。艾宾浩斯的遗忘曲线向我们展示了最初时期的骤降趋势。

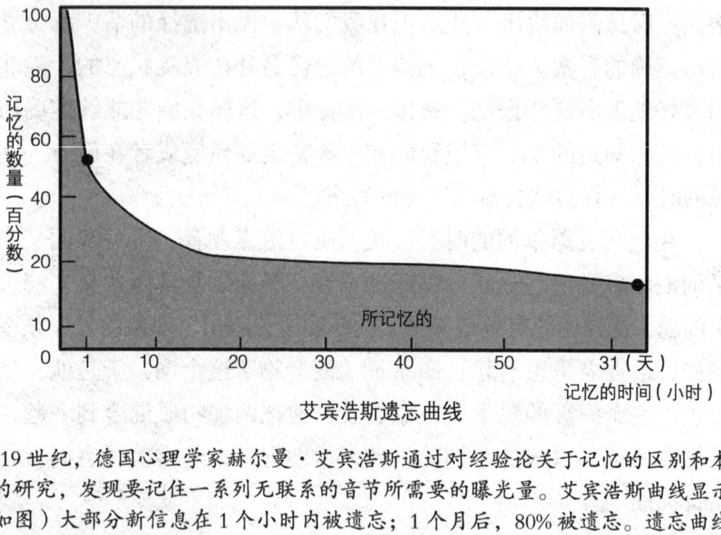

艾宾浩斯遗忘曲线

◎ 19 世纪，德国心理学家赫尔曼·艾宾浩斯通过对经验论关于记忆的区别和本质的研究，发现要记住一系列无联系的音节所需要的曝光量。艾宾浩斯曲线显示（如图）大部分新信息在 1 个小时内被遗忘；1 个月后，80% 被遗忘。遗忘曲线在心情压抑时起伏很大。

艾宾浩斯也提出某些因素能够影响再认和遗忘。例如，记忆方法。当我们记忆一组无意义虚词时，所用的方法和记忆一首诗所用的方法是不同的。因此，记忆材料的性质、记忆者的重视程度，以及学习方法（例如记忆策略的应用、心理表象、联想记忆等）都会影响信息的再认。

第 1 次复习	马上
第 2 次复习	24 小时以后
第 3 次复习	1 星期以后
第 4 次复习	1 个月以后
第 5 次复习	3 个月以后

艾宾浩斯还注意到对于一连串的信息，开头和末尾的部分比中间的更容易记忆。这种趋势叫作首位效应和末尾效应，U 形的曲线可以很好地说明这种趋势。

艾宾浩斯还发现最大化记忆的最好方法就是定期复习，直到他所说的“过度学习”的时候为止。

想巩固记忆中储存的信息，就要知道该什么时候复习。右面是经过试验认可的复习时间表，它对于学习大多数种类的材料都极为有效。

可以按照上面的“五步法则”来复习这本书中的有些练习。练习本身就是第 1 次复习，按照前面建议的那样，经过一定的时间后回到练习中重新测验自己，以确保这些信息能留在长时记忆中。

3. 拒绝进入

⊙影响记忆进入和存储的因素

某些信息根本就没有进入记忆库，它们仅仅成为感觉记忆或工作记忆。为什么会这样呢？是因为你没有给予它们足够的关注吗——你并没有真正地听进去，没有理解它们，也没有真正留心记住它们？还有可能是你被其他事情分了心，或者认为没必要非要记住它们。

我们首先来看一下信息是如何进入的，以及什么能影响它是否被适当地存储。最大的问题之一是不和谐的噪音、图像、情感，以及日常生活中常见的嘈杂，它们不停地从大脑的感官存储库被搬进运作记忆。就在此时此刻，这个系统正在你的大脑中不停地转动着。你可能正在思考几分钟甚至是几天前发生的某件事情。它从感官注意来到大脑意识——运作记忆。同时，你的注意力正试图帮助你，告诉你把注意力集中到你正在做的事情上来。

⊙过滤掉不重要的信息

我们的眼睛和耳朵不断受到信息的轰炸。你的记忆系统帮助指引哪些对于当前的“思考”目的（你想要得到的）是重要的，比如完成一项指定的任务。它似乎可以处理或过滤外部的信息，以便让你能集中精力，并且拒绝任何被认定是不重要的东西进入记忆。如果没有这些，记忆就会负载过度。

⊙演练以及失败的缘由

我们会在记忆的不同阶段产生遗忘是有具体原因的。过去通常的看法是，某件事情一旦被你反反复复地重复过（这个过程我们称之为演练），就会被存储在长时记忆里。所以，导致遗忘的原因之一就是人们对信息重复得不够。例如，我们知道，如果你不在运作记忆中对一些事情进行重复或加工，信息就会消失或衰退。如果有人要求你对在小学时看过的一个历史主题谈一下看法，你会感到做这件事情有压力。它可能并不是你长期以来思考的问题，因此它在你的记忆深处。而如果你开始阅读一点有关这个主题的资料，就会发现信息又一点一点地回来了，你的记忆恢复了。某些早期的研究支持这样的

⊙ 在这幅图像中，你可能看到一个少女，或者是一个老妇人，却很少可能同时看到两个人，但是通过不断演练，你就可以做到。这种发生在两个图像之间的转换活动发生在视觉皮质。

看法：如果你要求人们重复一串数字或单词，他们通常会在以后记得起它们。这个方法通常被运用在教育之中，并被称为死记硬背机械记忆学习法。然而，你可能曾经记得反复查找过某个电话号码并拨打过它，但是它从未在你的脑海中留下烙印。有证据证明，简单重复通常并不足以或最有效地使记忆长期保存。

维护性演练使东西保留在运作记忆中，而编码性演练则使之从运作记忆进入长期存储。两者之间现在已经有了明显的区别。这意味着遗忘可能是因为相信自己的重复已经足够了，而不再需要其他附加的策略。

⊙缺乏联想

长时记忆的工作就是把一件件有意义的信息存储在一起，并使它们与相关的方面相连。虽然大多数存储在我们长时记忆中的东西本来就是有组织的，但我们有时仍需要稍微花些功夫有意地创造联系。所以，当某人说他已经忘记了某事时，可能意味着信息只有部分被存储起来或者没有被归类到正确的地方，仍然在标为“杂项”的区域。如果信息没有得到适当的存储，就会衰退。

⊙缺乏理解

要牢记信息，就必须理解它并让它具有意义。研究者曾经对 11 岁的孩子做过一个研究，要求他们记住一段写飞镖的短文。其中一组比另一组记得快得多。当调查员问他们是怎么做的时，许多孩子回答说他们自动地对短文提些问题（飞镖是用来干什么的？它们是什么样子的？它们是哪儿来的等等）。记得不太好的那些孩子就没有问这些问题。那些问问题的孩子让他们的联想有了意义，因而也就把这个信息记得更好。他们把新信息同已经在记忆中的东西联系起来了。

4. 拒绝访问

⊙影响再现的因素

当你访问记忆时，你并不是简单地重放一盘磁带。实际上，你是在重新创造一段经历、重写一个剧本。那么，是什么在影响再现呢？这个让人感兴趣的答案就是——任何事情。在信息进入存储的路途中，一直有东西影响着再现的发生与否。

⊙加工的深度和广度

一个普遍的观点认为，信息的首次加工越精细越好，这样就越不容易被遗忘。注意，在前面的学校案例中，那些真正记忆力好的人并不只问“飞镖是什么”，而且进行了想象——它是什么样子的？所以，他们在加工时不但把它当作是一幅视觉的图像，而且是一套有意义的词语，甚至可能还有一首打油诗：“小小飞镖头尖尖，孔雀衣服穿上边。”这使得信息能高度地在再现时被访问，因为它已经有了深度和广度。

如果几个星期后有人要求孩子们回忆这些图片，其中的一些人可能仍然能记得很清楚——只要他们用好的深度和广度对它进行了正确的编码。但他们可能不如亲眼看见的那天记得清楚，并且不得不猜一下是美丽的孔雀、彩色羽毛，还是飞镖。随着时间的推移，记忆，甚至是长时记忆也会被淡忘，并且不容易再现。

⊙识别与回忆

有些种类的记忆比其他记忆保存得更稳定。识别性记忆能识别你以前看到过的东西，并且可能十分可靠，而回忆性记忆可能就不行。如果你看着一张学校的毕业照，你可能认得许多张脸，但发现难以再现任何姓名。然而，如果有人告诉你一个人的名字，你可能就能记得起他姓什么。

⊙干扰

同编码一样，再现也会受到干扰的影响。想象一下看完一串词语后紧接着再看另一串词语。如果在第 2 天要你回忆第 1 串词语，你可能会把第 2 串中的几个词也说进去，因为第 2 串干扰了你对第 1 串的记忆。非常类似的信息可能比有着明显区别的信息更容易混淆。

⊙上下联系和暗示

影响记忆再现的一个非常重要的因素是上下联系。很可能有许多暗示在一个环境中丢失了，却又在另一个环境中出现。大多数人知道环境的上下联系：如果你在一个不同的环境中看见你认识的某个人，你可能会知道你认识他却又想不起他是谁。一些研究显示，被要求在有着明显香味（例如肉桂）的房间里学习有关信息的人，在有着同样香味的房间里考试时记忆力更好。

另有研究显示，如果某个记忆测试有特定的上下联系，信息在这个特定的上下联系下被回忆起来就要容易得多。这就是当我们为了某事走进一个房间却又想不起究竟要干什么时，再回到开始的地方通常又能记起来的原因。

还有内部暗示。想象一下你喝了几杯酒并和某人聊了一些有趣的话题。你可能还记得聊过天，但可能已经记不完整聊天的所有内容。当你下一次和同一个人喝酒时，可能会回忆起更多你们所谈的。

记忆的疾病和障碍

1. 器质遗忘症

随着年龄的增长，在许多人身上自然地表现出记忆力下降。但是，在某些情况下，记忆障碍与神经或精神疾病有关。

如果与神经有关，这些障碍的出现是由于某种疾病造成了大脑损伤，或者是由于意外影响了记忆的重要区域。

我们用“遗忘症”这一术语定义的这些障碍，主要存在两种类型：

近事遗忘症， 特征是从疾病突发开始无法记忆新信息。

远事遗忘症，即难以找回在疾病突发前已经存储的信息。然而，患者一般能保留他们先前的个人经历，以及基本文化知识（语言、概念等）。

与广为流传的错误观点相反，源自神经的遗忘症更常见的是关于近事的，而非关于远事的。遗忘症患者没有失去程序性记忆能力，他们中大部分能以潜意识的方式记忆信息并影响自己的行为，却不为自己所知。

记忆障碍根据引发疾病的原因或损伤的位置的不同而不同。例如，巴贝兹环路双边损伤将导致严重的和永久的记忆障碍。巴贝兹环路左侧损伤，患者将更多地表现出对于记忆与语言相关的信息的困难；而环路右侧损伤，则更多地阻碍对视觉信息的学习和方向的辨别。

遗忘症可能是暂时的或永久的，也可能逐渐地或突然地出现。一般地，突发性遗忘症出现在脑血管意外、疱疹性脑炎、颅骨创伤后。顾名思义，遗忘症突发即突然出现且持续几个小时。渐进性遗忘症暗示着大脑有肿瘤或者其他疾病，如阿尔茨海默氏病。以下是一些主要的遗忘症。

⊙科萨科夫综合征

该症于1888年由俄国医生科萨科夫提出。尽管这种病症很罕见，却是综合性遗忘症的一个代表性例子。

该综合征一般突发在慢性酒精中毒或缺乏营养的人身上。患者瞬时间忘记自己生活的一切和周围人对他所说的一切，然而他们却没有失去智力，他们的行为正常，例如知道如何下棋，但是一旦棋局结束，他们将马上忘记自己参与过的游戏和取得的胜利。

这种遗忘症几乎是永久性的，可能是由于缺乏某种人体基本需要的维生素所致，比如维生素 B_1。这种物质的缺乏会造成大脑中应用于记忆的双乳体结构损坏。

尽管患有严重的遗忘症，患者还是能够以隐秘的、潜意识的方

被保存的记忆形式：克拉帕莱德的手腕

1911年间，瑞士医生埃杜阿荷·克拉帕莱德（1873—1940）每天早上都向一位患有科萨科夫综合征的女病人问好，但女病人每次都认为这是他们的第一次见面。一天，克拉帕莱德在手中藏了一根刺，女病人被刺痛手心后马上就忘记了。

一会儿，克拉帕莱德再次走了过来。他伸出手，这次女病人却拒绝跟他握手，并谨慎地把手藏在背后。但她却不能解释自己的这种行为，因为她认为自己是第一次遇见克拉帕莱德医生。女病人显然在潜意识中保存了被刺扎疼的记忆。由此可见，潜意识记忆能够影响遗忘症患者的感情和行为。

式学习，并且能通过行为表达出来。除了科萨科夫综合征，过度地慢性摄入酒精也会增加损伤大脑某些区域的概率，并且引起酒精中毒导致痴呆。

⊙双海马脑回遗忘综合征

在某种程度上，海马脑回是进入记忆环路的入口，海马脑回的损伤自然会导致严重的遗忘症，最典型的是 H.M. 的例子。1953 年，医生为治疗 H.M. 严重的抗药性癫痫而给他做了手术，之后 H.M. 就患上了遗忘症，因为手术中医生切除了他大脑内的扁桃核结构和海马脑回。手术后，H.M. 的记忆能力不超过几分钟。他的短期记忆（或者运作记忆）是正常的，但是无法把信息转移到长期记忆系统形成持久的记忆痕迹。尽管如此，H.M. 保留了正常的程序性记忆能力，因而他能够读和写。

⊙疱疹性脑炎

疱疹病毒感染会引起颞叶边缘区域和海马脑回严重坏死，从而导致近事遗忘症和某些已获知识的遗失，以及行为障碍。这种遗忘症通常是严重的、永久性的。

⊙脑血管意外

脑出血（因一条小的动脉破裂引起）或脑梗死（因大脑静脉血液循环中断引起）都可能造成脑部某一区域的损毁。如果该区域是在记忆方面发挥作用的，就经常会引起记忆方面的障碍。

心跳停止会中断氧气进入神经元，从而可能导致严重的遗忘症。大脑低氧 3—5 分钟就会危及记忆。海马脑回区域是记忆功能中极为重要的结构，也最先受低氧的危害。在最近

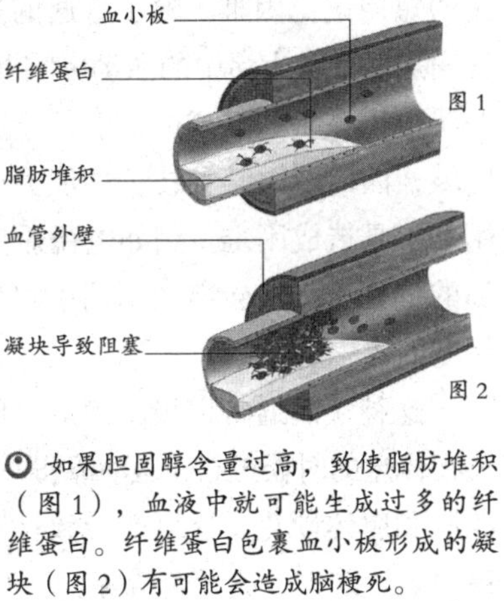

⊙ 如果胆固醇含量过高，致使脂肪堆积（图 1），血液中就可能生成过多的纤维蛋白。纤维蛋白包裹血小板形成的凝块（图 2）有可能会造成脑梗死。

的 15—20 年间，脑血管意外明显地减少了，但在发达国家中其仍然是致死的第三大原因。患病率随着年龄增长而急剧上升，75% 的患者都在 65 岁以上。

⊙颅骨创伤

猛烈的头部碰撞会导致昏迷，甚至造成大脑损伤而影响记忆。最容易受到损伤的区域是颞叶和额下叶。颅骨创伤造成的遗忘与近事和远事都可能相关，如果患者昏迷的时间很长或属于深度昏迷，遗忘症会更加严重。

患者从来都找不回对创伤的记忆，但由颅骨创伤引发的遗忘症不会趋向恶化（心理原因除外）。尽管如此，很多患者都会出现持续记忆方面的困难，这种困难会干扰患者重新从事职业活动。

某些非常轻微的颅骨创伤可能导致暂时的记忆障碍，极为幸运的则是其不会留下任何后遗症。

颅骨创伤的主要原因是交通事故，一半的严重颅骨创伤都是由此造成的，特别是年轻人。其他的原因有意外跌倒（特别是不到 15 岁和 65 岁以上的人）、工作或运动意外，以及遭受袭击等。

⊙帕金森病

帕金森病是最常见的神经疾病之一，它通常会造成与注意力相关的短期记忆困难。除了普通的遗忘或难以与对方正常交流外，这种病症对日常生活中的活动影响并不明显。

由于该疾病造成的病变位于大脑中对程序记忆起决定性作用的区域，因此学习某种技艺的能力会相应地受到影响，这就给患者使用新工具造成困难（例如电视遥控器）。20% 的病人——在至少 10 年的病变后——会出现不同于阿尔茨海默氏病的精神错乱，并伴有轻度的遗忘症。

这种疾病通常以极为渐进和隐秘的方式出现，常见的征兆表现为在休息的时候颤抖；运动障碍（运动减少或迟缓）；肌肉紧张增加，四肢和躯体硬化，这可能导致摔跤。其他征兆还有书写字体极小、口语表达缺失、面无表情等。

⊙意识模糊遗忘综合征

前面提及的遗忘症与记忆环路的损坏有关。另外，还会出现一些整体功能退化的现象，比如新陈代谢紊乱（血液参数改变，例如钙、葡萄糖、钾、钠的比例改变）或者药物（诸如苯化重氮之类的药物）对短期记忆的影响。短期记忆非常容易受到对事物的注意力的影响，这种疾病患者起初表现为意识越来越模糊和注意力不集中，随着病情的恶化他们的长期记忆也会受到影响。

2. 突发性遗忘症

⊙突发性遗忘症的表现

西蒙娜 63 岁了。一天早上，她回到家发现家被盗了。一个小时后，女儿到家时西蒙娜却问她："为什么门自己敞开着？"女儿提醒她刚才家被盗窃了。几分钟后，西蒙娜又问了女儿同样的问题。

于是，女儿吃惊地发现西蒙娜无法记住任何回答，她甚至不记得自己有两个孙子。但她能正确地说出自己的名字、出生日期、家庭地址等，并且她对自己的遗忘症没有任何抱怨。

创伤后的暂时遗忘症

你看过《丁丁奔月》吗？向日葵教授从火箭上的一节梯子摔下来后，就出现了暂时遗忘。轻微的颅骨创伤不会让人失去认知能力，但可能造成暂时遗忘症。

运动造成的遗忘症

这一类的遗忘症多发生在年轻人身上，颅骨创伤经常是因为运动造成的（滑雪、足球、橄榄球，等等）。遗忘会持续几个小时，虽然暂时失忆了，但仍能正常地进行体育活动。这种遗忘症常引发一些令人啼笑皆非的情形：某个失忆的篮球运动员认为自己的球队已赢得了胜利；某个网球运动员认不出自己的妻子；某个足球队员忘记了自己现在球队的编码，只记得以前球队的编码……

没有后遗症

幸运的是病情总是向着好的方向发展，而且不会有任何后遗症。一段时间后，患者将恢复记忆能力，并且对遗忘症期间的生活没有任何记忆。这种病症可能是大脑颞叶内层区域受到轻微震荡所致。

西蒙娜被带到急诊室，在那儿她仍然不断问同一个问题“为什么门自己敞开着”。医生尝试让她记住一些字词，但瞬间她就忘了医生试图让她记住的所有东西。然而，对她的大脑扫描却没有显示出任何异常。

第二天上午，西蒙娜就康复了。她不再停留在“为什么门自己敞开着”的问题上，现在她能想起所有人跟她说过的话，并且又认出了自己的孙子。但是，她还是有10个小时的记忆空洞，在那10个小时内发生的事情她什么都没有记住。

西蒙娜表现的是一种典型的突发性遗忘症（IA）。这种突然出现的记忆障碍，常令周围的人感到吃惊，但这种病症是暂时性的，并且影响很轻。

⊙谁可能是突发性遗忘症的牺牲者

这种病症通常在50岁后突然降临，75%的病例都发生在50—70岁。患者表现出一些共同点：焦虑、追求完美或过度疲劳，其中25%的病例都是偏头痛患者。

我们发现在70%的病例中，有一半的情况与患者的情绪波动有关：争吵、被偷窃、不好的信息、某个人的意外去世。别的因素还有高强度或者非惯例的体力消耗、突然被投入冷水或热水中、长途开车旅行、剧烈疼痛、性关系等，突然的身体或心理状态的改变都可能引起自主神经系统的改变。

⊙对记忆的影响

突发性遗忘症会迅速引起严重的失忆，同时伴随无法记住全新的信息（近事遗忘症）。参与的讨论、活动或发生的事情都会在一到两秒钟之后被忘掉，并且，即便是给患者提供一份多选的问卷，他们也不可能再次回想起这些事。患者经常提出关于时间、地点、实际职务或者近期事件的问题，并且不断重复。他们对自己的失忆毫无意识，然而却表现出对某种焦虑的困惑。他们知道自己的身份，但是会忽略时间，通常他们遗忘的是近期发生的事情，而非很久以前发生的事情。另外，与程序记忆一起保留下来的还有语言和文化知识。患者完全保持警觉，并且能够毫无障碍地从事复杂的活动（开车、各种职业事务等），除非必须记住一条新信息。对他们的神经检查都显示正常，但至今仍没有任何治疗方法可以使其迅速恢复记忆。

症状会逐渐消失，患者有时候觉得“醒来了”，但他们仍然存在着 2—12 小时的记忆空洞。对脑血管和脑新陈代谢的测试显示出大脑颞叶或额叶区域存在异常，但这些不正常在几天后便消失了。

这种病症复发的概率极小（不到 5%），并且在 1—2 年内不会再突发。令人心安的是我们没有观测到任何后遗症，并且不存在任何增加患脑血管意外或阿尔茨海默氏病概率的因素。

⊙出现的原因

突发性遗忘症出现的确切原因仍然是个谜。它既不涉及脑血管意外，也不是癫痫疾病。根据临床数据以及对大脑图像的观测，研究者认为可能是大脑中靠近海马脑回的区域暂时失去功能。

强烈的情绪波动引起海马脑回区的神经递质谷氨酸的大量释放，在几个小时内阻碍了神经信息的传递，从而暂时中断了对新信息的学习。有时其他神经递质（神经降压素、后叶加压素、内啡肽）也会介入其中，特别是源于剧烈疼痛的突发性遗忘症。

3. 阿尔茨海默氏病

阿尔茨海默氏病是一种大脑神经衰弱的疾病，以不可逆转的方式在几年间恶化，导致严重的记忆、语言和行为障碍。在非常罕见的由于遗传原因造成的情况下，这种疾病可能从 35 岁就开始出现。这种疾病的患病率随着年龄的增长而增加，其中大约 1.5% 的情况发生在 65 岁以前，20% 发生在 80 岁以后，尤其是 65 岁以上的患者数量随着年龄的增长而增加。这种疾病确切的患病率（即在一天中病患的绝对数量）总是专家们讨论的话题。

⊙病因

阿尔茨海默氏病是由于神经元内部和外部的损伤造成的，这些损伤要用显微镜才能观察到。损伤在蛋白质（如淀粉状蛋白质）沉淀周围形成，正常情况下蛋白质是神经元的重要组成元素，但是在这种情况下却变成不溶解的，并且是致病的。今天，随着神经显像仪的发明，科学家们也已在阿尔茨海默氏病患者中诊断出很多神经末梢退化的人。退化和神经纤维纠结越多的患者，智力及记忆的障碍就越大。

⊙这是一种遗传病吗

在一些非常罕见的情况下（全世界只有几百个家庭），这种疾病是与一些特殊基因的突变有关的，这些特殊基因位于第 1、第 14 或第 21 号染色体上。在这种情况下，50% 的家庭成员都会出现这样的基因突变，并且患上这种疾病，有的人四十几岁就患病了。

如果有一位直系亲属（父亲、母亲、子女、兄弟或者姐妹）已经患病，那么风险会更高一些。但是，这种概率与和年龄增长相关的风险相比是微不足道的。

⊙疾病的征兆

阿尔茨海默氏病首先是一种记忆疾病。由于最初的损伤出现在主要负责记录新信息的海马脑回中，因此第一个征兆表现为遗忘。这涉及真正的遗忘，不要与和疾病毫无关系的普通注意力困难相混淆。

最初，遗忘只是偶尔的，之后逐渐变得频繁。这种恶化可能在几年中逐步加剧，并且长期不被发觉。随着时间的推移，情况恶化，遗忘将伴随着其他困难。患者在从事非习惯性和非经常性的活动时，表现出越来越大的困难，比如为旅行做准备、面对家庭突发事件（漏水、意外、故障）、处理行政文件或较复杂的会计事务（如申报个人所得税）。患者表现得越来越冷漠，对许多事情失去兴趣，甚至放弃以前最喜欢的消遣活动（集邮、缝纫或编织、协会活动、种植、绘画等）。

我们还观察到，患者对社会活动也失去了兴趣。大部分情况下，家庭内部的争吵都是由于一种与以前不一样的易怒的性格造成的。患者变得脾气暴躁，而且忍受不了哪怕一丁点的试探，即便这些试探显得很有分寸，很轻柔。

⊙**越来越严重的症状**

记忆障碍越来越明显，直到影响日常生活的各种活动。患者无法想起或者非常困难才能想起某一天所做的事，甚至是当天发生的事情。遗忘逐渐涉及以前发生的重要事件、掌握的知识或者技艺，如孩子的名字、重要日期、缝纫技术、菜肴配方，等等。起初，患者能够意识到并且抱怨自己的遗忘，之后对这种障碍则变得无意识。他们认为一切正常，然而周围的人却越来越为他们担忧。

此外，其他的智力缺失也变得更加明显，最常见的是失语症和失用症（运用不能症）。失语症是一种语言缺失，患者难以进行正确的表达，并且不能理解别人对他所说的话。人们常将这种障碍与有意识地降低注意力相混淆（“他不听我们对他说的话”），实际上患者确实在听，但是却无法理解较长的句子，并且不再知道某些词的意思。

失用症是一种动作实现的缺失。当患者不再知道如何做某些事情的时候，比如如何使用简单的家用电器、缝纫工具、餐具或者洗漱及厕所用具，就会给日常生活带来麻烦。

从正常到疾病	
正常的现象	**应警觉的现象**
难以想起不出名的人的名字（某个演员、远亲）。	难以想起亲近的人的名字（孙子孙女、朋友）。
想不起把一件常用物品放在哪儿了（眼镜、钥匙、遥控器）。	不知道日常必需品摆放在哪儿了（衣服、餐具）。
难以记住全新的事物（讲座的内容、一次参观或旅行）。	忘记重要的家庭事件（家庭聚会、婚礼）。
很难进行一项自己不喜欢的活动（填字游戏、打桥牌、参观博物馆）。	进行自己喜欢的活动时会遇到困难（在家做家务、室内游戏）。

疾病的恶化会导致患者失去自主能力，越来越不能自理，他们还可能忘记吃饭、混淆白天和夜晚。

更糟的是，并发症可能随时突然出现：抑郁、焦虑（特别是晚上）、越来越瘦弱、罕有的迫害幻想（某人偷了他的东西、有人进入他家、有人要伤害他、周围的人是骗子等），甚至幻觉。

当所有这些行为障碍交织在一起时，患者不再能够理解周围的世界，不明白为什么人们都躲避他，并且不让他做想做的事。这样，他就会变得越来越易怒、动摇，甚至具有攻击性。

⊙诊断的依据

诊断是由医生通过检测和临床测试，特别是神经心理学的测试做出的。

我们一般通过抽血化验来确定是否存在维生素或者激素的缺失，因为缺乏这些物质可能导致与阿尔茨海默氏病相似的障碍。

大脑扫描和磁共振图像测试更复杂但更精确，可以确认记忆障碍是否由大脑肿瘤、脑血管意外、颅骨创伤的后遗症引起。

在患有阿尔茨海默氏病的情况下，如果各项检测都是正常的，或者显示脑容量只是轻微减小，那么更为特殊的情况是海马脑回的体积减小了。

⊙治疗方法

一直以来，医生都没有发现任何真正有效的药物能对抗这种疾病，1994 年氨基四氢吖啶的出现才使情况有了转变。至今，已经有很多种药物投入了商业化生产。这些药物都是针对轻度期治疗和用于缓和阿尔茨海默氏病症的。2003 年，出现了针对此病症由不太严重向严重期转化阶段的治疗药物，这些药物能轻微改善或暂时性稳定阿尔茨海默氏病症。对于不同的患者来说，这些药物所起的作用是不同的，但是我们还不知道产生这种差异的原因是什么。

现今研制的药物并不能使阿尔茨海默氏病患者痊愈，但是它们对一些症状有不少积极的作用。研究人员将会发现那些越来越有效的药物分子，并且我们有理由相信，这种疾病终究有一天会被攻克的。确实，现在正有不少的研究方法同时进行着。但是，应该明白，一种新药物的成熟需要十几年的时间来证明其有效性和毒性。

⊙如何护理阿尔茨海默氏病患者

护理一位患有阿尔茨海默氏病的朋友或者亲属并不是一件简单的事情。这是非常繁重的工作，通常会让人精疲力竭。在疾病的任何一个阶段，患者的自理行为都应该得到支持和鼓励，即便行动缓慢，即便做得不好，即便没有什么用。希望使患者接受自己遗忘的事实和认识到自己的错误行为并不能起到积极的作用，这种想法反而会造成双方的争吵，给双方都带来痛苦。在患者需要依靠他人的时候，帮助应该是逐渐进行的，要尊重患者本人的意愿。一些来自第三方（护士、生活助理）的帮助比来自患者自己的配偶或者孩子的帮助更容易被接受。与医生的交流是非常重要的，可以使医生了解问题的来由，从而避免一些错误行为，或避免给患者提供镇静药物，那样的药物经常造成病情的恶化。对所进行的活动的说明（时间表、路线图）可以帮助患者获得更大的行动自由，应该时刻注意患者的需要并适应他的行为方式。

你的一个亲近的人突然患了阿尔茨海默氏病，将是一个难以接受的事实。患者"能力的下降"，他表面上的冷漠会使人萌生一种把他掌握在手中，而非去帮助他的想法。有一点很重要，你应该知道有哪些办法可以帮助你，有哪些资料可以使你对这种疾病有更深入的了解。你也可以向所在地区的医疗服务部门或社会服务部门请求帮助。

⊙ 一名医生正在观看一位老年患者做测验，以便检查这位患者所患阿尔茨海默氏病（老年痴呆症）的发展情况。在年龄超过85岁的老年人中，有超过1/3的人受到老年痴呆症的困扰。

在可能的范围之内，你应该接受这种疾病并且照顾好自己。以下是一些比较实用的建议。

尊重的需要

尊重体现在每件细小的事情上：帮助患者穿衣服或者去洗手

间；患者在场的时候，你和别人谈论他的方式……

感情和家庭环境的需要

你再也不能够像以前那样向病人表达感情，他也不能再向别人表达情感，但手的接触、一个微笑都是很好的方式。

患者保持着对令其幸福的事物的依赖，他需要与家人和朋友保持联系。

沟通的需要

必须懂得倾听、交谈，有时候需要利用其他方法来传递信息。以下是一些有用的“技巧”：

（1）让他保持注意力。

（2）直视他的眼睛。

（3）缓慢而清晰地说话。

（4）一次只说一条信息。

（5）重复重要的信息。

（6）说话的同时展示出所说的实物。

（7）亲切和令人安心。

安全的需要

患者行为能力减退得越严重，他所需要的帮助越多。你应该尽可能多地让他自己去行动，同时要整理好他的房间以保证他的安全。从某一个时刻开始，为了不再让他自己开车，你就应该有所行动了。

重复的需要

激励一个毫无动机的患者需要很多的想象力，想他以前曾经喜欢做的事情，并告诉你自己，重复做这些事情并不使他厌烦。

睡眠

患者通常整晚都难以入睡。因此，必须让他在白天从事体力活动，以便在晚上疲劳入睡。

闲逛散步

患者经常走动并且可能迷路。提醒邻居和小区的商贩，如果看到患者，让他们给你打电话。你也可以给患者带一个身份牌，上面留下你的电话号码和地址。

失禁

患者可能弄脏或者弄湿自己的衣服，借助标语牌经常提醒他去洗手间，尽量避免这些意外的发生。

怀疑

患者可能认为你或其他人试图伤害他。如果他丢了东西，可能怀疑是周围人偷的。告诉他你明白他的困扰，并向他解释没有人会伤害他或偷他的东西。然后，引导他去想别的事情。

愤怒的爆发

患者可能对那些在过去并不能影响他的事情发脾气。

（1）你要保持冷静并且令他放心。

（2）让他安静，并给他创造安静的条件。

（3）排除困难或者让他远离棘手的状况。

（4）如果你感觉面临危险，就离开现场。

4. 焦虑与抑郁

焦虑与抑郁并不构成本质意义上的记忆障碍，但这两种症状会消极地作用于记忆。

⊙焦虑

焦虑在情绪方面近似于恐惧，又与之有所区别，因为焦虑的根源无论是真实存在的还是自我想象的，都被过高估计了。

从不集中注意力……

焦虑的特征表现为内心紧张不安，并伴有生理症状和说不清的恐惧。许多严重焦虑的人都不能将注意力集中在他们身外的任何事情上。他们的头脑中充满了担忧，因此他们不可能将注意力放在外界发生的事情上，并且他们的记忆力衰退会影响到他们的日常生活。

焦虑会不同程度地影响记忆，在转移部分注意力的同时会妨碍学习质量。例如，我们在听别人说话的时候还考虑着其他事情，这样我们就可能无法记下全部谈话内容，并极有可能遗忘一部分。

记忆空洞

焦虑也可能阻碍回忆的进程。最典型的例子是，由于紧张我们无法在黑板上写出背诵过的内容，或者面对考试卷大脑一片空白。焦虑还会妨碍我们使用有效的策略寻找所需要的数据资料，这就是记忆空洞。然而所有的信息都没有遗失，因为通常提供一个线索，比如文章的开头，我们就可以全部回想起来。

许多研究人员指出，焦虑症者能以潜意识的方式更快地并优先地处理与自己焦虑的事物相关的词。例如，一个蜘蛛恐惧症者对蜘蛛、爪子、毛这些词更敏感。

焦虑的一些症状

⊙ 神经过敏、忧虑或恐惧。

⊙ 忧虑或有一种不祥的预感。

⊙ 一阵一阵的恐慌。

⊙ 注意力难以集中。

⊙ 失眠。

⊙ 对可能患有生理疾病的恐惧。

⊙ 肚子痛或腹泻。

⊙ 出汗。

⊙ 头昏眼花或头重脚轻。

⊙ 不安或易变。

⊙ 易怒。

⊙抑郁

出现在一个难以承受的事件之后（死亡、被解雇等）或者需要适应新情形时的抑郁称为“反应的抑郁”，其他抑郁则与心理疾病有关。

有观点认为，抑郁症患者会表现出语言行为的缺失。例如，他们在记忆一系列中性词汇时特别困难。能力的减弱与抑郁的严重性和任务所要求的努力成正比，抑郁症患者可能表现出对任何事情都不做回答，或者只回答“我不知道”，提供线索、重复学习和自动化任务能改善他们重新找回记忆的进程。

越是悲伤，越能更好地回忆

一方面，我们在抑郁症患者身上发现了一种“状态依赖”的现象：在同种前提下，他们更容易回忆起在抑郁状态下学到的东西。

另一方面，我们发现了一种称为“符合情绪”的现象：如果学习内容的感情色彩（比如一些表示痛苦、悲伤的词）与个体的感情状况相符（在这里指抑郁的情绪），记忆就会更容易。

对抑郁症患者来说，那些痛苦的经历更容易被记住。在测试中，抑郁症患者对那些令人不愉快的词（例如战争、死亡、癌症等）比那些令人愉快的词（例如快乐、和平、太阳等）记忆得更好。

5. 心理病源的遗忘症

心理病源的遗忘症总是以突然的并且强烈的方式出现，有时发生在对新事物的记忆上，但是最常见的情况是阻碍对以前的事物，尤其是自身经历的回忆。

⊙我是谁，我要去哪儿

在一些病例中，患者甚至想不起自己的身份、出生日期、家庭地址……这种极端病症经常出现在文学作品中，主人公既不知道自己是谁，从哪儿来，也不知道自己要到哪儿去。

⊙遗忘与康复

患者并不是完全遗忘了自身的信息，通常情况下，与心理创伤有关的事件（例如与被解雇之后的职业生活有关的事情）是被遗忘得比较多的，而那些与此事件同时发生的，但没有对情绪造成影响的事件都能重新回忆起来。这种遗忘症的持续时间变化很大，从几个小时或者几天到几年的情况都有。患者的康复表现得很突然，“像一道光似的”，有时是在面对一个对他们来说非常有意义的事件时突然康复的，这一事件可能与他们以前的某些经历非常相似。

⊙复杂交错的现象

事实上，从表面上区分神经性的遗忘症与心理病源的遗忘症是非常困难的，因为这两种类型的遗忘症可能错杂着。例如，一次颅骨创伤可能对身体和心理都造成影响。在前面的文章中我们已经提到，轻微的颅骨创伤引发的远事遗忘症，通过放射检查是看不出任何大脑损伤的。这种类型的遗忘症机制仍然处于争论之中。而遗忘症突发的神经学机理已经开始明确了，这种症状可能在情绪激动的背景下突然出现。

⊙呵护你的记忆力

饮食营养均衡；避免食用垃圾食品。

参与符合身体条件和生活习惯的体育锻炼。

如果没有动力，列一个日常锻炼计划并坚持执行。

重新尝试你曾经很喜欢的运动或学习一个新项目。

想办法让身边的人生活更充实。

把你的经历与他人分享，不要封闭自己。

学会欣赏你的所见所闻：专注于一个简单的事情，比如看夕阳西下的美景；感受阳光洒在脸上的温暖；倾听一首心爱的老歌。

考虑参加一个交流学的课程或者重返校园充电。

呼吸新鲜空气

和集中注意力一样，呼吸也是提高记忆力有关的内容之一。当然我们每个人都会呼吸，但是我们有着更有效的呼吸方式。在工作的时候，确保你周围的一扇窗户是开着的。室内的温度要舒适，不能过高。

学会正确的呼吸方法：

静静地坐在直背靠椅上。

身体要坐直，不要紧张（全身肌肉要放松）。

想象在你的头顶和天花板上连接着一根线。

轻轻地收起下巴。

闭上双眼，自然顺畅地呼吸几分钟，直到你的身体和思想都开始放松下来。然后进入锻炼的部分。

轻轻地吸气，吸得越深越好。也许，刚开始你只能深吸到胸前位置。满意了吗？不能吸得再深点了吗？当然可以。根据东方的教学理念，我们都有一个能量中心（在日本称作哈拉，在中国称作丹田），它的位置大概在肚脐下三寸的地方。尽可能试着把气吸到这个位置，我们需要的就是练习再练习。一旦你能够以这样的方式呼吸，那么，你会发现这对你的身心都有很大的帮助。

树立新目标：打碎以往的幻想。

拥有好心情：点燃浪漫的蜡烛；演奏心爱的乐曲；享受大汗淋漓的泡泡浴；在公园里漫步；或者看一部经典的电影。

学习一种让身体放松，注意力集中的新技巧：自我调节、幻想、太极、瑜伽或者深呼吸。

观察个人性格对健康和生活的影响：用积极的心态取代消极观念。

6. 药物

我们的记忆力会受到药物和其他物质的影响，因此所有的药方都应以具体的方式告知当事人。

除了阿尔茨海默氏病患者外，可以提高记忆效率的药物给了所有大脑疾病患者一个非常现实的希望，这些疾病都影响着患者对信息的学习、储存和有意识地回忆。但是记忆药学的机制是复杂的，至今仍然存在许多争论。

⊙治疗药物如何起作用

神经递质（乙酰胆碱、谷氨酸、多巴胺、γ－氨基酸等）以及传递神经信息的接收器是科学家研究的主要对象，事实上，所有作用于这些物质的元素都可能改善记忆。

如今科学家发现，负责神经元细胞合成的脑神经再生源依赖像激素这样的物质，而一些激素的替代药物也具有这一功用。

⊙现今主要的治疗药物

阿尔茨海默氏病治疗药物

在过去20年中，科学家投入了大量的精力用来寻找有效的治疗方法以及阻止阿尔茨海默氏病的破坏效果。治疗的范围是广泛的。非甾族胺抗炎症药物，例如阿司匹林和布洛芬已经被成功地用于减弱并发症的症状以及减缓疾病发展进程。

目前，抗胆碱酯药物是治疗阿尔茨海默氏病的主要处方，这种药物能增加大脑中神经递质的浓度，在疾病的轻微阶段到中等阶段一般使用乙酰胆碱。

金刚烷胺是一种传递谷氨酸的物质，常被用来治疗阿尔茨海默氏病，其应用于疾病的中等严重到严重阶段。

吡贝地尔是一种与多巴胺的作用相似的物质，对于治疗独立性记忆障碍有益，这种记忆障碍很可能是阿尔茨海默氏病的前兆。

抗氧剂

这些物质不直接作用于记忆机制，它们的角色是保护神经元。事实上，这些“神经保护者”负责抵制自由基团，自由基团由于氧化作用会对细胞产生毒性。

维生素 E 能够推迟阿尔茨海默氏病的进程 7—8 个月，对健康人则具有预防其他形式的精神错乱和痴呆的功效。治疗帕金森病的药物司来吉兰也有类似的药效。

“抗衰老”药物

在某些国家，各种治疗与年龄相关的认知障碍的药物已经被商业化了。这些药物（血管舒缩药、大脑氧化剂、认知易化物，等等）以前就有，但缺少对其疗效的正规证明，比如对阿尔茨海默氏病症状的缓解等。这些药物都具有与记忆机理的分散特征相符合的特点：膜体的稀释作用，神经元能量代谢的激活、激起作用，等等。所以，这些药物应该根据当前的治疗方法进行评估。

雌性激素

越来越多的研究显示，雌性激素在女性记忆力方面发挥着作用。各种研究表明，绝经期的女性中那些在激素替代治疗中服用雌性激素的，在记忆测验中的成绩比那些没有服用的要好。然而，一项最

记忆和药物治疗

当你必须要一天吃几次药的时候，你的情景记忆会为这些动作腾出专门的地方，从而使它们成为例行公事。你的思想和身体会迅速地做出必要的调整以适应这种例行公事。如果一两次你忘记了吃药，那很可能是因为那一天有点不一样，或者你的身体或精神不在状态。不要担心，要放松，明天你不会忘记的。

新的研究指出，雌性激素配合黄体酮进行的长期治疗会增加痴呆的危险。

⊙朋友还是敌人

一些药物已被证明是记忆的真正的敌人，但是，在药物学方面取得的巨大进步，使我们可以对那些把“认知能力”和“记忆能力”考虑在其疗效之内的药物进行调整，包括安眠药、含血清素的抗抑郁药（巴洛兹烃、弗洛兹烃等）、抗精神病的药和抗痉挛的药。

⊙谨慎治疗

应该避免大量服用被认为可以积极地在“加强记忆”方面发挥作用的、没有医生处方的和自我治疗的药物。怀疑是合乎情理的，因为至今没有任何关于某些药物疗效的可靠依据，并且更多情况下是其潜在的危险性也没有得到证明！其中很多是简单的刺激性药物，有些会对交感神经系统发挥作用（使心率加快）的药物会增加患动脉高血压的风险和造成冠状动脉的损伤。

7. 再教育

再教育的目的在于帮助因大脑损伤而存在记忆困难的人，改善他们在日常生活中的行为，包括颅骨创伤、脑血管意外、科萨科夫综合征患者等。再教育不是对记忆机制反复机械地刺激，而是激发其存留的能力，以及利用一些外部辅助。

⊙介入方式

应根据患者剩余的能力，就是说在意外或者疾病之后残存的记忆能力，以及他们的困难和日常需要来选择介入的方式。

发展内部功能

目标是帮助或重新组织病人的记忆功能。在教患者分析信息（构建心理图像、逻辑分类）的同时，重新教给他们记忆策略，将信息结构化和简易化。这样能改善其记忆能力，并且帮助患者更有效地利用残存的习惯技能。

构建心理图像有助于解决前瞻性记忆的困难。首先，让患者重复所要实现的行为的数量，并通过问题进行补充分析：在哪里，干什么，和谁，等等。然后，要求患者对每个连续的行为实现“自我视觉化”。

这种介入方式可以在仍然保留的推理能力和心理成像能力的基础上进行，从而弥补自觉实施的编码策略缺陷，这种缺陷经常出现在颅骨创伤患者身上。

激发存留的残余能力

激发存留的隐含记忆可以使患者重新学习有限储存的特殊知识。例如，遗忘症患者可以通过再教育重新掌握如何使用电脑（隐含的程序记忆），即使他无法回忆起最初是在什么场合学会这种操作的（情景记忆）。

外部辅助工具：笔记本

对中等及严重的遗忘症患者来说，笔记本是一个非常有用的外部辅助工具，可以帮助患者改善日常生活。

学习使用笔记本的3个步骤：

◎ 获知阶段：了解笔记本的不同栏目；

◎ 应用阶段：研习相似场景以便学习对其使用；

◎ 适应阶段：在日常生活中的各种情况下使用笔记本。

实用的建议：

◎ 使用“每日”分类的日程本；

◎ 使用不同颜色的水彩笔来区分信息；

◎ 如果需要，可使用图表；

◎ 如果必要，使用“荧光笔”来书写。

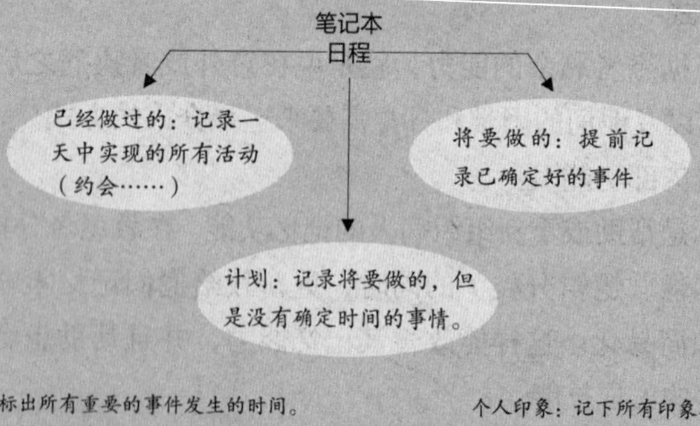

传记：标出所有重要的事件发生的时间。

路线：习惯的路线图。

账单：记录日常购物清单。

个人印象：记下所有印象感觉。

电话簿：个人电话号码。

利用外部辅助

随身携带一个笔记本、建立核对单、设置视觉线索、使用定时器、使用录音机等，这些都能减轻患者的记忆负担，弥补记忆缺陷。

对那些无法辨认空间方向的严重患者，外部辅助可以利用地点卡片和现场实践（角色扮演、实地经验）等方式。在不断练习后，患者就能够记住常去的地方和路线，但其他的路线还需要再进行新的学习。

⊙再教育的对象

内部辅助要求患者自觉地和有意识地应用。因此，患者自己应该清楚可使用的记忆方法并且拥有足够的动机。这种介入方式主要针对轻度或中度的颅骨创伤患者和由于脑血管意外或者自然衰老引起的遗忘症患者。

外部辅助主要针对中等到严重的失忆综合征患者（重大颅骨创伤、脑低氧、脑瘤、脑血管意外）。如果短期记忆功能未受损伤，并且认知障碍和与其相关的行为障碍不太严重，那么笔记本将是有效的辅助工具。

在患有严重的遗忘症的情况下（严重颅骨创伤、科萨科夫综合征），对专业知识的学习能力可能会丧失。这些在日常生活中非常需要人照顾的患者有些是非常年轻的，在重新融入社会生活方面有很大的困难。对他们进行再教育的目的是帮助他们学会自理，当然这是限于某一个专门的领域。

对于病情已经发展的情况（痴呆综合征或复发性肿瘤），正确的方法并不是对病人进行功能训练，而是使其存留的能力处于最佳状态，并且配合相应的心理治疗。

⊙从什么时候开始再教育

当患者已经走出严重的遗忘症的最初阶段时，就可以对其进行功能训练，这时患者已经意识到了自己面临的困难，在药物治疗和行为治疗中的状态也已经稳定。另外，患者已经恢复了足够的语言能力，并且主要的感觉器官的缺陷也得到了弥补。

当记忆欺骗我们或者记忆丧失

1. 记忆的局限

很不幸，无数人都在我们的监狱系统中为着他们不曾犯过的罪行而成为时间的仆役。这一令人沮丧的事实强调了不准确甚至是错误的记忆带来的后果。然而，我们记忆系统的复杂性恰恰极易导致其对事实的歪曲。要忘却某件事，你在以下三个阶段中任何一个阶段出错都能达到目的——记录、维持和唤起，而要记住某事，这三个阶段都不能出现任何错误。我们能够准确地记忆事物，真是奇迹。甚至就算记忆被歪曲了，它还是能够精确地重拾记忆中的往事。

如果这个被叫作记忆的复杂网络是由感觉、情绪、思想、话语、感官知觉、情感、想象和智力组成的，我们能否期望，它不受外界以及不同解读的影响？当然不能！

记忆主要有两种，内在记忆和外在记忆——前者更为稳定，后者则不如前者。内在记忆包括程序学习（如技能训练、身体习惯）、情绪编码（如创伤、恐怖及其他强烈的感官经历）和应激反应学习（如押韵、面孔、抽认卡），以上所有几乎不随时间改变。而我们有意识加以依赖的外在记忆（充满内容、数据、事实、地点和事件）却极为主观，易受外界影响。

伊丽莎白·罗夫特斯是一位目击证词和记忆扭曲方面的权威，她解释说，记忆痕迹并不总保持在完整状态，而是随着时间和外界影响发生改变。“我们确实创造记忆并在每次回忆的时候重建记忆——或用新的联系加强记忆痕迹，或有意忽略减弱它。”她说。即使记忆痕迹起初相当清晰，它也极易遇到使之产生变化的各种影响，如另一个人的意见，下意识的建议、误解和分心等。法官在公开案件中非常清楚确保陪审员们不受记忆质变的影响；因此，隔离陪审团是在高度公开案件中常用的做法。

对记忆主观性的生物学解释在于每次我们回想某段往事时，就激活了神经元关联中的一片区域或网络。细胞间的关联将轴突与树突连在一起。最初学习时被激活的脑细胞此时被“点燃”并“关联”起来。使用使这些联系得到强化，弃置不用则使它们减弱。误用能够创造新的，有时并不精确的关联；滥用会改变或完全毁坏已有的关联。总之，这些为我们语义（事实）和事件（经历）回忆提供“配线”的脆弱关联记忆改变。

⊙记忆的结构

歪曲人回忆的影响有多种：回忆提示的缺失；衰退或误用；受到能将旧的记忆抹去的新知识的干扰；压抑；指点或建议；感觉或经验。当中任何一个因素都能干扰原始记忆痕迹，导致记忆错误。但是错误记忆完全是被创造的吗？会不会是由于正确记忆被歪曲而产生的呢？实验证明只要重复错误记忆足够的次数就能让人们相信它是正确的。以兄弟姐妹为对象的研究表明，当兄妹中的一个捏造一个与另一人有关的记忆，这个人很有可能开始回忆有关这一“真实”事件的细节。这些例子说明我们的记忆很易受影响，外在记忆很容易被改变。

著名的瑞士心理学家让·皮亚杰对他童年时一段痛苦经历的叙述使其对错误记忆的性质有了了解。多年以来，他一直认为他在初学走路时被绑架过。他对这一创伤性事件的细节都很清楚：“案发”的街道、把他从照看者那儿夺走的人、不知情的警官赶到现场之前他的反抗。直到十几岁皮亚杰才得知，事实上，这一事件根本没发生过。保姆在数年后承认她编造出这个故事作为一个给皮亚杰富裕的父母留下好印象的计谋。皮亚杰记住的只是这件事的叙述，而他却惊人地“看到”了整件事的细节。随着时间的流逝，这段记忆对他来说变得和其他一切一样真实。创造记忆的能力（不管是自己还是他人的）被一次次证明。

⊙回忆提示缺失案例

记忆时大脑首先受到刺激，然后将其记录在合适的区域；回想时，提示或二次刺激会把你带到记忆网络。因此当我们处于某种特定情绪中时，我们倾向于回忆在同一情绪时记下的事物（状态依赖），同样，有回忆提示的时候，我们回忆的信息也会增多。如果无法获得回忆提示，那记忆也无从获取。这就是唤回目击记忆的最佳方式是回到犯罪现场的原因。我们当中许多人就有过重获回忆提示的经历，只要重新回到之前的环境就能办到。下一次你因为考试结束后才想起答案而打自己的时候，搞清楚，这种情况便是记忆提示缺失。回忆提示可能是有意识的，也可能是无意识的。

想象一下你在开车时，是否经常靠无意识的暗示去唤起你的记忆。在我开车去办公室的路上，闪烁的黄色交通信号灯总能使我自动快速向右转。桥上标志着出口的信号也有类似的效果。有意识的线索也很有帮助。试着先记住一些街道的地址再去认路，然后尝试去记住一些标志性的标记，如显眼的建筑、路牌或地理特征以便认路。哪一种比较容易呢？大多数人会觉得有视觉帮助的线索比较好。为什么呢？因为这种线索更容易引起人们的联系和独有的含意从而产生大量的记忆路径。反之则很容易遗忘或记得不准确。

⊙罪恶的双胞胎：疏忽和分心

我们不需要将看见的所有东西都内在化。实际上，大部分我们随时接收到的感官信息都因为没有什么价值而被忽略掉了。我们不可能总是保持有意识的状态。将信息进行编码并不总是自动进行的，尤其是当我们被外在事物打扰的时候。

因此，在犯罪现场并不能保证目击的准确性。对这个问题最显而易见的解释就是，他们所见的东西并不一定能和他们被问的问题对得上。缺少注意力实际上是我们遗忘事情的主要原因——每天坐公交车上下班的人十分清楚坐车很容易使人变得过了时间却不知所想。对待分神的唯一方法就是对能使你和你的目标分心的事物保持足够的清醒，并且不让这些事物有机可乘。举个例子，如果你要给植物浇水，但又想到要喂狗，弄清楚它们之间的冲突，然后过会去喂狗——记忆培训的创造者丹尼尔·拉普把这种方法称为单轨迹思考技巧。

2. 记忆会减弱或衰退吗

虽然大多数心理学家都认为长期记忆即使不能获取也会永久保存在头脑中，但一些神经生物学方面对无脊椎生物体的研究表明，神经系统的长期变化可能会使某些简单的记忆减弱或消失。这种观点证明了关于遗忘的衰退理论。正如柏拉图所写的："在我们记忆时，我们使头脑中的沟壑变深，但时间又会慢慢将沟壑磨平，从而使我们忘记。"

⊙记忆干预

简单来说，无意中听到别人对某事物的描述会对你的记忆产生影响，正如较晚发生的事会对早些的事产生影响一样。举个例子来看，你最近发现你的一个大学同学（你当初对他印象很好）被指控为汽车大盗。这个新信息使你重新考虑你对他的好感。现在，你回忆中的他并不是那么值得相信了。可见，目前的信息影响了你过去的记忆。

艾宾浩斯时间对遗忘影响的研究很重要，但是心理学家发现相互混淆的事物，例如，后发生的事物对原先的记忆的影响和冲击，对记忆的准确性也有影响。干扰可能来自很多方面，报纸、邻居或无意中的对话都有可能。干扰理论表明，新信息即便不能否定旧信息，也会对其造成混淆。而且类似的新信息越多，越有可能产生影响。所以结果经常是信息的混合体，那就是说我们失去的相继发生的事物对记忆影响的轨迹。举个例子来看，如果有人问你昨天晚饭吃的什么，你会很容易想起来。但是若问你上周四吃的什么，很有可能你不会很容易记起来。按照干扰理论的解释，这就是很多简单事物相互影响的结果。

干扰发生是因为你对一件事物的内容和地点的记忆是同时进行的。你所记的每件事都有地点伴随。但是，事情越特别、相关和有意义，就越容易记忆。被干扰的越多，越容易混淆。例如，我们使用电脑时，我们给每个文件夹命一个不同的名字，以便以后找到。但现在一个病毒侵入你的电脑，把所有文件名改成一样。文件还在那里，但你如何找到你要的呢？这就是干扰在记忆里的工作原理。

⊙情感记忆

在遗忘的方面我们比较忽视的是：记忆是加上我们的情感的。大多数人对有强烈感情的事记得比较牢固吗？是的，我们比较擅长记忆事情的发生而不是细节。心理学家乌尔里奇·纳赛尔通过研究证明，实际只有 29% 的事物能够准确记忆。像结婚、子女出生、家人死亡等影响生活的事件，或者第一次拥有自行车、宠物、汽车、亲吻或分手等事件会在脑中产生化学反应，神经递质会认为它们很重要，因而容易记住。

强烈的情感记忆更容易被牢记，它们比较特殊，因此通过比较直接的路径到达大脑。比较愉悦的事情可能会由海马体进行处理，然后储存在颞叶里；而情感记忆则会像其他非情感记忆一样，由视神经床开始，但会立即返回扁桃体做长期储存。

研究人员指出，意外事件，如地震、恐怖袭击、飞机失事等，目击者可能会因受强烈刺激而遗忘。这点很重要，因为情感压力和损伤性压力之间有一个临界点。情感强度会因释放葡萄糖皮质类固醇而变得独特、重要和值得记忆。损伤性或永久压力则会导致皮质醇中毒。

长期这样，因损伤性或永久压力而造成的大量皮质醇释放会杀死脑细胞。压抑、过度损伤、心理障碍等是导致皮质醇过度释放的主要原因。

3. 痛苦的记忆

伴有巨大压力和紧张感的记忆，通常与强烈的情感联系在一起，这些记忆帮助我们从危险的境地中解救出来。尤其是当遇到危险时，记忆会绕开大脑的高级指挥中心，以保证可以做出快速的反应，这也就是所谓的“斗争或逃跑”现象。危险似乎被编码直接传输到大脑，并且经常导致反身行为，这种行为可以持续永久。比如说，如果一个人在儿时被狗攻击过，那么他很可能在以后很长的一段时期内都会惧怕它们，除非他变得对此不敏感或者重新认识这种“情感记忆”。

恐惧是所有情感记忆中最强烈的一种记忆。不过，其他的一些情感，比如失望、挫折、悲伤等，也能够触发内在的（下意识的）记忆，这些记忆会唤起强烈的反应。现在临床学家正在用记忆技术寻找新方法来释放掩盖在“精神躯体”里的创伤。他们的许多成果可以被解释为威廉·莱西的精神疗法，他在五六十年前就指出痛苦的经历是如何以惯常的肌肉紧张和神经肌肉模式被存储在身体中的，他称这种模式为“身体盔甲”。现在我们知道，实际上，痛苦的记忆以“神经缩氨酸”和其他化学物质的形式表现出来，然后它们在身体里循环，在一个细胞表面上发生永久的改变。

在很多情况下，痛苦的记忆会演变成一种避性反应和其他一些持久性的非逻辑行为。严格说来，当这种记忆被唤起时，我们似乎不会采取非常理性的行为。这种记忆的结果会对当前的情况做出不合适的反应。有些时候提到像“感情包袱或是有毒记忆”这样的现象，如果我们不承认他们的存在，那么这些联系最后就会妨碍当前的关系往来和健康的交流模式，并且可能有意识地用更合适的反应替换过时的反应。

⊙被压抑的记忆

这种特殊的记忆是被暗暗存储的最痛苦的记忆。这就意味着当我们对这些记忆做出反应的同时，不会把它们和语言联系起来。我们可能太年轻，或是太恐惧，或是太困惑，以至于不能对别人提及这些。然而，我们身体知道这些痛苦——即使我们没有用语言把它表达出来。我们称之为压抑的记忆就在于它是完全没有表达过的记忆。也许这些记忆太痛苦或是太困难，因而不能够分享。尤其是如果当这种记忆是在出现语言之前产生的，用语言描述它们似乎是不可能的事情。一旦我们把语言和这些创伤联系起来，那么创伤就能够被剖切开，能够被理解，就可以治疗。

美国加州大学医学院所做的一项调查表明，在大部分有过精神创伤的幸存者中，60% 的人清楚地记得他们的经历——他们或者是幼年被性虐待，或者是经历过战争，或者是遭遇街头暴力，或者是经受过自然灾害，另外 40% 的人患有全部或部分的健忘症。对于这种遗忘，第一个做出解释的是西格蒙德·弗洛伊德。他称之为压抑，即自觉地把痛苦的记忆从有意识的思想中清除出去。虽然弗洛伊德在大量病人临床实验的基础上来证明这个现象，但直到现在，与压抑有关的一种可能的生物联系才被证实。北克拉利纳大学教授米切拉·加拉格尔主持的研究项目发现，肾上腺皮质激素在压抑和记忆的生物系统中发挥着重要的作用。它们像是一个痛苦障碍，或者是一个记忆障碍一样发挥着作用，在面对无法忍受的精神或身体的痛苦时，会给人提供一种自然的保护机制。

⊙压抑与恢复记忆的争论

心理学家伊丽莎白·洛夫特斯认为，一些人只是短暂的压抑，后期经过努力是可以恢复对过去痛苦的记忆的，几乎没有科学证据可以支撑全部记忆遗忘的观点。尽管过去十几年很少有报道称一些个体在家人和朋友的帮助下恢复了长时间被遗忘的痛苦记忆，但是伊丽莎白·洛夫特斯坚持认为，大部分被压制的记忆是不会被完全遗忘的。大屠杀的幸存者或是退伍老兵对痛苦经历长久的记忆表明，即使当一个人想要忘记那些痛苦的记忆时，环境也会无意地触发他们的记忆，实际上是在一定程度上保证了这些记忆的存在。

大脑中存储创伤记忆的地方——扁桃体，似乎一直存储感情记忆。这种让人深刻记忆的杏仁状结构被称为“我们储存的情感智慧”。它是我们生活中曾经经历过的所有感情活动的储藏室。由于这些活动中很多可能与生存有关，所以将它们储藏起来是正确的。这点同时也表明，完全清除创伤记忆是很难的。

压抑产生的程度标志着精神病学会和治疗学会间的一个热烈的争论。争论的一方认为经历多种感情伤害的人，他们记忆中可能存在一定的“空洞”，它们作为一种自然的精神自救机制而存在。这种“重度的压抑”被认为陷入灵魂之深以至于通过外在的记忆方法是无法恢复的。压抑理论的信奉者则经常倡导用“治疗恢复”方法（包括催眠）来“恢复”深藏于潜意识中含蓄的记忆痕迹。

争论的另一方认为，那些意志不坚定的人容易受不道德的临床医生的规劝，进而“记住”从未发生的事情。建议很容易影响记忆，为精神压力作辩解的期望之强烈以至于我们真的可以编造原因。

4. 建议力的影响

在伊丽莎白·洛夫特斯和同事所著的关于目击者的回忆研究的经典著作中，实验对象被要求观看了一个幻灯片：汽车在停车牌前暂停后撞击并进入一个十字路口。目击事故后，一些实验对象被问道：“当汽车停在‘停止’标志处后发生了什么？”其他对象则被问到一个有意误导的问题：“当汽车停在‘让行’标志处后发生了什么？”后来，每个人都被问到汽车是在停车牌还是让行牌前暂停。

那些被误导提问的人们倾向于记住已经看到了一个已有的标志。研究人员称，误导的建议有效地消除了现存停止标志的任何记忆。

然而，心理学家指出，其他的研究表明，误导信息并不一定消除原始的记忆，但是会导致记忆源的问题——对原始记忆中的实际编码及后加在记忆中的信息的困惑。换句话说，这个人就变得无法识别记忆来源于什么。这可能导致一些十分困惑的回忆，在法庭的陈述中，这是一个特别值得注意的问题。一个人可能对自己记忆力的准确性十分自信，然而，它毕竟是个记忆的综合体，仍然会存在缺陷。

⊙引导

引导是一种能够影响记忆的暗示。引导就是在检索事件前，连续提供精心挑选的内容。研究表明，单词可以通过暴露而无意识地插入一个物体的记忆。当警方对目击者和嫌疑犯施加压力时，有时会使用引导。当律师们提问暗示性的问题时，也会使用这种方法。而父母们在将他们孩子的能量导向某一特定方向时，也会使用这一方法。

用 5 秒钟的时间仔细研究下面的每个单词：assassin（暗杀）、octopus（章鱼）、avocado（鳄梨）、mystery（神秘）、sheriff（治安官）和 climate（气候）。现在想象一下，你先做一个小时自己的事情，然后回来参加几个测验，在测验中，你会看到一系列的单词，并且被问到在以前是否记得见过它们。这些单词是：twilight（黄昏）、assassin（暗杀）、dinosaur（恐龙）和 mystery（神秘）。你可能会记得 assassin（暗杀）和 mystery（神秘）出现在了前面的单词中。接着，你会被告知，你要看到一些拼写不全的单词，你的工作就是尽力将这些单词填补完整。

Ch_ _ _ _nk o_t_ _us _og_y_ _ _ _l_m_te

让我们猜一下会发生什么。你可能很难正确地填补两个单词，chipmunk（花栗鼠）和 bogeyman（精灵），对吗？然而，对于另外两个单词 octopus（章鱼）和 climate（气候），你可能会脱口而出。原因十分明了，你刚才看到过 octopus（章鱼）和 climate（气候）这两个单词了。在单词学习中，你被灌输过了这两个单词。浏览列表上的单词似乎就是在引导我们的潜意识。这种练习表明，无论是否为下意识，我们都很容易受到暗示的影响。这种不准确地采用或者调整记忆的倾向被称为潜忆。

⊙多大的人都可以被引导

对牙牙学语和刚出生的婴儿的研究表明，婴儿在很早就形成了对妈妈的“偏爱”。在一个实验中，新生儿通过吮吸奶嘴来体现他们所听到的声音，这证明了一个 3 天大的新生儿在听到妈妈声音时会吮吸更频繁，要比听到不熟悉的人时次数更多。婴儿在子宫里已经将妈妈的声音刻在了记忆中吗？也许吧。在另一个研究中，在孕期的最后 6 周里，如果孕妇大声地重复朗读索伊斯博士的故事，那么之后的吮吸实验中则会显示新生儿更愿意聆听他们熟悉的故事而不是以前从没听过的。现在，我们必须考虑到婴儿不只是记忆了妈妈的声音。无论这些例子证明了引导的效用还是别的，它们都显示了暗示记忆的无意识性。这种微妙的影响形式可能不仅能帮助解释新生儿对于已知事物的偏爱，它更能启发我们对于自己个人偏见的解释。

⊙**感知**

我们感觉所感知的每一个信息都增加了我们的个人经历，并形成了我们的准则。因此，这种感知过滤器，就为我们的各种解释涂上了色彩。这就是为什么对于同一事件，不同目击者的记忆也各不相同的原因之一。人脑是如此复杂，以至于它会自动和无意识地根据过去的经历，用一个不完整的图像、场景或者情节，持续地填充其中的空白。

圣地亚哥加利福尼亚大学的大卫·鲁梅尔哈特证明了我们的感知过滤器是如何在下面这个简单的情节中运作的。考虑下面的两个普通句子：

玛丽听到冰激凌卡车正从街上开来，她想起了她生日时收到的钱，马上跑回屋去。

鲁梅尔哈特解释说：多数人都认为玛丽是个小女孩，当她听到卡车声音时，她想要冰激凌，她跑回屋去是为了取钱买冰激凌。也许，这很明显，但是在这两个句子中，在哪里确实说到了这些？他解释说："多数人都通过个人通用知识的储备，经过一系列的推理，添加或者补充遗漏的部分。"正是通过这些记忆的联合网络，我们认识了图案或者符号的变体。考虑一下你在解释右边图像时感知力所起到的作用。

当你注视这些变形的图像时，你看到了什么？

上面的图像不清晰，下面的已经恢复原样，当你观察它们时有什么感觉？你高效的记忆能否填充空白？很可能是的，这说明大脑是如何无意识地对环境做出解释的。1932年，弗雷德里克·巴特莱特爵士在他的《记忆》一书中写道："过去发生的事情决定了人的态度、期望和知识，而这些又影响了人的记忆过程。”这一矛盾在上一页的记忆赛前练习中已经提到。

⊙失忆的原因

一项研究发现，67% 接受调查的成年人都担心记忆力损失。记忆力减退是由多方面因素引起的：营养不良、脑部受伤、神经系统紊乱、脑瘤、吸毒或酗酒，规定的药物治疗、焦虑或沮丧，由持续的压力而导致的皮质醇的过度消耗、更年期雌激素的减少，或时间的流逝等。

时间的流逝

虽然大脑能够而且的确会在人的一生中不断长出新的脑细胞，但随着时间的流逝，（脑内的）海马状突起部位树枝状枝干的减少、氧气缺失、细胞损坏还是可能导致记忆力减退。这种记忆力的自然衰减可以部分解释为什么我们的记忆力会退化并随时间的流逝而越来越严重。从结构上讲，当记忆潜力不能被练习、使用、良好的营养所支持时，由于越来越没有新鲜事物来丰富大脑，大脑中的联系就会变得越来越少。

在体力逐渐崩溃之前，另一个正常失忆的原因可能是随着时间的流逝，我们所编码和存储的新的经历干扰了我们回忆往事的能力。这样，年纪越大的人受到的干扰越大，也越容易健忘。

心理压力与沮丧

心理骚动对记忆力的伤害要比很多人想象得更大。持续不变的压力、焦虑、悲伤、感情受伤，还有沮丧都是记忆力的杀手。比如，出于对发表一场演讲、参加难度很大的考试、失业或生活的变迁所带来的紧张不安可能暂时减弱我们的记忆力，更为严重的是这些长期阴险的压力。一个年复一年地持续在痛苦的环境中工作的人，正在杀死他的脑细胞。在家庭紊乱环境中居住的孩子经常会经历记忆困难，这些困难导致在做作业或考试中出问题。在任何年龄段，情绪骚动或长期沮丧都会导致严重的记忆问题。因为当生活在一个极端情绪化的状态中时，大多数人往往不怎么注意外部世界，而是更注意内心的痛苦和斗争。但是，为了记住某些事，我们不得不集中注意力。可喜的是，当人们的压力或沮丧心情消失时，记忆的全部功能都能恢复。另外，现在对焦虑和沮丧的治疗方法也能帮助许多人重获他们的记忆力。

5. 当记忆背叛我们

我们突然想不起某个常用的词，我们一直认为正确的东西却被证明是错的……我们的记忆不总是完美的。那么，关于我们自己的经历呢？生动的细节能保证它们的真实性吗？我们能否相信自己的直觉？当把所有这些记忆都当真时，我们能否为自己的直觉而骄傲？

⊙如何知道是真的还是假的

验证记忆是否忠实于现实，这并不容易。如果存在几种说法，在没有“客观”证据时，如何考虑到方方面面来下结论？然而，当不同的人（例如同一个家庭的成员）对同一事件（他们中的一个人童年时期突发的一件事）拥有相同的记忆时，难道不是这些年来达成的共识？许多轶事由于被多次复述会变得更美好，难道不是我们使它变得越来越远离真实？那么，是否存在一些判断依据来区分真实和虚假的记忆呢？

创造虚假的记忆

这是一个非常简单的实验，慢慢地读出下面的词让被测者记住。

医学	药品	诊所	听诊器
医院	健康	疾病	病人
护士	发烧	开方	药丸
病人	药店	私立诊所	温度计

过几分钟后，让被测者说出自己听到的词。有超过一半的人可能会给出与医学相关的其他词，比如“医生”，但是这个词却没出现在列表中。

⊙瞬间记忆

“当获知以下事件时，你正在做什么？肯尼迪总统被暗杀时、前披头士成员约翰·列侬被杀时、埃及总统安瓦尔·萨达特遇刺时、戴安娜王妃发生车祸时、‘挑战者’号航天飞机爆炸时……”所有这些事件都是精神心理分析家用来研究瞬间记忆的材料。一段带有强烈感情的鲜明而详细的记忆能持续多年，但却常常被错误地用来与瞬间成像相比较。通过公众对重大事件的描述，心理学家可以比较一个为数众多的群体的记忆。在事发后的不同时间段（事后 1 天或几年）进行调查，能够分离出关于这些事件的记忆的特殊性：清晰度、细节的数量和类型、连贯性等。

“挑战者”号航天飞机爆炸

1986 年，一个研究小组记录了在该事故发生时一群学生的活动。3 年后，研究小组重新联系这些学生进行询问。结果，大约 44% 的人有所改动，有些人的说法变得简单，有一些人的说法则变得复杂。后来的描述变得丰富或与第一次描述截然相反的，是对自己的记忆极度自信的一类人，不管再过多久他们的描述都不再改变或添加。

确信与真实不一定一致

瞬间记忆鲜明而详细的特点与由此产生的确信，都无法确保其真实性。那么这种确信从哪来？主要是通过伴随记忆的鲜明感觉和精确细节来发挥效力。对真实事件的改变和附加仅仅是“善于讲故事的人”的装饰，有时候，新的元素在不为我们所知的情况下悄悄地潜入我们的记忆中。

⊙修改记忆

一般，瞬间记忆的真实性问题并不具有重要性。但是，如果在司法背景下判断记忆是否精确则是另一回事。打比方来说，被传唤来的目击证人在陈述事故时，其可靠性到底有多大呢？

诱导效应

在一个实验中，美国心理学家伊丽莎白·洛夫特斯和约翰·帕默放映了 7 段关于交通事故的短片。在观看完短片后，他们让被测者描述观察到的场景，然后回答一系列的问题，其中一个问题是“汽车在相接触时的速度大概是多少”，但这个问题不是以同样的方式向所有人提出的，对不同的被测者“相接触”这个词可能用“相撞”“相碰”等。结论验证了研究人员的假设，如果使用的是较强烈的词，得到的是一个较高的数字评估：使用较弱的词时估计的平均速度是 50 千米 / 小时，当提到猛烈碰撞时估计的平均速度达到 65 千米 / 小时。

错误信息效应

另一个实验中，在被测者观看一段交通事故短片后，分别给他们一份关于这起交通事故的书面报告。一半报告中存在部分错误信息，例如用“停车”指示牌代替了短片中的“让行”指示牌。然而，当研究人员询问被测者是看到“停车”指示牌还是“让行”指示牌时，15%—20% 的人确定看到的是“停车”指示牌。

权威肯定效应

美国心理学家索尔·卡森设计了一个实验，被测者在一个实验助手的监督下用电脑输入一段话，事先，他们被警告不要触碰 ALT 键，否则电脑可能会死机，并且资料将丢失。实验中，电脑突然死机，然后实验助手指责被测者触碰了 ALT 键，刚开始被测者都否认。事实上，没有任何人按了那个键。在一半的情况下，实验助手假装看到被测者按了 ALT 键；另一半的情况下，他假装什么也没看见。接着，实验人员制定了一份坦白书要求被测者签字，69% 的人签了字，其中 28% 的人相信自己按了 ALT 键。被实验助手指控并打字极快的被测者全部都签了字，并且 65% 的人承认是自己的错，甚至 35% 的人还创造了某些细节来确认自己的罪行！

⊙有争议的儿童记忆

常言道“童言无忌”。那么，儿童的记忆带来的又是什么？他们的记忆总是真实的吗？是否被“狡猾的”成人的意见影响了？

萨姆·斯通的故事

这是 1995 年做的一个实验，一群孩子事先听了许多关于一个名叫萨姆·斯通的陌生人的不良评论。之后，萨姆·斯通来到教室呆了几分钟，并和蔼可亲地与孩子们进行交谈。但当孩子们被问到萨姆·斯通是否会做出可能令人不快的事情时，比如撕书、弄脏毛绒小熊，在3—4岁的孩子中，5个中有一个肯定自己看到萨姆·斯通犯了错，而实际上他完全无罪。当研究人员提出倾向性的问题时，接近一半的孩子指控萨姆·斯通犯了错。而在年龄大些，约5—6岁的孩子中，6个孩子里只有1个提到“嫌疑人”可能会犯错。而且孩子们关于萨姆·斯通犯错过程的叙述颇为详细，好像真有那么回事一样。

对错误的顺从

大量实验表明，学龄前儿童或更小的孩子更易受教唆。但由于成年人歪曲事实的可能性更大，因此许多案件都依靠儿童的证词。

坦率性的问题（发生了什么？）更有可能得到一个可靠的证词。相反，倾向性的问题（他是这么做的还是那么做的？）即使问好几次，还是难以提高获得真实答案的可能性，就像孩子们面对强制性的选择时（白的还是黑的？）经常会回答“我不知道”一样。

然而，坦率性的问题被反复提出，就可能促使儿童认为自己的第一个答案不太正确，从而做些改变去顺从成年人的期许。事实上，无论是明确的还是含糊的威胁或承诺，儿童都格外敏感。

而且，实验结果表明，儿童不会像鹦鹉学舌那样单纯地复述，而是提供更富有想象力的证词，甚至可以骗过最有经验的专业人员。

毫无疑问，为了取悦成年人和获得成年人的信任，儿童的记忆在压力下会变得更为脆弱。

第三章

记忆术概述

记忆术简史

1. 记忆术简史

已知的最早的记忆术可以上溯到古希腊时期，它在古代修辞学（辩术）中扮演着关键角色。更确切地说，记忆术已使用了2000多年，在6世纪开始缓慢衰落前，对西方文化艺术方面的作品和行为都产生了深远的影响。

⊙日常常用的记忆术

大约在公元前400年前，古希腊一个撰写条约的抄写员极力推荐有助于记忆的3条原则：集中注意力、重复、与已有的知识建立联系。例如，为了记住“勇气”一词的概念，可以在脑海中构想战神阿瑞斯或者特洛伊战争英雄阿喀琉斯的图像。

组合记忆法

约编撰于公元前86—前82年的《献给海伦留姆》提出把伴随着所有思维的“天生”记忆同“人造”记忆区别开来，后者通过组合加工可以更好地把想法或词语固定在脑海中，从而强化前者。演说家、政治家或者律师经过长期锻炼，可以不求助于任何笔记即席演讲（脱稿演说），并且在任何时候都不会忘记自己的观点，比如在参议院或者诉讼中的一段讨论中断时。像西塞罗这样伟大的演说家，可以在几小时内不求助任何辅助工具不停地演说。

地点记忆法的发明

公元前 477 年，希腊诗人西蒙尼·德·瑟奥斯发明了“地点记忆法”。在斯科帕斯组织的一次宴会上，西蒙尼本应该只背诵一首主人要求的诗歌，但是他还用赞美诗歌颂了一对双胞胎神卡斯特和波吕丢克斯。为此斯科帕斯非常不高兴，仅付给他一半的钱，并建议他去求双胞胎神付给他另一半。过了一会儿，有人告诉西蒙尼有两个年轻人在宴会大厅外等他，于是诗人走了出去，但是没有看见任何人。

就在西蒙尼出去的时候，宴会大厅的天花板坍塌了，其他客人都丧生了。有人说，作为对赞美诗的感谢，卡斯特和波吕丢克斯救了西蒙尼。

不幸的是，遇难者的残骸已变得无法辨认，他们的家人根本无法将遇难者搬走。最后凭借优秀的视觉记忆，西蒙尼回忆起每一位宾客就座的确切位置。据说这就是最早的地点记忆法。

组合法不仅便于记忆观点，还适用于对词汇和文学作品的记忆，甚至倒着背一段演说或者一首诗歌。

地点与图像记忆法

“地点记忆法”最早是由希腊诗人西蒙尼·德·瑟奥斯提出的。这种方法首先要在脑海中创建一条记忆路线，例如散步时的休息处或一幢房子的构成元素（门、厅、柱子）等，然后在每个“地点”放置一幅与需要记住的想法或词语相关的图像。

记忆的空间支持思想对我们来说并不陌生。例如，我们很容易想象一条关于自己熟悉的房间或者城市的路径，并且知道如何辨别不同的地点和找出与之相关的特征（一幅挂在墙上的画）；我们能自觉地运用空间的比喻（首先……）来引发一系列的联想。

我们借助图像识别星群——大熊座、公牛座、狮子座等，正如历史学家所说的那样，这些图像不是由某些早期人类凭空幻想出来的，而是为了让人们更好地掌握夜空中星星的位置。诗人西蒙尼的故事也许是个杜撰的传说，但地点记忆法却最终成为我们永不忘记的记忆术。

⊙服务于基督教的记忆术

公元 1 世纪，基督教的兴起将记忆术引入了宗教领域，从此，它就开始被用于精神救赎。

不要忘记上帝：沉思与祷告

记忆术的应用首先出现在最初的修道士身上，普通信徒履行完家庭与社会职责后就从现实生活中退隐，致力于祷告和经文的记忆。在祈祷或者冥想的时候，精神游离的可能性是很大的，有时候思想会落在日常活动而非上帝身上，借助记忆术有助于集中思想，心理成像法能够阻止我们“糟糕的好奇”。与此同时，通过构建心理图像也便于记住《圣经》中有难度的片段，更好地掌握基督教的教义。

记忆术和基督教艺术

在宗教生活中，心理成像法占据了重要的位置。它不仅给祈祷或者冥想，也给所有基督教艺术（文学、绘画、建筑等）提供了灵感。美国女研究员玛丽·卡瑞特斯追溯了整个中世纪的记忆术历史，她发现心理成像法是当时思想的重要工具。

事实上，记忆被认为是把知识归于已有的最佳方式。这不只是涉及用心强记，最终的目标是“掌握”或者“吸收”知识，正如今天我们对一个学校科目所做的那样。人类的记忆能力是极其巨大的，伟大的理论家托马斯·阿甘（1225—1274年）能够先在脑海中构想作品的主要内容，也就是说不求助于笔记或者手迹，之后再同时让4个秘书来记录他述说的内容。

记忆书

中世纪的一些作家具有高超的“熟记”本领，他们能够像在书中或图书馆中查找资料那样，在自己的脑海中“检索”知识。

在古代的手迹中，词汇或者句子之间并不是相互断开的。如果以不同的方式断句，一首用拉丁文写就的著名诗歌读起来就像一首希腊文的诗歌。引入标点符号的目的是

此图是18世纪弗雷德里克二世创作的《猎鹰训练术》中的一页。封面上大量的彩色插图除了装饰作用外，还有着帮助记忆的功用。

为了断开一篇文章，使其成为容易记忆的小单位。中世纪的手迹或者章节，起首的字都以色彩或图案装饰，目的是帮助读者记忆文字内容。起始字母周围的点缀图案概括或暗示了文章内容，是用来引导背诵的。在书页的空白处，我们有时候能找到一幅有助记忆的隐喻插图，这也是用来提醒阅读或者祈祷的。

⊙所谓的记忆术

从中世纪末开始，甚至在印刷术出现之前，在大学教育中有过一次背诵与其他口头记忆形式的衰退，越来越多的学生使用手抄本和书籍来学习。一些人文学者，比如伊拉斯谟（1469—1536 年）和梅兰希顿（1497—1560 年），甚至公开标榜自己对记忆术的怀疑，他们极力鼓励用“学习、秩序和应用”来代替地点和图像记忆法，并禁止学生使用所谓的记忆术。中世纪作家曾采用一系列的评论与批注来阐明宗教文章，宗教改革者则认为没有这个必要，那些文章在他们看来只读一遍就能理解。

在蒙田（1533—1592 年）的散文中，他说得更犀利：“我们只为填充记忆而工作，而让理解和知识保持虚空。”渐渐地，记忆术变成了既得知识的“机械性再生产”，同推理和想象完全对立。直到19世纪，修辞的原则和记忆术才继续被讲授，但是越来越不受重视，这可能源于福楼拜在他的小说《布瓦尔与佩居谢》（1881 年）中给了地点记忆法致命的一击：两个相依为命的主人公有着同样的名字，他们试图利用记忆术去记住事情发生的时间、制定他们沉醉其中的无数未完成的目标，但最终他们都失败了。为了简化记忆，他们将住所的每件东西都假想成一个不同的事物，整个村子都失去了原来的意义，苹果树是家谱树，灌木丛代表战斗，他们生活的世界全都变成了记号。他们在墙上找到大量消逝了的东西，看完就毁掉，却不知它们何时会再现……

2. 从简单的窍门到记忆策略

记忆术的悠久历史体现了记忆力的重要性，这一重要性已被我们认识到。然而，这些方法至今仍有效吗？简单的窍门和神经心理学发展的策略之间是否存在区别？

⊙“记忆不是肌肉！”

有些人想知道是否存在对记忆的训练，对这样的问题，专家们经常给出这样的回答：我们能够从中得到什么？

对于我们中的大多数人而言，遗忘或者记忆“空洞”只以点状方式突然降临。自然的衰老会导致我们记忆力的下降，随着生命的演进，我们发现遗忘变得更频繁，而学习进度变得更缓慢，并且必须投入更多的努力。是否可以减缓记忆力衰退的进程，一直保持良好的记忆力？

记忆是一个复杂的行为

记忆力不只是一种记录的能力，更是一种能够过滤的能力，因此我们会有所遗忘。记忆过程通常是复杂的，在进行信息处理时会调动不同的记忆形式，各种记忆形式之间的协作会随着不同的行为而不断改变。诚然，由于不断重复同一件事情，我们总能一次比一次做得更好，但是这种方式并不完全适用于别的方面。一个深受周围人喜爱的法文歌曲业余爱好者能够轻易引述诗句，却总是忘记亲朋好友的生日；一位拼字大师不管遇到什么样的字谜，都能以极快的速度解答出来，却会因为每星期至少三次想不起某个名人的名字而发愁；一个网球迷能记住所有大型世界巡回赛的日期，却从来都记不住法国大革命爆发的时间……

事实上，关于自己的事我们往往记得比较好，而其他方面就要费点劲了。经常玩拼字游戏或者背诵诗歌并不能让我们更容易记住把车停哪儿了或者饭后吃药。对于这类情况，记忆术或许能提供一定的帮助。

健康的生活方式和对某一活动强烈的动机都有助于记忆“保持好的状态”，但务必要保证从各种活动中获得乐趣。

对多种情况适用的法则

如果不停地重复，我们将会极少忘记某人的名字、一次约会或者放钥匙的地方，但这是个繁重且令人生厌的方法。幸运的是，存在几条简单且绝对实用的法则可以加速学习过程，使记忆变得更容易。它们不仅适用于日常生活中大量简单的记忆任务，如果配合合理的方法，还可用来学习和记忆复杂的知识。

这些法则都是广为人知的，我们几乎无时无刻不在以自觉的或潜意识的方式应用着它们，尤其在我们的专业技术领域。

为了防止记忆衰退和避免健忘，只要目的明确，并付出必要的努力将这些法则付诸实践，那就足够了。面对一项全新的或者复杂的活动（比如以前从没接触过的会计），在没有找到最合适的方法前需要经过更多的摸索。

⊙记忆术提供的策略

记忆术提供的策略虽然有些局限，但在某些方面还是非常有效的，其中大部分策略都被教育界借鉴过，而这并非偶然。

在学校的运用

当必须以正确的顺序复述一段诗文、一个关键句子，或者一个提纲中具有抽象特征的信息时，就急需求助记忆术了。在考试时翻书或询问他人都是被禁止的，再加上巨大的心理压力，很可能引起记忆“空洞”，这时也需要运用记忆术。

在日常生活中的运用

记忆术在学业之外的领域的应用就更加局限了。因为，我们能够记住的信息不能太多和太复杂，而且节奏也不能太快。

但是，日常生活的一些情况中，记忆术还是可以发挥作用的。例如，密码（银行卡的、通行证的、电子邮箱的）和信息口令可能被设置成一系列不存在任何逻辑关系或特殊意义的数据，而且，我们也不能把它们写下来，否则有暴露的危险。这种情况下，应该在第一时间找出适用的策略简化对数据的记忆，那么以后，特别是在一段时间没使用之后，回想起来就会比较容易。

记忆术也能帮助我们在极短的时间内记住少量的信息，例如当我们手头没有纸或笔，不能立即写下电话号码和地址时，在记忆元素之间建立联系比简单机械地重复更有效。

马路步行记忆游戏

你自己试试，就当是做游戏。4岁的小孩都能学会和使用这些简单的技巧。游戏是这样的：一个人先从眼前驶过的汽车中选一个车牌号，并用记忆法将其记住。其他人也同时记住这个号码。其中一个人描述这串数字的编码，接下来一个人重复前一个人所描述的东西。每个人都得复述，直到轮到第一个人说完整串数字为止。

这个游戏是测验长期记忆的。你能依然想起你几个小时或几天前所形成的联想吗？如果还能，那你就能有效地记忆数字。

⊙记忆术的长处与短处

心理成像或双关语都可以作为技巧用来记忆不常见的专有名词，或对应名字与面孔。在脑海中创造一个与词汇的发音或意义相关的图像，同样有助于记忆外语词汇。

一切皆有可能

最优秀的记忆术在理论上适用于每个人。积极与恒心足以使你正确回想起游戏中所有卡片的顺序，或记住整本字典。然而，想要更灵活地运用记忆技巧就需要进行训练，并对记忆术抱有兴趣。令人惊奇的是，即使是擅长记忆术的行家里手，在面对一些不太特别的材料时（尤其是教学方面）也似乎更乐意用其他的记忆方法。

记忆术是最好的方式吗

事实上，记忆术存在一些在我们看来“不太聪明的”程序，因为记忆术的运用似乎依赖一个符合信息本身的逻辑。例如，为了记忆哺乳动物的生物学分类，我们可以死记硬背或者利用记忆术。但是，我们也可以先写下来，在理解分类所依据的标准后，再进行记忆。这种方法看起来似乎更好，而前一种方法则给人留下“差学生”的印象，因为没有很好地理解课程而不得不在考试前一天死记硬背。然而，这两种方法的基本原则非常相像，都是将新信息与已掌握的信息联系起来。但是，前一种方法是任意地创造联系，就像地点记忆法所做的那样，相互建立联系的信息之间可以毫不相干；而第二种方法则需要利用既得的知识去建立更有逻辑性的联系。

⊙量体裁衣的策略

策略一词最初的意思为“将领的艺术”，即规划与领导战争的行动。依此类推，我们可以定义记忆的策略为计划与引导学习、储存和重组信息的艺术。

20世纪70年代后期的大量调查研究表明：能够辅助我们完成各种学习任务的记忆术在学校中被使用的最多。由于不同的记忆术策略适合于不同种类材料的记忆恢复，我们不能“以不变应万变”，而是必须要决定哪种策略更适合你，哪种策略对于你正在进行的学习任务会最有效果。

适用于具体的情况

我们所使用的策略越是恰当，记忆将越有效率，即越持久和完整。为了记住一小时后应该给朋友打个电话，最好是在电话机旁边放一张便签，而不是在手绢上打个结。后一种方式的不便之处在于无法清晰地指明必须要做的事情。为了不在一个陌生的城市迷路，我们会试图在脑海里构建一张地图，但是步行、开车或坐公共汽车所默记的地图并不相同。

适用于自己

好的策略应该适用于自己，应该考虑到自己已知的信息，将已掌握的知识转移到一个新的领域，或者正相反，防止两个不同领域互相干涉。例如，法国人在学习英语时会碰到许多两种语言共有的词汇，这就需要特别注意“假朋友”，因为有些词的书写完全一样或者相近，但意思却完全不同。

再者，好的策略还需符合自己的个性。一个健谈的人可能更偏爱通过对话学习外语，即使最初会犯许多错误；一个喜欢阅读的人则可能通过阅读原版小说学习外语；而一个比较内向的人更倾向于在正规的教学培训和埋头钻研语法书或者练习教材后，再实践自己的知识。因此，每个人都有自己的学习“风格”和动机。

以上两点，前一点与个体精神活动的特殊性有关，后一点则与个体的兴趣和意图有关，可见并不存在发展记忆策略的笼统的“秘诀”，但是一切都遵循几条主要原则。

3. 记忆策略的主要原则

长期记忆几乎拥有无限储存信息的能力。但是，在需要的时候对信息进行重组则依赖于我们“处理”信息的方式——这些方式不仅可以巩固记忆痕迹，还能易化对信息的重组。

现在我们知道，通过感觉器官所察觉到的一切，都由视觉记忆、听觉记忆、嗅觉记忆和味觉记忆快速过渡中转到长期记忆中。这种临时记忆只能够在极短的时间内（一般为 20—30 秒，最多 90 秒）记住有限的信息量（平均 7 个），并且这种记忆极易受一些因素影响，比如干扰噪音。除了注意力的因素外，情感也在记忆过程中扮演着重要的角色。

为了能够以有限的方法处理多样的信息，记忆系统不仅需要对信息进行筛选，还要以有利于存储和重组的方式组织信息。

⊙组织信息

没有什么比学习“没头没尾”的东西更难的了。当我们每次遇到不协调的信息时，都会先尝试把握其意思或者逻辑，再与已知信息建立联系。一旦联系建立了，记忆也就变得简单多了。

重新组合信息

为记住一系列的东西，最常见的方法就是改变原来的排列顺序建立总体连贯性。比如，在准备采购单时，尝试根据商场或柜台的位置重新组织物品，以避免不必要的往返和遗漏。

还有一个方法就是减少东西的数量，通过重新分组形成更简单的组合结构。例如在记忆手机号码时，最好是分 3 对数字进行记忆，而不是记忆 11 个孤立的数字。如果你是一个电影爱好者，想清楚地记住“詹姆士·邦德”的所有影片，可以根据扮演 007 的演员来将影片分类，从而简化记忆任务。

与已掌握的知识联系起来

在语义记忆中存在着一个复杂的联系网，使我们能很快处理所有新信息。比如，我们能直接辨认出一条新信息，很可能是因为先前有过什么征兆，或者我们将它与别的信息进行了比较。再比如，在树林里散步时，我们能认出路边的蘑菇，这是因为之前我们学过如何辨认蘑菇，就算不知道它的具体名称，但至少知道它是个蘑菇，是属于蘑菇家族的，可能与牛肝菌有点儿关系。

分类、做笔记与事先计划

对信息进行分类是记忆过程中应遵循的一条原则。在信息之间建立等级联系，或将它们集中到同一类别的知识条目中，是保证成功重组信息的最有效方法之一。知识有条不紊的特征使得由特殊到普通再到另一种特殊的转化变得轻松，而一个杂乱无章的目录哪怕再简单也必须从头进行一次心理浏览，才能找到需要的东西。

上课或开会时最好做些笔记，随后如果能将其整理一下或做个提纲那就更好了。同样，参考提纲或资料表有助于更好地理解课堂

测试组织良好的优越性

在无序中

记忆下面这些词，然后合上书。几分钟后，在一张纸上尽可能多地写下你记住的词。然后，进入下一个测试。

直升机　小艇　飞机　汽车

轻舟　大车　自行车　热气球

货轮　独木舟　悬挂式滑翔机　摩托车

尽可能合理地组织

记忆下面表格中的词，然后合上书。几分钟后，在一张纸上尽可能多地写下你记住的词。

乐器					
弦乐器		管乐器		打击乐器	
拉弦乐器	拨弦乐器	木质	铜质	手击	棍击
小提琴	吉他	长笛	小号	康茄鼓	鼓
大提琴	竖琴	单簧管	萨克斯风	响板	定音鼓

许多实验表明，分类法能够将新信息与已知信息联系起来，在回忆的时候提供宝贵的线索。

内容，这些内容提要可以给我们提供一些线索，能增加完整回想课堂内容的机会。

在实际生活中，比起一大堆便签之类的提醒记号，或者备忘录中无序的约会列表，合理的日程安排能够提高时间利用效率，为自己赢得时间。即使是为假期做准备，日程表也是必不可少的，它能帮助我们有步骤地处理很多方面的事情（住宿、饮食、交通），避免节外生枝。

概括来说，“规划”是为了对信息进行加固、集中、联系、分类、组织、概括，信息不停地被重复和“处理”，可以巩固记忆痕迹从而方便回想。因此，所有好的记忆策略都取决于对信息的规划。

⊙联想：建立联系

联想是将你想要记住的东西和你已知的东西之间形成智力联系的过程。尽管许多联想是自动产生的，但是联想的意识创造是将新信息编译的一个极好方法。将一个事物与另一个事物联系起来，更有利于我们记忆。在游览古希腊雅典卫城时我们会聊起在巴黎的趣闻轶事，在帕特农神庙前我们会惊呼“传说雅典娜的教堂……”。大多数时候，我们会不经意地做出这样的联想或比较。当我们乍一眼看到什么东西时会想起另一些事物，这些事物之间没有联系，和我们掌握的知识也无关。因此，在记忆时需要有主动激发联想的行为。还有一些客观存在的情况也会激发联想，比如词语的发音或字体等。

与其死记硬背，不如用某种方法将分散的信息联系起来，寻找口头的或可视的逻辑性，或者发挥我们的想象力。

⊙构建心理图像

在进行复杂的计算时，比如 4 乘以 18，你是把中间过渡部分（4 乘以 10 等于 40）写在纸上呢，还是在头脑里想象？不确定如何拼写一个单词时，你会想象一下可能的几种写法，然后再决定哪个写法看上去更为熟悉吗？假如有人要你倒着说出一个词，你会先尝试在脑海里浮现出这个词的正常顺序吗？如果答案是肯定的，那么你已经运用了心理成像法，这是最有效的记忆法之一。心理成像能使我

优化心理成像能力

面对一个具体的词，我们会以自己对这个事物的概念建立起一个心理图像。比如说，“老鼠”这个词会让我们想起一个小啮齿动物的样子，或者是电脑鼠标。

当涉及抽象或概念性词语时，就有必要将抽象信息组合起来，使其具体化。因此，“奴隶制”这个概念就可能通过一个脚踝带了铁镣铐的人来表现。

练习一下，请在脑海中构造以下词汇的图像：花瓶、猫、落地灯、汽车、自由、贪吃、博爱、欲望。

做完练习之后，你会发现自己能回忆起大部分词语，因为你已将它们转化为心理图像了。

们记住较为复杂的信息，也适用于非常多变的状况。

视觉重现

心理图像是对具体视觉感知进行想象后的综合图像。如果有人要你想象一只狗，出现在你脑海中的图像可能涉及多种形态：带有狗的基本特征的图像、你自己养的狗的图像，然后增加或删除一些细节，并添上你想象出来的颜色和动作（比如奔跑）等。你可以将自己想象的狗的模样画下来，拿它同真实的狗（一幅图或者一张照片都可以）比较一下，看看你对于狗的想象是否符合现实。

如何从中受益

在传统学习模式下，心理成像法是很重要的，应用也相当频繁。举个例子，要记住一个城市或一条道路的方位，最好将它们以地图或平面图的形式存放在记忆中。与其放弃统计数据里的一些细节，不如利用图表（几何曲线、分布图等）来牢记各种数据。同理，一份组织图能帮你准确分析事物的结构，一棵树形图能更清晰地表明分类逻辑。

在日常生活中，心理成像法有助于想起丢失物品的过程，或者在出门前找到抵达目的地的最短路径。

⊙记得更牢固的有利条件

组织、联想和心理成像是记忆的 3 大策略，还有一些条件能够提高这些策略获取和重组信息的效率。

合理划分学习阶段

在复习功课时，1个小时复习10次比10小时复习1次要有用得多。将学习材料划分为不同的部分，然后依次进行，学习新内容前先回想一下已学的内容，每个部分内部要先从简单且容易理解的入手。

进行双重编码

前文提到的许多例子不只调动了唯一的手段——心理成像或对字面意义的分析——而是使用了双重编码。双重编码的效果非常好，要想学得好，最好一边听课一边做笔记，列些提纲或图表等将帮助你更好地掌握课堂内容。

从既得知识中获益

我们可以对既有知识进行修改和补充。根据既有知识分配学习任务会更有效，这就是为什么专家们在自己熟悉的领域能更快地掌握新信息的原因。同时，我们也可以从新的学习中获益，梳理和更新既有知识，补充新的细节或建立新的联系。

转换视角

如果要为一个工作会议做准备，事先你需要想象不同与会者会如何领会你想要说的内容，预测他们可能会提出的问题，以防临场不知如何作答。

同样，在与银行顾问进行业务会面前或在医疗咨询前，不仅要把你想提的问题记下来，还要考虑对方可能会问你的问题。事前有了充分准备，临场忘记主题的可能性就会降低。

⊙“我想起来了！”

当回忆与学习的背景相似时，信息重组将更容易。因此，要弄清楚你在什么样的背景下才能回想起来。

当回忆与学习的背景相比时，信息重组将更容易。

如果不得不去地下室找某些东西，可以先在脑海中想象它们所在的位置，那么等到了地下室

练习将词语放入场景中

根据以下提供的12个词想象一两个场景，全神贯注地掌握所有的细节后合上书，几分钟后，根据自己想象的场景在纸上写出所记住的词，然后打开书进行对比。

山	海	太阳	夜晚
雪	杉树	岩石	鱼
海滩	滑雪者	阳伞	船

⊙ 心理成像法能使我们记住一系列信息，并且避免在回忆的时候落下某一个。

你就不太容易忘记要找什么了。如果找不到某样东西，那么想想你是从什么时候开始找不到的，回忆所有相关的元素从中找出有用的线索。

想象一下，你出席女儿学期末领取奖学金的仪式。事后，女儿要你给她拍张照片，你却发现相机不见了。在慌乱地寻找前，先尝试在脑海中重现你可能在什么情况下把它丢在哪了：它最后一次在你手里是在什么地方，周围环境如何，你和谁在一起，你们谈论了什么，几点钟，光线如何，当时你闻到了什么气味，听到了什么声音，自我感觉如何……回到你经过的所有地方，想想当时发生了什么，或者站在其他路人的角度想象他们可能看见了什么……

⊙练习很重要

如果不配合以练习，那么再好的记忆策略也将无效。想要改善记忆并非难事，通过训练能使我们形成适合任何情况的习惯性动作。同时，还应该给自己时间以适应不同的记忆策略。注意，每个人都有自己独特的解决方案。

记忆规则

1. 我的记忆能提高多少

⊙记忆的潜力

当我们探讨提高记忆力时，我们并不像谈论心血管健康问题那样具体或可量度地来讨论。增强记忆力有些像提高高尔夫球技——涉及一些动力学。同样，形成一个极佳的记忆也并不是一个秘密。

由于记忆像高尔夫俱乐部一样种类繁多，那么我们也推荐一些种类的记忆方法。这里所介绍的方法为有效运用一系列记忆手段提供了基础，这些记忆手段我们合称为记忆术。然而，就像熟练目标击掷、轻击、击球一样，使用这些规则和训练良好的技能是你成功的保证。运用记忆方法是简单而有趣的事情。只要你使用了这些方法，哪怕是最低限度的运用，就已经是在开始挖掘自己最丰富的记忆潜力了。

一般情况下人类的记忆容量很难估量。但最近一项关于大脑的研究证明了专家们一直以来所断定的：我们大脑的容量远远超出自己的想象。事实上，一些科学家认为普通人的大脑在长期的记忆中可以容纳 1000 万亿比特的信息量。

然而，大脑的结构要求我们储存有意义而非随意的信息。因此，记住一个任意的社会保险号或一个难懂的概念需要一个比记住你喜欢的东西更复杂的策略。普通人一次只能记住 3—5 比特或块的随机信息，但每部分可能又包括另外 3—5 块信息——有些像俄罗斯套娃玩偶，每个玩偶都装在更大的一个里面。因此，假如一个社会保险号有 9 位数，当被归纳成次集合时可能很容易就被记住。这种所谓的团块策略，说明了大脑如何被训练得可以更有效地运作——来加工和记住更多的信息。

⊙记忆术的作用

本质上，记忆术是记忆的工具。该词的本源可追溯到 1000 年前或更久远些。古希腊人非常崇拜记忆的力量，以至于一位象征着爱与美化身的女神被命名为摩涅莫辛涅——意思是“不忘的”。那时古希腊和古罗马政治家们想出了许多记忆的策略来帮助记忆大量信息，通过这些策略使长老院的演讲与辩论在听众中留下深刻的印象。在现代，这个词通常指的是记忆方法。既然我们将记忆理解为包含三个要素——编码、保存、读取——的一个过程，那我们就总结并增加了曾被古代演说家用过的一些记忆法。

⊙即使没有很好地编码也能重获信息吗

记忆也许不可能是精确的，更有可能的是你一旦获得信息就会马上识别出来。例如，在一个多重选择的格式中，像一个评论问题中需要的那样单独记忆。另一方面，如果没有很好地编码、保存信息，没有采用策略性的记忆方法，那就没有恢复信息的希望。但是这三个过程中的每一个都能提高你成功的概率。事实上，每一种提高记忆力的系统、规则、记忆过程、策略、种类、观念或洞察力，都与这三种关键的记忆阶段中的几个或全部有关。

2. 编译记忆的原则

⊙积极的态度和信念

最重要的编译记忆的原则，是你真正相信自己能够学会和记住你想得到的。这种情况下，你的身体放松并且聚集了所有完成手边工作的能量。积极的态度会产生成倍的效果：它最终改变了你大脑中的化学成分。积极的态度促使多巴胺——一种良好的神经递质产生。就像一台从地基循环取水的抽水泵，乐观促生了多巴胺，多巴胺反过来又提升了乐观情绪。第二，积极的态度有助于产生更多的去甲肾上腺素和另一种神经递质，这种神经递质为你提供了作用于动机的生理能量。第三，建设性的思考可以刺激大脑前叶，有助于长期计划和判断。总之，积极的状态远胜过“盲目乐观的效果”，它实际上刺激了你用来学习的大脑。

⊙准确的观察

我们大脑中的大部分信息都是无意识的。伊利诺伊州立大学的埃曼纽尔·唐琴博士认为，我们加工处理的超过99%的信息都是没有意识的。为了避免被无数的感官琐事所轰炸，人类的大脑学着有意识地只关注那些被认为是重要的信息。我们尤其关注那些威胁到我们生存的事物。当我们每分钟随机感知数以百万的信息量时，我们确定要记忆的信息必须有意识地被提示给记忆系统。这里动机在起作用。为了确保准确的编译被引入信息，你必须下意识地集中注意力。不管你是否真的感兴趣，积极主动地集中注意力能更好地储存和恢复记忆。

你观察、听到和思考的事物越多，记忆的可溯源就越深。注意闻一下是否有些气味存在，如果有就在心里默默记住。听一些平时不容易注意的事物——背景噪音的变化或音量的增减。写下那些特别有意思或重要的信息；绘制图画、图标或标出数字来说明一个要点；检查你确认的感知是否准确。闭上眼睛想象你所听到的。在脑海中回想这些信息并用你自己的语言重新组织。你潜心感受的越多，初始记忆的编码就会越强。

⊙ 当我们第一次观看图画时，细节更重要。比如，教人打高尔夫球，得分会使他们对“标准杆数”产生一个更好的背景理解。

⊙考虑背景因素

编译记忆的另一个关键因素是考虑背景。背景则意味着更宽泛的模式——输入的意义、环境、原因。当我们第一次关注大幅图画时，所有的细节问题更关键，知道了图画是怎样组合在一起后我们就可能理解和记住信息。例如，想一个拼图玩具。通常的方法是通过比较方框中的图片来确定邻近的部分。换句话说，整体为理解部分提供了必要的背景。想象一下学习一项新的运动，比如，你亲自打了比赛并且得分了之后才会记住“标准杆数”或“转向架”这些高尔夫中的专业术语。同样，当你一遍遍试着击球到400码远时你才能确切地领会到这一距离的实际意义。

⊙ B.E.M 原则

缩写词B.E.M表示开始、结尾和中间。你接收信息时很可能按这一顺序来记忆。换句话说，更容易记住的是开始时接收的信息；接下来是结尾接收的信息；最后记住的才是中间部分。

为什么会这样？研究者推测在接收信息的开始和结尾时存在着一个关注偏见。开始时固有的新奇因素和结尾时感情释放在我们大脑中酝酿产生了化学变化。这些化学变化加上学习使之更容易记忆。因而，如果你想记住中间部分的信息，就应当运用一个记忆方法并且给予这部分特别的关注，以确保对它们进行更牢固的编码。

⊙主动学习

通过一个练习的形式我们可以更好地理解主动学习的概念。因此，思考下面两组序列：一组数字和一组字母，花几秒钟来记忆每一组。

1492177618121900191719631970

NASANBCTVLIPCIAACLU

一般来说，大多数人都会费时来记忆这些抽象的数据，除非他们运用记忆术——我们就打算运用它来记忆。这次，我们将它们分成3、4个一组再浏览一遍，使之在某种程度上让你印象更深刻。用视觉图像或联想的方法将数据中的小块相互联系在一起完成记忆过程。例如，你可以引用历史中一个著名的数据（哥伦布开辟欧洲新航线的时间）“1492”将开头4个数字联系在一起；然后，你通过另一种相关想象把它与接下来的一组数字联系起来（这一回是关于《独立宣言》）。在这里，虽然是为了易懂提供的两组显而易见的例子，但事实上，你的确可以运用这种联想记忆法记住任意次序的字母或数字。

你刚才所做的实际上就是“主动学习”。当一个人处理信息或用它做实验，或者被要求来解决一个与之相关的问题时，他可以通过多种记忆方法来编译信息——视觉、听觉和知觉的——以此增加恢复记忆的机会。加工处理新的信息可以在你大脑中产生更多联想并且巩固已有的联想。这里有一些用于塑造记忆肌肉的可靠而真实的策略：

（1）讨论新的知识。

（2）阅读新的知识。

（3）观看一部相关的电影。

（4）将信息转化为符号——具体的或抽象的。

（5）运用新术语和概念做一个填字游戏。

（6）写一个主题故事。

（7）绘制相关的图画。

（8）分组讨论新的学识。

（9）在头脑中描述新的学识。

（10）编一些相关韵律和歌曲。

（11）将身体运动与新学识联系起来。

⊙分块

正如前面所述的主动学习的例子，复杂的题目或一长串信息元可以分成易掌握的块儿来理解和记忆。例如，电话号码、信用卡、社会保险号总是被分成2—4个数字一组以便于记忆。有意识的大脑一次一般只能处理5比特的信息量，而这一数量又与学习者的年龄和已有的学识有关。一般说来，1—3岁的婴幼儿一次只能记住一条信息；3—7岁的孩子可以记住两块儿信息（或根据指导一步步来）；7—16岁的孩子能记住三块儿信息；大于16岁的则通常可以掌握四块儿或者更多信息。

不管你的年龄有多大，将抽象的信息分成易掌握的团块能够增强你的记忆。这里还是前面主动学习练习中用过的两组相同的数据，只是这次我们把它们分成团块。当然，没有正确与不正确的团块次序之说；唯一重要的是它们对你是否有用。我们已经使用了一些简单例子来说明，接下来的方法将教你怎样对那些提示不怎么明显的信息进行联想。

我们现在将上文中那个主动学习的例子分成下面的团块，以便更有效地进行记忆编码处理。

1492.1776.1812.1900.1917.1963.1970

NASA.NBCTV.LIP.CIA.ACLU

⊙加入情感

不论何时，一个人情感的加入，都在很大程度上可能形成对事件更深刻的印象。激动、幽默、庆祝、猜疑、恐惧、惊奇，或者任何其他强烈的情感都能刺激肾上腺素的产生，同时也刺激着扁桃体结构。举个例子，如果你作为贵宾出席一场令人惊诧的聚会，那么你会感觉到情感对记忆的影响力。在这样一个时刻，这个活动会因肾上腺素的释放，大脑情感中心和扁桃体结构的刺激而变得记忆犹新，从而也促进了编码和恢复记忆。

恐惧为长期记忆中某种情感的根深蒂固提供了典型例子。你4岁时，有人恃强凌弱从你身后鬼鬼祟祟冒出来，将一条蛇猛推到你脸上并大声恐吓，这种经历在事情发生的那一刻留下了深刻的烙印。为什么？因为强烈的恐惧感刺激产生了肾上腺素——使身体免受畏惧和惊吓的生存反应；因此，生物化学认为这种情况是重要的。一条蛇或以后类似的刺激物在你余生中可能触发相同的自动反应——无意识的，如果不是有意识的话。如果这导致了令人讨厌的恐惧症，（在治疗中）这种强烈的编码将被重新组织。然而，由于恐惧感使人印象深刻的特性，我们通常要推荐一个资深医生来治疗。

⊙寻求反馈

“你看到了吗？”无论何种情况，当我们见到一些不寻常的事物时，我们的反应或者是不相信，或者是和别人核实。这是一个聪明的策略。你要确保自己的所想、所见、所闻是真实的。寻求反馈是一个自然且基本的学习手段，它有助于我们在形成不准确的记忆之前将假象减小到最低点。反馈的过程有助于增强我们的感知，从而增加记忆事物或刺激物的可能性。反馈来源于多种形式。提问是其中之一。即便答案并不恰当，个人对信息的涉入也能加深编码。

3. 增强记忆力的原则

⊙获得充分的睡眠

研究表明，白天学习时间越长，夜里做梦可能就会越多。我们做梦的时间，即所谓的快速眼动睡眠，可能是学习的一个巩固期。快速眼动睡眠占据我们整个休息时间的25%；也有人认为它对睡眠是重要的。这个假定有事实支持：大脑皮质的一部分被认为在长期记忆过程中起关键作用，而其在快速眼动睡眠期间是非常活跃的。其他的研究表明，快速眼动睡眠中老鼠大脑的活跃方式与白天学习期间大脑的模式相似。亚利桑那大学做白鼠研究的布鲁斯·麦克诺顿博士认为，在睡眠过程中，海马体仍然处理着脑皮层传送来的信息。关键的“停工期”通常在睡眠最后的1/3时间（早晨3—6点）出现，它可以使好记忆与差记忆呈现出差别。

⊙进行间歇学习

大脑的设计并不是为了永不停息的学习。加工处理期是为了在脑中建立更好的连接和唤起。这就是间歇过程中可以进行最成功学习的原因——学习、休息、学习、休息。研究表明，应依照学习材料的复杂性与学习者的年龄，每学习10分钟—15分钟之后应确定一定的停工期，而这种有效的规则对于增强记忆是至关重要的。

⊙让信息变得重要

维持记忆的另一个重要因素是人对信息重要性的划定。有关这个原则的一个很好的例子，是那些总是忘记写作业的学生，但他们却记得自己最喜欢棒球队中每个队员的击球率。想想每天对我们进行狂轰滥炸的电视广告，你会记得多少？你又能记住多少时时响起的电话号码？可能你什么也不记得——也就是说，除非你正在专门查找一条广告，那么你会刻意记住它。回想上次你被介绍给你真正喜欢的人时，你是不是不止一次询问他的姓名？信息对你越重要，你越可能记住它。

⊙运用信息

练习一直是最好的老师与教练。重复能够增强记忆。当大脑吸收了新的信息时，细胞间就产生了一种关联。这种关联在每次使用时都会得到加强。初始学习之后复习10分钟可以巩固新的知识，48小时后再复习一遍，7天后再来一次。这种循环确保一种牢固的联系。看照片是另外一种增强记忆的方法。大学时的一些记忆是否已消失？通过留言簿里泛黄的纸张和幽默的留言，我们可以回忆起那些面孔、名字以及共同的冒险经历。

⊙牢固地储存信息

有人错误地认为大脑是身体里唯一的记忆存储和恢复中心。实际上，我们需要不同的记忆存储设备。便条、名单、电脑、档案、朋友、特意放置的物品和日历都可成为支持我们记忆的工具。它们中的每一个都有着同一目的：为帮助记忆恢复提供“牢固的副本”。依靠这些外部的记忆设备，我们很少会产生错误的回忆。把我们忙碌生活中的重要记忆放在每一个地方是加强记忆的策略性方法，即使是仅仅写下想要记住的事也能加强你的记忆。

⊙养成习惯

大多数人都有许多，甚至成百上千种习惯让我们记住生活的责任与义务。当然，大多数人都是无意识地养成这些习惯的。这些习惯可能是把我们的桌历翻到一周中恰当的一天，把便条粘在醒目的地方，标记出我们要记得带去学校或工作的东西，等等。这里的策略是有意识地在生活中养成习惯以减轻记忆的负担。比如，当你走进屋子时总是把钥匙放在同一地方，它更适宜放在靠近门的地方。一旦意识到自己的习惯，你就可以利用它们把要记住的信息联系起来。例如，你可能把自己要记得带去工作的书与钥匙放在一起，在你例行其事的时候，就不需要刻意去记忆。

4. 记忆术和记忆恢复

很多人发现一旦他们运用一种记忆术来记忆事物，恢复记忆就变得容易得多。记忆术总是使用联想方法。下面的基本记忆法只要稍加努力就可以增强你的记忆恢复。

⊙位置法

位置法是将你熟悉的地方中固定的地点或事物与想要完成的目标联系起来的一种记忆法。例如，你正在做一个包含5个关键要素的演讲。你所谈的每一部分都与提供给你自然顺序的不同“主题”联系在一起的。为了说明这个例子，我们想象一个典型的会议室。墙边那个大的设备是你走上讲台首先看到的，因此你选择这个提示来提醒自己希望做出一番颇受欢迎的讲话。墙上的装饰品可以选择来提醒你的下一个话题——发言主题的历史意义。你演讲的下一个要素——目前的时局——与房间后面的国旗相联系，门上的出口标志选择来引发你做结束语，等等。在开始运用这一方法时，我们建议你按一定的顺序使用主题，前门可能是你的第一个主题，入口通道是第二个，餐厅是第三个，等等。房间中其他的位置也可以用来指定主题。这个策略是古代伟大的演说家所选择的记忆方法。

⊙关联词汇法

这种记忆策略与位置方法遵循着同一原则。实际上，它是从位置方法中分离出来的。唯一的区别是使用一个具体的物体，而不是选择一个熟悉的位置。位置方法非常适合演讲或概念记忆，关联词汇法则适用于记忆数字。这一方法的首要步骤是学习一套关联词汇。一些人选择儿歌因为这样他们更容易记住。其他人喜欢那些对他们有个人意义的关联词汇。如果你同时大声地说每个词，想象某一特定情节，进行身体活动，将很容易记住所列的名单。这种方式最少可分成三个记忆分支：视觉、听觉和知觉。

大脑的可塑性

0是支票：

将你的手伸向天空大喊：“0张支票！”

1是太阳：

指向天空说：“只有1个太阳！”

2是腿：

拍拍你的大腿说：“我自己的双腿！”

3是熊：

轻拍它们的头说：“3只小熊！”

4是车轮：

想象拿着方向盘说：“4轮滚动！”

5是手指：

攥紧一只手说：“重要的5个！”

6是6包：

吮吸一个想象的易拉罐汽水说：“来6包！”

7是一周：

看想象中的日历说：“很愉快的一周！”

8是一个雪人（形状像一个8）：

吃一些想象中的雪说：“雪真好吃！”

9是猫：

抚摸一只想象中的猫说：“9条命是一段很长的时间！”

10是一只母鸡：

用双手盖住耳朵说：“不要成为一只母鸡！”

回顾左边的词汇直到你记住它。给自己增加其他你想要的关联词汇。一旦知道了10个关联词汇，你就可以结合它们记住任意数字。例如，数字11可能让人联想到一个双手伸向太阳的人；或者结合更多的想象，你对任何一个数字都能创造出一个关联词汇。大部分数字会使你想起逻辑联系。例如，12代表1年中的12个月；而13呢，或许是代表1只黑猫或1个忌讳的数字；14呢，代表情人节的心情；26呢，代表字母表中的26个字母。如果你可以记起一些具体的物体好过数字的话（正如大多数人），关联词汇法将提高你的记忆能力。如果掌握了关联词汇法，你可以使用另一种记忆法，也就是与进一步巩固编码处理相联系。

⊙联系法

联系法是连接的过程中，用行动或想象将一个单词与另一个单词进行联想。这种方法经常与关联词汇法相结合，按某一特定顺序记忆一长串信息元。使用先前的关联词汇，例如，电话号码423-1314，就可以通过想象被暗示和联系（4）车轮被（2）腿短的（3）熊推着通过一片晴朗的（1）原野，（3）熊对着太阳举起手指（1）并使（4）车子落在地上。尽量将数字结合成顺序来简化联系法记忆的过程。再如，为了记住要买杂货的清单，通过想象盛水花瓶里的花将第一项（比如面粉）和第二项（滋补水）联系起来。联系的关键是运用你的想象力。联系不必是逻辑的或现实的，唯一重要的是它提供了你的记忆。

⊙关键词法

这种记忆方法多年来一直为人们所运用，尤其是在记忆外语中的词汇和抽象概念时。这是另一种将口头和视觉上音似的单词与抽象的词相连的一种形式。例如，西班牙语中的“你好”，HOLA就可以被联系到“OH-LAH”，也就是OOH-LA-LA，见到你很高兴；而西班牙语中的“再见”，ADIOS，可以被联系到单词“AUDIENCE”（观众）以及在视觉上联系到一群观众挥舞着手对你说再见。如果你发现一个词一时记不起来，就可以用关键词记忆法且再也不会忘掉。

⊙缩写词法

我们时常被离合诗所迷惑，缩写词是从一段文字中每个单词的首字母得出的。常见的缩写词是NASA，它是美国国家航空与太空行政部门的缩写。组织的名称经常被简化成缩写词。另一种教给许多学校学生的缩写词能帮助我们记住五大湖的名字——HOMES〔Huron（休伦湖），Ontario（安大略湖），Michigan（密歇根湖），Erie（伊利湖），Superior（苏必利尔湖）〕。

⊙儿歌与童谣法

儿歌与童谣也许帮助过你学习基础知识，即使不是全部，大多数的学前电视教育节目都依靠儿歌与童谣教孩子从刷牙到扣安全带等事物。而在这些精彩的电视教育节目产生以前，人们就通过阅读和讲故事模仿儿歌来记忆。通过将那些不可思议的信息编成曲调、儿歌或童谣，可以帮助记住天生容易忘记的东西。例如，我们国家有谁不知道1949年发生的事情?

记忆术在学习中的应用

1. 记忆术在教育中的作用

⊙记忆策略能够帮助我获得学业的成功吗

在学校里，我们要完成多种学习目标，要解决多项议程，这常常都需要与自己的时间竞赛。首先，有一些是你希望学到的知识，因为你对它们感到好奇，并且认为学习这个科目很有意义；其次，有一些是你的老师希望传授给你的课程；再次，有一些是社会体制要求你掌握的知识，还有一些是父母期望你学习的课程。另外，一个学生必须知道他们将会被测试哪方面的知识或技能。一些测试是衡量你的知识水平，另外一些测试很可能是检测你的技能水平。有些课程可能会让你进行个案分析，其他的课程则需要你知道一些公式。有的测验可以使你提高即兴思考的能力和提升创造力，有的测试则可以指导你学习的方向。无论这些课程目标和检测方法多么不同——无论是一篇短文考试、多项选择、数学等式、口语表达，或是个案研究，它们在某一些方面都是相同的，即每一种考察方法都需要知识，而这些知识的学习都需要依靠你的记忆力。

为了确保你可以获得必备的知识，无论课程任务是什么，我们建议你能够利用所有的记忆工具。就像没有仅用一种工具（如锯）就可以盖房子一样，也不可能仅使用一种记忆方法（如联系法）就可以满足你所有的记忆要求。当你可以很熟练地运用本书所概述的所有记忆术策略，你的记忆力“工具箱”就可以帮助你完成繁重的学习任务。

⊙记忆术会削弱教育的地位吗

记忆术策略的学习绝对不会取代教育本身的地位，它仅仅是学习的一个辅助方法。就像计算机一样，记忆术的学习只是提供一种方法，可以使你更快掌握知识。一旦学生们能够有效地使用记忆术方法，那么就可以把他们的学习时间最大化。美国教育部 1989 年出版的《什么在起作用》总结说：“记忆术可以帮助学生更快地记忆更多的信息，而且对这些信息的记忆可以保持很长的时间。”

新泽西州的参议员比尔·布拉德利曾是美国参议院中最智慧、最善于思考的参议员之一，他非常赞成美国教育部做出的这份总结报告。这位普林斯顿大学的毕业生也是一名记忆力方面的专家。这绝不仅仅是巧合。布拉德利的记忆技巧可以使得他只花很少的时间来完成学校的任务，然后利用更多的剩余时间追求他个人的目标。

⊙什么记忆策略可以提高我的学习成绩

你能够想起记忆过程包含的三个基本要素是什么吗？下面做一个简单的回顾。这是对于任何初学者都要坚持的记忆阶段：

编码的阶段（已记录的阶段）

保持或增强的阶段（储存的阶段）

通过联系回想的阶段（回忆的阶段）

成功的学习策略不但能够使你掌握必修课，还可以使你在有效的时间内学习你感兴趣的知识。

2. 学习中的成功编码策略

⊙保持冷静

用积极的信念为自己打气。相信你可以掌握新事物。提醒自己可以做得到。如果你碰到了挫折，一定不要为此就放弃自己制定任何远大的目标，或是对于自己作为一个学生的能力做出轻率的判断。你可以做一些积极的体育运动，或是改变一下学习的进度。当然，也可以给你自己一些坚定的信心，比如，对自己说，“掌握事物很容易”；“我一定会成功”；“我有很强的记忆力”，等等。

⊙学习需要能量

你要非常清楚学校的时间和你学习的时间。每天要有 6—8 小时充足的睡眠时间。吃一份高蛋白含量的早餐。如果你有咖啡、可可，或是茶等饮品，那就要限制咖啡因的饮用量或是喝脱脂咖啡因的咖啡。过多的咖啡因会降低你的注意力，导致你犯一些错误。理想的学习状态是警觉而不是兴奋。

⊙有目标的人是成绩优秀的人

你要确定你想要学习什么和为什么学习它。回顾一下总体的任务，制定一份计划。写出你的周目标、月目标，或是学期目标。把这些目标分成几个可以衡量的步骤、检测点，或者是你能够经常回顾的目标。如果你制定的目标既可以包括你要学习的内容，也包括你希望学习的知识，这两者之间如果能够达成平衡，那么这就是理想的目标了。这些目标越有竞争力越好。

⊙练习

当你学习时，应用之前介绍过的记忆术策略。编码记忆可以是很简单的。思考一下你正在学习的新内容是如何与你已经知道的内容相互联系的。当然，编码记忆也可以稍复杂些，比如，要把你的学习内容与地点或是身体部位联系起来记忆（位置法）。

⊙“好好保养”记忆力

你的记忆力有赖于其所必需的营养。在学习时，要确保你的大脑能够通过健康的饮食（如新鲜的水果、蔬菜，全部的谷类食品等）

来获得足够的营养物质。你也可以考虑其他的食品来补充营养，以提高你的认知力，增加活力。

⊙专心于中间部分的内容

我们知道对大部分材料的记忆顺序是开头、结尾，然后是中间部分。也就是说，在每一个学习阶段，学习内容的开头和结尾部分与中间部分相比，都会更容易被记忆。根据这个原则，你可以有意识地更加注意中间部分的信息，从而抵消中间障碍信息对记忆的不利影响。因为你会很自然地记住材料的开头和结尾，那么对中间部分稍加注意，就可以支撑这个记忆的薄弱环节了。

⊙集中注意力

对材料的积极思考能够加深对内容的理解。这样的话，我们就可以问自己一些问题，然后把这些设想形成一个清晰的重点：我们昨天学习的内容和它有什么关联？我们还将要学习什么？为什么学这个而不学那个？或是，这个内容意味着什么？这种问询过程对于编码记忆和增强记忆是至关重要的。在班级里提问问题，两个人互相检查。如果可能的话，在形成错误的印象之前，立刻做出反馈。

⊙让我们来欢庆

当你体验强烈的情绪感受时，那么这种经历就很可能会在你的记忆中留下深刻的印象。兴奋、幽默、欢庆、恐惧、骄傲、焦虑和其他的强烈情绪都会刺激大脑产生一种能有效提高记忆力的荷尔蒙，它可以促使大脑和身体行动，帮助大脑回忆信息。

⊙形象的描述

用形象的语言描述图片。在头脑中形成思路，可以保证你是正在理解材料，尤其是有些材料是以口头的方式表述的。思路给你提供了一个形象的图表式的组织模式，帮助你理解你要学习的内容，这种方式有助于你编码记忆、增强记忆和恢复信息。形成思路是很有意思的过程，如果参考下面简单的四个步骤，将使你更加熟练地掌握这个过程。

思路形成的步骤：

（1）准备一叠纸张和一些彩色笔。

（2）在纸上你可以把中心内容写出来，画出来，或是用其他的方法把它们描绘出来。

（3）添加从主要内容中流露出来的其他内容，并且用感知描述它们。用这些次分支内容描述相关的中心意思。

（4）把线条、胡乱的涂画、图表和标记都联系起来，用丰富的细节形成个性化的东西。所有这些都有助于在你头脑中确定概念和观点，有助于刺激你后来对内容的回忆。

3. 成功学习中的增强记忆策略

⊙甜蜜的梦

研究表明，在逻辑测试和解决问题的测试中，那些睡眠充足但是很少做梦的学生与睡眠充足且经常做梦的学生相比，他们的测试结果很糟糕。这表明不只是睡眠对于记忆过程很重要，做梦对于记忆过程的作用也是非常大的。实际上，如果你白天学习的内容越多，那么你晚上做梦的时间很可能就越长。做梦状态和快速眼动睡眠时间用去了整个睡眠多于25%的时间，这对于我们保持记忆力是至关重要的。刚刚入睡时，快速眼动睡眠用去了我们睡眠时间的一小部分。快到凌晨的时候，我们大部分的睡眠时间都是在做梦。这表明睡眠过程的最后几个小时对于学习的巩固可能是至关重要的。如果你的工作或是学校要求你不得不每天五点钟起床的话，那么这对你的记忆力将会产生消极的影响。

⊙抓住高潮期

大脑的结构决定它不能永不停息地学习，它需要休息。基于大脑机械理论，大脑左右半球之间每隔90分钟左右就要交替消耗能量。这种身体节奏或头脑节奏被称为昼夜周期（一个昼夜不停连续运转的周期）。在这种周期的作用下，当左脑处于功能运行高效期时，更多的与左脑有关的任务（如连续学习、理解语言、计算和判断）就会很容易进行。同样，当右脑处在功能运行高效期时，更多的与

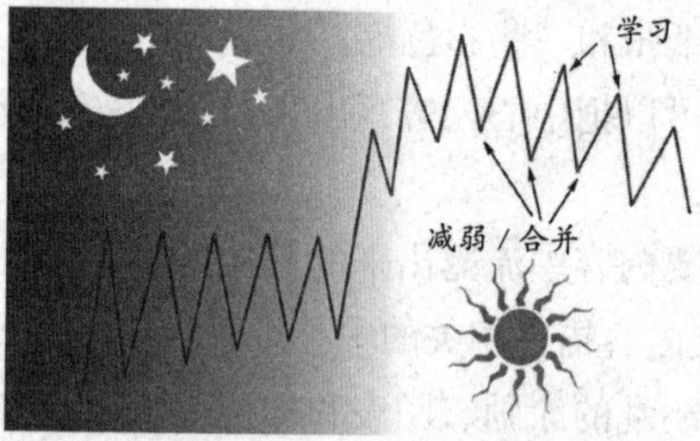

⊙ 此图展示了我们一天的昼夜节奏是如何受影响的。在这里，通过不同层次的脑波活动，来描述这个影响。

右脑相关的任务（如富有想象力的学习、空间记忆、辨认面容、想象影像和重新构建歌曲）也会很容易进行。学习过程需要有间歇来处理材料内容。在这段时期里，大脑分析学习内容，并且把它们传送给内部大脑组织，这个过程对于记忆的连通性和恢复记忆也是必要的。你难道不认为进行完1万米的长跑后需要休息吗？由于学习是一个生物过程，它会改变大脑的结构（建立新的突触间隙连接，增强原有结构的运转效力），因此，睡眠对于大脑保持最佳运行状态是非常重要的。如果你非常了解你自己大脑的昼夜运作节奏，你就能够在大脑功能运行能量最旺盛的时期最佳地完成你的学习任务，而当大脑处于低效率运行期时，就可以休息放松。

⊙重复

脑细胞与新内容之间的联系可以通过重复这个过程得到加强。为了保证这种强大的联系，新内容应该在学完之后的10分钟内复习一遍，48小时内再重复一遍，如果可能的话，7天之后再把它重复一遍。如果你不复习那些学过的内容，也许你会在某个时间惊奇地发现，突然间你把它们全部都忘记了，尽管你清楚地记得你学习过那些内容。复习新内容的时候，你可以和其他同学或者其他小组的同学组成一个学习小组，重新读读笔记，或者重读每一页的开始段落和结尾段落。设计一个纵横字谜也是另外一种很有创意思很有创造性的复习方法。其他还有一些方法，比如可以看一段有关这个学科的录像，或者利用新概念新内容编一曲说唱乐等。

⊙你的记忆复件在哪里

尽可能使用一些“有难度的版本”或者外部的记忆工具，复制你的记忆。尤其是在你压力很大的时期，当你一度要反复修改很多杂乱的事情的时候，养成随身携带一个日程表或者个人记事本的习惯，并且要非常狂热地喜欢在上面记录一些内容。设计一个软件（如果你使用计算机），一个整理好的资料系统，里面包括你每天的目标，有的时候一些事情也可以引发你的记忆。没有一个人的记忆力是最好最完美的。我们承受的压力越大，信息就越可能没有获得编码记忆而流失掉。制作你个人的记忆系统复件，就像制作一个计算机的记忆系统复件，可以帮助你记忆或者搞清楚一些问题。

⊙一天一小时

人是习惯的奴隶，所以我们能做的最聪明的事情，就是好好利用这种趋向。每天都要留出练习、叙述和复习的时间。有一种趋势很明显，就是你每天短时间的学习（间隔学习）要比你长时间内填鸭式的学习效果好得多。如果完成一个3小时的任务，你要问自己：“我要如何花费最少的功夫，如何最大限度地利用我的脑子来完成这项任务？”把这项任务分成45分钟的学习阶段，用4天多的时间完成它，这样你的大脑就可以有个“休息期”，而大脑正好需要用这个“休息期”来巩固你已经学过的知识。当然使用这个方法首先要求你要有很强的自制力，但是一旦建立起你自己的常规，那么就可以明显地看到这种学习方式的优势，而且这种学习过程也是在无意识地进行。

⊙说什么

你越能熟练地掌握新内容并且形象地描述它（积极的学习），你就越能很好地理解材料。在笔记上写出你的思路，与其他学生组成小组就某一论题进行辩论，或者做做试验，或者根据学习内容编出一个小故事，或者用肢体语言或手势来形象地描述这些内容。你还可以找到一个学习伙伴，每周都可以在一起复习功课。在图书馆里浏览一下有多少关于这门学科的参考书。有很多种方法可以使我们熟练地掌握新内容。就好像你走进了一个知识的“玩具店”，你都要自己亲自看看。或者就像我们观察一个初学走路的小孩子，他在早餐时间会端着一碗粥到处走，做任何可以想象出来的事情，但就是不喝它。

⊙视觉训练

慢慢移动你的目光，用一种结构的方法观察图片——从左到右，从上到下，然后再反向观察回来。记录下你所看到的东西。

闭上眼睛然后尽可能清楚地回忆你观察到的情景：图片的左上角是什么物体？左下角，中间，右上角，右下角呢？

睁开眼睛重新观察图片。你记忆对了多少？什么物体或是细节你漏掉了，或是记忆不准确？

最基本的观察方法能够应用到你所希望记忆的任何对象上面。为了训练你的观察技能，你可以随机任意选择影像或者情景，然后仔细地观察它们。就上面列出的各种问题对你自己发问。然后，尽力描述或者刻画你所观察到的。当然，你可以写出或者画出那些情景。如果你能够更多地注意到你身边的事情，能够观察你生活中的每一个细节，那么，当你养成这个习惯后，你的记忆力就会提高，同时，你的创造力和艺术技巧也可以有所提高。

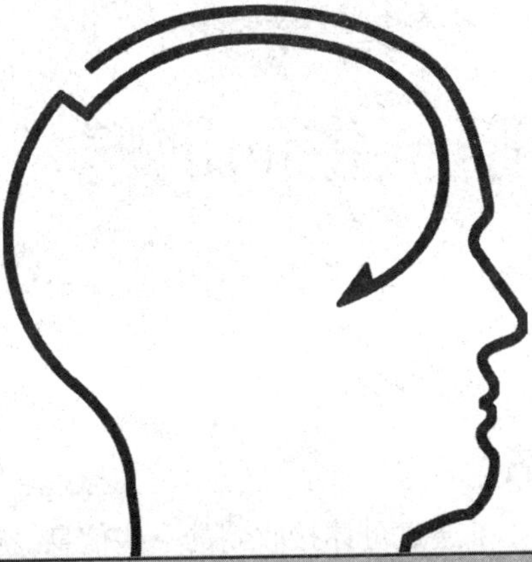

第二篇

你也可以拥有超级记忆力

第一章

伴随一生的记忆

最初几年的记忆

胎儿就已经记住了通过母体接收到的一些信息，他们出生后将逐渐发现世界，同时提高学习和记忆的能力。

我们造就了自己的记忆，正如它造就了我们。幼儿时期，是发展大脑和构筑精神心理的时期，也是最具活性的阶段。在生命的最初阶段，记忆已经拥有了可供一生铸造的雏形。

1. 从出生前开始

胎儿有着丰富的印象和感觉，并且对母亲在怀孕过程中的感情非常敏感。胎儿记忆的形成和发展是一个复杂的过程，涉及基因、神经内分泌腺（作用于神经系统的激素）、生物化学和感情因素，并以间接的方式通过胎盘和母体承受着外部环境的强烈影响。

⊙胎儿感知什么

胎儿能感知许多的事：母亲有节奏的脉动、摄入的某些食物的味道、由于姿势不好而引起的肌肉收缩，以及在出生后所能够辨别的音乐和声音。当新生儿听到一段在母腹中的最后 6 个星期反复听过多次的儿歌时，会更用力地吮吸奶嘴。我们也观察到了类似的反应：当新生儿听到母亲的声音时，能将其与其他女人的声音分辨开来。在有多种味道可供选择时，新生儿会更偏爱母亲在怀孕时经常吃的食物的味道。因而，婴儿很早就能记得使自己感到舒服和兴奋的东西，以及使他们感觉良好或觉得不舒服的事情。

⊙早期沟通

在怀孕期间，对即将出生的胎儿来说非常重要的一点是把他放在关照的中心——腹部按摩有助于孕妇的舒适和父母与孩子之间的早期沟通。在触觉接触中，胎儿在母腹中将以积极的方式移向这些快乐的源头。这些印象随后会变成感觉，并形成记忆草图，胎儿会因此牢记这些生命与交流乐趣的“初体验”。这些初体验将会让孩子一生都保持乐观的心态，在遇到困难时屹立不倒。

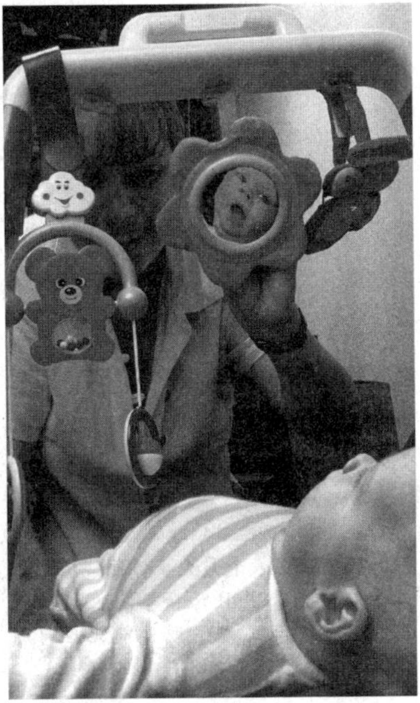

⊙ 正是通过母亲的声音并借助简单重复的动作，婴儿发现了世界。

出生是一个真正的“生态搬迁”。为此，母亲在生育孩子时应该有亲属和医生的支持，让孩子在绝对安全之中来到这个世界。这样，父母与孩子的情感联系将被延续，并且这种信赖关系先于其他任何情形被孩子记住了。

⊙模仿

婴儿的模仿能力为我们提供了另外一种研究记忆的方法。人们认为，如果婴儿模仿某个动作，这就表明婴儿能记住这个动作。在很多项研究中，研究人员在婴儿床前弯下腰，他们对着婴儿噘嘴、吐舌头、眨眼睛。有研究人员报告说，刚出生不到1个小时的婴儿就有对噘嘴、吐舌头、眨眼睛做出反应的。但我们并不十分清楚，在这些关于新生儿模仿的研究中，婴儿是否真的在模仿，是否有可能仅仅是实验者离婴儿太近而引起婴儿反射（机械）式的吐舌头、噘嘴等行为。这一想法为以下事实所证实：新生儿并不能对更复杂

⊙ 这个婴儿16个月大了，他能够模仿母亲的表情，并且母亲不在身边时他还能继续模仿。这说明他能记住母亲的表情。

的行为做出回应，当实验者离开时，新生儿也不再模仿，但9—12个月的婴儿在实验者离开时仍然会继续模仿。发展心理学家皮亚杰认为，后者的模仿清楚地说明，婴儿能够记忆，或者说婴儿能够以心智表征事物。

⊙控制行为

稍微大一些的婴儿可以控制自己的某些行为，因而我们就能对这些行为进行研究。在一项早期的研究中，皮亚杰对自己的儿子进行了实验：儿子当时还是婴儿，他的婴儿床上悬着一个风铃，皮亚杰拿出一根绳子，一头系在儿子的脚趾上，一头系在风铃上，儿子的脚一动，风铃就动起来。皮亚杰解释说，婴儿刚开始动脚不过是一般性的动作，与风铃无关，但婴儿很快就发现脚动和风铃动之间的关系，于是婴儿开始兴致勃勃地踢脚，让风铃也动起来。

现在假设你想检测一只猴子的记忆，你会怎样检测呢？猴子和幼婴都没有语言能力，他们适用同样的检测程序吗？研究表明该问题的答案是肯定的。检测猴子记忆最常用的方法被称为“延宕不匹配样本程序”。实验者先拿某个样本物体（如一个小盒子）给猴婴（或人类的婴儿）看，他们要是抓盒子就给予奖励。然后，实验者拿走盒子，过一会再把盒子跟另外一个新物体（如泰迪熊）一起拿给婴儿看，只有婴儿去抓新物体时才能得到奖励。实验者继续进行实验，拿很多不同的新物体跟原先的样本物体一起给婴儿看。婴儿去抓新的物体而不是原先的物体时才能得到奖励。

延宕不匹配样本任务并不容易完成。要完成该任务，婴儿至少得具备 3 种能力：发现并记住规则（总是新物体得到奖励）、为辨认出新物体而记住总是能看到的那个物体、能有意识地伸手去抓物体。通常，猴婴至少要 4 个月大才能掌握这 3 种能力。人类的婴儿比猿猴的发展速度更低些，不到 1 岁的婴儿几乎不能很好地完成这项任务。1 岁大的人类婴儿经过多次尝试才能掌握这些能力。

⊙ A 非 B

A 非 B 实验给我们指出了婴儿产生短期记忆的年龄。假如你拿一个物体（比如一个指环）给成年人看，然后把指环藏在一个枕头（枕头 A）下面，成年人一直观看着你的动作，对他来说伸手找到指环一点也不困难，但四五个月大的婴儿就做不到这一点。

现在，假设你已经把指环藏到了枕头 A 下面，你又把它从枕头 A 下面拿出来，塞到它旁边的另一个枕头（枕头 B）下面，这次成年人和婴儿都看着你的动作。成年人立即伸手去枕头 B 下面找到指环，而婴儿即使看到同样的事件发生过程，却向枕头 A 而不是 B 伸出手去（这个实验因此而得名）。婴儿到 8 个月左右大的时候，才能比较稳定地向枕头 B 伸手——而且只能是在物体刚被藏起来时才行。如果从藏物体到找物体之间有段间隔，即使只有 8 秒或 10 秒钟时间，不到 1 岁大的婴儿中也很少有能把手伸向正确的方向去枕头 B 下面去寻找的。

A 非 B 问题为我们提供了一个用来检测记忆的有用实验。婴儿要想找到物体，就必须先记住物体被藏到了什么地方。该实验不仅能检测婴儿的短期记忆，而且还证明记忆的发展与大脑的改变有关。

2. 脑的早期发育

出生后最初几个月里，人的脑部发生了非常重要的变化。出生前几个月，人的脑部发育很快，新生儿的头部大约是身体其他部分的 1/4；而成年人的头部与身体其他部分的比例约是 1:10。婴儿的脑部在出生头 2 年持续增长，这就是我们曾经说过的脑细胞增殖现象。脑细胞增殖不仅是脑细胞数量的增多，覆盖脑细胞的保护膜也随之生长，在既存的神经细胞中还产生了大量的相互联系。实际上，2 岁时大脑的潜在联系比人生任何时候都要多。因为许许多多我们后来没有用过的联系最终消失了，这就是我们所知道的神经系统（即神经细胞）修剪。

婴儿的脑相对较大，主要包括3个部分（像成年人一样）：脑干（位于颅后窝，像是脊髓的延伸）、小脑（也在颅后窝，在脑干的背后）和大脑（皱巴巴的、灰色的物质，打开头盖骨就可以看到）。

脑干和其他下半部分脑部在胎儿期、婴儿期的发育都比大脑发育快得多。这是因为脑干与呼吸、心跳、消化等生理运动有密切的关系，所以说脑干对人在物理上的生存是至关重要的。而大脑则跟感觉器官的活动、运动和平衡有更密切的关系。大脑最重要的功能是思考和语言。

我们关于脑部和记忆之间关系的知识来自以下 3 种资源：技术进步使我们可以得到脑部活动的实时图片，而且还是电脑放大的；对动物尤其是灵长类动物的脑部进行实验，人们记录了外科手术对动物脑部产生的影响；心理学家对脑部受损的人进行研究。这些研究取得了很多成果，其中一点即证明脑的不同部分分别对应着不同种类的记忆。

不必惊讶于人的记忆似乎与脑的不同部分的发展和功能密切相关。明尼苏达大学发展心理学教授查尔斯·纳尔逊认为，婴儿最初的记忆不能用语言表达，因而被称为内隐记忆，这种记忆主要是靠脑干和小脑等下半部分脑部进行的。正如我们前面看到的那样，脑的下半部分在人出生时的发育程度最高。婴儿快 1 岁时产生了外显记忆，它主要是靠大脑来进行的。

⊙年幼儿童的记忆

婴儿出生后没几天就能辨别出妈妈的声音和气味，这一点已经在相关研究中得到证明。婴儿听到妈妈的声音时会迅速地把头转向妈妈声音的方向，其速度要比听到其他人的声音时要快。同样，比起其他味道，婴儿一般都会对妈妈身上的味道做出更为积极的反应。

尽管这是关于记忆的明证，可是这些记忆有可能是婴儿出生前而不是出生后产生的。我们知道，在出生前几个月，胎儿的耳朵就已经得到充分的发育并开始发挥作用了。

即使是刚出生还不到一天的婴儿也能学习并记住新事物。让我们回忆前文讲过的适应性研究，实验者不断对出生不到一天的婴儿重复一个词，直到婴儿不再对这个词做出反应为止。第二天，当这些婴儿又听到这个词的时候，他们适应该词的速度要比第一天快得多。这项研究证明人有内隐记忆——不能表述为语言但能影响行为的记忆。

婴儿最初的内隐记忆都很短暂，婴儿不能长时间地记住事物——除非有什么东西能予以提醒。例如，婴儿能很快掌握一股气流和一段音乐之间的关系。一股气流要是吹进了婴儿的眼睛，婴儿会眯起眼睛。如果有很多次气流吹进婴儿的眼睛，而且每一次气流之前都给出某一段音符，那婴儿很快就学会在刚听到音符声时眯起眼睛，即使不再有气流吹向眼睛，他们仍然会以这样的方式对音符声做出反应。这种简单的学习方式就是条件反射。

有趣的是，在这种最初的学习方式中婴儿已经有了记住事物的迹象。这个例子中的婴儿在实验后继续以眯眼对音符声做出反应，这段时间可能有6天，或者更长一些。但是，如果后来没有了提醒物，即音符后不再伴随气流出现，婴儿会很快停止这种反应。

新泽西罗格斯大学的卡罗林·罗伊柯利尔和她的同事们一起开展的研究，也证明了婴儿能够学习并记住事物。他们的研究以皮亚杰对3个月婴儿和风铃的实验为蓝本。婴儿学会用脚踢动风铃之后一星期，实验者把婴儿放回到婴儿床上，婴儿们很快又开始踢脚了——他们还清楚地记得自己学到的东西。但在跟眯眼反射研究中的表现一样，他们的记忆是很短暂的。如果婴儿学会踢动风铃之后两周才被放回到悬挂风铃的婴儿床上，他们的表现会跟从没做过风铃实验的婴儿一样——好像已经不记得自己曾经学到的东西了。

另外一系列实验使用了提醒物，其结果表明婴儿实际上记得踢脚跟风铃动之间的关系。婴儿接受最初训练的两周后，实验者把婴儿放回到婴儿床上，但并不把风铃跟婴儿的脚绑起来。与之相反，当婴儿躺在床上时，实验者会轻轻地抖动风铃。1 天后，实验者又把婴儿放回到婴儿床上，这次把婴儿的脚跟风铃系在一起。这次，婴儿踢动风铃的劲头跟两周前一样足，这说明婴儿确实记得他们曾学过的东西。

⊙儿童记忆的变化

儿童心理学家马里恩·帕尔马特认为，婴儿记忆的发展会经历 3 个阶段。第 1 个阶段是从出生到 3 个月大。正如我们在前面看到的那样，这个阶段的婴儿记忆多由重复出现的成对事物所引发，如妈妈的声音或气味，风铃和踢脚。这些记忆代表一种简单的学习。这一阶段最引人注意的特点是幼婴的记忆通常都很短暂，转瞬即逝，不能像成年人那样记得长久。这一阶段的记忆似乎是神经细胞对新刺激物的反应，一旦熟悉了刺激物就会停止反应。

阶段	特征
第 1 阶段（从出生到 3 个月大）	记忆很短暂，经常只能维持几小时或几天。适应（婴儿不再看向刺激物，或婴儿停止定位反应）证明了该记忆的存在。反复的学习会缩短适应的时间。
第 2 阶段（大约从 3 个月大开始）	婴儿发生明显的长期记忆，因为他们可以辨认出物体和人。婴儿行为的目的性也越来越强。
第 3 阶段（从 8 个月大开始）	婴儿的记忆更为抽象，也更为符号化。婴儿可以对事物加以注意，并有意记住某物。

⊙ 马里恩·帕尔马特对儿童记忆发展的 3 个阶段进行了详细的说明。第 1 阶段的学习方式非常简单，第 3 阶段的婴儿学着怎样说话，并可以用言语表征自己的记忆。

婴儿记忆发展的第 2 个阶段大约从 3 个月大开始。其标志有二：能辨识出熟悉的事物，以及开始有意识的行为。随着婴儿年龄的增长，他们逐渐熟悉了周围的事物。这样，他们适应（熟悉事物、对事物不再感兴趣的过程）这些熟悉事物的时间就不断缩短。这说明婴儿在学习并记住事物，因此他们可以辨认出比较熟悉的事物。不久，婴儿开始主动去观看、寻找周围的物和人。这表明，不仅婴儿的记忆变得更为持久，婴儿的行为也更多地受到某种目的的指引。反复寻找他们认识的物或人表明这是一种有目的或者说有指向的行为，而不是起初那种偶然的、无目的的行为。

帕尔马特所说的第 3 个阶段从婴儿 8 个月大开始。这一阶段的婴儿记忆变得更像成年人，更加抽象了，也更加符号化。当然，不久之后婴儿就会学着用言语表征事物。这时的婴儿能对事物加以注意，并努力记住事物。一星期大的儿童仅有对声音、味道进行短暂记忆，这种记忆跟 1 岁的婴儿记忆有天壤之别。1 岁大的婴儿不仅能记住妈妈、爸爸，甚至家庭宠物等家庭成员，他还能把家庭成员及许多其他事物跟一整套记忆中的感觉、印象甚至词语联系起来。所有这些东西都在婴儿 1 岁时学得。不过，1 岁婴儿的记忆和正常成年人的记忆还是有很大的不同。

⊙儿童的世界

心理学先驱威廉·詹姆士（1842—1910 年）曾把婴儿的世界描绘为“纷繁错杂、嗡嗡作响的混沌状态”。他认为婴儿在出生后的几周、几月之内，感觉器官还没有充分发育，因此婴儿既看不清也听不清，任何东西都是模糊的、混乱的。詹姆士至少在某种程度上犯了错误：我们现在清楚地了解了婴儿出生及以后的感觉器官发育情况。但詹姆士在某种程度上又是正确的——婴儿的世界是混乱的，不确定的。比詹姆士稍后的皮亚杰就指出，婴儿似乎意识不到物体的永恒性和真实性。婴儿似乎不明白，即使他们不看着物体、不尝着物体，这些物体还会继续存在下去。皮亚杰说，婴儿的世界是“一个现在的世界”。因此一个 5 个月大的婴儿会伸手去抓他前面桌子上的物体，但这个物体要是被毯子盖住，婴儿就不会去抓它了。

“眼不见，心不想。”皮亚杰以此来解释婴儿物体概念的缺失。所谓物体概念指的是能意识到物体是真实的、持续存在的；即使婴儿感觉不到，这些物体依然存在。皮亚杰认为，幼婴无法想象他们不能直接感觉到的物体，就好像婴儿不记得那些不在身边的物体一样。

其他研究人员并不同意这一观点。他们认为，幼婴不去找被藏起来的物体并不能证明婴儿不懂物体的永恒性，有可能仅仅是因为婴儿没有形成抓住物体的目标。或者，即使他们有抓住物体的意图，但他们还不能很好地协调所有必要的动作——看着物体、向正确的方向伸出手、抓住物体。甚至只是婴儿当时太累或没有抓住物体的动机。

3. 记忆和行为

婴儿能向被藏起来的物体伸出手去，这最起码从某种程度上说明记忆引导着婴儿的行为——婴儿得记住物体在哪里才能伸手去找。

婴儿完成 A 非 B 任务的表现跟 2 个因素密切相关。一是婴儿的年龄。6 个月大的婴儿很少有做对的，而 8 个月大的婴儿很少有出错的，年龄增长伴随着明显的进步。另一个因素是时间间隔。藏物体和找物体之间的间隔时间越长，婴儿就越容易犯错，他们向枕头 A 而不是枕头 B 伸出手去。例如，9 个月大的婴儿在 3 秒或更短的时间间隔内很少会犯 A 非 B 的错误，但时间间隔为 7 秒或更久时，这些婴儿大多都会出错。

正如发展心理学家阿黛尔·戴梦德指出的那样，婴儿在 A 非 B 任务中的表现改进，表明婴儿用目的而非习惯引导自己行为的能力增强了。A 非 B 任务还表明短期记忆的进步，尤其是从把物体藏到 B 处到让婴儿去找物体之间存在时间间隔时更为明显。实验者不断延长间隔时间，直到婴儿犯错，其中年龄较大的婴儿能够坚持较长的时间间隔而不犯错，这有力地证明了这些婴儿的短期记忆要更为持久，同时还证明婴儿的大脑发育得更加成熟了。

我们看到，年幼的婴儿很快就学会辨认妈妈的声音和面容。尽管刚开始时婴儿对新事物的记忆是很短暂的，有时不超过几小时或几天，但他们很快就能学会辨认熟悉的地方和事物。到2岁时，他们将学会按类别区分事物：人们和动物们的身份，很多重要东西的位置，成百上千的词语以及各种各样对事物进行分类的复杂规则。

⊙偶然的记忆术

学龄前（2—6岁）儿童的学习速度非常惊人，语言学习尤其明显，他们的词汇量得到巨幅增长。这种猛增的势头开始于1岁半，并在整个学龄前阶段继续保持。儿童们通常只要学一两遍就能记住一个词，而且这个时期学会的词儿童将终生牢记和使用。

然而，学龄前儿童的记忆和更大儿童、成年人的记忆之间仍然存在很大的差异。其中最明显的差异是，学龄前儿童不能像年长儿童或成年人那样有意识地、系统性地利用有效的记忆策略——组织、复述和阐释。他们似乎对记忆这回事还所知不多。他们还没有产生要学习、要记忆的念头，也没有领会到某些方法能使记忆变得更容易。

密歇根大学的亨利·威尔曼认为，学龄前儿童使用的策略与其说是有意识的，不如说是偶然的，他称之为偶然的记忆术。记忆术是帮助记忆的原则或诀窍，偶然的记忆术并不是有意识的，所以还称不上真正的策略。学龄前儿童最常用的偶然记忆术之一大概是对事物倾注更多的注意。

尽管很多学龄前儿童似乎能够运用策略去记忆，但很少有人是出于自发的。例如，威尔曼曾让3岁的儿童把玩具埋进一个大沙盒里，即使实验者问过儿童在走之前还想做点别的什么事，也只有大约1/5的儿童想到做个记号，以便还能找回玩具。实验者对第二组同龄儿童给出尽量记住把玩具藏在哪里的指示，但做记号的儿童只有一半。很显然，即使这组儿童知道自己应该记住玩具地点，也有一半儿童没有使用明显的记忆策略，而且不论有没有记忆指示，这部分儿童的记忆情况都一样。

⊙记忆的可靠性

想象一下，一群3—5岁的儿童正在教室里玩耍，忽然有个陌生人闯进教室，他个子很高、红头发、长着胡子、穿着绿色的大外套，陌生人当着孩子们的面偷了老师的包。你把同样的事情分别跟一组11岁的儿童、一组处于青春期的少年和一组成年人演练一次。然后你让每一组证人都描述这个贼的样子，并且让所有的证人在排列好的一队人里指认盗贼。

你觉得学龄前儿童会有怎样的表现？有多少人能记住盗贼头发的颜色、穿在身上的绿色大外套、他的高个子和胡子？有多少人能自信地指认盗贼？

假如你改变一下程序，队列里没有盗贼，学龄前儿童会摇摇头说"不对，坏蛋不在这"，或者他们会把手指向一个无罪的可怜人。年龄大点的儿童和成年人会做得好些吗？

这些问题很重要，因为学龄前儿童经常目睹犯罪，有时还会不幸地成为被害人。法庭经常让他们回忆什么人在何时、何地做过什么。他们的回忆可靠吗？

有很多研究对这一问题进行了考察，他们大都使用了类似前面胡子男人的实验。结论似乎是明确的：学龄前儿童不如较大儿童和成年人记得准确，也不如他们记得详细。而且他们非常信任警察、法官、律师和政客。他们急于对问题进行令人满意的回答，他们希望跟从别人问题的指引，所以别人经常能让他们"回忆"起从没有发生过的事情。虽然有些孩子明显在抵制误导。在回答一个敏锐的、中立的警察记者提出的问题时，很多儿童都能清楚地回忆起一些重要的事情，但法庭并不总能确定儿童证词的可靠程度。

⊙较大儿童的记忆

我们在前文看到，年幼的学龄前儿童通常不会有意识地使用记忆策略来提高记忆能力。有趣的是，当研究人员让4岁儿童的母亲帮助他们的孩子学习并记住不同事物（如动画片里的人物或动物园里动物的位置）时，大多数母亲会自然而然使用记忆策略帮助自己的孩子。最常见的策略是简单的复述——对儿童重复然后反过来让儿童对自己重复。不过母亲们也使用别的策略：如果书里的狗叫“斑点”，母亲会指指狗眼睛上方的斑；要是有个洋娃娃叫“麻秆”，母亲会指指洋娃娃像细树枝一样的四肢。

儿童的部分记忆策略可能是从这种社会互动，尤其是跟父母或哥哥姐姐的互动中学到的。随着儿童年龄的增长，他们的记忆能力越来越好，这至少部分是因为他们能越来越多地运用记忆策略。例如，分别给 4 岁、7 岁、11 岁儿童组看图片，给他们的指令是：“看这些图片”或“记住这些图片”。4 岁儿童在两种指令下的做法是一样的。但 7 岁和 11 岁儿童在被告知要记住图片时会有意识地使用记忆策略以改进记忆。

这一事实表明，从婴儿到学龄前直到 7 岁，人的记忆是稳步增长的。以后这种增长就没有那么明显了。但在所有年龄点上，不同的儿童的记忆会有不同的表现，他们的分数反映了个人之间的差异。

记忆力的提高明显与儿童使用组织、复述等技巧的增多有关。记忆力水平还与儿童对事物的熟悉程度有密切的关系。给儿童看描绘不同场景的照片实验证明，儿童对照片中的场景越熟悉，他们就越能清楚地记得照片中的细节。例如，在某个实验中，实验者给八九岁的儿童看各式各样的足球照片，然后就这些照片对儿童提问。踢球儿童的回答明显比不踢足球儿童的回答要好。同样地，许多国际象棋大师在比赛进行到一半时，只需要观察棋盘片刻就能将所有的棋子易位，和大师比起来，新手们仅能勉强在规定时间内正确地将几个棋子易位。

⊙增进记忆

我们看到，记忆是随着更多地使用策略和扩充知识而增进的。因此，举例来说，儿童对历史越了解，就越容易掌握新的历史性事件。

研究表明，提高记忆能力还可以通过教授特殊记忆策略来实现，有时仅仅让孩子意识到这些策略既重要又有效即可。因此，某些学

两种不可能的情况

心理学家设计出一些实验来测量幼婴的记忆。皮亚杰以隐藏物体任务来检测婴儿对物体永恒性和物体真实性的理解程度。婴儿一定记得物体，即使他们看不见这些物体。该任务还要求婴儿能形成并执行自己寻找物体的目标。如果这个任务设计得更简单一些，婴儿的表现会有什么不同吗？我们能从中发现关于婴儿记忆的不同情况吗？依利诺斯州立大学的心理学教授蕾妮·巴亚热昂及其同事对此做出了肯定的回答。在他们的一项实验中，实验者拿一个结实的隔板在婴儿面前来回地转动。然后，当隔板转到水平位置时，实验者在隔板的必经之路上放了个结实的大盒子。隔板又开始转动了，不过撞到盒子后它就停下，掉头向相反方向转动并重复这种运动。婴儿并没有表现得很惊奇，他们似乎能理解，而且在期待放在挡板道上的盒子让隔板停下。

但是，接下来当隔板还在运动的时候，实验者通过一个隐蔽的活动门拿走了盒子，于是在盒子应该在的地方，隔板得以继续转动。这令很多婴儿感到惊奇，他们盯着这种不太可能的情况，似乎想知道到底发生了什么事。

在另一个相关实验中，在婴儿的视野范围内，实验者拿一根较长的胡萝卜沿着某一轨道移动，直到胡萝卜消失在一块隔板后。接着，一根较短的胡萝卜也追随着较长胡萝卜的轨迹消失在隔板后。

然后实验者换了一块隔板。这次的隔板有窗户，窗户开在隔板的上半部分，所以当胡萝卜从隔板后面经过时，婴儿能看到较长的胡萝卜，短的就看不到了。正如实验者预想的那样，婴儿没看到第二块隔板后较短的胡萝卜，但婴儿并没有露出惊讶的表情。但是，实验者把较长的胡萝卜往下拉了一点，婴儿看不到这个胡萝卜时，都会表现出惊讶，而且时间明显比较久。

巴亚热昂的结论是，即使这个年龄的婴儿也理解物体的真实性，明白即使自己看不到物体它也继续存在，他们还明白两个物体不能同时处在同一个位置。

这个实验表明，即使很小的婴儿似乎也有关于物体的短期记忆，婴儿理解物体永恒性，还有支配物体在空间中的运动及位置的某些物理规则。但婴儿能去寻找那些被藏起来的物体还得再过几个月，即使有人当着婴儿的面把物体藏了起来也一样。

校会设置课程，教授组织材料的一般方法（如怎样阐释心理意象，或是简单一些的如怎样复述信息），以便能牢牢地记住这些知识。

在学校的记忆

如何教学？这个问题不断引发激烈的争论。这是一个从传统和现代技术到记忆功能研究的曙光出现的过程。

1. “照片式”记忆：一个虚构的神话

科学研究表明感官记忆的确存在，但是它们是短期的，视觉记忆大约为1/4秒。另外，由于生理的特殊性，我们的眼睛只能保证在一个极小的角度内有较高的视觉敏锐度：2°—4°，即一个由4—5个字母组成的单词大小。也就是说，我们不可能对一页书“拍照片”。

感官记忆也适用于记忆其他的信息，语义的、图像的。比如说，图像记忆就是借助事物形象（物体、动物或植物）来存储信息的。这种记忆能够以持久的方式存储复杂的信息。美国科学家曾做了一个实验，对于2500张照片，被测试者在一个星期后重新观看的时候，仍能够辨认出其中的90%。但这种记忆并不是所谓的“照片式”记忆。当我们“真的确信”似乎在脑海中看到了课本中的一页时，实际上这并不是一个准确的表述，因为我们看到的只是视觉组合图像，而且我们无法指出一个确定的单词在“这一页”中的准确位置。

听觉记忆是最有效的吗

当比较在短时间内记忆一列字母或单词的能力时，我们会发现听一段文字要比自己阅读同样的文字记得更好。但是，一旦这个测试被延迟10多秒钟，听觉记忆相对视觉记忆的优势（大约20%）就消失了，听和读的效果就相同了。无论是视觉的，还是听觉的，事实上，信息很快就融合在一个更高级的符号编码中：短期记忆。

2. 从短期记忆到专业记忆

⊙短期记忆

短期记忆，又称做运作记忆，这种记忆好比电脑的记忆，能够暂时记住来自一个永久记忆介质（如硬盘）的信息，或者以键盘、扫描仪等形式输入的信息，并将它们汇聚在一起或者分别进行不同的处理。一些研究人员甚至估计，短期记忆是一切逻辑推理的基础。但这种记忆的容量非常有限，大约一次7个元素，也就是说我们在脑海中一次只能够保存有限数量的信息。由于这种记忆很快就超负荷，对信息只能记住几秒钟，因此对那些重要信息有必要重复记忆。

⊙计划的好处

非常幸运的是，短期记忆与不同的专业记忆是联系在一起的：词汇记忆使单词以声音和图画的形式被储存起来，语义记忆保存着经过分类的概念以及图像。这些专业记忆在运作时，短期记忆将参与信息的分组。如在学习乌鸦、金丝雀、鹰、喜鹊这些词时，它们将与已经出现在语义记忆中的“鸟”类联系起来，这样通过类属法我们将更容易记住了这几个词。这种有效的学习机制正是基于对信息的有效组织。这也是通过概要、阅读笔记或其他形式将所要学习的内容结构化，从而能够更高效地掌握和记忆知识的原因。

3. 课堂上的记忆

技术的进步并不总是能够带来更好的教学工具，有时候还是需要使用一些老方法，而非不加分辨地将其取代。更好的解决办法是把新的和旧的方法联系在一起，各取所长。这是一个由心理学家阿兰·里约希为首的法国研究小组对100多名学生研究后得出的结论，实验的目的是比较不同学习方法的效率。

⊙不同学习方法的实验

语言和图像（不可与听觉与视觉混淆起来）构成了不同的记忆方式。事实上，一方面我们能够分辨出3种信息类型，语言、语言和图像、只有图像；另一方面，我们也具有3种信息记忆方式，视觉的、听觉的和视听的（结合了前两种方式）。这就有了7种可能的组合：视觉上，简单的阅读材料、课本或无声电视纪录片；听觉上，口授课或有声电视纪录片；视听上，借助图像进行的口授课或带字幕的电视纪录片。在这个实验中，被测试者观看的电视纪录片是关于不同主题的，比如阿基米德或人类的听觉感知。

当用图像表现一个熟悉的主题时很有教学价值，阅读材料或参看课本也有助于获得好的效果，而“无声”电视纪片则没有太高的价值。如何解释这种区别？

正如其他研究表明的，图像只有以语言的形式记录在大脑中才是有效的记忆方式，即心理学家通常所说的“双重编码”（这一术语最早由加拿大心理学家艾伦·拜维奥提出）。事实上，“双重编码”的前提条件是阅读或者利用教科书，通过调节学习节奏来掌握某些术语或专有名词。而与阅读不同，电视观众既不能调节图像的速度，也不能进行退后操作。

因此，为了提高教学效率，应该在图像中伴随字幕，更好的是让学生自己控制学习的节奏，比如用电脑代替电视。

⊙回忆的线索

任何学习都是为了能够在今后重组所获得的信息。然而，长期记忆中的大部分信息都不能存留在短期记忆里。因此，我们可以利用一些线索。例如，让一组人学习20个词，在回忆的时候提供类属（比如“鸟”“鱼”“作家”）将有助于最大数量的重组出所学过的词。这样的线索在不同形态下都有效，在教学方面，线索常以关键词或提示图的形式出现。

存在这样一个特殊情况，线索即词汇或图像本身，也就是所谓的重新辨认。重新辨认的成功率是惊人的，被测试者能够准确辨认出所学信息的70%—90%。在教育学上的应用表现为多项选择调查表，被测试者被要求从几个备选答案中选出正确的答案。

阅读和电视录像资料

有一项实验，对某初中的学生通过不同的方式所获得的知识进行考察：阅读材料或课本，借助图像进行的口授课或没有图像的口授课，电视播放的无声纪录片或有声且带字幕的纪录片。结果（根据问卷调查的统计计算出的百分比）显示，阅读材料或课本可以为学习者提供最好的条件，而无声的电视纪录片则不利于默记。

	语言知识	语言和形象化知识	形象化知识
视觉直观展示	阅读材料：38%	课本：31%	无声电视纪录片：0%
视听展示	借助图像进行的口授课：27%	带字幕的电视纪录片：20%	
有声展示	口授课：21%	有声电视纪录片：11%	

⊙ 实验证明，让学生自己控制学习的节奏有助于提高教学效率。

⊙图表胜于冗长的讲述

图表是学习和重组复杂信息的一种极好的方法。它的优点在于，能在表述的同时进行组织。图表的形式非常广泛，有曲线图、流程图等，其中最为常见的是地图。

阿兰·里约希研究组做过一个实验，让一群学生分3场次学习一段10分钟的电视资料片。该资料片节选自尼古拉·于洛的纪录片《尼罗河源头的秘密》，内容是关于尼罗河的水域系统。在影片最后，只向被测试者中的一半人展示了一个描绘尼罗河水域系统的图示。之后，所有的人都参加了一个测试，用来证实学生掌握的知识分3个级别，从资料片的主题（级别1）到水域变化的细节（级别3）。结果，那些看了尼罗河水域系统图示的学生取得了最好的成绩，他们在一开始就成功地抓住了大主题，而那些没有看图示的学生都是逐步抓住主题的。

专业领域的记忆

有一些职业似乎需要比别的职业更出色的记忆，但是专业领域的记忆奥秘经常与我们想象的不同。

1. 演员和导演

⊙玛丽（58岁）的自述

当演员的时候，我从来不提前学习一段文字。我把剧本拿在手里，试图在脑海中勾勒出人物的举止和个性。就这样，剧本变成了一个逻辑空间，处于动作、感觉、情绪的连续性里，在熟悉这个逻辑空间后，我甚至不需要再学习剧本了：它就在那儿，正如一个显而易见的事实，这是一种情感记忆。

⊙ 与广为流传的错误观点相反，演员不一定是用心强记的冠军。为了记忆角色，他们更侧重于分析，并且尝试融入所要扮演的人物之中。

当然，当我有唱独角戏的任务时，就必须像在学校一样“用心”强记，但这也是在人物的塑造工作完成之后进行的。而在最后一次表演结束后的第二天，我就忘记了所有的文字。这是脱离人物角色的一种方法！

现在，作为导演，我的记忆原则则完全不一样了。我无法记住文本，只能通过想象在空间中建立视觉坐标。我为演员创造动作，然后自己就忘了，但我总会自发地观察事物是否准确地运行着。我记住所有拍摄场景中需要加入灯光、声音的不同时刻，这完全是视觉记忆，同样也是情感的。因为，如果在某个时刻，灯光不像大家期待的那样亮起来就不能产生“共鸣”。

自从我成为导演后，我的日常记忆就不如做演员时那么好了。我认为记忆不会自我维护，我们实践得越多才会记得越好。我唯一从来都没有成功记住的东西就是数字。

⊙专家们的分析

和玛丽一样，大部分的演员都承认自己不是靠死记硬背来记住角色的。他们更多的是融入所要诠释的人物中，理解并且重组人物的动机和性格。一旦他们把握住人物的感觉，就将更容易记住台词。美国心理学家海尔格·诺艾斯在仔细研究演员的记忆后提出，演员不是记忆的专家，而是分析的专家。

通常，掌握一段较长的独白要求演员花一定的时间用心背诵。但当涉及经典戏剧的三段式诗文时，语句的韵律和对称配上适当的旋律后，记忆会变得更容易。然而，演员的记忆并不是始终可靠的，他们也有可怕的“记忆空洞”。

玛丽的例子中最有趣的是关于记忆方式过渡的那段描述，即从口语性质的记忆到图像和视觉记忆的过渡。在她当演员的那段时间里口语性质的记忆占主导地位，自从她开始从事导演工作，图像记忆则与演员在布景中的走位有关，于是口语性质的记忆让位给图像记忆。视觉记忆引出了地点和图像记忆法，这是一种需要想象一个虚拟空间的记忆方法。

2. 儿童神经科医生

⊙丹尼尔（45 岁）的自述

我每个星期大约要接待 25 个病人，一些病人一个星期定期来几次，另一些病人一个月来一次。我在询问病人的时候会详细地做笔记，特别是第一次问诊时。我经常在会诊前重新阅读笔记，这样每个病人的面孔和经历会在我的脑海中变得很清晰。我极少会忘记与病人相关的轶事，如果发生了这类事，就意味着我应该在克服遗忘上下功夫了。

相反，如果要去购物，我通常是先写一张详细的购物清单。否则，我总是会忘记买某样东西。我真的有一种把那些要强制性记住的东西遗忘的倾向。

⊙学会组织信息

一个外科医生平均每天要接待 30 多个病人，丹尼尔的情况却很不同，她幸运得多，每个星期只有 25 个病人，因为精神病会诊的时间很长。在会诊期间，她能记住诸多细节可能归因于病人每个星期都来多次。另外，丹尼尔经常做笔记并复习，特别是对新病人。最初高强度地学习，之后有规律地复习，加上良好地组织信息，所有这些因素都有助于高效率记忆。最后，在遗忘的情况下，她会随时准备尽更大的努力。

⊙直指问题的关键

对医生记忆的研究有时候会得出表面上矛盾的结论。有一个实验，其目的是研究资历更高的医生是否能更好地记住与诊断相关的信息。然而实验结果却显示，具有中等水平的医生远比他们的新同行记住更多的信息，也比那些经验更丰富的医生记得更多。事实上，经验更丰富的医生似乎直指问题的关键，而较少地注意对诊断不太有用的细节。

3. 咖啡店业主

⊙雷纳（57岁）的自述

大部分时间，我在脑海里记住所有的东西，并逐一满足顾客的要求。当然，偶尔我也会弄错，端来一杯牛奶咖啡而不是浓咖啡，但我有机会重来一次。我总是和顾客交谈，我们互相开玩笑，大家都很放松……我每天都尽量让自己开心。

当顾客很多的时候，我很幸运能够自觉地依赖于一个习惯。这时，我什么也看不见，把精神完全集中在声音和所发生的一切之上。当我频繁地来到柜台前时，我也有过忘了应该拿什么的经历。但是，冥冥中我听到一个声音对我说道："雷纳，你忘了那个……"

我有很多常客，我完全知道他们点的是什么，但是我总是重新询问他们。他们有权利改变！其中，一些人来只是为了聊天，来找些气氛，还有一些人来这儿工作。这间咖啡厅里招来了许多从事不同职业的人。

⊙外界干扰和记忆饱和

为了记住每位顾客的要求，雷纳利用了专家们所称的"运作记忆"，就是说，在一段极短的时间内把信息保存在大脑中。然而，这种短期记忆对各种形式的干扰都非常敏感。如果雷纳在听完一个顾客的要求后，和另一个顾客说话，他就可能会弄错前一位顾客想要的东西。虽然，有时候雷纳可以求助于常客的偏爱和习惯，但当

分类的高手

美国心理学家K.安德斯·埃里克森研究了一个叫J.C.的人，他能完整地复述出20个菜单。而当埃里克森要求学生完成同样的任务时，他们却只能记住几个菜单。J.C.是怎么做到的呢？他首先将菜单重新分组，前餐、肉类、沙拉、甜品等，之后再进行记忆。这确实是一个高效记忆大量数据的好方法，他甚至可以达到对600种不同食物的记忆。

⊙ 为了记住顾客要求的饮品，服务员通常采用类属法。如果是常客，服务员则会借助对顾客的认识和了解。

他面对新需求的时候，就有可能出现记忆饱和。因此，为了缓和记忆冲突，有时候他会让顾客用笔写下自己的需求，并且偶尔依赖一个盲人顾客来提醒他……

咖啡店或者餐厅的服务员，几乎都表现出出色的记忆技能。另外，前者很少写下顾客要求的饮品。当饮品的数量不超过5—6个时，将在短时间内被保存在运作记忆中。尽管如此，也要当心外界的干扰，在用餐高峰期来自不同餐桌的干扰会妨碍记忆。

⊙为牢记而分类

为了记住所有顾客的需求，服务员常借助一些记忆技巧。例如，根据饮品的特征将其分类，顾客分别要的是3种无酒精的、2种含少量酒精的和1种高酒精含量的饮料。根据使用杯子的类型分类（形状、大小）也能够帮助服务员：将所有的杯子摆放在柜架上，一个接一个地倒入相应的饮品。

虽然餐厅服务员几乎都写下顾客的点菜需求，但是他们还要记住同一桌的每位顾客点过的菜，以此作为别的顾客的参照。他们一般会按顺时针的顺序询问并记下每一位顾客的要求，这种方法一般都能成功，除非上餐时顾客换了位置。

4. 集邮家

⊙瑞哈（61岁）的自述

我从10岁左右开始集邮。我母亲曾是邮电总局的接待员，她从我姐姐出生时就开始集邮。她总是定期购买4张相同的邮票，一张留给自己，另外3张给我们。她把邮票放在集邮册里，每个星期天下午，给我们讲述邮票上的著名人物、徽章和建筑物的故事。我对此非常感兴趣。

我最早收到的几张邮票中，有一张印着法国总统贝当的肖像，给我留下了最为深刻的印象。那是一张棕色的大邮票，大约宽4厘米，长5厘米，虽然它已失去邮资功能，但因为上面印有贝当在战后的肖像而弥足珍贵。

今天，我拥有数千张法国邮票和众多的信封，所有这些都完整地保存在我的记忆中。如果不是因为特殊原因，我从来都不会买两张相同的邮票。

我觉得集邮是一种极好的文化活动，能丰富知识。比如我现在对昆虫感兴趣，我就找那些所有表现昆虫的邮票。我总是寻找新的种类来丰富自己的收藏。

⊙受局限的记忆力

瑞哈在一个极为有限的领域发展了“百科全书式”的记忆，我们在所有的收藏家身上都能找到这种记忆能力。钱币学家或者葡萄酒工艺学家，在他们的专业领域无意识记忆的效率通常等同于有意识记忆。另外，他们能更快地学习和重组信息。

收藏家能快速做到对藏品的最佳分类，他们会频繁地浏览自己的藏品，并且对新的藏品表现出极高的发现动机。因此，在其专业领域他们能极好地组织记忆，达到常人所不能达到的高度。

5. 出租车司机

⊙吕西安（56岁）的自述

14年前我想成为一名出租车司机时，需要在驾驶学校全日制学习3个月与这个职业相关的安全规则，还要记住50多条理论目的地，特别是巴黎警察局规定的典型路线。

为了帮助记忆，我每个周末都开车出去考察这些路线。考试的那天，我们抽签选择其中的两条路线，被要求背出来并写在纸上。

还有一个测试是需要在一张巴黎市区的空白地图上填上各条路的名称。我自己制作了一张同样的地图，反复练习了十几次。我设想了所有可能出现的类型，并且都用心把它们背了下来。因为我每

◎ 记忆一个大城市的主要路线和景点需要很多努力，同时实地训练也是不可缺少的。

天都不停地练习，对巴黎的定位从而成为一种习惯。

对于乘客，有的时候到了目的地我甚至都不知道他们是谁，他们打电话，或者我很累不想说话……但如果是一个重要人物的话，我就能记起来！开车的时候，我经常听收音机，特别是体育频道或者有趣的脱口秀。

⊙自我练习的兴趣

吕西安表现出其职业所需的双重记忆能力，借助口头记忆他掌握了交通规则，依靠视觉—空间记忆他记住了各条路线。另外，他非常明白常规练习的好处。随着时间的推移，他对路线越来越熟悉，在开车的时候他还能听乘客说话或者听收音机……

⊙一个容量更大的大脑

为了取得全伦敦的出租车营业执照，出租车司机必须要记住25000多条路线和一些餐厅、大使馆、医院等的所在位置。这至少需要两年的时间准备，顺利通过笔试部分才有资格参加口试，幸运者将在正确回答10个问题后通过测试。因此，伦敦的出租车司机都是导航专家。由神经学家埃莉诺·玛格赫领导的研究小组研究了他们的大脑：他们的右海马脑回比非职业司机要发达得多。

但是，是否只能是最具有城市导航天分的人才能成为出租车司机呢？埃莉诺·玛格赫指出，出租车司机是在长年累月的驾驶之后才使得右海马脑回如此发达的。

经BBC调查，伦敦司机俱乐部的一个成员对这个结论感到非常吃惊：“我从来都没察觉到我大脑的一部分体积在增加，那其他部分又会是怎样的呢？”

6. 没有人的记忆是完美的

某一领域的专业知识会随着实践的增加而逐渐增多，直到达到百科全书的程度。随着这个过程的推进，学习和回忆都变得越来越容易和迅速。

尽管如此，专业领域的记忆也会衰退。就像前面所说的，当记忆负担过重时，咖啡店的业主雷纳有时候也会混淆或者忘记顾客的要求。而当涉及专业之外的领域时，他们也不再具有任何优势：玛丽很难记住数字，丹尼尔需要为购物列一个清单。同样，虽然吕西安和瑞哈发展了百科全书式的记忆，但是只能在特定的职业领域起作用，并且要以经常实践和持续复习为代价。

退休后的记忆

可能必须要到一定的年龄，我们才能明确自己是否拥有好的记忆力。在偏见和焦虑之外，对于年长者的记忆我们还知道些什么，能提供些什么建议？

随着年龄的增长，我们的长期记忆会得到提高（我们可以不厌其烦地述说往事），但是我们的短期记忆就大不如前。记忆就像是肌肉，你不使用它就会失去它。

1. 记忆的年龄

童年是记忆的输入阶段。大脑几乎就像“海绵”一样，不断地吸收：童年生活的经历、家庭生活习惯、社会规则、日常用品的使用方法……随着时间的推移，学习变得越来越复杂，并且需要组织。儿童、青少年和成年人都使用适合自己的方法整理知识，以便更轻松地应用。

而老年人带着曾经强制性的节奏和习惯离开工作的世界，从此，必须去适应生活重心转移到家里的日子，这是种他们以前只有在假期中才能体验到的生活。现在，他们有更多的空闲时间去从事在从业时进行的一种或几种副业，该是重新捡起曾放弃的娱乐活动或者进行锻炼的时候了。甚至，一些人会开始从事在几年前梦想的一种新的工作或职业。然而，事情并不像我们想象的那样。事实上，一个适应期是必要的，而这个“介于两种生活之间”的阶段，有时候并不容易度过。

2. 什么是随着年龄真正改变的东西

我们慢慢地变老，我们的记忆也跟其他精神的和身体的因素一样，性能在逐渐减弱。不过，只有在患病的情况下，这种趋势才会恶化。其实记忆的退化早在退休之前就开始了，但是这也视个人情况不同而不同，不同的精神活动不是以同样的方式和速度演进的。

⊙更频繁地忘却，集中注意力有困难

随着年龄的增长，我们发现很难同时进行几种活动，我们越来越经常“丢失”钥匙或者眼镜。事实是，当思维忙于另一件事时，放置钥匙或眼镜的动作不再被有意识地记住，因此，在之后需要它们时便无从回想。

另外，对某项活动我们需要付出更多的努力才能保持长时间精神集中，同时我们也不如年轻时学得快。

我们常抱怨想不起某个人的名字。事实上，这是一种任何记忆策略都不那么容易起作用的“低落状态”。众多因素会影响记忆力的演进，一些与个人经历或者社会环境有关，一些则受个人意愿和动机的影响。

⊙ 记忆的衰退不是在退休那一天突然出现的，它是逐渐出现的，并且每个人的方式和速度都不同，但我们可以减缓记忆的衰退。

⊙能力的衰退

一旦校园时光远去，我们经常忘记在校时学习的知识。我们错误地以为，一篇深奥的文章现在也只需读一两遍就能记住。事实上，我们已经丧失了学习的习惯（组织信息的方式，必不可少的重复，便于记忆的各种技巧和策略等），从而导致新旧知识之间建立联系的可能性变小了，构建心理图像的能力也减弱了。

一条没被记录好的信息在重组时需要投入更多的努力。相反，一旦信息被良好地巩固在长期记忆中，将不会受任何与年龄相关的因素影响。遗忘曲线对每个人来说都是相同的，无论年龄大小。

事实上，对许多事物的记忆都被很好地保存着，尤其是专业领域的知识，我们所抱怨的遗忘几乎总是那些对我们来说意义不大的事物。

⊙不同信息之间的相互干扰

另外，拥有的经验和知识会随着岁月的流逝而增多，一些信息将汇集在一起并分享一些共同的特征：同样发音的名词，我们曾住过的所有地方，我们与朋友一起吃的晚餐，等等。这种情况下，最近的记忆能激发以前的记忆，或者相反，最近的记忆刻下更深的感情烙印，妨碍之前的记忆重现。

与上面所提到的不同，似乎存在这样一种记忆，随着年龄的增长其功能趋向增强！这就是心理学家所说的“前瞻性记忆”，即对我们在未来应该做的事的记忆：明天早上打电话给朋友，今天下午去药店，在 19 点左右去扔垃圾……许多经验表明，年龄大的人往往比较他们年轻的人更能记住这些行为。越是年轻的人，就越倾向于信任自己的这种记忆能力，然而，结果并不总是与他们所期待的一样。相反，老年人会借助外部辅助来帮助记忆，比如记事本、符号等。

3. 如何保持良好的记忆力

年龄的增长通常意味着大脑具有的容量越来越少，并且我们更容易疲倦，记忆力也不例外。那么如何保持良好的记忆力呢？

⊙注意生活保健

到了一定的年龄，身体的各种功能通常会变得不太好，而健康问题可能导致记忆障碍。某些药物，特别是安眠药，对记忆会产生直接的负面影响。适当的预防措施和良好的生活习惯，都对守住记忆有利。

不存在能够刺激大脑或者保持高效记忆的“神奇饮食规则”，

但均衡的饮食有助于预防心血管疾病、癌症和某些病变，应多吃蔬菜、水果和鱼（特别是那些含有丰富的不饱和脂肪酸的生鱼），饮用适量的葡萄酒（最多一或两杯，并且只在用餐时饮用）。

⊙保持好奇心

额外的不安有时来自某种感觉器官的衰老。当视觉和听觉衰退时，对外界的感知将会变得更困难，而且不再完整，这势必会阻碍记忆。此外，功能的减退还经常伴随着社交活动的减少甚至消失，这样便更残酷地造成记忆功能不能再顺利运转。

事实上，社会或家庭环境的激励、娱乐活动的参与对记忆具有有益的影响。一项记忆测试“在大众中”进行，将会取得更好的成绩，并且如果活动种类越是丰富，产生的效果越好。

我们在年轻时发展的认知资源是年老后主要可以依赖的，充满活力、保持好奇心和警觉，对维护智力与记忆都非常重要。

⊙我们感兴趣的是什么

只有在我们不去运用它时记忆力才会衰弱吗？人们常说，当我们变老时，回忆年轻时候的事情要比回忆前一个晚上做过什么更加容易。但是这也因人而异。增加训练记忆的机会，并不意味着要强制自己去做不符合我们品味、愿望和日常生活的大脑锻炼。然而，日常生活中有着许多需要我们努力记忆的东西，例如银行卡的密码、门禁的密码，又或者是完成一项任务的程序等。那么，为什么不创造些技巧或者策略来训练记忆呢？

⊙ 动机在保持记忆力中扮演着关键角色。为了持久并有规律地实践某种活动，无论是游戏性的还是实用性的，在选择上都应该符合自己的兴趣中心。

当然，除了有用的或者必要的活动之外，还存在其他一些可供我们选择的活动。没有什么比记住那些看似无任何用处的东西更难的了，比如所有城市的市政府所在地。对一门外语进行学习，却没有在使用该语言的国家居住一些日子的打算，那么学习从某种意义上来说则毫无用处。如果不制定一个计划，并有规律地实践，那么要掌握计算机操作（记录个人经历、编制家族数据库等）几乎是不可能的。同样，在听完一系列讲座或者阅读完一本书后，不去复习或深入研究是不能记住很多东西的。事实上，如果我们对某一个课题感兴趣，就应该深入进去。

换句话说，如果想通过某种活动改善记忆，就应该以不断重复的方式去实践，并且长期坚持。最好是选择一个自己感兴趣的活动，这能给自己带来直接的满足感，并且要为此做好付出必要努力的准备。

集体记忆

从家族史到一个国家的历史，沿袭着无数的传统习俗，这是个人记忆的简单堆积还是集体记忆的真正分享？

集体记忆的概念最早由法国社会学家莫里斯·阿勒波瓦茨（1877—1945年）提出，他假设群体或者社会的每个成员一起构筑并分享一段共同经历。但这种假设的依据是薄弱的，因为只有个人记忆才是一种被证实的能力。

1. 信息的传递

除了在疾病的情况下，每个人都能够回想起自己人生的重大事件、前一天所做的事和不久的将来要做的事。那么，一个家庭的成员、一个群体的成员，甚至整个国家的成员是否能够分享这种记忆呢？

回答这个问题先要考虑信息传递的社会范围。研究发现，信息的传递具有多样性，正式的或者非正式的、口头的或者书面的、有意识的或者无意识的、做笔录或不做笔录的、偶尔的或者系统的，还可以通过复制、模仿等形式进行。人们在相互传递着信仰、风俗、价值观、知识、行事的方式、存在、感觉……

2. 重新激活记忆

共同记忆的分享至少要在两个人之间进行。我们不断对所记住的信息进行拣选、增加和删除，这被表现为神经元之间关系的加强或减弱。

⊙如何构建共同记忆

神经生物学家让·皮埃尔·尚若在他的著作中提出，由于神经元的可塑性，每个人的大脑都保存着无数自己所处环境的痕迹，其中一部分的痕迹——多变却重要的那部分处于同一生理和社会领域的其他个体也可享用。例如，在晚餐结束时，家庭成员一起翻看相册，这一行为就激活了一定数量的共同记忆：某个亲属婚礼时的一场暴雨，每个圣诞平安夜微醉的大叔，在海外度过的夏季假日等。在社会结构（在这里指家庭）中，记忆的分享是随机的，正如对同一事件，不同的人会出现不同的表述或分歧。

⊙什么是可被记忆的

某些信息比其他的信息更容易被记忆和分享，它们在某种程度上“稳固”在某个人或某一个群体中，这大概是由于这些信息与大脑内在精神结构产生了共鸣。例如，一部节奏优美的音乐作品就比一段隐秘的音乐更容易被记住。相对前一晚上学习的关于股票市场的课程，我们能更轻松地回想起《拇指姑娘》的故事。对一些几何图形也一样，我们更容易记住一个圆形，而非一个不规则的多边形。许多可以想象出来的物体都因为有这样的特殊性，而成为“注意力的吸引者”，从而被大多数人记住。

3. 纪念：一种被要求的记忆分享

每年的 11 月 11 日，在法国的所有阵亡纪念碑前都要举行全国性的纪念仪式。然而，社会学上的争议表明，仪式参加者远远没有做到一起分享纪念事件的相同记忆。这种情况下，选择性记忆的事实错误地被认为是实际存在的事实。但另一方面，个体记忆中保留了对根与共同命运的信仰。古斯特·孔德（1798—1857 年）曾在他的实证主义中提到此现象。他认为，这种纪念仪式会在“具有共同命运”的一代人中持续发展。这种记忆分享的要求，就像所有语言一样，拥有强有力的社会效应，能帮助群体成员像团体般进行想象。同时，这种记忆分享也塑造了一个单一的社会世界。但集体记忆与真实历史之间存在着区别，前者为社会成员共同所有，而后者则或多或少为个别群体所有。

1902年，维克多·雨果诞生100年之际，法国人民在先贤祠组织了一个豪华的庆典来纪念这位伟大的诗歌之父、共和制的捍卫者。

根据定义，集体记忆的概念有时候很模糊却非常实用。模糊，是因为它不可能保证全部的个体都能分享被赋予同样意义的记忆。例如，谁能准确地说出法国大革命在600万法国人中存留着的记忆。另外，它又是非常实用的，因为我们不知道如何以另一种方式定义这个表面上由多人分享的过去的意识形态。然而，绝不能忽视群体或社会成员忘记他们相同的过去的行为。与其说集体记忆是群体所有成员记忆的总和，不如说是遗忘的总和，因为真正的记忆总和应是在被个体加工之前，而遗忘的总和则共有那些被遗忘的事。

第二章

找到影响记忆的因素

你并不是电脑

有些人认为大脑就像是超级电脑。他们甚至遐想去除头脑中错误的思维方式，用新的更强劲的代替，这根本是天方夜谭。

大脑并不能和电脑相提并论——不要相信那些谬论，人的大脑既神秘又复杂，需要我们不断锻炼和保持。你的大脑中没有硬盘，这就是大脑与电脑的最大区别。

1. 电脑

（1）没有幽默感。

（2）百分百依靠硬盘、软盘、光盘驱动器存储资料。

（2）没有视觉记忆（但输入照片便能识别）。

（3）没有情感反应。

（4）没有创造力。

（5）只能按照人的指令运行。

（6）不能存储味觉信息。

（7）不能按信息的重要性来排序记忆。

（8）没有从经验中学习的能力。

（9）不能以触觉的方式记忆。

（10）不需要休息。

（11）不需要食物（但是需要电源运行）。

（12）没有感情。

（13）可以记忆存储任何指定的信息。

（14）只要进行存档，所有的信息都可以记忆。

2. 人脑

（1）有幽默感（最基本的模式）。

（2）会出错，可能会丢失重要的信息。

（3）可以与别人分享存储的信息。

（4）很强的视觉记忆。

（5）记忆往往能产生创造力。

（6）记忆可以产生相关的信息。

（7）可以记忆嗅觉信息。

（8）可以按信息的重要性排序记忆。

（9）可以吸取经验。

（10）仅用触摸就可以获得复杂的信息。

（11）必须休息，会死亡。

（12）不规律的饮食会影响记忆。

（13）记忆与情感息息相关。

（14）可能会持续回想伤感的往事。

（15）可在记忆中掺杂情感的因素。

认识到自己并没有电脑那般的超强储存能力是十分必要的，但也不要对自己的记忆听之任之，找到影响记忆力的不良因素，将更有助于我们拥有超级记忆力。

注意力问题

1. 注意不够

在讨论编译时，我们强调了专注于你想要记住事物上的重要性。如果你真想记住某些东西，给予足够的注意是第一步。在下面的例子中，就是由于注意力不够而影响到了新信息的编译。

⊙**实例**

古编辑住的公寓楼中来一位新住户——商学良女士。一天，商女士在邮筒处遇到了古编辑，并向他介绍了自己。古编辑就叫她的名字向她问候并开始友好的交谈。几分钟后，另外一位住户加入他们的谈话时，古编辑却发现他已经想不起来商女士的名字了。

拉拉买了几张昂贵的音乐会门票，并提醒自己到家时把它们从钱包里拿出来，然后放在一个特殊的地方，这样以后她就能很容易找到它们。第二天早上，当她坐在她的车里准备上班时，她想起来她没有把票妥善放好，她在钱包里也没有找到票。她回到她的公寓，发现它们在厨房的桌子上。发现票没有丢，她松了一口气，但是她不明白为什么她记不起来她曾把它们放在了这张桌子上。

这两个事例说明的都是编译时注意力方面的问题。古编辑听到并说出了商女士的名字，但并没有将这些信息转变为能够回忆起来的长期记忆。拉拉心不在焉地将票从钱包中取出来放在桌子上，她没有对她所做的事情给予足够的关注。

对一些细节给予足够的关注能避免遗忘。问问你自己："对我来说什么时候专注是真正重要的？"在这些时候，将功夫放在你对事情的了解上或手边的信息上。

2. 分散注意力的事物

另一个在注意力方面有可能发生的问题就是有分散注意力的事物的存在。因为可以保存在你工作记忆中的信息量是非常有限的，任何声音、景象或想法都可能会分散你的注意力，并替代当前存在于你工作记忆中的信息。你一定曾经有过一个或多个下面的这些经历。

⊙**实例**

你进入厨房想去取剪刀，却忘记了你去干什么。或许，在你去的路上，你在想着信件是否到了。这一个新想法代替了你从厨房拿剪刀的想法。

由于你始终想着要在药店关门之前拿到你的药方，因此，你或

测试你对数字的短期记忆

一个接一个地大声读出下面的数字，以每秒一个数字的速度进行。

一旦熟悉了一个序列，你需要按正确的顺序重复出来，然后继续下面的序列。

当无法毫无错误地重复出两个长度相同的序列时，就达到了你短期记忆的极限。

3位数字	3	7	1						
	2	6	9						
4位数字	5	3	7	6					
	9	5	2	6					
5位数字	3	1	4	7	5				
	8	5	3	6	2				
6位数字	1	4	2	7	5	9			
	9	5	1	3	2	7			
7位数字	2	5	1	9	7	4	3		
	7	2	9	5	8	1	4		
8位数字	4	3	7	1	8	2	5	9	
	6	1	4	9	5	2	8	3	
9位数字	5	9	3	8	1	7	2	0	6
	7	4	8	1	9	0	3	6	2

⊙ 多项研究表明，短期记忆的平均极限是7个元素。

许就会将你的伞忘在医生的办公室里。

你正和一位朋友驱车去电影院。他的谈话将你的注意力从注意你们所在的确切位置引开，你忘记了进入左转道，发现时已经太迟了。

不要认为你对这些受挫经历无计可施，尽量认识到工作记忆的局限性，并在可能的时候排除分散注意力的事物。把你的注意力完全集中在可能会发生危险的情况（如开车、做饭和吃药）上尤为重要。例如，当你在一个不熟悉的地方开车，你或许就想让你的乘客在到达之前不要说话。

年龄和记忆

1. 年龄与记忆的关系

在西方，人们都认为随着年龄的增长记忆会衰退。莎士比亚有这样一段话诠释了人的年纪。

“全世界是一个舞台，所有的男男女女都不过是一些演员；他们都有下场的时候，也都有上场的时候。一个人在一生中扮演着好几个角色，他的表演可以分为7个时期。最初是婴孩，在保姆的怀中啼哭呕吐。然后是背着书包、满脸红光的学童，像蜗牛一样慢腾腾地拖着脚步，不情愿地呜咽着上学堂。然后是情人，像炉灶一样叹着气，写了一首悲哀的诗歌咏他恋人的眉毛。然后是一个军人，满口发着古怪的誓言，胡须长得像豹子一样，爱惜名誉，动不动就要打架，在炮口上寻求着泡沫一样的荣名。然后是法官，胖胖圆圆的肚子塞满了阉鸡，凛然的眼光，整洁的胡须，满嘴都是格言和老生常谈。第 6 个时期变成了精瘦的穿着拖鞋的龙钟老叟，鼻子上架着眼镜，腰边悬着钱袋；他那年轻时候节省下来的长袜子套在他皱瘪的小腿上显得宽大异常；他那朗朗的男子的口音又变成了孩子似的尖声，像是吹着风笛和哨子。终结了这段古怪的多事的历史的最后一场，是孩提时代的再现，全然的遗忘，没有牙齿，没有眼睛，没有口味，没有一切。”

我们要感谢他的陈述，但不是观点。东方人的观点正好相反。老年人因为阅历和智慧的增长，受到人们的尊敬和爱戴。正是由于这个原因，人们愿意做受别人崇拜的事，很多老年人生活得非常积极，在有生之年仍然和同事共同奋战。

在西方，人们有这样一个观点，新的一代不能以父母的方式变老。这一部分是思想态度的问题，一部分是医学发达造成的。它是指，如果你不想失去记忆，你就可以做到。而事实上并非如此。随着年龄的增长，我们的永久记忆也许会得到提高，但是我们的短暂记忆

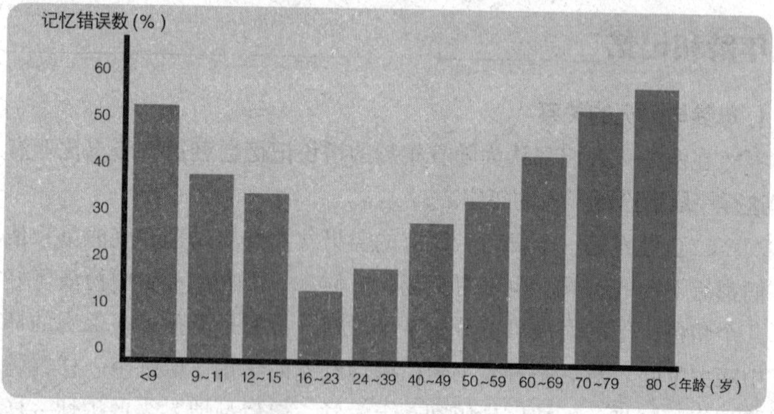

年龄（横向）与记忆（纵向）关系图表。

却大不如前。

记忆会随着年龄而变化，这主要取决于大脑发育的不同阶段。大脑中最后发育完全的区域（前叶）却是最先随着年龄开始退化的部分。

图表是一张典型的记忆与年龄周期变化曲线图。柱形图表示记忆测试中的错误数。可以看出，小孩子和老年人的记忆错误数大致相同。我们的记忆在16—23岁之间处于巅峰状态，然后就开始逐步退化。

大多数人会注意到他们的记忆随着年龄增长而发生的变化。随着身体状况开始下降，我们的大脑状态也开始下降，这是很自然的，而这对于我们的短时记忆有着特别的影响。从图表中可以看出，年长者比年轻人记忆出错的次数更多。状态首先开始变差的似乎是他们的运作记忆和回忆，因为最先开始退化的是大脑中的前叶部分。身体因素也可能起一定的作用。听力和视力的衰退会影响记忆功能，因为它们是有效地摄入信息的障碍。

我们生成策略的效率也会随着年龄的增长而减退。然而，研究显示，如果教会老年人一个策略，他们能非常有效地使用它。

有观点认为，老年人退休后如果能通过做十字填字游戏、猜谜、培养爱好、参加读书俱乐部等来锻炼大脑，就可以防止记忆迅速退化。

2. 老年人的记忆力

将近25%的老年人与其年轻时的记忆相比没什么变化；5%的老年人会在90岁时达到其记忆力的顶峰，就像20世纪英国哲学家伯特兰德·拉塞尔那样。剩下70%的老年人的记忆力会有一些变化，其中10%—20%的老年人会得一种叫作老龄联想记忆损伤或轻微认知损伤的病。这样，当我们日渐变老、时间感知力迟钝时，大多数人可能不得不面对与年纪变化相应的记忆力变化。当我们日益衰老，我们所经历的生理也会依靠多方面因素，包括锻炼、营养、持续的精神刺激、尝试新鲜事物的意愿和态度等变化。

◉ 研究表明，工作记忆不会退化，但长期记忆会随着年龄的增长而退化。这种退化通常是缓慢的。有时老年人发现很难记住刚刚发生的事情，但能记住早期发生的事情。

从20世纪70年代所做的研究中，科学家们发现了不勤于使用大脑比衰老对记忆力更有害。换句话说，一个70岁的坚持学习和研究的老人的记忆力要比一个不重视智力训练的40岁的人更健康。研究还显示，多年的学校教育和近期上学习班等因素都对记忆力有积极作用。这些因素在中年女性中也与记忆技巧或记忆术的使用积极地相互关联。研究发现，通过坚持阅读和研究的习惯而保持智力活跃的成年人，能比那些智力不旺盛的成年人更好地记住他们阅读过什么。大概在16岁左右，人的记忆力达到高峰，在剩下的岁月中（高达30%），记忆力开始渐渐衰减。在正常的因年迈而导致的记忆力衰减中，有许多巨大的差异，练习、目的、重要性都在此种差异中扮演着非常重要的角色。

科学家马里昂·佩尔姆特一直在研究老年人的记忆力，他发现60岁或以上的人，回忆和认知能力比他们20多岁时要差；但是记忆和认知事实效果又好于比他们更老的人。这一发现能更有力地证明年龄与记忆联系的重要性。我们越老，就越能与更复杂和全面的网络系统相连。一个健康的成年人，能以惊人的有效方式适应自己的环境：如果我们被强烈命令记忆，我们会找到记忆的方式。只不过一些记忆类型可能更受老年人的影响。例如，你的祖母在她90岁的时候，还能记得家里为庆祝每一次重要事件而举行的庆祝会的具体日期，但是，她却经常忘记关掉家用电器的电源。记住名字和脸孔的能力——被称作多任务（即同时做好几件事情）的能力衰弱，在暮年是很正常的事。例如，正当你在准备用砂锅炖肉时，一个电话铃声响了，当你接完电话回来，你已忘了你是不是添加了作料。但是可喜的是，只要你能理解且能联系在这本书里列举的各种类型的记忆术，在任何年龄段，你的记忆力都能得到提高。

身体与健康因素

1. 寻找记忆与健康间的平衡

在杂志、报纸、电视中，健康是个被广泛谈论的话题，保持身体健康对我们大多数人来说是最要紧的。但是，你是否知道能更好地为机体（主要是我们的神经功能，尤其是我们的记忆）“上油”的原则呢？

健康是个出现相对较晚的概念。不久之前，当我们的身体拒绝按照大脑的指示运作时，当疾病阻碍了生命的正常进程时，我们还不是很担心。如今，健康变成了大多数人关心的问题。在西方社会，人们开始意识到健康与否可能不仅与饮食有关，还和生活环境有关。针对疾病的预防还发生过激烈争论。伴随着思想的转变，还出现了生活环境的变化和信息源的增加。今后，每个人都会要求知情权，满足自己关于健康的好奇心。

⊙没有全能的秘方

一个人“很健康”确切指的是什么？世界卫生组织将健康定义为：“一个人身体的、精神的和社会的完满状态，不只在于没有疾病或者缺陷。”这意味着对个人整体状态的关注。

从这种笼统的定义中，我们知道，如果在日常生活中遵循一定的规则，就可以保持健康。

从身体到精神，良好的生活保健带来的好处只能通过长期的努力得到，而这并不总是容易实践的，每天我们都在寻求有助于平衡的原则。关于记忆，也有一些有用的建议可以帮助你更好地认识大脑的功能和需求，以避免一些暗礁。但是，我们并不因此就鼓吹神方妙法或者轻易地承诺。

⊙ 一名警官通过清醒测验来观察司机是否受到了酒精的影响。酒精的作用之一就是使饮用酒精的人出现身体协调能力下降和反应速度缓慢。

⊙需要优先重视的平衡

为了保持良好的记忆力，健康的心理是必不可少的，压力过大、过度劳累、焦虑都是需要避开的陷阱。夜晚的睡眠修复有益于记忆的质量和效率，睡眠和做梦在巩固记忆方面扮演着一定的角色。

健康均衡的饮食是机体良好运行的保障，对大脑也不例外，接下来的内容将向你展示大脑特殊的新陈代谢需要一些特殊的物质。我们的目的不是建立菜谱配方来增强你的记忆能力，而是建议你以理性的方式饮食，并保持快乐的多元化。

⊙要避免的暗礁

酒精、药品、毒品等，如今已经被明确定为记忆的敌人，因为它们的有害成分会直接作用于记忆功能。还有一些物质和某些生理因素对记忆也具有潜在的影响，例如高血压、糖尿病、烟草等都有可能促成脑血管意外。不要认为，我们的智力功能不受这些导致心血管系统危险的因素的影响。

⊙常规放松技巧

据来自美国斯坦福大学医学院研究人员报道，在获悉新事情前有意识地放松全身肌肉或许是最有效提高记忆的途径之一。看来松弛肌肉能减少一个人在获悉事情时产生的焦虑。一组由 39 名男女志愿者（62—83 岁）参加由这些研究人员指导的提高记忆进程。志愿者们被分成两组。一组队员被教授指导如何放松主要肌肉组织，而另一组只在进行一个 3 小时记忆训练课程前被简单告知如何改变提高对年龄增长的态度。这次试验的结果表明进行肌肉放松技巧指导的一组在对新事情（名字、容貌）的记忆上效率高出 25%。

2. 身体与健康因素

⊙疾病

疾病会严重影响记忆——感到自己不在最佳状态会很让人分心。更严重的是大脑紊乱（如双极神经元紊乱、沮丧、精神分裂症、帕金森综合征、爱尔泽玛症、脑水肿，以及许多其他疾病）和大脑损伤，它们会影响大脑的物理和化学秩序，并且对记忆和注意力有反作用。

在这种情况下，建议寻求医学上的帮助，对记忆功能做一个精确的评估，并进行特殊的康复训练以帮助你改善未臻完美的方面。也可以通过更好地了解自己记忆的强项和弱项，或者通过使用内外部的策略学会如何克服自己的困难，来帮助自己。

你应该还记得音乐剧《金粉世界》吧，它讲述了一位年老的男士和他的女朋友谈论他们第一次约会的情景。他总是记错许多细节，她总是耐心纠正他，然后他会高兴地说："噢，对！我记得！"这就是错误记忆综合征的典型例子。再举个例子。当王先生还是小孩子的时候，他生活在哈尔滨，他常常同小伙伴去家附近的足球场滑雪。从王先生家到那只要5分钟的路程。他清楚地记得，球场的一些建筑在右边，偌大的球场就在左边。但是，在阔别40多年后重回故乡时，他却发现建筑物在左边而足球场却在右边。并不是王先生从另一个方向进入球场，他完完全全是按照儿时的线路来到球场。直到这时才发现，这是他儿时的错误记忆。

我们不知道为什么会形成错误的记忆，但是研究表明我们能够

大脑的可塑性

我们对大脑功能的许多认识都来源于对疾病的研究。受损的大脑区域可以帮助我们对引起大脑损伤的功能障碍进行研究。在脑病例中，患者最初多进行颞瓣（海马脑回中）内部双边切除，以根治难医的癫痫，使病人手术后不记得新近的事情。

相反，当两个脑半球中的一边受伤或者被切除，另一边通常能够以近乎正常的方式保证日常生活所需的大部分功能。除非进行精确的测试，才能体现出某些能力的缺失。

克服这样的记忆。最近有一项实验，让志愿者聆听一种他们没有过的经验之谈（也可能是他们没留意的经验）。例如，英国的志愿者要参与的是皮肤测试的一个试验，他们手指上的一片小的皮肤要被撕去做试验（虽然这个实验在美国很盛行，但在英国却没实行过，所以参加的大多数人应该都没有尝试过这个实验）。一些人来参加这个实验就是为了要弄清楚自己是否做过这个实验。

错误记忆综合征非常奇怪可笑，但它并没什么坏处。一些心理治疗医师建立诊所帮助病人脱离小时候性虐待的阴影。理论上来讲，由于外伤带来的伤痛，使得他们会将这些痛苦的记忆深深地埋藏在内心深处。渐渐地，似乎大部分病人受到了启发形成错误的记忆，认为其实这样的事并没有发生过。

如果你想尝试检查下自己是否有错误记忆综合征，试试这个实验。让家人或朋友描述一下你们共同经历过的事。这个游戏可以在聚会上玩，也可以在家庭团聚的时候做，或者别的什么活动。不仅仅是实验的每个人都对一件事有稍微不同的记忆，甚至至少有一个人记得的情景，别人都可以确定没有发生过。

⊙视力和听力问题

如果一个有视力或听力问题的人想不起来一些事情或经历，常常会说他的记忆力不好。实际上，这种问题也许不完全是记忆力的问题。当你看不清楚或听不清楚时，信息将不能被正确编译。当你听得不够清楚时，承认这一事实并让其他人大声说是很重要的。如果你不能读印刷材料，请求一份用大号铅字排印的副本或要求某个人读给你听。经常进行视力和听力检查是非常必要的。

实例

你的邻居建议你给一个名叫王夏利的房地产经纪人打电话。当你打电话给这家房地产公司时，你却要张夏利先生听电话。这个问题可能是你的记忆力有问题，或是你的邻居没说清楚，或者是你的听力有问题。如果你想正确地记住某些东西，就要让那个人重复一遍，或者写下来。

在医生的办公室，接待员给你一份保险表格要你在家填写。“只要在这三个地方签名，寄走就可以了。”她指着三处空白说。当你回到家，你弄不清楚是哪些空白处了，说道：“我已经忘了她对我说的话了。”这个问题也许不能怪你的记忆力。或许是你根本就没看清她指给你的地方。下一次，你应该让她在这些地方做上标记。

⊙缺少身体活动

最近的研究表明，定期做运动的人，他们都能保持较好的智力机能。换句话说，习惯性的锻炼活动对于身体和智力都有好处。然而，另外一项研究也表明，如果参与者锻炼了一段身体后又停止了，他们就会失去他们所获得的益处。

实例

在一个严寒的冬季，小尤一直害怕在冰上滑倒，因此几乎没有离开过家。她记不得太多昨天或前天发生的事情。她害怕她的记忆力会和她的健康一起每况愈下。朋友们一直试着让她去上健身课，但她就是不想去。一天，她终于同意去上有氧健身课。当然前几周很困难，但为了已经付了的八周课程的费用，她就坚持了下来。大约一个月之后，她感觉更有精力，她的脑子好像也更敏锐了。她在报纸上读到一篇有关身体锻炼和智力机能之间关系的文章。她很感谢她的朋友并且说：“这个课程不仅对我的身体有益，对我的智力同样也有益。”

⊙疲乏

疲乏会影响到你的注意力并减缓回想的过程。当你累的时候，你更可能在习得新信息上遇到麻烦。如果你知道一天中什么时间你的思维最敏捷，你就在这些时间里做些含有新知识的工作。

实例

你通常在就寝时间读书，因为这样可以帮你入眠。然而，你却记不住你正读的这本书中的人物，这让你很泄气。你可以试着在你思维比较灵活的时候读这本书。如果你想在睡觉前读，那你就读一些你无须记住的东西。

药物影响记忆

有些种类的药物会导致记忆出问题。例如，安眠药就普遍具有这个副作用。不同的药物可能会相互作用并导致记忆功能的变化。

处方药和非处方药会影响到你的记忆力，因为它们会减缓你的思考能力，并使你感到昏昏欲睡或头脑不清晰。它们还会降低你的注意力，使将信息记录为工作记忆变得更加困难。

但这种情况只是大多数时间而非所有的时间，在开始服用一种新药或增加剂量之后几天时间里，记忆力会受到影响。有时，某些变化只会被服药的人注意到，而有时候，某些变化对其他人来说会更加明显。由药物引起的记忆问题都是短暂的，当你继续服用这种药物直到你的身体已经适应了这种药物时，这个问题也许会自动消失。如果这个问题没有消失，和你的医生谈谈看看你能不能换服其他药物。

1. 影响记忆的药物

⊙苯化重氮类药物

这个药学类别几乎包括所有的安定剂和大多数的安眠药，其药效最先由麻醉师发现。20 世纪 60 年代，麻醉师们试图发明一种药物，使病人安宁的同时让他们忘记要手术的部位。因此，暂时遗忘曾是一个被追求的效果。

历经几个小时的记忆“空洞”

如果一个还在苯化重氮类药物影响下的人被吵醒，他的行为是完全正常的，但是他却不记得正在发生的事情。尤其是第二天，他会很震惊地发现自己已忘了前一天周围发生的所有事情，甚至是显而易见的事，比如中途换航班、进餐等。

实际上，苯化重氮类药物造成了几个小时的“近事遗忘症”，其持续的时间根据具体药物的不同而不同。以前的记忆完全还在，推理和集中注意力的能力也没有受到影响，因此接受测试的人在服药后还能保证行为正常。但是在药物作用下，近期发生的事被遗忘了，不能再想起来。第二天，只剩下残缺的记忆（几小时的记忆“空洞”），而最近事件的记忆又恢复了正常。

对焦虑者的效用

然而，这种有害的作用（被实验证明的）在日常生活中很少发生。在反复使用药物后，药效将极大地减弱，因为机体会逐渐适应这种药物。另外，苯化重氮类药物似乎总是开给焦虑者的处方。焦虑是记忆障碍的根源所在，为了消除记忆障碍，镇静剂的作用显得尤为重要。然而，如果焦虑症或者抑郁症患者长期服用苯化重氮类药物，当他抱怨自己记忆力衰退时，人们总会把这种记忆障碍归咎于此类药物的影响。

⊙抗胆碱的药物

顾名思义，这类药物包含了一些抑制乙酰胆碱功能的分子，而乙酰胆碱是在记忆过程中起重要作用的神经传递者。我们将这类药物分为两种，纯粹抗胆碱性药物（尿道障碍、帕金森病的开方，或者一些辅助性的药物，如安定剂）和伴随具有抗胆碱性的药物（大部分的第一代抗抑郁药物）。

抗胆碱的药效已经以试验的方式在健康志愿者身上被证实了。药物所包含的分子会造成几小时的“近事遗忘症”，与苯化重氮类药物引发的情况相似，该药会阻碍患者回忆以及集中注意力和运用推理能力。在医学实践中，这种作用尤其会在体弱病人身上产生惊人效果，主要表现在阿尔兹海默氏症和路易体氏失智症的潜伏期。这两种疾病以大脑乙酰胆碱的缺失为特征，并伴随着记忆障碍。在疾病早期症状并不明显，如果使用抗胆碱类药物则会加重病情，甚至让病情变得复杂。这也是为什么在老年人身上应慎用所有抗胆碱类药物的原因。

2. 其他因素

⊙酒精

酒精的影响主要体现在两个方面。一方面，它会影响被苯化重

⊙ 酒鬼和饮酒过多的人每天杀死60000个脑细胞，比少量饮酒或滴酒不沾的人高出60个百分点。

氮类药物确定的神经元的功能。这并不令人感到意外，酒精和苯化重氮类药物有着相似的临床效果，不仅都有镇静和放松肌肉的作用，还会导致运动失调和健忘。饮用大剂量的酒精会造成几小时的近事遗忘，第二天出现记忆“空洞”，受此影响的人完全不知道在酒精中毒期间发生了什么事。如果同时服用苯化重氮类药物，此作用会加强，因为两者的影响互相助长。

另一方面，慢性酒精中毒也是营养不良的根源，尤其会造成某些维生素的缺失，同时伴随维生素吸收不足并无法正常作用于人体。以维生素 B_1（或硫胺素）为例，它主要包含在谷物、动物内脏和啤酒酵母中，参加神经细胞与心脏细胞的新陈代谢。当缺少这种维生素时，会造成乳头状细胞（在记忆循环中起中转的作用）出血坏死，引起帕金森综合征，导致严重的近事遗忘、多变的记忆缺失、认知障碍、幻想症、完全知觉混乱，这些功能障碍通常是永久性的。因此，应正确地补充维生素和增加葡萄糖的吸收，避免酒精中毒者出现这些病症，尤其需要加大维生素 B_1 的量。

⊙大麻

关于大麻对记忆的影响及其起效成分，研究人员已得到了共识。抽大麻和直接吸食毒品的结果相似，只是吸食的量更大罢了。在动物身上，无论是小白鼠还是猴子，在所有的测试中记忆能力都被损坏了，其中大部分是空间记忆能力。

在偶尔吸食者身上，大麻的客观效果以及引发的对记忆的干扰与酒精的效果非常相近。当面对精确任务（例如学习一组词）时，记忆能力随着摄入量的增加而减弱。同时，集中注意力的能力也随之下降。在这种毒品影响下的人会有对刺激反应更快的倾向，但是以这种不恰当的方式进行复杂思维时就需要花更多的时间。在经常吸食者身上，精神紊乱现象更加明显，并且不仅触及记忆，还影响到智力的发展。

食物和记忆

多年来，人类一直在寻找发掘记忆潜能的最有魔力的方法。这种努力并非一无所获。这种魔力虽然不像灰姑娘的水晶鞋那样令人惊奇，但却存在于普通得不能再普通的东西——食物之中。过去几十年，人类研究了营养、医药、自然恢复以及身心关系等领域，肯定了饮食对大脑功能的重要性。不断进行的研究支持了如下主张，即不良的营养会严重影响学习和记忆。如果你感觉良好，你的注意力就会更集中；这个显而易见的现象的实质是，稳定的能量流动可以使大脑发挥最佳功能。能量从哪来呢？就在你吃的食物中。

1. 饮食对记忆的影响

⊙健康的饮食

没有任何一种食谱是专门为了改善记忆机理而设计的，也不存在所谓的“记忆食物”。为了正常而且有效地运行，人的大脑需要营养均衡且丰富多样的饮食，以便为其提供充足的营养。

人脑要消耗大量的糖类，而这些糖类是通过血液输送的，因此你必须维护好自己的循环系统，并且避免不健康的生活习惯，例如：暴饮暴食或摄入过量的糖分、脂肪和酒精饮料，因为这些都会危害循环系统的正常运行。另一方面，某种饮食缺乏，例如：纤维、维生素、蛋白质，也会反向地影响记忆和注意力的集中。

⊙ 水果里面富含提升多巴胺水平的物质，多吃水果有助于保持记忆。

一日三餐维持了蛋白质、脂肪和碳水化合物之间的均衡，确保了对于维生素、矿物质和纤维的充足摄取。

为了摄取蛋白质和铁元素，每天至少一餐包含肉类、鱼类或者蛋类，每天多次进食新鲜或者冷冻的水果和蔬菜，因为它们富含维生素、纤维，以及矿物质。此外，多吃富含钙元素的食品，例如奶制品。每天至少摄入1.5—2.0升的水，或者任何其他不含酒精的饮料，应该注意的是，每天要按时有规律地喝水，而不仅仅是在口渴的时候。某些人群，尤其是老人，更应该多喝水，一定不要忍受口渴的痛苦。

记着每个月定时称体重。如果你的体重出现了明显的变化，请及时咨询医生，并且不要在没有医生指导的情况下，轻率地开始节食。

⊙蛋白质的力量

大脑需要蛋白质来保存“化学汤剂”——神经递质，以便保持最佳状态。虽然蛋白质不会在我们需要时马上转变成葡萄糖，但它可以通过消化分解成为组成神经递质的氨基酸分子。这既不代表着你要大量地吃下蛋白质，也不是说蛋白质让你变得更聪明。可若大脑缺少了蛋白质，你的大脑功能势必会减弱。

如果你需要在饭后保持最高的大脑效率，有下面几种选择。你可以吃只含有蛋白质的食物，最好是包括低脂肪的鱼类、家禽或瘦肉。更可行的办法是食物中含有一点儿蛋白、一点儿脂肪、些许碳水化合物以及适量的热量。许多营养师指出，如果食物中混合着蛋白质和碳水化合物，那么至少先吃掉1/3的含蛋白质的食物再吃别的东西。简言之，如果碳水化合物比蛋白质先达到大脑，大脑反应就会迟钝。

⊙氨基酸在脑中的赛跑

两种重要的氨基酸——色氨酸（来自碳水化合物）和酪氨酸（来自蛋白质）在你吃下食物后“比赛”谁先到达你的大脑。如果你打算饭后放松或睡觉，那么最好是色氨酸赢；如果你想保持大脑清醒，那就希望酪氨酸赢吧。下面是一个记忆诀窍，帮助你分清哪个是哪个。

碳水化合物 = 色氨酸（有助休息）；

蛋白质 = 酪氨酸（有助思考）。

色氨酸会引起大脑迟钝是因为它刺激神经递质血管收缩素；而酪氨酸刺激的是神经递质多巴胺、去甲肾上腺素和肾上腺素。

⊙有镇静作用的碳水化合物

虽然蛋白质具有增强精神集中的作用，但这不代表碳水化合物要退出竞争。当你想忘掉一切，放松、减轻压力的时候，吃些面包、面条、土豆和果冻会有很好的帮助。

大脑中的情绪装置十分敏感，即使是少量的食品也会迅速对身心产生显著的影响。打个比方，部分研究者认为，只要30—60克的碳水化合物（一些甜的或含淀粉的食物），已经足以减轻压力，使你的神经镇静下来。

美国坦普尔大学医学院和得克萨斯理工大学进行的一项实验发现，当女人（18—29岁）吃过含大量碳水化合物的饭后，昏昏欲睡的感觉会加倍。

⊙好脂肪、坏脂肪

你是否曾经身体发福呢？如果答案是肯定的，你应该完成这样一种转变：由喜爱黄油到由衷地选择大豆油或橄榄油。这个转变不仅有利于你的身体，还有利于你的大脑。下面这个里程碑式的研究可以支持你的选择。

为了研究食入脂肪的影响，多伦多大学营养学副教授卡罗尔·格林伍德博士和同事们用3种不同食物分别喂养3组动物并进行比较。第1组的食物富含大豆油中的不饱和脂肪；第2组的食物富含猪油中的饱和脂肪；而第3组吃标准的伙食以便提供比较的基准。研究人员于21天后测试了动物们的学习能力，发现食用大豆油的动物不仅比另外两组学得快20%，而且不容易忘记所学的东西。

脂肪是我们饮食中的必要元素。它提供了许多组成脑细胞的天然原料。然而关键是要适量食入好的脂肪。好脂肪存在于红花、葵花、橄榄或大豆榨取的油中；也含在像鳄梨、坚果和鱼这样的食物中。脂肪的新陈代谢是身体内一个漫长的功能过程，它需要的时间远远多于其他营养物质。为了完成这个过程，血液从其他器官流入胃中。

这时，脑部的血流量会减少，这就能解释为什么吃脂肪过高的食物后注意力会减退。高脂肪的饮食（超过饮食总热量的30%）会更多地导致诸如心脏病、中风、癌症这样的致命疾病；并且还显示出会减缓思考能力。低脂肪饮食易于消化，保持动脉的健康，并使头脑更加清醒，精神更加集中——这是良好记忆力的一个前提。

⊙咖啡因的问题

你喝咖啡吗？你选择什么样的咖啡？你喝不喝其他含咖啡因的饮料？喝多少？你是否希望你没有喝过？许多年来，对咖啡的研究一直集中在咖啡因的影响上。美国夏洛特市北卡罗来纳大学的一项研究发现，一杯咖啡中所含的咖啡因足以影响你对新学知识的回忆能力；然而马萨诸塞理工学院的另一个研究却发现咖啡因在许多指标上促进了大脑的表现。尽管两份报告存在矛盾，但没有科学证据显示适量地摄入咖啡因对健康有长期的不利影响。乌尔特曼博士说："由同等受尊敬、客观的研究人员进行的研究会反驳所有关于咖啡因与健康问题有关的报告，他们指出没有这样的关联。"

咖啡的矛盾在于，它可以刺激大脑，但同时又可以减少大脑内的血液流动。因此咖啡因被用于治疗偏头痛，它帮助收缩大脑中扩张的血管。可以肯定，咖啡因饮料可以使精神迅速清醒并持续至多6个小时。但是，还是那句老话，"过犹不及"。咖啡因对有些人会产生副作用。如果饮用咖啡因饮料后出现失眠、神经过敏、多汗、头痛、胃部不适等症状，你一定要停止饮用，并考虑用一罐健脑饮料来替代咖啡了。找那些含磷脂酰基胆碱、磷脂酰丝氨酸和其他健脑物质的饮料，这些可口的补品可以起到与咖啡相似的作用，但其中咖啡因的含量却少得多。

⊙人们通常服用镇静剂来治疗焦虑症，但是部分研究结果显示，咖啡因会对新学知识的回忆能力产生影响。

⊙糖的问题

刺激大脑交流和蛋白质生产的化学能量几乎全部来自葡萄糖（一种单糖）。英国科学家让学生在下午喝高葡萄糖饮料并研究了其效果。学生们的注意力有了很大提升，而且在做困难工作时失败较少。这是不是意味着孩子们学习时应该给他们吃些高糖的食品？恐怕不是，大多数营养专家说许多孩子（还有成人）吃的糖已经太多了。实际上，有些个案表明儿童会因为高糖饮食引起过度兴奋和学习能力下降。可是，我们的身体仍然需要血糖来提供能量。在低血糖情况下学习知识或做重要的事可不是个好主意。最新研究发现，淀粉比糖能更快地提升血糖水平。因此，我们向您推荐的健脑小食品是饼干或曲奇。尽管有些人认为水果可以提供更多的能量，但事实上果糖无法直接向大脑提供能量，而蔗糖（葡萄糖和果糖的化合物）却能够做到。

⊙有利于提升记忆力的食品

多吃蔬菜和水果有助于保护大脑并保持记忆，它们还有助于提升多巴胺的水平（多巴胺是我们大脑中与记忆和情绪有关的一种化学物质）。它存在于浆果、胡萝卜、马铃薯、豆瓣菜、豌豆、多脂鱼类，以及啤酒酵母之中。其他有助于大脑功能的食品还有红胡椒、洋葱、椰菜、甜菜、西红柿、豆类、坚果、种子、糖浆、瘦肉以及大豆制品。

2. 其他记忆必需物质

⊙核糖核酸

核糖核酸（RNA）和脱氧核糖核酸（DNA）存在于每个细胞的细胞核内。它们承载着遗传信息并指挥蛋白质的生产。RNA 是学习和记忆难题的关键。20 世纪 70 年代进行的惊人的研究中，被移植了受过训练老鼠的 RNA 的老鼠同样表现出了受过训练的特征。其他的研究中补充了 RNA 的动物学习十分迅速且延长了 20% 的寿命。然而，被注射了破坏 RNA 的酶之后，它们便无法学习了。就人类而言，RNA 是组织修补、恢复和大脑发育的关键因素，通常存在于鱼类（尤其是沙丁鱼）、贝类、洋葱和啤酒酵母中。补充 RNA 能提高大脑能量和记忆力，保护大脑免受脂肪氧化的伤害。

⊙烟酰胺腺嘌呤二核苷酸

在临床实验中，80% 的帕金森症患者从补充烟酰胺腺嘌呤二核苷酸（NADH）中获益。NADH 是营养和自然康复领域的“新人”，它表现出可以提高大脑活力以及阿尔茨海默氏病患者、帕金森症患者、慢性疲劳患者和精神抑郁患者的运动神经能力。注意力、能量、情绪和体力的改善也有报告。NADH 在生物学上被称作辅酶，存在于所有活细胞中，且在身体制造能量过程中起中心作用，尤其是对大脑和中枢神经系统。它的工作是刺激多巴胺和其他神经递质的生产。

⊙雌性激素

科学发现雌性荷尔蒙支持大脑功能，如今被用来治疗阿尔茨海默氏病。麦基尔大学更年期研究所的副主任芭芭拉·谢尔文博士通过测试年轻女性在接受子宫肌瘤治疗前后的语言记忆力而得出了雌性激素的重要性。化疗后，女性的雌性激素水平大幅下降，她们的阅读记忆测试分数也出现下降。一半的女性获得了替代雌性激素后，表现迅速反弹。雌性激素刺激了神经突触的增长、乙酰胆碱的输出以及大脑内血液的流动，由此提供了更多的氧和葡萄糖。提高记忆力的雌性激素疗法的负面是，有些研究报告这种疗法可能会增加患乳腺癌的风险。1998 年，一项对 700 多名健康的已经度过更年期的女性的观测实验由哥伦比亚大学医学院的研究人员领衔，实验发现接受了雌性激素疗法的女性在记忆力测试中比未接受者的得分高出许多，而且她们在语言和抽象推理测试中亦表现更佳。

⊙银杏精

人类已知现存最古老的树——银杏，可以提高健康成年人的记忆功能；还可以恢复长期大脑机能不全患者的记忆功能。从树中提取的口服草药可以大大改善血液循环。得到改善的血液循环可将更多的营养和氧送到大脑，进而改善大脑功能。在对健康人和长期大脑机能不全患者的研究中，结果显示了短期记忆的大幅度改善。报告还称，银杏提取物提高葡萄糖——大脑首要燃料和能量来源的供应和利用。研究表明，混合了24%黄酮糖苷的标准银杏提取物效果最佳。黄酮糖苷应包含银杏的活性物质：银杏内脂A，B，C及白果内脂。

⊙廿二碳六烯酸

研究发现，廿二碳六烯酸（DHA）——大脑中首要的结构脂肪酸——对我们生命中每个阶段的大脑表现都很重要。DHA是欧米伽3型必需脂肪酸的一种，是天然的消炎物质，保护细胞膜不被氧化，增强细胞流动性。此外，它有助于治疗精神抑郁和阿尔茨海默氏病。1993年，联合国粮农组织和世界卫生组织研究发现婴儿代乳品中欧米伽3型脂肪酸浓度低（与母乳相比），食用代乳品的儿童智力相对较低，从而说明DHA对大脑发育的重要性。由于这些发现，如今有些代乳品中又加入了DHA。对成年人的研究发现，每周吃一次或多次鱼肉的人比不吃鱼肉的人患阿尔茨海默氏病的风险低70%。研究人员推断，来自鱼油中欧米伽3型脂肪酸具有消炎作用。欧米伽3型脂肪酸在亚麻和麻籽油中也有发现；天然欧米伽3型脂肪酸和DHA（单纯的）补品也能够找到。我们的饮食要平衡欧米伽3型必需脂肪酸和欧米伽6型必需脂肪酸。

⊙乙酰左旋肉碱盐酸盐

乙酰左旋肉碱盐酸盐（ALC）与氨基酸肉毒碱关系密切。它是一种天然化合物，能够促进细胞间的能量交换，加强大脑左右半球间的信息交流。自1990年以来已经有超过50例的ALC疗法实例。临床实例目前在测试ALC作为阿尔茨海默氏病患者认知能力增强剂的作用。一项对500名老年患者的研究发现，有大脑衰退迹象的患者补充了ALC后，思考能力有了显著增长。服用了ALC的病人接受大脑功能测试时的分数显示出了“极大增长”；然而，只服用安慰剂的病人没有明显进步。意大利研究人员于1992年出版了里程碑式的著作，提出ALC可促进年轻人和健康人的大脑表现；罗马尼亚对优秀运动员进行的研究提出，乙酰左旋肉碱盐酸盐可以提高身体机能的潜力。

⊙去氢表雄脂酮

去氢表雄脂酮（DHEA）被称为“荷尔蒙之母”，因为它可以被身体转化成许多其他荷尔蒙，是肾上腺产出的一种神经类固醇。在我们20多岁时身体会生产大量的DHEA，但到65岁以后，这种生产将极大地下降。在大多数动物实验中，DHEA显示出可以促进记忆力（尤其是长期记忆）和学习能力。在老鼠体内，DHEA刺激一种重要的脑细胞信息传递物质的生产和携带细胞间信息的突触的增长。对人类的实验说明，补充DHEA可以降低由于过度压力而形成的高皮质醇水平的潜在危险。一些医生不会轻易推荐DHEA给病人，因为关于它的长期副作用还存在不确定性。服用正确剂量的DHEA很重要，所以开始服用之前要咨询医生并检测你的荷尔蒙水平。

⊙娠烯醇酮

娠烯醇酮同样走在记忆研究的高速路上。娠烯醇酮被用于治疗关节炎已有几十年历史，完全无毒、无不良反应。对老鼠进行的实验已经证明娠烯醇酮可以提高学习的速度和质量；在治疗阿尔茨海默病以及健康老人由于年龄而产生的记忆受损（AAMI）和轻微认知力受损（MCI）方面，人类还处于实验阶段。

⊙吡乙酰胺

吡乙酰胺可能是被认识和应用最广泛的认知能力促进物质，几十年来一直被形容为正常、健康的人的智力药物。对动物和人类进行的超过20年的研究明确了吡乙酰胺可以促进学习和记忆。以下一些明显的作用都被发现：减轻缺氧状况下的新陈代谢压力；增加新陈代谢速度和乙溴醋胺能量；对健康人和记忆受损的人都有作用；减缓AAMI；具有普遍性（大多数情况下可用）；简化大脑左右半球间的细胞交流。吡乙酰胺潜在的疗效还有很多：从治疗阿尔茨海氏默病和癫痫到注意力缺乏、混乱和诵读困难。吡乙酰胺还没有显示出任何医疗禁忌。

⊙尼莫地平

尼莫地平是钙系物的阻断药（通常用于心脏病处方），用途十分广泛。尼莫地平在治疗阿尔茨海默氏病过程中显示了良好效果，正在被实验改善 AAMI 的效用。尼莫地平能够防止大脑血管栓塞，加强脑内血液流动。虽然粮食与药物管理局 1989 年批准了尼莫地平用于治疗脑出血中风，但它似乎还有更广泛的疗效。在对有 AAMI 症状的老年人的临床实验中，研究人员报告尼莫地平可以防治与压力有关的疾病；可以改善记忆力、精神抑郁和大脑总体状况；还可以减轻精神焦虑。而且很少有报告说它有副作用。尼莫地平不可与其他钙系物阻断药一同服用，而且需要按医嘱服用。

⊙二甲氨基乙醇

二甲氨基乙醇（DMAE），又称做二甲基乙醇胺，是著名、安全、天然的大脑兴奋剂，能使乙酰胆碱和关系到学习与记忆的原生神经递质的生产最佳化。早期临床实验结果报告二甲氨基乙醇对患长期疲劳和轻微至中度精神抑郁的病人尤其有效。从那时起，二甲氨基乙醇同样被认为可以刺激清晰的梦境，改善记忆力和学习能力，提高智商，延长寿命。二甲氨基乙醇是胆碱的前身，天然存在于凤尾鱼和沙丁鱼体内，可以直接穿过血脑屏障，而胆碱则不能。二甲氨基乙醇可以产生少量的刺激，却不会因为停用而出现药物性萎靡或精神抑郁。

情绪和记忆

记忆，像一个独立的个体，是一件复杂的事情。记忆是否能很好地发挥作用取决于相互联系的、同等重要的 3 种因素——生理方面的、心理方面的以及环境方面的。这些因素中任何一方面的任何一个问题，哪怕是很微小的问题，也会不可避免地影响到其他两方面，因此也会影响到记忆本身。

情绪低落是记忆出问题的一个重要原因，无论是摄入新的还是回忆已有的信息。即使是相对轻微的情绪低落也可能导致心理状态差。例如，受到挫折、感到担忧，或者可能专注于伤心或消极的想法，都能严重影响人的专心程度和记忆。情绪低落还会导致大脑中有关情绪和记忆的特定化学系统的变化，如血清素（5- 羟色胺）。

情绪对记忆的影响是被广泛承认的，因为沮丧而导致的缺少兴趣和注意力是引起记忆困难的主要原因。对记忆和回忆投入的努力，取决于你对事情感兴趣的程度以及你当时的心情。你的大脑可以过滤出一些和你的情绪相一致的因素，所以如果你很悲伤，那么一些负面的记忆就很容易进入你的脑海，而且你也更容易记起一些令人沮丧的事情。相反，如果你心情愉快，你的记忆更容易储存和回忆一些积极的形象。

1. 情绪怎样影响记忆力

研究表明，一切记忆力的表现，无论好或不好都与你的身体和情绪状况有关。对此我们都有切身感受，但你认为究竟哪个作用大？很明显的想法是，如果身体或精神疲惫，注意力肯定下降。我们对不注意的内容不会有印象，可见情绪和记忆力的联系很重要。我们可以想象有多少人在长期苦闷，疾病或沮丧任何这样的问题长期出现都会造成漠不关心和缺乏兴趣，然后导致逃避丰富多彩的世界。沉闷影响大脑的生理机能。我们知道，当我们不能机智地挑战自我，脑细胞减少和显示树枝状就会减少。所以，极度的沮丧、焦虑、压力和局促不安会降低思维活动能力。

⊙大脑失衡

心情长期不好也会造成生理反应链的错乱，导致大脑中神经递质失衡。当主要负责获取巩固和更新记忆的神经递质失衡时，记忆力衰退。情绪低落的人经常抱怨记忆力差，特别是短期记忆力。只有问题有效解决情况记忆力才会加强。使大脑回到正常的化学物质平衡，才是有效的改善情绪低落和其他情绪不稳定的基础。

一些研究者还注意到，短期记忆力的下降与早前情绪不稳定有关。随着年龄增长，生理机能的变化会产生很多记忆力问题。面对生命的重大变化，挑战是寻求新的行动和有把握的目标。我们在后半生会经历很多不同程度的感情伤害，从爱人或亲朋好友的去世到亲人丧失生理能力，以及你的社会地位和经济财产发生重大变化。这些变故和伤害很容易使人情绪沮丧，从而导致厌食和营养不良，离群和孤僻。这种情形需要合适的干预，以打破情绪沮丧——逃避现实——化学反应的恶性循环。

⊙情绪的控制

通过干涉恢复到健康良好状态时，你自我感觉良好，回忆积极事件的记忆力增进不少。好的精神状态使记忆力自动恢复。快乐情绪是快乐记忆恢复的一个因素。这是情绪决定论，即在相同环境或情绪状态下的事情容易记忆（鲍尔 1992 年；勒杜 1996 年）。20 世纪神经递质的发现表明它们对人的情绪和记忆的必然作用。而在此之前，很多康复的人和接受治疗的新患者说："生活随思想而改变。"这可能比实验性的解释更具有建设性。

⊙用你的感官意识

在迪帕克·乔普拉的《精神疗法和完美健康》一书中，他讲了人的思想和情绪对神经化学物质的作用。在分子量子层次，人体不再是一具肉和骨的架子，而是能量的流动，而且时刻都通过高度整合的化学信使或肽释放的信息在周身流动传递。你的意识和身体的化学构成有直接联系。比如，视觉想象可以帮助焦躁的人放松，使人产生积极的态度，对精神和身体都有正面作用。乔普拉也尝试用气味治疗病人。他解释说，人的嗅觉与大脑直接联系。下丘脑的嗅觉接收器是一组影响记忆、感情、体温、食欲及性欲的细胞。减轻心理压力需要生理治疗。总之，如果你想增强记忆力，就要像当心身体一样呵护好自己的情绪。

2. 各种坏情绪

⊙忧郁症

许多人认为忧郁症是逐渐变老过程中产生的一种正常现象，事实上忧郁症并不是一种正常现象，它是一种疾病——一种可以医治的疾病。我们知道，记忆问题通常会与忧郁症一同出现，如果忧郁症得到了医治，记忆问题就会有所好转。

常见的忧郁症症状有：食欲改变（最常见的是食欲减退）；睡眠障碍；疲乏；焦虑、恐惧、过度忧虑；感到绝望或无助；注意力不集中、记忆困难；做决定时犹豫不决；不安、踱步；易怒；感到生活没有意义；对什么都觉得无趣；总是感觉不舒服或疲劳；情绪低落；有自杀倾向。

那么忧郁症是如何影响记忆力的呢?

动机

当你情绪低落时，你就不会在意你新邻居的名字、你健身课的时间或政府采取的新措施。这些事情好像对你来说都无关紧要。

注意力

即使你想记住如何填写你的医疗保险表，忧郁症也会使你感到头脑模糊，而不能把注意力集中在要做的事情上。

感知

如果你情绪低落，你也许会将许多遗忘的事情当成你记不住任何事情的一种征兆。

小华几年来已经得了几次忧郁症。他的朋友和家人都发现，当他情绪低落时，他就会忘记一些约会，并且记不起来一天前发生的事情。经过咨询，医生认为，如果小华的忧郁症通过药物和心理咨询得到医治的话，他的记忆问题可能会有所改善。医生也建议小华在忧郁症好转之前，应该尽可能多地进行一些记忆训练，以协助治疗。

⊙失落和悲伤

当经历了重大的挫折或变故时，人们常常会被痛苦和悲伤的情绪包围。此时，将注意力集中在自身以外的任何事情上都是困难的，并且注意力也会减退。忧伤时会出现记忆问题，但随着时间的过去忧伤会逐渐减轻，除非这个悲伤者的情况发展成忧郁症。

当涉及痛苦和悲伤的时候，大多数人最初都会想到死。实际上，失落的情绪也许是由许多不同经历引起的，包括感动、重大的外科手术、自己或配偶退休、视力或听力损伤、朋友或家庭成员患病、经济状况的改变、宠物的死亡、孩子或朋友结婚及个人健康状况的改变。当这些情况中的两种或多种同时发生时，对情绪的影响会大大增加。

实例一

老沈几年来一直想退休，这一天最终来临了。他不用早起、不用附和老板，并把时间都花在他的地下工作室里。然而，退休后他惊讶地发现，他常常感到忧伤并且无所适从。他也注意到，他总记不住东西。

在妻子的鼓励下，他自愿去为卧床在家的人上门送餐，并开办了一个绘画班。他感觉自己非常有用，他的悲伤情绪和健忘也逐渐消失了。由此看来，即使是你自我选择的一个改变也可能引起失落情绪。

实例二

大明和玲玲交往了一年半的时间。他认为他们进展得不错并计划着他们的未来。一段假期之后，玲玲告诉他，她现在觉得他们在一起并不快乐，她不想再见到他了。

大明开始非常生气，并暗自设想没有她自己也会过得很好。很长一段时间内，他都发现自己很忧伤，并且始终无法摆脱这种状态。他不能将注意力放在他的工作上。他突然感到他的脑子老了，不管用了。他想，是不是他的记忆力正在逐渐丧失，但他又不知该如何去做。几个月过去了，他感觉越来越好了，而且记忆力也比以前好多了。随着大明的悲伤情绪逐渐减少，他的记忆力又恢复了正常。

⊙焦虑

焦虑的特征表现为内心紧张不安，并伴有生理症状和说不清的恐惧。许多严重焦虑的人都不能将注意力集中在他们身外的事情上。他们的头脑中充满了担忧，因此他们不可能将注意力放在外界发生的事情上，并且记忆力的衰退还影响到他们日常的功能。

焦虑的常见症状：神经过敏、忧虑或恐惧；忧惧或有一种不祥的预感；一阵一阵的恐慌；注意力难以集中；失眠；对可能患有生理疾病的恐惧；肚子痛或腹泻；出汗；头昏眼花或头重脚轻；不安或易变；易怒。

⊙特定对象恐惧症

当某种物体被看作是危险的来源，并且这种物体可能导致的伤害被夸大时，对这种物体的恐惧就发展成为特定对象恐惧症。特定对象恐惧症包括对某种动物的过度恐惧，对诸如狭窄空间、开放空间或者高地之类的环境的恐惧，以及对窒息或者呕吐的恐惧。

当恐惧症患者遭遇到令他感到恐惧的物体或者环境时，他身体上的焦虑反应将不断增加，他所要做的事情是尽力避开这个物体或者环境。例如，当蜘蛛恐惧症患者看到类似于蜘蛛的物体靠近他们时，他们将经历心跳加速、恶心和极端恐惧的过程。他们所要做的事情是尽力逃离这样的环境。当这种恐惧症的患者接触到这种物体或者环境的图像时，他们也会做出类似的反应。

据估计，每 100 个美国人中就有 10 个人受到特定对象恐惧症的影响。这种恐惧症是女性精神障碍中最为常见的一种，而它在男性精神障碍中位居第二位（位居第一位的是物质障碍）。某个人患上特定对象恐惧症的年龄取决于这种恐惧症的类型。人们患上恐惧症往往与他们儿童时期所处的自然环境有关。诸如飞行恐惧症、恐高症和狭窄空间恐惧症之类的条件性恐惧症，往往在某个人处于 20 岁这个年龄段时形成。

⊙广泛性焦虑症

广泛性焦虑症指的是由于过度的、长期的忧虑而引起的焦虑症。广泛性焦虑症形成的原因有以下几种：一是担心不能应付面临的问题；二是害怕失败；三是担心被拒绝；四是对死亡的恐惧。患有广泛性焦虑的人身体上也会出现一定的症状，包括肌肉紧张加剧、敏感性增强、呼吸频率加快以及觉醒程度增加（比如心跳加快）。

广泛性焦虑症是一种常见的精神障碍，它对女性的影响是其对男性影响的 2 倍。虽然人们受广泛性焦虑症影响的年龄会因人而异，但是人们往往在 20 多岁时才开始寻求治疗这种焦虑症的办法。在美国，一般有 3%—8% 的人受到广泛性焦虑症的影响。心理学家估计，那些患有广泛性焦虑症的人中有超过 50% 的人患有其他的精神障碍，比如沮丧或者另外一种不同类型的焦虑症。

实例

关太太把她自己描述为一个爱担心的人，她担心她的弟弟结不了婚、她的女儿吮大拇指，还担心她自己的胃病和关节炎等这些会影响到她照顾家庭的能力。她很紧张，经常睡不好觉，几乎一整天的时间她都在担忧，以至于她不能清楚地记得一些事情。

当关太太在诊所治疗她的胃病时，她向护士提及了她的焦虑情况。护士建议她应该和医生谈谈这个情况。医生推荐给她一个治疗焦虑和抑郁的认知治疗小组，在那里，关太太能学到一些解决她焦虑的新办法。在这个小组里，关太太认识到她控制不了她弟弟未婚状况和她女儿吮拇指的习惯。她决定试着不再担忧这两件事情。这个小组帮助她想出在她不能照料家的情况下的许多选择办法。关太太知道，她将会继续担忧，但当她意识到担心这些她无法控制的事情也于事无补，并开始为她的未来做打算时，她的一些焦虑症状及她的记忆问题开始减轻。随着她的担忧越来越少，她发现自己能够集中注意力并能够记得更清楚。

性别和记忆

所有的人都认同男性的智力运行机制和女性的在某些方面存在不同。我们可以引入生物学理论来解释这些不同，但无论如何，首先必须要避免任何的成见。

关于男性与女性智力不同的学术争论和社会争论一样，都提出了两个问题：有什么不同？是教育、社会、历史原因使然，还是该从解剖学、遗传学、两性的生物特性学考虑？

1. 有什么不同

⊙男人知道他们要去哪儿，女人知道她们在哪

“女人没有数学天分”，“男人不会预知并且组织能力很差”……

为了深入认识这类问题，心理学家和神经学家不断进行实验，以下是得出的几项结论：

当要求男性和女性描述自己的过去时，女性的叙述更为详细和连贯，并且充满感情。在一对夫妇中，一般女性保存着更多共同生活的记忆并且更能记住事件的细节和发生时间。对童年生活的最早记忆，女性比男性平均要早6个月。

当被要求记住一篇短文或者一列字词时，通常女性表现得更好。在被问及几年前读过的一本小说的内容时，男性和女性却有着相似的结果。女性总是更好地记住旧同学的名字和面孔，但是无论男性还是女性都更容易地记住与自己同性别的同学。男性通常保持良好的代数知识，并且能借助几何特征（形状、方向等）更快地掌握一条路线；女性则更多地借助口头标志来确定方向："在面包店前向右拐，然后在邮局前向左拐……"

因此，对于一些记忆方式，两性中的某一性似乎真的存在优势。

⊙女人所擅长的

通常来说，女人比男人更擅长于做特定的语言任务，开发语言更快，更擅长于做情感上的判断。

多重任务

女人比男人通常更擅长于同时做几件事情，这可能是因为大脑

怀孕期的记忆

女人的短时记忆在怀孕期间似乎会发生变化。这可能是因为（对即将到来的新生命全身心的关注、疾病和疲惫所导致的）精神集中力差以及荷尔蒙的变化。近期的研究表明，记忆的变化虽然不是真实和持久的，但最可能被感知。许多变化似乎来源于生活变化因素，如疲劳、体重增加、容貌改变和缺乏性生活兴趣。

另一个解释是后叶催产素的升高。后叶催产素是一种能损害记忆的化学物质。它是在第三个三月期在体内生成的。另一个可能性是在第三个三月期氢化考的松的释放程度升高。有证据证明，过度的氢化可的松会影响海马（大脑灰质伸展于侧脑室颞角底部全长的弯曲形隆突），而海马又对记忆起着至关重要的作用。因此，这很可能是这些心理、荷尔蒙和化学因素的组合。

的左右两边连结得更好。想象一下你是一个旅馆里的前台接待，正在为一个客人登记入住；同时，你又要接一个电话；就在此时，另一个客人要你帮他传个话。研究表明，女人比男人更擅长于传话。

自传式记忆

女人似乎比男人更擅长于记住过去的事情，尤其是感情片段。

⊙男人所擅长的

男人在数理方面的能力表现通常强过女人，在背景图形辨认测试中得分更高，更容易让目标对象在大脑的注意中循环，并且更擅长于记住技术信息。这可能是因为大脑的某个区域在任何时候都更加活跃。男人天性做事更有条理，但通常不会进行情感上的连接。

2. 原因是什么

⊙性别不同大脑也不同吗

从解剖学的观点来看，男性和女性的大脑几乎没有差别，其主要不同在微观层面。男性语言的要素似乎更多地表现在大脑的左半球，而女性在处理语言时则更多地同时利用两个脑半球。这大概可以解释为什么在对字词或者文章的记忆测试中，女性更具有竞争力。

⊙与激素有关吗

某些激素（睾酮、雌性激素、黄体酮）在性别发展（生殖器官、第二性别特征）以及与生殖相关的生物过程（男性精子的产生、女性的月经等）中扮演着关键的角色。它们在血液中的浓度，女性与男性有所不同，甚至同性之间以及同一个人在不同的阶段也不同。为了明确激素的浓度与认知和智力之间的关系，科学家进行了许多实验。睾酮（雄性激素，或者男性激素）在男性出生前和

⊙ 在日常生活中，男性和女性之间的不同是巨大的，包括智力差别。这是单纯的偏见还是科学事实？神经心理学家给出了他们的答案。

刚出生后以及青春期的分泌量非常大，这种激素对数学和空间能力起着重要作用。用类似的方法我们发现，女性月经期间雌性激素浓度的变化影响着不同领域中的各种能力，如语言的自如、口头记忆和手的灵敏度。在更年期以及更年期之后，记忆能力轻度降低大概源于这一时期的激素变化，激素的替代物治疗能够部分地减轻这种症状。

⊙与教育有关吗

同时，记忆能力也受教育、社会、文化等因素的影响。教育有可能促成某些“男性的”或者“女性的”行为。比如，某些玩具是用来刺激男孩子的，开发他们的生理世界和认知能力；而另一些玩具则是用来促使女孩子去发现和认识社会的。这样，不同的教育方式出现的动机与频率常常会导致两性之间差异的产生，或直接构成差异。

总之，在记忆方式上两性的相似性要多于差异。另外，需要明确的是：女性完全可以在一个由“男性的”记忆主控的领域获得成功，并且胜过大部分的男性，反过来也成立。

压力和记忆

我们的生活总是会不时地被变化或者危机打断，因此我们需要不断地适应新的变化，即使这些变化会给我们带来压力和焦虑，甚至是反反复复地令我们沮丧或者意志消沉。这些变化总是会影响你的记忆能力，因此学习应付压力和自我放松是至关重要的。

1. 压力的类型

⊙好的和坏的压力

感到有压力吗？一点点。没问题。

很严重——那就麻烦了。

不知不觉，“压力”这个词进入了我们的词汇表，并且开始被媒体频繁地使用。例如在最近的常见的表达中，就有“现代生活的压力”，“工作场所的压力”等。压力到底是什么呢？

根据现在的用法，压力等同于一切的压迫和紧张。事实上，压力是人的身体应对一切变化的时候进行自我调适的结果，是身体对于变化的适应性的体现。面临考试就是压力的一种，改变生活节奏也是压力的一种，改变饮食、环境的变化等都是压力的种种表现。任何一种强烈的感情，无论是积极的还是消极的，都是压力的一种表现形式。

因此压力本身并不是坏的，如果你可以很快地做出适当反应，它只是你的身体在竭力适应一种新情况时发出的一种信号。这样的压力被称为是好的压力（积极的压力），你必须要对这种压力给予重视，因为它就像是那种保护身体免受伤害的疼痛一样。从心理学的角度出发，这个警示作用是肾上腺激素和降肾上腺激素释放的表现，目的是为了提供给身体做出正当反应所需的能量。积极的压力实际上是兴奋剂。

如果这种引起压力的状况持续很久或者每隔一定的时间就重复出现的话，你的身体会通过释放皮质酮进行自我调节以便适应变化，即所谓的对抗相位。但是身体也有可能被打倒，表现为新陈代谢减慢，这种状况下（即精疲力竭的状态）身体抵抗力就会下降，变得易受攻击，具体表现为免疫力下降，易感染疾病。这种反反复复的情况

	有利的压力	不利的压力	短期压力	长期压力
原因	考试、面试、怯场	太多焦虑或分心的事情、过分精神警觉	交通堵塞、看牙医	慢性疼痛或慢性病、失业
结果	肾上腺素帮助你有良好的表现	各种疼痛、不能正常发挥	轻微的身体或头脑病症，不久以后就得到平息	持续的身体或头脑病症，并可能加重

是有害的，也就是所谓的坏的压力。

压力的情形可以用生物学的症状来解释，这些症状都表现为某些能力的丧失：睡不好觉、心动过速、呼吸问题、胃痛，等等。它也可以表现为行为方面的问题，易怒、粗心大意、没胃口（或者相反的，易饿）、烟瘾、咬指甲等等。

⊙危险：大脑疲劳

我们都有“被置之大庭广众之下”的经历。你突然感到大脑混乱，注意力不能集中，心脏剧烈跳动，血压升高，身体紧张发汗，反正是很不舒服的感觉。这是怯场的反应。即使你没有处在真正的危险中，身体还会释放大量的压力荷尔蒙到血液中。它会导致不由自主的身体颤抖，说话结巴，大汗淋漓和暂时性失忆。当你有过怯场的经历后，再次面对同样的情况会反应更强烈和持久。

怯场，顾名思义，通常发生在面对公众时，但是像局促不安这样的生理反应也会出现在台下。也许你没有准备在课堂上被突然提问，或者你的上级让你在一群同龄人面前讲话，或者你说了很不愿说的话，做了不愿做的事。克服怯场这样一时的激烈感受，可以通过了解自己的生理变化，学习减轻紧张害怕的技巧和做好心理准备来减轻。

2. 压力是如何影响记忆的

⊙当记忆被打断

当我们因时间紧迫而感到压力很大，变得紧张而焦虑时，记忆力就会让我们失望。处在焦虑状态下的情感会对你注意和专注的能力造成不利的影响，而这两种能力对于记忆机能来说起到最基础的作用。因为你的注意力转移到了那些打断你的事物上面，你失去了你的目标信息的线索。在 70%—80% 的情况中，遗忘都是因为理解或者注意出了问题。情感是具有破坏性的，神经紧张会造成记忆阻塞。谁能在公共场合露面从来不怯场呢？演员们对于上台之前大脑忽然一片空白的经历最有发言权了。遗忘的恐惧能够诱发足够的压力，从而导致记忆回路的瘫痪。但这只是暂时性的，你只需要重新开始，开始讲话以便重新启动整个记忆机器，怯场就会消失，你的记忆系统也就重新开始正常工作了。

⊙身体迹象

你可能发现自己的身体会对压力做出反应。你感到焦虑和疲惫不堪、没有胃口、不断地感到被打搅而不能集中注意力、变得消极、睡眠模式被破坏，并经常做令人提心吊胆的梦。严重的压力会引起诸如过敏、消化不良、皮肤病、疼痛、精神恍惚等身心疾病。虽然还没有明确的解释，但慢性疲劳综合征被一些研究者认为是严重压力使身体不适加剧的后果——这几乎就像是你再也应付不了了，系统陷入瘫痪一样。

⊙如何对付压力

要对付压力就必须设计策略。你必须识别早期的警示，然后学会如何去处理问题。

首先，你必须识别原因。

1. 是自己所处的环境吗？
2. 是不是只是自己要做的事情太多了？
3. 是不是当前有什么特殊的原因？
4. 是否因为自己的生活方式而加剧？
5. 是否能有效地管理自己的时间？
6. 在白天有办法释放已经形成的紧张吗？
7. 有足够的自我支配时间吗？

然后试试以下策略。

1. 保证自己的正常呼吸（深呼吸的技巧会有镇静作用）。
2. 检查自己的生活并制定一个计划。
3. 学会说不。
4. 试试放松的锻炼，如瑜伽。
5. 适当地修正自己的生活方式。

影响记忆的其他因素

因为多种原因，记忆有时会“受阻”。有时，记忆虽然仍然存在于脑海之中却无法访问。在其他情况下，记忆的存储在一开始就被阻止。

1. 内部因素

⊙受到制约的记忆

有时，一些记忆可能太令人触景伤情或感到心情不快而很难会回忆。根据弗洛伊德等人创立的精神分析理论，忘记某些事情的一个原因并不是事实上失去了记忆，只是记忆被制约了。它就在那个地方，但人对它进行了制约，因为有意地去想起它是一件非常令人痛苦的事情。这是研究中一个有争议的方面。在许多案例中，临床医生们使病人们“说出了”他们童年时代受到性骚扰的事实。然而，尚不清楚这记忆是真实的还是受诱导而产生的。

⊙心灵创伤

记忆有时可能并未丧失或受到制约，只是难以真正说出口。对有心灵创伤人的研究显示，许多人普遍记不得——有意识地——一些发生的事情，但他们在非言语的提示下（如声音、香味或触觉）仍然有一定的记忆。例如，警报声能激发经历过某个事故的人的焦虑，或者可能对解救该事件产生非常生动的幻想。这就是众所周知的创伤后紧张紊乱。这种症状的治疗方法之一是让病人讲述事故，以缓解与它有联系的焦虑。

⊙童年时代记忆缺失

很少有人能记得他小时候的事情，因为 4 岁之前大脑尚未完全发育。首先发育的是孩子的颞叶，它们是负责记忆模样的（如人脸）。最后发育的是前叶，因此运作记忆也是最后建立的。另外，我们一直要到2岁以后才学会说话，而语言又可能是记忆中一个至关重要的因素。

小孩子在记忆测试中的错误率极高。孩子的社会知觉尚未形成，所以他们很难做出联想。可能已经有记忆，但却不大可能去访问它们。

除非有重要事件能影响孩子，才可能形成记忆。然而，这也可能是通过孩子的父母在他长大一些后告诉他而形成记忆，所以他几乎是杜撰了一个“故事”。

许多孩子有假想的朋友。有个理论说这是他们在学习自己的记忆。记忆是关于我们自己的故事汇总，而随着年龄的增长，我们知道这是有许多原因的。它们为我们提供了一个个人的历史，帮助我们理解，并且在日常生活中起着重要的作用。孩子通常不理解这些。他们甚至难以理解想象与现实之间的区别。你是否也曾经怀疑过某件事情是亲身经历还是想象出来的呢?

⊙自信心

你无疑遇到过记忆困难，它让你认为自己在记忆一些特定种类的信息方面特别差。你也可能明白在特定的情况下自己的记忆会更差。没有谁的记忆是尽善尽美的，也许大多数人的记忆还不如你。到现在为止，你知道我们每个人都有长处和短处，而且不同的因素影响着我们的记忆表现——如我们的精神有多集中、荷尔蒙、酒精、药物等。其他如年龄之类的因素也很重要，因为随着逐渐变老，大脑就像身体一样也会老化。

人们的基本记忆能力也会有自然变化，甚至每个星期都会不同，这取决于我们生活中发生了什么。这就是我们会感到有些时候比其他时候记得更好更准确的原因。比如，你会注意到，宿醉似乎会使复杂的任务和记忆变得困难得多。再比如，荷尔蒙水平的自然变化有着同样的影响，而我们对此几乎无法控制。

把自己同其他人相比基本上没多大意义。记忆与智力有关，但关系并不大。当你认为别人的记忆力似乎比你要好得多时，通常是

记忆和口误

当你所说的不是你想说的时，口误就发生了。这种情况经常发生，并且通常在不被人注意的情况下就过去了。然而，事实上，它泄露了一种潜意识的渴望并且向人们暗示了你真正的想法。这些小小的语言失误并不是有关遗忘的例子，而是对你真正念头的一种暗示。

你只片面地看到了他们强的一面，而它可能正是你弱的地方。换句话说，如果你对你老板在生意场上似乎总能记住客户的姓名感到佩服，这更可能是他正在使用某个策略。尽管你的记忆力可能没有什么问题，但采取一些方法来提高它或使之达到最佳是可能的。

很多时候，我们总满足于自我实现的预言，只达到我们认为自己能做到的水平。事实上，人们在更多情况下表现得更聪明或有着更好的记忆，仅仅是因为他们有自信心。

例如，有这样一个体会，上大学的人一定很聪明。好，当然这可能是真的，在许多情况下，学生们考试成绩好并上了大学，是因为他们学习认真并从他们的成就中获得了自信。这些人通常有好的运气进入有好教师的学校学习，在那儿，他们能学到许多东西并对自己拥有信心。

有一些人就没那么幸运——也许他们上的学校把超越看成是“没有把握的”，或者他们被告知自己资质平庸。他们可能因为家境贫寒而几乎没有机会在毕业后继续深造，甚至根本没有想过报考大学。所以，要学会相信自己并对自己的能力有信心。

⊙气质和个性的种类

我们都有不同的个性，而且种类繁多。思考快速的性格外向者是一个极端。思维敏捷是一件好事，但这类人也可能听得不仔细、会出错、说话不经过大脑，而且注意力不集中。这类人的生活方式似乎也不太健康，条理性较差。

相反，在另一端的是性格内向类型的人，他们显得缓慢和安静得多——“埋头苦干者”。然而，这些人经常能仔细听讲、更加有办法和条理，而且注意力更集中。

2. 外部因素

⊙缺乏智力激励

常言道：“不用则失。”这句话常被用于说明记忆机能。保持脑子活跃并使用一些记忆方法可以提高你的记忆力。以下是一些智力激励的例子：参加一个讨论小组；做些纵横拼字谜；打桥牌、下象棋或玩益智游戏；回答智力游戏或其他问答节目中的问题；阅读益智书籍；使用最近学到的记忆方法。

实例

马先生对时事一直都很感兴趣，尽管他每天都读报纸，但他最近发现要记住所需的信息，并在某些问题上阐明自己的立场很困难。他没有放弃，而是加入了他所在的公寓楼里的时事讨论小组。他非常喜爱这些踊跃的讨论，并发现通过为小组准备及听取其他人的观点，他对这些问题的记忆加强了。

⊙酒精的影响

喝酒对我们会产生的多种影响，它改变我们注意的能力，影响我们对深度和空间的视觉感觉、思维集中能力，以及我们的判断力。

酒会在两个不同的方面影响你的记忆力。首先，许多人发现，随着年龄的增长，他们的酒量越来越小；以前也许能喝两瓶酒，但现在却不行。酒的作用更在于一次所喝的量，而非一个人喝酒的频率。对于记忆力，一晚上喝四瓶酒要比四个晚上每晚喝一瓶对脑子的影响力大得多。第二，长期饮酒无度会引起无法恢复的记忆力丧失。

除了酒对记忆力的直接影响，饮酒会引起或恶化影响你记忆力的其他因素。比如，酒对于中枢神经系统所起的作用就像是一种抑制剂，所以它有可能成为忧郁症的催化剂。另外，酒中除了卡路里，根本不含有营养成分。一些饮酒过量的人会饮食不足，降低营养状况。

⊙缺少社交的相互作用

许多人承认社交参与是保持或提高智力的一个主要因素。当生活没有目的或未被系统化，你就没有动力关注并组织你的思维，也没有什么东西需要你记忆。

在社会交往中，你有机会谈论你生活中的许多事情，这样就加强了对你所做和所学东西的记忆。

实例

李老先生 88 岁了，一个人生活，身边没有任何亲人。他患有严重的关节炎和心脏病。由于远离家乡，他感到很不舒服、很不安。他的邻居每天帮他取信，注意到李老先生变得越来越健忘了。他几乎不知道当天是什么日期，并且把他最近与医生预约的事情也忘了。当他最后去看医生时，李老先生的脚上长了溃疡需要护理。医生为他安排了一位家庭护士和家庭健康助手，每周三次为他提供个人护理和家政服务。几周之后，李老先生的邻居发现，自从他期待助手周一、星期三和星期五过来后，他的思维好像更敏捷了，并且总能记住当天的日期。随着他和助手之间对日常生活和时事的交谈，他们的相处已经提高了他的记忆力，他能记住最近的事情。

⊙缺乏整理规划

忘记事情和遗失东西可能缘于一种混乱的生活方式。当你没有一种有条不紊的方式了解你家里的东西所在的正确位置，现款或重要的证件存放在哪里时，你就很可能变得越来越健忘。

许多人养成了一种有条不紊的终身习惯，而其他人则缺乏条理。如果你认为你忘记一些事情是因为缺乏条理，你或许就应该考虑形成一些有组织的新习惯。做出这些改变的确比较困难，但是从长期来看，有条理可以节省许多精力。

实例

牛小姐曾抱怨道："我总是将一些事情写下来。我知道把单子

优化购物单

当你每个星期都需要去一个离家较远的超市买一到两次东西时，分类法对你将会很有用。虽然你已经写下了需要买的东西，但是它们杂乱无章。这样一个清单并不是很有用，它会使你在超市里多次来回走动。相反，如果对物品进行合理的分类（肉类、奶制品等），就能节省时间。这样，你不再需要从卖蔬菜的柜台再走回调料品区，因为你发现自己忘了买芥末酱。为了制作这样一个购物单，你可以尝试在脑海中构想从进入超市到收银台你将走的路线。

购物单

水果和蔬菜：沙拉、胡萝卜、橙子

肉类：鸡、牛排

不易变质的食品：米、面条、酱

家务产品：洗涤剂、柔化剂

奶制品：牛油、白奶酪

速冻品：比萨饼、冰激凌

卫生品：肥皂、棉花

存放起来了，但是后来我却找不见这些单子了。”在她参加的一个记忆力课上，她也听到其他参加者描述过同样的情况。牛小姐一直都在零碎的纸片上列些单子，但却将它们在家里到处乱放。之后，她就在一个笔记本上列单子并放在她的厨房桌子上，这样，她便改变了之前的情况。

⊙紧张

紧张是记忆功能中一个重要的因素，它对遗忘起很大的作用，它是记忆力“差”的关键问题之一。人们发现在紧张时更难摄入信息，因为紧张会导致大脑“僵化”。这可能是因为各种各样消极的念头充满了他们的运作记忆，占据了有用的加工空间。一定程度地激发大脑的紧张（正面的紧张），但如果紧张过度，运作记忆可能就会被淹没、记忆系统僵化。例如，当你有太多的事情要做时，就会感到茫然不知所措。

第三章

评估你的记忆能力

我们是如何了解记忆的

毫无争议，大脑是医学家与运用医学图像的科学家酷爱的研究对象。甚至有这么一个专业——神经图像学。无论是功能的还是形态的，为了诊治或者为了基础研究，新的技术给我们提供了越来越精确的图像，进一步推动了对记忆的研究。

1. 形态成像技术

形态成像技术能确保我们更好地认识大脑的构造，尤其是能给活人进行检查，这显著改进了神经学疾病的识别诊断，比如确诊肿瘤或脑血管意外。与功能图像不同，形态成像技术提供的是“静态”图像，即和大脑特殊活动无关。

⊙ X 射线断层扫描

X 射线断层扫描（CT）提供的是被检器官的精细水平剖面图，能清晰地分辨那些在传统 X 光片上看不见的或容易同其他器官混淆的人体器官。CT 成像技术依靠的是 X 射线的放射性（使用不会对人体造成危害），电脑以数字图像的形式显示通过人体的 X 射线数据，不同的人体组织吸收 X 射线的量不同。脑 CT 能清楚地显示脑血管的畸形（动脉血管瘤）、脑血管损伤（脑出血、脑梗死）、肿块、肿瘤、严重创伤引起的脑损伤、与神经元缺失相关的脑萎缩等。这种技术能把受损伤的大脑的图像同记忆测试结果联系起来，帮助我们对记忆发生的位置有了更多的了解。

⊙磁共振图像

通过磁共振（IRM）得到的图像要比 CT 扫描得到的更精确，特别是在某些区域（比如脊髓）或者在某些感染性疾病的情况下。CT 扫描只能得到横切面图像（与人体主轴垂直），通过磁共振则可以得到纵切面和斜切面图像。

在进行 IRM 检查时，身体进入一个强大的磁场，人体组织中所有水分子中的质子都朝向同一方向。当磁场中止时，质子又回到原来的位置，同时放射出反映机体组织密度的特殊电磁波。

2. 功能成像技术

最新的功能成像技术使我们对人体组织解剖和大脑“正常”运转的理解发生了巨大的改变。这一技术使我们更重视某些脑部疾病患者的大脑的整体运作，也使得与大脑（特别是那些健康人的）精细运转相关的区域显现出来。在后一种情况下，获得的图像质量出奇的好。当被检测者在大脑中搜索词语或文化信息时，读文章或听音乐时，对面孔或工具进行指名时……功能图像显示大脑的不同区域在“发亮”。这一技术在基础研究中被大量应用，同时也改进了对某些神经疾病的诊断。

⊙单光电子发射体成像

单光电子发射体成像（single photon emission computed tomography, SPECT），即在人体组织中植入无防御性放射物质，然后通过一个特殊的照相机探测其放射线，再用电脑处理所获的信息，得出被探测器官的切面图像。SPECT 能够显示出在感染期间，如精神错乱或者血管发生意外时，脑功能的异常。

⊙正电子 X 射线断层成像

目前有许多研究中心应用正电子 X 射线断层成像（position emission tomography, PET）技术对人体的不同器官（心脏、肝、肺等）进行了非常精确的生理学研究， 特别是大脑。该技术对神经递质以及大脑活化机理的认识取得了极大进展。

通过释放正电子得到的断层图像，除了对基础研究的许多领域具有重要意义外，也是诊断癫痫、帕金森病和阿尔茨海默氏病的一个强有力的方法。PET 基于的是与正电子相关的射线的探测，正电子是一种比电子轻的基本粒子，但是带的是正电。由放射性物质发出的正电子融入具有特殊生物化学性质的分子中后，借助正电子照相机我们可以观察到分子在机体内的分布，同时通过电脑可以重组大脑的截面影像。PET 特别适用于观察一些生理现象，比如血液的流量、人体组织中水或氧的分布、蛋白质的合成等。它能揭示在执行记忆任务时血液流量和大脑中化学物质的变化，帮助科学家们获悉在记忆研究时大脑中的化学系统与身体结构是如何相互作用的。

3. 功能磁共振图像

功能磁共振图像（IRMf）技术被用于探测某一器官在一段时间内血液分布的变化，这一测试能反映在活动增加的情况下人体组织耗氧量的变化。将功能磁共振图像与休息状态得到的图像比较，可以研究某一器官在特定功能中的作用。比如让我们真切地“看到”记忆在实际情况下的活动。

IRMf 主要用于分辨负责不同功能的大脑区域，比如视觉、听觉、记忆或者语言。被检查者在进行某些精确的脑力任务时，我们可以观察到活跃着的大脑区域。作为对传统医学成像技术的补充，IRMf 能协助医生做那些非常接近脑部十字区域受损的大脑外科手术。

评估你的记忆能力

1. 你对待生活的大体方法

本问卷由 20 个问题组成。请仔细阅读每个问题及其答案，然后选出最适合的答案。

⊙你认为自己是一个有条理性的人吗？

1. 完全不是　　2. 有一定的条理　　3. 非常有条理

⊙在你参加一个会议时，下列哪个答案最能说明你的状态？

1. 发现自己思绪漂移出去，想着其他事情

2. 只要主题有趣，就能很好地摄入信息

3. 总是能随时集中精神并记得住

⊙你乱放钥匙吗？

1. 经常会 2. 有时会 3. 从不

⊙你有时间安排表吗？

1. 没有 2. 试过，但发现难以随时更新 3. 有

⊙你是否每星期不止一次感到有些晕晕乎乎？

1. 是的 2. 有时 3. 没有

⊙你是否发现一直有太多的事情要做？

1. 是的，我不太擅长于熟练掌握事情

2. 我有时不得不加班加点以跟上进度

3. 不会，我基本上能掌控局势

⊙你是否感到难以记住密码？

1. 是的，我很难记住这些东西

2. 我偶尔会在想它们时碰上些问题——因为我对不同的东西设的密码不同

3. 不会，我用的密码不仅熟悉而且易记

⊙你是否有过走进一个房间却忘了为什么走进去的时候？

1. 经常 2. 有时 3. 从未有过

⊙你是否吃大量的新鲜蔬菜和水果？

1. 不 2. 尽量 3. 是的

⊙你能记得给人们发生日贺卡吗？

1. 不能，我记不住日子，所以不知道什么时候该送

2. 只记得同我关系密切的人

3. 是的，我有生日的清单

⊙你是否容易分心？

1. 是的，我发现难以让自己长时间地把注意力集中在某件事情上

2. 有时

3. 从不

⊙你认为新信息好记吗？

1. 不　　　2. 如果听得仔细的话　　　3. 是的

⊙你是否让你的思维保持活跃？

1. 并不完全如此　　　2. 尽量　　　3. 是的

⊙你是否乱涂乱画？

1. 经常　　　2. 有时　　　3. 从不

⊙你的家庭开支是否有条理？

1. 没有

2. 有一定的条理

3. 是的，我先会以一定的次序将它们排列，所以总能按时开支

⊙你多久做一次身体锻炼？

1. 从不，我讨厌做身体锻炼　　2. 有　　3. 至少一周两次

⊙你丢过东西吗？

1. 经常　　　2. 有时　　　3. 从未

⊙当有人给你介绍新朋友时，你是否能记住他/她的名字？

1. 几乎不能　　　2. 有时能　　　3. 每次都能

⊙你有没有做过白日梦？

1. 经常　　　2. 有时　　　3. 几乎从未

⊙你是否经常会为某些事情紧张？

1. 经常　　　2. 有时　　　3. 几乎从未

把你所选答案的序号加起来（序号即代表得分），看看你属于哪一类记忆个性。

得分

20—30 分：最佳化程度差

你也许精神不太集中，感到自己的记忆力不是很好。你可能条理性较差。你似乎不太积极利用记忆策略或如列清单之类的帮助记忆的工具。你的生活方式可能也不是特别健康。

如果你属于这种个性类型，就要多下功夫学习提高注意力以及使用记忆策略，从而提高自己的日常记忆功能。专心致志是摄入信息并将其存储起来的基础。记忆策略或记忆帮助工具能帮助你更好地存储记忆信息。你可能还需要考虑改善你的生活习惯，因为健康对你的记忆力会产生很大的影响。

31—45 分：最佳化程度中

你的生活也许安排得还可以，但感到可以有更好的记忆力。你也许相当有条理，但还有提升的空间。你试过以一种健康的生活方式生活，但并不十分成功——因为你感到自己太忙了。

你应变得更有条理，学会更有效地利用记忆策略，并学习新的策略，会极大地改善你的记忆和注意力。生活方式的改进也应该成为你总体提升计划的一部分。

46—60 分：最佳化程度好

你的记忆力可能已经不错并能有效地利用记忆策略。你可能也正努力以一种健康的生活方式生活。因此，紧张程度相对较低。

提升的空间仍然存在——如果你对记忆是如何运作的了解得更多并学习了新的策略，你就可以进一步强化自己的记忆。

2. 评估你的临时记忆

⊙第 1 部分：评估你的数字记忆能力

叫一个朋友读出如下次序的数字，你的任务是以同样的次序复述这些数字。试试看你做得怎么样。

18 13 71 43 7 58 2 9 6 5 4 16 25 34 95 19 20

得分

少于 5 个 = 差；5—9 个 = 中等；多于 9 个 = 好。

⊙第 2 部分：评估语言记忆的能力

看一下下列词汇并试着记住它们——不要把这些词汇写下来。你有 1 分钟的时间。

木偶　　火车　　上衣　　毯子

汽车	足球	椅子	裤子
桌子	摩托车	谜语	沙发
帽子	玻璃球	直升机	袜子

现在把这些词语遮住，然后尽可能多地把这些词语写出来。

得分

少于 5 个 = 差；5—9 个 = 中等；多于 9 个 = 好。

你注意到这些词有什么特殊规律了吗？如果没有，再看一次。如果你看得仔细，你将会发现这些词可以被分成 4 个主要类别（玩具、交通工具、家具、服装）。增强记忆最简捷的方法之一是将有关项目按类别组合。这能降低记忆的负荷，从而使记忆更加容易。

⊙第 3 部分：评估你的形象和立体记忆

仔细观察下面的 10 个图形 1 分钟，努力记住它们，看你能记住多少？

得分

少于 4 个 = 差；5—7 个 = 中等；8—10 个 = 好。

⊙第 4 部分：评估你的视觉识别记忆

看下面的这组图。它们中哪些你在前面看见过？把你之前看见过的图勾出来，然后对照一下，看你答对了多少。

⊙第 5 部分：记故事

阅读以下段落。不要记笔记，但在手边准备好纸和笔以备后用。

罗先生正走在去一家超市的路上，他要买早餐、一瓶啤酒、两斤鸡蛋，以及一些甜品。当他沿着人行道往回走时，看见一位女士在一块石头上绊了一下，摔倒在地，撞到了头。他赶紧跑过去看她是否需要帮助，并看到她头上的伤口正在流血。他奔向附近最近的房子，敲开了门，告诉来开门的女子发生了什么事情，并请她打电话叫人帮忙。15 分钟后，来了一辆救护车，把受伤的女士送进了医院。

现在，把这个段落盖起来，然后根据记忆尽可能地（尽可能按照原来的词句）写出这个故事。

得分

你能回忆起多少条信息？

少于 15= 差；16—25= 中等；超过 25= 好。

大多数人肯定能记住故事梗概，而且可能还能记住一些细节，然而要一字不差地写出这样一个故事则是一件很困难的事情。

我们大多数人在阅读书报时往往只记住大概意思而不是逐字逐句地通篇记忆。这是因为，虽然词句是重要的，但我们的记忆幅度是有限的；所以词句就成了故事的“路径”，因而我们记住的只是大概的意思。幸运的是，重要的是词句所传递的是内容而不是词句本身。人类的记忆也更善于记住值得记忆的片段或那些同我们个人有牵连的东西。

⊙第 6 部分：识别记忆

看一下下面的这些词汇并记下哪些在前面的练习中出现过。不要翻回去看，你能认出哪些单词自己在前面看见过吗？

木偶	足球	垃圾箱	熨斗
汽车	帽子	轻型摩托车	火车
摩托车	房子	上衣	直升机
毯子	沙发	谜语	窗户

得分

翻回去对照一下，并计算你的得分。

认出少于 9 个 = 差；9 个 = 中等；10 个以上 = 好。

我们大多数人非常善于识字。识别往往是作为记忆自然的提示，因为词汇本来已经存在于你的大脑中了，你只需要分辨哪些见过、哪些没见过。它所需要的努力要比回忆少一些。我们的记忆系统有一个怪癖，即回忆可能来自相同类别的普通项目比较容易，但识别不太普通的项目相对更容易。项目越是类似或普通，就越是难以分辨。

3. 评估你的长时记忆

⊙第 1 部分：经历性记忆

这一类型的记忆往往有不同的种类。

试试看回答以下问题：

1. 你的祖母叫什么名字？
2. 你出生的地址是哪？
3. 你第一个喜爱的玩具是什么？
4. 你小时候最喜欢吃什么？
5. 你小学时的绰号叫什么？
6. 你的祖父是怎样维持生计的？
7. 形容你祖父的外貌。
8. 想一件你 5 岁前收到的礼物。
9. 想象一下你成长的房子，第一扇门是什么颜色？
10. 你小时候的邻居是谁？
11. 你能回忆起上小学第一天的情景吗？你穿什么衣服？
12. 你的第一位老师是谁？
13. 你小时候做得最顽皮的一件事是什么？
14. 你最早的记忆是什么？
15. 你 11 岁时的同桌是谁？

16. 哪位老师你非常不喜欢？
17. 你能否记起在学校用心学过的文章？
18. 第一个让你心动的人是谁？
19. 你第一个约会的人是谁？
20. 第一个伤你心的人是谁？
21.11 岁时，谁是你最好的朋友？
22. 你记忆最深的第一个假期是什么？
23. 你记忆中最早的节日是什么？
24. 描绘一件你喜欢的玩具。
25. 你什么时候学的自行车？
26. 谁教会你游泳的？
27. 你第一个真正的朋友是谁？
28. 你童年最喜欢的游戏是什么？
29. 你 5 岁时最喜爱的电视节目是什么？
30. 你的第一个纪录是什么？
31. 你在小学时最喜爱的体育运动是什么？
32. 你对较早之前的往事有没有一个深刻的记忆？
33. 有没有一种特殊的气味能使你生动地想起往事？
34. 你的第一只宠物叫什么名字？
35. 你给喜爱的玩具起了多少名字？
36. 你能不能详细地记起 11 岁前的考试片段？
37. 你 5 岁前最喜爱的歌曲是什么？
38. 你 11 岁之前是否有自己的朋友圈？列举两位朋友。
39. 你能否记得小时候幸运避免的一些事情？
40. 你童年时生的最严重的一场病是什么？
41. 你一生中最美好的回忆是什么？
42. 你有没有童年的挚友，阔别已久后再次见面？
43. 你是否记得高中时的一些数学公式？
44. 相对于最近发生的事，你是否更容易记得往事？

45. 你能否记得当你闻讯北京申奥成功时，你身处何地？

得分

30 项以下＝差；30 项＝中等；超过 30 项＝好。

大多数人在这个测试中都能完成得很好，基本上能回答 30 多道题。一旦你开始回答这些问题，你就会促使自己回想更多的往事。这种回忆的感觉会持续很久。也许它还能促使你拿出一些旧照片或纪念品怀念，给老朋友打电话，或者找寻失去联系的朋友。一旦你的永久记忆受到激发，它将发挥巨大的功能。你会惊叹于你能回忆的所有细枝末节。

你可能会发现以上有些事情比其他的更容易记得。如果当时有重要事件发生或该事件对你有着不同寻常的意义，那么记起自己当时在哪儿或在干什么就容易得多。这是因为，我们没有必要记住我们生活中的每一个时刻。我们的记忆会自动地对信息进行筛选，于是我们就会忘记我们所没有必要知道的东西。

⊙第 2 部分：语义性记忆

你的常识怎么样？语义性记忆是我们自己对事实的个人记忆。试试看回答以下问题，并看一下你的知识怎么样。

1. 葡萄牙的首都是哪里？
2.《仲夏夜之梦》的作者是谁？
3. 青霉素是谁发明的？
4. “大陆漂移说”是谁提出的？
5. 离太阳最近的第五颗行星是哪一颗？
6. 曼德拉是在哪一年被释放的？
7. 俄国革命在哪一年？
8. 一支足球队有多少名运动员？
9. 圭亚那位于哪个洲？
10. 在身体的哪个部位可以找到角膜？
11. 到达北极圈的第一位探险者是谁？
12.《物种起源》的作者是谁？

13. 与南美洲接壤的是哪两个大洋？

14. 比利时的首都是哪里？

15. 静海在什么地方？

16. 第一次世界大战的起讫日期是什么？

17. 卷入水门事件丑闻的美国总统是哪一位？

18. 拿破仑最后被放逐到什么地方？

19. 色彩的三原色是什么颜色？

20.《热情似火》的女主角是谁？

得分

少于 10 个 = 差；11—15= 中等；16—20= 好。

答案

1. 里斯本 2. 莎士比亚 3. 弗莱明 4. 魏格纳 5. 木星

6.1990 年 7.1917 年 8.11 名 9. 南美洲 10. 眼睛

11. 罗伯特·爱得温·派瑞 12. 达尔文 13. 太平洋和大西洋

14. 布鲁塞尔 15. 月球 16.1914—1918 年

17. 尼克松 18. 圣赫勒拿岛 19. 红、黄、蓝 20. 玛莉莲·梦露

我们的语义性知识会随着许多不同的因素而变化，例如你来自何方、你的年龄、兴趣，以及其他等等。要扩展你在已经有所了解的方面的语义性知识是比较容易的，因为这些知识更有意义。

4. 评估你的前瞻性记忆

我们大多数人过着繁忙的生活。以下哪件事情你会经常忘记？

⊙付账（或者是否已经付过账了）

1. 经常 2. 有时 3. 从不

⊙计划好的约会时间

1. 经常 2. 有时 3. 从不

⊙收看感兴趣的电视节目

1. 经常 2. 有时 3. 从不

⊙做好下一周的计划

1. 经常 2. 有时 3. 从不

◎ 在有说明的情况下，你知道怎样从家走到杂货店，从图书馆回到家。你能从杂货店指出图书馆的方向吗？如果没有地图的帮助，答案也许是“不能”。

⊙出去旅行前取消所订的报纸或杂志

1. 经常　　2. 有时　　3. 从不

⊙出行前从自动柜员机中取钱

1. 经常　　2. 有时　　3. 从不

⊙晚上睡觉前调好闹钟

1. 经常　　2. 有时　　3. 从不

⊙记得吃药

1. 经常　　2. 有时　　3. 从不

⊙给好朋友送生日卡

1. 经常　　2. 有时　　3. 从不

⊙回电话

1. 经常　　2. 有时　　3. 从不

得分

把你所选答案的序号加起来。

10—15= 差；16—15= 中等；26—30= 好。

每个人都对不时会忘记做一些事情而感到负疚，而且这还令人非常沮丧。这种类型的记忆的好处是易于改善。只要稍微有点条理，再加上一些简单策略的帮助，就可以提高这方面的记忆。有时，生活似乎为许多小事所占据，有条理可以帮助清理你的思路，以便处理更为有趣的事情。

5. 诠释你的强势和弱势

⊙关键的思考技巧

由于记忆的复杂性和多面性，因此，重要的是要去了解其他有关的思维功能与记忆之间的关系，以及它们为什么对记忆如此重要。虽然注意力集中是记忆的一个基本部分，但计划、组织，以及有效的学习这些过程也是记忆的基本部分。通过这些技能帮助你提高记忆，然而，首先你必须保证你对自己的能力有了彻底的了解。

⊙你的个性化轮廓

你的总体表现如何呢？

将下面这张表格填一下就一目了然了。

看一下你在各个不同练习中的得分情况，就会清晰地看出自己

测试类型	差	中	好
总体表现			
数字记忆			
语言记忆			
形象／立体记忆			
视觉识别记忆			
记故事			
识别记忆			
经历性记忆			
语义性记忆			
前瞻性记忆			

在哪些方面最强、哪些方面最弱。你的某些方面比其他方面强是很自然的，这是因为我们的记忆都有不同的强势和弱势。你可以做许多练习来对它进行改善，变得更有条理并使用不同的策略对你就有帮助。即使你在每个方面都得了高分，你的记忆仍然有可以提高的地方。

⊙了解你自己的记忆

这种能力可以让我们识别是否知道或记得某事，因为我们知道自己的记忆中有这些信息。它还被称为后记忆。它帮助我们监控我们对信息的了解与否——记忆功能中让我们知道自己了解某事的哪个方面。完成以上的各项记忆测试将帮助你发现自己的强势和弱势，因而知道要集中注意哪些方面。你一旦开始对自己的强势和弱势有了足够的了解，就会知道它们如何可以在不同的情况下帮助影响和提高你的记忆。

6. 你适合哪种记忆方法

我们有 3 种记忆方法——看、听和做。在这 3 种方法中，每个人都有自己偏好的一种，第二种就作为辅助方法，第三种方法使用起来可能会比较不舒服。一些人很幸运，他们能够同时对三种方法得心应手，也有一些人没那么幸运，他们不能使用其中一种或两种方法（比如，盲人就不能使用视觉这一方法）。下面的测试就将告诉你，你比较适合哪种记忆方法。

⊙在课堂上，你可以用很多方法来学习。你偏好哪一种？

1. 听老师讲

2. 从黑板上抄录笔记

3. 基于课堂上学到的知识，自己做一些练习

⊙看完电影之后，你对去看电影中的哪些事记得最仔细？

1. 电影中的对话

2. 电影的动作、情节

3. 你自己做的一些事：坐车到电影院、买票和食品

⊙你怎样学习修理漏气的自行车车胎？

1. 找一个朋友，让他描述如何修理车胎

2. 买成套的修理工具，自己阅读修理说明书

3. 自己摸索着怎么修理

⊙如果你想记住美国历届总统的名字，那么，你会：

1. 将名字都找个相关的事物来记

2. 看肖像记名字

3. 找一些关于他们的图片，然后贴上标签，放入相册

⊙如果你喜欢一首流行歌曲，你最喜欢干下面哪件事？

1. 学习歌词

2. 经常看歌曲录像

3. 试着模仿歌曲的舞蹈

⊙你用思维的角度看待东西的能力如何？

1. 很差　　2. 很好　　3. 相当好

⊙用手操作的练习，你做得如何？

1. 一般　　2. 很好　　3. 很差

⊙如果别人给你读了一则故事，你会：

1. 能够很详细得记录下来（一些片段还可以逐字记下）

2. 在脑中形成故事的一些片段

3. 很快就会忘记

⊙在你小的时候，你最喜欢做下面哪件事？

1. 阅读

2. 绘图和油画

3. 按形状分类游戏

⊙如果你搬到一个新的地方，你怎样去熟悉周围的交通路线？

1. 询问当地的人弄清方向

2. 买一张地图

3. 慢慢闲逛一直到你熟悉道路的分布

⊙下面你最擅长记住的是：

1. 别人告诉你的话

2. 看东西的方式

3. 自己做的事

⊙下面的哪个你能最形象地记住？

1. 在学校学到的诗歌

2. 母校的样子

3. 学习游泳的感觉

⊙当你做园艺的时候，你会：

1. 知道所有花草的名字

2. 记得植物的样子，但是会忘记它们的名字

3. 专注浇水和修剪

⊙日常生活中，你会：

1. 每天都读报

2. 确保每天都能看电视新闻

3. 不是每天阅读新闻，因为你有更实际的东西需要做

⊙想象一下，下面的哪项会让你觉得最悲痛？

1. 受损的听力

2. 受损的视力

3. 受损的行动能力

答案

听力偏好者

如果你的答案“1”占大多数，那么，你偏好听力这一记忆方法。你喜欢听声音，特别是语言，你能很容易接收它们所传达的信息。相比其他的一些学习方法，你更倾向于记住或理解用耳朵听到的信息。

视觉偏好者

如果你的答案“2”占大多数，那么，你偏好视觉这一记忆方法。你对视觉感观能力最强，通过视觉能够抓住很多信息。相对于其他的方法，你用视觉的方法能更好地理解以及记住信息。

实践偏好者

如果你的答案“3”占大多数，那么，你偏好实践这一记忆方法。你能从实践中学到最多，你戴起手套做5分钟的实践演练胜过你坐在教室里花几个小时来听讲。你会发现，你不仅仅在一个类型的题目中有很好的答案。其实，很少有人只局限在一种记忆方法上。当然，你可以结合三种记忆方法，因为这样能大大提高记忆效率。如果你发现你很不习惯使用一种记忆方法（比如视觉），可能是你还没找出不能使用这一方法的问题所在。你应该做个视力检查或配一副眼镜，你会发现世界焕然一新。

第四章

提高你的记忆力

提高你的内部主观记忆

1. 主动编码和存储策略

⊙无错误学习

无错误学习是一个需要理解的重要概念。有个秘密就是，如果你要求别人猜出答案，他们就更有可能记住。事实上，如果他们是在指导下得出正确的答案，记住的可能性就还要大得多。

如果你问一个孩子："你能找到自己的足球吗？"他可能首先到床底下找，然后去客厅，再到楼梯下找，并且终于在那儿找到了。下一次，这个孩子的第一反应可能仍然是先到床底下找。

如果你换一种方式说"让我们找一下你的足球"，并且头或眼睛转向楼梯，孩子就更有可能做出正确的反应。

几条总的规则

（1）更少是为了更好

第一条策略是问一下自己："这是不是我真的需要记住的？"虽然我们的大脑容量非常大，但你还是需要选择自己所需要记住的。试图记住太多新的东西可能导致干扰和负载过度，而这会让旧的信息更难以记起，要避免这个问题，就需要进行一定的筛选。

"我能现在就处理这个吗？"

你经常会有机会通过保证自己一接到任务就处理，从而减轻自己记忆系统的负担，因为这样你就不需要对它进一步加工。重要的是要考虑你如何能让自己免于深度加工信息，从而可以让记忆对付更为重要的信息。例如，你没有必要记住每个人的电话号码，只要记住那些你经常打的就够了。

（2）不要害怕提问

要养成这样一个好习惯：尽量想办法向别人要信息，如他们的姓名，这让你无须加工这些信息而且它也不会让你感到难堪。例如，如果有个你只见过一次或两次的人对你说："啊，非常抱歉，我记不起你叫什么。"你会感到受侮辱吗？可能不会。如果他猜错了你的名字，你受到的侮辱可能更大。在你犯下令人尴尬的错误（而且有第二次还会犯错的风险）之前，让他确认自己的姓名可能会是一个好主意。

事实上，无错误学习指出，如果你去猜人名，那么当你第二次碰见同一个人时，你记得的可能是你猜错的名字而不是正确的。无错误学习通过对事物的确认而不是假设另外的情况，帮助你的记忆系统巩固正确的记忆。所以，不要去猜（即使机会是50%），出于你的礼节和记忆的考虑，还是再问一下的好。

⊙死记硬背式学习

我们经常习惯于用重复的形式——例如，通过一遍又一遍地反复阅读来学习，这种方式叫作死记硬背式学习。研究表明，这种方式并非真正有效。设想你正在复习，准备参加一场历史考试。就某一个主题，你就有许多的史实、日期和人名要了解。你翻看笔记、把关键的细节列出了一个清单，然后反复看了多遍。在考试中，你在回答论述题时十分得心应手，并且将你所记得的大约50%的史实、日期和人名尽可能地塞进答案中，可你还是只及格而已。

死记硬背式学习的缺点在于它只是一种浅显的加工形式。要记得更牢，就必须对信息进行更为深刻的学习，而且对信息编码的方式要让自己在很久以后仍然能有效地回忆起来。要做到这点，就需要在你的学习中增加意义，并使用额外的策略。

⊙分块

把信息分成小块有助于回忆，因为你通过对资料的组织帮助自己记忆。分块在记号码时非常管用。2064116890这个号码可以这样记：

2 0 6 4 1 1 6 8 9 0

这个信息共有 10 个部分，而这对于你的运作记忆来说太长。如果你将这个号码分成 3 个部分，就容易记了：

206–411–6890

⊙条理性策略

你的记忆越有条理，就越容易学习和记忆。正像在一团糟的办公桌上或乱七八糟的房间里难于找到东西一样，如果你的记忆库条理性很差，就难以记住东西。长时记忆的结果非常明确，存储库虽多，但相互之间都有一定的联系。因此，有组织的信息便于记忆。

从某种程度上来说，我们的长时记忆库有点像一个档案柜或电脑里的档案，其中主要的文件夹被分成几个小文件夹：我的账目、我的文件、我的图片等。在这些非常笼统的文件夹里，存有一些小的文件夹。除了有主题以外，这些小的文件夹还有日期和时间的条理。这种组织信息的方法使得信息在你需要时易于再现。

2. 注意力集中的威力

如果你想要学或记某样东西，就一定要对它加以适当的关注。注意力集中让我们能处理信息，使之停留足够长的时间以备利用。它包含思维警觉状态、长时间全神贯注、不分心，并且有效地分配资源满足不同的需求。注意力集中程度差意味着不能摄入信息，而后记忆也就没有机会进入我们的长时存储库。通常的情况是，丧失记忆或明显的“记忆力差”，仅仅是因为首次未能充分注意。虽然这实际上很明显，但你却不可以低估它的重要性。当你意识到注意对记忆加工至关重要时，改善自己的记忆就容易了。

⊙持续注意

我们大多数人过着繁忙的生活，有太多事情要做。由于有太多的琐事，我们不能集中注意重要的事情。因此，分辨重要的细节、人名，以及其他重要的东西的能力对于有效地回忆信息至关重要。我们已经进化到拥有一个系统来帮助我们注意（或不注意）一些事情。

持续注意指的是我们在一段持续的时间内保持对某件事情注意的能力。动机和思维的激发程度是影响注意的关键因素。要使你的注意力保持足够长的时间，以便加工信息进入记忆（即对其进行编码），就必须留意自己的持续注意界面——20分钟、40分钟，也许再长一些，这取决于你正在加工的信息类型。

案例

设想你正在办公室的电脑前工作，旁边的电视里的财经频道正在播出股票信息。屏幕上的东西太多了，所以无法全部留意——商务信息、好几组数据、主持人的声音。你对节目的注意可能只能让你知道，此时的股市情况尚还可以。

设想现在你突然听到了股市的某一个板块（时装行业）因为其中一家主要的时装公司破产而表现不佳。这引起了你的注意，因为你手中握有的一些股票是时尚在线时装公司的。于是你开始收看收听任何关于这只股票的消息。你的注意力很大程度上在关注这个节目，留意是否会提到时尚在线。节目播完后，你把注意力转回到工作上，对电视充耳不闻。

设想你最后打算在网上卖掉自己的时尚在线股票，但你的电脑出了故障。你正在听电脑服务部门的指导。你也许对这些指导听得非常专心，但如果你越来越焦急的话，就可能会警觉过度。你的思维就可能会因为刺激过度而过了最佳状态，而这些指导就在脑海中变得一团糟。事实上，你要担心的事情可能已经够多了，以至于运作记忆已经没有足够的空间来容纳这些指导了。

⊙管理注意力

当我们抱怨自己的注意力无法集中时，这通常意味着由于各种各样内外部的事情使 我们分心。学会管理自己的注意力将帮助你把注意力集中到自己所期望的方向。

构建自己的发电站

集中注意力是记忆的发电站。不管你学到了多少方法和技巧，你的记忆潜能都不会完全得到发挥，除非你学会了如何集中注意力。并不是每个人都能做到集中注意力，虽然它很重要，而且我们从小就要接受集中注意力的训练。我在读书的时候，老师总会管束我们说："注意力集中啦，孩子们！"我们做得好的时候，她们也会说："非常棒！"

集中注意力练习

当你集中注意力时，你还应该考虑别的什么事情呢？一则就是要组织好时间。要留出一定的时间来完成特殊的任务，不要占用这些时间。我们很容易坐定开始一项任务，然而这项任务并不是我们的兴趣所在，因此我们便习惯性地开始走神想别的重要的事情。于是，想着来杯咖啡，然后去看看报纸有没有到，接听电话聊聊天。既然你已经拿着电话了，就会想着不妨给朋友打个电话，然后继续聊。如果你意识到了这些情形，那么你不需要定期进行注意力集中的训练，但是你要学会合理利用自己的时间，充分利用时间来完成任务。

当你制定时间表时，要时刻参照你一天的行程。不要因为别人的打扰而将复杂的工作分成好几次。你可以选择别的不易被打扰的时间（比如清晨），这些时间非常宝贵。

在工作进程中，如果发现事先安排的时间表不合适，那么你可以对它进行改动。这关系不大，重要的是你能够按照时间表的规定完成任务后，不会因为匆忙而心烦意乱。

⊙分散的注意力

你想把注意力保持在某件事情上，但除此之外的所有其他东西会通过引起你的兴趣与之争夺。有时，你可能需要有意识地在脑海中同时保留两件或更多事情，这被称为分散注意（或者如果只有两件就称作双重注意）。通常情况下，你会根据需要选择性地转移注意，即，你会先注意更为重要的事情，同时把另一件事情保留在脑海中，然后在它变得更为重要时转而注意它。这是执行多重任务最最基础的技能。

案例

设想你还是在伏案工作。你想要做好一笔账，同时又想查一下某只股票现在的表现。因为听到股价开始上下波动的消息后，你正在考虑是否要将它出手。你所处的是一个敞开式的办公场所，当时里面一片嘈杂。这时，电话铃响了——一位客户想要查找一些信息。你一边和她交谈，一边再次查了一下所持股票的在线账户。通话结束后你回头继续工作。闻到调制咖啡的味道就做了个手势表示也想要一杯。有个同事问你是否打算参加办公室之间的足球挑战赛，你又查了一下股票。

在以上的案例中，你需要注意许多事情，但你仍能有效地进行处理。这是因为大脑天然的注意系统帮助你集中注意你当时所需要做的以及下一项手头的工作。如果有太多的信息资料涌入，那么你就会一筹莫展，而且如果你同时做多项任务，就可能会出错。有些人擅长于分散注意，因而能同时做多项任务；有的人则更加讲究次序，即，更擅长于一次做一件事情。如果你对正在做的几件事情非常熟悉，那么，分散注意也就相对容易一些。

⊙使信息有意义

记忆是信息被感知和编码的产物，“意义之后的努力”可以产生更好的记忆。所以，使信息有意义会通过加深信息轨迹使之比其他只有浅度记忆的对象更加明显，从而提高我们的记忆。加工的程度越深，我们就记得越牢。

所以，如果你需要记住某个讲座、书上、专题探讨会、演讲，或交谈中的信息，关键在于要确实地关注其意义所在。也就是说，你的记忆系统正在努力使得信息有意义。所以，如果你能有意识地帮助它这样做是有利的。问问题也有助于我们的理解。

苏格拉底法

使信息有意义的一种方法是由古希腊的哲学家苏格拉底发明的，并因此被称为苏格拉底法。它主要是询问一些你想要达到什么目标的问题。苏格拉底的问题往往是“我对此已经了解多少”和“我从中能学到什么”之类。换句话说，你正试图访问任何你已经为某个特殊类型的信息所写的剧本或计划，从而明白自己正在对它如何增补。

有一种记忆法可以帮助人们记住苏格拉底类型的问题从而帮助他们的记忆：预提阅总测，即：

预览：粗粗看一下信息，了解它大体说什么。

提问：你希望通过看（或听）这个信息回答哪些问题？

阅读：看（或听）。

总结：什么是该条信息的概要？

测验：你找到所有问题的答案了吗？

用“预提阅总测”测试一下你收看的电视节目或阅读的报刊文章，看它对你是否有用。

同他人一起讨论

就观点展开讨论对于你的记忆是非常有益的。通过这种方法，你可以描述你对某件事情的看法并得到别人的观点。你一旦真正理解了一个观点并能对它进行描述，那么今后记起它就容易得多，而且它还能自然地与你已经掌握的知识结合起来。如果你尚未完全掌握，或者知识中尚有缺口，那么它们就会在讨论之中显现出来并得到填补。

扩充已有的知识

新的东西在我们学习之前，要记住它可能看上去是一件令人生畏的事情。然而，我们一旦开始学习，知识的建立就越来越容易，因为它变得更有意义并构成了一幅图画。我们叫某些人专家就是这个原因：他们在创建了原始知识基础之后，越过通常的边界，扩充了自己的知识。

设想你计划去某个国家度假，这个地方你从未去过。你对它有个特别的感知，也许是来自在新闻中收看到的那儿发生的一些事件或是学校时上的地理课。到了那儿以后，你参观博物馆并租了一辆车四处游荡。在所有这段时间里，你一直在建立一个叫作“××国”

的记忆信息库。

由于你的知识，当你在新闻中看到有关这个国家的事情时，它们就更有意义，因此你会加以注意并收听。你理解其中的内容，而且容易将它们加入自己的知识并记住有关信息。

3. 学习时的联系策略

有意地将你所想要记住的同自己所熟悉的结对，即，创造一种联系，对你的记忆存储系统是有帮助的。有些联系易于建立，但大多数事物之间的联系并不是十分明显，因而你必须更有创意才能建立联系。好在只要你能练习建立联系，就会逐渐对此擅长，而且一段时间后将能不假思索地这样做。

⊙使用记忆帮助工具

它包括诗歌、有纪念意义的格言，以及其他可以用来唤醒记忆、帮助记忆的东西。你还可以自己编造一些来帮助自己记东西。

⊙形象化

要学会将信息同可视的图像联系起来。困难的材料可以被转换成图片或图表。具体的图像比抽象的观点、理念更令人难忘，图片为什么更令人难忘就是这个道理。用一下你的思维之眼。如果要记住有关其他人的信息，用形象化的策略就特别管用，因为我们对他人的了解是通过看他们获得的。

⊙ 图像对于记住人名大有帮助。这幅凡·高的自画像，一定会让你对他的名字印象深刻。

对人名的形象化

可视的图像对记住人名（尤其是外国人名）非常有帮助。你可能会注意到自己能记住更加具体和形象化的人名，然而，大多数名字要抽象得多，这就是我们为什么都不善于记住它们的原因。在这些情况下，试一下将名字同有意义的可视图像联系起来。

首先，想一下某人的名字是怎样写的。

然后，试一下将这个名字同某个容易记住的可视附属品联系起来，例如，麦克尔对着麦克风唱歌。

定位形象化

将手头的事情想象成一所有许多房间的房子是一项有用的技巧。你有几个不同种类的信息要记，因而就把每种类型的信息放在不同的房间里。当你需要记起什么时，你的思维就会在房子里走动，顺路挑出信息。

找到出路

许多人的方向感较差，但这很容易通过练习来提高。试一下以下几条以到达你的目的地：

仔细地看一下一张真正的地图以形成一幅形象化的地图，并使道路形象化。

当你在路上时，试着用思维之眼看地图。

如果道路错综复杂，在你上路之前就应在你的可视图像里加入有序的转向清单，那么在你去的时候就可以参照这个清单。

去了以后你还得回来。所以，在你去的时候，找一下路标（务必确保在你设计自己的路线时注意了关键的路标），这将有助于你回家。

4. 脑海中的演练

⊙主动再现

还记得即使没有受到其他信息的干扰，信息也只能在你的运作记忆中停留最多30—40秒钟吗？运作记忆还有大约7个空间的极限。在自己的脑海中演练信息是有助于保持事物存在的一种方法。你要做的只是在头脑中反反复复地重复。在演练时，试一下为信息加上意义，因为这可以使它更容易被深刻地记住。

⊙扩大的演练

如果你需要把信息保存更长时间，而并不仅仅是收到后写下来，在不断增大的间隔重复该数字（或清单）是一个非常有帮助的策略。它被称为扩大的演练。以 5 秒钟演练一次开始，然后 10 秒钟一次，20—40 秒钟，再是 60 秒钟，依此类推。这意味着你在不断加大的时间幅度中回忆着信息。

⊙归类演练

归类演练是另一个有助于你组织记忆的策略。设想你必须记住一份清单，上面是你要赶在圣诞节最后一秒钟去买的东西。

清单上写的是：贺卡、柑橘、围巾、啤酒、包装纸、红酒、笔、名画、袜子、磁带、牙膏、巧克力、开心果。

按以下重复这份清单将有助于你更好地记忆：

文具用品：贺卡、笔、包装纸、磁带

礼物：围巾、名画、袜子

饮料：啤酒、红酒

食品：巧克力、柑橘、开心果

日用品：牙膏

这种有效地突出和引出具体项目的方法正是所谓的归类演练。出现的意外是有时有些东西不能很好地归类，遇到这样的情况，你可以在归类中加上“其他”。

⊙进一步划分归类

设想你现在可以迈着轻松的脚步去购物。在你脑海中也许有一

超市	蔬菜：胡萝卜、蘑菇、菠菜
	家庭用品：洗涤剂、垃圾袋
	奶制品：牛奶、酸奶、奶油
	婴儿用品：棉花球、儿童霜
办公用品店	公司：电脑、磁盘、打印机墨盒、打印纸
	家用：台灯、铅笔、剪刀

套所需购买的东西（食品、日用品、工作所需物品）。在去商场之前，你可以按照要去哪一类的店铺来组织信息，然后设想将它们做进一步的分类：

⊙树状图

如果你确实在自己出发之前将所需要买的东西按一定的次序理顺，就能记得更多自己所要的。画一张树状图是一个好的方法。把不同的店铺想象成树的枝杈，店铺里物品的种类就是分枝，而个别物品就是分枝上的树叶。

提高你的外部客观记忆

1. 再现策略

如果你已经使用了策略进行编码和存储，那么你的记忆再现应该已经得到了提高。如果你仍有信息自己想访问却不能完全找到，那么，针对这个还有一些有用的策略。

⊙目录搜索

用目录搜索可能是再现的有效线索。例如，你已经到了超市却忘了带写好的清单。当你在过道里走来走去时，看一下你在哪个区域——比如在食品区，思考一下自己在食品目录下可能需要的东西。

⊙形象化搜索或脑海回顾

使用形象化搜索也许可以再现记忆，特别是针对你放错地方的东西，它包含按逻辑顺序在脑海中回顾自己的动作、活动，以及想法。例如，如果你找不到钱包，就想想你最后一次付钱是在什么地方。你把钱包放进自己口袋里了吗？查看口袋里有没有。如果没有，努力想一下从那以后是否用过钱包或者把它放在了别处。

实例：我把手机忘在哪儿了？

在走进这个房间之前，我在接待处签到。在此之前，我在车上。我把手机忘在接待处了吗？不会，否则他们会提醒我的。我把手机忘在车上了吗？我想不起是否将它带到了车上。嗯，上车之前我在

过河问题

假设你有一只鸡、一袋粮食和一只猫在河的一岸，你的任务是把所有事物都带到河的对岸，但是船很小，只能容载你和其中的一件事物。同时，不能把鸡和粮食留下，否则鸡会吃掉粮食；也不能把猫和鸡留下，否则猫会把鸡追跑。你怎样用最少的渡河次数，把这三件事物都带到河的对岸呢？

解决方法如下：首先，带一只鸡到河的对岸，放下后返回。接下来，带粮食到河的对岸，同时将那只鸡带回。然后放下鸡，把猫带到河的对岸，和粮食放在一起。最后再回去把鸡带到对岸。

哪儿呢？我在家里。我记得拿了电话，关上了门，然后将电话放进了口袋里并上了车，然后将它放在了仪表板杂物箱里。啊，对了，我把电话放在了仪表板杂物箱里了。

⊙前后联系提示

在脑海中将自己放回到你所处的前后联系中可以帮助你更好地回忆。例如，试一下是否记得两天前午饭吃的是什么？让思绪回到所说的那天。你在哪儿？在哪儿吃的午饭？和谁在一起？吃了什么？现在你也许记起来了。

⊙总结

再现策略有助于为了特殊的目的而加工信息。你可能只需要这个信息一会儿，但也许你会在下半辈子都需要它。重要的是根据你的记忆类型、需要加工的信息的种类，以及你的需要来选择对你有用的策略。

你可能需要花些时间才能习惯于使用策略。在开始的时候，它甚至可能还会让你慢一拍，但它是有帮助的，而且很快它就开始给你回报。

我们还能做其他什么事情来帮助自己记得更牢和更有效呢？有一条普遍的错误观点认为，如果你依赖于一个写下来的记忆系统，就不能提高自己的记忆力。而临床医学研究所揭示的真相恰恰与之相反。事实上，正是那些使用结构系统写下并组织信息的人比只是用主观策略（他们经常忘记使用的）的人在记忆技巧上显示出更大的提高。写下并思考信息的举动似乎比仅仅试图去记住它更能锻炼记忆系统。

2. 时间管理

这是提高你的计划性和条理性并最终提高自己记忆表现的一个有效方法。你们许多人听说过这个观点，但它的真正含义是什么呢？答案是通过创建一个系统来有效地处理并享受工作和人生。我们每个人都有不同的做事方法、不同的义务等，但你仍然可以应用一些基本的原则：

（1）草拟一份人生计划。

（2）使用电子管理器。

（3）把事情做完。

（4）委派任务。

（5）列出清单。

（6）学会说“不”。

（7）不要工作得太晚。

⊙草拟一份人生计划

人生计划的重要之处在于它不仅包括你的工作，还包括你的整个生活、人际关系、家庭、朋友、健康、日常琐事等——它们每一样都得编织进你的计划。草拟人生计划可以分两步走。

做一个周计划

它能帮助你计算出：什么事你花的时间最多；什么是你喜欢做却没有做的；你有没有花足够的时间在家庭上；你访友的次数够不够；你有没有时间做日常琐事……

这样做可以让你有机会仔细地看一下你在工作、家庭和休闲之间的时间分配比例，并帮助你计划恢复平衡并同时掌控所有的事情。

做一个月计划

在这个计划中可以使用电子管理器，因为它能让你一次性看到整个月。分配好工作时间后，试着给家庭、朋友、身体锻炼、特殊兴趣、特别项目、购买食物、付账单等安排成块的时间。确保你还留有一些空余的时间，因为你不想让生活太军事化管理，因而需要一些计划外的事情来调剂，如给自己的自由支配时间或者一时冲动外出旅行。也不要一周每个晚上都有安排，因为你会发现自己如果过度劳累，就会开始感觉有些失去控制，并会注意到短时记忆和任何复杂的事情变得完全不同。

⊙把事情做完

有个好方法就是在估计某件工作需要多长时间时多估一点，以保证及时完成，即使是万一有不可预见的拖延，也能使紧张最小化。这甚至可能意味着能比预想的早回家，给自己的伴侣或家人一个惊喜。它会给你的老板或客户留下一个印象，因为他们感到可以信任你会高标准地准时完成任务。最重要的一点是，它能让你避免处于紧张状况之中，因而就能更加放松并发挥出非常好的功能。

⊙列出清单

列清单对你有非常大的帮助。它也是将你头脑中的想法取出来写在纸上，从而解放你的大脑的一个好方法。它们能帮助你时时掌控局势，并在有关项目完成后进行核对。开发一个适合你自己的清单系统。你可以从以下几条做起：

· 早晨的第一件事，写下你要做的每一件事情，无论大小。

· 然后将这份清单进行分解。把当天必须做的最重要的事情用星号标出，或将它们按照重要性的次序排列。现实一点，不要希望制订自己没有时间达到的目标。

· 查对项目，因而能清楚当天还剩多少时间以及还有多少要做。如果你有条理就能做完每件事情。

如果有许多费脑费时的任务要完成，就把当天的时间分成几大块，然后按照既定时间进行。例如，用一天的第一个小时完成小的行政事务。这样，你的大脑就能解放出来，去一个一个地处理更为重要的任务。保持掌控就能更好地集中注意。

为了最大限度地利用时间，你应该尽量在一天当中注意力和精力最好的时候干最难的工作。

因此，在计划次序时尽量把低级的工作安排在一天当中你感到难以集中注意的时候去做。窍门是明确自己表现最好的那几个小时，并据此安排自己的工作。

⊙学会说“不”

我们从不知道做什么能让那些极度工作无序的人说“不”——这很难做到。然而，管理其他人也是生活中最能造成混乱的因素之一，而有效的时间管理和处理技巧就取决于你学会了说“不”的技巧。好消息是你用得越多就越容易。

案例

星期四的傍晚，你正打算回家。你事先已经对这一周进行了周密的计划，可以在下午5点离开，回家享受一下夏日之夜。你感觉到一切在掌握之中并且心情放松，正享受着工作与生活的乐趣。

有个同事打电话来，说她已经在下周一下午3：30安排了一个销售展示会，要求你参与会议准备。你十分尴尬，因为感到自己很难说“不”。

让我们看一下两种可能的结果。

（1）你说“好的”

这意味着你不得不重新调整周五的计划，因为你要为演示做准备。通知得这么晚，会议也不是很紧要，而且也可以安排别人，对此你感到有点懊恼。

你的计划受到了打搅并开始感到紧张，因此回到家时心情不快。因为你并不真正想参加会议，所以对它也就兴致不高。周一到家晚了，而且你仍然未和老板吃个饭——原定周五准备一起吃饭的，因为老板很忙，然后要去度假，所以一个月内不可能再安排一次与他会面。你的同事下次还会要你帮忙，因为她知道你一定会说“好的”。

（2）你说“不行”

考虑一下。你已经花了时间对下一周做好了计划，而且安排好的每件事情都很重要。参加这个会议意味着将取消你盼望已久的与老板的午餐会议——讨论自己的前途。这个会议是个销售会议，而且不是十分必要在周一举行。所以你说“不行”。你说“对不起，自己那天已经有了安排”。你解释说自己的日程安排总体已经较忙，因此需要再提前一点儿通知才行，并建议重新安排会议时间，那么自己很乐意帮忙。

虽然你的同事说她接到通知也没多久，而且听上去有些不满，但你不用过于在意。你很高兴自己做出了正确的决定。这不是你的问题，而仅仅因为你的同事把她自己弄得紧张不堪，并不意味着你也应该被逼到绝境。你只需按原计划行事，保持轻松，就能掌控一切。

⊙不要工作得太晚

如果你有条理，那么几乎总是没有必要工作得太晚。工作得太晚让你又累又紧张，而且干扰你支配时间的自由。当然，我们时不时地都不得不工作到很晚，但如果你发现自己经常性地工作到很晚，那么你就很有可能需要更好地对待你的工作负担问题了。不要期望以工作到很晚来给老板留下好印象，因为他可能会认为你对事务难以驾驭，因而你想要留个好印象的企图可能适得其反。比它好得多的办法是规划自己的时间、努力工作、保持精神抖擞，并且不要让工作太多地侵占自己的个人时间。

我们不应该忘记的是，我们是为了生活而工作。为了自己的身体健康，或是为了个人的关系和思维状态，适当的时候最好先把工作放一下。就你的身心健康而言，平衡是根本。

3. 区分任务的优先次序

通过区分自己工作负担或者其他活动的优先次序，你就能将注意力集中到那些至关重要的任务上，因而避免使自己的时间安排表拥挤不堪。将你的职责分成以下 4 类。

⊙重要和紧急的

处于这一类的任务具有优先权，必须马上就做。

⊙重要但不紧急的

这些任务虽然仍很重要，但因为它们不紧急，所以可以在将来某个适当的时间去完成。

⊙紧急但不重要的

它们是对你的主要干扰，因为这些任务通常对别人来说紧急但对你来说并不重要。你的选择是拒绝、找别人去做，或者商量改变时间限制。

⊙不紧急也不重要的

这些任务可以完全被抛在脑后（直到它们转变为上述类别之一）。

4. 提高自己的组织能力

⊙不要丢失日常物品

养成总是把东西放在一个地方的习惯。例如，在门边放上一排钩子，总是将自己的钥匙放在那儿。

将银行账单，以及其他这类东西分开存档。这样就能帮助你记住哪些你已经做了，哪些需要去做。

⊙列清单

列出所有你需要做的，记得将它们按先后次序排列。每完成一件就将它划去。

为明天做准备

每天晚上，仔细考虑一下自己明天需要什么，然后在睡前整理好自己的行囊或公文包。这样就能避免在最后一分钟还匆匆忙忙，以致忘了自己当天所需的重要东西。

在门边放一张清单以便在自己离开时查一下是否一切完备。

为明天做计划

你可以把这个系统扩展为针对每一天的改良清单。试着在每天结束时划掉所有的事项，然后在晚上就能放松休息，睡得更好，精神焕发地迎来新的一天。

为下周做计划

星期五的下午对下周所要做的所有事情进行统一安排。把你需要做的工作、家务事，或者学习进度列出一张清单。对它们区分优先次序，同时注意你能做多少。从时间关系上看一下你所计划要做的事情以及其他的事情，然后决定你的计划是否最大程度地利用了自己的时间。在一周结束时，写出这样一份清单能让你头脑清醒地过个周末，这意味着你因为知道一切在自己的控制之中而可以放松地休息。到了星期一的早晨，你知道自己能在下一周里完成自己所需要做的，而且不会忘记重要的事项。

5. 控制自己所处的环境

⊙客观外部干扰

不管你是在家里或是在办公室里，都会有许许多多客观外部的干扰严重影响你的注意力和记忆。它们包括：电视机、收音机、电话、采光度、温度、人声、交通噪音，等等。你可能认为自己对此无能为力，但有些是你完全可以控制的：

（1）关掉电视机或收音机。在午饭或傍晚才放自己喜欢的节目作为对自己的奖励。

（2）关掉手机。可以在午饭时间或下午查看是否有短信息。

（3）关掉电子邮件。电子邮件也许是现代社会中最大的客观外部干扰之一。同样，只要在一天当中隔段时间查看一下就行了。

你还可以控制其他的东西，尤其是当你不在家工作时：

（1）把房间的温度和采光度调到自己感觉舒服为止。

（2） 把自己的工作地点或办公桌安排在不太可能受到诸如交通或电话铃打搅的地方——可以竖个隔断或不要面向开着的窗户。

⊙内部主观干扰

你可能正在考虑其他事情——午饭吃什么、今天早晨邮寄来的账单、今天晚上准备干什么、正在和你谈话的人穿的衣服，等等。所有这些念头都会让你分心并干扰你处理事情和摄入信息的能力。下面的情况有多少次发生在你身上？

（1）你看了一段文字，可到头来根本记不得说的是什么。

（2）你和某人谈了一次话却随后就忘了到底谈了什么。

（3）你问了路，却忘了别人告诉你的大部分内容。

（4）你记不起别人在会议上给你介绍的某个人的名字。

（5）你在参加考试、听讲座或谈话时无法集中自己的注意力。

有许多处理内部主观干扰的方法可以让我们学会使自己能集中注意力，从而记得更好。

使用外部客观帮助工具

它们能使你的大脑排除干扰。手头随时放有一本笔记簿，把你今天所需要做的所有事情写下来。当有新的事情出现时，把它们加到清单里去，这样你就不会担心记不住了（而担忧会使你不能集中注意并进行适当的加工）。每做完一件事情，就把它从单子上划掉。这样做会让你感到有所成就，因而将身心放松并更好地集中注意力。

完完全全地听讲

如果你在上课或听讲座，你自然倾向于尽可能地把所有的都写下来。然而，坐稳，放松，听那个人在讲什么，从而对主题建立一个整体的概念。如果你能拿到讲座的讲义就更好了，这样就完全只需要听讲了。大多数人没有意识到的是，大多数东西已经详细地写在课本上了，因此可以在之后加以参考，而首要的是听讲。

制定一张含有定时休息的时间表

对于像复习迎考或做项目这样的任务，有必要做一张时间表以保证自己每天准时开始和结束，并且按照事先安排的时间定时休息。你还应该去掉晚上和周末。如果你能在时间表里完完全全地集中注意力，那么无须没日没夜地干就能完成你所需要做的——没日没夜地工作只会让你疲惫不堪、情绪急躁，而且基本上不可能集中注意力。

清理自己的大脑

如果你有一个重要的任务要完成，那么就在当天开始之前或在当天的第一个小时把所有其他的任务完成，这样你就能将自己大脑中的内部主观干扰清理出去。

抱着积极的态度

如果你把任务看得很枯燥，那么要对它集中注意就越加困难。

然而，大多数事情并没有你想象得那么枯燥。而且，如果你抱着不同的、更加积极的态度去看它有趣的一面，或高兴地感到自己正在用自己的知识做出贡献，这样就比较容易了。

6. 激发永久记忆

这个练习旨在激发你的永久记忆。你不需要做任何的思考，它能自动地形成。这样可能有一点不便。有时，你可能会为回忆不起一件往事而闷闷不乐，而有时你回想起来的事情没有意义，会让你心烦意乱甚至更糟，令人不愉快。

怎么办呢？我们要蓄势待发，刺激我们的永久记忆。这样做的方法很多，你应该综合它们。最简单的就是，坐下来回顾往事。你可以漫无目的地畅游在往事之中，也可以搭建回忆的思路（童年往事、校园生活、难忘的经历，任何能使你产生回忆的事情），任由你的思绪漫步在往事中。你越是放松就越能回想起美好的往事。另外一种刺激记忆的方法就是将所有的往事记录下来（不需要很专业的写作水平，简单的笔记就可以），或者向你的亲戚朋友讲述往事。如果你确定需要寻找倾诉的对象，那么这个人一定要愿意倾听你的往事而且要值得信赖。

还有一种激发永久记忆的方法便是看看能使你产生回忆的小物件和照片，或者你曾经经常去的地方。这是非常重要的引导因素，你会发现一旦你照着做了，另一些思绪就会像泉水般汩汩涌出。

最后，你应该向朋友、亲戚，或熟人袒露心扉，讲讲你的往事。很多人现在热衷于这样做。

对于许多人来说，整理好永久记忆会给我们带来很多好处。它能帮助我们形成健康的思维，良好的自我定义，对自己充满信心，相信自己能适应自己的生活。你可以从中得到温暖和安全感，这是你服用药物所不能得到的好处。

但是，如果你的过去充满了争执、不快，以及压抑的情感，你必须找一个经验丰富的心理医生帮助整理思绪，回忆往事。

为了使你能有美好的思绪旅程，试着接受以下几点建议。

（1）写下或说说你记忆犹新的一件往事。如果你有许多开心的回忆，选择一件最令你高兴的事。检索思绪能锻炼你的思维，同时会让你觉得有意义。

（2）和自己或朋友讨论，谁是你最想再次见到的人。为什么他对你如此的重要？回忆所有与他相关的事情。一旦你开始回忆，你会发现其他的往事已经浮现在你眼前。

（3）列举你最大的成就。不需要什么宏伟的成就，小小的成就对你来说也是很有意义的。

（4）说出你小时候最喜爱的电视节目，尽可能回忆所有的细节。你为什么喜欢这个节目？如果现在有重播，你是否还会一如既往地喜欢？

（5）写一些关于宠物的事。关于宠物的记忆总是那么甜美而感伤，它对你回想往事有很大的影响力。

（6）列举一个改变（或者试图改变）你的一生的人。如果你再次遇见他，你会对他说什么？

（7）回想你记忆最深刻的关于你的父母的事。关于父母的一些回忆往往也是非常重要的。

（8）你从事过的最好的工作是什么？最坏的呢？你是否在走自己期望的事业路线？你喜欢自己的工作、生活吗？或者你是否本想做一些不同的事情？

（9）你最想“回放”的一件往事是什么？如果可以再来一次，你想改变什么吗？或者它已经非常完美，你不想有任何改变？

（10）回想过去的某一天，越详细越好。不仅仅是对人和事的回忆，同时要伴随对于事物的颜色、质地和气味的感觉。

第五章

追求有益于记忆的生活方式

呵护你的大脑

1. 大脑所需的营养

个体在年龄、饮食、健康、营养状况等方面的差异给制定一个大众化的、有益于神经健康的建议带来了麻烦。在开始食用新补品之前一定要咨询有信誉的营养专家或有治疗经验的医生。由于这个领域充满活力，我们建议你以下面的纲要作为继续学习的起始点。

⊙氨基酸：大脑营养品

人体中所有已知的蛋白质都由 20 种氨基酸组成；其中的 12 种可以在体内生成，因此被称为“非必需氨基酸”。另外的 8 种，即必需氨基酸，则要从饮食（或营养补品）中获得。科学家发现，含有某些氨基酸的补品能增进精神警醒、缓解疲劳并提高大脑敏捷度。但他们又指出，大剂量地摄入任何一种氨基酸都可能最终扰乱体内新陈代谢的平衡。

苯基丙氨酸

苯基丙氨酸是一种重要的氨基酸，它为制造儿茶酚胺提供原材料。儿茶酚胺是一系列的神经递质，包括去甲肾上腺素、肾上腺素和多巴胺等。儿茶酚胺对精神警醒和精气神儿有促进作用，在传递神经冲动的过程中作用也很大。苯基丙氨酸能够消除精神抑郁（在 80% 的情况下），提高注意力、学习能力和记忆力，并能控制食欲。

它通常含在鸡肉、牛肉、鱼类、蛋类和大豆中，摄取之后身体会产生更多的酪氨酸（对精神警醒有重要作用）、多巴胺（对治疗帕金森症有重要作用）以及去甲肾上腺素和肾上腺素（对学习和记忆有重要作用）。人到45岁后体内一种抑制去甲肾上腺素的酶会增多，所以随着年龄的增长要特别注意苯基丙氨酸及它的影响。

酪氨酸

另一种被称为酪氨酸的氨基酸在医学上具有抗精神抑郁、提高记忆力和加强精神警醒的作用。酪氨酸通常含在鸡肝、干酪、鳄梨、香蕉、酵母、鱼类和肉类中。马萨诸塞州纳提克的美国陆军环境医学研究所于1988年宣称酪氨酸既是良好的兴奋剂，也是在压力下促进精神和身体表现的镇静剂，且没有不良反应。身体利用废弃的苯基丙氨酸（另一种氨基酸）就可以制造出酪氨酸，两种酸都产生影响情绪和学习能力的神经递质去甲肾上腺素。大多数的记忆力补品都包含活性的苯基丙氨酸、酪氨酸和谷氨酰胺。

谷氨酰胺

身体内的生化过程产生了一种被称为谷氨酸的非必需氨基酸，它是大脑的燃料并控制着多余的氨物质。但是，关于谷氨酸最有趣的却是它是除葡萄糖外唯一作为大脑燃料的化合物。谷氨酸通常含在所有小麦和大豆中。人们早就知道，要想更好地记忆和学习，需要提高谷氨酸水平，但以前的问题是它无法以补充的形式被大脑吸收。可喜的是，研究人员已经发现谷氨酸的一种——谷氨酰胺能够穿越保护大脑的障碍，起到促进智力的作用。除了对记忆力有好处之外，谷氨酰胺还能加速溃疡的恢复，对酗酒、精神分裂、疲劳和嗜好甜食也有正面作用。

⊙磷脂：润滑你的脑细胞

磷脂通常存在于脑细胞脂肪中，包括卵磷脂、磷脂酰丝氨酸、磷脂酰基乙醇胺和磷脂酰基肌醇。所有的磷脂都能提升细胞膜的流动性，这对细胞灵敏性、营养加工和信息转移十分必要。卵磷脂和磷脂酰丝氨酸对记忆力的作用通过帮助提高脑内乙酰胆碱数量、刺激大脑新陈代谢和细胞流动实现。

卵磷脂

食用胆碱是神经递质的前身——乙酰胆碱，它对学习和记忆很重要。实验表明，胆碱可以提升人的记忆力、思考力、肌肉控制力和连续学习能力。克里斯蒂安·吉林博士说："我们的实验显示，让人摄入胆碱可以提升惊人的25%的记忆力和学习能力。"随着胆碱的摄入，乙酰胆碱的生产会增加，关系到细胞间的信息传递。按照政府科学家的说法，这些"思潮的路径"负责着记忆的过程。

胆碱通常含在富含卵磷脂的食物中，如蛋黄、三文鱼、小麦、大豆和瘦牛肉。一种被称为卵磷脂的集中形式的胆碱可以被制成药片。卵磷脂集成物提供了天然卵磷脂，但磷脂酰基肌醇和磷脂酰基乙醇胺会与之竞争吸收，尽管它们也含在卵磷脂中。

因此，吸收卵磷脂的最好方法就是75%含量的纯脂。研究表明，每天补充卵磷脂可以提升50%的胆碱水平且没有任何不良反应。

磷脂酰丝氨酸

临床心理学家、马里兰州贝塞达记忆评估学术会议研究员托马斯·科鲁克博士说，补充磷脂酰丝氨酸最多可能逆转12年的跟年龄增长有关的脑力衰退。在他的研究中，每天服用100—300毫克磷脂酰丝氨酸的病人表现出了15%的学习能力和记忆力的提高。20世纪70年代的实验支持了科鲁克的发现。除此之外，磷脂酰丝氨酸还对帕金森症、阿尔茨海默氏病、癫痫和与老年脑力衰退有关的精神抑郁有治疗作用。X光检查和脑电图显示，磷脂酰丝氨酸刺激几乎所有大脑区域的新陈代谢。磷脂酰丝氨酸还可以保持细胞膜的灵活性，以应付因时间而硬化的细胞结构。

2. 大脑所需的食物

大脑需要一些特殊的物质来保证其良好的运行，其中一部分来自食物。虽然没有关于记忆的神奇"食谱"，但一些简单的规则能够优化这个神奇的机器。

我们知道，有一些食物对记忆是有好处的，而不一定要求助于"库埃法”（一种积极的自我暗示法）或者替代药品的效应。一些简单的规则也可以优化大脑活动，使记忆保持如初。

我们需要做的是，给大脑不断供应能量，以便在记忆的同时保持警觉，并满足生物细胞和亚细胞膜的需求。在细胞中，亚细胞膜负责分离各个特殊区域，细胞核包含着遗传物质，线粒体确保能量的产生，神经末梢传递信息。大脑新陈代谢的特殊性需要某些绝对优先的物质，包括慢糖、维生素、有机物、必不可少的脂肪和脂肪酸等。

⊙提供能量的慢糖

大脑所需能量的紊乱会引起记忆的扭曲，至少会降低我们的警觉性，因为无论白天还是黑夜大脑一直都需要能量，比如碳水化合物（一种特殊的糖）和氧化物。即使休息时，大脑也需要消耗摄入的食物能量和氧气的20%。在儿童体内，这个数据大概高一些，对于婴儿来说甚至可能高达60%。成人的大脑只占其体重的2%，按比例它比其他器官多消耗10倍的能量。因此，大脑的平衡和效率取决于人体所吸收的食物的质量。

从早餐开始

低氧或缺少葡萄糖3分钟，将不可挽回地杀死神经细胞，这些物质的减少将妨碍大脑正常地运转。可怕的血糖过低只能用慢糖来预防，这种糖在机体中的分散是缓慢的，但却是有规律和有效的，可以从谷物、面条、大米、豆科植物、土豆等中摄取。

实际上，我们应该听从一些建议，在早餐时吃两块糖、一些果酱和面包。在一整天，如果把长棍面包（30—40厘米长）作为糖类的唯一来源，那么大脑需要不少于3/4的面包所含的能量。因此，分散很慢的糖类，尤其是面包里的糖，在每一餐都是必要的。

在睡觉前

甚至在睡觉的时候，大脑需要的能量也毫不减少。在夜间，大脑组织将分类并储存在日间得到的信息。医学影像表明，白天学习期间所调动的大脑区域在夜间将再次被调动。

如果将大脑比做计算机，那么我们可以把这个程序描述为“记忆文档”，或者比做硬盘的“碎片整理”，即通过一个小程序把那些分散“写入”硬盘的数据按类型重组在一起。因此，睡眠不良会让白天的智力努力白费，而轻度睡眠将使其平庸。相反，如果睡眠良好，对已经学过东西的重组将在第二天运用得极为出色。

做梦期间，某些大脑区域会多消耗 20% 的葡萄糖，在做噩梦的时候则更多。这意味着晚餐不应该太少，至少应该包括一些含慢糖的食物。如果晚餐离睡觉的时间很长，一小撮的李子干可以在夜间维持葡萄糖在血液中的稳定含量。

⊙重要的脂肪是必不可少的

神经元和其他脑细胞（为数更多），以及它们之间良好的运转需要竞争力和适应力强的组织结构。因此，我们不但“需要”脂肪，而且没有它，生命将不能继续。

大脑需要来源于食物的脂肪

维生素 F 是一种不饱和脂肪酸，包括亚油酸和 α- 亚油酸。细胞（包括神经元）膜周围都是由脂肪构造起来的，这些复杂惊人的组织构成了生命传递的中心，确保了细胞间生物电和化学信息的传递。因此，从逻辑上可以说，大脑是神奇的膜的聚集，是富含脂肪的器官，仅次于脂肪组织。

在大脑里脂肪提供的能量并不多，也不起保存能量的作用。然而，它直接参与复杂的组织结构的构造。所有的生命形式都由细胞构成，不同的细胞之间通过生物膜而定义和分类。这些膜是存在于液体间的油膜，以双层脂的形式存在。

α- 亚油酸的缺乏

先在动物身上，之后在婴儿身上进行的试验表明，缺乏一种属于 ω-3 族的脂肪酸——α- 亚油酸，会破坏细胞膜的组织和功能，造成轻度大脑功能不良，感觉器官不敏感，还会影响某些脑组织，导致快乐感微量减少。随着年龄的增长，视觉和听觉能力的减弱会造成大脑处理感觉信息的性能降低，这与内耳和视网膜损害造成的影响是一样的。

摄入不足

在法国，人们对 α- 亚油酸的摄入还未达到法国饮食健康安全处要求指标的一半。这个数据主要根据营养饮食科技所 8 年来对 13000 多名志愿者的研究得出。食用植物油能提供的 α - 亚油酸非常有限，仅仅为 9%。

现在，法国人可接受的带有足够的 α - 亚油酸食物主要有菜籽油、核桃油、核桃和一些特殊的蛋——蛋 ω-3（统一商品名，附有高质绿色标签，以区别于其他种类的蛋）。

ω-3 的长碳链包含了 EPA 和 DHA，EPA 具有 20 个碳原子，是二十碳五烯酸的缩写；DHA，是二十二碳六烯酸的缩写，具有 22 个碳原子。EPA 和 DHA 共同的名称是脑酸，因为它们是在大脑中被发现的，但目前在法国还没有发表任何关于摄入这些物质的评估。我们知道脂肪多的鱼，如三文鱼、金枪鱼、鲱鱼、沙丁鱼、鲭鱼、鳟鱼、火鱼等，一般都富含这些物质，如果这些鱼是快速饲养的，那么喂养鱼的饲料必须引起关注。

其实，养殖鱼类的营养价值完全根据它能提供的脂肪质量来分类。在某种情况下，野生鱼类含有的 ω-3 比同类的养殖鱼高 40 倍。这样的话，养殖鱼类的脂肪就不值得推荐了。

吃多点还是吃好点

对肉类和奶制品，建议选用优质的（例如使用亚麻谷物得到的产品），而不是吃得多，因为它们同时会形成其他种类的脂肪，特别是饱和脂肪。

最好更多地食用菜籽油和野生肥鱼（或者正确饲养的鱼）。大多数的酸醋调味汁应该与菜籽油（或者核桃油）一起烹调，并用密封的瓶子来保护脂肪酸 ω-3 不被氧化。

医生建议一个星期至少吃两次高脂肪的鱼。

⊙需要高质量的蛋白质

大脑是由细胞组成的一个神奇的“机器”。为了正常运转，细胞需要一些特殊的酶和蛋白质的帮助。神经元之间的传递物质其主要成分是氨基酸，因此氨基酸对人体来说是必不可少的。我们一般从食用性蛋白质中摄取所需的氨基酸，其中动物氨基酸的营养价值比较高，可以从肉类和鱼类中获得，蛋类和奶制品含量也较高。

⊙供给神经元的维生素

酶和蛋白质要起作用必须依赖维生素和矿物质。让我们来看看主要的维生素和它们为大脑服务的特殊性能。

所有的维生素中，维生素 B_1 对大脑的作用最大，它使大脑能够利用葡萄糖作为能量来源。扁豆、火腿和动物肝脏富含维生素 B_1，但这些食物中的维生素 B_1 对热、潮湿和酸性环境很敏感，烹调中维生素 B_1 的流失量则由食物本身和烹饪方式决定。

缺乏维生素 B_3 引起的疾病以前被命名为“测试的痛苦”，表明了这种维生素在精神病学中的作用。动物的肝脏和肾脏、火鸡、三文鱼中都含有大量的维生素 B_3，这种维生素在热、潮湿的环境中稳定，且抗氧化。

缺乏维生素 B_1 和维生素 B_3 引起的反应，只有和维生素 B_2 一起应用才能达到合理的平衡，维生素 B_2 确保维生素 B_1 和维生素 B_3 的协调利用。牛奶、蛋类、动物内脏都含有维生素 B_2，但在烹调中也会部分流失。

维生素 B_{12} 的缺乏会引发神经综合征。这种维生素在牡蛎、动物肝脏和肾脏、鲱鱼、蛋黄中能找到。

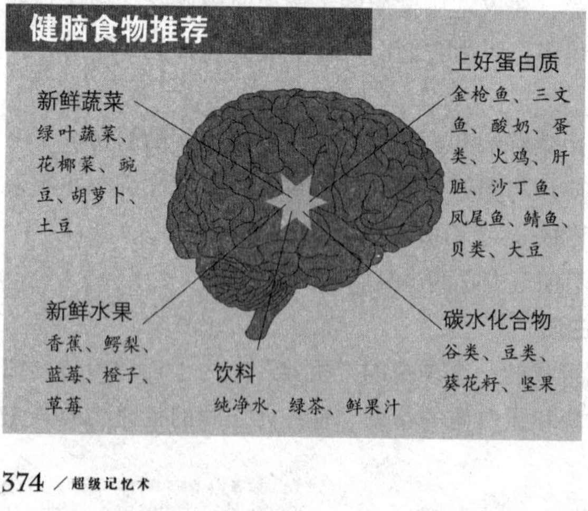

老年人缺乏维生素 B_9（叶酸）会导致智力活动和认知能力的下降，首先受到影响的是记忆力。因此，适当地食用菠菜、小扁豆、西兰花、蛋类是非常必要的。

维生素 C 大量出现在神经末梢中，它参与正常的神经信息传递，并对记忆非常有益。

维生素 E 在硒的帮助下能防止衰老，特别是脑部衰老。植物油中富含维生素 E，比如菜籽油，以及由向日葵、油葵花（一种含有大量油酸和维生素 E 的向日葵）、菜籽和葡萄籽合成的油。

⊙铁引起的氧化作用

只有在饱含氧的情况下，大脑才能保证记忆功能的正常运转。然而，氧只能由红细胞携带到脑部，为实现这一运作过程需要足量的铁，而铁只能从食物中获取。

黑香肠、肉类、火腿和鱼所富含的铁能够在消化时被人体良好地吸收，而菠菜中的铁几乎是无用的，因为极少生物可利用到其中的铁。许多疲劳症状实际上是缺铁的表现，在法国 1/4 的女性由于月经失血而造成成比例地缺铁。

锌参与味觉和嗅觉的感知功能，海鲜中锌的含量非常丰富，比如牡蛎、贻贝和某些鱼。碘的缺失会使人变成“克汀病患者”（呆小病患者），克汀病分为两种，一种是地方性克汀病，这是由于某一地区自然环境中缺乏微量元素碘，影响了人体甲状腺素的合成，从而引起“大粗脖”；另一种是散发性克汀病，主要是由于先天性甲状腺功能发育不全所致。神经系统的正常运行则需要一定量的镁。

3. 锻炼大脑和身体

⊙大脑锻炼

完全健康的生活方式在现实世界中是非常少见的。我们都有恶习而且经常会受到其他东西的诱惑。例如，我们许多人会偶尔饮酒过量或吃太多高脂肪、含糖的食品。值得注意的是，我们身体的健康状况往往同我们的思维健康手牵手，而且我们吃什么以及如何生活也会影响我们的记忆功能。

我们不能回避这样一个事实——健康的改善会提高整体的身体状况，同时对记忆力和注意力有很大的好处，即，存下新的信息并学习的能力。最起码，如果我们更加熟知不同生活方式因素的影响，就

◎ 玩 Rubik 魔方是很好的锻炼大脑的方法。

能理解自己为什么会遇到问题并开始对它采取措施。因此，任何人要做的最重要的一件事，就是争取养成更加健康的生活方式，并在成功时感到满足。

有证据证明，思维练习是保持大脑活跃和身体健康的根本。它有助于释放某些对免疫系统功能来说重要的化学物质，因而可以防止大脑的疾病和退化。

我们建议在生命的各个阶段锻炼自己的大脑。如果你的日常工作未能为你提供思维刺激，那么试试：做思维游戏或做填字游戏，或者下棋、玩扑克牌。这些活动中有些还是非常增进友谊的，所以，它们还可以帮助你避免屈服于诸如寂寞、紧张，以及沮丧之类的问题。

⊙身体锻炼

要使记忆力良好的运作，就要使自己精神抖擞。你不可能在所有的时间都能有效思考。谨记，你的身体和思想是一致的。事实上，你对自己的思维一清二楚。你思维里没有存储的事物是永远都不会存在的，因为一旦你意识到某个事物，它就已经在你的思维中扎根了。你要照看好自己的身体，它非常重要。如果你希望自己的思维敏捷，下面的一些提示你一定要牢记在心。

锻炼有助于保持健康的血糖水平。它还能释放大脑中有助于刺激记忆功能兴奋的有利的化学物质。锻炼还能帮助我们抵抗紧张并保持健康，而所有这些都会带来更好的注意力和记忆。如果你属于喜欢进出健身房或者每周都游几次泳的人，那就没问题。然而，如果不是，则可以采用其他方法以保证得到经常性的身体锻炼：

（1）如果路途不远，与其驾车不如走着去。

（2）不要乘电梯，走走楼梯。

（3）上上舞蹈课或者瑜伽课。

(4)如果你是坐办公室的，午饭后出去走走，不要一直坐着不动。

(5) 定期和朋友打打网球或慢跑。

你不需要整天待在健身房里，但是你一定要有充足的锻炼使自己的身体和思维运作有效。如果你讨厌剧烈运动，可以趁空气清新时遛遛狗等。为何不向前迈一步，尝试一下长时间的漫步或者游泳呢？不管长时还是短时的锻炼收效都颇大。

健康的睡眠

1. 睡眠之谜

睡眠在记忆过程中，远不止是一个简单而有益的“暂停”，其确切的角色，特别是梦的角色，仍然是个谜。为了对睡梦有个更清晰的认识，科学家充满激情地做了许多研究。

良好的睡眠是保持健康的关键，因为睡眠参与脑组织的重构并使大脑与外界环境分离。每个人对睡眠的需求不同，成人平均每天需要 7 个半小时的睡眠。睡眠正常是生活保健的第一步，最好在固定的时间起床和睡觉，并且早起，在晚间应禁用咖啡、茶和烟。当然，睡眠不只是简单而有益健康地暂时中止体力活动。对于人类，它扮演着极其复杂的角色，梦就是一个鲜明的证据。研究人员做了详细的调查，以明确睡眠在记忆机制中的确切作用。

1960 年，关于反相睡眠在记忆中的功能最终见了天日。这种类型的睡眠直接与梦的阶段有关。其介入了遗忘与陌生的过程，对大脑中神经元新环路的发展是必要的，而神经元新环路的产生对巩固记忆是不可或缺的。

⊙学习和睡眠质量

从动物和人身上观察到的行为提供了反相睡眠重要性的最初线索。我们让实验中的小白鼠从事一项新活动，以观察它们睡眠的变化。结果在学习新技能之后，我们发现小白鼠的反相睡眠时间变长了，通常可达 36 小时或更长。而在其他实验中，是慢相睡眠时间变长。

在人类身上，情况更为复杂，因为在新的学习后，反相睡眠并

在不同状态下的大脑

根据不同的大脑电活动（EEG），我们把觉醒和睡眠分为4个阶段：

平静苏醒（当刚睡醒，而眼睛还是闭着的时候）阶段：大脑电活动在8—12赫兹之间，无眼球运动，肌肉紧张。

积极觉醒（眼睛睁开）阶段：大脑电活动迅速、电压低，眼球运动和肌肉紧张并存。

慢相睡眠阶段：大脑电活动逐渐减缓，无眼球运动，肌肉紧张存在，但不广泛。

反相睡眠阶段：大脑电活动接近于轻度慢相睡眠阶段，眼球活动迅速，身体紧张消除，极少的面部肌肉和手脚肌肉保持紧张，在睡眠的这个阶段最典型的表现为梦。

不总是增加。例如，如果我们给被测者戴上棱镜，几天后他们就能够学会自我调整视觉，而他们的反相睡眠长度并不增加。研究人员也仔细观察了在考试期间学生的睡眠，结果是多样的：有时候反相睡眠增加，但有时候却没有变化。在其他情况下，只是眼球的活动在睡眠期间变得更活跃。

我们可以观察到，记忆的一个关键阶段——学习，会影响睡眠的质量，特别是对反相睡眠的影响。如果这种睡眠消失会怎样？是否会对记忆产生严重影响？

⊙反相睡眠对隐性记忆的影响

我们可以通过在适当的时候将一个人唤醒，或者通过某种抗抑郁药物来消除紧张因素，来避免进入反相睡眠阶段。一个人在几个月甚至几年内被这样实验的话，对记忆将没有任何消极影响。然而，在动物身上，我们却发现免除反相睡眠会导致记忆力减弱。

对某些事物的回忆，尤其是那些储存在显性记忆中的事物，在睡眠的第一阶段之后就变得渐渐清晰，这时慢相睡眠占优势；当回忆与隐性记忆相关的信息时，尤其是睡眠的第二阶段时，反相睡眠占更大比例。因此，反相睡眠可能对隐性记忆，而非对显性记忆有影响。

⊙神经元活动与睡眠

与记忆和睡眠有关的行为观测给出了一些答案，但同时又引出了许多新的问题。研究人员必须一直探寻到神经元内部。神经元的活动支持着记忆和所有的认知功能，它们是可以被观测的，因为它们是以生物电的形式传播信息的。海马脑回是直接与记忆相关的大脑结构，所以也是被研究得最多的。

⊙ 睡眠只是一个简单的暂停吗？实际上，在安静的表面背后，复杂的程序（比如梦）参与巩固着我们的记忆。

观测首先在活体动物身上进行，在不同的生活环境里，被观测动物的神经元的电活动会表现出不同的节奏和顺序。通过观测还发现，白天真实的神经活动会在夜晚的梦里“重演”。这种现象尤其出现在慢相睡眠阶段，当然在反相睡眠阶段也会出现，这还与长期协同增效作用有关。

科学家们猜测，在睡眠期间神经信息通过两条路线进行传递，在觉醒和反相睡眠阶段从大脑皮质到海马脑回，在慢相睡眠阶段从海马脑回返回大脑皮质。

目前研究的途径很多，都集中于对慢相睡眠和反相睡眠的不同和互补的研究，但谜底还未完全解开。

2. 保证睡眠

⊙充足的睡眠

每个人都需要充足的睡眠，特别是备考的学生们。他们认为在网上跟朋友聊天到深夜两三点是很酷的事，其实不然。睡眠不充足会影响注意力的集中，降低学习能力，对健康更是有很大伤害。

有许多证据证明，睡眠对于保持大脑和身体的良好状态是重要的。这并不意味着几个晚上没睡好觉就有问题，但它确实意味着尽量保证自己有一个合理的睡眠模式将有利于自己的记忆。具有讽刺意义的是，睡得太多和睡得太少的作用是一样的。所以你必须找到正确的平衡点。

⊙缺乏睡眠的影响

你可能发现，睡得太少或睡眠质量太差会导致自己记忆中的回忆能力变差了，而且会发现自己难以摄入信息。半睡半醒状态会伤害记忆的组成和再现。对丧失睡眠的研究、镇静药的研究，以及对患有过度嗜睡症病人的研究都发现了记忆受损现象。

许多这样的研究显示，记忆受损的程度是与半睡半醒的程度相一致的。现实生活中许多健康人不断地剥夺自己适当的睡眠，其后果是疲惫、决断力差，以及不断加大的事故风险。缺乏睡眠还可能影响我们对葡萄糖的吸收。慢性失眠不但可以加速病情的发作，而且还会加重与年龄有关的诸如糖尿病、高血压、肥胖和失忆之类的疾病。

进一步的研究显示，保证孩子夜间的睡眠时间可以带来更好的表现。有些研究还显示，如果人们有一个良好的睡眠习惯，他们就能更好地学会程序性的技能（身体惯例）。如果你睡了一个好觉而不是用整个晚上做准备，你会记得更多的东西，并且在考试中或大型会议上有更上乘的表现。

你的生物钟

一个良好的睡眠模式让我们的生活和自己的身体节奏更加息息相关。我们的生物钟包含了对诸如光亮和黑暗的循环做出反应的、本来就存在于我们身体之中的节奏。这就是我们往往发现更容易在明亮的夏日早晨起床，而在冬日傍晚天早早地就变黑时感到更加疲劳的原因。虽然由于我们都有不同的，而且常常是不规范的生活方式难以保持一个好的节奏，但是，如果我们遵守每天定时睡觉和起床的固定模式，那么，要有效地履行这个固定模式还是相对比较容易的。

⊙ 所有外在节律中最重要的是日出和日落。尽管我们有内在的生物钟，但是心理学家认为我们也受到外在节律的影响，比如大多数动物在黎明醒来。

梦与记忆之间的联系

睡眠有 5 个层次，而最深度

的（也是最活跃的）层次是快速眼动睡眠，这样叫它是因为眼睛在不断地眨。在快速眼动睡眠时，大脑和身体都处于活跃状态之中，因而心跳加速、血压升高。

快速眼动睡眠经常与做梦有关，而且有人认为，做梦有助于巩固记忆。在快速眼动睡眠时，我们的大脑正在解决我们醒着时的问题和担心的事情，同时还在为想象、自由联系和幽默创造空间，所有这些都能促进创造力和分析性思维。

⊙一夜好觉的小窍门

如果你的睡眠有问题，试试照这10条简单的规则去做，你的睡眠状况会得到很大的改善。然而，请记住，这些只是小窍门而已，我们每个人都有最适合自己的方式。

（1）养成一个好习惯。每天定时上床和起床。知道什么是自己最佳的睡眠程度——也许是6小时、8小时，或者10小时——我们每个人都不一样。

（2）如果你想要建立一个好习惯，就不要受其他影响睡眠的事物的诱惑——例如电脑游戏，坚持几天以后，你就会在固定的时间感到疲倦。

（3）避免在晚上喝含有咖啡因的饮料。大多数人知道咖啡里含有大量的咖啡因,但人们通常不太清楚茶和软性饮料中也含有咖啡因。

（4）不要饮酒过量。酒精是镇静剂，除了能让你处于一种思维缓慢的状态外，它还会破坏睡眠周期。

（5）做好自己白天的计划，以便你能在上午或下午处理比较费劲和复杂的任务，然后在晚上做些放松的活动。

（6）要知道看电视或看书可能会刺激过度，因而可能导致辗转难眠。

（7）如果有东西在你的脑海里转个不停，就在上床之前将它们写下来。

（8）避免在大白天睡觉。

（9）如果你15—30分钟后还没有睡着，就起来做些放松的事情直到自己感到疲倦为止。原因是不想让你的身体受到某种不良的暗示：床是让你无休无止地深思并感到焦虑不安的地方。

（10）卧室不是厨房或者客厅，不要在里面吃东西、看电视，或看书。这是卧室——让你的身体将它与象征卧室的东西联系起来。

减少酒精摄入量

酒精会影响你的记忆，即使是少量、正常的量也会让你的准确度稍差。然而，生活中一个不争的事实是，大多数人喜欢喝上一两口。酒精可以帮助放松，并能增强社会交往。除此之外，我们许多人喝酒可能只是因为刚过了紧张的一天。在晚上休息的时候、吃饭时，或看电视的时候，你一旦开了一瓶酒，喝的就很有可能不止一两杯。

记住，酒精是一种药。几乎在不知不觉中就有了经常喝多了一点的习惯，然后它就可能逐渐开始对你记忆的最佳发挥产生消极的影响。

1. 酒精是如何影响记忆的

酒精对学习和记忆都有着强烈的影响。它影响到大脑中称为谷氨酸的化学物质。谷氨酸会妨碍大脑形成新记忆，尤其是对诸如名字或电话号码之类的事实，以及诸如你昨晚做了什么之类的记忆。即使是小剂量的酒精也会破坏你对小段信息形成记忆的能力。酒精还会降低你对之前已经形成的记忆的再现能力，并可能引发舌尖现象。

⊙狂饮

一次喝太多的酒就是狂饮，它会导致记忆力彻底丧失。经常性这样做对记忆力极度有害。长期酗酒过度的人甚至会得科萨科夫症——大脑丧失了恢复能力的一种痴呆形式，它导致极深的和永久的记忆丧失。

⊙性别差异

酒精对妇女造成的影响要比男人更大。这是因为男人体内的总含水量要高，因此酒精更容易被稀释或更有效地从体内清除出去。妇女往往将酒精以高浓度的形式更长时间储存在体内，结果就更容易对记忆和注意力造成损害。还可能有月经周期和女性荷尔蒙之间的相互作用，也就是说，酒精在一个月中对妇女的影响方式会因为时间的不同而不同。

⊙更安全的酒精限量

我们每个人都不同——体格、体重、性别、年龄，以及承受程度都是个性化的，因此你必须了解你自己能接受的量。下面给出的是推荐的量（标准的一顿酒或者一个单位指的是：一瓶啤酒、一小杯的烈性酒、一小杯红酒，或一小杯的开胃酒）。

男人：每星期不超过 15 个单位，最好每天不超过两个单位，每周留出两天不沾酒。

妇女：每星期不超过 10 个单位，最好每天不超过一或两个单位，每周留出两天不沾酒。

怀孕期妇女：不喝酒。

如果你的身体已对酒精上瘾：戒酒。

如果你的身体患病因为喝酒而加重：戒酒。

如果你正在开车、骑车、操作机器或锻炼：戒酒。

2. 可怕的宿醉

宿醉让我们感到可怕的原因有以下几点：

⊙产生毒素

过量的酒精向我们身体内注入毒素的速度超过了身体将它们冲洗出去的能力。结果导致了各种各样令人不愉快的效果，如：剧烈的头痛。毒素还可能刺激你的胃，从而引发疾病。

喝酒而导致的液体流失比摄入的多，从而导致头痛以及其他的症状，如：头晕。

⊙缺乏正常的睡眠

你的睡眠模式在你喝了大量的酒后就会变得阻止一定的深度睡眠和梦境。缺乏有质量的睡眠将会导致你疲惫和性情乖戾。

⊙增强年龄所带来的影响

随着我们渐渐衰老，我们身体对酒精的承受力也逐渐变差，当时和后续的影响也会加重。例如，使我们感到醉得更快，并且宿醉更厉害。如果我们在年老时还喝大量的酒，甚至可能会受到更大的损害，这是因为我们的大脑同我们一起在变化和老化。

3. 更安全地喝酒的小窍门

不要每天都喝。

如果你已经在喝了，就严格遵守所推荐的针对男人和妇女的指标。这并不意味着你可以在一两个晚上把所有的“单位”全部喝光。这就成了狂饮，对你的大脑和身体都没有好处。

买一个酒瓶塞。这样你就不会开一瓶就喝完一瓶了。

避免在午饭时喝酒——即使只喝少量的酒也会影响你下午的表现。

避免宿醉。在喝酒期间喝水使自己的体内保持足够的水分。

如果你确实放纵了一回，那么在以后的几天里就不要喝酒。尽量从中吸取教训。问一下自己为何狂饮，是有所焦虑吗？是不是它使自己对正在发生的事情不太习惯甚至不太能控制？是否希望这样的事情再次发生？如果对最后一个问题的答案是不，就采取一些积极的行动改变自己的行为举止。

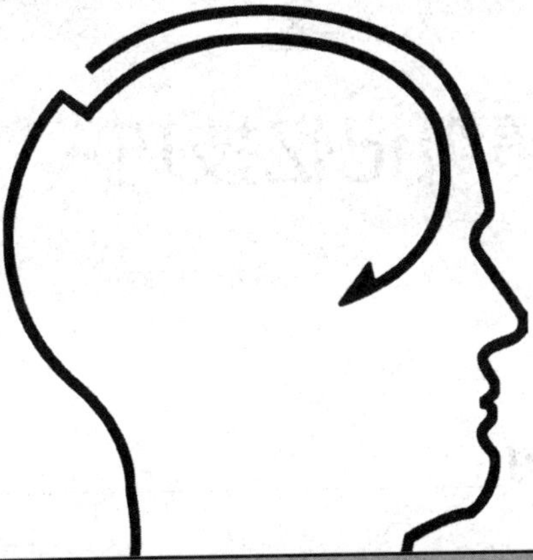

第三篇

超级记忆术

第一章

超级记忆技巧

重复和机械学习

1. 大脑所需的营养

“有的时候，我们确实需要机械地记忆一些东西”——这是一个在擅长机械记忆和不擅长机械记忆的人群之间引起热烈争论的问题。不擅长机械记忆的人群大声反驳说“这种说法是不公正的”！然而，事实上，任何人都可以通过重复来巩固和强化所学的知识。

2. 熟记

当你已经失去了这种习惯和能力的时候，熟记不是一件容易的事情。这种学习方法是学校教育甚至是高等教育不可或缺的组成部分。如果你处在这两个学习阶段中的任何一个，这种纯粹机械记忆的方法都是简单而有效的。如果要重新唤醒这种记忆方法，你所要做的第一步就是找一个安静的地方坐下，确保不被他人打扰，依照循序渐进的原则，数次重复你的目标信息。

当我们要应对马上来临的情况时，我们会采取机械记忆的方法。这是为几天以后的考试做准备的非常有效的方法。两周以后，你也可能仍然记得整首诗的内容，但是更大的可能性是你只记得其中的某些句子。在这方面，每个人的能力以及表现不同。

无论情况怎样，机械学习都不是保持长时记忆的最好方法。我

记忆和填字游戏

填字游戏是一种很棒的个人娱乐方式，也是一种运用你的个人信息储备的好方法。经常练习会使你的大脑活动变得更加流畅，你会发现思维变得更加活跃。因此，尽可能快地填完那个网格并不是这个游戏的真正目的。选择一个适合你的水平的字谜，不要被一个你觉得非常熟悉的字所困住，继续往下进行，然后间歇性地停顿几秒钟，这样可以使注意力得到更新。

们不是总能够将兴趣长久地保持在学习过的东西上面，而且，最后期限一过，我们也不会再费力地重复所学的东西了。

3. 重复巩固时间

把经过编码的信息转化为长时记忆，这要求你为这项信息建立起十分坚固的表象，也就是使其得到巩固和强化。巩固信息的方法有很多：通过联想，把新信息和已存在的信息联系在一起；通过分类法、通过逻辑组织法。无论你用哪种方法，强烈的感情都是必不可少的，它能够大大地提升巩固效果。

对于简单的材料来说，重复始终是最可靠、最有效的巩固法。每一次的重复对于强化信息都能起到很好的作用：已经存在的信息再次被确认并存储，会使其在大脑中保持更长的时间。此外，重复是兴趣和重视程度的体现，也是保持此信息的体现。总之，各种各样可能的原因使信息牢牢地留在你的记忆里。

另外，如果你利用每天晚上上床睡觉之前的时间来记忆一些东西，就更能促进长时记忆。但是为了防止它被其他吸引你注意力的事情或者事物所代替，你必须在第二天早上一醒来，就立刻回忆前一天晚上记忆过的内容。

联想记忆法

1. 联想法

联想是将你想要记住的东西和你已知的东西之间形成智力联系的过程。尽管许多联想是自动产生的，但是联想的意识创造是将新信息编译的一个极好方法。将一事物与另一事物联想起来，便于我们记忆。例如，小安时常会忘记这个词“樱草属植物”（一种植物，人们喜欢叫它“兔耳朵”）。他注意到它的叶子长得像小轮子，于是他就叫它“骑车的人”，之后就再没忘记过。联想有利于记住一些奇怪而又简单的信息。一旦你形成了联想，你在心里重复几遍或大声复述几遍将有助于你记忆。

这一方法可以用于记忆这些事情：你的新邻居的名字；你的朋友居住的小区；你想推荐的一部电影的名字；去往新开张的商店的路是向右转还是向左转；去往朋友家的公交汽车。

2. 实际应用

小月：初到一个新城市，认识了许许多多的新同学，其中有一位同学的名字叫华振兴。由于某种原因，我一直记不住他的名字。后来我在记忆课上学了联想这个方法并试着使用。我默念了几次“华振兴”之后，我突然想到有一句口号“振兴中华”。我认为我可以通过将“华振兴”与“振兴中华”联系在一起记住他的名字。每次我看到他，我就会心里想着“振兴中华”。

李先生：在读中学的时候，对于汉代的三次大规模农民起义的记忆让我伤透脑筋，其中，一是公元 17 年发生的绿林起义；二是公元 18 年发生的赤眉起义；三是公元 184 年发生的黄巾起义。前两次发生在西汉，后一次发生在东汉。最让人头痛的是起义名称和先后顺序很容易搞混。为此，我通过联想进行记忆：这三次起义的名称都有颜色，即绿、红、黄，可以将这种变化同枫叶联系起来记忆。枫叶春夏时绿，秋天变红，冬天变黄。这样一来，不但不容易弄混，而且容易记忆。

岳山：我总是记不住意大利的版图，后来，我对它进行了联想。我注意到，意大利的版图很像高筒的马靴——圆柱形的靴身、流行的鞋尖、锥形的鞋跟。没错，意大利就像优雅的腿，一脚踩出欧洲大陆。经过联想处理后，我永远都忘记不了意大利版图的样子。

联系法

大脑总会自动地将新的信息跟已经存在的信息联系起来。你可以把大脑的这种自然的功能（联想）看成是一种记忆术。为了强化大脑的此项功能，最重要的就是充分释放你的创造力。

我们记不住东西的主要原因多半是词与词之间没有明显的联系。解决方法就是发挥你的想象力，人为地为它们创造联系。

1. 记忆和联想

记忆的过程通常包含 3 个步骤：信息编码、信息存储、信息提取。对于目标信息来说，首先它会被转化成“大脑语言”，然后被大脑拿来跟记忆中已有的各项信息进行比较，以便确定这则信息是否曾经已经被储存过或者是否真的携带一些新的东西，就像是电脑自动更新文档一样。如果确实含有新的东西，大脑将会为它寻找合适的已有信息，并且在二者之间建立联系。这即是信息编码的过程。每个独立个体各异的历史背景都为信息编码提供了丰富的土壤。每次你遇见新的事物，不管是具体的实物还是一种抽象的思想，你都会自动地将它与你已经知道的信息联系起来——联想是一个自发的大脑活动过程。

我们经常面临一些自己认为不知道答案的问题。利用所有你可以自行支配的信息，建立起一个联系网，借助这个联系网，你很有可能找出问题的答案。这种能力往往在那些能够娴熟地运用自己的知识的人身上表现得最为明显，这种人总是知道如何将新事物跟已有信息联系起来。他们的这种建立联系的能力已经得到了异常完善地开发。

一项研究显示，人们的信念对其是否记住某件事将产生重要的影响。当给那些害怕蛇的人放映蛇和鲜花的图片时，他们更易于把蛇的图片与恐惧联系起来。

2. 形成联系

⊙深思熟虑的联系和自发形成的联系

联想是一个心理活动过程，它能够帮助你在具有某种共性或者共同点的人、物体、图像、观点之间建立联系。简单地说，如果看见A，你就想到B，那么你已在A与B之间建立起了联系，当看见“A+B”时，你想到了C，那就证明A、B与C之间存在共同之处。有些联系是被人们普遍承认的，例如下面所划分的这几类：

音节联系

发音相似的词会很自然地被联系在一起。例如：“期求”和“乞求”。

语义联系

这种联系建立的基础是词本身的意义和你对这个词所表示的事物的了解。例如“西红柿”和“水果”。

比喻联系

A和B之间之所以存在联系，是因为B的意思和A通过某种代换物转化以后的意思相近。例如：“苹果”和“羞愧”（羞愧难当，脸红得像苹果一样）。

逻辑联系

背景相同的两个事物被联系在一起。例如：“番茄酱”和“调味汁”。

类型或种类联系

两种事物在某一方面（颜色、形状、大小、重量、味道等等）具有共同点。举例来说，“西红柿”和“红辣椒”（颜色相同，都是红色）、“西红柿”和“葡萄”（果实垂下藤蔓的形状相同）。

思想联系

两种事物之间以一种更加抽象的联系作为基础。例如：“西红柿”和“太阳”。

与此同时，你也会以自身经历以及个人世界为基础建立联系，因此除了上述的7种联系以外，还需要加上下面的两种。

主观联系

这种联系只有当事人明白是怎么回事，因为它暗指了当事人关于某件事情的回忆。举例来说，“大海”和“心绞痛”——因为上次你到海边去，心绞痛发作了，很痛苦……

无意联系

这种联系的建立超越了当事人的意识范围，一般难以给出解释。

⊙借助想象，建立联系

联想这种记忆策略，帮助你在事物之间建立联系，能够大大地提高你记住这些事物的概率。经常练习能够促进信息之间建立联系，而且这种联系越具有独创性，它们就越能稳固地保留在你的记忆里。因此，你必须完全地释放你的想象力，放任图像、文字以及感觉自由地淌进你的脑海，不要对它们有任何限制条件。

对于记忆过程来说，最重要的一点就是找出适合自己的联系方式，也就是说，两个事物之间所建立的联系，对于个人来说必须是有意义的，或者能够激发你的某种感情。

图像记忆法

翻阅一下你的记忆，你很有可能会产生这样一种感觉：一组组的图片在你头脑中展开，就像是幻灯片一样掠过脑海。当你想保留其中的一项时，首先依赖于感觉器官对它进行登记。如果你稍加注意，不只会保留视觉性的映像，甚至还会有听觉性和触觉性的特征。如果你读一篇自己不感兴趣的文章，不投入注意力，没想过要记住内容，也不期望以后会用到这篇文章，那么将不会产生任何的心理表象。这篇文章的信息不会被提交给记忆。相反，如果以上3点都具备——兴趣、注意力，以及把信息传达给别人的期望，

⊙ 目击者对交通事故场景内容的记忆会保持很长时间甚至是一生，那是因为车祸是以图像的形式被记录在记忆当中。

就会形成一系列的精神表象，并且在记忆过程中被调动起来。

有没有人会想到自己10年前、15年前或20年前的一些特别经历呢（当然如果你还小，可以想想去年或前年的特别经历）？也许这些经历是令你印象特别深刻的，可能是恐怖的或是刻骨铭心的。例如车祸，受伤的人衣服变红、躺倒在地、地上都是他的物品、车子的颜色，等等。这些鲜明的记忆可能会让你记住十几年，甚至一辈子。

为什么十几年后很多自认为记忆力差的人还能栩栩如生地描述上述车祸的场面呢？这就是因为回忆了记忆中图像的缘故。

我们的各种记忆感官中其中一个感官就是对图像的感官，当我们看到相关的影像时，这个图像自然就会浮现在脑海里，并被记录在右脑里。不要忘记，除了视觉的存盘，还有其他的感官记录可以加入想象的空间。例如，我们也许记得车祸时撞车的声音，因此由听觉引出图像的存盘；也许车祸引起火灾，可以闻到烟火的味道，在车祸现场还可能触摸到倒在地上的车辆或受伤者，这就有了由嗅觉、触觉所记录的图像。

总之，如果我们用各方面的感官来记录一个情景，有特别深刻的影像被记录下来，不仅会加强回忆功能，还会变成清晰的记忆功能。

你常会听人说，图像胜过千言万语。将事物清楚地呈现在脑海是一个有意识地将一件事、一个数字、一个名字、一个字或一个想法在你脑中形成一种形象的过程。如果你花些时间将话语转变成一幅富有含义的图像，然后把这幅图记在心里几分钟，你就更可能记住这个名字、事情或想法了。

一些朋友天生就具有良好的视觉能力。他们的想象生动且丰富多彩。如果你有很好的视觉记忆能力，你可以以多种方式充分地利用它们。其中一种方法就是建立记忆频道。

你可以尽情地使用这样的技巧。例如，一些朋友会将日期表刻在石头上来帮助记忆日期。视觉记忆还可以帮助记忆外貌和地点。如果视觉记忆对你适用，那么你只需自然地运用它即可。如果你去游览一个小镇，你要记住经过的路线，这样你就可以准确地回到停车的地方。

我们以前所说的拍照式的记忆就是现在说的“图像记忆法”。一些人能在一分钟内复述出看过的物体、设计和文件，就好像他们在脑中给这些事物拍了照一样。

当然，有一些人的确有过于常人的一种记忆方式。有一位老裁缝，她就能用极短的时间观察别人的着装，然后完全模仿出来。她建立了蓬勃的事业，为顾客参谋穿着，这些穿着都是她从婚礼和明星的照片上看到的。如果她能够看一眼服装杂志上的一些衣着，或是现场看到别人的衣服，那么她就能更完美地模仿它们。

你可以学习这样的本领吗？你生来就有这样的能力吗？我们来试试。仔细观察下面的几张图片。然后合上书，回想图片并把它们画出来。

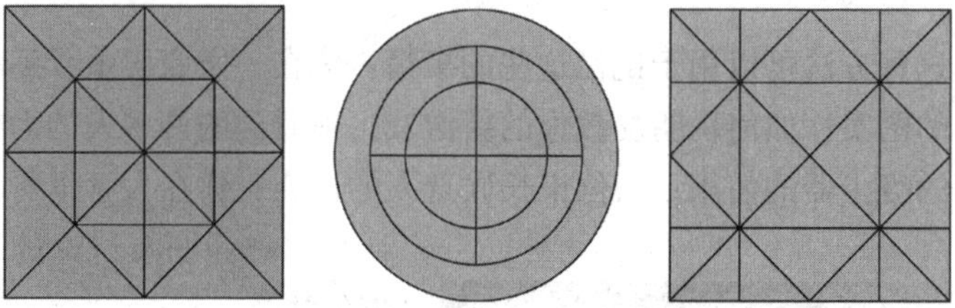

这个方法能用于记住这些事物：

⊙你要在超市里买的东西

⊙从机场到你停车地方的路线

⊙去往朋友家的换乘方法

⊙某些国家的版图

⊙你最近听到的一个笑话

细节观察法

1. 概　述

记住你没有清楚地观察过的事物或不感兴趣的事物通常是困难

的。积极观察是有意识地去注意你所看见、听见或读到的事物细节的过程。运用积极观察，你会发现一张照片、一张新面孔、一处自然景观、一席谈话、一件发生在街道上的事情或一件艺术品的含义以及带给你的震颤。积极观察相对于对周围的事物不进行思考，或因不感兴趣而听之任之的消极生活态度是截然不同的。记忆的关键是对其感兴趣。

一个短暂、未经审查的想法是毫无价值并且很容易遗忘的。当我们将一个想法或主意详细说明之后，我们就能将它更深刻地编译。当某些事情非常有趣或很富有争议时，例如，第一次打篮球，我们不用有意识地去记就能将这一经历非常深刻地记住。在我们的头脑中，我们评论发生的事件；我们试图了解发生了什么；我们将它与我们知道的情形联系起来；我们问自己对它的感觉如何。这个过程可以有意地用作一种可以将我们想记住的信息进行编译的方法。

这种方法可以用于记忆这些的事情：你在一家商店中看到一条被子的图案；如何玩朋友教你的新游戏；你看到的许多人的面貌；新买的吸尘器的使用；两位市长候选人的简介；你在大学里所学的课程；你和朋友讨论的一本书的情节。

如果只用3个果壳，我们能很容易找到小球，但是如果是4个、5个甚至6个呢？要想提高我们的记忆速度和效率，就要对我们的记忆量进行限制。

2. 实例运用

阿曼：我最近买了一台录像机，读着冗长乏味的使用说明书，按照它们来录制我最喜欢的电视节目。第二次我试着录一个电视节目时，我想不起来如何做了，就不得不重看了一遍使用说明书。由于我想不查阅这本手册就能使用录像机，我复述了一遍所有的步骤，了解了每一步的次序和重要性。我将这些死板的手册指南转变为自己的话。我将这些步骤重复了几次并将它们牢记在我的长期记忆中。我发现，如果将这些话大声说出来，它的效果会更好。使用了详细描述的方法之后，我仍然能记住这些步骤，甚至在三周的度假之后，还能记忆犹新。

小叶：我一生只去过夏威夷群岛旅行。我去了其中的3个岛，它们都非常美丽，然而也有所不同。我想将这些岛清楚地告诉我的朋友们。我曾在报纸上读到，如果你详细地阐述了你想要记住的事物的细节，那么你就能将这些信息更好地编译。我想了想小岛之间不同的自然特征、我在每个岛上做的事情以及我住宿的地方。我将这些细节与岛的名字联系在一起进行了一些联想。我将这些细节重复了好几天，现在我发现记住它们很容易。

李明：我有严重的关节炎，出去的次数很少。我非常厌烦这种日复一日的生活，并且我的记忆力似乎变得越来越差。女儿在我生日时送给我一个鸟食容器，渐渐地我开始观察来啄食的鸟儿。一天，我看到一只我不认识的鸟。我问女儿是否认识这是只什么鸟，她也不知道。但是她后来带回来一本有几百种鸟类彩色图片和详细介绍的书。当我们查询这只鸟时，我非常惊讶，在我生活的周围竟然有这么多种鸟。这个鸟食容器改变了我的生活！我看到并听到了许多新事情，而且我非常吃惊于我真的能记住它们。

文文：有一次，我去一个大型购物中心，我将车停在了车库。在地上有一些向上和向下的坡道，而在我停车的地方也没有任何文字或数字。我意识到，我会很容易把车放在难记的地方。我仔细观察了我走的这条通向出口楼梯的通道，并且当我到达那儿时，我回头看了看以加深汽车所在位置的样子。当我回来时，我很清楚地记得我的汽车所在位置以及到那儿的路。

安平：学习了积极观察这个方法之后，我决定试试这个方法。我去了我们当地的博物馆并花时间看一幅由莫内塔画的两个女人的油画。

我没有像通常那样很快地扫视这幅画。我看了看细节，又看了看整体，并问了自己一些问题：它漂亮吗？它是什么年代的作品？这两个女人看起来是高兴还是悲伤？她们穿着什么样的衣服？我想把它挂在我的起居室里吗？当我离开这家博物馆时，我知道我会记得这次博物馆之旅：因为我所记忆的东西不是通常一些模糊的画面。

外部暗示法

当我们面临一些无法立刻认知其含义的形象时，我们就会通过深入想象来寻找答案。那时我们所看到的——或者认为我们所看到的不仅能够反映出我们习惯性的感觉、思考和行动方式，而且还能反映出我们以前已经感觉到、经历过的东西，甚至是我们的潜意识。我们的想象力产生作用的方式反映了我们的实质，因此心理学家开始借助于视觉辅助手段（图画、照片等多样化的文件）。通过这些辅助工具，可以透射出人们对自身的真实看法，以及其他人对他们的反映或者是可能做出的反应。

◎ 今天的人们在使用各种记忆辅助物的电子装置。这些电子辅助物包括电脑、记事本和录音机。其他的人工外部记忆辅助物还有日记、会议记录、报告和笔记。

1. 好的和坏的记忆辅助工具

我的冰箱上贴满了便条！它们真的很必要吗？

想象一下你准备购买的物品，试着在脑子里列一个你所需要的所有物品的清单。这个记忆练习是我们每天都要做的事情。下一步你要做什么？写一张购物清单吗？

面对日常生活中许许多多不同的任务，我们倾向于向一些辅助工具（一张纸、笔记、便条、告示牌……）求助。它们真的对记忆有所帮助吗？还是会以毁坏我们的记忆力而告终？我们应该尝试离开它们去做事情吗？

好的辅助工具能够使我们完成那些离开它们便不可能完成的事情。假设我们能够回忆起日记或者地址簿里的所有东西，但这是合理、现实的事情吗？其实那是对你的记忆能力估计过高。日记和地址簿使我们能够在不加重记忆负担的情况下一天一天地生活下去，因此是非常好的工具。

另一方面，当辅助工具使我们不能充分利用我们的记忆力时，它就变得有害了。因此，当我们不自觉地打开电话本查找一个熟悉的电话号码时，就剥夺了对记忆而言极为重要的思想训练，并且会导致懒惰，而这种懒惰在不久以后会对我们个人的独立性产生消极影响。

2. 书面提示：将事情写下来

你不必将所有东西都记在你的脑子里。

尽管有许多时候你必须依靠你的头脑来记忆，但大多数人在整个日常生活中都用外部暗示来提示自己。例如，你也许会使用闹钟叫你起床、遵守约会的日程，使用厨房定时器来煮饭，或使用一个有标记的药盒。你必须承认，在许多情况下，无须相信你的记忆力。如果你能使用你所在环境中的一些东西来提醒你，你的脑子就不必想其他事情了。

尽管很多人都使用日程表、约会簿和笔记用以了解他们想要记住的东西，但是仍旧有许多人怀疑做书面提示是否真的对记忆力差的人是一个帮助。事实上，将事情写下来是最有用的记忆工具之一。

如果你想更好地记住这类事情，将所有的信息记在一个笔记本里。

下面的内容将为你提供一些创造性地使用书面提示的思路。

（1）列一份你需要做的事情的目录。你一想到某件事情，就将它添加到这个目录中。

（2）使用一个约会簿或日程表来提示你自己想在以后打的电话，

例如，打电话给一位刚做过手术的老师。同时要养成一种经常翻看日程表的习惯。

（3）记下一个在下次看病时你想问医生的一些健康问题。在离开医生办公室之前，记下医生的嘱咐。

（4）写日记记录每天发生的事情。如果想知道自己是否已经完成了作业或听了一堂重要的讲课，你都可以查看这本日记。

（5）列一份你想读的书或你已经读过的书的名字目录。

（6）记录你寄出或收到的信件和贺年片。

（7）记录你所服的每种药物的名字和剂量。包括你开始服用的日期。

（8）将你想记住的所有人的名字列一个目录，例如，邻居们、社团的成员们和你同学的家长们。

（9）记录你想记住的周年纪念日或节日。

3. 改变环境

提醒你记住某件事情的最好、最简单的方法之一就是改变你所在环境中的某一事物，这样你就能注意到这一改变。然后，它就作为一个暗示来唤起你的记忆。只要一想到这件事，你就做出改变。

⊙ 改变所在环境中某一物件是行之有效的记忆办法。比如，电台的DJ将当日节目要播放的光盘改变存放位置。

当你还小的时候，你可能使用过一些小技巧，比如在手帕角上打个结，帮助你记忆杂事。这种方法通常能使你轻松地记住很容易被你忘却的事情。手帕上的结提醒你周末的模拟考试，结虽小但却很重要。还有人使用别的物质记忆方法，比如在手指上绑胶带。

物质提醒可以从自身的记忆延伸到周边的事物。不要将物品摆放在平常摆放的地方就能起到很好的提醒作用。对于我们大多数人来说，这个方法简单实用（比如将一本书放在茶几上，而不是放在书架上，可以提醒你上学时要带着它），但是如果你滥用这种方法，改变太多摆放的东西，就会混淆。

有的家庭喜欢采用特别的方式来交流、转告信息，有一些让人很难理解。例如，一个家庭成员将一个石头摆放在门前，以此来告诉其他成员家里备用的钥匙就藏在下面。这能算得上是妙计吗？恐怕只会引来不速之客。

乐乐是这样做的：桌上打开着的书用来提醒她要去图书馆。自行车钥匙放在电脑上方提醒她要修车。妈妈的照片倒着摆放并不是因为她粗心大意，而是第 2 天是妈妈的生日，这样摆放可提醒她买礼物。

不要只用一种技巧去记事物，试着结合所有的技巧。视觉、听觉和实践都应该结合起来，这样才能够达到最好的记忆效果。

这有一些可以唤起你记忆的环境暗示的例子。

（1）将要拿去给洗衣工清洗的衣服放在门前。

（2）将一个纸条放在厨房桌子上，这样当你吃早餐时你就会看到它并记得给你的朋友寄张卡片。

（3）将一个纸条放在书包上用于提醒你在书店停下来。

（4）在你手提包的提手上系一条细绳，这样在没有提醒邮寄包里的信件的情况下你不会打开它。

（5）当你下楼时，在楼梯的前面放一个空盒子用来提醒自己在你上去之前把电热器关了。

（6）把手表或手链换到另一只手上；你就经常能感觉到它。当你开车去你的朋友家时，它将提醒你去告诉他有关周末计划改变的情况。如果你再大声告诉自己：“告诉老板计划有所改变！”这个方法的效果将会更好。

在使用任何这些外部提示时，不要拖延是至关重要的。只要你一想到你需要在以后做的事情，便选择这些方法中的一种并立刻应用。如果你想着“当这个电视节目结束时，我在我的购物单上添上土豆”。那么你 10 分钟后或许就将有关土豆的事情全部忘光了。

感官记忆法

1. 听觉暗示：使用声音引发你的记忆

闹钟和定时器可以用于提醒你某一件事虽还没做，但在某一时间必须做。电话应答机也可以用于提供听觉暗示。

这是一些使用听觉提示的例子。

如果你打电话没有打通，设置你的定时器来提醒你再打一次电话。

如果你正忙于写信并要确保在某一具体时间离开赶赴一个约会，设置一个便携式定时器，并把它放在你的桌子上。

如果你离家很远，而你想记住当你回去时要做的事情，可以在你的手机备忘录上留一条信息。

2. 温柔地触摸

你会用触觉来学习弹奏一个乐器，因为你的手指会记忆弹奏的准确位置和力度。当然，你也可以将动感加入别的记忆中，例如，一些朋友喜欢记忆的时候打拍子。没有必要让你的朋友知道你的这种记忆方式（他们会误解你的行为），但它确实有效。

还记得第 1 次向朋友展示你的新奇物品（比如相机）时的情景吗？他肯定会说：“让我瞧瞧吧！”然后从你手中夺过它，仔细地观察起来。在看的同时，他也在不时地用心去感觉它。出于某些原因，我们时常会因为自己用触觉去感受东西而感到不自然。事实上我们习惯于用触觉去感受任何东西（特别是人），从而更贴近他们，对他们建立起真实的感觉。触碰是一种非常微妙的感觉，这种感觉很重要。

触碰不仅使我们感觉到正在发生的事，也能使我们形成一种特殊的记忆。一位盲人朋友说，他只要用手指触摸就可以凭感觉将许多纸牌分辨出来：一些牌有凹凸不平的地方，有褶皱的地方，也有一些有折角，这些对于视力正常的人来说并不起眼，而盲人却可以用高度敏锐的触觉准确无误地将它们分辨出来。

虽然人的触觉是天生的，但它和其他的感觉系统一样也可以通过训练提高。你应该花大量的时间用心去触摸物体，然后深切地感觉它们。许多工作对触觉记忆要求甚高。比如，拆弹专家，他们的工作就依靠高灵敏度的触觉记忆。他们不可能将每个炸弹都拆开仔细研究，更多时候他们需要凭触觉去感受，而一次错误的触觉判定就可能会结束他们的一生。

3. 我记得那个味道

嗅觉是最强的记忆功能。我们也许会觉得不可思议，但是相比其他的动物，我们的嗅觉功能要弱得多。不管怎样，我们还是会因为某种特殊的气味回想起曾经一起去过的讨厌（或喜欢）的地方。粉笔灰就能使我们回忆起在学校的时光，氯气的味道就能使我们想起小时候的游泳课，草莓的味道则让我们联想到夏天……

每个人都有自己独特的嗅觉刺激。大多数人都会对某些味道有特殊的联想。

然而，令人失望的是嗅觉并不能帮助我们存储信息。它并不能激发我们建立正确的记忆。它只和情感相关，却很难与事实相连。它也许能帮助你记忆地方，曾经让你开心、伤心、愤怒、爱惜的事情，但它绝对不能帮助你回想起例如美国历届总统名字这类的事情。

嗅觉记忆真的有实际意义吗？这当然因人而异，但是有一点是肯定的：你可以将特殊的气味与一些记忆方式结合在一起，这样将便于增强你的记忆。

数字记忆法

1. 增进对数字的记忆力，这真的可能吗

这个问题的答案是肯定的。卡内基·梅隆大学所做的一项研究显示，人的确能够通过练习增进对数字的记忆。在实验开始时，这个主题——一个普通的学生能够一下子回忆起将近6个阿拉伯数字。经过几周的练习之后，他在一定程度上有所进步，在实验的尾声——

18个月之后，他可以给研究人员复述将近84个阿拉伯数字。猜猜他是怎样完成这项任务的？将这些数字与他已存的知识基础联系在一起，你就会得出答案。在这个案例中，就要像他一样如一个殷切的越野赛跑者与时间赛跑。学生们记忆的增进不仅仅是练习的结果，研究人员说："成功在于他能通过联想将这些数字变成有意义的图案来提醒他。"

每个人的一生都要与数字打交道。想想对你特别有意义的数字，一旦你认定它们，开始把它们用于联想记忆的目的。很快你就会发现你自己就在每天使用这些简单的技巧。

⊙重要数字

生日（你的生日、配偶的生日、好友的生日、孩子的生日、亲属的生日）

周年纪念日（你的纪念日、父母的纪念日、兄弟姐妹的纪念日，等等）

重要的年份（高中毕业、结婚、工作取得成绩、战争、历史中的一些重要年份，等等）

驾驶执照的号码

身份证号码

账户号

银行卡的密码

车牌号

你的幸运数字

借助空间分布记忆密码

可以借助心理图像，通过数字的空间分布来记忆一列数。例如，办公室复印机的密码是6541，你可以将这列数字想象成一个背朝下躺着的"L"，密码9731则是一个从右下方起笔的"Z"。

测试你记忆数字的方法

为了训练你对记忆策略的运用，尝试记住以下日期，每个日期可以同时借助多种方法记忆。现在轮到你找出最适合自己的方法了。

◎ 1969.07.21，人类第一次登上月球。

◎ 1991.01.15，海湾战争的第一次夜间空袭。

◎ 1963.11.22，约翰·菲茨杰拉德·肯尼迪总统在达拉斯被刺杀。

◎ 1998.07.12，法国赢得世界杯足球赛冠军。

⊙ 在进行记忆练习时，最好是找到适合自己的方法，并且尽可能地经常使用。

公路或国道

体育数据（运动员的比赛得分、参加年份，等等）

与爱好或你的收藏相关的数字（古董、硬币、蝴蝶，等等）

街道地址、邮编、电话号码

练习使用以前牢记的单个数字，或是各种不同的数字，以便于迅速地与新的数字相联系。你越是依赖这套系统，它也就变得越可靠、越成习惯。你所做的只是用某个有意思的东西取代抽象的东西。如果是一长串数字，那就把它分割成 4 部分或更少的部分。一串 11 位的数字，例如，10159711100，当分割和编码后就变成了："101 公路与 5 号洲际公路之间有 9 千米的路程，在通过 7—11 千米及 100 个停车标志牌后，两条公路就会相接。" 11 位数的电话号码也可根据此方法分割成 3 个部分：区号、前辍，及最后 4 个数字。银行和政府机构一直都信赖这套记忆技巧。

⊙将数字转换成实物

对你喜欢的事情，转于记数字，你会更好地记住具体的实物和形象；它们对你来说会更有意思。这很简单，也很好用。这意味着你可能是一个杰出的视觉习得者。也就是说，你的记忆力能更好地用视觉形象编码。如果你更倾向于用视觉方式记忆信息，你自然会像前面所举的例子那样用联想构建一个故事情节。如果你更倾向于用听觉方式记忆信息，那么，你就会形成听觉联想，如枪声、同音词、韵律。

关联词汇系统通过将数字编译成更为具体的实物而起作用。这个系统需要你刚开始时花一些时间记忆代表每个数字的词。一旦你背会后，关联词汇法便能用来完成大量的记忆工作。如果你记住10个数字，你就能形象地将与其他比10大的数字相结合。无论如何，关联词汇法是最适宜使用的且对你也很有意义。

2. 复述法

这是最弱的记忆胶水。不断重复信息能够在你的大脑中留下短暂的记忆，但很快就会被遗忘。不过要是记电话号码，这不失为一个好方法。

跟着我读：0795634，重复几次。如果你多重复几次，你会发现你已经能够记住它，但是没过多久就忘了。如果不用别的方式重新记忆，不知道明天的这个时候你是否还记得这串数字。不过没关系，有一些东西我们确实不用长时间地去记住。如果你看到一个号码，只要在拨打前的一段时间内记住它，那么你就可以用重复叙述的方法记忆。但是如果你碰到了心仪的人，当他给你电话号码时，用这个方法记忆就不太保险了。

复述法并不是唯一的记忆技巧，如果将它和别的技巧相结合，那么它能发挥得很好；如果仅仅单独使用，那么它只能暂时奏效。

3. 组合法

组合法即将一个新数字与一个毫无困难就能出现在脑海中的数字联系起来。例如，对许多人来说，各地区的区号是再熟悉不过的数字，因此可以把它们作为参照去记忆其他的数字。

另一种是联系个人的经历或熟悉的文化知识记忆数字，比如联系自己的出生日期、年龄、主要人生大事发生的时间等。

虚构故事法

虚构故事法是编一则将看似没有联系的事物联系在一起的简单有趣的故事。许多人抵制这种方法，因为它好像很愚蠢，也很复杂。

但如果你试试这种方法，你就会发现，其实它的效果惊人。

故事越离奇就越容易帮助你记忆。例如，要将下面的几个词牢牢记住，你可能会编出这样的故事。

曲棍球棒、网球、球拍、茶、高尔夫俱乐部、电梯、活力。

“我踩着高跷走路（高跷就像是曲棍球棒），走着走着，突然被一堆网球绊倒。我没能到达目的地，因为我撞到了球网上，它是由很多个小球拍组成的。我想喝杯茶，于是就跑到高尔夫俱乐部等着。没有人帮助我搭电梯，我只好跑回家，我觉得自己非常有活力。”

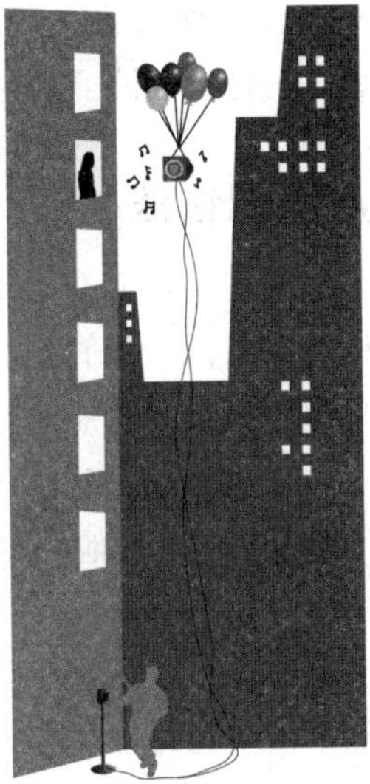

图片可以为小故事增添许多情境。联系图片读故事时，就能记住更多的细节。

很离奇吧？但是很好记。你也可以尝试一下。

但是，这个方法的缺点就是你只能将这些事物按特定的顺序记忆。如果有人问你“网球拍是出现在高尔夫俱乐部之前还是之后”？你可能得重新搜索一遍故事才能回答。

你很难记住抽象的事物因为它们很枯燥，但是古怪的东西就不同了——你要尽情使用奇怪的联想。

这种方法可以用于记忆以下这些事情：你回到家时需要打的 2 个电话；给你的女儿打电话时你想告诉她的 3 件事情；你需要在超市买的 3 件物品；你想从图书馆借阅的 2 本书。

打个比方，你在晚上醒来，开始想你第二天需要做的事情。你想记住，你要给牙医打电话，你要把毛毯退给百货商店，并且要给火炉买一个过滤器，但是你不想从被窝里出来去写单子。你编了一则可以将这些事情联系在一起的故事——想象由于你的牙医的火炉坏了，他就用毛毯取暖。

在你回家前，你必须去干洗店和邮局一趟。你可以编一则故事——把你的裤子放进邮筒，接下来就乱成一团了。

习惯记忆法

对于一些朋友来说，最好的学习方法就是实践。相对于看一大堆的书来说，他们往往能从实践中学到更多的东西。这个记忆技巧是建立在动手的基础上的，我们称之为动觉。

岳先生小的时候，他所就读的学校就非常注重学生是否能准确地携带书本和其他教学辅助设备来上课。通常“对不起”“我忘了”的借口是行不通的。那么，岳先生是怎样避免出现这些错误的呢？他培养自己养成一种整理书包的习惯，非常复杂但是的确很起作用。他不仅仅为每件要带的物品规定摆放的位置，而且还要按顺序将它们放进书包。这样做他就不可能忘记任何的东西，一旦发现摆放的过程有差异，他就能察觉可能忽视了哪个物品。

当我们有重要的事时，为了确保它能按部实施，就该使它成为例行之事。

军队教人做事常与数字相关，这一点常遭人笑话。但是这个方法很奏效，也是例行习惯的一种实际表现。你怎样才能教会一个年轻人（也许不太聪明）去拆卸复杂的装置，比如机关枪，或是出故障的零件，然后让他安装回原样，不丢失任何一个小零件？那就是牢记过程。一旦他学会了使用数字的方式，他就不会忘记其中一个有序号的过程，哪怕是在火灾现场或是非常紧张的状态下。

记忆有顺序的事物时（比如电话号码），你在记忆的同时需要时刻改变它们的顺序。如果你没有改变顺序，很有可能就会陷入顺序的圈套。你可能要重复所有的号码才能想起其中的一个号码。所以在记忆的时候要经常变换顺序，别让机械的顺序干扰你的记忆。

王丽有一种例行的习惯。她每次逛超市几乎都是同一路线、行程。她每个星期可能都会多买或少买一些东西，因此，购买的物品可能会有改动（比如不用每个星期都买笔记本）。一旦固定了购买的清单，就不用再去想它，可以注意一些别的以往不会买的东西（例如这个星期可能会买一些红酒代替啤酒）。

你也可以将这样的例行习惯运用到别的地方，不仅仅是在超市。例行的习惯能防止你忘记重要的事情。一些朋友可能会认为，购物按照例行的规定会很单调和机械。为了防止单调，王丽在最后也会关注一些有趣的物品（比如衣服、光碟等），在空闲的时间就可以逛逛这些商品。

不要否认例行习惯这一记忆方式。它既轻松又能帮助你准确无误地记忆非常复杂的信息。想想你是怎样驾驶汽车的？你是不是会有意识地想：刹车，减速，换挡，查看后视镜和汽车边距？当然不会。其实一旦你上了车，所有的程序都变得很自然。不管路上的情况怎样，以往开车的经验习惯都会教你准确地处理。只有在遇到了意外的情况，你可能会不知所措，因为之前没有碰到过。

搜索记忆法

你或许常常希望，你需要一个熟知的信息时，有某个东西可以帮助你回想起它。当你知道你想要的这个信息存在于你的长期记忆中，但当你需要它而又想不起时，有两种你会觉得有用的方法。

1. 在记忆库中搜索

当你不能回想起存在于长期记忆中的东西时，再多想会儿或再努力想会儿也许也不起什么作用。然而，有一种方法通常很有用。当你想从长期记忆中获取具体信息时，试着想想或许可以作为提示的相关事实，用以引发出你想要的信息。

这种方法可以用于回想：著名人物的名字；某个新朋友的特征；电视节目的名称；如何去你长时间没有去过的某个地方。

⊙实例

何欣在去往音像店的路上，她想去租一部她许多年前看过的电影。她想她应该能够认出这部电影的名字。当她到那儿时，她发现在那有几百部电影，它们都按照字母顺序摆放。她不愿花时间从这个区的 A 找到 Z，她想："我应该能够想起这个名字。"她开始思考能够引出这部电影名字的提示。她回想谁是主演，并记得是梅丽·史翠普。"它好像发生在非洲……没错！它叫作《非洲之旅》。"

身在国外的张太太：她的女儿生活在城镇里的一个新区里，她记不住那个区的名字。她想打电话，但又不想打扰正在上班的女儿。她想："如果我想到一些有关的信息，或许会有用。"她记得女儿的地址是：阿波马托克斯 272 号。她想到进入小区的入口标记上有一架大炮。"它一定和内战有关系。"她想起来了——盖茨堡！

2. 提前回顾

每个人都体会过忘记了曾经十分熟悉的东西的感觉。例如，一个朋友的名字或一位知名的作者。当你知道你将被要求回想某些名字或信息时，提前回顾通常可以解决这个问题。

这种方法可以用于帮助你记忆：你明天要见的一位很久以前合作过的客户的名字；当你去医院看病时，你的病历；明天将要回答中学学过的历史问题；小学同学的名字；以前公司同事的喜好；自己儿时的趣事；被要求当众讲笑话。

⊙实例

在同学聚会之前，如果你担心自己会记不住小学同学的名字，可以通过复习可能参加的所有人的名单来提前准备。写下这些名字并将它们大声说出来会比简单地通读整个名单更有效。当你说出这个名字时，想象这个人以及有关他的特殊之处，比如，稀少的头发或爽朗的大笑。

如果你将去参加一个图书俱乐部的聚会，在你去之前，记录下书名、作者、人物的名字以及你对该书的感受，并回顾你的笔记。

如果你要和一位客户吃午餐，提前回顾一下客户的几个孩子的名字以及你知道的有关他们的事情，这样你就可以很容易地谈论他们了。

路线记忆

路线记忆法是将联系、位置和想象结合在一起的一种强大、完整的记忆技巧，它会成为改变你的记忆力的强大工具。

1. 基本方法

首先选择一个比较熟悉的地点，比如你的家、学校，或者学校附近的一个公园，用这个地点构思一小段旅行的路线，一路上会有许多停靠的地方（这里称作站点）。然后用这些站点储存要记住的东西，站点的顺序要按照记忆内容的顺序。

很快，你就会有一条最喜欢的路线，几乎可以用来记住日常生活中任何信息。换句话说，每次运用这个技巧的时候不用准备一条新的路线，只要清空已有路线上的记忆内容，然后一次又一次地用它来储存要记住的新信息。

假如是为了长期记忆或者在短期内记住大量信息，所要的路线就不只是一条。假如选择的地点与记忆的内容有关的话会更有帮助，比如选择去科技馆的路线来记住物理方面的信息。

2. 举例分析

家应该是你最熟悉的地方，所以我们用一个房子的典型布局来说明怎么记住一天要做的 10 件事情。选择一条穿过房子的 10 个站点的路线，用图中的 10 个地点作为记忆路线的站点。

各个站点的顺序要符合逻辑，比如你不可能从前门不经过厨房就直接来到阁楼上。让这条路线充当引路的绳子，带领你不费力地按照原本的顺序经过这些站点。

1. 前门	6. 楼梯
2. 过道	7. 主卧室
3. 厨房	8. 浴室
4. 起居室	9. 次卧室
5. 洗衣间	10. 阁楼

当准备记忆路线时，闭上眼睛想象自己在每个房间飘浮很有用，因为你会努力想象所有自己熟悉的家具、装饰品

1. 打电话给兽医	6. 买参考书
2. 修理太阳镜	7. 收晒干的衣服
3. 烤蛋糕	8. 去图书馆借书
4. 拜访化学老师	9. 付水费
5. 买生日礼物	10. 换灯泡

和私人用品。想象的时候，扳着手指数每个经过的地方，直到抵达最后一个站点。

到路线中途的时候在心里做一个记号，比如在上面的例子中，就在洗衣间（第5个站点）做一个记号。

一旦在心里准备好记忆路线并且可以在站点之间来回自如，那么就可以开始沿着路线安排要记的内容了。

我们用图中的10件事情的清单作为例子。不要有意记住表格中的东西。因为这不是一个记忆测试，而是示范一下如何把想象、联系和位置结合起来帮助记忆。

首先在脑中形成每件事情的画面，然后把它们安排在记忆路线的每个站点上。可以使用许多其他手段配合想象，比如夸张、色彩、幽默和动作等。除了使用5种感觉——视觉、听觉、嗅觉、味觉和触觉，左脑的逻辑思维有时候可以产生奇异的画面。设计好这些画面后，在脑中牢牢记住，然后进入下一阶段。

站点1 前门想象自己在前门的位置，因为要记住的第1件事是打电话给兽医，想象打开前门的时候发现电话在门口大声地响个不停，你的猫可能正坐在电话的听筒旁边。

站点2 过道在记住第2件事情（修理太阳镜）之前，把自己放在过道的位置。也许过道的光线太亮，所以你找来太阳镜保护眼睛，也有可能过道的墙纸上装饰着许多太阳镜的图案。

站点3 厨房在厨房里你看见一排一排的蛋糕整齐地摆放在案头上，一股新鲜出炉的蛋糕香味弥漫在厨房中。其他的一些蛋糕还在炉子上烤，在烤焦之前要马上把它们拿出来。

站点4 起居室 在这里可以构思这样的画面：走进起居室，发现化学老师穿着条纹西装坐在扶手椅上，整理着试题准备与你会面，其他的一些纸张散落在起居室的地板上。

站点 5 洗衣间 打开洗衣间的门，发现一个很大的礼物放在一叠刚洗好的衣服上面。想象一下包装纸的样子：颜色鲜艳的图案闪闪发亮，上面还打着一个蝴蝶结。记住第 5 站要在心里做一个记号，比如想象洗衣间的门上写着粗大的“5”字。

以同样的方法完成剩下的 5 个站点，运用联系把最后 5 件事情与对应的站点联结起来。记住为每个站点设计一个场景，然后在脑中构思一些生动的细节，从而让这些场景更容易记住。

“WWWWHWW”法

所谓的“WWWWHWW”法就是为了帮助你更好地记住一篇课文，为你做笔记、注释提供重点和结构的方法，每一个缩写字母表示一个问题。

Who——行动的主语，或者故事的主人公。

What——事件本身。

Where—— 地点。

When—— 时间。

How——方式或方法。

What for—— 目的。

Why——原因或者事件起因。

在每天的阅读中，运用这种方法，问自己以上 7 个问题，你就会看见这种方法在增进你对阅读材料的理解力以及提高记忆力方面有多么神奇的效果了！试着用这种方法讲述一个故事、概述一部电影或者一件激动人心的事情。

现在，假设你必须要向一个孩子讲述小红帽的故事，并尽可能详细地讲述故事发展的不同场景和情节。

你一定已经注意到了一个事实：在你写下这个故事的过程中，单纯地依靠记忆，你回想起了很多你自己都意想不到的细节。事实上，写作的过程使你的注意力高度集中，并且维持在一个稳定的水平。

之后，在写作的过程中，你还要努力使故事情节按照一个连贯的而且易于理解的线索展开，必须将每件事情按照符合逻辑的顺序进行组织和安排。这个过程中，你会记起各种各样的事情。现在你可以检验一下你笔下故事的精确度了。小红帽是什么样的形象？为什么小红帽要去看望外婆？她为外婆准备了什么东西？她在哪里遇见了大灰狼？为什么大灰狼没有直接把小红帽吃掉呢？遇到大灰狼以后，小红帽又去了哪里？大灰狼是怎样进入外婆的房子的？让它进来之前，外婆说了什么话？它藏在哪里？小红帽对大灰狼说了些什么？它是怎么回答的？这个故事主要是想告诉人们什么？

将你所讲的和小红帽的故事进行对照，看看有多少差别。

逻辑推理法

符合逻辑的思考能力通常被认为是聪明和智力的象征，但它是不是也意味着拥有好的记忆力呢？

这个小节的练习将激发你去思考、推理，找出规律和联系，并最终找出解决问题的方案。它们看起来仿佛在开发抽象思维能力方面而非提高记忆力方面具有更大的指导意义。

事实也往往如此，你可能在抽象的推理和数理逻辑方面有着非凡的天分，同时对于这些方面的信息表现出惊人的记忆力，但是记忆其他方面的信息却让你手足无措。

情况也可能恰恰相反，你对于需要良好记忆力的活动得心应手，而纯粹的逻辑推理的活动或游戏却会让你焦头烂额。总之一句话，情况因人而异。

不过，你越经常动脑筋，理解能力就会越好。而对于信息的详尽而透彻地理解毫无疑问会促进良好的记忆。同时你的专注能力也得到保持和提高。

思考和专注共同作用，能维持一种高水平的大脑活动。最重要的是，逻辑推理能够训练大脑赋予信息结构的能力，即根据某些规则建立顺序并且赋予意义的能力。秩序对于记忆来说是必需的。举例来说，如果没有秩序，人们将很难记忆下面的一组线条。

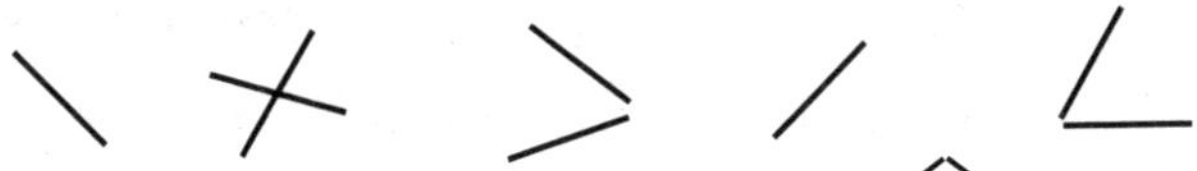

除非你用上面的线条组成旁边的图形：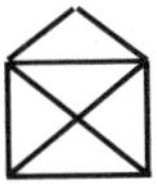

同样的规则也适用于单词、图像和目录清单。你只需要找出某种规则或者逻辑，构架信息，使其变得有意义，信息就能更容易地留存在你的记忆里。

如果知识已经依照一个完善的逻辑体系被贮存在你的大脑中了，那么当任何新问题出现时，已有的信息结构就会被调动起来，找出合适的解决方法。

如果你坚持锻炼逻辑推理能力，你的大脑将会变得训练有素，这样它就不仅仅能在智力操作中很好地为你服务，还会让你在日常生活中受益匪浅。不管怎么样，记忆力都会得到提高。

记忆地图

记忆地图是用图表简要地概括记忆的内容，是以视觉形式表现信息的理想方式，而且大脑也很容易掌握。它是一种非常有用的技巧，可以用来记忆读过的书、报纸、杂志的概要，或者广播、电视节目中的讲座。

记忆地图被看作是一种同时利用左右两个半脑的方法，而且两个半脑之间相互协作。负责分析和逻辑思维的左脑评估和理解信息；而负责想象和直觉的右脑寻找可以表现信息的视觉形式。表格归纳了左右两个半脑不同的思维模式，可以帮助你理解记忆地

左脑	右脑
说话	创造性
分析	感知颜色
排序	空间意识
逻辑思维	概括能力
线性思维	幻想
理性思维	直觉
数字和文字识别	面部和物体识别

图是如何起作用的。

记忆地图是表示不同主题间相互关系的一种很好的方式，这些主题一眼便知，而且中心主题表现得非常清晰，无关的信息全部被排除掉，让我们一次就能看清问题的全貌和所有关键细节。

追溯个人经历

某些重要的事件似乎永远刻印在我们的记忆中：出生、结婚、亲人的生日、变换工作……关于这些我们不仅记得许多细节，而且通常能想起这些事件的确切时间和地点。其他有些事件虽然具有丰富的细节，我们却很难确定发生的具体时间。还有一些事件，则需要亲人或熟人的帮助才能想起来。我们并不想记住所有的生活经历，但是，多少次我们茫然地想找回一段经历或某件事发生的确切时间。以下是几个小窍门和一些技巧。

1. 发生在什么时候，有什么标志

认知心理学的研究表明，对于许多人来说，最好的时间线索是与自己生活中的事件联系在一起的，“第一个孩子的出生日期”“在爱尔兰旅行之前”，某些时间毫不费力地重现在脑海中，原因很简单：那是在填写行政文件时需要记住的日期，那是个值得庆祝的日子……

⊙发生在什么时候？

我们能清晰地回忆起一次生日会，因为它很成功或者很失败，

我的记忆，我的历史

“当你不知道要往哪里去时，返回去看看你是从哪里来的”，这则塞内加尔谚语体现了记忆在我们的身份认证上起的关键性作用。正是因为记忆的存在，我们才知道自己是谁，才能确认今天的自己和昨天的那个自己是一样的。

我们的记忆具有丰富的细节，那些有关我们做出重要决定的时期，有关个人感情或工作的事情我们都历历在目。有些记忆是痛苦的，很难让我们接受，不过生活的波折让我们对自己有了新的认识，一段感情的结束、失业等都影响着我们的记忆。另一方面，快乐也能传递和影响记忆，家庭成员或朋友间的交流都有助于我们回想起曾经的职业或家庭传统等。每个人的生活都是不平凡的，正如另一条非洲谚语说的那样：“每当一个老人死去的时候，又烧毁了一座图书馆。”

而我们却不能确定那是在1995年还是在1996年，在一个星期六还是星期天的晚上。

⊙ 时间、地点、特定的场景，甚至当时盛开的鲜花，都能够成为你记忆的标志。

为了回答这些问题，我们可以参照一些大家都清楚知道时间的公众事件。对法国人来说，1998年世界杯蓝色军团的胜利是一次难忘的事件。因此，为了想起退休那年的情景，那就回想一下1998年看所有球赛的休闲时光吧。每个人都能迅速想起纽约世贸大厦遭袭击或某些重大灾难发生的确切时间，这些标志都能够帮助我们确定个人的生活经历。

⊙"那时樱桃开花了……"

在谈论自己经历的重要事件时，可以借助一些细节。例如，通过天气状况推断事件发生的季节——下雪，那就是在冬天；或者植物的状况——樱桃开花了，那就是在春天。汇集与事件相关的所有线索，然后再从中寻找答案。

2. 当时的确是这样的吗

然而，记忆有时也会捉弄我们，而这与任何疾病都毫无关系。对某件事或某个人生动而精确的记忆可能不会引起我们的任何怀疑，但如果与其他见证人一起回忆，就可能出现记忆空洞或矛盾。我们能精准阐述的事件通常具有丰富的细节，而对于那些我们回忆起来有困难的情景，可以向家人或与你共同经历过的人求助。

⊙增加找回记忆的机会

事实上，我们会忘记某些不重要或者不愉快的事情，而保留其他的，有时候还丰富它们。如果我们与参与同一事件的人一起回忆，如一次家庭或朋友聚会，他人的陈述可能引发我们已经遗忘的某段生活场景的突现。与有共同经历的人定期交流有助于对个人经历的回忆，相反，与社会隔离将不利于保持记忆。

除了其他人的见证,还可以依赖一些资料(如书信、影集、录像带、行政文件等)来找回我们的记忆,特别是当这些资料带有时间或地点标注时。考虑到这点,拥有私人日记本就对记忆较琐碎的事很有帮助。另外,只要用一个年历或者电子管理器就能轻松地帮助你记住自己在何时何地做何事。作为计划的一部分,你会记录下在自己一生中发生的事情。如果你想要记住自己所做的细节,你可以一直保存着这个计划。

位置法

1. 位置法的由来

位置法是一种跟表象的形成过程紧密相关的记忆策略和方法。

伟大的希腊诗人,凯奥斯岛的西摩尼得斯被誉为是运用经过加工的空间符号助记的第一人。一次,大厅坍塌,参加宴会的众宾客被埋葬在瓦砾中。西摩尼得斯是唯一的幸存者,为了分辨死者们的尸体,回忆每一位客人生前所坐的位置就成了他的责任。之后,他思索自己是如何保持了关于每个人的生动的画面,并从中得到启发,创立了位置法。

罗马的演说家西塞罗,也利用城镇广场的不同区域来安排自己演说的不同部分。演说进行时,他环视整个广场,当经过路线中各个不同的区域时,便根据事先安排,分配演讲中的不同的话题。

2. 如何运用

⊙制定路线

(1)选定某个地方——找出房间里的固定物体——根据房间里物体的分布,找出一条固定的路线。用数字标记它们,比如,位置一是门口桌子上的花瓶,位置二是放有陶瓷盘子的咖啡桌,等等。

(2)选定一个你穿过房间的方向,中途不要改变。

(3)在脑海中回顾一下你的既定路线,以便更加轻松地以正确的顺序记忆那些被标记的地方。

情境的影响

1975 年和 1980 年，D. R. 戈登和艾伦·巴德利做了两个实验，测定情境对回忆和识别的影响。要求一群在沙滩上的深海潜水员学习信息，之后要求他们在水下学习信息，然后对他们在相同情境和不同情境下进行测试。

研究表明，潜水员编码信息的情境是否与他们测试时的相同，对他们的回忆记忆会产生巨大的影响。如果要求他们在水下学习而后来又在水下测试，或者如果他们在陆上学习之后又在陆上测试，潜水员会记住更多的信息。但是，如果他们学习和测试的情境不同，潜水员的记忆效果会显著下降。然而，这只在回忆中发生，不会对识别记忆起作用。因此，似乎在相同的情境下，学习与测试提供线索对有效回忆是很重要的，而对识别就不那么重要了。

⊙运用策略，在路线上标出目标对象

在头脑中，把你想要记住的对象（即目标对象）定位在每一个站点上，并且努力在两个相邻的站点之间建立联系。

第一站，桌子上的花瓶。我们想象着在那儿放一瓶矿泉水，因为水是它们共有的元素。第三站，起居室的沙发。奶酪是所联系的事物（设想全家坐在沙发上，开心地吃着奶酪）。在两个对象间，你所建立的联系越富于想象力，就越易于记忆，因此尽可能地使这种联系形象化。

如果你要记住一个购物单，先在大脑中对你的屋子进行扫描，随后，形象化你需要买的东西。到达商店以后，再现扫描，以确保你没有忘记任何一项。

可能这种方法看起来非常烦琐，但是事实上，这使得大脑活动变得很必要，而且确实能够帮助你记住远远多于一般情况下所能记住的对象。

你可以在很多情况下运用这种大脑扫描的方法，记忆各种各样的对象（比如，词语、书籍、购物单、旅行的进程、目标任务，等等）。

3. 建议

当运用位置法记忆时，你可以把每组词分配在房间的不同地方，也可以每次限定在房间的某个很小的区域内。

第二章

不同对象的专项记忆术

记住名字和面孔

你是否有过尝试记住一个人的名字却徒劳无功的经历？是否有好多次，你和一个熟悉的人擦肩而过，却无法想起他是谁？或者遇到了不久前刚认识的一个人，但是你却怎么也想不起他的名字？有时候这些情况非常让人尴尬，而这并不是不可避免的，以下是几点实用的建议。

1. 基本原则

⊙你的注意力

记忆名字和脸孔最重要的第一步是要有这样做的渴望：许诺要记住它们。如果你立即希望自己在一个你将遇见很多陌生人的场合，看看你是否能尽早记住一列名字。如果你能的话，回顾一下这些名字，并马上开始联想。如果你要牢记人们的名字和脸孔，你的注意力就应固定在你的目标物上。记不住的其中一个最基本的原因就是思想不集中，如果你不去强调它，不要渴望会记住某人的名字。当你遇上一个陌生人时，仔细听对方并观察对方，充分使用你的感觉，注意他们最显明的特征是什么，然后详细描述。

⊙你的想象力

想想你们的名字都必须有什么意义，或者他的名字听起来像什么或看起来像什么。然后，将名字转形成具体的东西。这里有一些简单的例子：

当名字与某个具体的物品意思相同时，例如，Frank Ball，则想象成在 ball park（棒球场）吃 franks。

当名字听起来像某个具体的物品时，例如，Dotty Weissberg（精神不定的韦森堡），将其想象成 dotted iceberg。

当名字中包含一个形容词时，例如，Bill Green，那么想象 Bill 两眼发绿，或者想象成 Green Bill（绿色的纸币）。

当名字能使你想起某一具体的事物时，例如，Bob McDonald，能让你想象到制作汉堡的场景。

当名字与某地意思相同时，例如，Joe Montana，那就想象一只袋鼠居住在 Montana，或驾车去 Montana 兜风。

⊙ 请仔细观察上面 6 幅图，研究图像代表的人物、名字和工作，然后用纸盖住图像下的名字和工作，由自己重新写出来，看看自己是不是“过目不忘”。

当名字中包含一个前缀或后缀时，例如，Karen Richardson，利用你先前选择记忆的符号，好比，太阳光照耀在一个 rich（富裕）而 caring（有同情心）的人身上。

当你留意到某个显著的特征时，把它与特定的形象相联系。例如，Kelly Beahl 穿高跟鞋挺好看的。这种技巧是非常有效的。

⊙何时运用

一般来说，这种方法在日常生活中的某些情况下难以运用。因为构建心理图像需要一定的时间，并且有时候会被其他正在进行的活动所干扰，比如在记忆的同时还需要与对方进行交谈。不过，当可利用的时间足够充裕时，这种方法是非常有效的。例如，我们第一次遇到的同事、顾客、协会会员、朋友的朋友……

2. 如何记忆

⊙利用发音进行记忆

在一次工作会议中，为了记住工作组其他成员的名字，我们可以将每个人的第一印象与他们的名字联系在一起：张伟有个大鼻子，马晓娜的脸蛋红得像个西红柿，王莎很漂亮，周瑞很健谈……

有时候，我们可以通过一个熟悉的发音来帮助记忆人名。刚介绍给你的一个人可能与你认识的某个人拥有相同或相似发音的名字，或者他的姓氏让你想起某个名人或某个城市。

⊙重复的好处

如果你忘记了某个人的名字，可以要求他再说一遍。你还可以通过将他们的名字用到对话当中来牢记他们的名字（例如，“告诉我，王洛，你对这种情况有什么认识？”），或者问问他们的名字有何渊源。当你告别同伴时，再叫一次他的名字（例如，“很高兴能认识你，雷晓西，希望日后还能见到你。”）。在你进行下一个对话之前，暂时停顿一下，在内心重温一下你想记起这个人的哪些事。

不断重复能够保证名字或面孔更好地“驻扎”在记忆中。因此，尝试时常回想，最初频繁些，随着时间的流逝再逐渐拉长回忆的间隔。这样，你会发现分散记忆和间隔回忆的效应。

⊙线索和背景

当回想某个人的名字时，你可以尝试汇集所有你能够想到的线索，以这种方式你将快速开启回忆之门。

首字母线索

从回想一遍字母表的所有字母开始，来找出名字的第一个字母。尤其是外国人名，第一个字母往往能提供有利的线索。例如，“Antoine Bechart”这个人名中两个单词的第一个字母正好是字母表中最前面的那两个。

背景环境

拥有越多的关于某人及与其相识的背景信息，将越容易回想起他的名字。事实上，对背景的回忆将帮助你给这个人“定位”，例如他所从事的职业、某些性格特征等。无论是亲属还是公众人物的名字，如果在不同的元素之间建立联系，将更容易记忆，例如将与一个人的对话内容和他的名字联系在一起。如果在阅读完一本书后，与其他人进行了讨论，这本书的作者就不会轻易被忘记。

⊙将重要的东西归档

一旦你记牢了别人的名字和脸孔，你就需要编码你在哪里遇到的他们或者是其他相关的事情。这样做可将人名与其他信息相结合。例如，我在体育馆遇到许丽文， 而她却想去外面享乐。这样，我就通过想象一个瘦小的球童正搀扶着一个看上去有 100 千克重的妇女来加深对这些信息的印象，她穿着一件运动服而且快乐得快要昏死过去。也许，这并不是最好的形象，但它却可能是容易记住的形象。

从阅读中受益

阅读可以是一种娱乐、一种消遣和放松的方式，但是对那些要学习的人，或者只是为了寻找一些信息的人来说，阅读也同样是一个必不可少的活动。在任何情况下，当我们发现自己想不起正在阅读的文章的内容时，或者当我们翻到书的最后一页却发现什么也没记住时，这是非常令人沮丧的，但这并不是不可改变的。

1. 阅读时的记忆

要想保持对文章内容的长期记忆，最好的办法就是充分理解文章的内容，在理解的基础上记忆。有很多方法可以帮助我们长期记住文章的内容。根据阅读材料的不同，你可以选择适合的方法。

⊙做笔记

有些学生觉得自己记忆力不错，拒绝做笔记，结果聪明反被聪明误。俗话说，好记性不如烂笔头。用笔记的形式记录文章的概要和自己的理解以及对作者观点的看法，可以帮你更好地理解和记忆文章的内容。在做笔记的时候，你应该积极思考，多多表达自己的想法和见解。你的想法越多，记忆的效果就越好。

⊙找关键词

其实，一篇几千字的文章，作者所要表达的关键信息并不太多。如果找到其中的关键词，就大大降低了记忆的难度。你可以用下划线、点、圈，或者颜色等符号把文章中的关键词和关键句子标示出来。一方面可以一目了然地看到文章的关键内容，另一方面还方便以后的复习。需要注意的是，一个段落中只能标出一个关键的句子，一个句子中只能标出几个关键词。否则，当你读完一篇文章的时候，会发现文章中画满了圈圈点点。所有的内容都成了重点和没有重点一样，甚至会让你感到更加难以记忆。

⊙做批注

不少人以一种奇怪的方式爱护书籍，认为不应该在书上乱写乱画。如果你把书籍当作一件装饰品，或者当作古董，这样做可以理解。但是，如果你想从书中学到知识，就应该把书籍当作媒介。不但要在书上标记出关键词，还应该在书籍的页眉页脚和边缘写上批注，表达你对文章的理解，你对作者观点的态度。什么观点是你认同的？什么观点是你否定的？哪些内容是你理解的？哪些内容是你不理解的？这些批注可以加强你对文章内容的理解和记忆，也方便你以后的复习。

⊙提问并回答

在阅读文章之前，你应该先问问自己想了解哪些问题，比如事件发生的时间、地点和相关人物，事件的起因、经过和结果。在阅读时找到这些问题的答案，把答案写在笔记本上，或者直接在书中标注出来。这样就把文章的关键信息找出来了，对这些信息的记忆也就更加深刻了。需要这些信息的时候，就可以直接在书中找到。

⊙图解

所谓图解就是用关键词和图形的方式描述书中的内容。把书中的内容绘制成图，可以帮助我们理解并记住书中的内容。用关键词和图形可以把书中的主要信息展示出来，用箭头和连线可以把信息之间的逻辑关系一目了然地呈现出来。

首先，把文章的主题写在一张纸的中央，然后从主题引出几个主要的分支，描述文章的主要论点。接下来从每个主要分支引申出次级分支，描述支持每个主要论点的分论点，再下一级的分支，描述支持每个分论点的论据。借助关键词、图形和符号，你可以把文章中所有的信息都囊括到一张图中，你还可以用颜色或图形表示出其中的重点内容。

⊙做索引

做索引在进行主题阅读时非常有用，它可以帮你对一个主题进行系统的研究。

首先，把 A5 的打印纸做成卡片，从中间对折，左边写上概念，右边写上定义。然后，在阅读的过程中，遇到你所要研究的概念，就把它写在卡片的左边，写下介绍这个概念的关键词，并在右边写下你不熟悉的术语的定义。把这些卡片整理好，放在文件夹相应的科目下。当你阅读同一主题的其他书籍的时候，就把卡片拿出来，把新的信息填写进去，并进行对比。

2. 从阅读中受益

⊙选择你的阅读方式

存在两种阅读方式：被动地阅读和积极地阅读。当我们被动地阅读时，浏览一篇文章或者一本书，并没有将注意力真正地集中在所读的内容上，因为这期间我们的精神在随意游荡。这样的阅读后，我们只能保留对文章的总体印象。

如果希望记住所阅读的细节，就应该采取一种更为积极的态度：在安静的环境中投入更多的注意力并加强学习意图。随时拿着一支笔，以便划出关键字和重要段落，或者是做笔记、绘制图表、写批注。当我们全部阅读完后，重新再看一遍用笔圈出来的部分或者笔记，然后写下记住的重要概念，并尝试梳理阅读内容的结构。

⊙利用 PQRST 方法优化编码

还有一种要求更高和更有效的阅读方法，它在学习中尤为有用。

应用 PQRST 方法

极少的法国市民喜欢骑自行车。一项调查显示，超过3/4的人更喜欢开车，略少于1/2的人结合走路与另一种交通方式，大约1/4的人使用公共交通工具。

自行车在城市中拥有显而易见的优势。对使用者来说，它是一种快速的、灵活的和经济的交通工具，并能避免堵车或者停车造成的麻烦。同时，它能减少污染和噪音危害，占用空间很少，必要的维护也相对便宜。这些优点应该使得自行车成为一种被优先选择的交通方式，然而事实并不是这样的。

这个悖论与不骑自行车者，有时甚者是骑自行车者对自行车不便之处的估计过高有关。存在一些广为流传的错误观点：意外伤亡、易丢失、恶劣天气、骑车疲劳、容易吸入被污染的空气而危害健康……

然而，这些说法不太经得住分析。以法国的邻国荷兰为例，我们发现刚才列举的风险并不因骑自行车人数的增加而增加……

1. 阅读文章并提取主要意思。

2. 给自己提一些与文章内容相关的问题。例如，法国市民使用汽车的比例是多少，等等。

3. 重新阅读文章，在阅读的时候默想问题的答案。

4. 对所阅读的文章做一个概要。

5. 尝试回答自己提出的问题，然后进行验证。

1950 年，美国心理学家托马斯·富·斯塔逊发展了这种方法。下面是这种方法的 5 个步骤。

预览（Preview）：以浏览的方式进行第一次阅读，抓住文章的总体意思。

问题（Question）：向自己提出关于文章内容的关键性问题，辨别出重要的信息。

阅读（Read）：以积极的方式重新阅读一遍，目标是回答自己提出的问题。

陈述（State）：复述所阅读的内容，并说出文章的主要观点或特征。

测试（Test）：通过设置问题来验证自己是否很好地记住了文章表达的内容，答案构成文章的概要。

这种方法能促使我们深入地处理和组织信息，它被成功地应用于各种日常活动中，比如学习一门课程或者仅仅是阅读一份报纸。

⊙疲劳：注意力与领悟力的头号敌人

由于疲劳会降低阅读效率，因此我们需要合理安排时间来完成阅读任务。分 4 个半小时来学习比连续学习两小时要好，这样可以强化记忆痕迹。

考试是让每个人都害怕的事情。但记忆有时会跟我们搞一些恶作剧，就在我们最需要它的时候，我们的记忆不行了，最终导致我们考砸了。即使我们完全能够通过考试，我们日常的学习和记忆方法也可以极大地影响我们在考场中的表现并加强自己的记忆。

在你开始复习时，设计一张时间表并遵照执行。留出足够的放松和娱乐的时间（午饭、下午茶，等等）。

从通读一个专题的笔记开始，然后总结出主要的几点。

做些额外的阅读以便使笔记更加方便记忆、有意义和有趣。尽量看出不同主题之间的联系以便建立起更有意义的一个总体概念。

躺下来，闭上眼睛，并试着去理解材料。和同班同学进行专题讨论是有所帮助的。如果你对某件事情没有完全理解，那么要想在考试中将它重现就难了。

对于公式、引用，以及类似的材料，你可以尽量创建帮助记忆的工具，使它们更加容易被记住并挂上记忆“标签”。

开始考试之前，想象一下自己写下的要点的序号。在考试时，用你的思维之眼“看”这张清单。

同时，身体健康也是十分重要的，所以要吃好和睡足。

对外语的记忆

1. 从书写到学习外语

我们基本上是从学校学会如何书写的，这方面的知识被存储在语义记忆中，我们一般是自动地运用它们。尽管如此，有时我们还是会怀疑一个字的写法或用法而去求助字典或语法书。但我们并不总是随身携带这类参考书，并且某些怀疑会一直持续，甚至在反复验证之后，因为有时候我们看过字典或语法书后立即就忘记了。以下的建议，不能取代专门针对成人的培训，但是能够暂时缓和我们在书写时遇到的困难。

⊙个人的精神记号

组合法是记忆语法和书写规则的有效方法。

口头组合

你是否注意到，我们在书写一个英语单词时停下来，通常是遇到同种类型的困难：是一个“r”还是两个？是一个“t”还是两个？已有的或者自己编造的一些小句子，将有助于你在需要的时候回忆起正确的构词形态。任何词汇都可以用这种方法来记忆。

把你要记忆的词分成音节，然后创造出另外的一个词或者一个短语，它们或是听起来像你要记忆的那个词，或是从视觉上可以使你想象出要记忆的那个词。

图像组合

联系图像记忆单词也是一个很好的方式。例如，为了记住法语单词 collier（项链）和 caillou（石子）书写中的两个“l”，可以想象一条由几个长形的小石子串成的项链。选一些图片或是图像代表你想要记住的特殊的词和字母组合，把这些图像联系在一起形成一个情节，将有助于记忆。

⊙如何更好地掌握一门外语

当我们在学习一门外语的时候，可能感到特别困难，因为在这样一个领域非常不容易找到它们的标志。不过，普通的学校和专业的培训机构，都发掘了许多好的学习方法。

短小的句子胜过孤立的单词

关于记忆的研究表明，一个短小的句子不比一个单词难学，常用语或多功能的话语能随时拿来“充数”。例如，句子“我想吃东西”或“我想喝茶”使用的是同一个句型，英语是 I would like（to eat 或 some tea），西班牙语是 Me gustaria（comer 或 un te）。

在一定的时间间隔后复习

记忆单词或者句子可能是一件非常枯燥的事。为了提高效率，可以每隔一段时间进行重复：把需要学习的内容分成多个部分，从

第一部分开始记忆；第二天先复习前一天学过的内容，再学习新的内容，如此继续下去。如果几个人一起复习，可以借助场景对话来练习。实验表明，单纯地死记硬背不如在语境中学习有效。

如何实践

经常应用对学习外语很有帮助，因此，应该增加练习的机会，特别是现场对话。听原版外文歌曲、看带或不带字幕的外文电影和电视节目，对那些已经掌握了基本语言或者概念的人会是一个很好的训练机会。而对那些刚入门的人来说，这样的练习不但不适用，还可能造成灰心失望的结果。

2. 单词拼写

当我们要记住一个平常容易拼错的单词的时候，一般会依赖记忆法。比如为了不把 separate 这个单词的正确拼法同常见的错误拼法 seperate 混淆， 我们可以想象一支巴拉（para）装甲兵团登陆到这个词中间， 把这个单词分成两个部分：se para te。

记住单词拼写的窍门在于找到单词的含义与它的构成字母之间的联系，然后运用想象和联想使单词变得更容易记忆。举几个例子："cEmEtEry"（公墓）这个单词里面有 3 个对称的字母 e， 它们像墓碑一样伸出来；把手（hand）伸进口袋掏手帕（handkerchief）；用记忆（memory）来记住是 memento（备忘录）而不是 momento 是一个提醒人们的东西……

联系是记忆作用和活动的机理，在你见到的每个单词之中，总

借助心理成像法学习词汇

心理成像和其他记忆技巧一样，可以帮助学习外语词汇。这一方法在 20 世纪 60 年代很流行，后来的研究也都证实了其效力，它还可以用来记忆母语的拼写。这种方法如被很好地应用，能帮助我们在短时间内记忆大量的词汇或句子。然而，在长期记忆中，这种方法并不比其他方法更优越，所以后来被语言实验室取代了——它能保证更好的效果。

传统课本和阅读一直是运用最广泛（因为被证明最有效）的学习形式，扮演着补充其他方法的角色。

会找到拼写和词义之间的某种联系。

3. 近声词

数声转换记忆法是给每一个词找一个近声数字。举个例子，门（door）的发音与数字 4（four）的发音相似，那么 4 就可以作为“门”这个词的近声词，可以帮助你记与“门”有关的信息，反之亦然。

比如说要记住去一个国际机场的 4 号登机处搭乘飞机，就可以想象自己在去机场的时候拖着一扇门，用这个简单快捷的方法可以让你顺利地抵达正确的登机处。

那么你用数字 1、2、3 都代表了怎样的近声词呢？下面是所有 10 个数字的一些近声词，记住这些列出来的词或者你自己设计的词语。

0（zero）→ hero（英雄）

1（one）→ gun, bun or sun（枪、小面包或者太阳）

2（two）→ shoe, glue or sue（鞋子、胶水或者起诉）

3（three）→ tree, bee or key（树木、蜜蜂或者钥匙）

4（four）→ door, sore or boar（门、炎症或者公猪）

5（five）→ hive, chive or dive（蜂巢、细香葱或者跳水）

6（six）→ sticks, bricks（树枝或者砖）

7（seven）→ heaven or Kevin（天堂或者凯文）

8（eight）→ gate, bait or weight（门、鱼饵或者重量）

9（nine）→ wine, sign or pine（酒、符号或者松树）

4. 代用语

学习英语，尤其是那些字母较多的单词，往往会令初学者头痛。如果用代用语来表示这些词或句子，又会是怎样的一种情况呢？下面列举出几个句子，让我们来看一看效果。

（1）Philadelphia（费城）：

fill a dell for ya（为了 ya 而堵塞小山谷）

（2）Mississippi（密西西比）：

Mrs Sip（西普夫人）

（3）philosophy（哲学）：

Fill a sofa（沙发上放满了东西）

（4）salmagundi（意大利菜杂碎）：

Sell my gun D（把枪卖给 D）

仅单纯记忆以上提到的 4 件事，就要花费很多的时间和精力，可是如果不用这种方法而强记原来的单词，恐怕更是困难重重，不仅浪费时间，而且效率不高。如果以代用语的方法来记忆，则是十分容易的事。

对地点的记忆

谁能自吹从来没在一个陌生的地方迷过路？有哪个司机从来没有遇到过想不起自己的车停在哪里的情况？这些虽是小事，但却很令人生气，特别是遭遇紧急情况的时候。卡片、地图或者记事本将足以解决这些麻烦，但是我们却正好忘记带了，或者认为完全可以相信自己的记忆力。为了记住一条简单的路线或者停车位，通常只需多动一点脑筋就够了，在这里我们提供了一些窍门。

1. 记住方向和路标

通常可以用两种方法来确定位置：方向和指示性标志。在实际生活中，我们经常将两者合用。例如，视觉化一个几何图形以便记住连续的方向，或视觉化几个标志以便知道什么时候应该转向右边或者左边。有效的记忆通常寻求双重编码，同时利用视觉和语言因素。

2. 将视觉信息口头化

通过地图或卡片确定路线后，即将路线视觉化后，再以小声或默念的形式复述一遍路线，就像在给一个问路人指路一样：“在第一个路口向右拐，然后直走 500 米，接着在第三个路口向左拐……”野营时为了避免迷路，在欣赏风景的同时别忘了记忆视觉标志（栏杆、水库等），并且不时回过头去看看它们。还可以跟同行的人谈论所见到的风景，或者将它们与以前的相关信息建立联系。

3. 将口头信息视觉化

你把车停在了维克多·雨果路的体育用品综合商店对面，为了记住这个位置，你可以构建一个心理图像，比如维克多·雨果穿着高尔夫服站在商店的玻璃橱窗里。当你的车位号是214时，可以通过语义记忆告诉自己："我的车在214：地下2层，位置14，就像太阳王路易十四。"

有一点值得注意，那就是线索或者标志应该具有稳定性，否则将扰乱你的记忆。比如，你把车停下来打算离开10分钟就回来，当时你的车前正好停着一辆红色轿车，但是当你回来时，那辆车可能已经不在那儿了！

4. 找到自己的路

在你动身去某个自己从未去过的地方之前，花些时间做一些准备：先在地图上设计一条路线，然后在头脑中将这条路线形象化，以便在脑海中形成一幅地图，这样你就可以凭记忆到达目的地（而不是不得不停下来查找）。在地图上圈出自己要去的地方，以便万一自己需要查地图时能快速地找到它。（用箭头和大字）把各个转折方向列出清单以备旅行中参考。

在你问路时要注意：仔细听你所问的人说的话，尽量集中注意他在说什么（而不是他穿的什么），把他所说的形象化。如果对方说得太快或者不太清楚，在他说的时候重复每一步，从而使他说得慢一些，同时加强自己的记忆。将对方所说的总结一下——"那么，我应该左转、右转、再右转，然后左转。对吗？"在动身之前，用片刻来回顾一遍对方的指示，然后在路上对自己重复。

记住名言、名诗和理论

在语文和政治学科中，经常会涉及大量的名言名句和著名的理论。比如一段来自像奥斯卡·王尔德或者马克·吐温这样的作家，像爱因斯坦或者爱默生这样的科学家或思想家的名言，来自李白、杜甫的名诗，来自马克思、亚当·斯密的政治经济学理论等等。而这类东西往往容易令人忘记。假如你记得不太清楚，或者说记到一半就忘记了，或者忘记这些名言、理论的出处，那么你所记住的那一部分就显得毫无意义。

记住以上相关内容的一个最好的办法就是把它们同一幅生动的画面联系起来。值得注意的两点是：首先得能够逐字逐句地回忆起名言的词句；其次要记住这句话最初是谁写的或者说的。

另外，可以通过使用记忆路线来建立一个保留节目库。因为这里要对付的是书面文字，所以书店或者图书馆就成为记忆路线的极佳地点。如果可以的话，设计一幅把名言的作者和内容融合起来的画面，然后把它储存在记忆路线中合适的站点，作为名言保留节目的一部分。也可以记住其他方面的信息，以此帮助你记住名言中特定的表达方式。

你还可以使用要点和关键词。像演员背台词一样一字一句地记住演讲的内容，是一个非常困难的任务。问题在于一旦开始逐字逐句地回忆这些文字，却不知什么原因（比如紧张）忘记了下一个句子，你会发现自己完全不知所措。因此，记住文字内容，最好应根据关键的要点，也就是根据想要说的，而不能根据当初打算说的。基本的方法就是首先要快速阅读全部内容，然后把这些句子同那些储存关键词语和要点的画面联系起来。这样当想起这些画面的时候，其他相关的一切也会脱口而出。

现在举一个例子看看我们应该怎么做。试着记住温斯顿·丘吉尔的一句名言："悲观者在每个机会处看到困难；乐观者在每个困难处看到机会。"

第一步是要找到一幅可以概括这句名言本质的关键画面，对于这句名言来说最经典的一幅画面就是一个半满的玻璃杯：乐观的人会把它说成是半满的，而悲观的人会把它说成是半空的。所以可以这样来想象：矮胖的丘吉尔正抽着一支雪茄，握着一个半满的玻璃杯（也许还是来自苏格兰的），脸上带有乐观的表情。两种对立的态度就像镜子呈现出来的正反相对的两种形态（在每个机会处看到困难、在每个困难处看到机会），可以想象丘吉尔的图像被反射到像镜子一样的杯子表面，而后呈现出两种完全相对的形态——悲观者在每个机会处看到困难；乐观者在每个困难处看到机会。

对历史知识的记忆

一直以来，历史被学生们认为是一块难啃的硬骨头。不过如果学习方法得当，学生们不但可以事半功倍，而且他们会发现历史非常吸引人。精通历史需要做到 3 点：大量阅读、分析和想象。

除了知道具体的事件外，你还应该有个人的理解和深入探讨。你需要把自己融入当时的人物角色里，领会他们的信念和动机，理解当时社会的文化及其产生的影响，从而重现完整的历史。这需要有积极的想象、好奇的头脑和敏锐的眼光，才能从大量的史料里提取出有用的信息。

学习历史类似拼拼图。把几块图片拼在一起，你也许已能够看出大致的形状，形成一些独立的部分，但是只有当所有的拼图块都组合在一起，你才能够真正欣赏到完整的图画。历史的拼图块可以通过许多来源进行搜集，比如文章、日记、信件、书籍、遗嘱。

历史，注重培养的是知识和调查能力的共同发展，而磨炼调查研究能力的过程才是这门科目的有趣之处。

学习历史事件最理想的方法，是回退到事件发生的年代，亲身体验和感受。

显然我们无法做到这一点，那么只能反转整个过程，以作为替代的方法——把历史事件和人物移入我们现在的生活中，以此来重建历史。

要想把所有历史事件整合起来，了解历史人物之间的相互关系，你需要运用你所熟悉的场景和人物来替代真实事件中的人物。

1. 记忆历史事件

通过发挥想象，为重要的人名、年代和事件找到相应的联系物后，牢记历史事件就会简单得难以置信。这种方法能使你对史实了如指掌，把它们按年代准确排序，随时为考试论文提供论据。

俄国重要事件概要

时 间	事 件
1917 年 3 月 10 日	彼得格勒的工人开始起义。面粉、煤炭和木材短缺。严寒的天气加剧了形势的恶化。官僚无能。人民抗议旷日持久的对德战争
3 月 12 日	起义军占领冬宫，1500 名皇家卫队投降
3 月 16 日	沙皇尼古拉二世在其乘坐的皇家列车上签署退位书。临时政府成立，李沃夫任总理
3 月 21 日	前沙皇和皇后被捕
4 月 16 日	列宁从流放地瑞士秘密回国。德国人相信他会给俄国带来混乱，因此对他礼遇有加，停供了专用列车
4 月 17 日	列宁发表“四月提纲”，要求将政权移交给工人苏维埃
6 月 16 日	苏维埃代表大会召开，否决列宁关于布尔什维克单独统治俄国的宣言
7 月 16 日	布尔什维克在彼得格勒发动起义。50 万人上街游行
7 月 22 日	临时政府镇压起义。列宁乔装成消防员，逃往芬兰。
8 月 13 日	克伦斯基担任俄国总理
9 月 15 日 9 月 17 日	克伦斯基通知英国国王乔治五世，俄国继续参加对德战争
9 月 30 日	克伦斯基宣布俄国为共和国
10 月 20 日	俄军在里加被德军击败。里加距彼得格勒仅 560 多千米
10 月 23 日	克伦斯基将沙皇一家转移到西伯利亚，以保护他们免受布尔什维克的攻击

（接上表）

11 月 7 日	列宁回到彼得格勒 布尔什维克通过投票，决定发动武装起义，反对克伦斯基临时政府。十月革命开始 布尔什维克通过不流血政变，推翻临时政府。 布尔什维克武装部队接管火车站、邮局、电话局和银行 布尔什维克所掌管的“阿芙乐尔”号巡洋舰挂着红旗，停泊在冬宫对面的涅瓦河上 “阿芙乐尔”号巡洋舰发射空炮。红军攻入冬宫，逮捕了里面的官员 列宁领导布尔什维克政权。利昂·托洛茨基任外交部部长 彼得格勒的生活基本不受影响。公共交通继续，商店照常营业
1918 年 3 月 3 日	布尔什维克与德国签订不平等和平条约。史称《布列斯特—里托夫斯克和约》
7 月 16 日	沙皇尼古拉二世及家人在监狱中被红军处决
1919 年 3 月 4 日	布尔什维克建立共产国际，鼓励支持世界革命
1924 年 1 月 21 日	列宁逝世
1940 年 8 月 20 日	托洛茨基在墨西哥城被人用冰橇刺死

我们把俄国革命作为例子。整个事件可以被想象为发生在附近的一个村庄。这跟你住在哪儿没有关系，你总可以找到合适的场景来安置这些历史事件。例如，附近的加油站可以用来代表彼得格勒，工人从这里开始起义。冬宫可以用乡村小屋或旅馆代替；动作明星李连杰扮演沙皇尼古拉二世，你的偶像刘德华可以扮演列宁，当地的屠夫则可以代替约瑟夫·斯大林。

这里呈现的是俄国革命的重要事件的概要。

其中所有的这些史实都能通过想象轻易地在脑中重建出来。首先要记住年代日期，以上大多数事件都发生在 1917 年，你只要记住伟大的十月革命发生在这一年就可以了。然后运用记忆法记忆这一年份的其他事件。比如，在你开学后的第 2 个星期的某一天（3 月 10 日），附近的加油站突然起火（彼得格勒的工人开始起义），两天后（3 月 12 日），大火烧毁了旁边的旅馆（起义军占领冬宫），给入住的旅客带来了巨大的经济损失。一周之后，你所喜欢的动作明星李连杰（沙皇尼古拉二世）举行了一场赈灾慈善活动，并在开幕式上在一个列车形状的建筑上题词（沙皇尼古拉二世在其乘坐的皇家列车上签署退位书）。

在记忆事件、人物、日期和陌生的人名时，记忆术可以发挥很大的作用。比如对于上例中克伦斯基这个名字，大可以把它想象成一个巨大客轮（比如泰坦尼克号）上的司机。

2. 掌握历史术语

在学习历史的过程中，经常会遇到一些复杂的专业词汇。如果你不理解这些词，不要直接忽视它们，花时间查查字典。找出这些词或短语的含义后，利用联想法把它牢牢记在脑中。

以下是几个示例。

寡头政治 由一小撮人掌控国家最高权力——换句话说就是，少数人的政府。联想“孤寡”来帮助你记忆这个词及其含义。

无政府主义 无政府主义者认为理想社会中不应该存在任何形式的政府组织。

极权主义者 这些人希望建立由单一权威控制一切事物的政府，不允许有任何反对的声音。想象完全的控制。

独裁政府 与专制主义类似，这也是由一个人独掌大权的政府。独裁者通过自己的权力来进行统治。

立法机关 制定法律的实体机构，拥有立法权。可以通过“法律”这个词来记忆。

司法机关 负责审判的实体机构，由法院体系组成。只要想一想法官，你就会马上记住这个词。

反动分子 试图使政治环境倒退回以前状态的人。可以想象一个一天到晚反对任何改变的人，比如你的外祖父。

3. 重要的历史日期

记忆随机抽取的历史日期的确是有点麻烦。不过如果你把数字转换为人物和动作，并把这些人物和动作跟事件联系起来，那么要把一长串历史日期存入你的记忆库也不见得是太困难的事情——比如下面这个世界历史的重要事件列表。

1170 年 托马斯·贝克特被谋杀

1215 年 签署《大宪章》

1415 年 阿金库尔战役

1455 年 玫瑰战争

1492 年 哥伦布发现北美洲

1642 年 英国内战爆发

1666 年 伦敦大火

1773 年 波士顿倾茶事件

1776 年《独立宣言》（美国）

1789 年 攻占巴士底狱

1805 年 特拉法尔加战役

1914 年 第一次世界大战爆发

1939 年 第二次世界大战爆发

1949 年 北大西洋公约组织成立

1956 年 苏伊士危机

1963 年 约翰·肯尼迪被暗杀

1969 年 人类首次登月

1991 年 海湾战争

通过下面几个例子你可以看到，把日期带进生活是一件很简单的事情。

1170 年 圣托马斯·贝克特在和亨利二世大吵一架后，被谋杀在坎特伯雷大教堂。为了记住这个年份和事件，你可以想象贝克特在 70 号祭坛祈祷时，舒马赫兄弟驾驶着两辆 F1 赛车撞死了他。头两位数字是两辆 F1 赛车（11），后两个数字是地点，70 号祭坛。

1455 年 所谓的玫瑰战争是约克派和兰开斯特派为争夺王位和统治权进行的斗争。你可以想象一幅奇异的合成图景：14 岁的约克镇小子泰森，嘴里叼着一支硕大的红玫瑰第 1 次冲进拳击场。55 场比赛以后，为了争夺拳坛的统治地位，他嘴里的红玫瑰变成了来自兰开斯特的卫冕拳王霍利菲尔德的耳朵。

1991 年 关于海湾战争的记忆，你完全可以想象 19 岁时，在一个叫作海湾的大酒店里参加祖父 91 岁的生日晚会。你们曾将燃放了大量的烟花爆竹。

运用简单的联想，把日期转换为人物，这样一来就可以像上演有趣的新编历史剧一样，给历史事件增添活力，历史也将不再是一门枯燥的课程。

对地理知识的记忆

1. 记忆中的世界

地理是一门广泛调用大脑皮质能力的学科。这包含了绘画，阅读并理解地图、图片和表格时所需要的空间和分析思维。实地了解对这门学科的学习非常关键，因此记忆力扮演了重要角色。

在学习的过程中，你需要掌握水系分布、地震、火山、侵蚀、气候、气象系统、土壤等的知识，同时还要了解人文地理，包括人口、城镇规划、交通和经济发展。需要学习的数据如此繁多，那么花时间来建立一个能帮你快速有效地吸收知识的系统就变得十分必要了。只有这样，你才能专心把更多的时间放在理解和应用知识上。

你的研究可能会包含对一个国家的综合分析。要为一个国家建立卷宗，最好的方法就是为它准备一个你所熟悉的独立区域。例如，所有与德国有关的数据，可以以图像的形式放置在你朋友的房子里，而与法国有关的则可以放在购物区。如果你曾经去过那些国家，并对那里的某个地区比较熟悉，那么用它来作为分类的地点就最合适不过了。

为每个国家设计好相应的“场地”后，你就可以把现象和数据分类，为不同种类的信息数据选择一个独立的想象图，例如用爆米花代表人口。假如要想记住法国人口是5700万，首先想象自己来到购物中心，看到你的父亲（他出生在1957年）在即兴演出的地方派发爆米花。

另外，你还可以在心中画一张联想记忆图。比如，你虽然不熟悉俄国和希腊的地形，但却容易记忆意大利的地形。意大利的地形好像一只长靴，这一点很重要，既然知道了长靴的形状，只要将长靴和意大利联想起来，就永远都忘不了了。

2. 针对性记忆

⊙记住首都

记忆术是一种很好的记忆方法，它可以使人们摆脱死记硬背的乏味工作，因为它在不同的信息之间建立起种种联系，使它们能够在以后很容易被回忆起来。记忆术用生动具体的、具有象征意义的、有关联的想象来巩固记忆的内容，它们似乎可以使记忆的信息超越短时记忆直接进入长时记忆。

你也许会需要记忆各国首都名，以便联系一些数据，或者比较各国都市和村镇条件。要想确保不会忘记首都名字，技巧就在于用夸张而好记的图像来为首都及其国家建立一种联系。比如，要记住澳大利亚的首都是堪培拉（Canberra），只要看一下这个国家的形状就可以了，因为澳大利亚的形状看起来就像一个照相机（camera），这一点就可以帮助我们记住它的首都（camera与Canberra发音相似）。

例如基辅是乌克兰的首都。我们从基辅联想到鸡的胸脯肉，并把乌克兰想象成高大的起重机。那么我们联想的图像就是一大块鸡胸脯肉被起重机吊在半空中摇摇晃晃。

以下是其他几个国家和首都的联想记忆法，你可以运用同样的方法记住世界各国的首都，记得想象一定要夸张而充满色彩——这样有利于记忆。

瑞士——伯尔尼 为瑞士人创造一种新的仪式。想象他们每天要将裤脚高高卷起来，露出膝盖，站在山顶上唱伯尔尼歌。

阿富汗——喀布尔 想象阿富汗所有的卡车司机都由布尔家族的人来充当。

新西兰——惠灵顿 你应该用国家来作为图像本身的背景。不过，如果你对这个国家没有什么视觉上的认知，可以试着使用地图的形状。比如新西兰的形状就好像一只倒过来的惠灵顿马靴。

美国——华盛顿 记住它的第1届总统的名字就可以了。

⊙记忆数据表

要记忆最大的海域或沙漠、最长的河流、最高的山脉这类一串并排的信息，可以用游历法或者联系法。以下是世界最大的海域。

（1）太平洋。

（2）大西洋。

（3）印度洋。

（4）北冰洋。

（5）阿拉伯海。

（6）中国南海。

（7）加勒比海。

（8）地中海。

（9）白令海。

（10）孟加拉湾。

要记住这些顺序，可以先建立一条海滨小路，并把它分成10段。接下来，把每个海域的名字缩短，并联想成图像。超级市场代表太平洋，一个神坛代表大西洋，一个印度风情的小店代表着印度洋，冰激凌店则会让人想到北冰洋……最后，把这些图片按顺序安放到海滨小路的沿途。

有关这些海域的统计数据，如海拔、跨幅和深度等，都可以通过在相应位置上增加新图像来完成。地理中所需要学习的知识和你大脑里所能提供的场地相比起来，只能说是微不足道。

记住数字和数学定义

1. 数字记忆

⊙数字记忆的困难

不管你学的是什么科目，到一定时候总会需要记忆某种形式的数字。要是我们不需要去操心那些数据、公式、方程、金额和经济统计数，那学习生涯不知道会有多美妙。好像有人故意将这些数字时不时地摆到我们面前，企图拖我们后腿，妨碍我们学习。可是没有了它们我们的生活又会是一团糟。数字无处不在，信用卡、电话号码、作息时间表、考试成绩……所有的东西都被量化估算，也正因此，对数字的记忆能力必不可少。

记数的困难之处在于，单独的数字所包含的意义非常有限。像 13，10，79，82 这样一串数列完全不适合记忆。但如果有人告诉你它们代表你未来 4 年所能继承的财产，整个数列马上就会变得有声有色。

⊙数形结合法

如果你喜欢通过图像而不是词语来思考，那么你会发现下面这个方法更适合你。数形结合法与数字韵法类似，区别在于该法为数字创建的关键联系物是数字的形状。例如，数字 7 会让你想到什么？悬崖的边缘、井栏石还是回旋标？再比如，数字 4 可以是小帆船，2 则是天鹅。现在试着为 1 到 10 创建一张新的列表，如果你想不出来，也可以从下面选择。

1——蜡烛，长竿。

2——天鹅，蛇。

3——手铐，嘴唇。

4——帆船，旗帜。

5——挂钩，海马。

6——象鼻，锤子。

7——回旋标，跳水板。

8——女模特。

9——气球，单片眼睛。

10——棍子和绳圈。

不管信息多么隐晦或者琐碎，用这种方法你都可以非常有效地对其进行大量记忆。

2. 数学定义及其他

⊙数学定义

像其他学科一样，数学也有其特定的术语。要用简单方法来帮助自己记住它们其实也很轻松。以下是几个例子。

等边三角形 所有边和角都相等的三角形。

等腰三角形 两边和两内角相等。等腰，就是一边例外。

锐角 小于 90 度的角。要记住这是小角度，你可以想象一只可爱的小猫。

钝角 在 90 度到 180 度之间的角。想象它比直角还要大，还要钝。

商 数字的商是相除的结果。想象家人商量瓜分遗产后给你留下的部分。

有理数和无理数 有理数是能用小数或比值来表达的数字，比如 1/2，3/4，0.8，17/2。而无理数则不能用这两者表示。例如 π=3.1415926……π（圆周率）已经被精确到小数点后几百万位，至今还未发现能够精确描述它的方法。

⊙心算

现在的数学教学已经被大大改进，更强调的是问题的解决能力、实际的调查能力，以及运算的方法。尽管如此，学生们仍然不可避免地需要学会不借助计算器进行加、减、乘、除。其实，只要你掌握了心算技巧，运算也会变得很容易。我们看一个乘法的例子。

633 × 11= ?

第 1 步，将 633 的最后一位数字抄下来作为答案的右端数字：633 × 11

3

第 2 步，将 633 中接下来的每一位数字都加上它右边相邻的数字，3 加 3 等于 6，6 加 3 等于 9。按顺序写在答案右端数字的左边：633 × 11

963

第 3 步，633 中的第 1 位数字 6 作为答案的左端数字：633 × 11

6963

最后结果：6963

另外，也可以运用如下的方法进行心算。

（1）写下被乘数。 633

（2）在被乘数下方左移一位再次写下被乘数。 633

（3）相加求和。 6963

只要花一点时间练习，就能够在头脑里映射出每一种运算的心算方法，这样便可以更快捷的进行数字的其他运算（更多内容可参阅《算得快 算得准》· 黑龙江科学技术出版社）。

对化学术语和化学元素的记忆

1. 如何记忆化学术语

在研究像化学这样的学科时，你在考试前必定得花大量复习时间，才能正确地记住课堂上讲述的术语。而麻烦之处就在于你遇到的这些术语本身并不适合记忆。

但是只要加入一点创造性思维，你很快就能学会化学、生物或者物理的语言。方法其实很简单，只要你在脑中为接触到的每个技术术语创造方便记忆的图像就行了。

你可以分出一小部分复习时间（不会太久的），为考试中将要遇到的关键术语制作一张助记表。

几个例子可以使你快速进入状态。

元素仅包含单一的原子。它们不能通过化学手段分解为更简单的物质。想想福尔摩斯的著名台词："这是最基本的，我亲爱的华生。"也就是，没有比这更单纯的了。

化合物 这些是含有多种原子的物质，它们通过化学方法组合起来。化合物可以通过化学手段分解为更简单的物质。你可以想象由多种动物组成的动物园。

酸 酸能把蓝色石蕊试纸变红：你可以把它想象成警察，让这些"蓝制服小子"因为愤怒而满脸发红；酸味道发酸：想象一下醋（乙酸）的味道。酸与金属反应可生成盐：在脑中勾画这样一个场景，重金属乐队在"酸屋派对"中化为一堆盐雕。酸可中和碱：低音吉他声音的中和效果。

合金 合金是两种或两种以上的不同金属通过熔解混合后凝固而组成的。例如黄铜，是由铜和锌所组成。可以想象盟军汇合并开始构建坚固的防线。

潮解 这是物质从空气中吸收水分并溶解为溶液的过程。作为提醒，你可以想象你走进冷饮店，看到一杯柠檬雪糕因放在空气中太久而化为一摊水。

风化 这是晶体在空气中化为细粉，或盐在物体表面结晶的过程。可以想象一条污水渠中漂浮着溶化后的去污晶体，渠水逐渐干燥后晶体碎为细粉。

放热反应 这是能以热能形式释放能量的反应。想象能量或者热量溢出。

吸热反应 一种会吸收热量来获得能量的反应。想象热能的进入。

同素异形体 同素异形体是单种元素所能形成的多种形态中的一种。比如碳，有多种完全不同的同素异形体形式，包括石墨和钻石等。

可以想象用一条绳子摆出各种形状。

这些例子很好地说明了在遇到无明显联系的词组或短语时，如何创建一个独特的联想。

2. 元素及其符号

了解元素符号，对于学习化学是非常重要的。原子量和元素所属族是理解整个化学学科的基础。我们一般是通过一段时间的反复背诵和熟悉来记住元素符号及其所代表的元素的，找出化学符号与其含义之间的关系是学习化学符号最简便的方法。

举例来说，要记住 Sn 是锡的元素符号，可以想象漫画英雄丁丁和他最忠诚的狗雪白（snow）。要把铅及其元素符号 Pb 联系起来，你可以试着想想一根铅笔可以两头同时使用（p 翻转过来为 b）。

钨的元素符号是 W，这来源于一种含钨矿石：钨铁矿。因此你可以想想一群在地下挖煤的矿工，想到“挖”的动作，就会想到“W”。

金及其元素符号 Au 又该怎么联系起来呢？试试看这个怎么样：“每当看见金子，人们总是喜欢发出‘阿哟（A–U）’的声音”。

如果你在记忆元素符号时遇到困难，用这种方法肯定可以轻松解决。

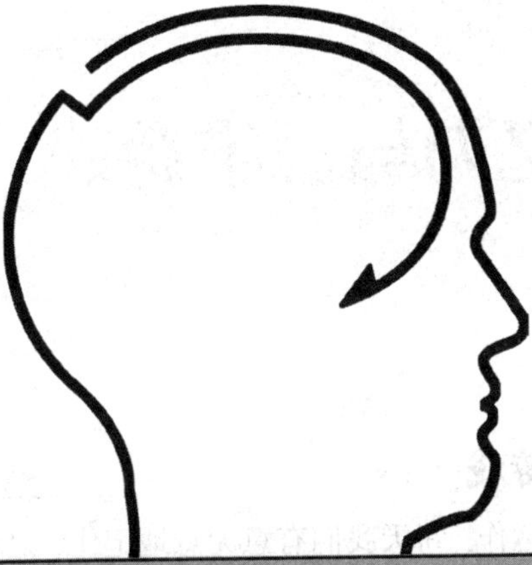

第四篇

提高记忆力的思维游戏

第一章

记忆力与思维游戏

记忆力与思维游戏

记忆一直都在运作：每天我们有意无意地记住、记起许多信息。有时漏掉几个也无可厚非，作为一种复杂的“工具”，记忆不可能每时每刻或者一生都被拥有和保持。

许许多多的因素影响着记忆的作用。为了提高你的记忆表现，你必须重视那些与你最有关联的因素，以及忘记一些不太重要的事情。遗忘的定义是没有能力回忆、辨认，或者再生产以前学过的东西——换句话说，当有人问你像“上星期一你做了什么？”这类事时，你脑子里一片空白。

没有人能够记住所有的事情。记忆过程的一个必要部分是决定什么信息对你来说是有价值的，并值得你花费力气将其编译。当一位偶尔教你们体操课的女老师仅仅是一个不经常打交道的人时，花费精力将她的名字记住真的有必要吗？

遗忘是正常的——实际上我们不需要记住每件事情。没有遗忘，你的头脑会因为有太多太多的信息而发昏。所以，遗忘实际上对于记忆是至关重要的。因为你需要为你想要或需要记住的事情腾出空间来。但当人们不得不说“我忘了”时，大多数人会感到非常失落甚至难堪。

⊙改善你的记忆

在一个领域获知的新信息并不能自动增强我们在另一个领域的能力，但却能巩固把这一个领域的知识记得更牢的能力。记忆并不孤立于大脑的其他功能，而是参与了所有动脑过程。做“记忆游戏”前，首先要了解自己的记忆，熟悉记忆的过程，培养一些反应……接着自我娱乐一下吧！一个老手总能比新手更容易在自己酷爱的领域进行学习。通过以下练习，你也能成为某个领域的老手了，但别要求更多：对于你来说找回钥匙和想起刚刚见过的人的名字都是不容易的。不存在可以改善记忆的一蹴而就的办法，只存在更好地了解记忆和了解自我的方法。

⊙游戏是如何设计的

每个游戏开头都有指定的目标，记忆和其他认知功能的一些形态都被概括进游戏里。

游戏按难易程度分为 3 个级别。当然，困难的定义因人而异。有的人认为初级的某些游戏很难，但他却能毫无问题地解决其他游戏。尽管如此，还是请从简单的级别开始做起吧。

在某些情况下，要使用以前的知识；在某些情况下，要记忆新的信息。游戏围绕训练视觉记忆、文化记忆、词汇记忆、逻辑记忆等展开，这也是引导我们变化的原则。

完成练习的时间没有限制，因为准确比速度更重要。我们的目标不是第一步就成功。有些练习很难，其目的是诠释一个过程，然后将其运用到实际中。好好分析遇到的困难，剖析机制，让下次练习变得更有效率。看答案并不代表能够学到什么，只有让你学到方法并能在以后重做游戏时回想起来，从而走向成功，那才算有意义。

第二章

提高记忆力的思维游戏

初级

1. 缺失的图像（1）

仔细地观察并记住这些图。然后，把它们盖住，继续以下的练习。

现在，请在 4 个选项中找出一个可以填充的元素，以得到上一个系列。

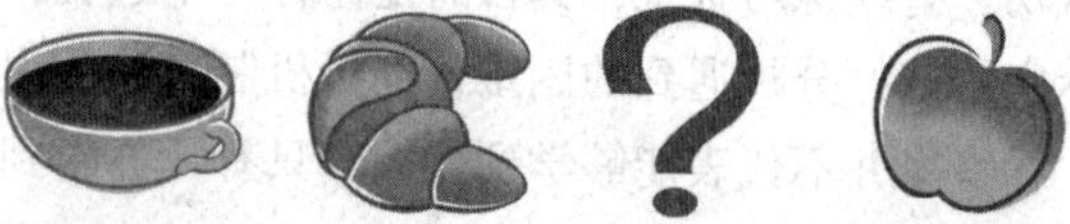

仔细地观察并记住这些图。然后，把它们盖住，继续以下的练习。

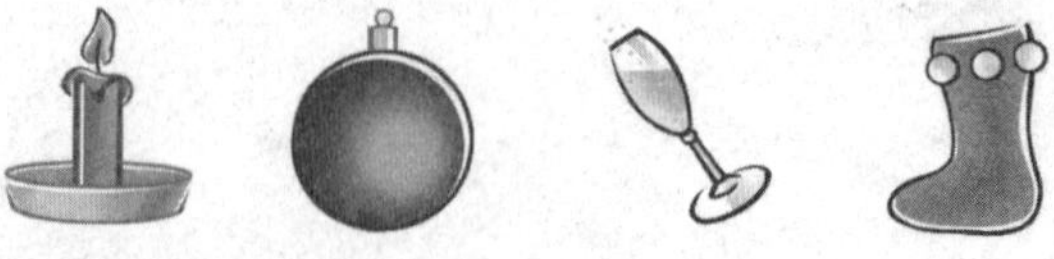

现在，请在 4 个选项中找出一个可以填充的元素，以得到上一个系列。

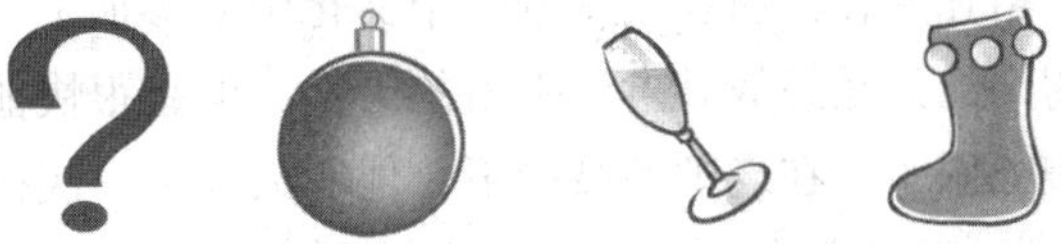

仔细地观察并记住这些图。然后，把它们盖住，继续以下的练习。

现在，请在 4 个选项中找出一个可以填充的元素，以得到上一个系列。

2. 重新排列（1）

把下面打乱的图案按照逻辑顺序重新排列，正确的顺序是怎样的？

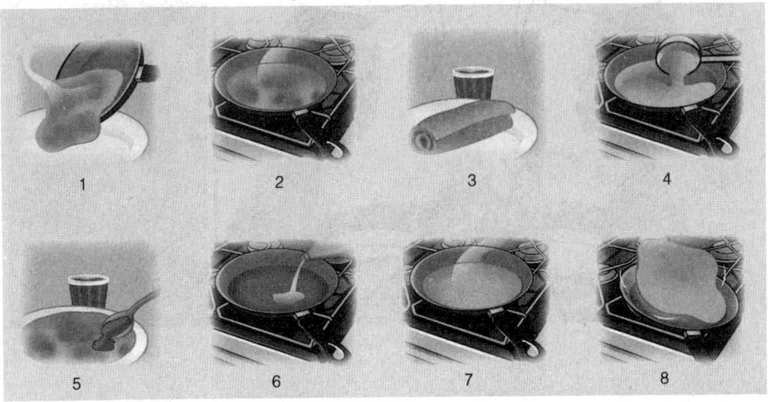

3. 阅读应用（1）

仔细阅读这段文章，然后把它盖住，继续做练习。

复活节期间，格瓦赫在他所在辖区的一个文化中心参加了一个戏剧培训班。最初，他只是想战胜自己害羞的天性，但是很快他就被出台演出的欲望征服了。在老师的鼓励下，他明天将第一次接受演员分配挑选，参演一个由爱尔兰小说改编的音乐剧。

现在请盖住文章，回答下面的问题：

◎ 格瓦赫在什么时候参加的培训班？

◎ 他在哪里参加的培训班？

◎ 他抱着什么样的目的报的名？

◎ 他什么时候接受第一次演员分配挑选？

◎ 音乐剧是由什么改编来的？

4. 服务员（1）

（1）记住两个对话者的菜单。然后，盖住图片完成练习。

（2）你能借助右边的菜名将两个对话者的菜单重组出来吗？

5. 重组旗帜（1）

仔细地观察下面这面旗帜的颜色和图案。然后，盖住图片完成练习。

请用列出的元素重新组成上面的旗帜。

请选择颜色。　　　　　　　　请选择图案。

6. 找出入侵者（1）

找出藏在每个系列图形中的入侵者。

入侵者：③

⑧⑧⑧⑧⑧⑧⑧⑧⑧⑧⑧⑧⑧⑧⑧⑧⑧⑧⑧⑧⑧⑧⑧
⑧⑧⑧⑧⑧⑧⑧⑧⑧⑧⑧⑧⑧⑧⑧⑧⑧⑧⑧⑧⑧⑧⑧
⑧⑧⑧⑧⑧⑧⑧⑧⑧⑧⑧⑧⑧⑧⑧⑧⑧⑧⑧⑧⑧⑧⑧
⑧⑧⑧⑧⑧⑧⑧⑧⑧⑧⑧⑧⑧⑧⑧⑧⑧⑧③⑧⑧⑧⑧
⑧⑧⑧⑧⑧⑧⑧⑧⑧⑧⑧⑧⑧⑧⑧⑧⑧⑧⑧⑧⑧⑧⑧
⑧⑧⑧⑧⑧⑧⑧⑧⑧⑧⑧⑧⑧⑧⑧⑧⑧⑧⑧⑧⑧⑧⑧
⑧⑧⑧⑧⑧⑧⑧⑧⑧⑧⑧⑧⑧⑧⑧⑧⑧⑧⑧⑧⑧⑧⑧

入侵者：σ

0 0 0 0 0 0 0 0 0 0 0 0 0 0 0 0 0 0 0 0 0 0 0
0 0 0 0 0 0 0 0 0 0 0 0 0 0 0 0 0 0 0 0 0 0 0
0 0 0 0 0 0 0 0 0 0 0 0 0 0 0 0 0 0 0 0 0 0 0
0 0 0 0 0 0 0 0 0 0 0 0 0 0 0 0 0 0 0 σ 0 0 0
0 0 0 0 0 0 0 0 0 0 0 0 0 0 0 0 0 0 0 0 0 0 0
0 0 0 0 0 0 0 0 0 0 0 0 0 0 0 0 0 0 0 0 0 0 0
0 0 0 0 0 0 0 0 0 0 0 0 0 0 0 0 0 0 0 0 0 0 0

7. 逻辑推理（1）

观察下面的多米诺骨牌，并在后面 4 个选项中，找出能够替代问号的多米诺骨牌。

8. 恰当地配对（1）

找出对应的国家及其首都。

泰国
巴格达
阿根廷
塞内加尔
达喀尔

奥斯陆
挪威
曼谷
布宜诺斯艾利斯
伊拉克

找出对应的动物及其类属。

鹧鸪
爬行纲
昆虫
乌龟
鸟类

哺乳纲
凤尾鱼
白蚁
鱼类
旱獭

找出对应的医生称谓及其专业。

心脏
儿科医生
肺
眼科医生
皮肤

皮肤科医生
眼睛
心脏科医生
儿童
肺病科医生

建议：如果你对这些题目涉及的内容不太了解，请不要沮丧。参见答案，然后在一星期后重新做练习，评估你是否取得进步。

9. 旋转的立方体（1）

仔细地观察下面这个展开的立方体表面，记住图案及其位置。然后，盖住它继续做练习。

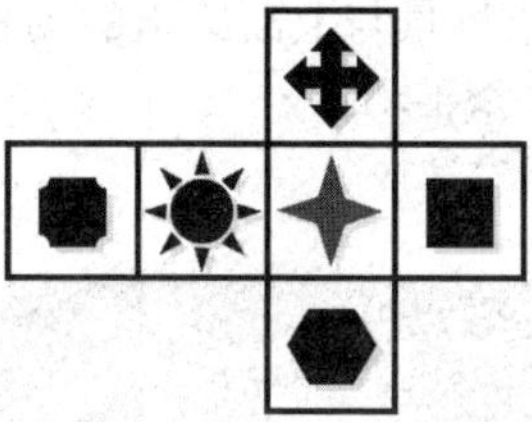

现在，把提供的元素重新放入展开的立方体表面。为了帮助你，两个元素已经被放置在其中了。注意，立方体被旋转了！

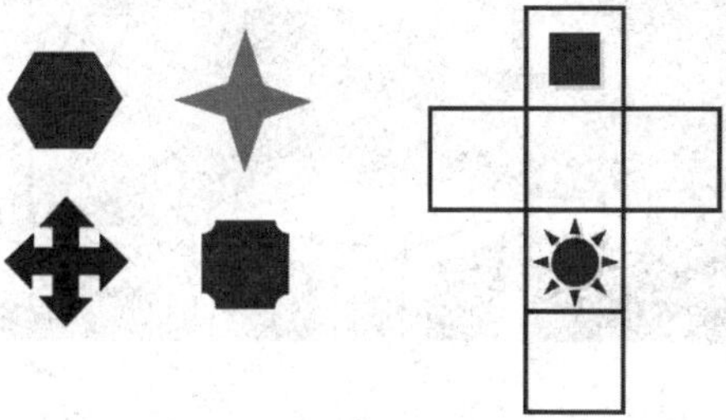

10. 找不同（1）

仔细地观察下面给出的场景，记住不同物体的外形和位置。然后，盖住图片继续完成练习。

现在，请找出这个场景与上面给出的场景之间的6处不同。物体可能被置换、移动、拿走……

11. 整理书籍（1）

如何移动最少的书，就能从图A到图B，注意：

◎ 不能把一本书放在比它小的书上；

◎ 一次只能移动一本书。

A

B

12. 旋转的立方体（2）

仔细地观察这个展开的立方体表面，记住图案及其位置。然后，盖住它继续做练习。

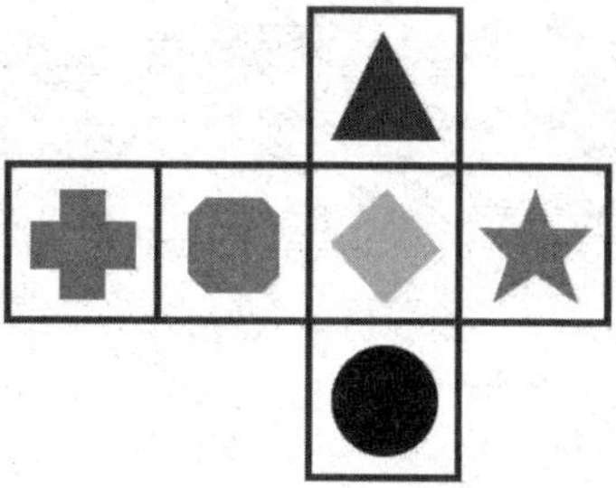

现在，把提供的元素重新放入展开的立方体表面。为了帮助你，两个元素已经被放置在其中了。注意，立方体被旋转了！

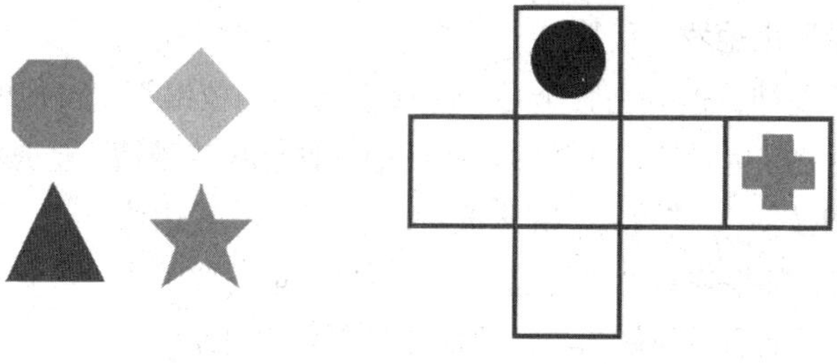

13. 找出入侵者（2）

找出隐藏在每个系列图案中的入侵者。

入侵者是：

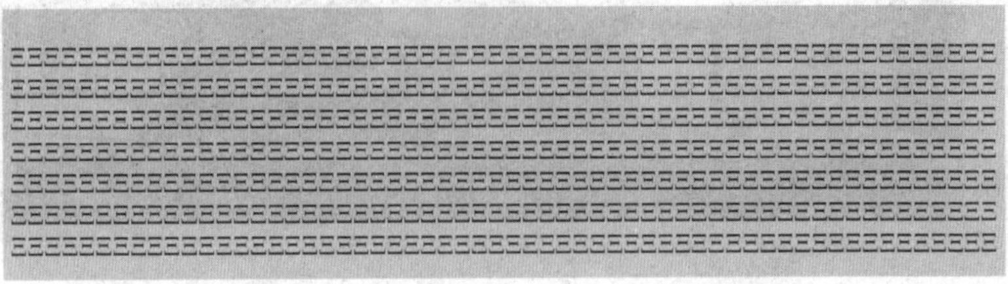

入侵者是：

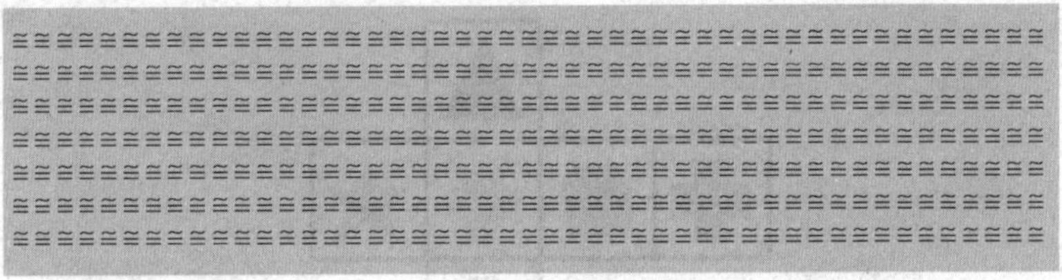

14. 他是谁（1）

瑞典化学家，炸药的发明者，有一个奖项以他的名字命名，每年颁发一次，奖励在不同领域里做出卓越贡献的人。他是谁？

A. 阿尔弗雷德·诺贝尔。

B. 托马斯·爱迪生。

C. 亚历山德罗·伏特。

罗马爱神，他有一张金弓、一枝金箭和一枝银箭，被他的金箭射中，便会产生爱情；被他的银箭射中，便会拒绝爱情。他是谁？

A. 阿波罗。　　B. 朱庇特。　　C. 丘比特。

建议：如果你对上面的题目不太了解，请不要沮丧。参见答案，然后在一星期后重新做练习，评估你是否取得进步。

15. 恰当地配对（2）

找出对应的技术及其职业。

排空	农业生产者
外科医生	修补
截肢	机械师
厨师	调味
耕地	裁缝

找出对应的植物及其类属。

北风菌	谷物
香料	荞麦
接骨木	水果
树木	桂皮
哈密瓜	蘑菇

建议： 如果你对上面的题目不太了解，请不要沮丧。参见答案，然后在一星期后重新做练习，评估你是否取得进步。

16. 重组旗帜（2）

仔细地观察下面这面旗帜的颜色和图案。然后，盖住图片完成练习。

请用列出的元素重新组成上面的旗帜。

请选择颜色。

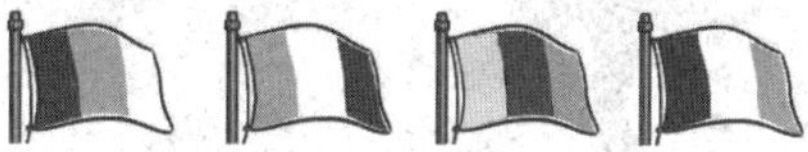

请选择图案。

17. 找不同（2）

仔细地观察下面给出的场景，记住不同物体的外形、位置和颜色。然后，盖住图片继续完成练习。

现在，请找出这个场景与上面给出的场景之间的6处不同。物体可能被置换、移动、拿走……

18. 缺失的图像（2）

仔细地观察并记住这些图。然后，把它们盖住，继续以下的练习。

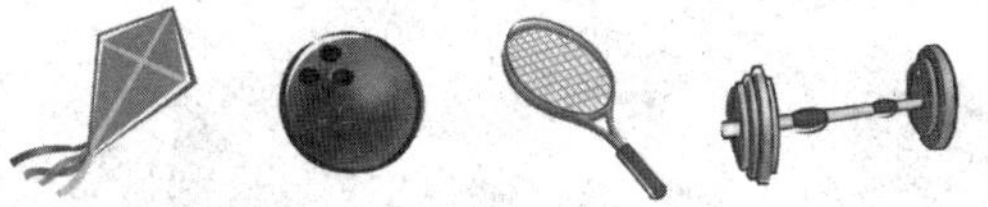

A　　B

C　　D

现在，请在 4 个选项中找出一个可以填充的元素，以得到上一个系列。

仔细地观察并记住这些图。然后，把它们盖住，继续以下的练习。

A　　B

C　　D

现在，请在 4 个选项中找出一个可以填充的元素，以得到上一个系列。

仔细地观察并记住这些图。然后，把它们盖住，继续以下的练习。

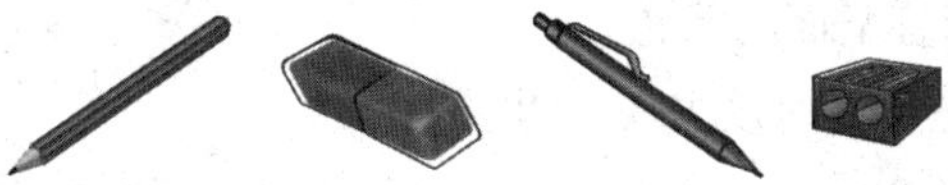

A　　B

C　　D

现在，请在 4 个选项中找出一个可以填充的元素，以得到上一个系列。

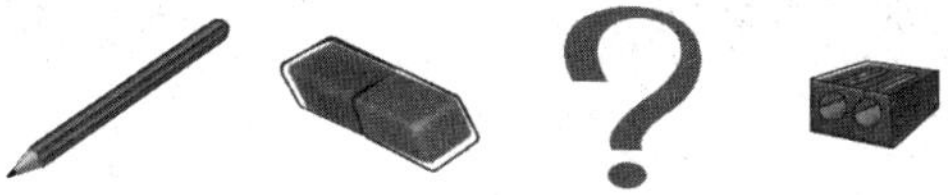

19. 重新排列（2）

把下面打乱的图案按照逻辑顺序重新排列，正确的顺序是什么？

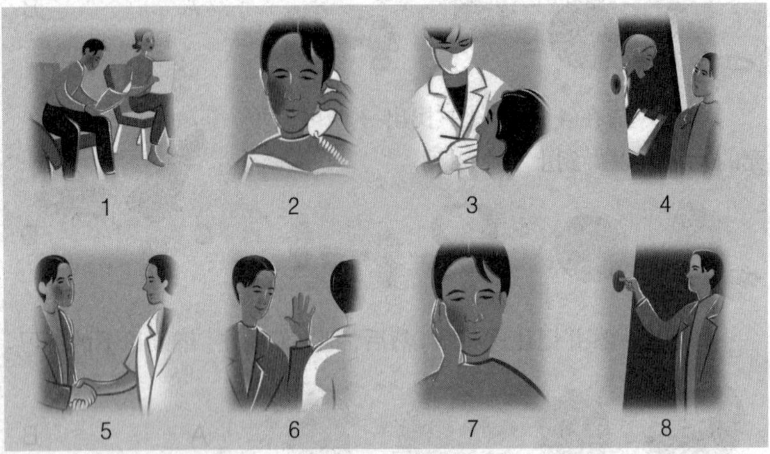

20. 阅读应用（2）

仔细阅读这段文章，然后把它盖住，继续做练习。

去年，纪尤姆和朱丽叶去埃及度蜜月。他们花了一个星期，乘坐一艘四层豪华大客轮沿着尼罗河游览了整个国家。他们对国王河谷印象特别深刻，那儿有法老墓。不幸的是，朱丽叶难以忍受这个国家闷热的天气。

现在请盖住文章，回答下面的问题：

◎ 纪尤姆和朱丽叶是什么时候去埃及的？

◎ 他们为什么去埃及？

◎ 他们在埃及逗留了多久？

◎ 大客轮有几层？

◎ 他们对什么留下特别的印象？

◎ 朱丽叶遇到什么困难？

21. 他是谁（2）

在备选答案中选出与每个陈述相关的人物。

法国皇后，原籍奥地利，丈夫死后，被关在巴黎裁判所的附属监狱里。1793 年，被处死。她是谁?

A. 玛莉 · 梅第奇。

B. 玛莉 · 安托瓦奈特。

C. 玛格丽特 · 纳瓦拉。

西班牙画家和雕塑家，尖胡子，超现实主义大师，创作的作品《柔软的钟表》在世界各地展出。他是谁?

A. 帕布鲁·毕加索。 B. 弗朗西斯科·戈雅。 C. 萨尔瓦多·达利。

19 世纪法国化学家和生物学家，发现抗狂犬病的疫苗，今天有一个研究机构以他的名字命名。他是谁?

A. 皮埃尔 · 居里。 B. 尼古拉 · 哥白尼。 C. 路易 · 巴斯德。

建议：如果你对上面的题目不太了解，请不要沮丧。参见答案，然后在一星期后重新做练习，评估你是否取得进步。

22. 正确的图案（1）

仔细地观察下面这个图案，然后把它盖住再继续练习。

以下 4 个图案，哪个是你刚记住的?

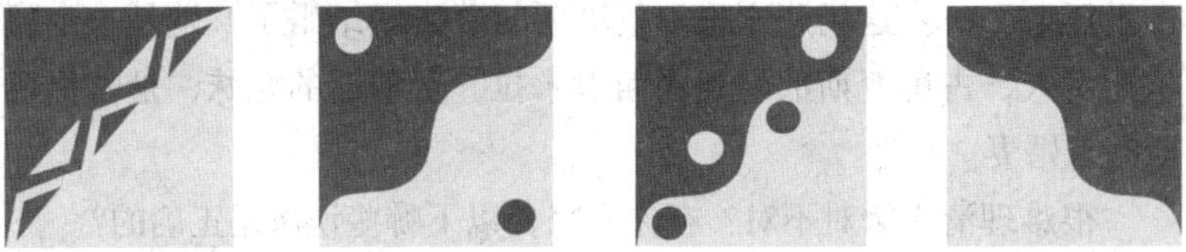

A B C D

23. 整理书籍（2）

如何移动最少的书，就能从图 A 到图 B，注意：

◎ 不能把一本书放在比它小的书上；

◎ 一次只能移动一本书。

A

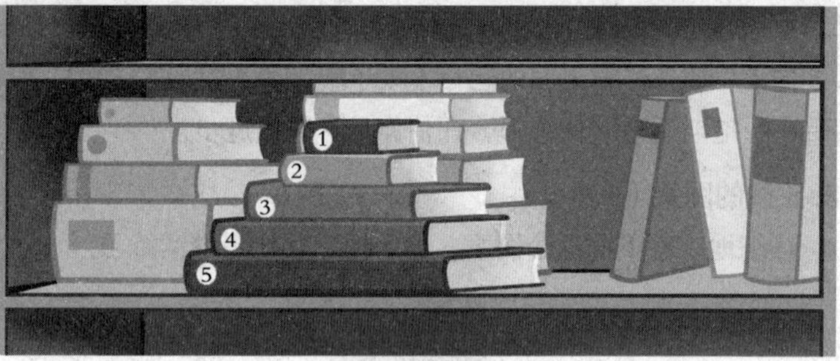

B

24. 逻辑推理（2）

仔细阅读下面这段文字，然后回答问题。可以不盖住文字。

公元前 7 世纪，罗马城和阿尔瓦城陷入对峙。一场血腥的战斗将决定两个军营的命运：三个罗马人，贺瑞斯，将攻打三个阿尔瓦人，古里亚斯……在这场悲剧里，贺瑞斯与萨宾娜结婚了，她是一个阿尔瓦女人，古里亚斯的姐姐；而卡米拉，贺瑞斯的妹妹，是古里亚斯的未婚妻。

很难理清头绪对不对？在你看来，以下哪些说法是正确的？

A. 萨宾娜是古里亚斯的妻子和贺瑞斯的姐姐。

B. 贺瑞斯是罗马人的英雄。

C. 卡米拉是贺瑞斯的未婚妻，也是古里亚斯的姐姐。

D. 古里亚斯是阿尔瓦人的英雄。

25. 迷宫（1）

进入迂回曲折的迷宫，然后尽可能快地出来。

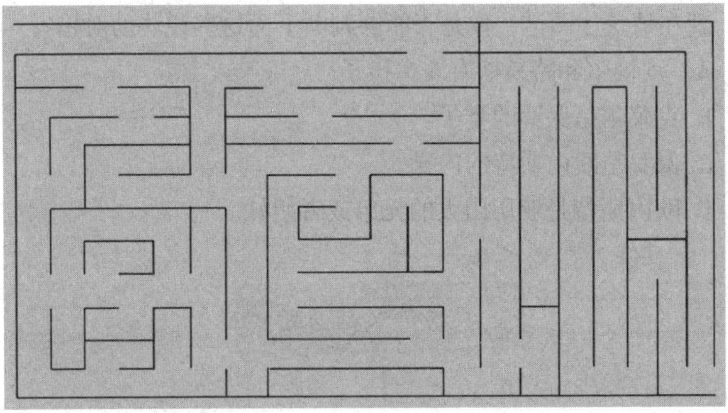

26. 在镜子中的记忆（1）

仔细观察左边的图案，记住它的形状和所占的格子。然后盖住图案，在右边的“镜子”中对称地画出它的图像。

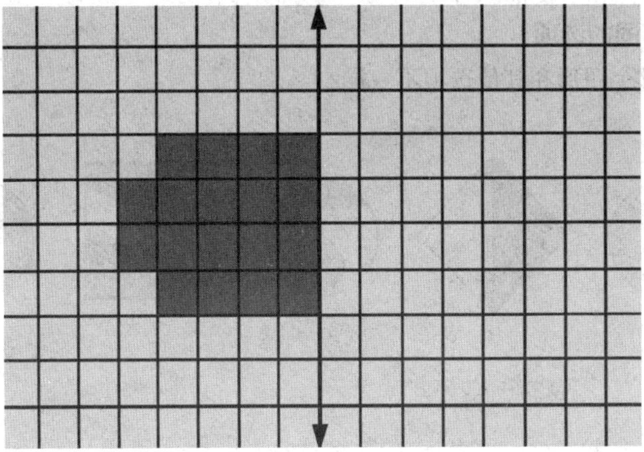

27. 树形家谱图（1）

树形家谱图以简单的方式标出一个家族的亲属关系。观察并记住这个树形家谱图，然后盖住它继续做练习。

◎ 竖线表示父母—子女关系。

◎ 水平线表示兄弟姐妹关系。

◎ X 表示夫妻关系。

现在请盖住图谱，你是否能够判断下面这些说法的对错？

A. 皮埃尔和路易斯有 4 个孩子。

B. 克莱尔是保罗的妻子。

C. 保罗是欧内斯特的内兄。

D. 欧内斯特是亚历山大的兄弟或者姐妹。

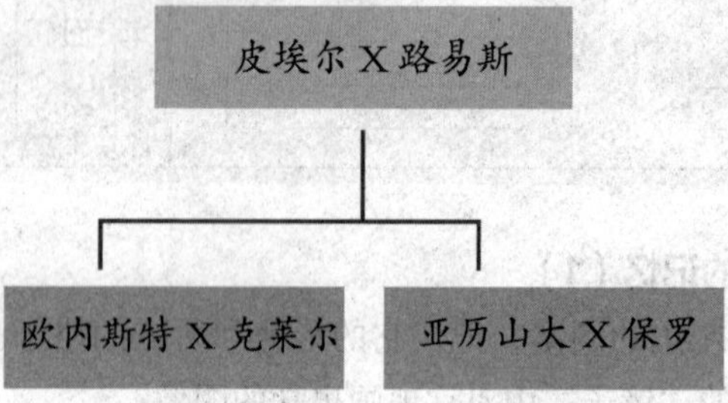

28. 不同的选项

哪个图形和其他选项不一样？

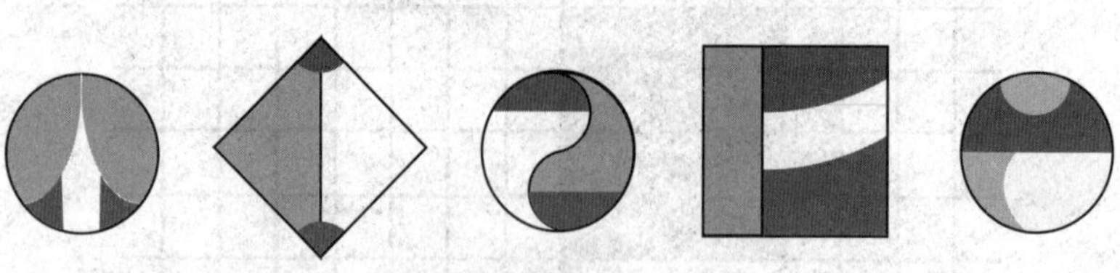

A B C D E

29. 斗兽之星（1）

仔细观察以下这些猫科动物，记住它们的名字，然后做下面的练习。

盖住上面的图，然后在以下选项中找出对应的图。

A. 美洲豹。

B. 薮猫。

C. 非洲豹。

D. 豹猫。

E. 猎豹。

30. 在镜子中的记忆（2）

仔细观察左边的图案，记住它的形状和所占的格子。然后盖住图案，在右边的“镜子中”对称地画出它的图像。

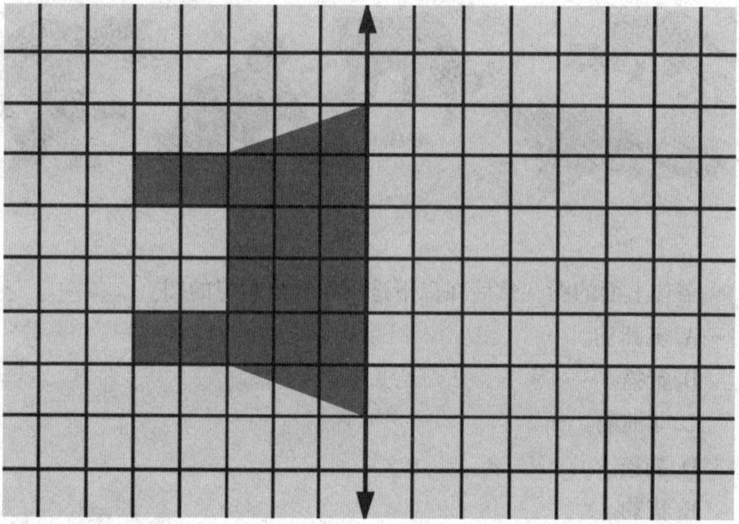

31. 正确的图案（2）

仔细地观察下面这个图案，然后把它盖住再继续练习。

以下 4 个图案，哪个是你刚记住的？

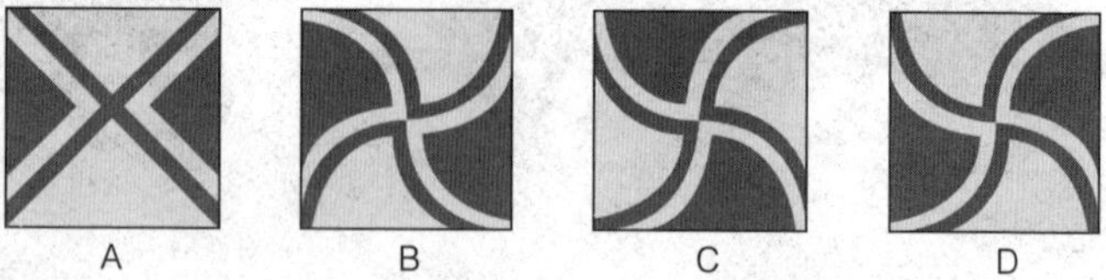

A B C D

32. 找不同（3）

仔细地观察下面给出的场景，记住不同物体的外形和位置。然后，盖住图片继续完成练习。

现在，请找出这个场景与上面给出的场景之间的 8 处不同。物体可能被置换、移动、拿走……

33. 重组旗帜（3）

仔细地观察下面这面旗帜的颜色和图案。然后，盖住图片完成练习。

现在你已经盖住了旗帜，用以下提供的元素重组上面的旗帜。

请选择颜色

请选择图案

34. 阅读应用（3）

仔细阅读这段文章，然后把它盖住，继续做练习。

网球比赛仍在进行。从两个球员的脸上可以看出他们已经筋疲力尽了，观众也热切地等待这场比赛的结果。科阿特在做最后一次努力，他成功地得到了制胜的一分。因获得循环赛决赛的冠军，他感到放松而愉快，他自豪地举起球拍，然后在雷鸣般的掌声中把拍子扔在场地上，在地上打起滚来。

现在请盖住文章，回答下面的问题：

◎ 两个运动员从事什么体育活动?

◎ 从他们的面部可以看出什么?

◎ 胜利者赢得了什么比赛?

◎ 他在掌声中做出了什么举动?

35. 旋转的立方体（3）

仔细地观察这个展开的立方体表面，记住图案及其位置。然后，盖住它继续做练习。

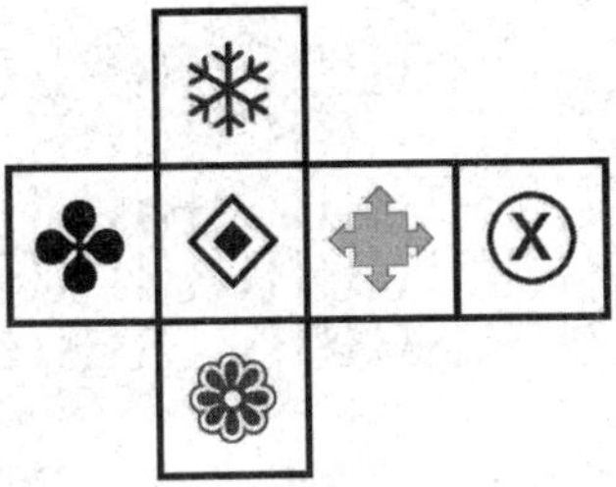

现在，把提供的元素重新放入展开的立方体表面。为了帮助你，1个元素已经被放置在其中了。注意，立方体被旋转了！

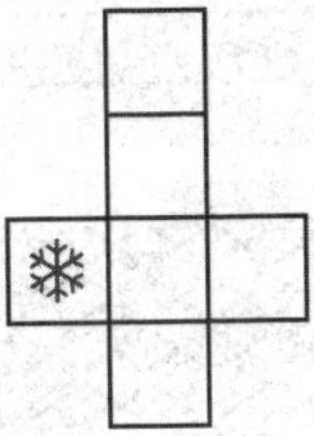

36. 重新排列（3）

把下面打乱的图案按照逻辑顺序重新排列，正确的顺序是什么？

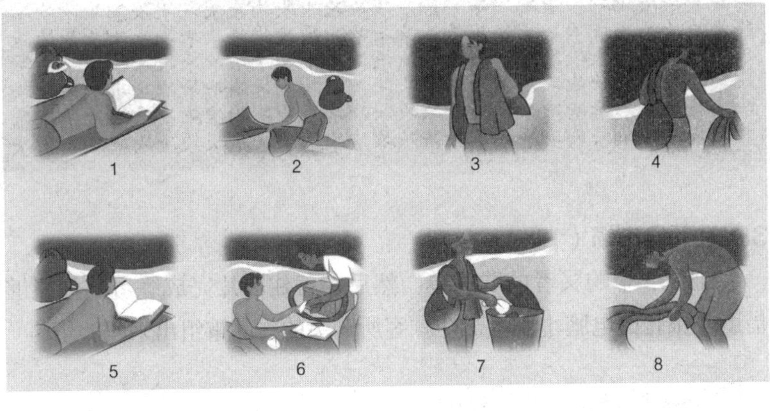

37. 找出入侵者（3）

找出隐藏在每个系列图案中的入侵者。

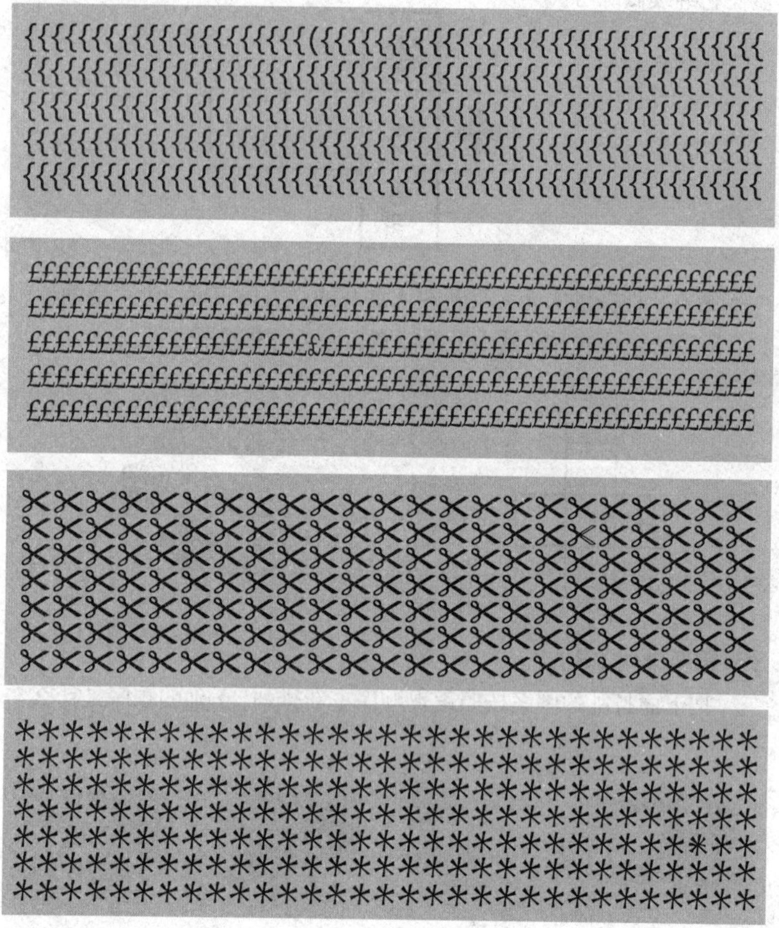

38. 在超级市场（1）

记住 3 个购买者的购物单。然后，盖住图片完成练习。你能够借助收银台的电脑小票将 3 个顾客所购买的物品重组出来吗？

39. 逻辑推理（3）

观察下面的图形，你能推出“？”处应该用哪一项代替吗？

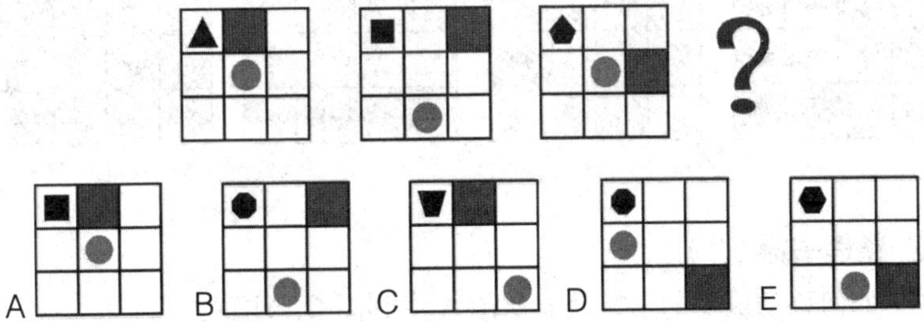

40. 恰当地配对（3）

找出对应的货币和使用国家。

列伊　罗马尼亚

铢　第纳尔

阿根廷　以色列

比索　谢克尔

阿尔及利亚　泰国

找出对应的服装和国家。

纱丽　南美牧人穿的披风

纱笼　泰国

北非有风帽的长袍　缠腰式长裙

塔希提　印度

摩洛哥　秘鲁

建议：如果你对上面的题目不太了解，请不要沮丧。参见答案，然后在一星期后重新做练习，评估你是否取得进步。

41. 正确的选项

下列图形是按照一定规律排列的，按照这一规律，接下来应该填入方框中的是 A，B，C，D 中的哪一项？

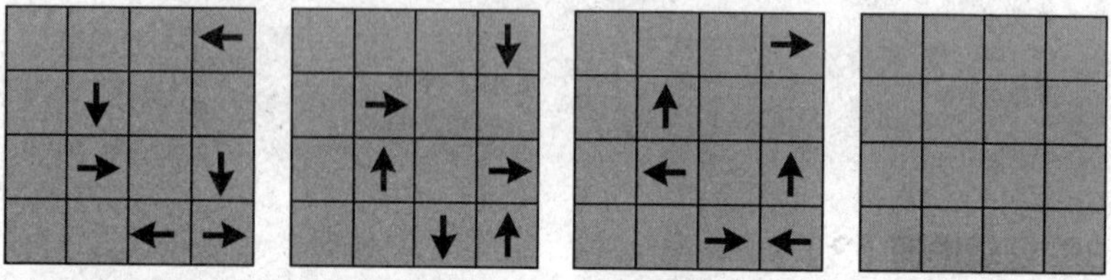

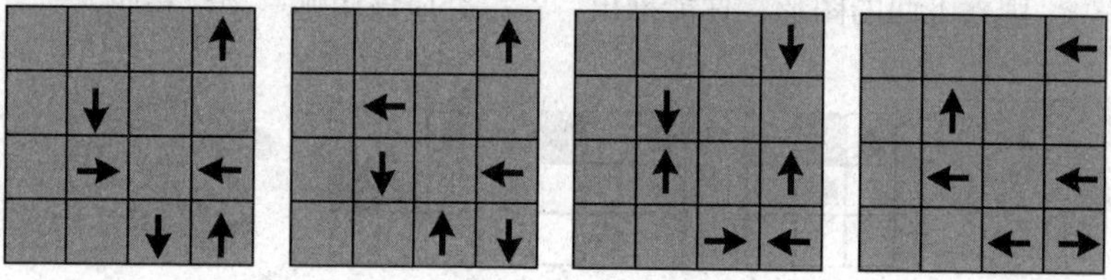

A　　B　　C　　D

42. 整理书籍（3）

如何移动最少的书，就能从图 A 变到图 B，注意：

◎ 不能把一本书放在比它小的书上；

◎ 一次只能移动一本书。

A

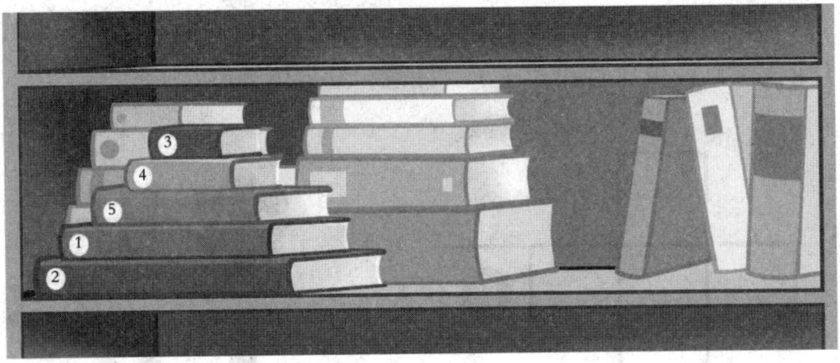

B

43. 正确的图案（3）

仔细地观察下边的图案，然后把它盖住再继续练习。

以下 4 个图案，哪个是你刚记住的?

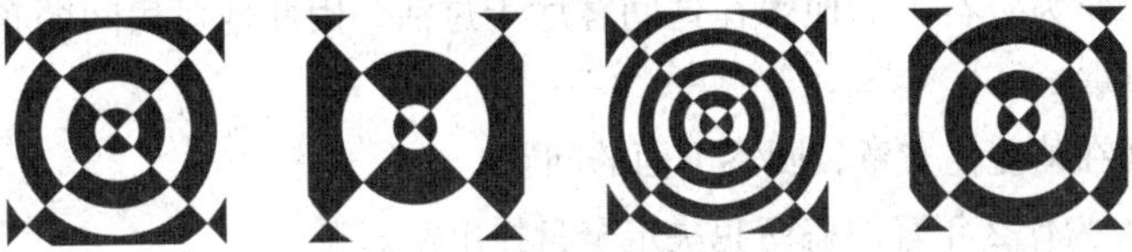

A　　　B　　　C　　　D

44. 旋转的立方体（4）

仔细地观察这个展开的立方体表面，记住图案及其位置。然后，盖住它继续做练习。

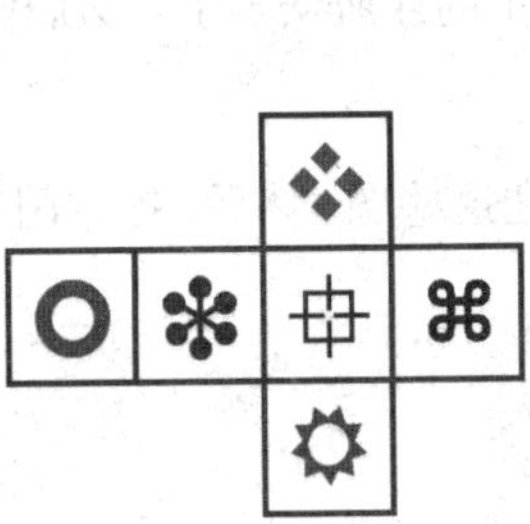

现在，把提供的元素重新放入展开的立方体表面。为了帮助你，1个元素已经被放置在其中了。注意，立方体被旋转了！

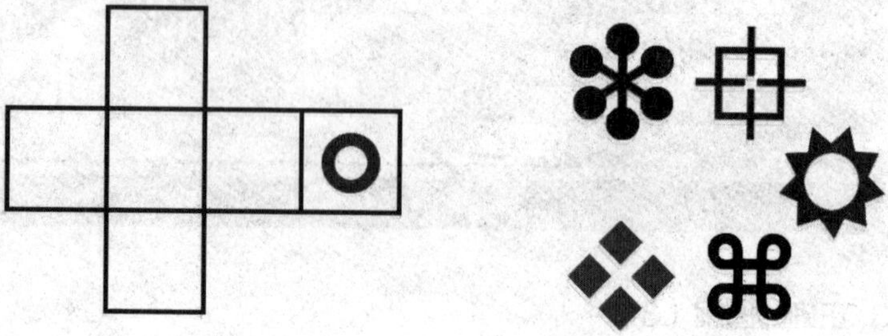

45. 阅读应用（4）

仔细阅读这段文章，然后把它盖住，继续做练习。

年轻的盗窃犯由于内疚，决定向警察全盘托出。在调查人员长时间询问下，他详细地说出了自己是如何潜入银行家的住宅，然后撬开藏在一块大毯子后面的保险箱，毯子遮盖了一间小客厅的整一面墙。作为砖石工的他曾在这间客厅干过活，因此他对房间的布置了如指掌……

现在请盖住文章，回答下面的问题：

◎ 为什么年轻的盗窃犯决定全盘托出？

◎ 谁询问了盗窃犯？

◎ 盗窃犯潜入了谁的住宅？

◎ 保险箱藏在什么地方？

◎ 盗窃犯曾在房主的住所从事了什么职业活动？

46. 缺失的图像（3）

仔细地观察并记住这些图。然后，把它们盖住，继续以下的练习。

现在，请在4个选项中找出一个可以填充的元素，以得到上一个系列。

仔细地观察并记住这些图。然后，把它们盖住，继续以下的练习。

现在，请在4个选项中找出一个可以填充的元素，以得到上一个系列。

仔细地观察并记住这些图。然后，把它们盖住，继续以下的练习。

现在，请在4个选项中找出一个可以填充的元素，以得到上一个系列。

47. 重组旗帜（4）

仔细地观察这面旗帜的颜色和图案。然后，盖住图片完成练习。

现在你已经盖住了旗帜，用以下提供的元素重组上面的旗帜。请选择颜色。

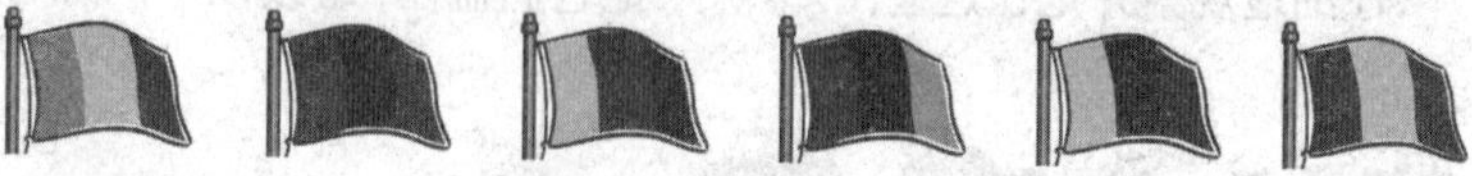

请选择图案。

48. 重新排列（4）

把下面打乱的图案按照逻辑顺序重新排列。

49. 找不同（4）

仔细地观察下面给出的场景，记住不同物体的外形和位置。然后，盖住图片继续完成练习。

现在，请找出这个场景与上面给出的场景之间的 8 处不同。物体可能被置换、移动、拿走……

50. 在超级市场（2）

记住 3 个购买者的购物单。然后，盖住图片完成练习。现在你能够借助收银台的电脑小票将 3 个顾客所购买的物品重组出来吗？

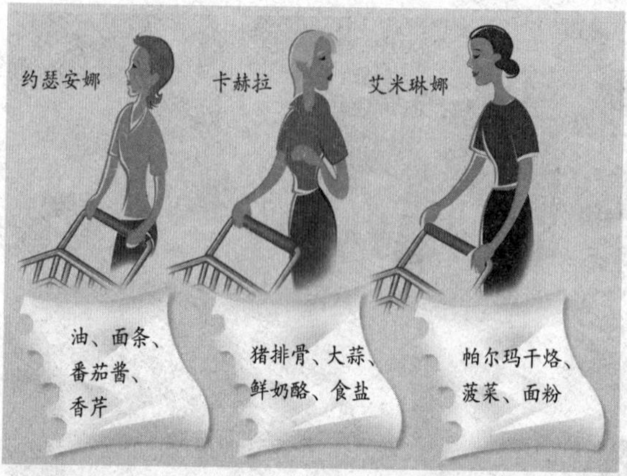

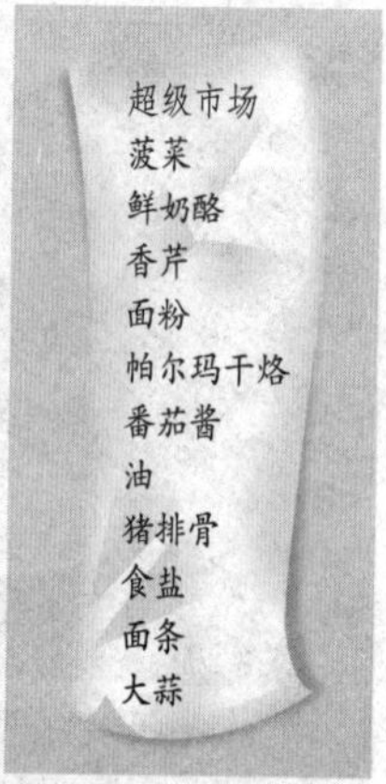

51. 逻辑推理（4）

仔细阅读下面这段文字，然后回答问题。可以不盖住文字。

齐格弗里德喜欢克里姆希尔特和巩特尔。克里姆希尔特喜欢齐格弗里德，讨厌布伦希尔特。巩特尔喜欢布伦希尔特、克里姆希尔特和哈根。布伦希尔特讨厌齐格弗里德、巩特尔和克里姆希尔特。哈根讨厌齐格弗里特和所有喜欢齐格弗里特的人。布伦希尔特喜欢所有讨厌齐格弗里特的人。阿尔贝里希讨厌所有的人，除了他自己。

A. 谁喜欢齐格弗里德？

B. 谁喜欢布伦希尔特？

C. 谁喜欢阿尔贝里希？

52. 整理书籍（4）

如何移动最少的书，就能从图 A 变到图 B，注意：

◎ 不能把一本书放在比它小的书上；

◎ 一次只能移动一本书。

A

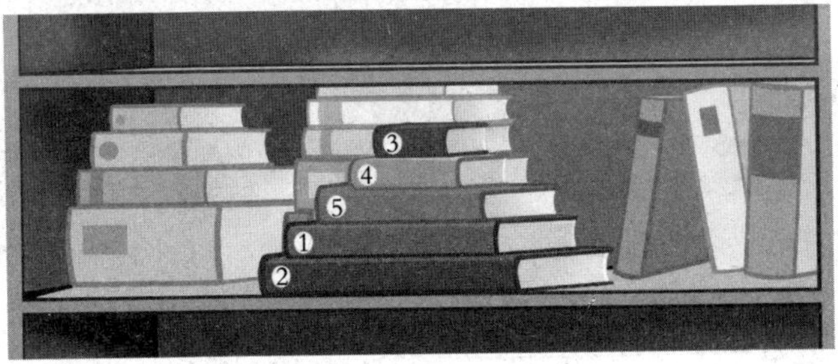

B

53. 正确的图案（4）

仔细地观察下边的图案，然后把它盖住再继续练习。

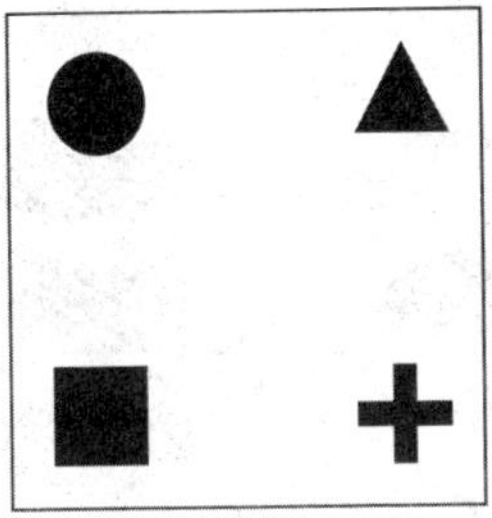

以下 4 个图案，哪个是你刚记住的？

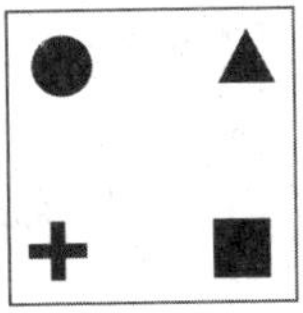

A

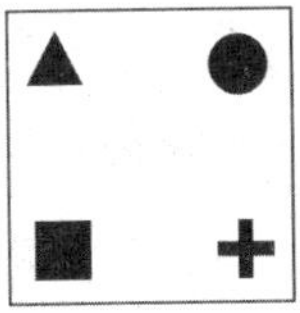

B

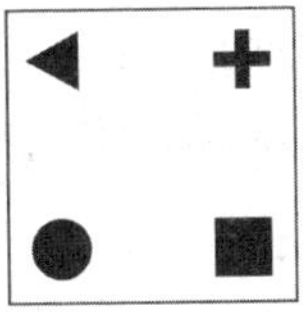

C

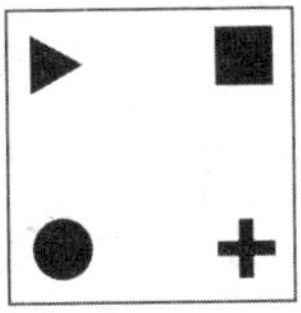

D

54. 逻辑推理（5）

观察下面的图形。

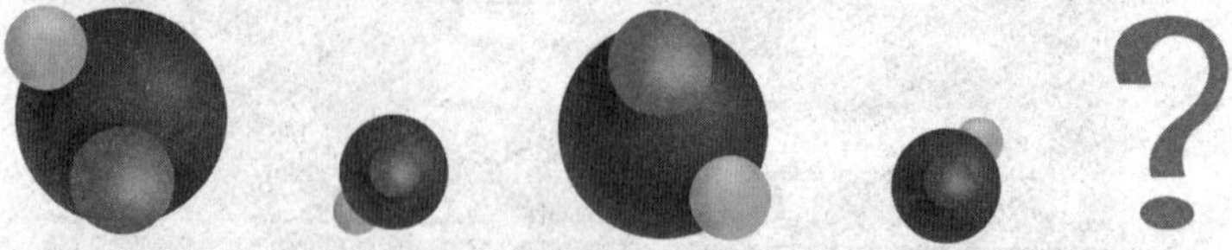

从以下 5 个选项中，找出能够继续上一系列的图形。

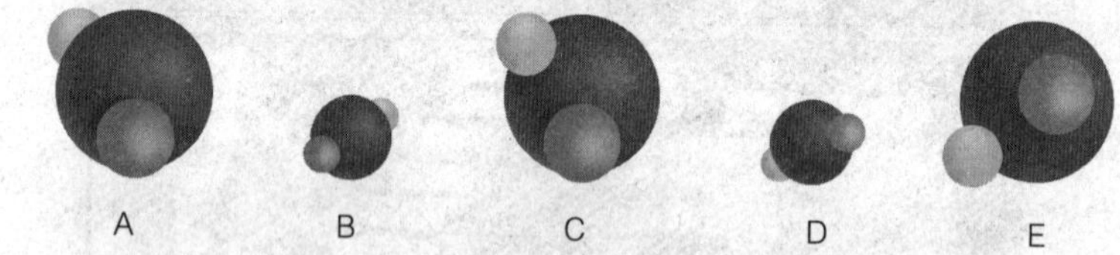

55. 恰当地配对（4）

找出相应的体育运动及其诞生国家　　找出相应的罗马神及其掌管的领域

德国	手球	战争	爱情
滑雪	加拿大	丘比特	内普杜尼
羽毛球	冰球	马尔斯	火
排球	美国	维斯达	海
挪威	英国	酒	巴克斯

建议：如果你对上面的题目不太了解，请不要沮丧。参见答案，然后在一星期后重新做练习，评估你是否取得进步。

56. 找出入侵者（4）

找出隐藏在每个系列图案中的入侵者。

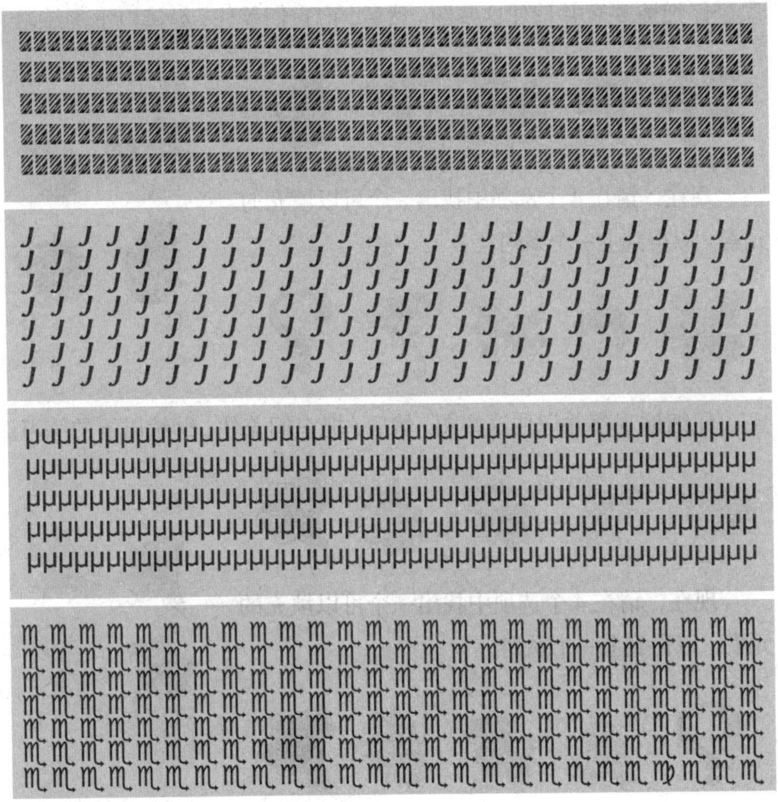

57. 缺失的图像（4）

仔细地观察并记住这些图。然后，把它们盖住，继续以下的练习。

现在，请在4个选项中找出一个可以填充的元素，以得到上一个系列。

仔细地观察并记住这些图。然后，把它们盖住，继续以下的练习。

现在，请在 4 个选项中找出一个可以填充的元素，以得到上一个系列。

仔细地观察并记住这些图。然后，把它们盖住，继续以下的练习。

现在，请在 4 个选项中找出一个可以填充的元素，以得到上一个系列。

58. 迷宫（2）

进入迂回曲折的迷宫，然后尽可能快地出来。

59. 逻辑推理（6）

仔细阅读下面这段文字，然后回答问题。可以不盖住文字。

3 个男孩，约翰、弗雷德里克和查理，每个人乘坐自己的船，离开湖面。船的颜色分别是红色、绿色和蓝色。在红色船里的男孩是弗雷德里克的弟弟。约翰没有乘坐绿色的船。在绿色船里的男孩与弗雷德里克发生了争吵。

3 个男孩分别乘坐了什么颜色的船？

你可以借助以下这个表格进行每一步的推理。

	红色的船	绿色的船	蓝色的船
约翰			
弗雷德里克			
查理			

60. 在镜子中的记忆（3）

仔细观察左边的图案，记住它的形状和所占的格子。然后盖住图案，在右边的“镜子”中对称地画出它的图像。

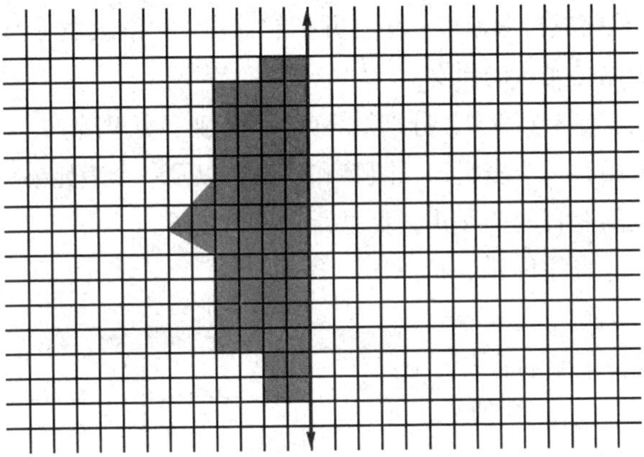

61. 在镜子中的记忆（4）

仔细观察左边的图案，记住它的形状和所占的格子。然后盖住图案，在右边的“镜子”中对称地画出它的图像。

62. 树形家谱图（2）

树形家谱图以简单的方式标出一个家族的亲属关系。

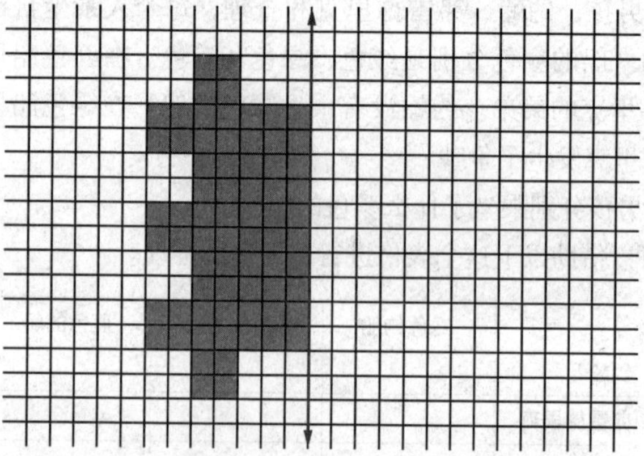

◎ 竖线表示父母—子女关系；

◎ 水平线表示兄弟姐妹关系；

◎ X 表示夫妻关系。

从下面这些确定的关系开始，重新把每个家庭成员放在正确的位置。一旦完成树形家谱，记住并把它盖住，再继续做练习。

◎ 朱丽是尤金的侄女。

◎ 尤金有 3 个孩子，分别是马克、玛丽亚、莫里斯。

◎ 朱丽有两个表姐妹，凯特和珍妮，以及一个表兄弟拉乌尔。

◎ 玛丽亚有两个女儿，莫里斯有一个儿子。

现在请盖住图谱，回答下面的问题。

A. 谁是朱丽的父亲？

B. 尤金的侄子、侄女都是谁？

C. 谁是凯特和珍妮的叔叔？

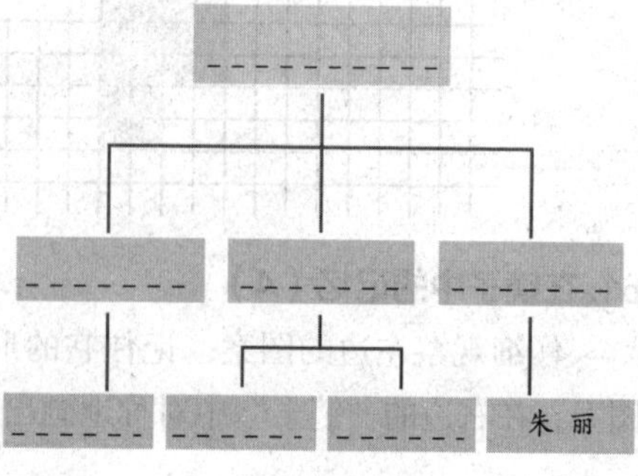

63. 填入缺失的数字

仔细地阅读下面这篇文章，记住其中的数字，然后盖住文章再继续做练习。

自 2002 年以来，法国每年发现 1 000 例军团菌病，而在 20 世纪 80 年代，每年只有 100 多例。这个增长数值，与自 1987 年起，需要义务申报军团菌病并记录在相关登记簿上。

现在，重新填上缺失的数字。

自 ____ 年以来，法国每年发现 ____ 例军团菌病病例，而在 ____ 世纪 ____ 年代，只有 ____ 多例。这个增长数值，与自 ____ 年起，需要义务申报军团菌病并记录在相关登记簿上。

64. 斗兽之星（2）

仔细观察以下这些蛇，记住它们的名字，然后做下面的练习。

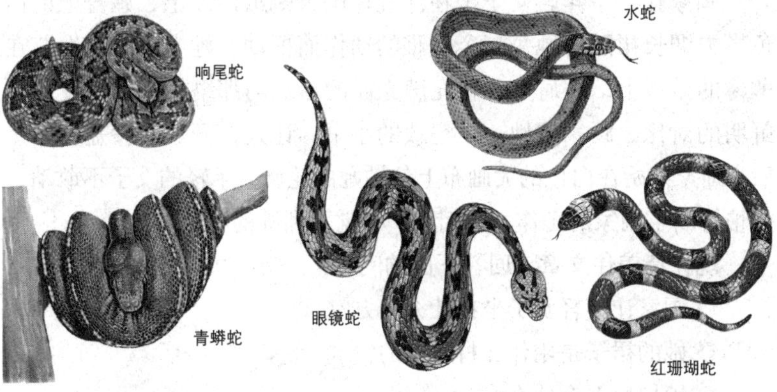

盖住上面的图，然后在以下选项中找出对应的图。

A. 眼镜蛇。

B. 红珊瑚蛇。

C. 水蛇。

D. 青蟒蛇。

E. 响尾蛇。

65. 阅读应用（5）

仔细阅读这段文章，然后把它盖住，继续做练习。

画家让一个年轻女子坐在深红色的天鹅绒沙发上，她身上的白色塔夫绸长裙随着她每一个优雅的动作而摆动。她卷曲的头发落在薄薄的披肩上，披肩上几颗充满光泽的珍珠与那绺棕色的头发形成鲜明的对比。画家给她一本精致的小书，让她打开放在膝盖上。然后，画家开始在白色的大画布上勾勒她的轮廓。年轻的女子不敢动，生怕打断了画家的工作，我们几乎感觉不到她的呼吸。

现在请盖住文章，回答下面的问题：

◎ 画家让年轻女子坐在什么地方？

◎ 她的裙子是用什么材料做的？

◎ 她披肩上有什么？

◎ 画家让她拿着什么？

◎ 为什么年轻女子不敢动？

66. 旋转的立方体（5）

仔细地观察这个展开的立方体表面，记住各个字母及其位置。然后，盖住它继续做练习。

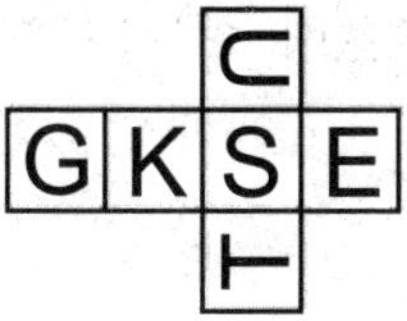

现在，把提供的字母重新放入展开的立方体表面。为了帮助你，一个字母已经被放置在其中了。注意，立方体被旋转了！

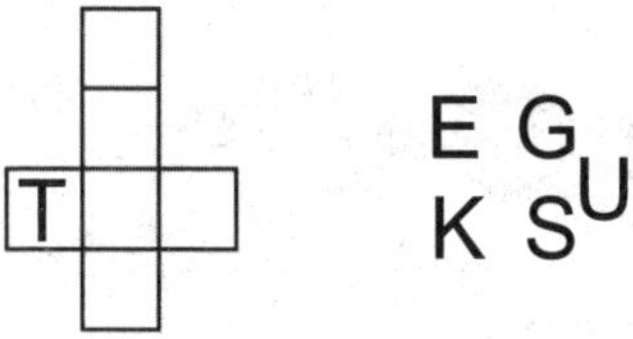

67. 缺失的图像（5）

仔细地观察并记住这些图。然后，把它们盖住，继续以下的练习。

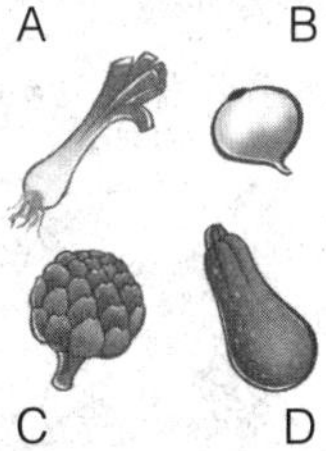

现在，请在 4 个选项中找出一个可以填充的元素，以得到上一个系列。

仔细地观察并记住这些图。然后，把它们盖住，继续以下的练习。

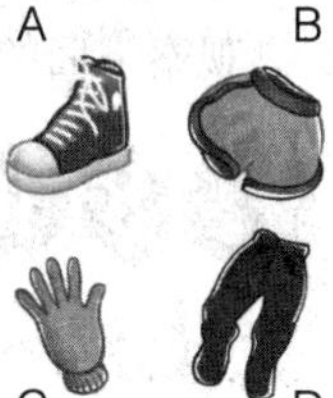

现在，请在 4 个选项中找出一个可以填充的元素，以得到上一个系列。

仔细地观察并记住这些图。然后，把它们盖住，继续以下的练习。

A B

C D

现在，请在 4 个选项中找出一个可以填充的元素，以得到上一个系列。

68. 服务员（2）

记住 4 个顾客的菜单。然后，盖住图片完成练习。现在你能够借助右面的菜名将 4 个顾客的菜单重组出来吗？

咖啡加牛奶
热巧克力
橙汁
茶
面包片
羊角面包
蜂窝饼
烤火腿
炒鸡蛋
蛋糕
白奶酪
猕猴桃
柚子
水果酸奶

69. 逻辑排序（1）

观察下面的数字。

12 8 10 3 5 22 28 1 1 14 7 ?

从以下 6 个选项中，找出能够继续上一序列的数字。

70. 找不同（5）

仔细地观察下面给出的场景，记住不同物体的外形、位置和颜色深浅。然后，盖住图片继续完成练习。

现在，请找出这个场景与上面给出的场景之间的 9 处不同。物体可能被置换、移动、拿走……

71. 他是谁（3）

在备选答案中选择与陈述相关的人物。

网球运动员，1970 年出生于拉斯维加斯，赢得了最大的联赛，其中包括 1999 年的法国网球公开赛。他是谁？

A. 皮特·桑普拉斯。　　B. 安德烈·阿加斯。　　C. 吉姆·库勒尔。

美国民主党派政客，1976年当选为美国总统，《戴维营和平协议》的促成者，但在1980年的总统竞选中因不敌罗纳德·里根而落选。他是谁？

A. 约翰·菲茨杰拉德·肯尼迪。　B. 理查德·尼克松。　C. 吉米·卡特。

19世纪英国女文学家，一个英国浪漫主义诗人的妻子，因幻想小说《弗兰肯斯泰因》而出名。她是谁？

A. 艾米莉·勃朗特。　B. 简·奥斯丁。　C. 玛丽·雪莱。

建议：如果你对上面的题目不太了解，请不要沮丧。参见答案，然后在一星期后重新做练习，评估你是否取得进步。

72. 找出入侵者（5）

找出隐藏在序列图中的入侵者👍。

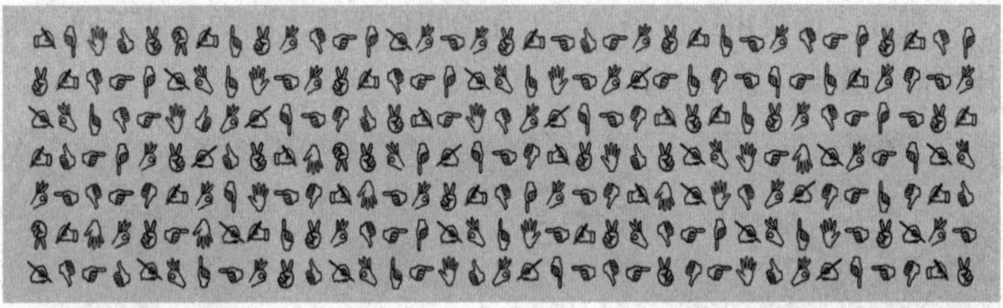

73. 重新排列（5）

把下面打乱的图案按照逻辑顺序重新排列。

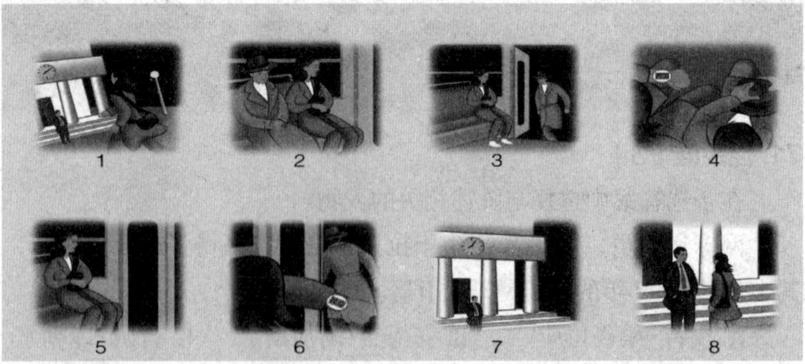

74. 整理书籍（5）

如何移动最少的书，就能从图 A 到图 B，注意：

◎ 不能把一本书放在比它小的书上；

◎ 一次只能移动一本书。

A

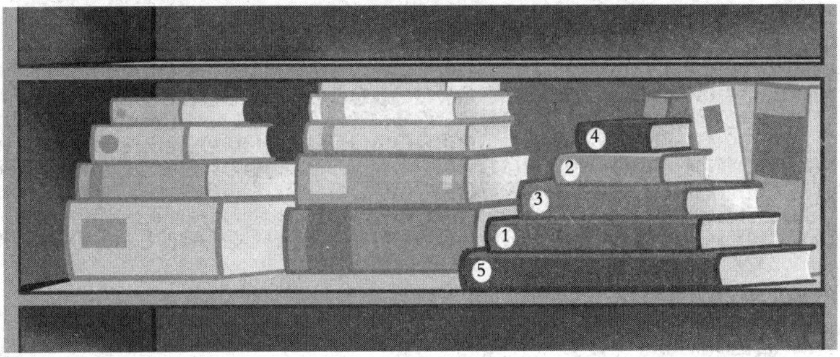

B

75. 重组旗帜（5）

仔细地观察这面旗帜的颜色和图案。

然后，盖住图片完成练习。

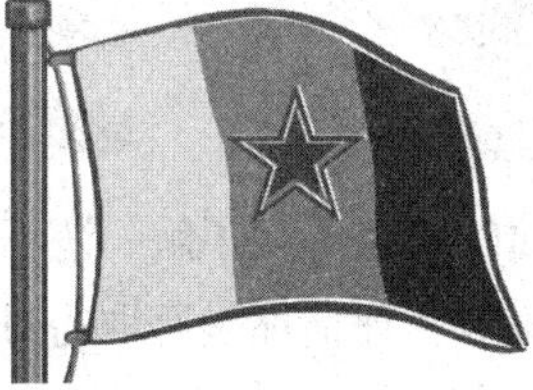

现在你已经盖住了旗帜，用以下提供的元素重组上面的旗帜。

选择颜色。 选择图案。

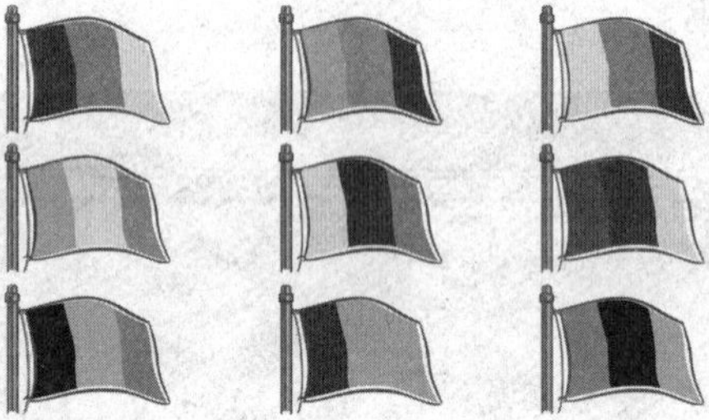

76. 找出入侵者（6）

找出隐藏在序列图中的入侵者❺。

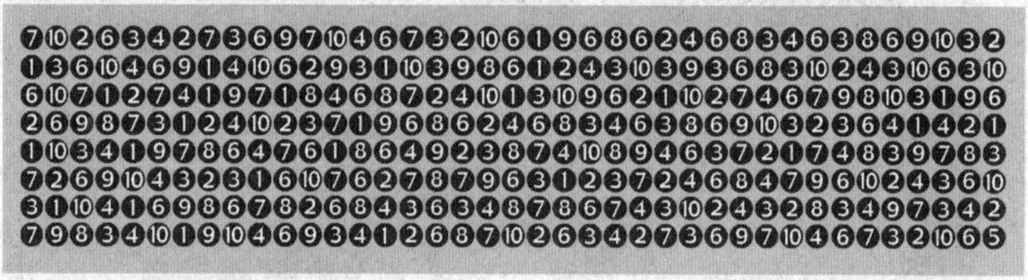

77. 恰当地配对（5）

找出相应的美国各州及其首府。 找出相应的宝石及其颜色。

亚利桑那州	丹佛	天青石	紫色
科罗拉多州	印第安纳波利斯	蓝色	紫水晶
印第安纳州	加利福尼亚州	翡翠	红色
菲尼克斯	夏威夷	黄色	红宝石
火奴鲁鲁（檀香山）	萨科拉曼多	黄玉	绿色

建议： 如果你对上面的题目不太了解，请不要沮丧。参见答案，然后在一星期后重新做练习，评估你是否取得进步。

78. 不相同的项

选项中哪一项与其他项都不相同?

（1）

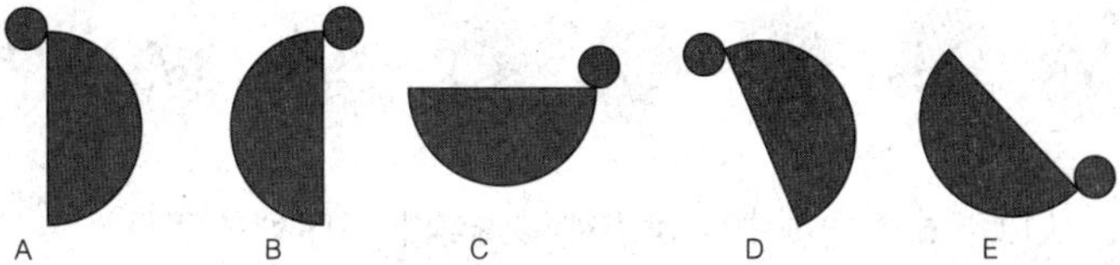

（2）

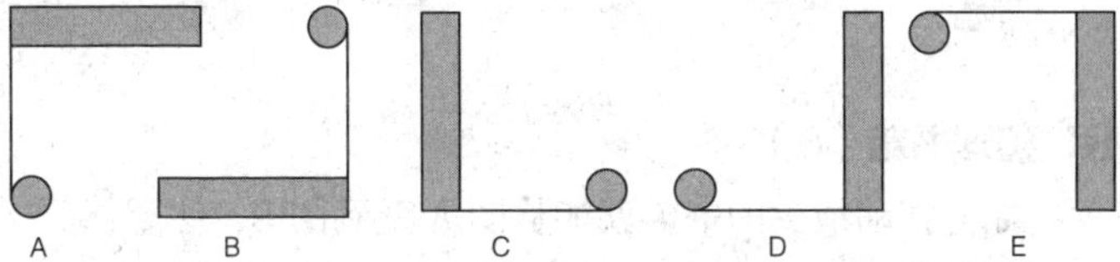

79. 服务员（3）

记住 4 个顾客的菜单。然后，盖住图片完成练习。现在你能够借助下面的菜名将 4 个顾客的菜单重组出来吗?

夹心奶油果
鹅肝油
含羞草鸡蛋
特色沙拉
白豆焖肉
蘑菇汁兔肉
咖喱鸡
烤金枪鱼
波弗特奶酪
库洛米埃干酪
普索罗奶酪
半软蛋味干酪
香蕉船
上校杯
焦糖奶皮
果馅饼

80. 逻辑排序（2）

观察下面的字母。

Y　N　U　J　Q　F　M→?

从以下 6 个选项中，找出能够继续上一序列的字母。

B　N　A　D　K　G

81. 整理书籍（6）

如何移动最少的书，就能从图 A 变到图 B，注意：

◎ 不能把一本书放在比它小的书上；

◎ 一次只能移动一本书。

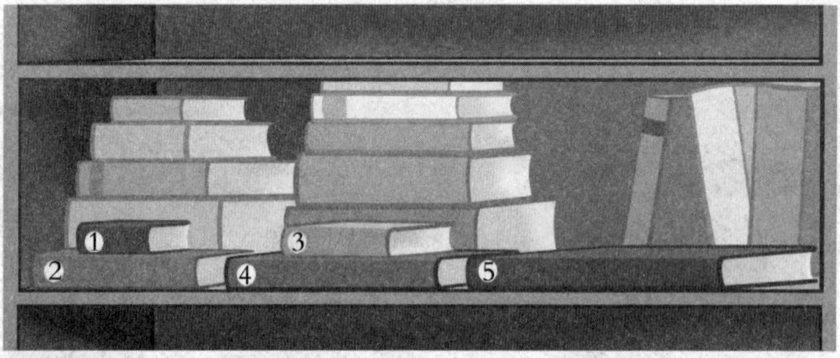

A

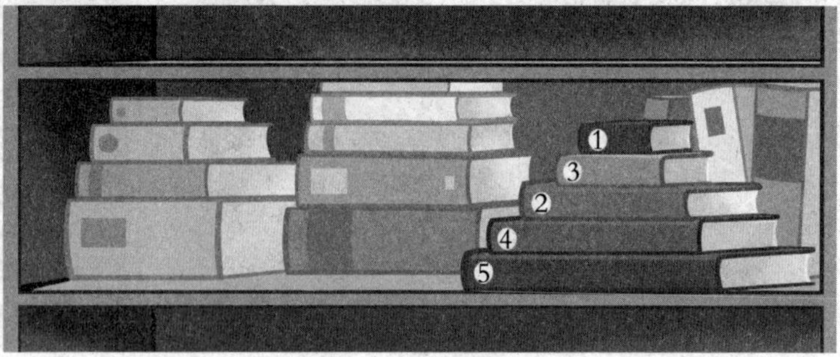

B

82. 逻辑推理（7）

仔细阅读下面这段文字，然后回答问题。可以不盖住文字。

欧德、芭芭拉、塞琳娜和黛尔芬，遇到了埃德蒙、弗雷德里克、纪尧姆和艾尔维，但是他们互不同意对方要做的。最后，根据每个人的品位形成了几对（一个女孩和一个男孩）。欧德想去迪斯科跳舞；芭芭拉和纪尧姆一起走；无论如何，塞琳娜不想和弗雷德里克一起做任何事；艾尔维去了电影院；弗雷德里克去听了一场管风琴音乐会；其中有一对将去公园散步。

他们是怎么分组的，谁和谁在一起。你可以借助以下这个表格进行推理。

	埃德蒙	弗雷德里克	纪尧姆	艾尔维
欧德				
芭芭拉				
塞琳娜				
黛尔芬				

83. 重组旗帜（6）

仔细地观察这面旗帜的颜色和图案。

然后，盖住图片完成练习。

现在你已经盖住了旗帜，用以下提供的元素重组上面的旗帜。

选择颜色。

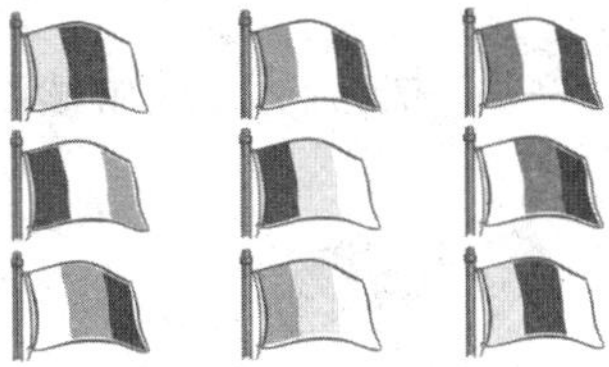

选择图案。

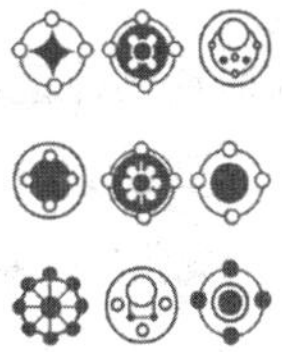

84. 旋转的立方体（6）

仔细地观察这个展开的立方体表面，记住各个字母及其位置。然后，盖住它继续做练习。

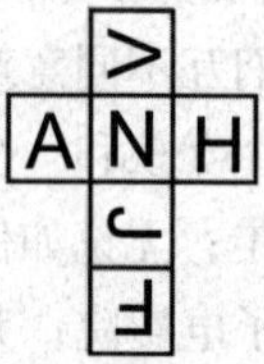

现在，把提供的字母重新放入展开的立方体表面。为了帮助你，一个字母已经被放置在其中了。注意，立方体被旋转了！

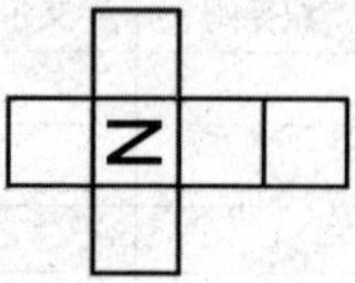

A F V
H J

85. 缺失的图像（6）

仔细地观察并记住这些图。然后，把它们盖住，继续以下的练习。

现在，请在 4 个选项中找出一个可以填充的元素，以得到上一个系列。

仔细地观察并记住这些图。然后，把它们盖住，继续以下的练习。

现在，请在 4 个选项中找出一个可以填充的元素，以得到上一个系列。

仔细地观察并记住这些图。然后，把它们盖住，继续以下的练习。

现在，请在 4 个选项中找出一个可以填充的元素，以得到上一个系列。

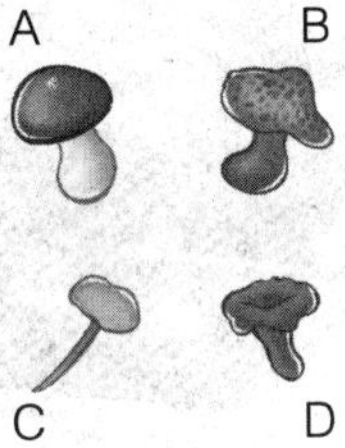

86. 找不同（6）

仔细地观察下面给出的场景，记住不同物体的外形、位置和颜色。然后，盖住图片继续完成练习。

现在，请找出这个场景与上面给出的场景之间的9处不同。物体可能被置换、移动、拿走……

87. 他是谁（4）

在备选答案中选择与陈述相关的人物。

20世纪初的法国作曲家，创作了《佩利亚斯与梅丽桑德》和《牧神的午后序曲》，头像长期被印在20法郎的银币上。他是谁？

A. 古斯塔夫·夏庞蒂埃。　B. 赫克托·柏辽兹。　C. 克洛德·德彪西。

20世纪上半叶的美国工业家，他最早采用流水线作业进行汽车的成批生产，这使他成为汽车工业的先驱。他是谁？

A. 亨利·福特。　B. 伊莱修·汤姆逊。　C. 鲁道夫·狄塞尔。

法国大革命时期的画家，新古典学校的主管，创作的拿破仑圣像使他成为法国拿破仑政权的官方画家。他是谁？

A. 尤金·德拉克洛瓦。　B. 西奥多·杰利科。　C. 路易·大卫。

建议：如果你对上面的题目不太了解，请不要沮丧。参见答案，然后在一星期后重新做练习，评估你是否取得进步。

88. 补白

空白处应该填入哪个选项

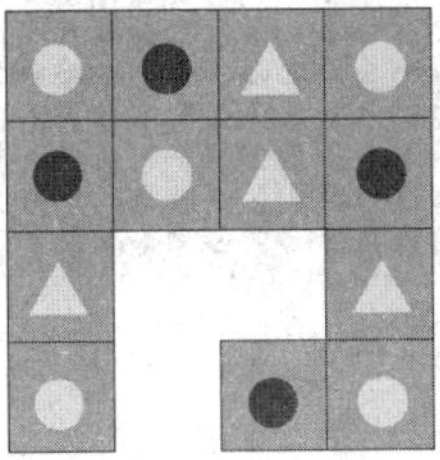

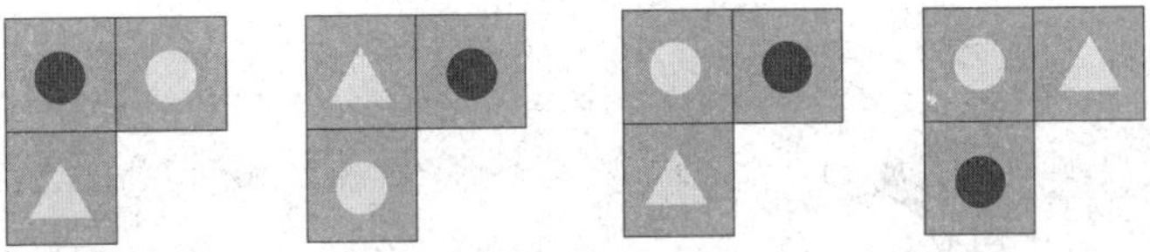

A　　B　　C　　D

89. 找出入侵者（7）

找出隐藏在序列图中的入侵者。

入侵者是：⑥

③⑤⓪②④③⑧⑤⓪③⑧④⑧①③⑤⑧③④⑧⑤⓪②⑨③⑧①②⑧⓪③④⑤②⓪②①③④
⑨③⑧⓪②③⑤⑨④⓪①⓪⑨⑤⑧④⑧③⓪①⑧④⑧⑤①④⓪③②⑧⓪③⑧⑤⑨④②③⓪
⓪②①③④⓪②⑧①③⑤②⑧③①⓪②④③⑤⑨⓪⑨③⑨②⑧⓪③⓪④⑤②①⓪⑤⑧⑨①
①⑧⑦⑤⑧①③⑤⓪⑧⑨①⓪④⑨⑧⑤⑨②⑥④⑤①②⑧⓪⑤④②①⑧③⓪④⑧⑨③⓪⑧
⑤⑧③②④⑤③⑨④②⓪③⑤⓪②④③⑧⑤⓪③⑧④⑤⑨②③⑧⓪⑤⑨②⑧③②⓪④②⑤
②④⓪①⑨⑧⓪③⑧⑤⑧④①③①⑤⓪②④⑧①⑨⓪③⑨①③⑤④①④⓪④⑨⑤①⑧⑨⓪
⑨⓪⑦⑤②①⑤④⓪③①②⓪④②⑨④⑧①③⑤⑧③④⑧⑤⓪②⑨③⑧①②⑧⓪③④⑤②
②①④③⑧⓪⑦①⑤④③⑨⑤①④③⑤⓪⑨④②③①⑤②④⑨⑤①⑧⓪⑤⑨③④②①⑧③

入侵者是：η

ρ π α κ ϖ θ χ τ ψ ω β φ ι τ κ ϕ χ σ π λ ϕ ζ δ κ ϕ α ψ ϖ τ ω τ κ α ρ σ β φ α γ
ζ ε τ ψ υ ο θ ε ϖ κ μ ε ϕ ξ χ α ρ ι τ π ϕ φ ζ κ ε ϖ κ ϕ υ ρ π χ τ ϖ ϕ ι π θ ε
π α ρ ι τ π α δ σ φ κ ψ α ε ω β ψ υ ϕ ζ ι ϖ α ϕ υ σ ρ ζ θ χ μ ϕ α ξ χ ρ ψ α ζ
δ ε κ χ ρ υ ϕ φ γ ε λ ζ χ θ ε ν ι τ κ α ρ σ β φ θ γ π δ ε ϕ ψ ρ δ κ ω θ κ ϕ τ
α θ σ ε ψ ζ σ θ ι υ π τ ε ϕ κ ζ δ ϖ ζ υ τ δ ι χ κ ρ ϕ α π ι τ π ε ζ ψ ε α χ ρ
ψ υ δ κ φ ϖ ε τ ψ υ ο θ ι ρ ϕ μ κ σ θ ε π ρ ϕ ε α ϖ ζ κ μ τ ψ υ ο θ ρ τ δ κ ζ
ι τ π ω β σ α κ χ α ρ ι τ π φ λ α γ ζ α β ψ υ ρ κ λ ϖ φ υ ε θ ω ζ β μ π ε ξ ι
ϕ ε χ θ σ ψ δ ζ η ρ π α κ ϖ θ χ τ ψ ω β φ ι τ κ ϕ χ σ π λ ϕ ζ δ κ ϕ α ψ ϖ τ ω

入侵者是：↖

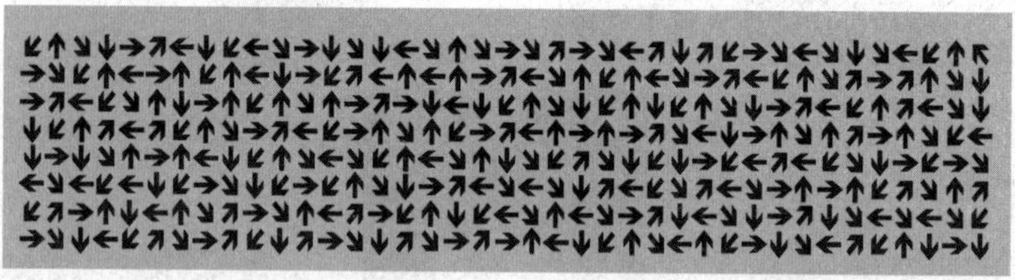

入侵者是：!

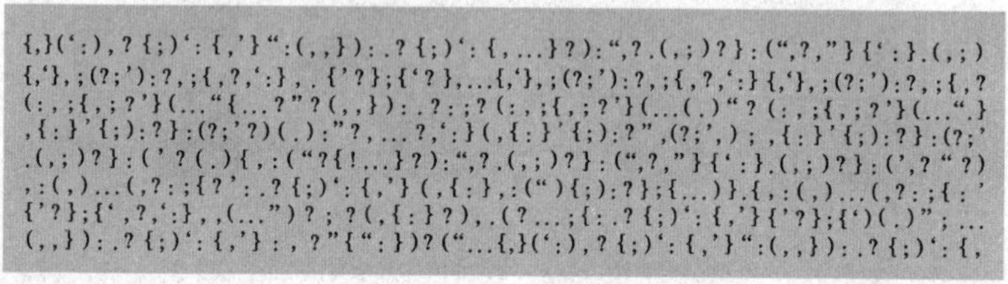

90. 阅读应用（6）

仔细阅读这段文章，然后把它盖住，继续做练习。

10 点整，一个年轻男子穿着特地买来的深灰色西服不安地来到接待台。10 分钟后，人力资源经理让他进入办公室，并长时间地询问他在大学对原子物理学的学习。年轻男子详细地讲述了自己的论文主体，并特别强调了自己曾在一个富有经验的研究团队里从事的研究工作。接着，人力资源经理向他介绍了该企业主要专注于精密医学器材的研究，以及 12 个员工的具体分工。最后，还向他描述了如果他被雇用所需负责的工作。面试结束后，经理向他保证将在极短的时间内给他一个确切的答复。

现在请盖住文章，回答下面的问题

◎ 应聘者的西服是什么颜色的？

◎ 他在几点钟到的接待台？

◎ 他在几分钟后被接待？

◎ 他在大学学的是什么？

◎ 该企业的专业领域是什么？

◎ 该企业已经雇用了多少员工？

91. 服务员（4）

记住两位顾客的菜单。然后，盖住图片完成练习。现在你能够借助左边的菜名将两位顾客的菜单重组出来吗？

腌制烤鸡　小麦粉姜黄蛋糕

沙拉三明治　黎巴嫩兰姆糕

黎巴嫩馅饼　法都什沙拉

92. 在镜子中的记忆（5）

仔细观察左边的图案，记住它的形状和所占的格子。然后盖住图案，在右边的“镜子”中对称地画出它的图像。

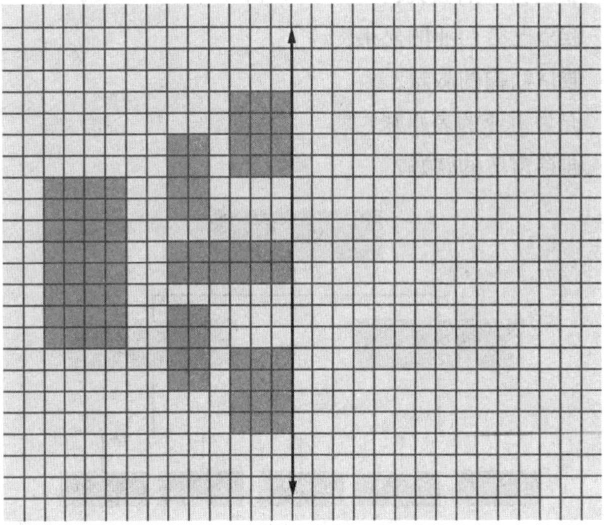

93. 正确的图案（5）

仔细地观察下边的图案，然后把它盖住再继续练习。

以下 4 个图案，哪个是你刚记住的？注意，图案被旋转了。

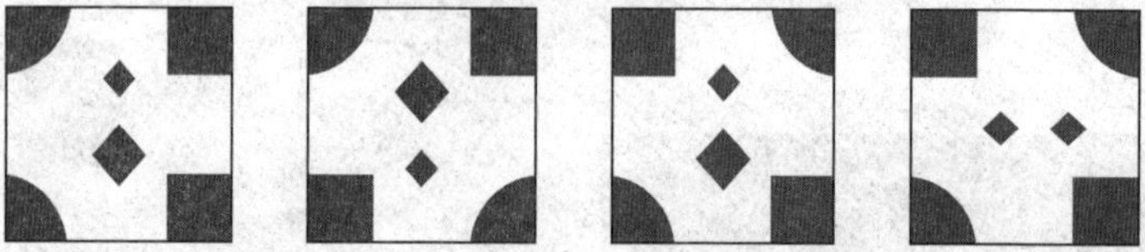

A　　B　　C　　D

94. 树形家谱图（3）

树形家谱图以简单的方式标出一个家族的亲属关系，记住它，然后在回答问题前把它盖住。

A．谁是雷翁的祖父？

B．谁是巴蒂西亚的兄弟？

C．谁是约翰的叔叔？

D．谁是雷亚的表姐妹？

E．谁是雷奥的姨妈？

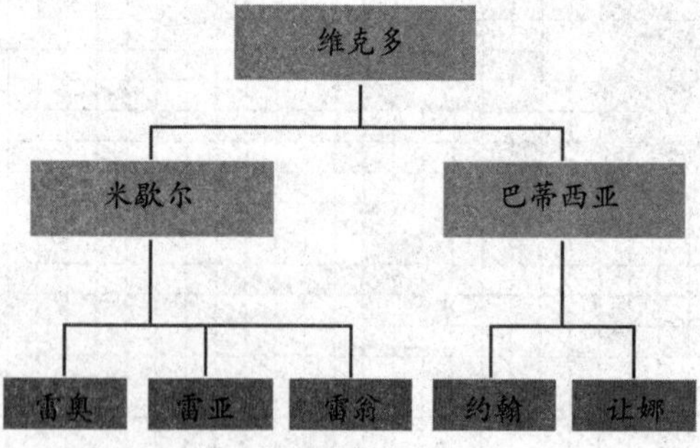

95. 找出入侵者（8）

找出隐藏在序列图中的入侵者。

入侵者是：

入侵者是：и

96. 重新排列（6）

把下面打乱的图案按照逻辑顺序重新排列。

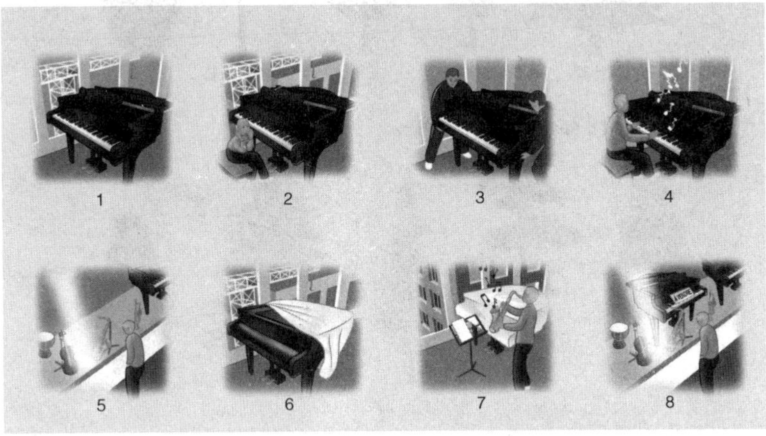

97. 迷宫（3）

进入迂回曲折的迷宫，然后尽可能快地出来。

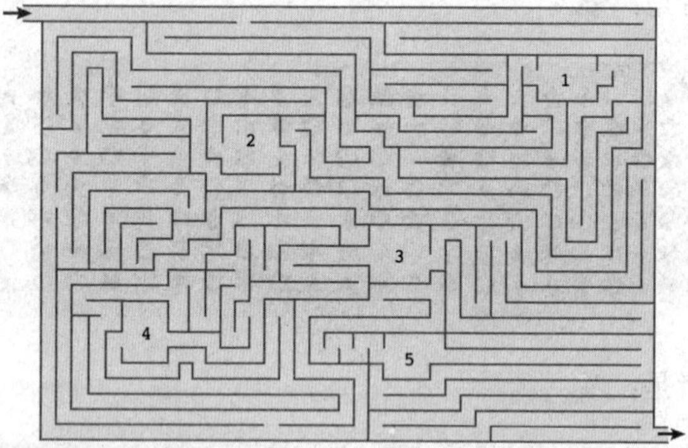

98. 植物专家

仔细地观察下面这些针叶树，并记住它们的名字，然后盖住图继续做练习。

给每一种树标上相应的名字。

99. 补空缺

想想看，哪个选项填到空缺处比较适合呢？

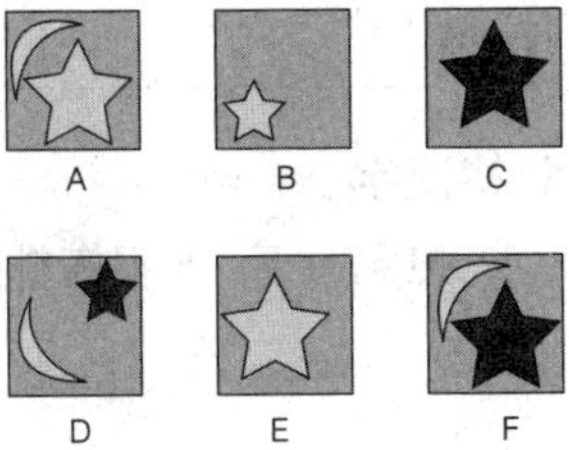

100. 找不同（7）

下面两幅图中有 5 处不同的地方，你能找出来吗？

中级

1. 拼汉字

想象一下，5 根横排的火柴和 3 根竖排的火柴能拼几个汉字？

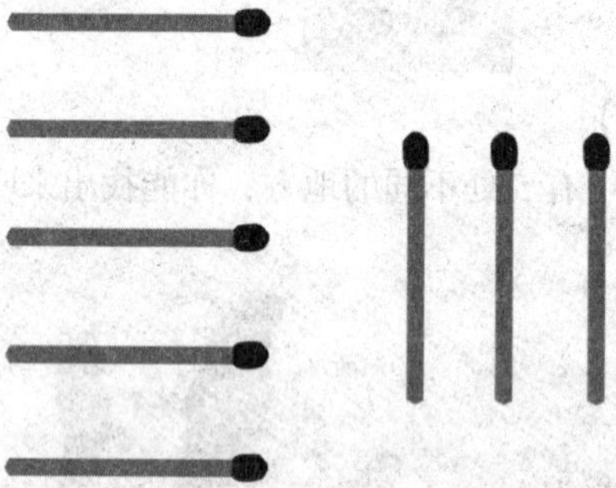

2. 诗词填数

准确地填出下面诗词选句中的第一个字，你会发现它们是一组很有趣的数词。

____年好景君须记（苏轼）

____月巴陵日日风（陈与义）

____月残花落更开（王令）

____月清和雨乍晴（司马光）

____月榴花照眼明（朱熹）

____月天兵征腐恶（毛泽东）

____百里驱十五日（毛泽东）

____千里路云和月（岳飞）

____雏鸣凤乱啾啾（李颀）

____万里风鹏正举（李清照）

____亩庭中半是苔（刘禹锡）

____里莺啼绿映红（杜牧）

____紫千红总是春（朱熹）

3. 纵横交错

横向

1. 国际足联的一个奖项，2004 年被小罗纳尔多夺得。2. 我国一个大型电信运营商。3. 清末农民起义军建立的政权。4. 比喻事情极容易做。5.《碧血剑》中的一个人物。6. 形容极多。7. 教学上对物理、化学、数学、生物等学科的总称。8. 法国作家福楼拜的代表作。9. 由政府执行或托管的保险计划，用来向失业者、老人或残疾人提供经济援助。10. 我国一个著名的软件公司。11. 由社会承办的赡养老人的机构。12. 用于称他人的女儿，有尊贵之意。

纵向

一、“WTO”的中文意思。二、严格执行法律，一点不动摇。三、在其中引发并控制裂变材料链式反应的装置。四、对观看球赛有狂热爱好的人。五、古时对男子的尊称。六、皮皮的一篇以婚恋为题材的长篇小说。七、一个生物群落及其系统之中，各种对立因素相互制约而达到相对稳定。八、我国哲学、社会科学研究的最高学术机构和综合研究中心。九、联合国的永久性保护和平机构。十、雅典奥运会女子万米冠军。十一、投资者协助具有专门科技知识而缺乏资金的人创业，并承担失败风险的资金。

4. 三国演义

有个秀才正翻看《三国演义》时，厨师进来对他说：“老爷，不瞒你说，《三国演义》是我天天必读之书。就拿今天来说吧，我炒菜缺了四样作料，全在这书里面，所以我来看看！”秀才听了半信半疑，他只知道《三国演义》里写的是曹操、刘备和孙权，还没听说过写有做菜用的作料呢。厨师说：“有，老爷你听着——刘备求计问孔明，徐庶无事进曹营，赵云难勒白龙马，孙权上阵乱点兵。”秀才想了想便猜了出来。那么，你能猜出厨师缺哪 4 样作料吗？

5. 疑惑的小书童

明朝有一个著名的文学家，叫冯梦龙。有一年夏天，冯梦龙起床后，发现后院的桃花盛开了，正在这时，有一位姓李的朋友来拜会。冯梦龙便开玩笑说：“桃李杏春风一家，既然您来了，我们就到后院去，一面喝酒，一面赏看您本家吧！”他们来到后院，冯梦龙忽然想起忘了一样东西，就对书童说：“你快去拿一件东西，送到后院来！”书童问：“是什么东西呢？”冯梦龙随口就造了一个谜：“有面无口，有脚无手，又好吃肉，又好吃酒。”书童愣在那儿，猜不出应该去拿什么。你能帮帮这个书童吗？

6. 文学想象

七律、11、火箭、万水千山。与这四种提示有关的事物或概念是什么？请用 2 个字来描述。

7. 成语十字格

请在图中的空格里填上适当的字，使其横竖读起来都是成语。

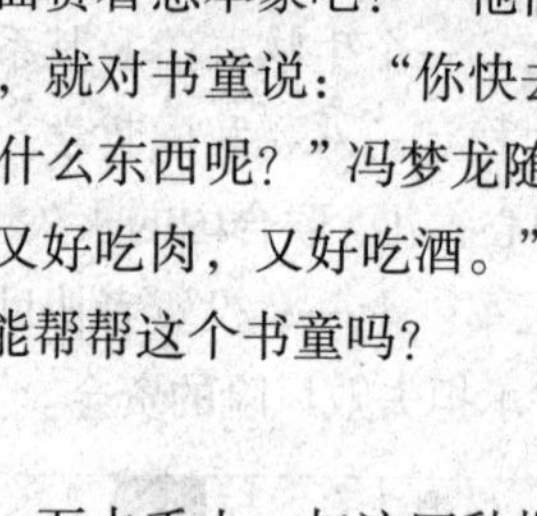

8. 一笔变新字

汉字结构有趣又奇怪，一笔之差就有不同含义。你能将下面图形中的字填上一笔变成另一个字吗？

9. 识图猜字（1）

请你根据图片的展示猜一个字。

10. 一台彩电

桌子上放着一台彩电。A 说：“以这台彩电为道具，谁能连做两个简单的动作，打两个成语？”大家都在静静地思索。忽然，B 走上前来，将彩电开关打开，屏幕上出现了画面，有了声音。没过几秒钟，B 又把电视开关关了。B 的这两个动作并没有引起人们的注意。谁料，A 竟说 B 猜中了谜底。你知道这是哪两个成语吗？

11. 成语猜谜

楚人求剑（打一美术作品类别名）。

12. 几家欢喜几家愁

项羽和刘邦当年争夺天下的时候水火不容，三国时期的刘备和关羽是结义兄弟，如果刘邦听了大笑，刘备听了大哭，这是为什么？请用一个字来回答。

13. 快乐联想

提示一：五行　　提示二：朝代

提示三：撤兵　　提示四：星星

与这 4 种提示有关的事物或概念是什么？

14. 象棋成语

这是一个象棋棋盘，请你在每格空白棋子上填入一个适当的字，使横竖相邻的 4 个棋子能够组成一个成语。

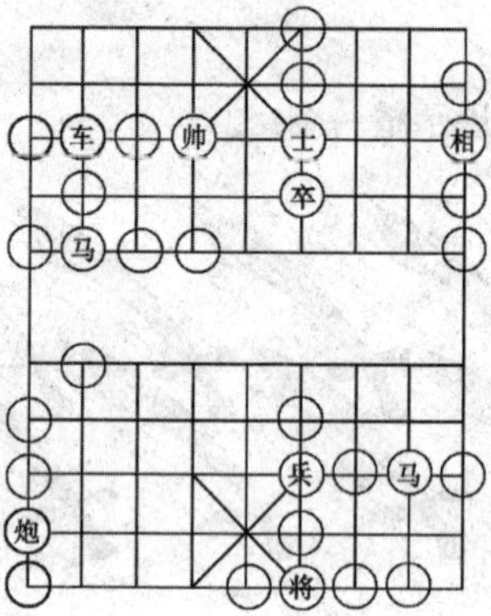

15. 成语接龙

下面的成语，前一个成语的最后一个字，是它后面那个成语的第一个字，这在修辞上叫“顶真”。请在它们之间的空白处填上一个字，使每组成语连接起来。

今是昨（　）同小（　）望不可（　）以其人之道，还治其人之（　）体力（　）若无（　）在人（　）所欲（　）富不（　）至义（　）心竭（　）不胜（　）重道（　）走高（　）沙走（　）破天（　）天动（　）利人（　）睦相（　）心积虑醉生梦（ ）去活（ ）去自（ ）花似（ ）树临（ ）调雨（ ）手牵（ ）肠小（ ）听途（ ）长道（ ）兵相（ ）二连（ ）言两（ ）重心（ ）驱直（ ）不敷（ ）其不（ ）气风（ ）扬光（ ）材小（ ）兵如（ ）采飞（ ）眉吐（ ）象万（ ）军万（ ）到成（ ）败垂（ ）千上（ ）古长（ ）红皂（ ）日作（ ）寐以（ ）同存（ ）想天（ ）天辟地

16. 学三部曲

（1）巴金爱情三部曲：

（2）巴金激流三部曲：

（3）高尔基自传体三部曲：

（4）托尔斯泰《苦难历程》三部曲：

（5）茅盾《蚀》三部曲：

（6）郭沫若《漂流》三部曲：

17. 组合猜字

如图数字方格，每个数字都代表一个文字，两格相加，又可以合成一个字，你能依照下面的暗示猜出此文字来吗？

①1加2等于日落的意思。

②2加3等于日出的意思。

③3加4等于欺侮的意思。

④4加5等于瞄准出击的意思。

⑤2加6等于光亮的意思。

⑥6加7等于丰满的意思。

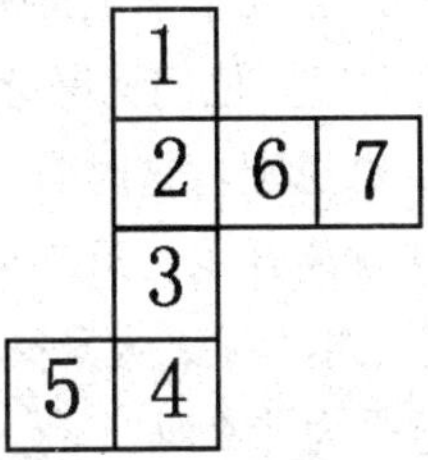

18. 串门

一天，王秀才到朋友家去串门。一进门，他双拳一抱，随即念了一首字谜诗：“寺字门前一头牛，二人抬个哑木头，未曾进门先开口，闺宫女子紧盖头。”朋友稍一思忖，就领会了其中的意思，便也以诗相答：“言对青山不是青，二人土上在谈心，三人骑头无角牛，草木丛中站一人。”王秀才一听，朋友所说的与自己说的完全吻合。

双方哈哈大笑起来。请你猜一猜，这两首字谜诗的谜底是什么？

19. 乌龟信

一位目不识丁的农妇惦记在外做工的丈夫，于是托人捎去一封信。她的丈夫拆开一看，一页全都画着排列整齐的乌龟，最后却是一只竖着的大乌龟。丈夫立刻明白了，收拾起铺盖卷儿，回家去了。

你能从信中看出它的意思来吗？

20. 拜访

齐白石是中国著名画家，有很多学画的人，有的要拜他做老师，有的拿了画来向他请教，也有的学生作品获奖了，来向他表示感谢。

有一天，几个学生拜见老师，他们刚想敲门，却看见门上写着一个“心”字。他们觉得奇怪，只见过门上写“福”字的，写“心”字是什么意思呢？这时有一个学生忽然说：“我明白啦！”说着，拉着同伴就离开了。第二天，他们又来到齐白石门前，只看见门上换了一个“木”字，大家高兴极了，马上敲门进去，拜见了齐白石。你知道这是为什么吗？

21. 长联句读

请你给下面一副长联加上标点：

五百里滇池奔来眼底披襟岸帻喜茫茫空阔无边看东骧神骏西翥灵仪北走蜿蜒南翔缟素高人韵士何妨选胜登临趁蟹屿螺洲梳裹就风鬟雾鬓更苹天苇地点缀些翠羽丹霞莫辜负四围香稻万顷晴沙九夏芙蓉三春杨柳

数千年往事注到心头把酒凌虚叹滚滚英雄谁在想汉习楼船唐标铁柱宋挥玉斧元跨革囊伟烈丰功费尽移山心力尽珠帘画栋卷不及暮雨朝云便断碣残碑都付于苍烟落照只赢得几许疏种半江渔火两行秋雁一枕清霜

22. 成语与算式

对于图中的两盏数字灯，用适当的数字巧填空。使它直行为成语，横行为数学等式。

□ + □ − □ + □ + □ − □ + □ = (10)

心	面	令	分	花	街	上	□

□ + □ − □ + □ + □ − □ − □ = (1)

意	刀	申	裂	门	市	下	□

23. 穿针引线

晚饭后，妈妈在做针线活，爸爸和东东谈论学习情况。爸爸问：“你最近是不是又学了些成语？”东东说：“是的。”爸爸说：“我考考你怎么样？”东东说：“好啊。”爸爸看到妈妈一手拿针，一手拿线，正要穿针引线，就对东东说：“儿子，你能用一句成语把你妈这个动作说出来吗？”你也跟东东一起猜猜吧！

24. 一封怪信

某人被公派驻外地，半年后他突然接到农村不识字的妻子寄来的一封信。打开一看，上面并没有字，只有一连串象形文字似的图画。丈夫接到此信，知道妻子一定有事要告诉他，但又不解其意，急得像热锅上的蚂蚁一样。最后他只得把信带在身上，一有空就仔细研究，终于找到了答案。比如 A 表示他（圈）和他的已怀孕的妻子（同心圆圈），那么下面的 5 个图又表示什么呢？

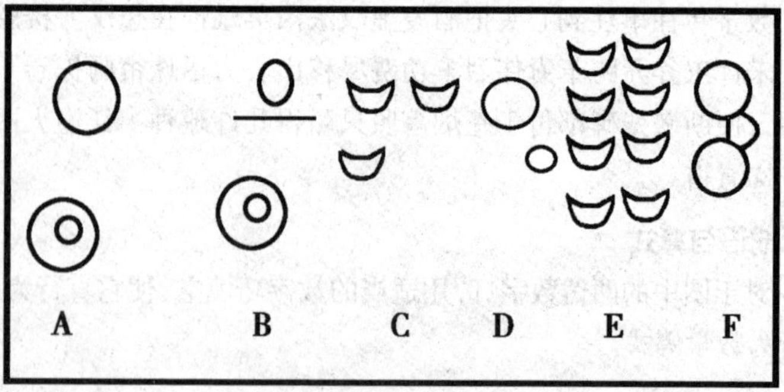

25. 秀才贵姓

从前，一大户人家的老太太过六十大寿，八方宾朋济济一堂。一位秀才进京赶考，路过这里，想求一口饭吃。老太太热情地款待了他。席间，老太太问秀才："贵人尊姓大名？"秀才回答："今天不是老太太的生日宴吗？巧得很，我的姓氏与生日宴很有缘。如果把生日宴三个字作为谜面，打一字，谜底即是。"你知道这位秀才姓什么吗？

26. 成语加减

将下面的成语运用加减法使其完整。

A. 成语加法

（ ）龙戏珠＋（ ）鸣惊人＝（ ）令五申

（ ）敲碎打＋（ ）来二去＝（ ）事无成

（ ）生有幸＋（ ）呼百应＝（ ）海升平

（ ）步之才＋（ ）举成名＝（ ）面威风

B. 成语减法

（ ）全十美－（ ）发千钧＝（ ）霄云外

（ ）方呼应－（ ）网打尽＝（ ）零八落

（ ）亲不认－（ ）无所知＝（ ）花八门

（ ）管齐下－（ ）孔之见＝（ ）落千丈

27.“山东”唐诗

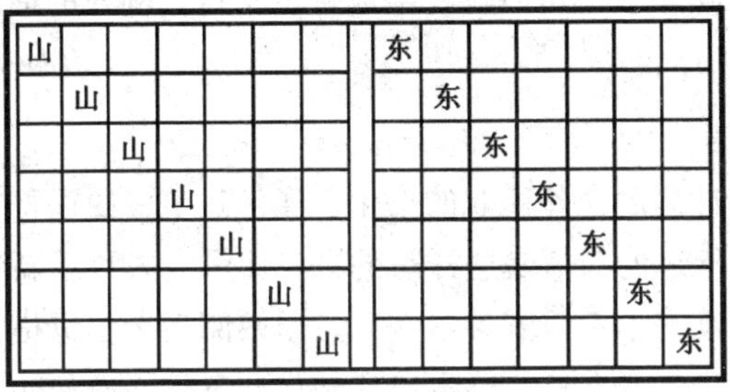

28. 雪中送炭

有一个姓蔡的县官，和郑板桥是好朋友，他受了郑板桥的影响，很同情老百姓的疾苦，他俩经常一起到民间走访，了解民情。有一年春节，他俩一起到大街上去散步，访贫问苦。忽然，他们看到一户人家的门上有一副奇怪的对联。

只见那对联的上联是“二三四五”，下联是“六七八九”。蔡县官正感到纳闷，转身一看，郑板桥不见了。等了好一会儿，只见郑板桥扛了一袋大米、几包衣服，急匆匆地赶来。他们敲开了门，原来那是一个穷书生，正又冷又饿地在发愁。郑板桥把东西送给了主人，蔡县官问郑板桥：“是谁告诉你他需要衣服和粮食呢？”郑板桥得意地说：“是对联谜呀！”你知道为什么吗？

29. 汉字拼凑

五角形图案外围有一至十 10 个数字，内围有十个汉字，请将数字与汉字相互拼凑起来，拼成 30 个新汉字。

30. 真实的谎言

有一次，马克·吐温与一位夫人对坐聊天。马克·吐温对这位夫人说：“你真漂亮。”夫人高傲地回答：“可惜我实在无法同样地称赞你。”对于夫人的傲慢无礼，马克·吐温毫不介意地笑笑说：“没关系，____________。”

马克·吐温用一句话就委婉地否定了自己刚才的话。你知道他是怎么说的吗？

31. 老父读信

有位背井离乡在外谋职的书生，逢年过节，便遥寄家书向爹娘报平安。这年，他的信是这样写的：“父母大人拜上新年好晦气全无人丁兴旺读书少不得五谷丰登”。爹娘阅后老泪纵横，直咬牙跺脚不该让儿子孤身在外，以致流落到如此下场。遂匆匆派人去千里之外寻儿归乡。儿子好生奇怪，说：“我在信中不是已向父母禀告生活平安、万事如意了吗？怎么老父还不放心？”家丁便把老父的信从怀中掏出展开，书生只见老父在自己的信上加了几个标点：“父母大人拜上：新年好晦气，全无人丁兴旺。读书少，不得五谷丰登。”书生读罢，恍然大悟，遂重新卷袖挥毫，在原有的信上重又添了标点，让家丁带回。读者朋友，你知道书生是怎样添加标点的吗？

32. 诗词影片名

有些电影片名是从古诗词中择取的。请你为下面诗词填出电影片名。

（1）何当共剪西窗烛，却话__________时。

——李商隐《夜雨寄北》

（2）山重水复疑无路，__________又一村。

——陆游《游山西村》

（3）无可奈何花落去，似曾相识________。

——晏殊《浣溪沙》

（4）三十功名尘与土，______________。

——岳飞《满江红》

（5）问君能有几多愁？恰似____________。

——李煜《虞美人》

（6）_________其修远兮，吾将上下而求索。

——屈原《离骚》

（7）________________，处处闻啼鸟。

——孟浩然《春晓》

（8）当时明月在，曾照____________。

——晏几道《临江仙》

（9）_______________路，孤舟几月程。

——贾岛《送耿处士》

（10）岂有豪情似旧时，____________两由之。

——鲁迅《悼杨铨》

33. 断肠谜

相传朱淑贞曾以断肠之情巧制《断肠谜》一则，字里行间充满着一片怨恨决绝之情，此谜制得确实巧妙："下楼来金钱卜落，问苍天人在何方；恨王孙一直去了，詈冤家言去难留；悔当初吾错失口，有上交无下交；皂白何须问，分开不用刀；从今莫把仇人靠，千里相思一撇消。"

谜面由 10 个句子组合，每句各打一字，你知道是什么吗？

34. 巧对对联

有一次，乾隆和纪晓岚对对联，乾隆说出了上联："两碟豆。"纪晓岚对曰："一瓯油。"乾隆皇帝听后，狡黠一笑说："朕说的是'林间两蝶逗'。"纪晓岚聪明过人，早已料到乾隆的对联暗含玄机，于是不慌不忙地应道：__________________乾隆听后连夸对得好。请问纪晓岚对的是什么？

35. 是否别字

有一次，张作霖应邀参加一个酒会。席间有个日本名流拿出笔墨请张作霖赏一幅字画，因为他听说张作霖大字不识几个，想当众让其出丑。不料，张作霖胸有成竹，挥笔写了个大大的"虎"字，然后落款"张作霖手黑"。众人见此一阵拍手称好。这时，秘书一看，凑近他，小声提醒说："大帅，您写的'墨'字少了一个'土'，成了'手黑'了。"张作霖却把眼一瞪，掷笔而起，朗声说了一句话，语惊四座。你知道他说了什么吗?

36. 趣味课程表

这是一张课程表，请在空格处填上字，使其成为成语，但不能重复。

1				生	物			
2				化	学			
3				美				术
4				外	语			
5				科	学			
6				哲	学			
7				数	学			
8				物	理			
9				心	理			
10				天	文			
11				音	乐			
12				地	理			
13				生	物			
14				农		科		
15				政	治			
16				体			育	
17				经	济			
18				法			律	
19				语	文			
20	历				史			

37. 屏开雀选

在图中的空白圆圈内填入一个适当的汉字，使其与左右的字都能组成一个新的字。

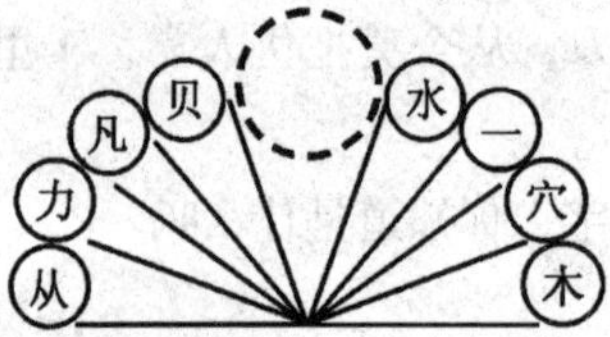

38. 相得益彰

横向：

1. 中国革命伟大的先行者。

2.Taxi 的中文名。

3. 金庸小说《射雕英雄传》中黄蓉的父亲。

4. 中国古代四大名著之一。

5. 秦文君著的描写当代中学生的日常生活的小说。

6. 日本著名漫画家鸟山明的得意作品。

7. 一种涂着蜡质材料供复写的纸。

8. 天文学上的距离单位，约等于 94605 千米。

9. 一种内容通俗、词句诙谐的旧体诗。

10. 指时机难得，必需抓紧的成语。

11. 锌跟稀盐酸或稀硫酸反应生成的气体。

12. 韩寒的成名之作。

13. 四川的美称。

14. 中国的第二大岛。

15. “老骥伏枥”的下句。

纵向：

一、一种可以帮助学习英语的机器。

二、四川出版的一本中学生杂志。

三、形容见不到一点光明的成语。

四、安徽省的地方剧种。

五、碳酸钠的俗名。

六、陈寿写的一本史书。

七、诸葛亮北伐时，给皇帝的一份奏章。

八、一种每句有七个字的古诗体例。

九、成语，形容来往车马很多、连续不断的热闹情景。

十、计量海洋上距离的长度单位。

十一、成语，形容妇女服饰华贵富丽，闪耀着珍宝的光色。

十二、《史记》的体裁。

十三、糖尿病人缺少的东西。

39. 环形情诗

电视剧《鹊桥仙》中，苏小妹给新郎秦少游出了 3 道考题，全部答出方能入洞房。其中有一道题要求将环形的 14 个字断分成 4 句七言诗，每句首尾几个字可重叠。你能把苏小妹的诗准确地读出来吗？

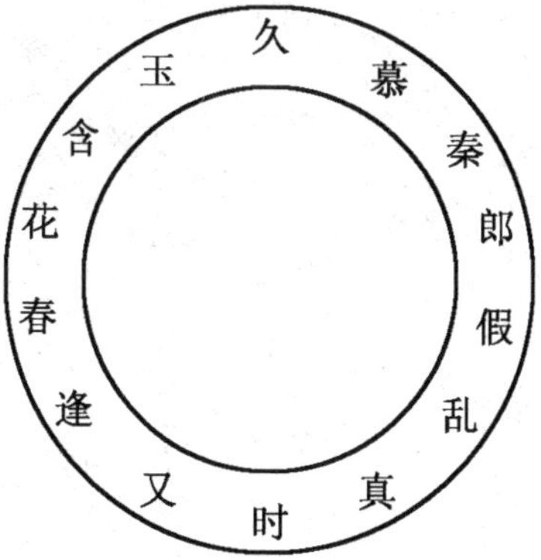

40. 组字透诗意

下面有禾、青、九、十 4 个字，请你在中间的空白格内填上一个字，使它分别与这 4 个字拼成另外 4 个字，而且使拼成的字又符合下边诗句的寓意。

禾稳扬花菊开月，青天无云不飞雪。

九九艳阳东升起，十足干劲迎晨曦。

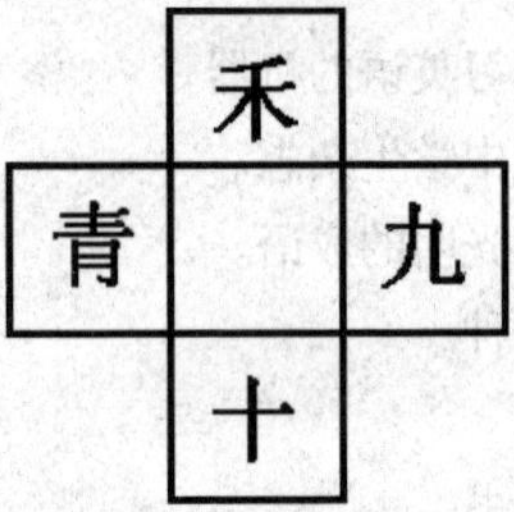

41. 多维提示

用 3 个字来描述与下列词语有关的事物。广告、荧光粉、维多利亚女王、哨兵。

42. 几读连环诗

下面是一首连环诗，请你发挥你的想象力，说说能读出几种读法来吗？

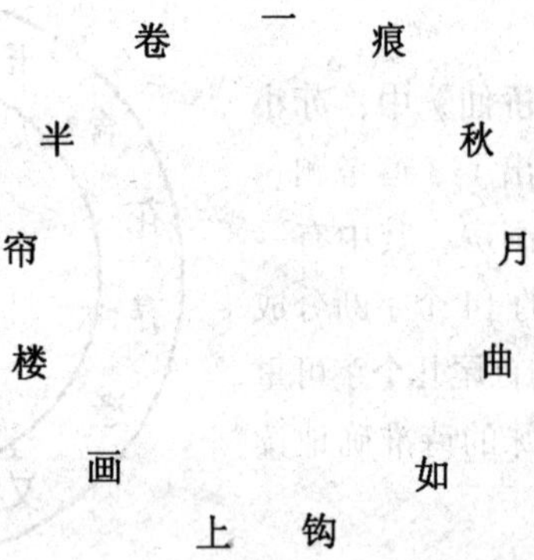

43. 树木字谜

猜一个字：砍去左边是树，砍去右边是树，砍去中间是树；只有不砍不是树。

（打一字）

44. 什么关系

根据提示，想想与提示有关的事物或概念是什么？提示：公鸡、帚、灰尘、竹棒

45. 孪生成语

把图中的方框填满，组成像双胞胎一样的成语。

□波□□，□波□□
□夫□□，□夫□□
□年□□，□年□□
□可□□，□可□□
□事□□，□事□□
□为□□，□为□□
□不□□，□不□□
□则□□，□则□□
□高□□，□高□□
□者□□，□者□□

46. 难解之谜

有一次，在美国洛杉矶举行的中美作家联谊酒会上，美国著名诗人金斯伯格请中国作家蒋子龙猜个谜语，把一只5斤重的鸡装进一个只能装1斤水的瓶子里，用什么方法把它拿出来。蒋子龙立刻答道：________________

金斯伯格哈哈大笑，伸出大拇指说："你是第一个猜出这个谜语的人。"你知道蒋子龙是怎么回答的吗？

47. 文静的姑娘

一位精明的老板为了招揽生意，将一件一寸高的玉雕仕女摆在陈列台上，旁边附有说明："本店愿以谜会友。用这一个寸人作谜面，打一字，猜中者，此玉雕仕女便是赠品。"这一招真灵，店内天天顾客盈门。只是一连几天没有谁能猜中。这一天，老板正拿着"一寸人"向顾客夸耀时，一位文静的姑娘从老板手中抢过玉雕，转身便走。保安人员正要前去阻拦，老板说话了："她猜中了。"

你知道这个谜底是个什么字吗？

48. 水果汉字

以下 5 个盘子中，放着香蕉、梨和苹果。这 3 种水果分别代表一个汉字。请问代表什么汉字时，每个盘子中的水果都能组成一个新字？

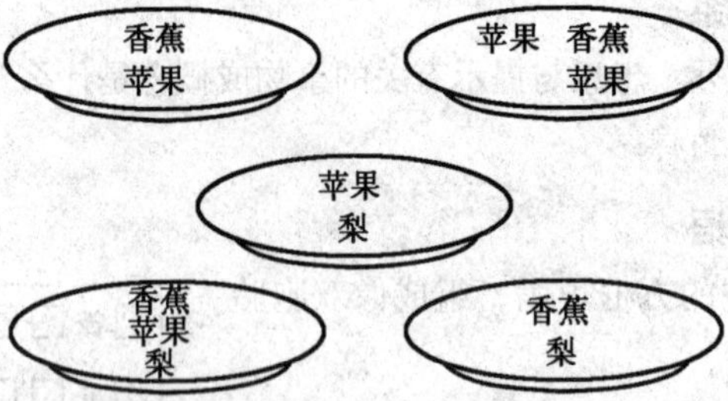

49. 拆字猜谜

以“客”为谜面，用拆字法打三食品名。

50. 运动会

个个参加运动会。（打一字）

51. 张三李四

张三好不容易攒了三百两银子，放哪儿都怕丢。最后，他把银子埋在后院，在上面立了一块板，上面写着“此地无银三百两”。李四把银子偷走，怕张三知道，便在原地又立一块板，上面写着“隔壁李四不曾偷”。结果，张三将李四告上了公堂。这个故事说明了什么呢？请你用一句成语来回答。

52. 填字组字

在括号中填一字，使这个字与括号外面的字分别组成一个字：古（　）巴。

53. 郑板桥劝学

有一天，郑板桥路过一座学堂，听到里面传来嘻嘻哈哈的声音，走过去一看，原来是一群调皮的学生正在课堂上打闹呢。“你们太不像话了，赶快好好读书吧！”郑板桥生气地说。有个学生看他穿着布衣草鞋，还以为是个老农民，就没理会，郑板桥见状说：“出一道谜题，猜不对，你们就好好读书！”他看到学堂旁边是厨房，里面有一样东西，就当场吟了一首咏物诗：“嘴尖肚大个不高，放在火上受煎熬。量小不能容万物，二三寸水起波涛。”学生们猜了半天，谁都猜不出来，只好老老实实地去读书了。郑板桥咏的是什么东西呢？

54. 字画藏唐诗

下面每一幅图片都是由一句唐诗组成的，分别写出来。

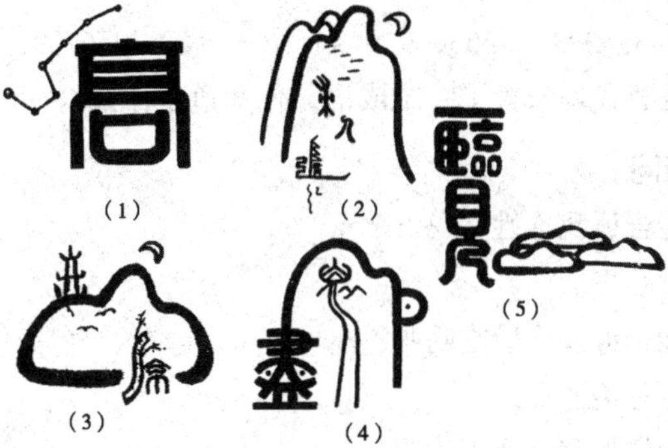

（1） （2） （3） （4） （5）

55. 聪明的长生

古时候，有个叫长生的人在一财主家打工。一天，财主想难为他，出了这样一条谜语：“坐也坐，卧也坐，立也坐，走也坐。打一动物。”长生不假思索地对财主说：“我也给你出一条谜语：坐也卧，卧也卧，立也卧，走也卧。打一动物。”财主猜不出来，长生说：“我的谜底能吃你的谜底。”你知道这两个谜底分别是什么吗？

56. 大树不得砍

中国古代有个叫徐孺子的小孩，他聪明好学，能说会道。一天，父亲带他到一个朋友家做客。敲了几下门，不见主人来迎接。徐孺子从门缝朝里一看，只见主人正在院子里挥着斧子砍树呢。徐孺子大声呼喊，主人才听到，忙开门迎接客人。

徐孺子见大树枝繁叶茂，便问：“大伯，这么好的树，为什么要砍呀？”主人说：“院子方方正正像口字，树就是木，口中加木就是困，不吉利！”

徐孺子听了，觉得好笑。为了保住这棵大树，他暗暗想了个主意，忽然说：“大伯，你要砍了这棵树，更加不吉利！”

父亲生气地说：“小孩子，不要胡说！”徐孺子对着主人耳朵劝说了一番。主人听了，连声说：“对，大树不能砍！”你猜徐孺子说了些什么？

57. 数字藏成语

3.5；2+3；333 和 555；9 寸 +1 寸 =1 尺；1256789；12345609。上述数字或数式均暗含了一个成语，你知道是什么吗？

58. 答非所问

甲：能告诉我你姓啥吗？

乙：没心思。

甲：能告诉我你爱吃啥吗？

乙：青春美丽豆。

甲：能告诉我你爱喝啥吗？

乙：值得一笑。

以上看似所答非所问，实际上乙回答的正是甲所问的问题。你知道乙都回答了什么吗？

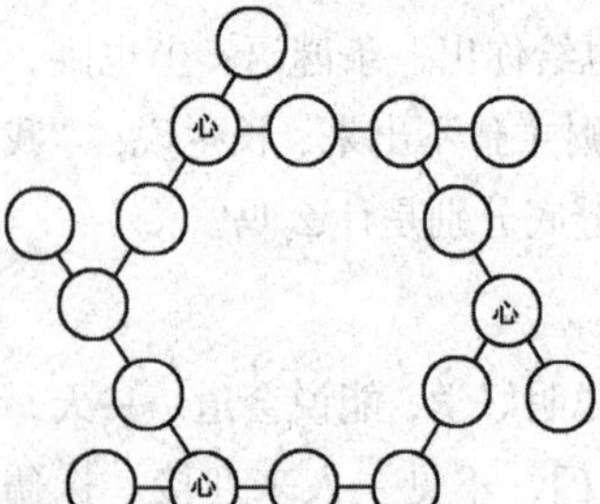

59. 心连心

请在圈中填上适当的字，使它们组成相关的 6 条成语（3 个圈内已有 3 个“心”字，要求“心”字在成语中的位置：第一个到第四个至少有一个）。

60. 蜻蜓点水

小雅被一幅蜻蜓点水图吸引住

了。小杨说：“这幅画其实就是一条字谜。猜一个字。”小雅百思不得其解。你知道谜底是什么吗？

61. 人名变成语

下列表格中有 14 个人名，要求在人名前后的空格里填上适当的字，使之成为成语。

①				关	羽				⑧				马	忠			
②				张	飞				⑨				张	松			
③				马	超				⑩				乐	进			
④				黄	忠				⑪				李	通			
⑤				赵	云				⑫				黄	盖			
⑥				孔	明				⑬				孙	权			
⑦				马	良				⑭				丁	奉			

62.“5”字中的成语

请你把不、开、百、以、花、为、然、争、齐、道、岸、家、锣、放、貌、鸣 16 个字，填在下面的“5”字形格子里，使横竖读起来都是成语。

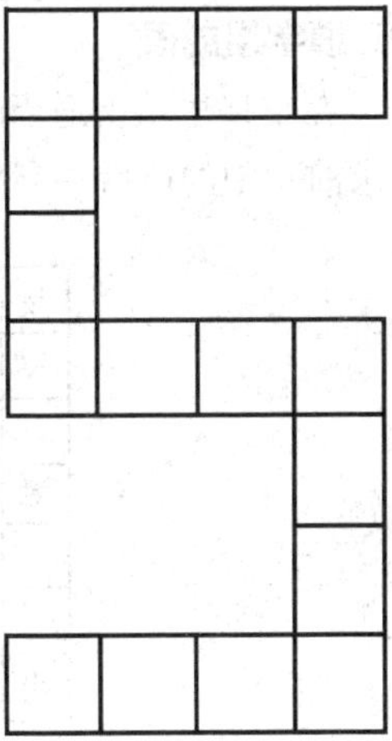

63. 三谜同底

有一次，苏东坡到妹妹家里做客，三位猜谜高手在一起，当然少不了又要猜谜啦！一直到吃午饭的时候，他们还在一个劲地猜呢。苏小妹看到饭桌上有鲤鱼，就出了一个字谜：“我有一物生得巧，半边鳞甲半边毛，半边离水难活命，半边入水命难逃。”苏小妹的丈夫秦少游说：“我也出个字谜：我有一物分两旁，一边好吃一边香，一旁眉山去吃草，一旁岷江把身藏。”苏东坡笑着说：“那我也出个谜吧：我有一物长得奇，半身生双翅，半身长四蹄，长蹄的跑不快，有翅的飞不起。”刚说完，三人你看看我，我看看他，都哈哈大笑起来。他们 3 个人的答案原来是同一个字，你能猜出是哪个字吗？

64. 图片猜成语

仔细观察每一幅图片，猜一个成语。

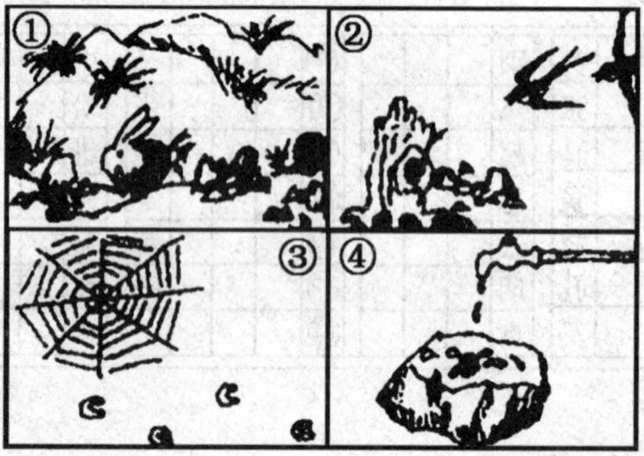

65. 填字组成语

在空格里填上适当的字，使之组成 8 条成语，从“大”字开始，要求前句中的最后一字是下句中的第一个字。

发			大			心
意						一
出			人			先

66. 一环扣一环

请在图中空格里填上适当的汉字（部首边旁字不宜填入），使上下左右每两个汉字相扣、相连起来，拼成新汉字。你能将它全部填拼成功吗？

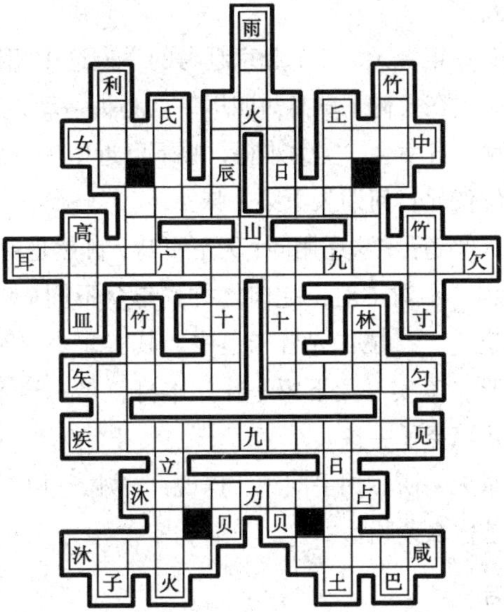

67. 省市组唐诗

图中包含有4市16省的名称，将空格填充完整，使之成为通顺的唐诗，并将唐诗作者之名答出。

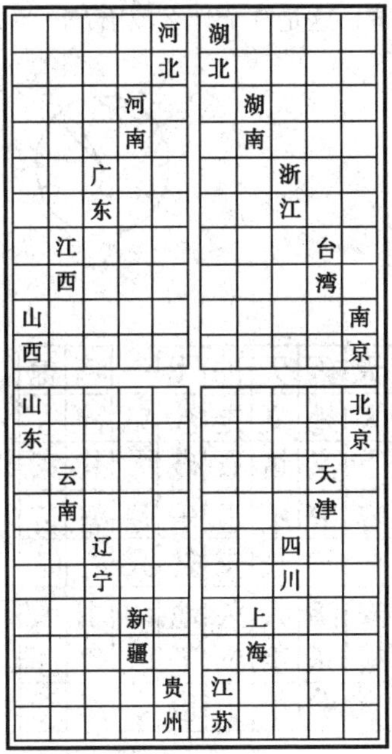

68. 剪读唐诗

将图形中唐贯休的《春野作五首》剪为4块形状、面积相同的部分，拼组成诗，该怎么做？

69. 三个举人

古时候，一年春天，三个赴京赶考的举人途中相遇，结伴而行。走累了，大家坐在大树下歇息。四川举人心头一动，拱手笑道：“二位才子，你我今日幸会，实为难得，眼下已近中午，大家肚内皆饥，小弟请问二位仁兄：何谓天下第一味？”

浙江举人笑道：“这还用问，天下百味，自然是糖醋肉排最佳！”广东举人说：“不对不对，蛇肉之香，与众不同，味道更美。”那四川举人笑道：“二位仁兄皆未道中。其实，小弟刚才是给二位出了一道谜语呀，其实‘天下第一味’本身就是一道菜！”接着他说出一道菜，并解释了一番。

那两个举人一听，拍手叫绝，连说：“妙，妙！”你知道这“天下第一味”是什么菜吗？

70. 钟表成语

图中每个钟面上指针所指示的时间都能构成一个成语。请你猜一猜，这是3个什么成语？

（1）　　（2）　　（3）

天	经	天	冲	飞	一	鸣	惊
人	地	义	走	沙	鬼	神	人
不	义	达	石	破	天	共	灾
容	辞	不	道	乐	惊	怒	苦
久	治	长	安	贫	天	心	良
安	国	天	久	地	动	用	天
居	乐	手	勤	工	以	致	涯
事	业	精	于	俭	学	海	无

71. 迷宫成语

这是一座成语迷宫，其中有10条成语首尾相接。请从成语的首字开始，用一条不重复的线把它们串起来。

72. 博杂填字

横向：1. 首都是地拉那的国家。2. 普希金的一部诗体长篇小说。3. 元曲里一词上句，下句是“花无百日红”。

4. 演唱《样样好》的歌手。5. 产于美洲的一种名贵补品。6. 希腊神话中狮身人面像的名字。7. 一成语，指骗人的话。8. 江西赣州市一景。9.19 世纪丹麦著名童话作家。10. 一位著名的国际级足球运动员，粤语译音。11. 唐代钱起《省试湘灵鼓瑟》诗中的一名句。12. 前国家乒乓球队的著名女运动员。13. 电视剧《新江山美人》片尾曲。14. 一成语，指不是空有虚名。15. 西藏、新疆之间的一山脉。16. 孟郊《游终南山》里的一诗句。17. 一种花。18. 一种城市地下交通工具。19. 一种破坏力极强的自然现象。20. 意大利一重要港口。21. 形容气势宏大。22. 机动车比赛的一种。23. 琼瑶一部小说。24. 实施高等教育的学校之一。25. 甘肃的一木结构的古迹。26. 北冰洋中的一个海。27. 从事文艺创作有成就者。28. 人迹罕至、偏僻的山林。29. 书画家为人作字画所题对方的名字。30. 有葛洪炼丹井的江西一跨地区古迹。31. 指晚上出来游玩。32. 林忆莲唱的一首歌。33. 指比赛中处于不利地位。34. 通称王母娘娘的神话中女神。35. 第一个统一中国的帝王。36. 以产方竹闻名的安徽一面人工湖。37. 林依轮唱的一首歌。38. 也叫“大西洋中脊”的海底山脉。39. 一部反映第二次国内革命战争时期的长篇小说。40. 苏轼《念奴娇》中的名句，下句是“一樽还酹江月”。41. 北周庾信《寒园即目》诗中的一句，下句是“隐士一床书”。42. 形容漠然无情，不为外界所动。43. 在影片《龙云与蒋介石》饰主角而获奖的演员。44. 圆明园一处古迹。45. 中国一座自治区城市。46. 比喻有所偏执的成语。47. 关于诗歌本体的一种主张。48. 周治平唱的一首歌。49. 白天做梦的略语。

纵向：一、一名到过月球的美国宇航员。二、小说《生命中不能承受之轻》的作家。三、夜来香的别称。四、张也唱的一支歌。五、曾流放圣赫勒拿岛的法国皇帝。六、形容努力争先进再先进的成语。七、以色列前任总理。八、摩托车运动比赛项目之一。九、杭州一处著名旅游景点。十、一种玩物，象征吉祥，多用玉石制作。十一、一种文体。十二、美国一位著名舞台剧演员。十三、东晋一父子书法家名称。十四、孙悦郭峰对唱的一首歌。十五、也门共和国重要城市和港口。

十六、片尾曲是《真爱的方式》的电视剧。十七、以陵墓为主的园林。十八、即母亲之爱。十九、哈萨克族民间弹拨的一种乐器。二十、别名叫番麻的花。二十一、刘嘉玲唱的一支歌。二十二、也门共和国首都。二十三、香港一名女歌手。二十四、托拉里森作的一支冰岛歌曲。二十五、美国一轿车品牌。二十六、屠梅华唱的一首歌。二十七、广州出版的一杂志。二十八、陕西民歌中一类曲调的总称。二十九、那英唱的一支歌。三十、美国民意抽样调查的最早组织者。三十一、一称太乙山的游览胜地。三十二、除本国文字以外的文字。三十三、居庸关侧畔一景。三十四、杜甫一首诗,头句是“绝代有佳人”。三十五、被称为“现代艺术之父”的法国画家。三十六、形容谦虚好学的成语。三十七、各占一半。三十八、日本国花。三十九、首都是维也纳的国家。四十、《论语》中“不尤人”的上句。四十一、犹言大作家、大专家或众人的意思。四十二、旁观,不介入。四十三、有自己的见解。四十四、研究地球内部热能和应用的科学。四十五、西洋的各种绘画的总称。四十六、与“镜中花”相对应。四十七、也叫黄花苜蓿的2年生草本植物。四十八、一支曾在中国流行过的南斯拉夫歌曲。四十九、用年、月、日计算时间的方法。五十、河南灵宝市郊外一风景胜地。五十一、常用来形容女人心事难以捉摸。五十二、指美好的事情。五十三、一种名贵滋补品。五十四、指名不副实的成语。五十五、演唱《同桌的你》的歌手。

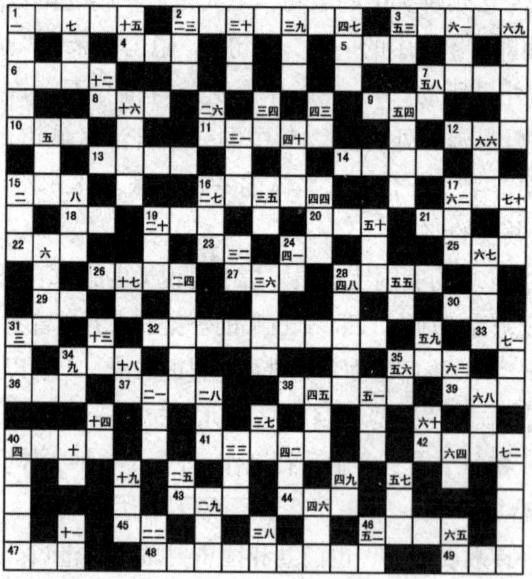

五十六、陕西境内一段褶皱的断块之地。五十七、寓言《农夫和蛇》的作者，法国寓言诗人。五十八、欺负和欺骗生人。五十九、广东一位知名作家。六十、铁道枕木。六十一、善扮各种不同类型人物的电影术语。六十二、山西长治县内一规模较大的道观。六十三、即封建王朝。六十四、路遥一部中篇小说。六十五、纯清洁白。六十六、首都是惠灵顿的国家。六十七、指名师门下人才辈出的成语。六十八、中医用于作强壮、收敛剂的一种石头。六十九、范晓萱唱的一支歌。七十、原名叫歌台的安徽一古代演戏建筑。七十一、红花葱兰的一个别名。七十二、范琳琳唱的一首歌。

73. 诗句重排

唐代诗人赵嘏写的一首《登楼》诗：

独上江楼思悄然，月光如水水如天。

同来玩月人何在？风景依旧似去年。

有人认为这首诗的结尾平平，意境不深。于是他便将此诗做了一番调整，调整后的结尾果然情调韵味大不相同，把怀念友人的那种苍凉心境很好地渲染出来了。请问，此人是如何将原诗重做安排的？

74. 幽默的夫妻

夫妻俩下班回来，每人买了一样东西。丈夫问：“你买的是什么好东西呀？”妻子说：“我买的东西，名字是两个字。从左往右念，喝在心里甜；从右往左瞧，会飞不是鸟。”丈夫说：“我买的东西，名字也是两个字。从左往右读，喝它营养最丰富；从右往左看，走路特别慢。”

请你猜一猜，他们各买的是什么东西？

75. 成语之最

根据图片中的文字提示，快速写出这一系列的“最”相对应

最长的一天	最尖的针
最难做的饭	最重的话
最宽的视野	最大的差别
最高的人	最快的速度
最大的容量	最怪的动物
最大的变化	最宝贵的话
最大的手术	

的成语。

76. 以谜和谜

宋代史学家司马光和文人黄庭坚聊天，随口念了两句诗："荷花露面才相识，梧桐落叶又离别。"他让黄庭坚猜一猜诗里说的是什么。黄庭坚马上挥笔写了一首诗："有户人家没有墙，英雄豪杰内中藏，有人看他像关公，有人说是楚霸王。"司马光一看，连声说好。你能猜出这两则谜语的答案是什么吗？

77. 巧拼省名

用 23 根火柴摆成下面的图案。请你移动其中的 4 根，将其变成两个汉字，并使它们连起来是中国的一个省名。动动脑筋，怎样移才能成功呢？

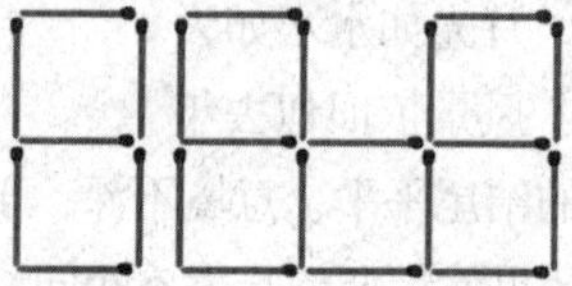

78. 意外收获

某店一个微型山水盆景上，放着一只玩具虎。要求猜谜者用动作猜两条成语，奖品就是这只玩具虎。一位小朋友想了半天也没猜出来。但又非常想要这只老虎，最后他好奇地拿起玩具虎摆弄了一会儿，然后又将它放回原处。奇怪的是工作人员竟将玩具虎递给了小朋友，说："这孩子猜对了。"你能根据小朋友的动作说出这两条成语吗？

79. 藏头成语

在下面的空格里填上适当的字，使每一竖行组成一个四字成语。填上的字就是谜面，请你猜一地名。

经	衣	碑	落	衣	积	月	感	言	源
地	无	立	归	使	月	如	交	巧	节
义	缝	传	根	者	累	梭	集	语	流

80. 指路

夫妻二人来到一个岔路口前，他们不知道该朝哪个方向走。丈夫去问路边的老人："大爷，去县城怎么走？"老人说："要女的走开。"丈夫让妻子离得远一点，然后说道："大爷，请您告诉我，去县城怎么走？"老大爷还是那句话："要女的走开。"丈夫说："我妻子已经走开了。"老大爷笑了笑说："我已经告诉你了。"丈夫先是一愣，继而明白了老大爷的用意。二人按照老人所指的方向又继续赶路了。你知道他们是朝哪个方向走的吗？

81. 百鹅题诗

清乾隆皇帝得到一幅《百鹅图》，便召集大臣们为图题诗，群臣害怕不合皇帝的意思，都不敢轻易落笔。只有纪晓岚毫无顾忌，挥笔写道：鹅鹅鹅鹅鹅鹅鹅，一鹅一鹅又一鹅。刚写下两句，群臣便窃窃私语，纪晓岚不动声色，继续写下了后两句。乾隆皇帝看了题诗，不禁拍掌，连连说好。你能想出后两句如何表达吗？

82. 画师

山东有个著名的画师，慈禧太后为了修建颐和园，传旨把他召到京城，要他画一个大屏风，放在仁寿殿里，好为她歌功颂德。画师心里恨死了慈禧，可是又不能违抗，只好答应了。

他把自己关在屋子里，没日没夜地画画。献画的那一天到了，慈禧带了文武百官来看画，只见屏风上画了一个胖小孩，跪在午门前，手里托着一个大寿桃，后面飘着各种国旗，排列着各国军队。官员们都拍马屁说："这是仙童祝寿，万国来朝！"慈禧开始还很得意，突然，她想到了什么，大声骂道："他好大的胆子，竟敢用谐音来骂我！"她马上派人抓画师，但他却早已经逃走了。

请问，这是为什么？

83. 魔法字条

有个名叫弗莱德的美国青年去求职，可当他到达报考地点时，那里已有 20 位求职者排在自己的前面。

怎样才能引起老板的特别注意而赢得唯一的职位呢？弗莱德沉思良久，终于想出了一个主意，他拿出一张纸，在上面写了几行字，然后请人转交给老板。

老板看了弗莱德的字条，大笑起来。最后，弗莱德凭借出众的创新能力，从众多求职者中脱颖而出，如愿以偿地得到了这份工作。

你知道，弗莱德字条上写的是什么吗？

84. 二王相争

王安石很喜欢出谜语让别人猜。有一次，王安石的好朋友王吉甫来访，王安石随即出了一谜："画时圆，写时方，冬时短，夏时长。"王吉甫稍加思考就知道了答案，但是他没有说出来，而是说："我也出个谜语你猜猜。东海有条鱼，无头亦无尾，去掉脊梁骨，便是你的谜。"王安石听后，微微一笑，原来他俩的谜语是一个答案。你知道答案是什么吗？

85. 拆字对联

林则徐小时候随父亲到闽江边观景，父亲随口吟出一句上联：鸿是江边鸟。林则徐一时对不上来，二人经过一户农户小舍，见一农妇正在喂蚕，顿生灵感，随即对出了下联。你知道他是怎样对的吗？

86. 智改电文

就在解放战争即将结束的 1949 年，蒋介石秘密命令大特务沈醉在昆明逮捕了近百位爱国民主人士，而且打算将他们全部处死。云南省主席卢汉得知此事后，立刻致电蒋介石为他们说情。可主意已定的蒋介石却只在回电中写了 8 个字：情有可原，罪无可恕。

无奈的卢汉只好求助于一向善于谋略的李根源先生。李根源在反复地看了蒋介石的回电后，很快就找到了一个既很简单、又可以让那些爱国民主人士免于受到迫害的方法。

你能想到那到底是一个什么样的办法吗？

87. 唐伯虎填诗

相传，唐伯虎在桥头，见栏杆上有一首填空诗：（　）看（　）（　）

色，（ ）听（ ）（ ）声，（ ）去（ ）（ ）在，（ ）来（ ）（ ）惊。便饶有兴趣地玩味起来，并填成一首完整的诗："远看山有色，近听水无声，春去花还在，人来鸟不惊。"众人无不拍手叫好。唐伯虎说："这不仅是一首诗，也是一条谜语，打一物。"你知道这是什么物吗？

88. 接头暗语

老罗接到上级指示，去某酒馆与打入敌人内部的地下工作者接头。由于二人不相识，老罗需要手提一样东西做标志。当时，为了保守秘密，上级的指示用的是暗语，非常简单，只有一个"口"字。这个字既代表约会的时间，又规定了老罗手提的东西。老罗严格执行上级规定，顺利地完成了任务。你知道老罗是哪一天去酒馆、手提的是什么东西吗？

89. 地名填字

横向

1. 有"孔雀之乡""天然动物园"等美称的云南一地名。2. 西亚阿拉伯联合酋长国的首都。3. 巴勒斯坦约旦河西岸一城市名。4. 有"宫殿之岛""花环之岛"等美称的一岛国，首都马累。5. 德国南部有"宝石之都"之称的一城市名。6.《倚天屠龙记》中明教教主张无忌出生的地方。7. 南欧三大半岛之一，也叫意大利半岛。8. 非洲国家尼日尔的首都和最大城市。9. 有"沙漠之国"之称的非洲国家，首都的黎波里。10. 中国的"五岳"中的西岳。11. 有"加勒比的苏黎世"之称的加勒比地区国家，首都拿骚。12. 世界国土面积第二大国家，首都渥太华。13. 位于俄罗斯东欧平原南部的一河流。14. 世界最长的河流。

纵向

一、有"锡和橡胶王国"之称的东南亚国家，首都吉隆坡。二、有"雪城"之称的美国的行政首都。三、河南省一地名，是中国新兴的煤炭工业基地之一。四、广西壮族自治区的首府。五、伊拉克的一个省会城市，位于幼发拉底河西岸的山脊处。六、伊拉克的首都。

七、欧洲第二大岛，岛国首都雷克雅未克。八、有“无雨城”之称的秘鲁首都。九、亚洲三大半岛之一，也是世界最大的半岛。十、北美洲河流，流域内有世界著名的尼亚加拉瀑布。十一、有“丁香和剑麻之国”之称的东非国家，首都达累斯萨拉姆。十二、意大利著名古城，物理学家伽利略的故乡。十三、皖鄂边界一山名，是当年刘邓大军的根据地。

90. 神童解缙

明朝时有个人叫解缙，七八岁能吟诗答对，当地老百姓称他为“神童”。一年仲秋，知府大人来到吉水。他亲自召见解缙，面试其聪慧。知府见解缙稚气未脱，便先笑问：“小孩儿，你父亲以什么维持生计？”解缙答道：“慈父肩挑日月。”知府大人又问：“那你母亲呢？”解缙又答：“家母手转乾坤。”知府一听，高兴地说：“果然名不虚传！”当即命随从赏了解缙五两银子。你能猜出解缙父母的职业吗？

91. 棋盘成语

看棋盘，猜两条成语。

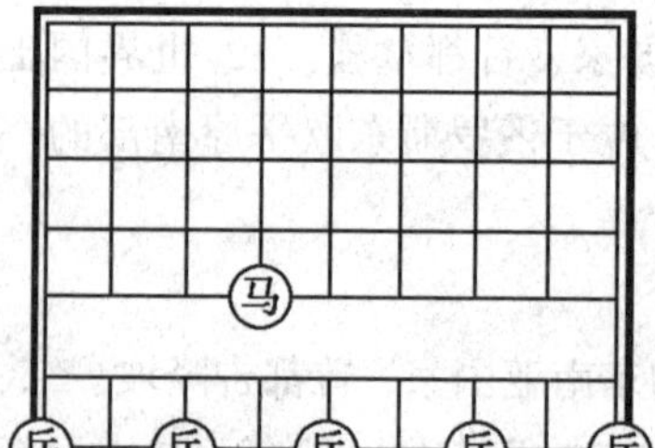

92. 快乐猜想

提示一：数学。提示二：空间。提示三：笛卡儿。提示四：多少。想一想与这 4 种提示有关的两个字是什么？

93. 识图猜字（2）

下面这 4 幅画，每幅画可猜一个字，请你猜猜看。

① ________ ② ________ ③ ________ ④ ________

94. 猜谜招亲

有个丞相的女儿，到了婚嫁的年龄，前来提亲的人，把丞相府的门槛都踏破了。丞相却认为，那些有钱人家的公子全都是没本事的花花公子，女儿怎么能嫁给这种人呢？有一次，丞相听说一个叫孙义的人比较有才华，于是，他马上让人把孙义请来，想进一步考考他。丞相说：“我请教您一个字：一字九横六竖，问遍天下不知，有人去问孔子，孔子想了三天。”孙义等丞相说完，马上说出这个字。丞相高兴得合不拢嘴，把孙义留下来重用，又把女儿嫁给了他。你知道这是什么字吗？

95. 城市正名

把错误的城市名改正过来。

哥斯尔摩德　　　　　　特姆阿丹斯

宜斯诺布艾斯利	雅图西
波哥圣大菲	尔德格贝莱
斯布达佩	德马里
巴乌托兰	杉洛矶
本根哥哈	曼特斯彻
斯兰伊堡	马地危拉
陀布直罗	堡翰内约斯
热约卢内里	齐鲁木乌
特尔蒙利	各加尔答

96. 开国君主

在下列秦、汉、唐、宋、元、明、清 7 个朝代绘图中，按朝代填写开国君主，看谁能填得又快又准。

			虎
		虎	
	虎		
虎			
虎			
	虎		
		虎	
			虎

虎			
	虎		
		虎	
			虎
			虎
		虎	
	虎		
虎			

97. 虎字成语

请你填一填。

98. 猜一猜

什么字，一滴水？什么字，两滴水？什么字，三滴水？什么字，四滴水？什么字，六滴水？什么字，十滴水？什么字，十一滴水？

99. 成双成对

提示一：春节。提示二：成双成对。提示三：门。提示四：徐渭。猜一猜，与这 4 种提示有关的事物是什么？请用 2 个字来描述。

100. 更正片名填成语

图表的错误片名中，每部影片名都有一个错字，请更正片名后，根据意思填出一句成语（见图）。

	错误片名	更正片名	猜填成语
例	陈奂中上城	陈奂生上城	无中生有
(1)	小二白结婚		
(2)	张二嫂改嫁		
(3)	煤店旧主人		
(4)	二十次列卒		
(5)	但愿己长久		
(6)	伪是烦死人		
(7)	激战无实川		
(8)	长虹号起生		
(9)	最聪暗的人		
(10)	英雄坦克病		

101. 和珅求匾

一次，和啰求纪晓岚为自己新建的庭园大门题写横匾。纪晓岚欣然应允，提笔写了“竹苞”两个苍劲大字。和啰以为纪大学士取的是“竹苞松茂”这一成语来盛赞他园林中青翠欲滴的竹丛美色，得意非常。一天，恰逢乾隆帝莅临，不觉大笑曰：“纪晓岚在捉弄你呢！”和啰不解。乾隆帝解释后，只把和啰气得嗷嗷直叫，忙叫人将匾取下砸碎。你知道纪晓岚是采用了修辞格隐语中的哪一种拆字隐语吗？

102. 书生猜字

某酒店老板喜欢与文人打交道，一天来了一位书生，老板便笑着说：“我出个字谜，你若猜中，今日酒钱分文不取；若猜不中，则加倍收款。”说罢吟道：“唐虞有，尧舜无；商周有，汤武无。”书生一沉吟，拱手笑道：“我将你的谜底也制成一谜，你看对不对：跳者有，走者无；高者有，矮者无。”酒店老板雅兴大发，又出一谜：“善者有，恶者无；智者有，蠢者无。”书生又接着说：“右边有，左边无；凉天有，热天无。”酒店老板拍手叫好，又道：“哭者有，笑者无；活者有，死者无。”书生接着说：“哑巴有，麻子无；和尚有，道士无。”酒店老板哈哈大笑，摆出丰盛酒菜，请书生开怀畅饮。你猜出是个什么字了吗？

103. 寻找作家

C	W	C	O	A	L	M	K	W	O	E	A	C	K	L	G	O	Z	A	N
L	H	E	M	I	N	G	W	A	Y	N	E	I	Y	L	M	O	X	A	E
L	E	E	C	M	O	X	K	W	A	X	F	E	X	A	N	B	K	O	S
C	F	A	K	K	E	N	Z	A	E	X	L	A	E	B	L	P	E	F	B
A	Y	E	L	H	M	Z	N	O	E	X	I	A	I	F	H	R	K	L	I
M	O	Q	V	T	O	A	T	E	U	I	W	E	H	T	E	O	G	M	O
A	T	K	V	L	A	V	C	H	A	E	M	N	O	L	E	U	A	B	C
F	S	I	A	T	A	M	Q	L	S	D	I	C	K	E	N	S	S	T	A
A	L	S	T	V	E	M	W	M	N	O	E	I	A	C	H	T	A	C	T
F	O	O	X	W	A	B	E	A	L	L	E	I	T	A	W	W	A	C	G
G	T	O	X	A	E	A	K	F	A	K	I	L	A	A	S	T	A	W	N
O	N	F	B	C	H	J	K	W	L	L	T	J	I	I	E	X	G	H	I
E	N	O	L	F	M	G	O	Z	X	A	Y	N	A	E	B	E	C	W	L
R	V	O	L	F	I	G	A	E	Z	I	U	I	E	J	C	C	K	T	P
E	W	U	V	E	C	U	O	P	T	E	G	B	P	N	H	T	S	E	I
C	S	E	W	X	H	L	H	J	A	L	E	C	E	K	L	T	U	Z	K
U	A	T	A	E	E	C	K	U	W	P	Q	R	A	R	A	E	P	A	Z
A	U	S	T	E	N	X	A	T	A	Q	W	A	L	E	T	A	W	V	E
H	A	P	E	X	E	A	B	C	B	A	C	A	E	W	W	E	X	L	E
C	C	W	A	O	R	W	E	L	L	K	M	N	O	P	P	E	L	T	U

格子中隐藏着 18 位著名作家的名字。你能找出他们吗？你可以横向、纵向或者斜向地往前、往后排列寻找。

Austen	Chaucer	Chekhov
Dickens	Flaubert	Goethe
Hemingway	Huxley	Ibsen
Kafka	Kipling	Lawrence
Mickener	Orwell	Proust
Tolstoy	Twain	Zola

104. 拼单词

下面是一些分散的色块，每个色块都分别有 1 个顶点将色块钉在白纸上，请你转动这些色块，使它们最终拼成 1 个英文单词。

105. 回忆填图

仔细观察第一组图，然后将图遮住，根据记忆选出第二组图中缺失的图形。

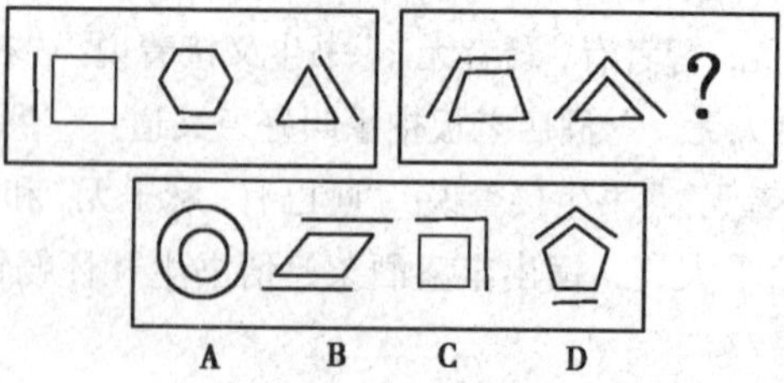

106. 寻找底片

观察图片 1 分钟，然后盖住图片，说出这张瓷瓶照片的底片是 A—G 中的哪一张？

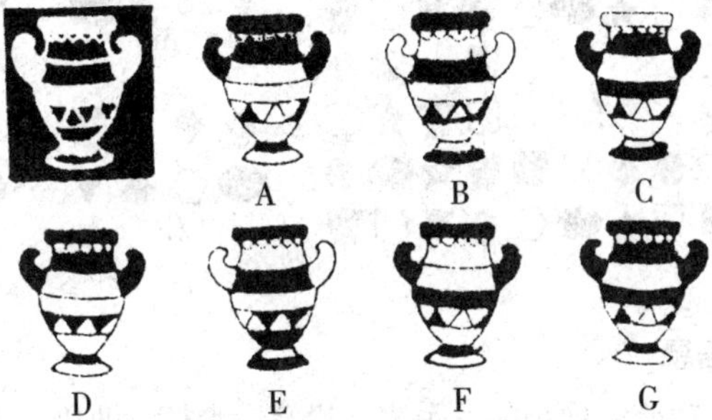

107. 图形再现

观察 2 分钟，请你在右方框中找出你从方框上面看过的图形，并打“√”。

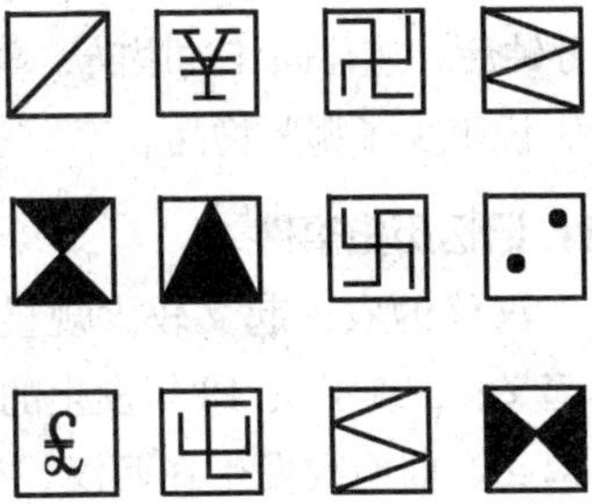

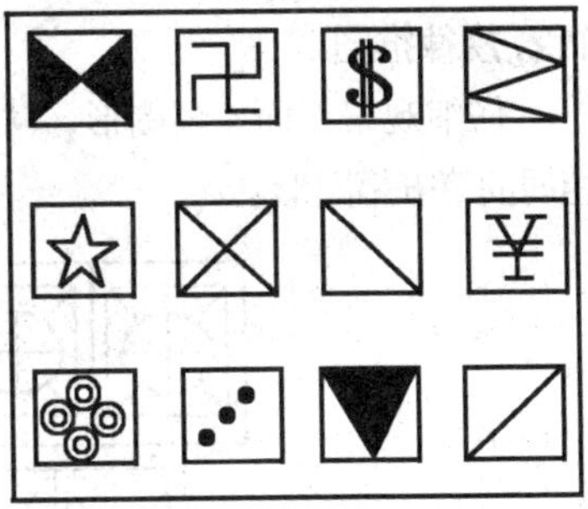

108. 回忆手势

两人一组，A 认真看 B 做 5 个手势。A 在 B 做时不能跟着做，只能认真看。在 B 把 5 个手势做完后，让 A 按顺序重复做出来。

手势 1：双手各伸出中指和食指。

手势 2：双手各伸出 1 个小指。

手势 3：双手各伸出 5 个手指。

手势 4：双手各伸出 1 个大拇指。

手势 5：双手握拳。第一遍做完后，可以再把手势的顺序倒着做一遍，即第 5 个手势变成第 1 个，第 1 个手势变成第 5 个。看谁的记忆力更好，做得又快又准确。

109. 补充图案

仔细观察下面的图形，根据记忆选择合适的答案将空白补上。

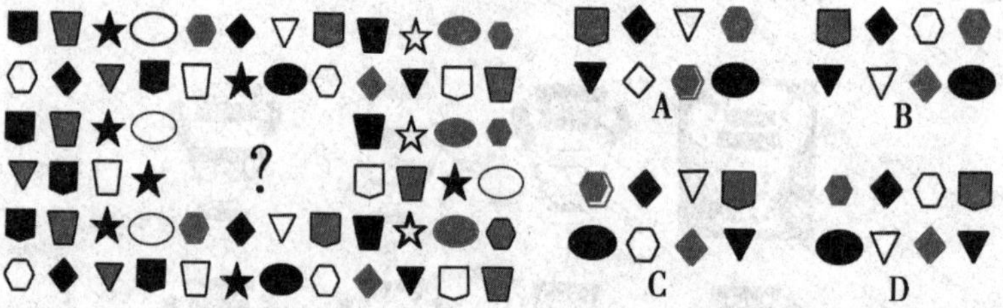

110. 减少信息

在桌上摆放一列物品，手表、铅笔、水杯、糖块、火柴棒、书、剪刀、积木、钥匙、报纸，让你的同伴看1分钟后说出每个物品的名称。1分钟后，遮住同伴的眼睛，拿走铅笔、糖块、剪刀，然后让他看一看，说出少了哪些物品。

111. 记忆历史事件

汉代的农民起义较大规模的有3次：一是公元17年发生的绿林起义；二是公元18年发生的赤眉起义；三是公元184年发生的黄巾起义。前两次发生在西汉，后一次发生在东汉。如何更好地记全这些历史事件？

112. 规律推图

仔细观察下面4幅图形，从A，B，C，D这4个选项中选出规律相同的第五幅图形。

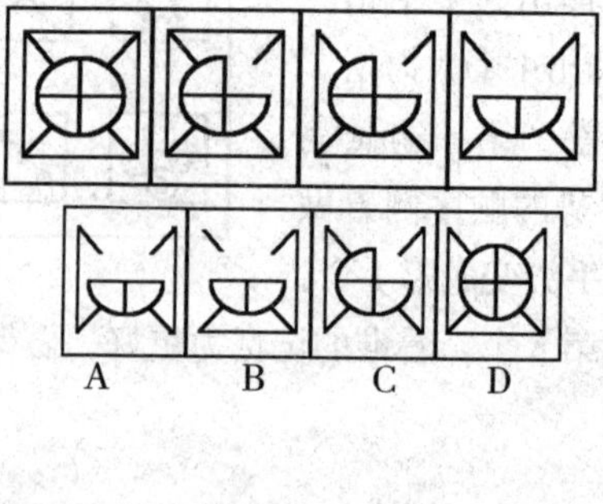

113. 记忆涂格

图 1 是一个边长为 5 个单位的大正方形，内分成 25 个小正方形，请仔细观察一分钟，并记住这些正方形的颜色。

一分钟时间一到，组织者把图 1 收起来，让大家根据回忆在自己的游戏卡上相应的位置填色。

图1

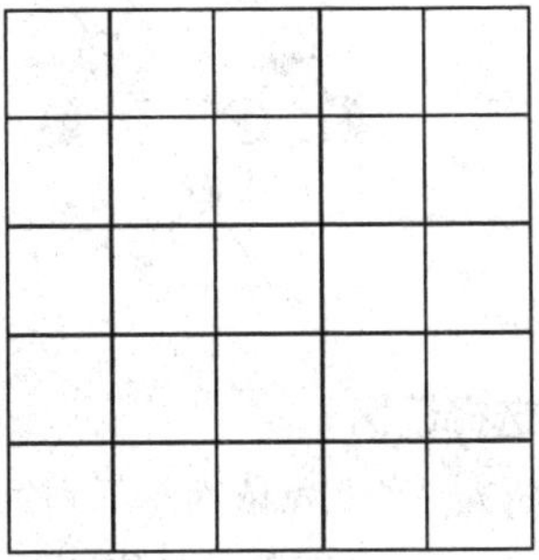

图2

114. 面面俱到

下面的 6 个正方形可以合成为一个正方体，那么你知道哪一个是正确的吗?

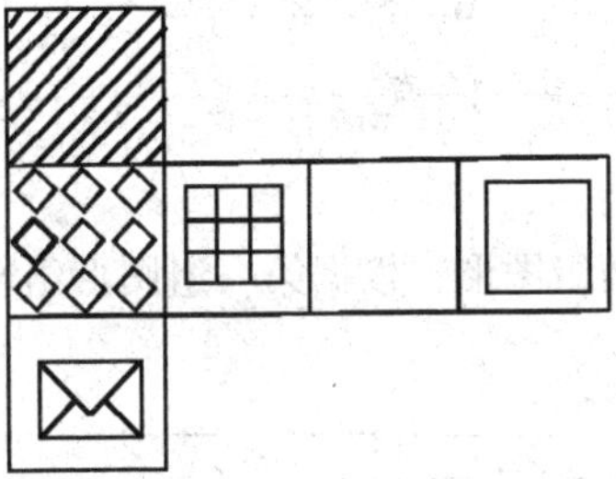

A　B　C　D

115. 消失的标记

请用 10 秒钟观察 A 图，然后盖住图，说出 A 图中哪些标记从 B 图中消失了。

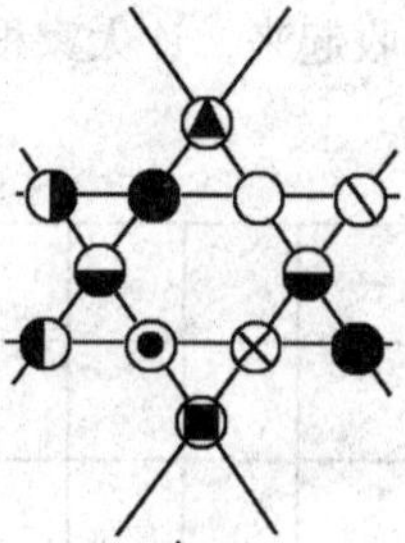

A

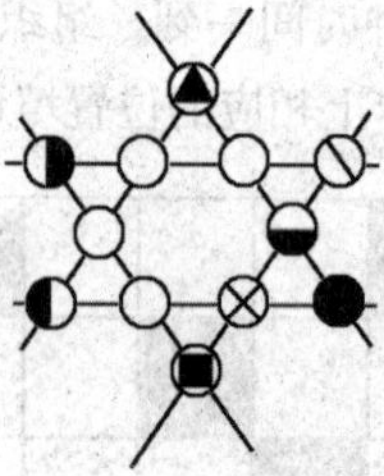

B

116. 选择记忆

两人一组，A 依次念下列每组的数字汉字，每隔一秒钟念一个。A 每念完一组，要求 B 只能把数字按顺序回忆出来，而不能回忆汉字。例如，A 念："家—4—水—3—风"，B 念："4—3"。

第一组：家—4—水—3—风。

第二组：快—走—7—军。

第三组：开—8—寸—5—电—6。

第四组：表—2—多—5—饮—3。

第五组：好—3—坏—9—东—6—手—2。

第六组：嘴—2—书—1—笔—4—飞—9。

117. 判断图形

仔细观察下面两组图形，依据第一组图形组合的规律，哪一项能将第二组图形补齐？

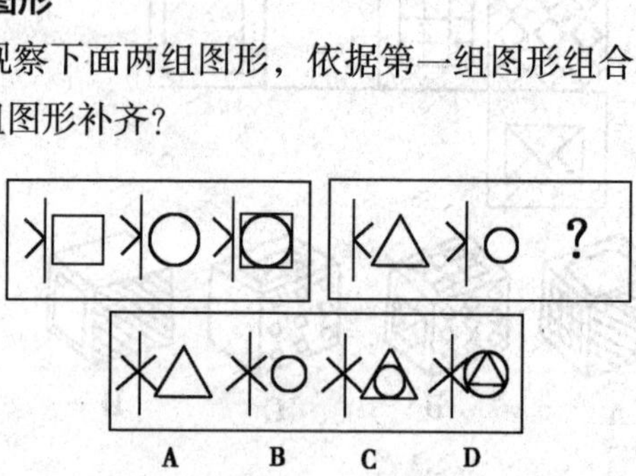

118. 记住词义

你是如何记住一个词和它的词义的？你可以用反复背诵的方法记住它，但我们都知道，这个方法枯燥又耗时。其实，你不妨用想象的方法，把它变成生动影像。

以“consternation”（大为惊骇）一词为例，记住它其实有一些科学的记忆步骤。该词表示极惊讶、惊慌或使人诧异的恐慌。我们如何将它变成图像？它有哪些音节？大声重复。“con-ster-na-tion”或者“con-sternation”。第一音节“con”，会使你想象一个convict（罪犯）；对第二音节，你可以有个汤匙在碗中stir（搅拌）的图像，或stern（船尾）的图像。“na-tion”就比较伤脑筋，它可以代表联合国、一本地图集或一个地球仪。因此，你或许可以想象，有个罪犯正坐在船尾，要去某个国家。

用同样的方法步骤，记住以下各词的意思。

英文	音标	中文
Bookkeeping	[′bukki:′piŋ]	簿记
Precede	[pri′si:]	先于
Liaison	[li′eizn]	暧昧关系
Receivable	[ri′si:və]	可接收的
Census	[′sensəs]	人口调查
Questionnaire	[kwestʃə′ner]	问卷
Pneumonia	[nju:′məuniə]	肺炎
Subtle	[′stlΛtl]	微妙的
Macabre	[mə′ka:brə]	骇人的
Wreckage	[′rekidʒ]	残骸

119. 谐音法记忆

如何记住下列一次绝对值不等式的解集？

$|X| > a$　　　　$X > a$ 或 $X < -a$

$|X| < a$　　　　$-a < X < a$

120. 图形选择

观察第一组图形，依据记忆中的规律选出第二组图形中缺少的图形。

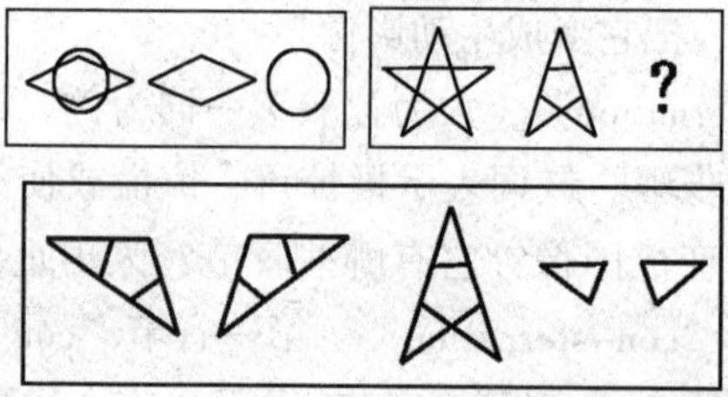

A　　B　　C　　D

121. 回忆选图

仔细观察图形后，压住图形，回忆思考一下并选出“？”处应出现的图形。

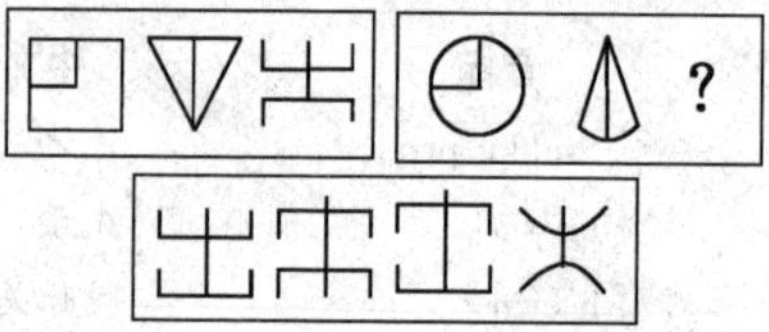

A　　B　　C　　D

122. 底部的图案

以下 3 个图形是同一个立方体由于 3 种不同的放置所呈现出来的 3 种不同的视面。

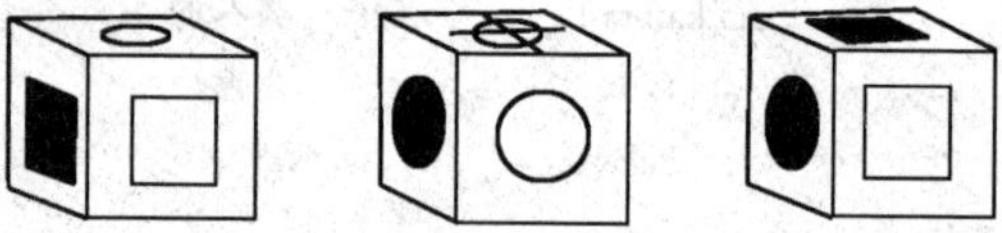

图 1　　图 2　　图 3

从图中可以看到，有以下 5 种图案分别出现在立方体的各个侧面：立方体的 6 个侧面都有图案，而出现在立方体的各个侧面上的图案，总共只有这5种，也就是说，有一种图案出现了2次。如果我们进一步知道，上述3种视面中，位于底部的图案都不是出现2次的图案，那么，哪个图案出现了2次？

123. 倒扣的扑克

随意抽9张扑克牌，如图1所示摆好，请大家仔细观察，记住扑克牌的花色和点数。规定时间一到，组织者把扑克牌翻过来（如图2所示），让大家回忆每张扑克牌的点数和花色。

图1

图2

124. 超级联想

下面有一组词，请用心看两分钟，尽量记忆。

帽子	信封	房屋	纽扣	猫
书	钱币	铅笔	袜子	电话机
鳗鱼	上衣	木夹	车灯	仙人掌
点心	花边	米饭	钓钩	办公桌

125. 破译数字密码

仔细观察图片，然后把图片遮起来，你能回忆起与数字相对应的图片吗？

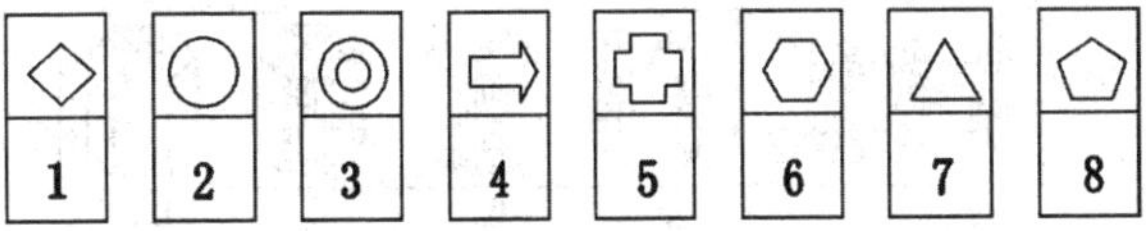

126. 记忆填箭头

下面所示的图形中缺了两个箭头，请你用最快的速度补出来。

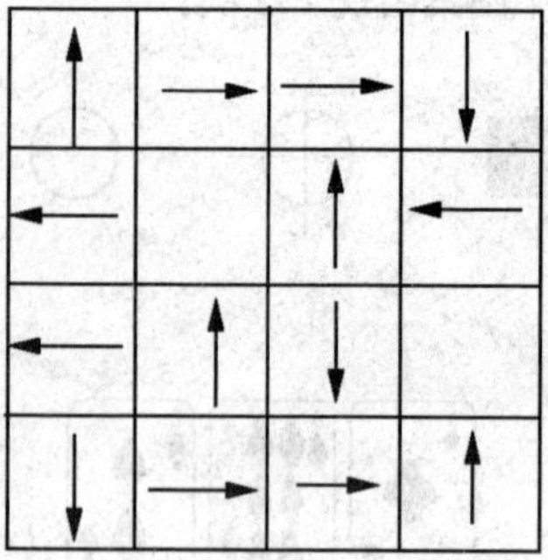

127. 过程描述

依次进行下列活动，请认真观察，然后把活动过程按顺序详细描述出来。（1）洗干净茶杯。（2）往茶杯里放茶倒水，盖上杯盖。（3）往茶杯里放糖搅拌，盖上杯盖。（4）压住杯盖倒茶水。（5）倒掉茶叶。

128. 记忆推图

仔细观察下面第一组图，依据记忆将第二组图补齐。

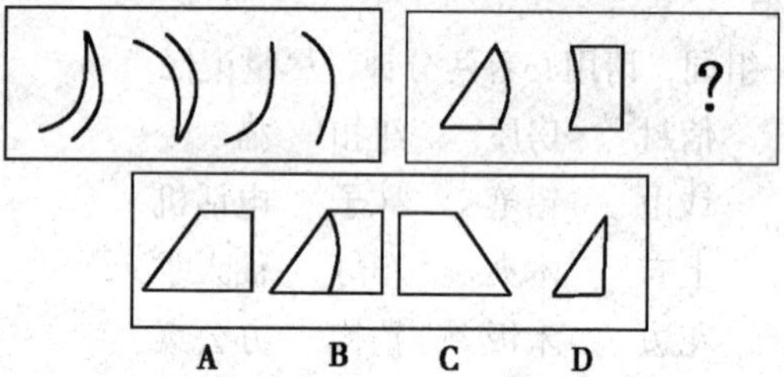

129. 图形组合

下面 4 个选项中，有一个是由左面的平面图折叠而成，你知道是哪一幅吗？

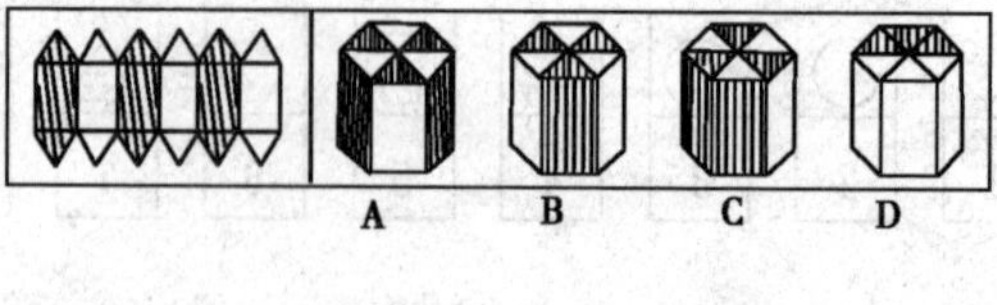

130. 慧眼识星

仔细观察图 A，从图 B 中迅速地找出图形发生了什么变化，并用彩笔把它改正过来。

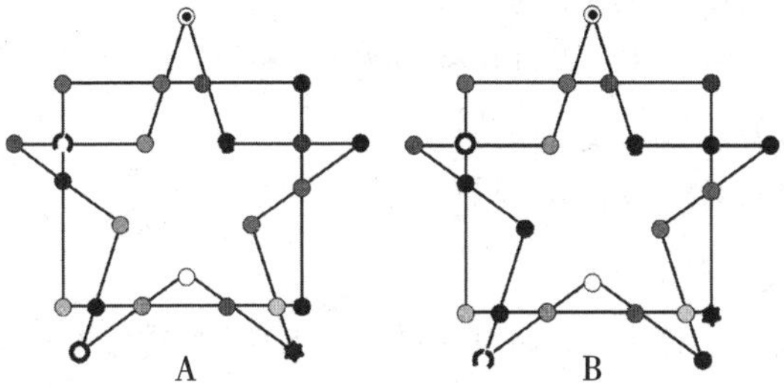

131. 拼凑瓷砖

问号处应是 A，B，C，D 中的哪一块瓷砖？

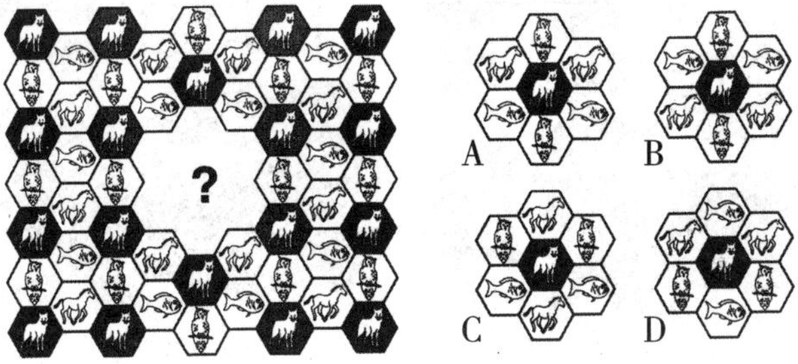

132. 动物公共汽车

两人一组，A 把下面的题目念给 B 听，然后让 B 回答问题。题目：一辆动物公共汽车从始发站开出时车上有一头大象、两条蛇和一头河马。

第一站：下一头大象，上一头老虎。

第二站：下一头河马，上一匹马。

第三站：下两条蛇和一头老虎，上两只老鼠。

第四站：下一匹马，上一只兔子。

第五站：下一只老鼠，上一只鸡。

第六站：下一只老鼠，上一条狗。

（1）开车时车上有几种什么动物？

（2）大象在哪一站下的车？

（3）题目中一共出现过几种动物？

（4）汽车一共经过了几站？

（5）两只老鼠都下车了吗？

133. 细节比较

仔细观察 A，盖上 A，通过回忆找出 B 中 15 处与 A 不同的地方。

A

B

134. 图符相对

仔细观察图片，然后把图片遮起来。将图片中的字母填在图形下面。要求从左到右按顺序填写，不能跳跃性地填写。

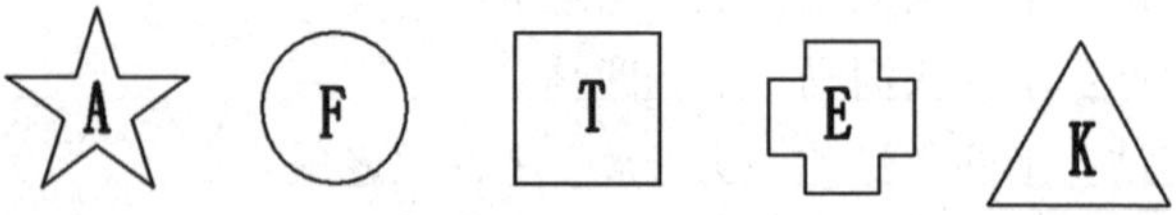

135. 巧记圆周率

快速记住圆周率小数点后 60 位。

3.14159265358979323846264338327950288419716939937510582 0974944

136. 巧记书名

在规定时间内记住中国十大名书：（1）《三国演义》，（2）《好逑传》，（3）《玉娇梨》，（4）《平山冷燕》，（5）《水浒全传》，（6）《西游记》，（7）《琵琶记》，（8）《白圭志》，（9）《平鬼传》，（10）《绿云缘》。要求按次序记忆，不能颠倒顺序。

137. 与椅子有关的东西

请回忆出与“椅子”有关的东西，时间为 3 分钟。（1）椅子有什么用？（2）椅子是什么造的？（3）椅子上有什么？（4）椅子怎样到家里来的？

138. 图形推理

观察第一组图形，依据记忆中的规律选出第二组中缺少的图形。

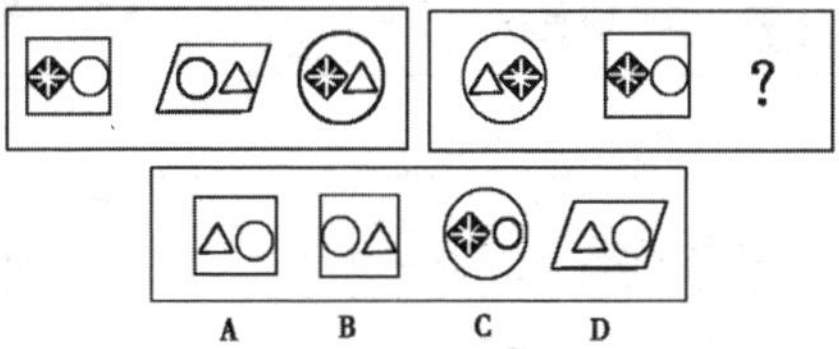

139. 超级记忆

准备好笔，看一遍下面的词，设法记住全部。看完后盖上它们，按照它们出现的次序写出来，然后对照书进行核对。

（1）花	（8）电脑	（15）书
（2）电灯开关	（9）猫	（16）糖果
（3）大门	（10）桌子	（17）杂志
（4）汽车	（11）拖鞋	（18）篮球
（5）手套	（12）鸡蛋	（19）游泳池
（6）枪	（13）熊猫	（20）香烟
（7）手机	（14）戒指	

140. 记忆分辨

观察A图一分钟后，盖上A，找出B图中与A图12处不同的地方。

A

B

141. 众里挑一

仔细观察 A 图。从 B 图中迅速地找出刚才见过的图形，并用彩笔把它圈出来。

A

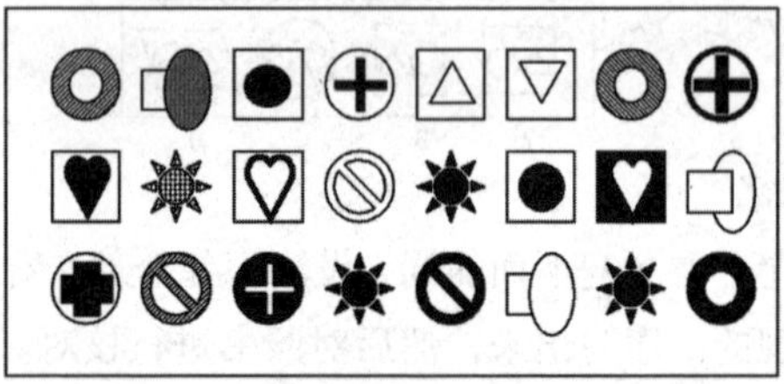

B

142. 停车次数

一辆载着 16 名乘客的公共汽车驶进车站，这时有 4 人下车，又上来 4 人；在下一站上来 10 人，下去 4 人；在下一站下去 11 人，上来 6 人；在下一站，下去 4 人，只上来 4 人；在下站又下去 8 人，上来 15 人。

请你接着计算：公共汽车继续往前开，到了下一站下去 6 人，上来 7 人；在下一站下去 5 人，没有人上来；在下一站只下去 1 人，又上来 8 人。好了，合上书回答问题，这辆车共停了几站？

143. 正方形个数

图中一共有多少个正方形？

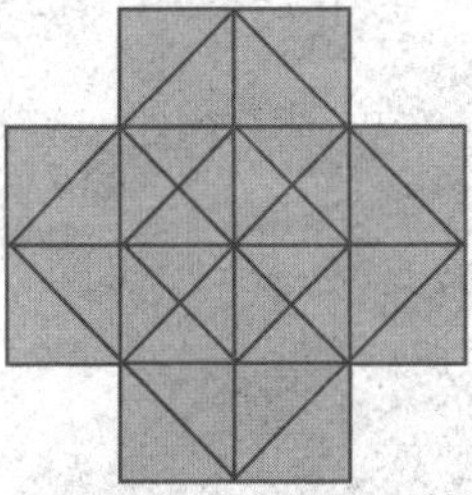

144. 猫窝的门

图 1 中浅灰色和深灰色的部分分别是两个猫窝的门，迅速地看一眼这两个图形，然后把图形蒙住，在下面的浅灰色和深灰色的图形中分别找出你刚刚所看到的图形，考考你的直觉。

图 1

145. 渐变

图中的一系列头像在逐渐变化，从男人的头变成了跪着的女人。从最左边的男人的头开始，依次观察每个头像，决定在哪个点你的感知发生了质的变化，即开始感觉到了跪着的女人；然后反过来，从跪着的女人开始，看看在哪里发生了质的变化，即看到了男人的头。

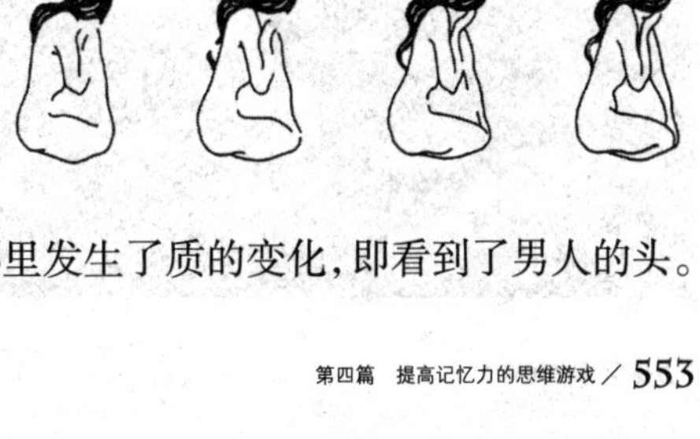

146. 地理标志（1）

这幅图中隐藏了一个非常著名的地理标志，你知道是什么吗？

147. 地理标志（2）

这幅图中隐藏了一个非常著名的地理标志，你知道是什么吗？

148. 地理标志（3）

这幅图中隐藏了一个非常著名的地理标志，你知道是什么吗？

149. 地理标志（4）

这幅图中隐藏了一个非常著名的地理标志，你知道是什么吗？

高级

1. 比比谁大

哪幅图的中间圆较大?

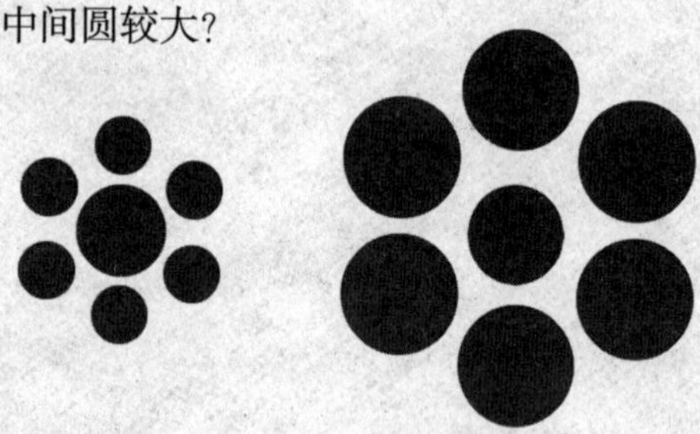

2. 商业谈判

在一次商业谈判中，甲方总经理对乙方总经理说：“根据以往贵公司履行合同的情况，有的产品不具备合同规定的要求，我公司蒙受了损失，希望以后不再出现类似的情况。”乙方总经理说：“在履行合同中出现不符合要求的产品，按合同规定可以退回或要求赔偿，贵公司当时既不退回产品，又不要求赔偿，这究竟是怎么回事？”乙方总经理问句的实质是什么?

3. 地牢奇事

有一天，一群绑匪绑架了一家公司的董事长，并把这位董事长一人关在地牢里。地牢的进口只有一处，而且周围彻夜有人防守，没有一点漏洞。可第二天一看，里边却多出一个男的。请问，这个男的是怎么进去的呢?

4. 奇怪的线

在西天取经的路上，机灵的悟空常捉弄八戒。一次，他对八戒说：“我在几秒钟内画出一条线，你要花几天才能走完，信不信？”八戒不信。悟空画出一条线，八戒果然走了好几天，才算走完。你知道这到底是怎么回事吗?

5. 太空人

在一次宇宙旅行中，太空人来到了一个奇怪的星球，上面只有一种气体——氢气。由于光线太暗，太空人想点燃打火机照明，可有人阻止了他。如果他点燃打火机后，是带来光明还是引起爆炸？

6. 奇特的算式

什么情况下 7+8=3？

7. 过桥

一辆货车满载着 6 吨的钢索前进，但在行进中遇到了一座桥梁。桥头的标志牌上写着：最大载重量 7 吨。然而，光货车车身就重 2 吨，再加上钢索，明显超过了桥的载重量。你能想办法帮司机通过这座桥吗？

8. 魔法变数

在不能折叠纸的前提下，若仅用一根线，将如图的罗马数字 IX 变成 6，请问要怎么做？

9. 五棵松

请你移动 4 根火柴，把它拼成 5 棵大小相同的松树。

10. 半张唱片

小南说：“你那些爵士乐唱片还在吗？”小熊：“没有了。我已经把一半唱片和一张唱片的一半送给了小吴。然后我又把剩下的一半唱片和一张唱片的一半送给了小海。我现在只剩下一张唱片了，假如你能说出我原来有几张摇滚乐唱片，那么这一张就送你。”你知道小熊原来有几张唱片吗？

11. 几人能脱险

一艘客轮触礁，只有一艘救援船，这艘船只能装下 5 个人，离这里最近的岛有 4 分钟的路程，20 分钟后客轮就会沉掉，客轮上共有 25 人，到底多少人能生还呢？

12. 青蛙爬井

一只青蛙掉进了一口 18 米深的井。每天白天它向上爬 6 米，晚上向下滑 3 米。按照这一速度，多少天它能爬出井口？

13. 军队成员

图中展示了 1644 年克伦威尔·奥利弗领导的“护国军”中的 4 名成员，根据下面的线索，你能说出每名成员的姓名、兵种以及各自所穿制服的颜色吗？

（1）伊齐基尔·费希尔所穿制服为灰色，不过上面布满了灰尘和泥浆，他紧挨在鼓手的右边。

（2）一名配枪士兵穿着又破又脏的棕色制服，他和末底改·诺森之间隔着一个士兵。

（3）1 号士兵是个步兵，他不是法国人，而是英国人。

（4）4 号士兵是所罗门·特普林。

（5）吉迪安·海力克所穿的上衣不是蓝色。

名字：伊齐基尔·费希尔、吉迪安·海力克、末底改·诺森、所罗门·特普林

兵种：鼓手、炮手、步兵、配枪士兵

制服颜色：蓝色、棕色、灰色、红色

14. 冬日受伤记

去滑雪的3个朋友不幸都摔了一跤，导致某个部位骨折。从以下给出的线索中，你能确定他们的名字、所去的旅游胜地和骨折部位吗？

（1）泊尔在法国滑雪。

（2）去澳大利亚的那位女子摔断了一条腿。

（3）斯塔布斯夫人选的度假地点不是瑞士，她也没有把手臂摔断。

（4）索尼亚摔断了她的锁骨，她不姓霍普。

名　姓	费尔	斯塔布斯	霍普	澳大利亚	法国	瑞士	手臂	锁骨	腿
迪莉娅									
泊尔									
索尼亚									
手臂									
锁骨									
腿									
澳大利亚									
法国									
瑞士									

15. 纽扣

这是一道非常有趣的“替代类型”的思维游戏。进行这个游戏时，你只需要准备2个白色的纽扣、2个灰色的纽扣以及图中所示的游戏棋盘。现在，你必须把这些纽扣交换位置，但是只能移动8次。白色的纽扣要移到右边，而灰色的纽扣则移到左边。纽扣可以滑到邻近的空位置内。你也可以把一个纽扣从另一个纽扣上跳过去。但是，跳过去的位置上不能有其他的纽扣。

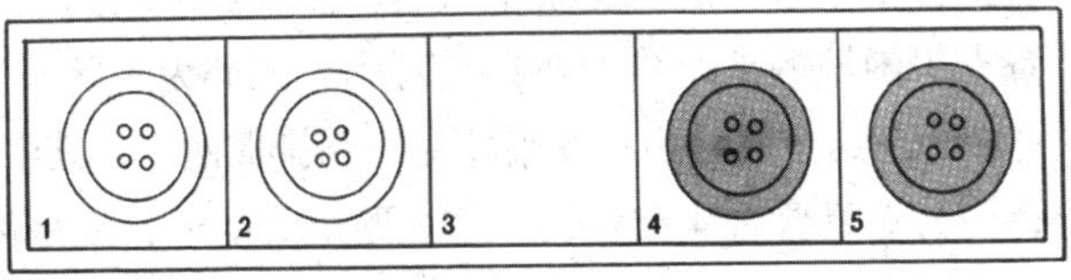

16. 立方

在把立方分成 27 个小立方体之前，先把它的 6 个面涂成灰色。然后，检测你自己能否回答出以下有关这 27 个小立方体的问题：

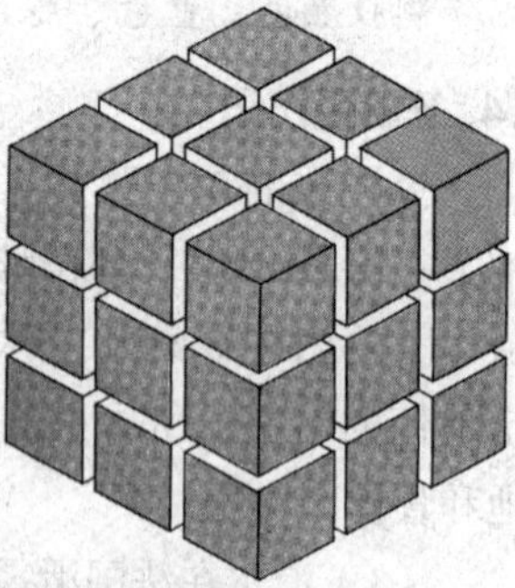

（1）这个立方的 3 个面上的灰色小立方体有多少？

（2）这个立方的 2 个面上的灰色小立方体有多少？

（3）这个立方的 1 个面上的灰色小立方体有多少？

（4）这个立方的无色小立方体有多少？

17. 瓶子（1）

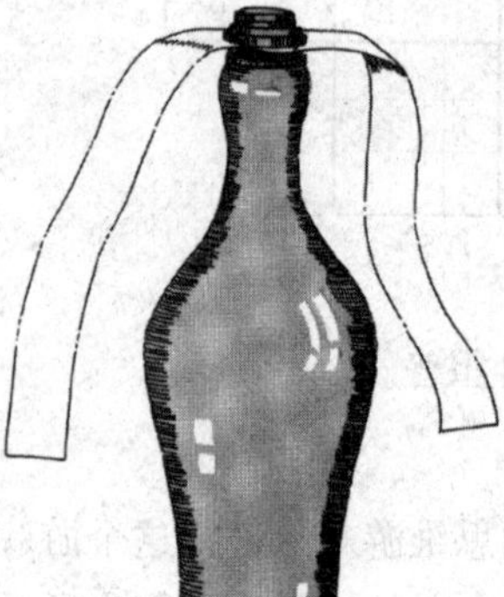

把一个空瓶子垂直放在桌子上。然后，剪一个 2 厘米宽、30 厘米长的纸带，按照图中的样子将纸带放在瓶口。在纸带下瓶口处放 4 枚硬币：先放 1 枚 1 元硬币，然后是 1 枚 5 角硬币，接着是 2 枚 1 角硬币。现在，大家来试试在保持硬币平衡的情况下把纸带移走。大家在进行游戏时，既不能接触硬币也不能触摸瓶子，唯一可以接触的就是纸带。

18. 扑克筹码

了不起的龚德尔斐魔镜可以看到一切、知道一切、可以说明一切……只要花 25 元买一张票。当他表演时，龚德尔斐在屏幕上展示了他在全世界搜集来的著名思维游戏题。图中所放映的正是恶名昭彰的、置人于困境的拉斯维加斯扑克筹码。人们为了解答这道难题花费了许多钱。这个题是指将 5 个扑克筹码排成两行，其中一行有 3 个筹码，而另一行要有 4 个筹码。这个题最难的地方就是你只有 60

秒的时间来解决这个问题。

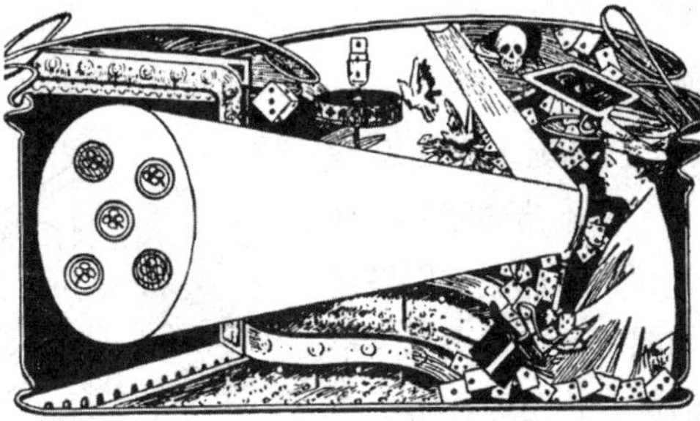

19. 绳梯

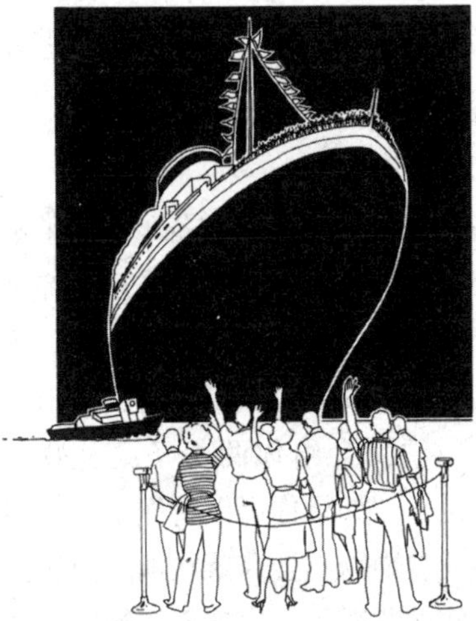

一艘豪华巨轮于上周驶入纽约港，它的船体需要修理。一个绳梯从甲板放下,一直到达水面。绳梯的各条横档之间相距 30 厘米。当海水落潮时，水面上的横梯一共有 50 条横档。纽约港的水位每小时会上升 15 厘米。那么，你能否计算出 6 个小时过后当海水处于高潮时水面上的横档的个数吗?

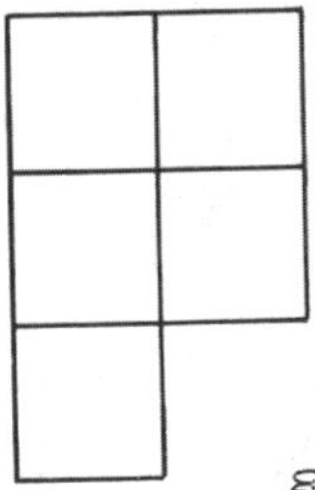

20. 胶合板

杂务工人海勒姆·鲍尔皮尼刚刚参加完木匠学院的聚会回来，而在聚会上他新创作的胶合板思维游戏把每个人都给难住了。他向大家展示了一块由 5 个大小相同的正方形组成的木板。首先，你要沿直线在木板上切两下，将它分成 3 块，然后，把这几块儿木板拼在一起组成一个正方形。那么，海勒姆是怎么做到的呢？

21. 多米诺骨牌

当你下次坐下来玩多米诺游戏时，你就可以下一个不错的赌注。准备 7 个多米诺骨牌，然后把它们搭建成一个小塔（如图所示）。再拿一个骨牌放在塔的前面，你可以在塔不塌的情况下利用这个骨牌将 A 骨牌从塔上移开吗？除了用 B 骨牌之外，你不可以用其他东西接触塔。

22. 装饰物

圣诞老人为你准备了一个了不起的圣诞节思维游戏。他先把装饰物固定在一条 3 米长的绳子的一端，然后将另一端系在一束槲寄生树枝的上面。

“我会给你两份圣诞礼物，”他说，“如果你可以将绳子从中间剪断使装饰物不会摔落在地。记住：一旦你剪断绳子，你就不能触摸绳子或者装饰物。”

那么，读者朋友，你会怎么剪呢？

23. 三位数

虽然你不是魔术师但同样可以解决这个题，而你的朋友们会认为你是魔术师。告诉他们，你可以向他们展示一个快速计算的思维游戏。除去扑克牌中所有“有脸”的牌（J、Q 和 K），并再拿出另外 10 张牌，将剩下的扑克牌每 3 张为一组放在桌子上。然后，对你的观众说，每一组的 3 张牌可以组成一个三位数，并且它们都可以被 11 完全整除。你要以最快的速度将这些三位数排列出来。

我们的例子是数字 231，它正好是 11 的 21 倍。那么，这一壮举是如何完成的呢？

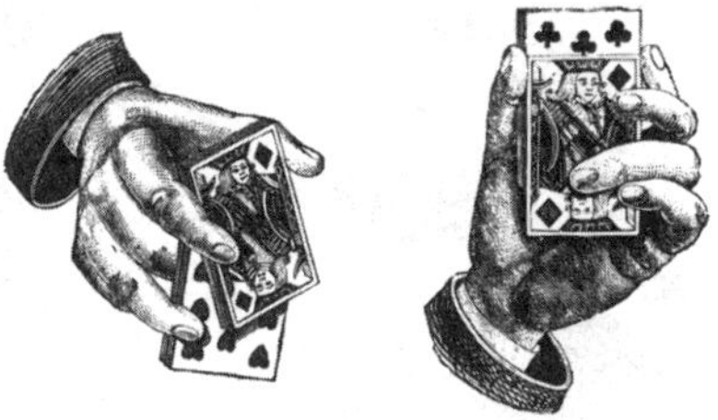

24. 印度方块

喜爱思维游戏的印度王子正在去往阿格拉的路上，那里将举行思维游戏大会。这头皇家大象身上的布印有一道题，而它就是由印度王子设计的。这个题需要你找出图画里大小正方形（最大的正方形边长为 8 厘米）的个数。在队伍出发前，你有 5 分钟的时间把这个问题解答出来。

25. 接触

当你尝试一下这个游戏时，也许你会认为只有求助某种魔术才能把它解决。这里放了 5 枚魔术师使用的硬币，我们要使它们彼此相接触。如果你手头没有这种硬币，你也可以使用 1 角硬币。我们这只爱为难人的小兔子认为解决这个题最多用 10 分钟。

26. 服务员

克拉姆兹·卡拉汉是巴伐利亚花园餐厅里行走最快也是最邋遢的服务员，正是由于他快如飓风的步伐，他总是把客人的衣服弄脏。恶有恶报，一天，一位愤慨的顾客只给了卡拉汉 1 角钱的小费，并说：“你把我的衣服给毁了，我就给你 1 角钱的小费。但是，如果你能够在不接触桌子、盘子以及硬币的情况下把硬币拿开，我就赏你 25 元的小费。”然而，克拉姆兹却没能解决。那么，你呢？

27. 绳索

图中的这位大师让大家完成他自己的“印度绳索戏法”。在他的平台上有一根普通的绳子，把这根绳子的两端分别放在两只手上，然后在绳子中间系一个结。但是，你在系结时不能使绳子的两端从手上松开。

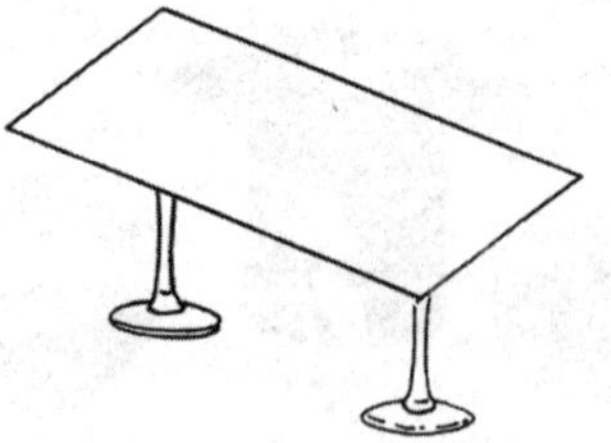

28. 桥

如果下次你和朋友外出，这里有个好办法让你白吃一顿饭。在桌子上放两个玻璃杯，它们之间的距离不要太远，然后，将一块儿较硬的纸放在两个杯口上面。接着，你就说如果在纸的中间再放一个杯子，你可以使这张纸具有支撑第三个杯子的力量。这是个很好的难题，但是在你去餐厅吃饭之前要好好练习一下。

29. 手

把一张扑克牌水平放在你的右手拇指上，然后，把一枚硬币（1元硬币或者5角硬币）放在牌上，使它们保持平衡。接下来的这个就很难了。请不要接触硬币把这张扑克牌拿走。如果你一次就可以完成，那么你将得到热烈的掌声。

30. 啤酒搅拌器

沃尔夫冈的豪斯啤酒店里最聪明的服务员是阿达尔伯特孪生兄弟——艾克和迈克，除了端送啤酒和土豆，他们还用一些思维游戏招待喝酒的客人。下面这个啤酒搅拌器游戏展示的是一个由罗马数字组成的等式。这个等式是错误的，但是如果你只移动其中的一个搅拌器，将它放到另外一个地方，那么这个等式就是对的。请你试试，看能否成功过关。

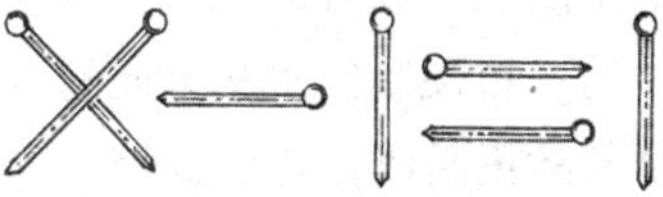

31. 狗窝

狗狗杰姬在向它的朋友炫耀它的新家。我们用10根火柴杆把它家的轮廓拼了出来，它的朋友很喜欢它的新家，只是觉得它应该转90度，这样它就可以面对

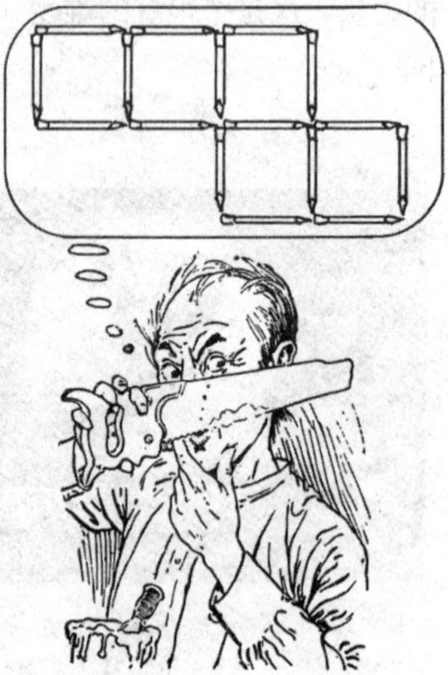

路这边了。那么，你能否将两根火柴移到别的位置使它的家面对路呢？

32. 钉子

年迈的查理·克罗斯卡特·卡拉威是当地木场的地方长官，他早上刮脸的时候遇到了一个麻烦。仓库里男孩子跟他打赌，说他不可能将图中的4根钉子移到别的地方使原来的5个正方形变成6个。那么，你来试试，看能否把答案想出来。

33. 硬币

按照图中的样子在桌上放12枚硬币，6枚硬币正面朝上、6枚硬币背面朝上。注意，在这4行硬币当中，每行都同时包括正面硬币和背面硬币。现在，请移动其中的一枚硬币使水平方向的4行硬币或者全部是正面或者全部是背面。

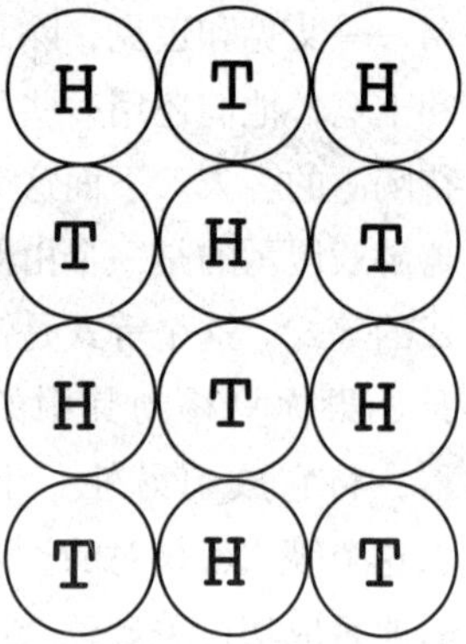

34. 农夫

地主默多克是附近很有声望的农场主，他正在研究平面图，他准备把他9头良种小母牛重新圈起来，他让手下的农夫必须用栅栏圈出 4 块儿地，每块儿地里要有奇数数量的母牛。那么，你知道农夫是如何解决这个问题的吗？

35. 布料

巴顿·伯尔特遇到了麻烦，这家商店的布料商跟他打赌，说他不可能把任意一块儿正方形布剪成几块儿然后再把它们拼成 3 个小正方形。布料商说巴顿只需要在布料上剪两下就可以完成。最后，把 2 块儿碎布沿着一个边缝合就可以形成其中的一个正方形。

那么，你能为巴顿想出办法吗？

36. 疯狂的科学家

你能在短时间内把这个题解答出来吗？

37. 银行业务

“恭喜你，斯本登勃洛先生。你已经通过申请获得贷款的所有资格。可是，我们还要最后检测你管理钱财的能力。国家银行的思维游戏第一人设计了下面的题。你必须将这 6 枚 1 角硬币放在格子里的点上，但是要保证水平方向、垂直方向或者对角线上的同一条直线上不能同时出现 2 枚硬币，你只有 10 分钟的时间解答这个题。”

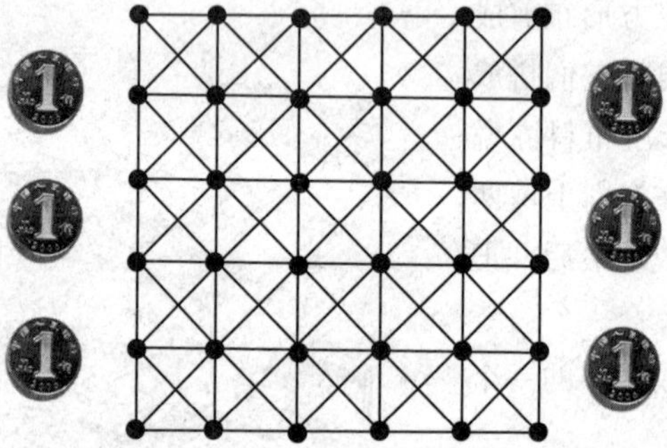

38. 拼图

下面 3 幅局部放大图分别来自原图的哪个部分？

39. 地理名胜

这幅图中隐藏了一个非常著名的地理标志，你知道是什么吗？

40. 不同之处

下面两幅图有 8 处不同，你能全部找出来吗？

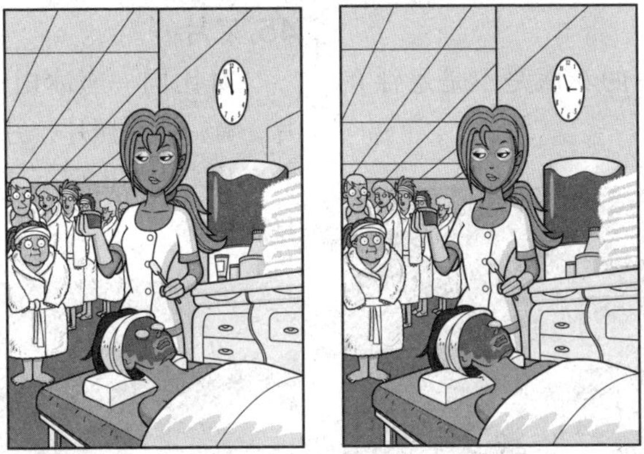

41. 凸面镜

男孩看左边的凸面镜发现自己是上下颠倒的。然后将镜子翻转 90°，即右边的凸面镜。这时候男孩看到的自己是什么样子的呢？

42. 三维世界的剑

你怎样看才会觉得这幅图里的剑是三维的，且是垂直向外指出来的？

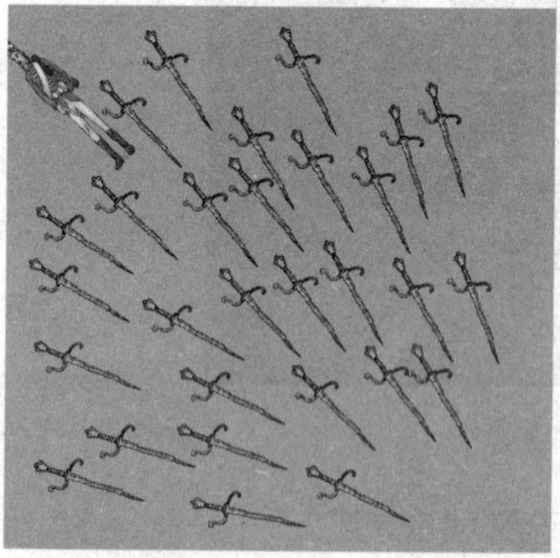

43. 瀑布

仔细观察图片，瀑布能如图那样流动吗？

44. 花瓶

图中的花瓶是不是悬浮在空中？

45. 底片

对比同一座冰山的两张图片，有一张是照片，另一张是它的底片。你知道哪个是照片哪个是底片吗？

46. 距离

两幢房子向远处延伸。线段 AB 与 CD 谁更长？

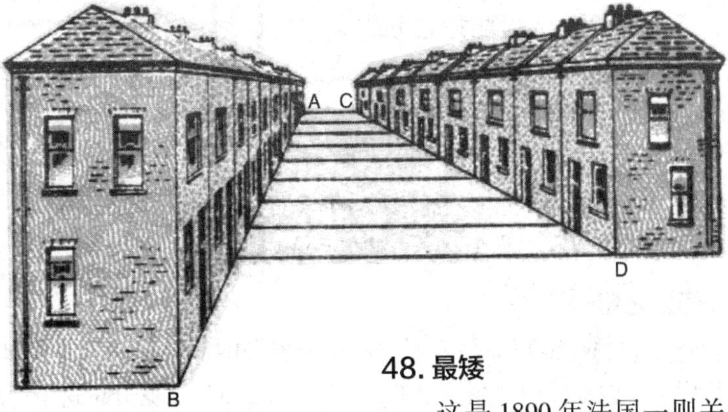

48. 最矮

这是 1890 年法国一则关于茶叶的广告。图中哪个中国人最矮？在测量之前，请大胆猜一猜。

47. 几个人？

你能找到多少个人？

49. 巧分农庄

阿凡提周游世界，有一天来到一个村庄。一个地主对他说："都说你很聪明，我有一块地，你能把它分成大小相等、形状相同的两份，我就把地送给你。"聪明的阿凡提不慌不忙，用木棍划了一道线，地主傻了眼，只好履行诺言。阿凡提把地分给了最穷的两户人家。你知道阿凡提是怎么分的吗？

50. 间谍之死

一个为刺探情报而潜入国境的出身罗马的双重间谍 R，不知被谁杀死了。他临死前，用身上的血写了一个"X"。据分析这个"X"指的是杀死他的人。而杀死他的人为图中所示 3 个间谍中的一个。你知道是谁吗？

A 间谍 NW12 号　　L 间谍 UP3 号　　B 间谍 WY7 号

51. 四减四的结果

在算术里，4-4=0，是唯一答案。而在生活中，四减四的结果，却可以不等于 0。例如，等于 12。当然，这种减法不是算术意义的减法，而是在生活中更广泛意义上的一种减。你能想出个中缘由吗？

52. 错觉

小景从自家的窗户缝里目击到邻居家发生的一起凶杀案。因为凶手通过窗户向外窥视了好几次，所以小景清楚地记住了他的长相。小景在向来调查的刑警描述时说凶手是一个细长脸的男人，而后去自首的罪犯却是圆脸，并非细长脸。难道小景看到的不是凶手吗？这里面有着什么样的玄机？

53.6+5=9

如图所示，有6根火柴棍，请问，再加上5根，你能将它变成9吗？

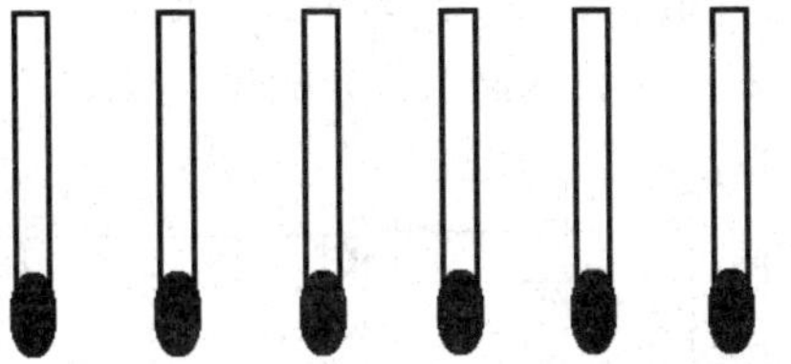

54.12 顶帐篷

下面的12顶帐篷看上去各不相同，但是其中有2顶是相同的，是哪2顶呢？

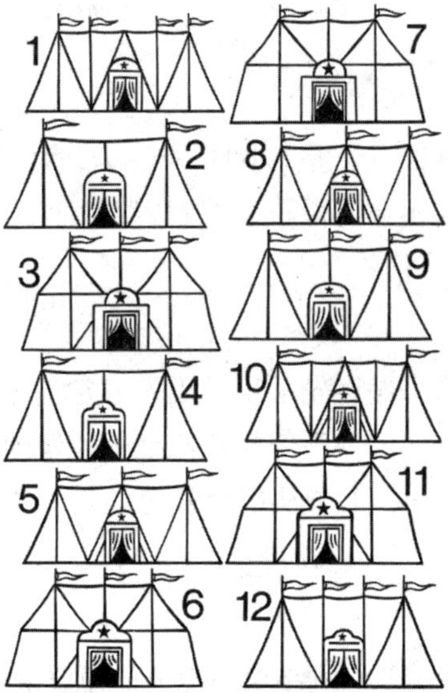

55. 出征

据说，古希腊哲学家泰勒斯曾经做过吕底亚王克劳苏部下的一名士兵。一次，吕底亚王率部出征，来到一条河边。由于河水较深且湍急，又没有桥梁与渡船，吕底亚王无可奈何地望河兴叹。正当吕底亚王无奈之际，泰勒斯献了一条计策，使大部队在一无桥梁、二无渡船的情况下，顺利地渡过了河。泰勒斯献了一条什么计策？

56. 财主分田

从前有一位地主有 4 块土地，地上种有 5 种不同的庄稼，现在他要把土地平均分给 4 个儿子，为了公平他要把 4 块地分成形状一样并都种有这 5 种庄稼，他该怎么分配呢？

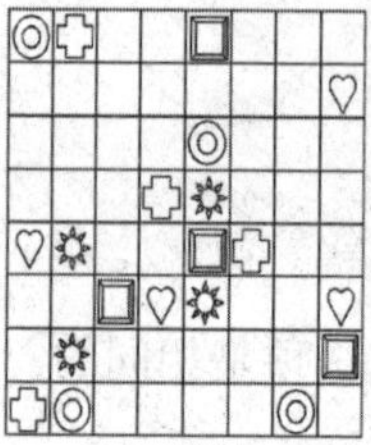
图1

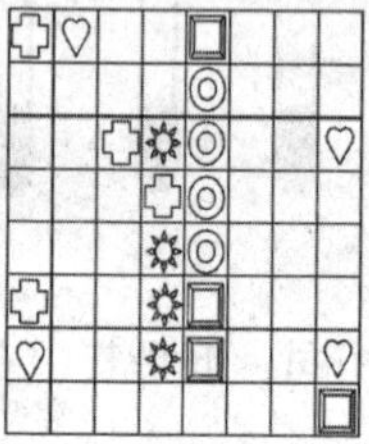
图2

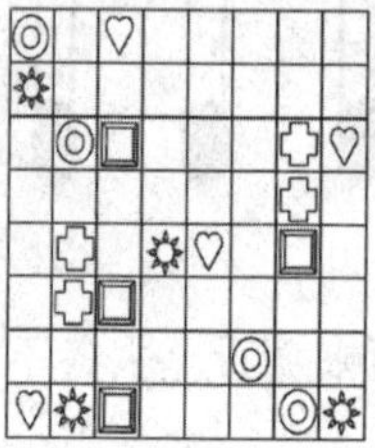
图3

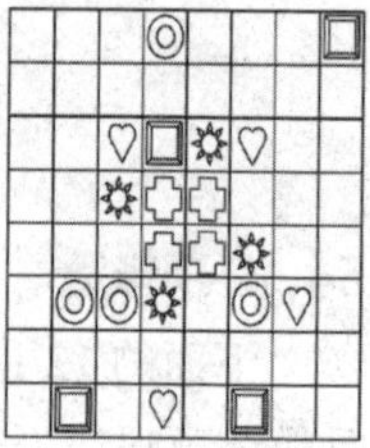
图4

57. 钟表不慢了

索妮家里的时钟一天慢一小时。有一天，索妮朋友看到这座时钟，他说："从现在起不会再慢了。"索妮在这段时间并没有去碰这座时钟，这是怎么一回事？

58. 客轮

每天上午，有一艘客轮从甲地出发开往乙地，在同一时间，都会有属于同一个公司的一艘客轮从乙地开往甲地。客轮走一个单程需要 7 天 7 夜。请问：上午从甲地开出的客轮，将会遇到几艘从对面开过来且属于同一个公司的客轮？

59. 得分

一场精彩的篮球赛刚刚结束，球迷们便议论纷纷：（1）选手们体力真棒，比赛中双方都没有换过人；（2）双方技术都很高，得分最多的一个队员独得 30 分；有 3 名队员得分不满 20 分，并且他们所得的分数各不相同；（3）客队的个人技术相当接近，得分最多的和最少的只差 3 分；（4）全场比赛中只有 3 名队员得分相同，都是 22 分，而且他们不在一个队；（5）主队的个人得分，正好是一组等差数列。请根据以上信息来推算这场球赛的具体结果。

60. 卖水

有一个用大皮囊装着 25 升水的水商，行经沙漠时，碰到一位要买 19 升水的客人和一个要买 12 升水的客人。商人的水不够卖给二人，只能卖给某一方，而且他希望在这酷热的沙漠中，尽快结束交易。假设水商从皮囊中倒出 1 升的水需要 10 秒，那么他会卖给哪位客人呢？

61. 实际损失

顾客拿了一张百元钞票到商店买了 25 元的商品，老板由于手头没有零钱，便拿这张百元钞票到朋友那里换了 100 元零钱，并找了顾客 75 元零钱。顾客拿着 25 元的商品和 75 元零钱走了。过了一会儿，朋友找到商店老板，说他刚才拿来换零钱的百元钞票是假钞。商店老板仔细一看，果然是假钞，只好又拿了一张真的百元钞票给朋友。你知道，在整个过程中，商店老板一共损失了多少财物吗？

注：商品以出售价格计算。

62. 回到地球

“大不列颠”号航天飞机结束了它的火星之旅，要返回地球。飞机上一共有 5 个成员，其中包括 1 位飞行员和 4 位负责不同实验程序的科学家，他们已经在变速躺椅上做好了返回地球的准备，从以下所给的线索中，你能推断出在各个躺椅上成员的全名和他们的身份吗？

（1）克可机长的名字不是萨姆，坐的是 A 躺椅，他不和其中一位宇航员相邻，这位宇航员不是官员姜根。

（2）E 躺椅上的宇航员是巴石，戴尔上校没占着躺椅 B。

（3）尼克·索乐是“大不列颠”号上年纪最大的成员。

（4）在躺椅 D 上的成员是一个研究火星引力实验的物理学家。

（5）多明克教授，船员中的两位女性之一，是一位化学家，但是从别人和她说话的方式你看不出来她是一位女性。

（6）多克是一位生物学家，但如果飞机上有需要时，她也是飞机上的医疗官，她不是机长克尼森，也不在 A 躺椅上。

名：巴石、多克、尼克、萨姆、姜根

姓：戴尔、多明克、克尼森、克可、索乐

身份：宇航员、生物学家、化学家、物理学家、飞行员

63. 电话

某天早晨，3 个女人都在同一时段打电话。从以下给出的线索中，你能说出打电话和接电话的人分别是谁吗？

（1）伯妮斯在她母亲接完电话之后打了一个电话。

（2）玛格丽特曾和艾莉森电话聊天。

（3）劳拉是接到电话的一方。

（4）女儿去接电话是在某人打电话给乔伊斯之后。

	伯妮斯	玛格丽特	波林	艾莉森	乔伊斯	劳拉	女儿	朋友	母亲
9：20									
9：22									
9：25									
女儿									
朋友									
母亲									
艾莉森									
乔伊斯									
劳拉									

64. 填空（1）

要求每行每列上均有字母 A，B，C，D，E，同时，在粗线条构成的图形里，也要有字母 A，B，C，D，E。你能做到吗？

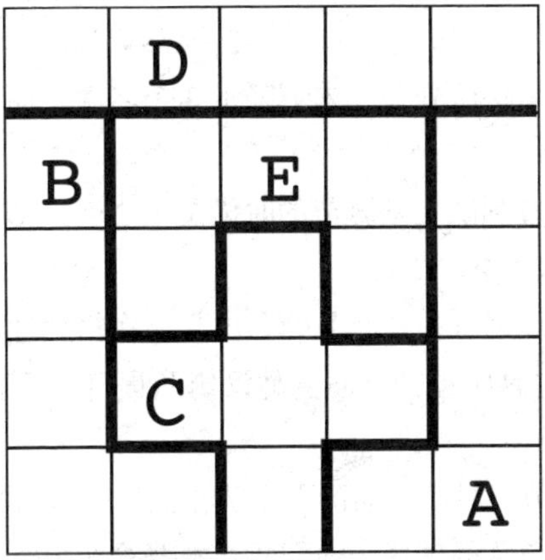

65. 路径逻辑（1）

运用你的逻辑推理能力，推导出符合以下条件的一条路径：从“开始”一直到“结束”，这条路径可以沿水平也可以沿垂直方向。各行各列起始处的数字代表这行或这列所必须经过的格子数（如图例）。

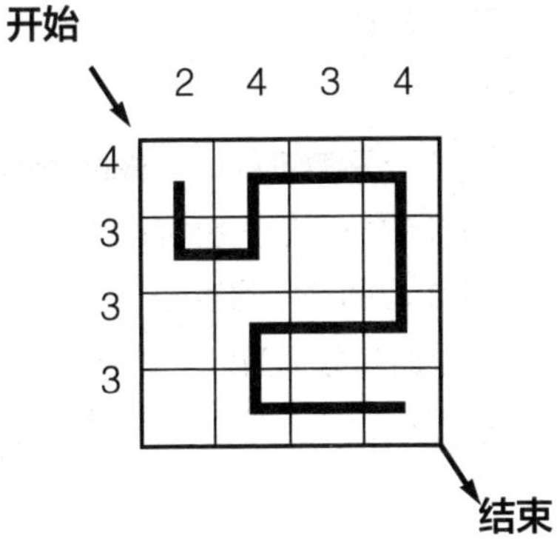

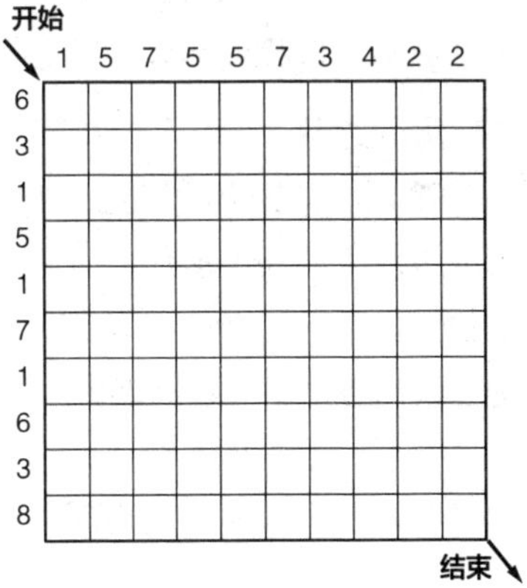

66. 排行榜

比较一下圣诞节时和赛季末足球联盟的排行榜，发现前 8 支球队还是原来的那 8 位，但其中只有一支球队的名次没变。从以下所给的线索中，你能填出圣诞节时和赛季末足球联盟前 8 位的排行榜吗？

（1）贝林福特队到赛季末下降了 2 个名次，而罗克韦尔 · 汤队则上升了 3 个名次。

（2）匹特威利队在圣诞节的时候是第 2 名，却以不尽如人意的第 7 名结束了本赛季。

（3）克林汉姆队在圣诞节的名次紧靠在格兰地威尔之前，但后来两队的名次均有所提升，而克林汉姆队提升的更大一些，加大了两队的差距。

（4）圣诞节时排第 5 名的那个队在最后的排行榜中不是第 4。

（5）米尔登队的球迷为他们队在本赛季获得第 3 名的好成绩而欢呼。这样在半赛季排名时，他们队的名次处在了罗克韦尔 · 汤队之前。

（6）内德流浪者队的名次下降了，而福来什运动队在后半赛季迎来了好运。

（7）圣诞节时第 1 名的球队在赛季末只得了第 5 名。

球队：贝林福特队、福来什运动队、格兰地威尔、克林汉姆队、米尔登队、匹特威利队、罗克韦尔 · 汤队、内德流浪者队

67. 房间之谜

第二次世界大战期间，西班牙保持中立，马德里的一个旅馆经常有战争双方的间谍居住，而在那里，西班牙的一个便衣警官也会监视着他们。以下是 1942 年的某天晚上旅馆第 1 层的房间房客分布情况，你能说出各个房间被间谍占用的情况以及他们都分别为谁工作吗？

（1）英国 M16 特务的房间在加西亚先生的正对面，后者的房间号要比罗布斯先生的房间小 2。

（2）6 号房间的德国 SD 间谍不是罗佩兹。

（3）德国另一家间谍机关阿布威的间谍行动要非常小心，因为房间 2，3，6 的人都认识他。

（4）毛罗斯先生的房间号要比苏联 GRU 间谍的房间大 2。

（5）法国 SDECE 间谍的房间位于鲁宾和美国 OSS 间谍的房间之间，美国 OSS 间谍的房间是三者中房间号最大的。

姓名：戴兹、加西亚、罗佩兹、毛罗斯、罗布斯、鲁宾

间谍机构：阿布威、GRU、M16、OSS、SD、SDECE

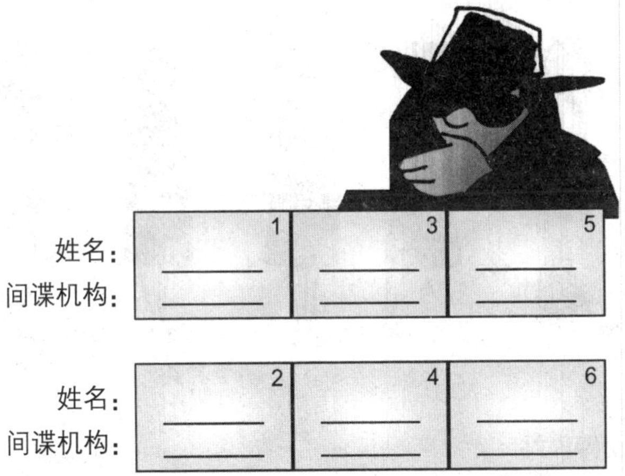

68. 女运动员

5位年轻的运动员正在伦敦机场等出租车，她们都刚从国外回来。从所给的线索中，你能说出她们的姓名、分别从哪里回来以及都从事什么运动项目吗？

（1）从来没去过东京的凯特·肯德尔紧靠在滑冰者之后，并在刚从洛杉矶飞回来的女士之前。

（2）高尔夫球手紧跟在斯特拉·提兹之后。

（3）射手在图中 3 号位置，羽毛球手紧靠在刚从卡萨布兰卡回

来的旅客之前。

（4）台球手在莫娜·洛甫特斯之前，中间隔了不止一个人，刚从东京飞回来的女士排在格丽尼斯·福特之后的某个位置。

（5）黛安娜·埃尔金不是队列中的第一位也不是最后一位。图中1号不是刚从罗马回来的，图中2号不是从东京回来的。

姓名：黛安娜·埃尔金、格丽尼斯·福特、凯特·肯德尔、莫娜·洛甫特斯、斯特拉·提兹

离开地：布里斯班、卡萨布兰卡、洛杉矶、罗马、东京

运动项目：射击、羽毛球、高尔夫、滑冰、台球

69. 巴士停靠站

巴士停靠站已经被图中所示的1—7号双层巴士停满了，其中1号靠近入口处。从所给的线索中，你能说出每个司机的名字和这些车子的车牌号码吗？

（1）324号巴士要比司机雷停靠的巴士远离入口2个位置，并且雷的牌号要比324号大。

（2）2号和7号位置的车牌号末位都是奇数，但是首位数字不同。

（3）特里的巴士的车牌号是361。

（4）图中3号位置的巴士不是戴夫驾驶的巴士，它的车牌号要比相邻的两辆巴士小。

（5）5 号位置的巴士车牌号是 340，车牌号为 286 的巴士没有停在图中 6 号位置。

（6）肯停靠的巴士刚好紧靠在车牌号为 253 的巴士左边。

（7）赖斯把双层巴士停在图中 4 号位置。

（8）埃迪把巴士停在罗宾的巴士左边某个位置，但不在它的旁边。

司机：戴夫、埃迪、肯、赖斯、雷、罗宾、特里

巴士车牌：253、279、286、324、340、361、397

70. 填空（2）

要求每行每列上均有字母 A，B，C，D，E，并且每个字母最多出现一次。同时，要求在用粗线条隔开的图形里，也均有字母 A，B，C，D，E，同样，每个字母最多只能出现一次。你能做到吗？

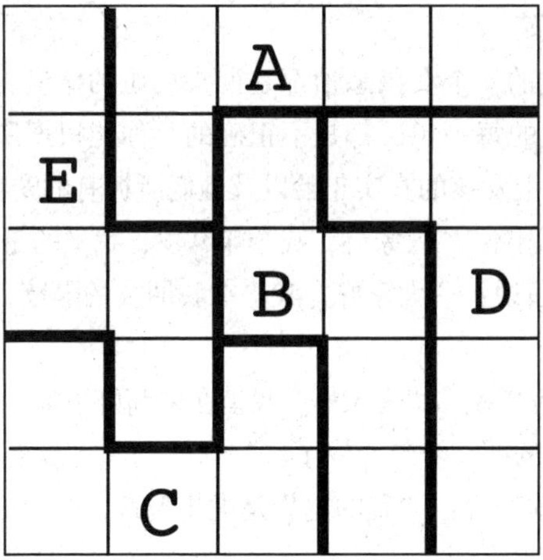

71. 路径逻辑（2）

运用你的逻辑推理能力，推导出符合以下条件的一条路径：从“开始”一直到“结束”，这条路径可以沿水平也可以沿垂直方向。各行各列起始处的数字代表这行或这列所必须经过的格子数（见图例）。

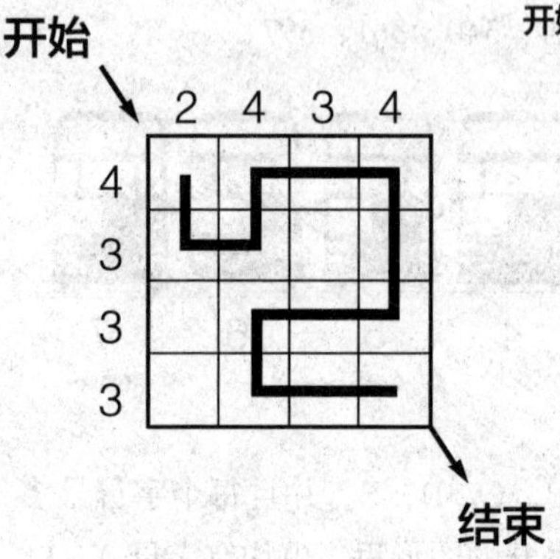

72. 说谎的女孩

图中描述的 4 个女孩恐怕都是彻头彻尾的撒谎者。你要牢牢记住，她们所说的每一句话都是不正确的。你能根据所提供的线索说出图中各位置上女孩的真实年龄以及她们所拥有的宠物吗?

（1）詹妮说：“大家好，我今年 9 岁，我坐的是第 4 个位置。”

（2）杰茜说：“大家好，我坐在我朋友的隔壁，我的朋友有一只猫。”

（3）杰迈玛说：“大家好，我坐在朱莉娅边上，她的宠物是龟，而另一个养猫的朋友今年 9 岁了。”

（4）朱莉娅说：“我的宠物是虎皮鹦鹉，今年 8 岁，坐在 2 号位置。”

（5）为了帮助你解题，我告诉你以下信息：位置3上的女孩今年10岁，杰茜的宠物是一条小狗，图中4号位置上的女孩的宠物是虎皮鹦鹉。

姓名：杰迈玛、詹妮、杰茜、朱莉娅

年龄：8、9、10、11

宠物：虎皮鹦鹉、猫、小狗、龟

姓名：________ ________ ________ ________

年龄：________ ________ ________ ________

宠物：________ ________ ________ ________

73. 邮票的面值

在弗来特里刚刚发行了一套新邮票，下面就是其中4种不同面值的邮票。根据给出的线索，你能找出每张邮票的设计方案（包括它们的面值、边框及面值数字的颜色）吗?

（1）每张邮票中的数字5都不是棕色的。

（2）画有大教堂的那张邮票面值中有个0，它在有棕色边框邮票的右边。

（3）第四张邮票的面值中有个1，而第三张邮票上画的不是海湾。

（4）面值为15分的邮票在蓝色邮票的正上方或正下方。

（5）画有山峰的不是第一张邮票，它仅比有红色边框的邮票面值大。

图案：大教堂、海湾、山峰、瀑布

面值：10分、15分、25分、50分

颜色：蓝色、棕色、绿色、红色

1

图案：

颜色：

2

3

图案：

颜色：

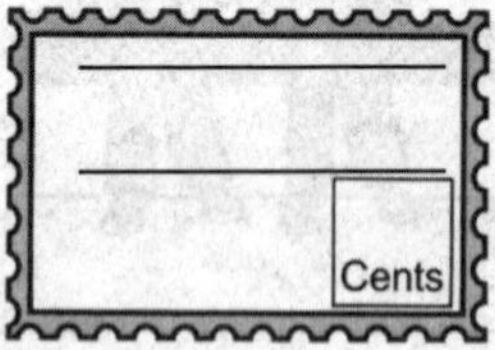

4

74. 与朋友相遇

汤米在路上先后遇到了 4 位朋友，他们每个人所吃的食物都不相同。因为那天天很冷，所以每个人穿的都是毛衣。根据下面的线索，你能按相遇的先后顺序说出每位朋友的名字、他们各自所穿毛衣的颜色以及他们正在吃什么食物吗？

（1）在汤米遇到穿蓝毛衣的凯文之前，他遇到了一位在吃棒棒糖的朋友。

（2）汤米遇到的第 3 位朋友穿着米色毛衣。

（3）在遇到穿绿毛衣的朋友之后，汤米遇到了正在吃香蕉的朋友，这个人不是西蒙。

（4）在遇到吃巧克力派的刘易丝之后，汤米碰到了穿红毛衣的小伙子，这个人不是丹尼。

名字：丹尼、凯文、刘易丝、西蒙

毛衣：米色、蓝色、绿色、红色

快餐：苹果、香蕉、巧克力派、棒棒糖

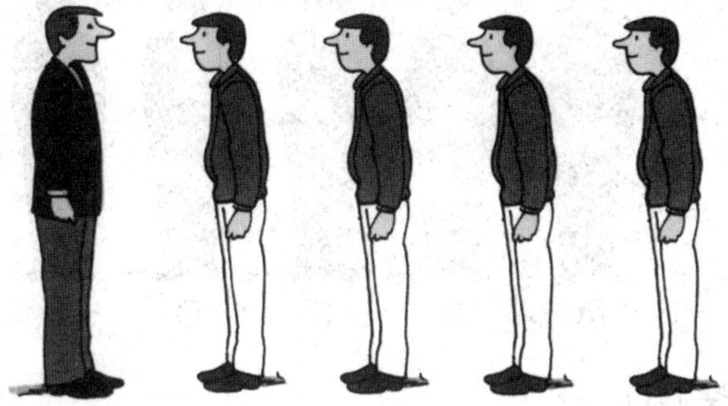

75. 军官的来历

根据下面的信息，你能猜出每个军官的名字、所属部门以及他们分别来自美国的哪个州吗？（左、右是以 A，B，C 等五个字母所在位置而言）

（1）美国水兵军官站在来自爱达荷州的军官的旁边，虽然不挨着陆军中尉阿尔迪丝，但也比离空军轰炸机的飞行员近。

（2）来自美国新墨西哥州的军事警察站在步兵的左边，普迪上尉的右边。

（3）沃德少校不是工兵军官，工兵军官站在来自缅因州的军官哈伦的右边，哈伦不是步兵或空军，而军事警察站在工兵军官和缅因州军官的左边某个位置。

（4）来自乔治亚州的德莱尼不是一名空军，他站在哈伦上尉的右边，来自堪萨斯州的普迪上尉比德莱尼上尉更靠左边。

（5）军官 C 的军衔比美国水兵军官的军衔大。

名字（按等级由低到高的顺序）：陆军中尉阿尔迪丝、德莱尼上尉、哈伦上尉、普迪上尉、沃德少校

部门：空军、工兵、步兵、水兵、军事警察

州：乔治亚州、爱达荷州、堪萨斯州、缅因州、新墨西哥州

76. 填空（3）

要求每行每列上均有字母 A，B，C，D，E，同时，在粗线条构成的图形里，也要有字母 A，B，C，D，E。你能做到吗？

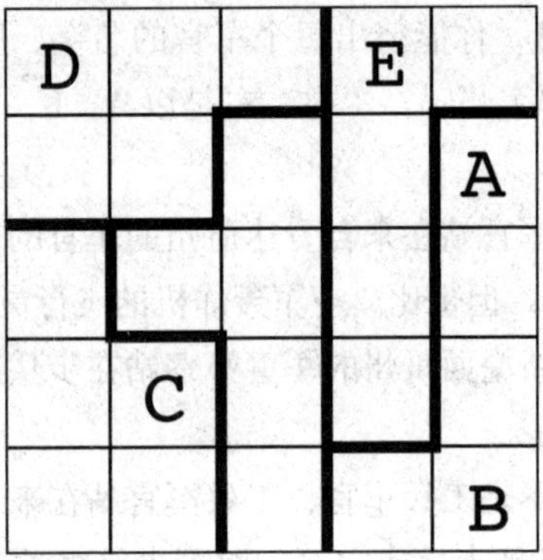

77. 站岗的士兵

下面的图片展示了几名士兵。根据下面的信息，你能分辨出 1 到 4 号的士兵分别来自哪里以及他们的参军时间吗？

（1）来自大不列颠的密尼布司比 4 号位置上的士兵晚一年参军。

（2）在城墙上 3 号位置的斯堪达隆思比来自伊伯利亚半岛的士兵早参军。

（3）来自高卢的士兵参军很久了，但这个人不是阿格里普斯。

（4）来自罗马的士兵紧挨最晚参军的士兵并在其右边，但比纳

斯德卡思靠左。

士兵：密尼布司、纳斯德卡思、斯堪达隆思、阿格里普斯

省：大不列颠、高卢、伊伯利亚半岛、罗马

参军年数：9 年、10 年、11 年、12 年

1　　2　　3　　4

78. 路径逻辑（3）

运用你的逻辑推理能力，推导出符合以下条件的一条路径：从“开始”一直到“结束”，这条路径可以沿水平也可以沿垂直方向。各行各列起始处的数字代表这行或这列所必须经过的格子数（见图例）。

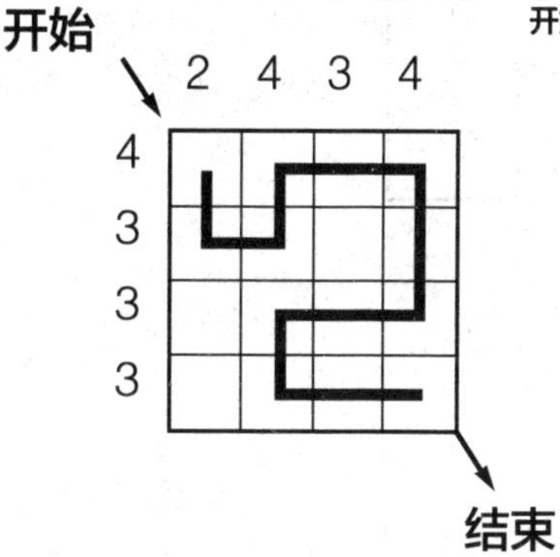

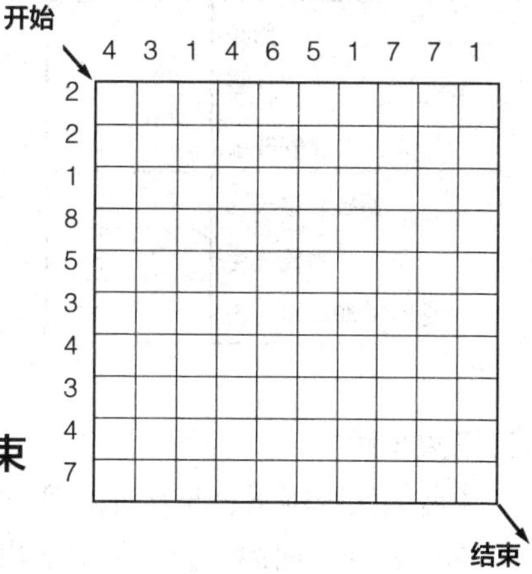

79. 在国王桥上接客人

今天豪华轿车司机卡·艾弗将去伦敦的国王桥火车终点站 3 次，去接几个相当重要的乘客，并把他们带到卡莱尔旅馆。根据下面的信息，你能确定他每次去接客人的时间、站台、所接客人的名字以及他们都是来自哪里吗？

（1）林肯方向驶来的火车的到站站台号比艾弗要接的斯坦尼夫人下车的站台号大。

（2）德拉蒙德夫人所乘的火车将进入 9 号站台，艾弗上午 10：00 接站的站台号比下午 3：00 的小。

（3）来自北安普敦的火车将进入 4 号站台，但要等到中午。

（4）来自剑桥的乘客将在下午 3：00 到。

	4号	7号	9号	德拉蒙德夫人	古氏先生	斯坦尼夫人	剑桥	林肯	北安普敦
上午 10：00									
中午 12：30									
下午 3：00									
剑桥									
林肯									
北安普敦									
德拉蒙德夫人									
古氏先生									
斯坦尼夫人									

80. 下火车后

4 名妇女刚刚乘火车从北方到达国王十字站，她们将搭乘 4 辆出租车。根据下面的信息，你能认出 1 到 4 号出租车的司机和乘客的名字以及乘客上车时的站名吗？

（1）詹森所载的那名女乘客乘火车所走的路程比黛安娜长，黛安娜坐的是詹森后面的那辆出租车。

（2）诺埃尔所载的乘客不是在皮特博芮上的车。

（3）来自格兰瑟姆的那名妇女坐上了 1 号出租车，开车的司机不是伯尼，伯尼车上的乘客叫帕查。

（4）索菲是在多恩卡斯特上的车。

（5）克莱德是 4 号出租车的司机。

司机：伯尼、克莱德、詹森、诺埃尔

乘客：安妮特、黛安娜、帕查、索菲

站名（按距离顺序，由远至近）：约克角、多恩卡斯特、格兰瑟姆、皮特博芮

81. 填空（4）

要求每行每列上均有字母 A，B，C，D，E，同时，在粗线条构成的图形里，也要有字母 A，B，C，D，E。你能做到吗？

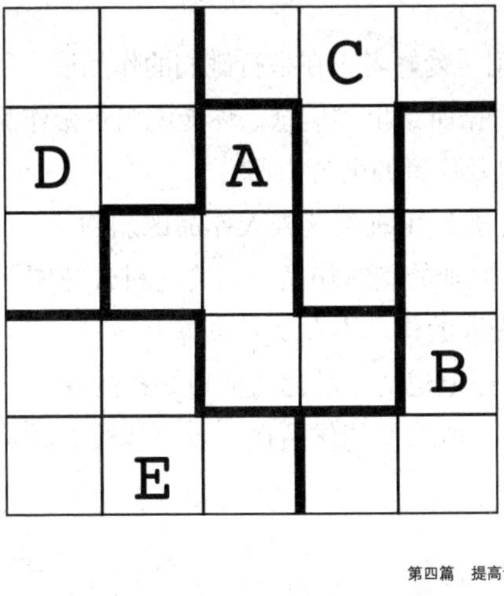

82. 欢度国庆

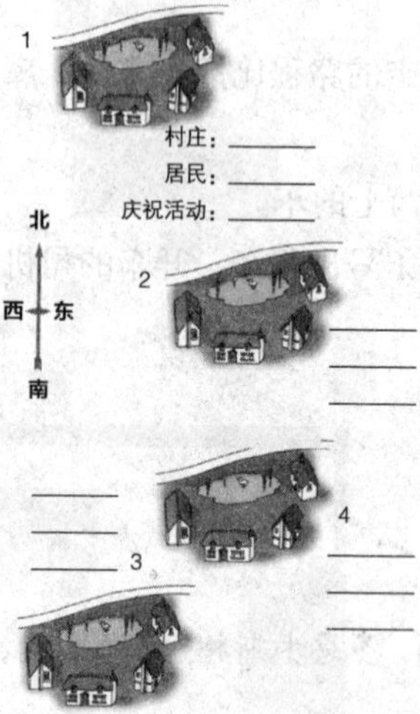

在国庆这一天，4个住在法国相邻村庄的居民选择了不同的庆祝方式。根据下面的信息，你能分别说出每个村庄的名字、该村的居民以及他们的庆祝方式吗？

（1）波科勒村举办了圣子埃特鲁米亚展览，该村与克里斯多佛的家乡相邻并在它的东面。

（2）第2个村庄是丝特·多米尼克村。

（3）丹尼斯住在第3个村庄，而村庄1不是以街道舞蹈为庆祝方式。

（4）住在墨维里村的安德烈不是那个花整晚的时间在电视前看庆祝活动的懒汉，这个懒汉也不是住在4号村庄。

（5）以烟花大会为庆祝方式的村庄比马丁的家乡更靠西面。

村庄：波科勒、格鲁丝莫、墨维里、丝特·多米尼克

居民：安德烈、克里斯多佛、丹尼斯、马丁

庆祝活动：街道舞蹈、烟花大会、圣子埃特鲁米亚展览、看电视

83. 刺绣展览

几位女性刺绣爱好者正在举行她们的作品展，下面4幅作品是其中的一部分。根据所给出的信息，你能说出每幅作品的具体信息（包括作品的主题以及作者的全名）吗？

（1）《雪景》在凯维丝夫人作品的斜对面。

（2）伊冯为她的刺绣作品取名为《村舍花园》，而伊冯不姓福瑞木，福瑞木夫人的作品不在2号位置上。

（3）赫尔迈厄尼的作品比《河边》挂的高。

（4）萨利·斯瑞德的作品在《乡村客栈》斜对面，而后者的号码比2小。

（5）以斯帖作品的号码比尼得勒夫人的小。

主题：《河边》《村舍花园》《雪景》《乡村客栈》

名：以斯帖、赫尔迈厄尼、萨利、伊冯

姓：凯维丝、福瑞木、尼得勒、斯瑞德

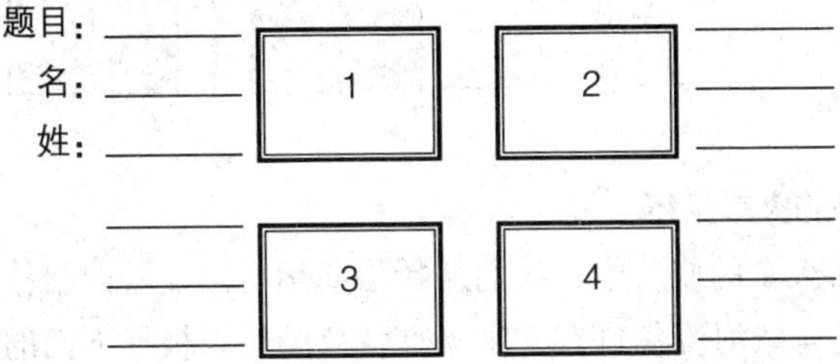

84. 电影制片厂

在好莱坞电影市场的鼎盛时期，会同时有 4 部电影在 4 个邻近的电影制片厂进行拍摄，这 4 个制片厂同属一家著名的电影公司。根据下面的信息，你能具体描述在每个制片厂拍摄的电影类型、导演以及美丽的女主角的名字吗？

（1）那部言情电影的制片厂位于由海伦 · 皮奇担任女主角的那部电影的制片厂的东面。

（2）枪战电影的制片厂位于导演沃尔多 · 特恩汉姆所在的制片厂的北面。

（3）西尔维亚·斯敦汉姆是导演卡尔·卡马拉所拍摄电影的主角。

（4）拉娜 · 范姆帕在一部警匪片里担任女主角，其制片厂在奥尔弗 · 楞次导演所在制片厂的斜对面。

（5）C 制片厂拍摄的不是喜剧片。

电影类型：喜剧、警匪、言情、枪战

导演：奥尔弗 · 楞次、鲍里斯 · 旭茨、卡尔 · 卡马拉、沃尔多 · 特恩汉姆

女主角：多拉 · 贝尔、海伦 · 皮奇、拉娜 · 范姆帕、西尔维亚 · 斯敦汉姆

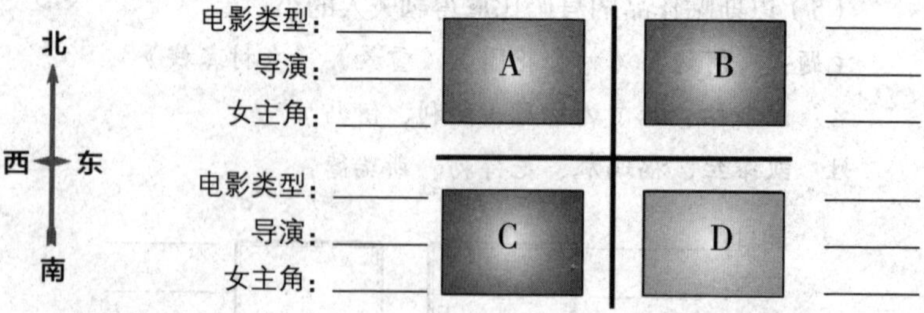

85. 美好的火车旅行

在乘火车的旅行中，我们从特洛斯坦特出发驶向哈格施姆，途中经过的 4 条河流各自有一座极富特色的桥。根据下面的线索，你能在地图上填出每座桥的名字、类型及其所跨河流的名字吗？

（1）我们花费了 90 分钟跨过了托福汉姆桥，之后就来到了波罗特河上的吊桥。

（2）第二条河横穿斯杰普生德桥。

（3）横跨戴斯尔河的那座桥离哈格施姆的距离比大石拱桥离哈格施姆更近。

（4）我们在到达科玛河前，穿过了悬臂式建筑维斯吉格桥（因为它建在维斯吉格）。

（5）大摆桥在地图上的标示是偶数，每当有船只经过时它可以从中间开启。

桥名：埃斯博格、斯杰普生德、托福汉姆、维斯吉格

河名：波罗特、科玛、戴斯尔、斯沃伦

桥的类型：拱桥、悬臂桥、吊桥、摆桥

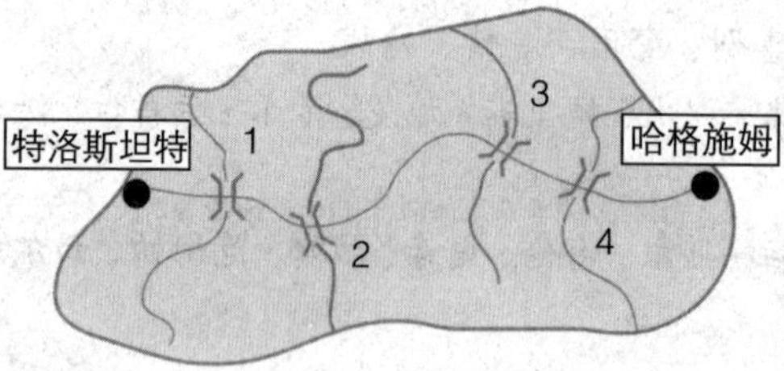

86. 沿下游方向

诺福克的洛特河是著名的波罗兹的一部分，4 个勇敢的海员家庭把他们的船停在了几家不同旅店的停泊处。根据下面的信息，你能填出图表中每个家庭的名字、所拥有的船只名，以及所停泊的旅店名吗？

（1）费希尔的船停泊在挪亚方舟处，斯恩费希的停泊处在挪亚方舟处的左边。

（2）帕切尔号停在狗和鸭码头。

（3）C 位置上的旅店叫升起的太阳，停泊在那里的船不属于罗德尼家庭，也不是南尼斯号。

（4）在最右边的船属于凯斯一家。

家庭：德雷克、费希尔、凯斯、罗德尼

船名：罗特斯、南尼斯、帕切尔、斯恩费希

旅店：钓鱼者休息处、狗和鸭、挪亚方舟、升起的太阳

家庭：________ ________ ________ ________

船：________ ________ ________ ________

旅店：________ ________ ________ ________

87. 路径逻辑（4）

运用你的逻辑推理能力找出一条路径，使之符合以下条件：从“开始”到“结束”，可以水平也可以垂直方向。各行各列的起始处的数字代表这行或这列所必须经过的格子数。下面是一个简单的例子。

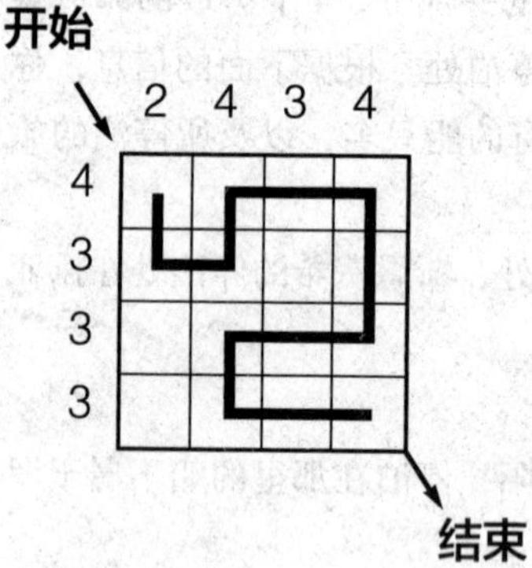

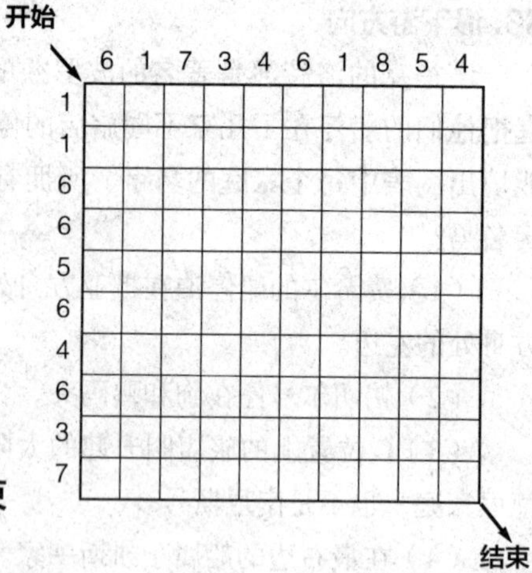

88. 跨栏比赛

图中展示的是一次跨栏比赛中冲刺阶段的前 4 匹马。根据下面的信息，你能说出每匹马的名字，并具体描述每匹马的主人吗？

（1）“跳羚”还没有到达栅栏。

（2）安德鲁领先于赫多尔两个名次。

（3）迪克兰·吉姆帕稍稍领先于处于跨栏阶段的“杰克”。

（4）海吉斯是那个正在跳栏的职业赛马师。

（5）加百利所骑的“跳过黑暗”在当时的比赛中稍稍落后于沃特的马。

马：“小瀑布”“杰克”“跳过黑暗”“跳羚”

（主人）名：安德鲁、迪克兰、加百利、吉斯杰姆

（主人）姓：海吉斯、赫多尔、吉姆帕、沃特

89. 穿过通道

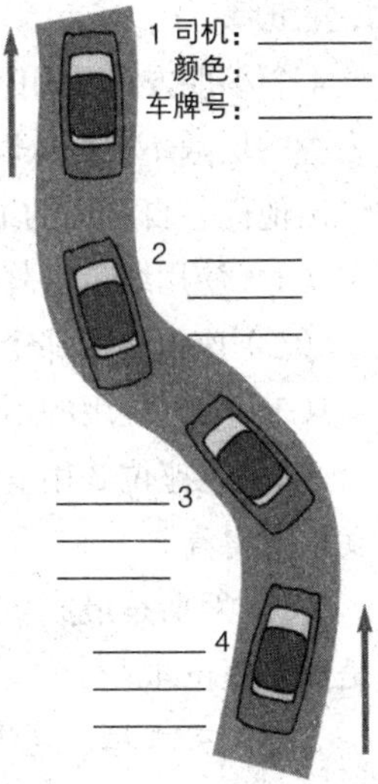

在机动车道上的 4 辆汽车正要穿过通道。根据以下线索，你能说出 1—4 号每辆车的驾驶员姓名、车的颜色以及车牌号吗？

（1）黄车的车牌号是 27，它在菲利普所开那辆车的前面。

（2）2 号位置车的车牌号是 15。

（3）曼纽尔的车在 38 号车的后面某个位置，38 号车不在 3 号位置。

（4）汉斯的车紧跟在绿车后面。

（5）红车紧跟在安东尼奥的车后面。

司机：安东尼奥、汉斯、曼纽尔、菲利普

颜色：蓝色、绿色、红色、黄色

车牌号：9，15，27，38

90. 填空（5）

要求每行每列上均有字母 A，B，C，D，E，同时，在粗线条构成的图形里，也要有字母 A，B，C，D，E。你能做到吗？

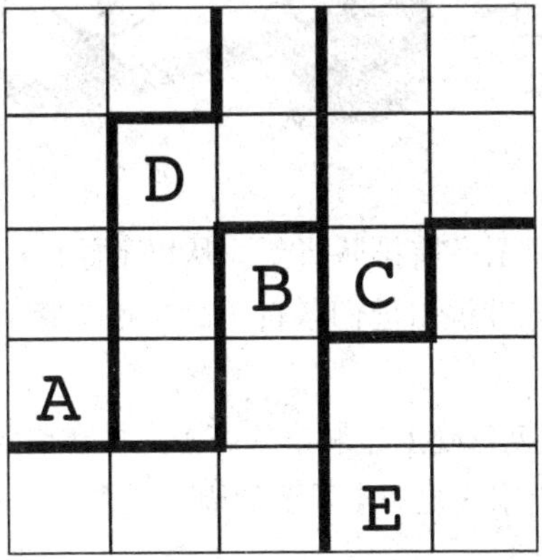

91. 叠纸牌

4个小朋友分别用不同颜色的纸牌成功地叠出了纸房子，但每个人叠的层数不同。从以下给出的线索中，你能叫出4个人的名字，并说出他们各自所用的纸牌背景颜色和分别叠了几层吗？

（1）使用绿色纸牌的夏洛特，坐在叠到5层的那个朋友对面。

（2）座位2的那个女孩用纸牌叠到4层高。

（3）安吉拉用的不是黑色的纸牌。

（4）在座位3用蓝色纸牌的女孩，她叠的房子没有用红色纸牌的女孩叠得高。

（5）罗斯是最成功的建筑师，在坍塌之前，她叠到第7层。她不是坐在座位4。

名字：安吉拉、夏洛特、罗斯、蒂娜

纸牌颜色：黑、蓝、绿、红

层数：4，5，6，7

92. 票

4个人正在售票亭前排队买票。从以下给出的线索中，你能叫出4个人的名字，并说出他们各自买的是哪个晚上的票、坐在剧院的哪个位置吗？

（1）要买星期六晚上包厢票的那个人排在珀西瓦尔后面。他看星期六晚上的演出来庆祝一个重要的周年纪念。

（2）马克斯紧排在买剧院花楼票的那个人前面，那张剧院花楼的票不是星期四演出的票。

（3）亨利排在队伍的第 3 个位子，在演出的上演日期上，他的票比正厅后排座位的票要早。

（4）威洛比买的是星期五晚上的票。

名字：亨利、马克斯、珀西瓦尔、威洛比

时间：星期三、星期四、星期五、星期六

位置：正厅后排座位、包厢、剧院花楼、正厅前排座位

93. 加薪要求

4 个工会的代表正在开会协议向 W & S 公司提交一份增加工资要求的声明。从以下给出的线索中，你能推断出图中每个人的名字、所代表的工会，以及代表的成员人数吗？

（1）思德 · 塔克坐在 C 位置，他代表的成员人数不是 4 人。

（2）阿尔夫 · 巴特坐在来自 ABM 的那个代表的对面。ABM 有 6 个成员在 W & S 公司。

（3）有 7 个成员的工会不是 BBT。

（4）坐在 D 位置的人代表的是 BBMU。

（5）UMBM 的雷 · 肖所代表的成员人数没有坐在 B 位置的人代表的多。

代表：阿尔夫 · 巴特、吉姆 · 诺克斯、雷 · 肖、思德 · 塔克

工会：ABM，BBT，BBMU，UMBM

成员数：3，4，6，7

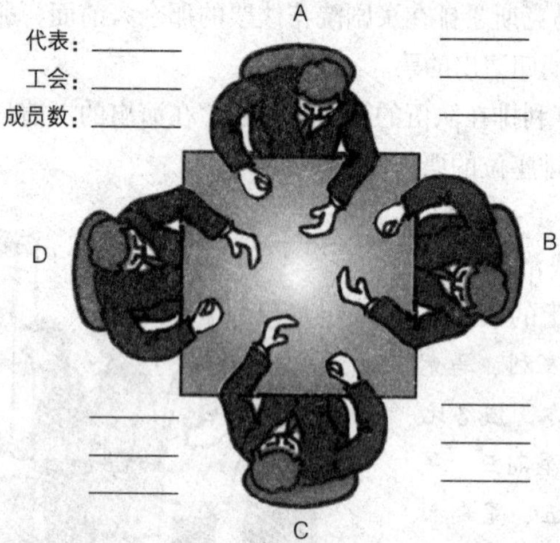

94. 照片定输赢

最近一次在爱普斯高特的赛马比赛是根据照片上的差距定输赢的。从以下给出的线索中，你能说出每匹马的排名、它们的骑师和骑师所穿衣服的颜色吗？

（1）“矶鹞”马的后面紧跟着卢克·格兰费尔骑的马。卢克·格兰费尔穿着黑蓝两色的衣服。

（2）“国王兰赛姆”的骑师是马文·盖尔，他穿的衣服不是粉色和白色。

（3）科纳·欧博里恩的马比杰姬·摩兰恩的马的排名靠前。

（4）穿红色和橘黄色衣服的骑师和他的马排第3名。

（5）裁判研究了拍下的照片，最后由于微小的领先，判定是名叫“布鲁克林”的马赢得了此次比赛。

马：“蓝色闪电”“布鲁克林”“国王兰赛姆”“矶鹞”

骑师：科纳·欧博里恩、杰姬·摩兰恩、卢克·格兰费尔、马文·盖尔

衣服颜色：黑色和蓝色、粉色和白色、红色和橘黄色、黄色和绿色

95. 路径逻辑（5）

你能从正方形标有“开始”的一端找出一条途径到标有“结束”的另一端吗？要求途中只能横着走或竖着走（不能对角走）。每一行或列的开头标的数字提示你在那一行或列里必须经过的方格数。下面是一个简单的示范。

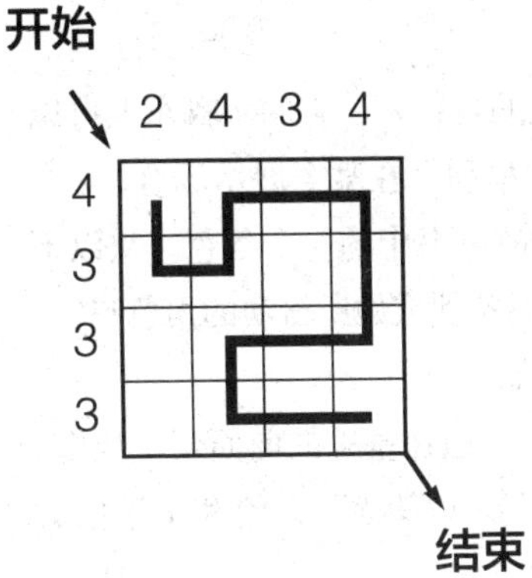

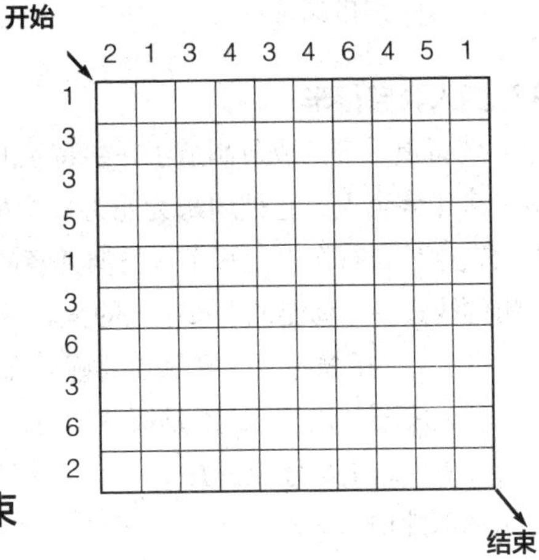

96. 溜冰

4位年轻的女士来到一个公园的湖上溜冰。从以下给出的线索中，你能确定图中4位溜冰者的名字和她们围巾的颜色吗？

（1）伯妮斯·海恩在围黄色围巾的朋友的右边某处。

（2）叫肖特的溜冰者围着红色的围巾。

（3）围着绿色围巾的溜冰者在路易丝左边的某处。

（4）1号溜冰者围的是蓝色围巾。

（5）杰姬不在2号位置，她也不姓劳恩。

名：杰姬、夏洛特、伯妮斯、路易丝

姓：特利尔、劳恩、海恩、肖特

围巾颜色：蓝色、绿色、红色、黄色

溜冰者：______ ______ ______ ______

姓名：______ ______ ______ ______

围巾颜色：______ ______ ______ ______

97. 四人骑自行车

骑行俱乐部的成员制造了一些特别的自行车，它的一辆车上可以骑不多于4个人，它被用来为慈善机构牟利。在某个展示场合，4个人骑在这种自行车上，每个人扮演儿童故事书中的一个角色。从以下给出的线索中，你能说出每个人的全名以及他或她所扮演的角色吗？

（1）“托德先生”紧靠在詹妮后面。

（2）扮演“诺德”的不是斯普埃克斯，他在基思的前面某个位置。

（3）骑在2号位置的人扮演“迈德·海特”，他和1号位置的人都不姓切诺。

（4）贝尔穿成飞人“贝格尔斯”的样子。

（5）戴夫在自行车的3号位置。

名：戴夫、詹妮、基思、莫尼卡

姓：贝尔、切诺、福克斯、斯普埃克斯

角色：“贝格尔斯”“迈德·海特”“托德先生”“诺德”

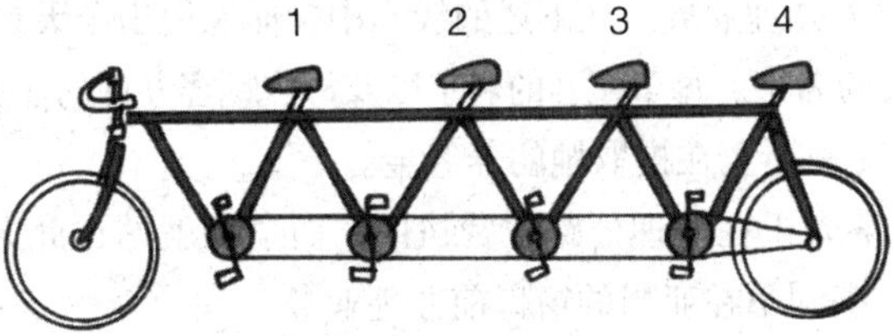

98. 阳光中的海岛

这是一个小岛，它近来刚刚被开发成旅游中心，它由4个主要的市镇组成，分别坐落在沿海岸线编号为A，B，C，D的位置上。从所给的线索中，你能说出每一个市镇的名称、在那里旅游的是哪个家庭，以及那里所提供的娱乐设施吗？

（1）罗德斯一家人住在国王乡村的一个旅馆中，而游艇港湾镇沿着海岸线顺时针方向的下一站就是国王乡村镇。

（2）莱斯特一家人住在东海岸的一个旅游胜地上，而巴瑞特一家人住在拥有宜人海滩的旅游胜地上。

（3）西海岸的旅游胜地叫作白色沙滩。

（4）卡西诺赌场位于蓝色海湾镇上，但是沃德尔一家人没有在这里旅游。

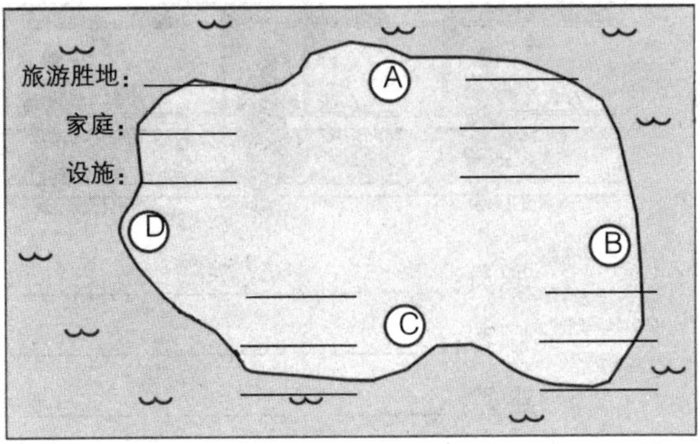

旅游胜地：蓝色海湾、国王乡村、纳尔逊镇、白色沙滩

家庭：巴瑞特、莱斯特、罗德斯、沃德尔

设施：卡西诺赌场、游艇港湾、宜人海滩、潜水中心

99. 服务窗口

图中向我们展示了一个繁忙的城市邮政局，分别有4位顾客在4个服务窗口前办理业务。从下述的线索中，你能说出今天在各个窗口上班的职员的名字、每个顾客的名字以及每位顾客办理的业务吗?

（1）艾莉斯正在提取她的养老金。

（2）某人正在办理公路收费执照，而亨利就站在此人左边第2个窗口处。亨利不在亚当的窗口前办理业务。

（3）路易斯在3号窗口处工作。

（4）4号窗口前的顾客不是玛格丽特，此处的顾客正在购买一本邮票集锦。

（5）某人正在寄一封挂号信，大卫就在此人的右边一个窗口工作。

职员：亚当、大卫、路易斯、迈根

顾客：艾莉斯、丹尼尔、亨利、玛格丽特

业务：邮票集锦、养老金、挂号信、公路收费执照

职员：______ ______ ______ ______

顾客：______ ______ ______ ______

业务：______ ______ ______ ______

100. 路径逻辑（6）

运用你的逻辑推理能力，推导出符合以下条件的一条路径：从“开始”一直到“结束”，这条路径可以沿水平也可以沿垂直方向。各行各列起始处的数字代表这行或这列所必须经过的格子数（见图例）。

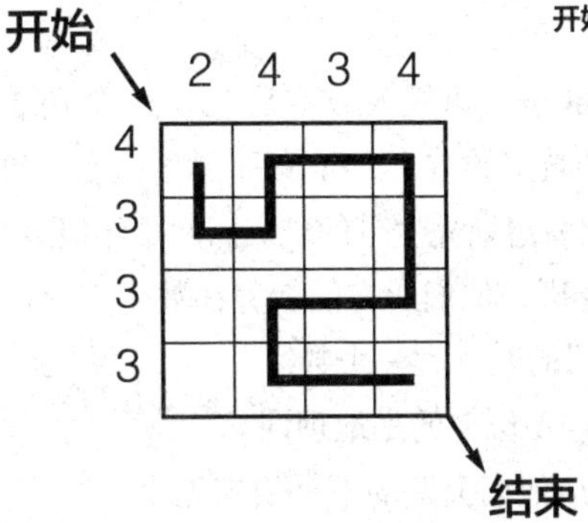

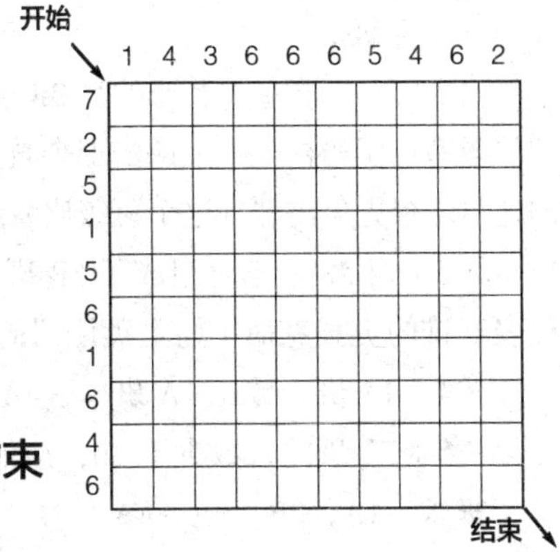

101. 填空（6）

要求每行每列上均有字母 A，B，C，D，E。同时，在粗线条构成的图形里，也要有字母 A，B，C，D，E。你能做到吗？

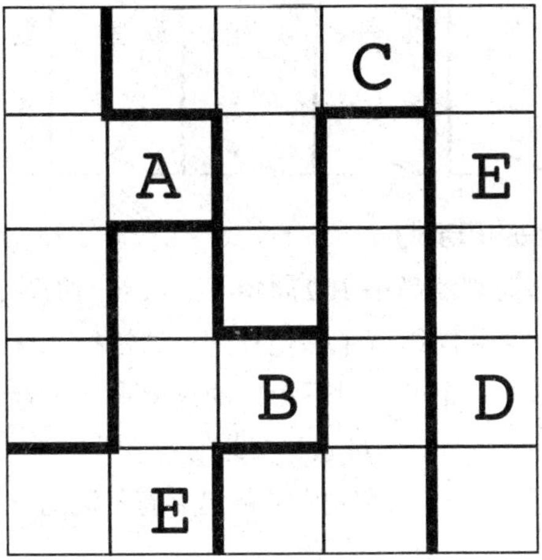

102. 学习走廊

在一条走廊上相邻的5个教室里，有不同人数的学生组成的5个班级，分别由5位教员授以不同的课程。从以下给出的线索中，你能说出班级、人数、正在上的科目及授课老师吗？

（1）拉丁语课在教室4上，上这门课的班级比汉森太太教的班级高两个年级。

（2）正在教室5上课的是2B班，班级人数不是29人。上历史课的教室位于培根先生上课的那个教室的右边。有30个学生正专心致志地听培根先生讲课，这个班级比海恩斯先生带的班级高两个年级。

（3）由28个学生组成了5B班，他们所在的教室在数字上比课程表安排的史宾克斯小姐上英语课的教室大一个数字。

（4）4A班人数比1A班少，4A班上的是地理课。

（5）3A班的人数少于30，给他们上课的不是伯尔先生。

班级：1A，2B，3A，4A，5B

课程：英语、地理、历史、拉丁语、数学

老师：培根先生、伯尔先生、汉森太太、海恩斯先生、史宾克斯小姐

班级人数：26，28，29，30，32

103. 善于针织的母亲们

作为对那斯利浦高中100周年纪念庆典的捐赠，各有一个女儿在读的4位母亲共同织就了一幅挂毯，这幅挂毯有4个主题，每位母亲负责其中的一个。从以下给出的线索中，你能说出每个部分作品的主题，以及相对应的母亲和女儿的名字吗？

（1）没有一位母亲和她女儿的名字有相同的首字母。

（2）描绘艺术类的作品放在梅勒妮的母亲负责的那部分作品的左边。最有可能负责描绘艺术类部分作品的母亲，她的名字在字母表顺序上排在其女儿的前面。

（3）米歇尔负责的那部分作品排在崔纱的母亲的右边某个位置，这两部分都不是关于物理教育方面的。而关于物理教育的那部分作品，它左边是海伦的作品，右边是哈里特的母亲的作品。

（4）莎拉的母亲和索菲都不负责科学技术部分的作品，负责这部分作品的母亲在最右边。

（5）阐述人文学科的作品在梅勒妮的母亲负责部分的左边某个位置；梅勒妮的母亲的作品不跟索菲负责的那部分作品相邻。

主题：物理教育、科学技术、艺术类、人文学科

母亲：海伦、米歇尔、索菲、坦尼娅

女儿：哈里特、梅勒妮、莎拉、崔纱

104. 早上的电话

不久前的某个早上，克拉丽莎分别在 8：30，9：30，10：30 和 11：30 打了电话给住在不同地方的朋友。从以下给出的线索中，你能说出这些朋友的姓名和地址吗？

（1）打到里丁的电话是在克拉丽莎打完给雪莉的电话之后。

（2）奥德丽是洛斯特的居民，她不姓彼得斯。

（3）与伯妮斯的通话是在那天早上的 10：30。

（4）克拉丽莎的朋友里得雷住在朴次茅斯。

（5）打电话给罗莎蒙德·纳尔逊的时间比克拉丽莎打到剑桥的电话要迟。

（6）早上第一通电话不是打给基思太太的。

名：奥德丽、伯妮斯、罗莎蒙德、雪莉

姓：基思、纳尔逊、彼得斯、里得雷

地址：剑桥、洛斯特、朴次茅斯、里丁

105. 瓶塞（1）

这是一个很好的瓶塞思维游戏，你可以在你下次葡萄酒品尝会上拿它来考考你的客人。接下来，请 19 世纪最好的思维游戏出题者，霍夫曼教授介绍这个题：

“准备 2 个葡萄酒瓶的瓶塞，然后按照图 1 的样子把它们夹在手上（即：每个瓶塞都横着放在拇指的分岔处）。现在，用右手的拇指和中指抓住左手上的瓶塞（两根手指抓住瓶塞的两端），与此同时，再用左手的拇指和中指抓住右手上的瓶塞，然后，把两个瓶塞分开。”

图 1

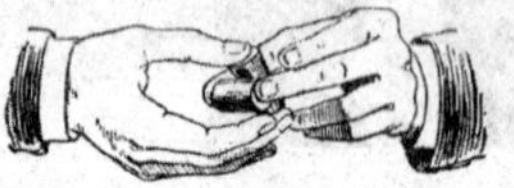
图 2

上面的操作听起来很简单，但是初学者在尝试的时候会出现图 2 的情况。而这正是这个题要避免的，必须将 2 个瓶塞自然地分开。

你知道怎么做吗？

106. 用奇数写出偶数

思罗克莫顿能写出这个数字吗？彭尼帕克先生给了他一个很难的题。他只能利用 1，3，5，7，9 这些数字来写成这个数字。很显然，诸如 333，753 或者 717 这些数字都不是偶数。那么，你能否帮助思罗克莫顿走出这个困境呢？

107. 瓶子（2）

弗朗昆教授的一个学生将一个装着写有下面语句的便条的瓶子交给了他。他向这个博学的人挑战，要解读著名的航海船长在这个便条上所写的这首诗中包含了什么：

“我现在指挥着这艘巨轮，船上装载着从世界各地运来的珍贵货物，这些东西我从来没有卖过；风也助我一臂之力，不管是港口还是海港，我最大的愿望就是能在上面自由奔跑。”

那么,你知道这位诗人船长是谁吗?

108. 置换

罗索姆·乔治虽然努力解题但仍无法得到答案，我们来帮帮他吧。将2枚1分硬币放在1号和2号位置，然后把2枚1角硬币放在8号和10号位置。我们只能通过18步把这4枚硬币交换位置。在移动硬币时，要遵循下面的规则：你一次可以将一枚硬币移动到任意一条直线上的任何一个带数字的圆圈之内；相同的硬币不能在某条直线上移动2次；不允许1分硬币和1角硬币同时停止在同一条直线上。你有15分钟的时间来解答这个题。

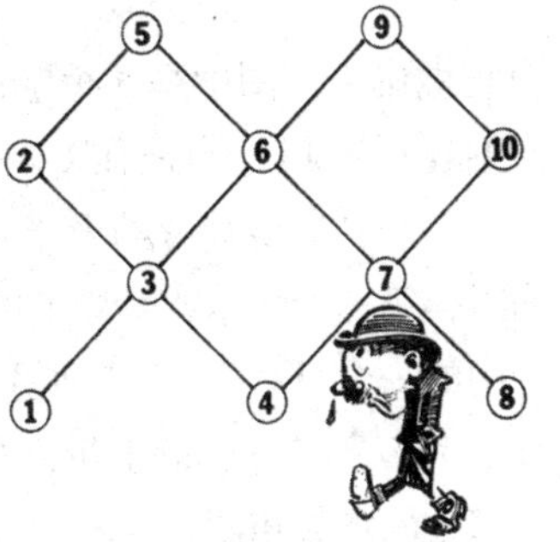

109. 狂欢大转盘

狂欢小丑英勒斯说得很对。这个老板是个非常迷信的人，他总是把1到11这几个数字写在转盘上并使每条线上的3个数字相加后等于18。那么，你能否把这些数字正确填写吗?

110. 蜂箱

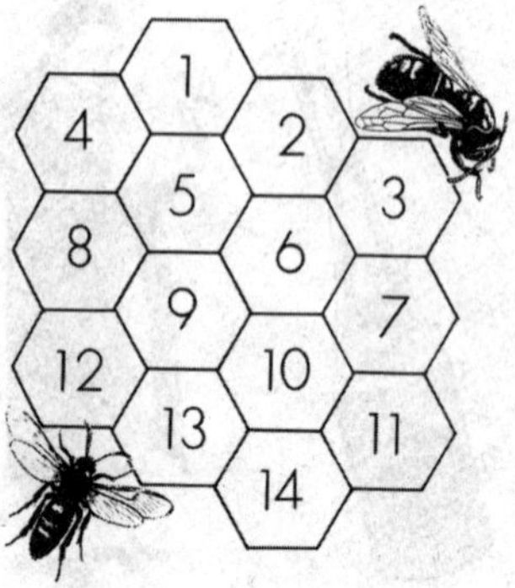

图中的蜜蜂正在设法将蜂箱中从 1 到 14 这几个数字重新排列。它们要使相邻的两个蜂房内的数字彼此不连续；同时，排列完之后，任意一个数字都不能与可以整除它的数字相邻（数字 1 排除在外）。

111. 牌点

这是为数不多的多米诺骨牌思维游戏中的一个，而且你完全可以把它做出来。图中是 4 个空白的多米诺骨牌。你要做的就是按照下面的规则将 18 个点放在多米诺骨牌上：

4 个多米诺骨牌的上半部分点的总个数等于下半部分的个数。同时，第一个多米诺骨牌上的点数要等于最后一个牌的 2 倍。另外 2 个中的一个只有一个点，而另一个则有 2 个点（上下两部分各有一个）。有 3 个多米诺骨牌的上半部分的点数相同，有两个多米诺骨牌的下半部分的点数相同。

这听起来让人很迷惑，但是，我赌你用不了 15 分钟就可以解答这个题。

112. 铁匠

时间要回到1776年，约克人蒂莫西是波士顿最好的铁匠。每次他做完一件酒杯，都会去路南边的布拉迪·马林·格罗格商店为这家店的老板解决高难度的思维游戏。长凳上放着一大块儿铁皮，蒂莫西把它切成5小块儿后组成了一个正方形。那么，你能推断出他是如何做到的吗？

113. 热狗

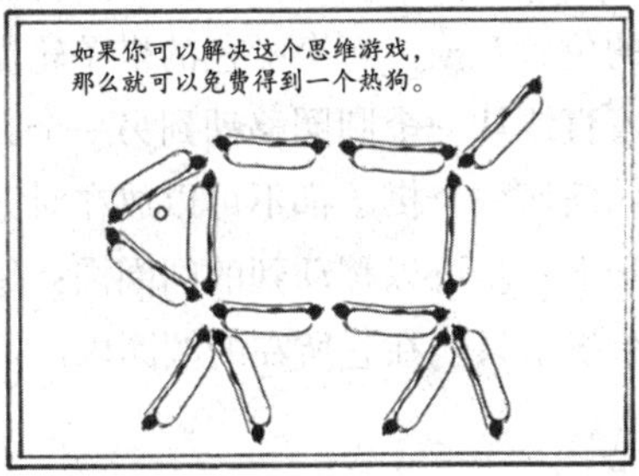

114. 玻璃杯

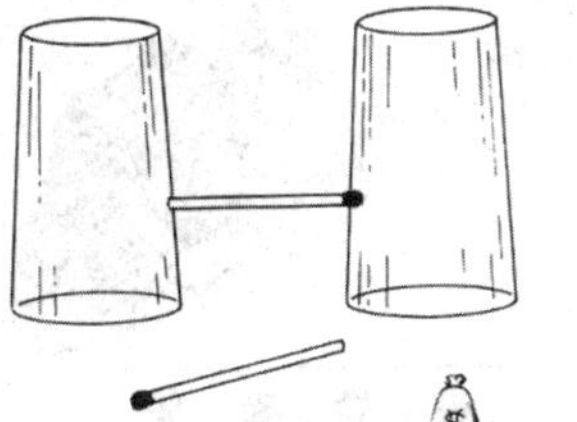

威灵顿·曼尼拜格斯是赌场中的名家，他身后就是一道“玻璃杯”难题。将一根火柴支撑在两个颠倒的玻璃杯的中间部位（如图所示）。现在，威灵顿打赌说他即使将其中的一个玻璃杯拿走也可以使那根火柴悬在空中。你只能拿桌子上的第二根火柴与那根火柴接触。那么，谁对他的这个赌感兴趣呢？

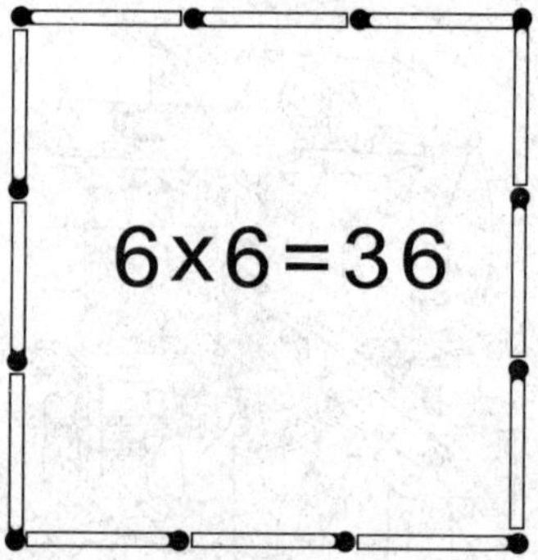

115. 火柴杆

图片是用12根火柴拼成的一个正方形。每根火柴都长2厘米，这样，这个正方形的面积为6乘以6，即36平方厘米。现在，请你将这12根火柴重新排列，并使形成的新的图形的面积为12平方厘米。

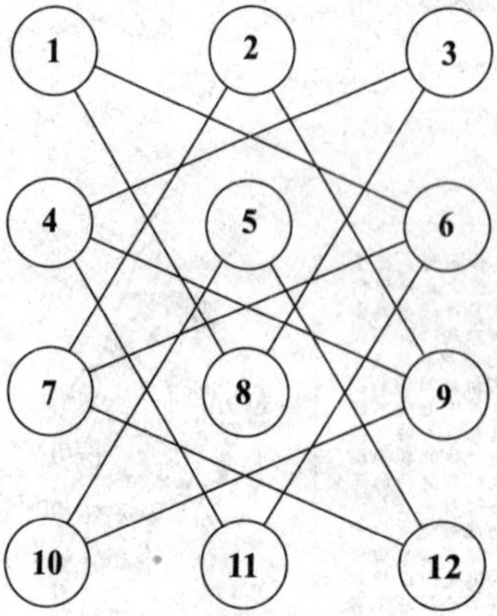

116. 调换

这纯粹是一个“换位置”的题。将3个白色的棋子分别放在1、2、3号位，3个黑色棋子分别放在10、11、12号位。你只能通过22步将它们的位置互换。每个颜色的棋子轮流沿着直线从一个圆圈移动到另一个圆圈。任何一个棋子都不可以放在对方棋子下一步可以移动到的圆圈内；每一个棋子只能在它所在的圆圈内停留一次。

117. 筹码

下次如果你碰到纸牌游戏并为此提心吊胆时，不妨用这个题使你紧张的神经放松下来。按照图中的样子，画一个有16个方格的棋盘，然后，将10个扑克筹码放在棋盘上的10个方格内。你的任务是将它们分布在最多行列内，并使每行的筹码个数为偶数。你可以将这些筹码水平、垂直或者沿斜线分布在行列之内。

118. 瓶塞（2）

“玻璃杯”题中所使用的瓶塞现在又掉进斯迈德维奇女士的玻璃杯里。一般情况下，瓶塞是不会停留在杯内水的中央，相反，它会慢慢漂到玻璃杯的一侧，并且停在那里。然而，却有一个简单的方法可以使瓶塞停留在玻璃杯的中央（使水旋转不算答案）。

119. 撞球

波齐兹·普兰德加斯特是闲暇时刻台球社团的经理，他总是千方百计地赚取顾客的钱。图中所示的就是他使用的伎俩之一。他将 8 个撞球排成一条直线，一个彩色目标球和一个白色主球交替放置。他打赌说你在 4 步之内不可能使直线上的 4 个白色球移动到左边、使 4 个花球移动到右边。每次移动时，你必须将任意相邻的两个球移动到直线上的其他位置。那么，让我们看看你能否在波齐兹连续将所有的球都打入袋中之前把这个难题解答出来。

120. 标志牌

“波普，你说得不对！那个标志牌才是思维游戏呢！你的任务就是把它解答出来，即把标志牌上所有的相同字母用相同的数字来代替。如果正确完成的话，那么你会得出一个正确的数学表达式。你试试，看能不能在我们到达海滩之前把它解答出来！”

答案

初级

1...

略。

2...

6，4，7，8，2，1，5，3

3...

略。

4...

略。

5...

略。

6...

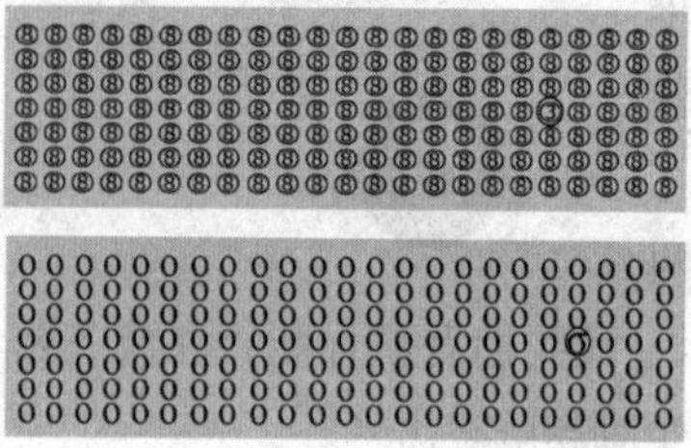

7...

D。多米诺骨牌上部和下部的点数轮流增加 1，而另一部分总是有 4 点。

8...

首都→国家

巴格达→伊拉克

曼谷→泰国

布宜诺斯艾利斯→阿根廷

达喀尔→塞内加尔

奥斯陆→挪威

动物→类属

凤尾鱼→鱼类

旱獭→哺乳纲

鹧鸪→鸟类

白蚁→昆虫

乌龟→爬行纲

医生→专业

心脏科医生→心脏

皮肤科医生→皮肤

眼科医生→眼睛

儿科医生→儿童

肺病科医生→肺

9...

略。

10...

1. 沙发的扶手由圆形变成了方形。

2. 陈列柜里的 CD 少了。

3. 靠垫原来放在沙发的左边。

4. 书柜中最底层的书原来都不是直立放置的。

5. 矮桌子上什么东西都没有了。

6. 电视机上天线没有了。

11...

至少需要移动 5 次书：

1. 编号为①的书放在第一堆书上。

2. 编号为③的书放在第三堆书上。

3. 编号为①的书放在第二堆书上。

4. 编号为②的书放在第三堆书上。

5. 编号为①的书放在第三堆书上。

12...

略。

13...

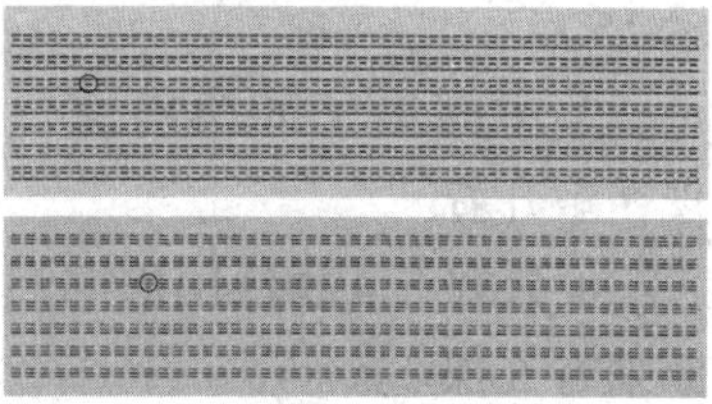

14...

A、C。

15...

技术→职业

截肢→外科医生

调味→厨师

耕地→农业生产者

修补→裁缝

排空→机械师

植物→类属

桂皮→香料

哈密瓜→水果

北风菌→蘑菇

荞麦→谷物

接骨木→树木

16...

略。

17...

1. 看报的女子原来坐在中间的烫发机下。

2. 矮桌上的杂志没有了。

3. 针刺形梳子变成了平梳。

4. 男理发师原来是右手拿着吹风机。

5. 最左边的女子头上的卷发夹子变成了深灰色。

6. 大衣架上多了一顶帽子。

18...

略。

19...

7，2，8，4，1，5，3，6。

20...

略。

21...

B、C、C。

22...

C。

23...

至少需要移动 4 次书：

1. 编号为③的书放在第二堆书上。

2. 编号为①的书放在第三堆书上。

3. 编号为②的书放在第二堆书上。

4. 编号为①的书放在第二堆书上。

24...

略。

25...

B 和 D。

26...

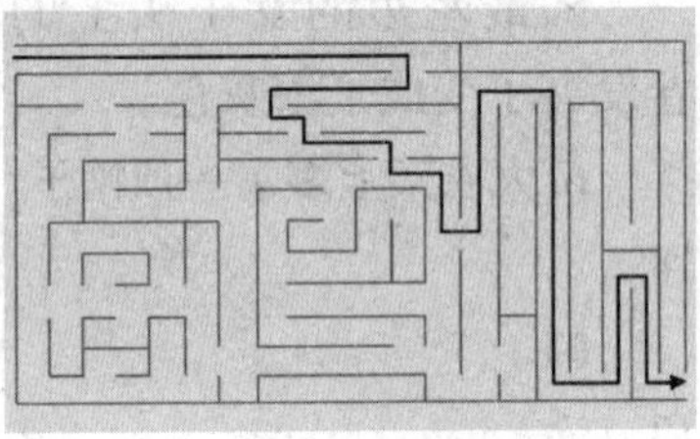

27...

A 错，B 错，C 对，D 对。

28...

E。所有图形都可以分为 4 部分。在前 4 个图形中，

都有两部分可以接触到其他三部分，另外两部分只可以接触其他两部分。而在第 5 个图形中，有一部分可以接触到另外三部分，两部分可以接触到另外两部分，最后一部分只能接触到其中一部分。

29...

略。

30...

略。

31...

D。

32...

1. 最右边的房子的门上原来有 3 面旗帜。

2. 原来钟楼上的时钟显示 15 点。

3. 中间房子的两扇窗户现在敞开着。

4. 只剩下 4 棵法国梧桐，原来有 5 棵。

5. 流浪狗的位置上变成了一只猫。

6. 挽着菜栏的妇女位置改变了。

7. 长椅变成了深灰色。

8. 面包店的橱窗里多了一个大的圆形蛋糕。

33...

略。

34...

略。

35...

略。

36...

3，2，5，6，1，8，7，4。

37...

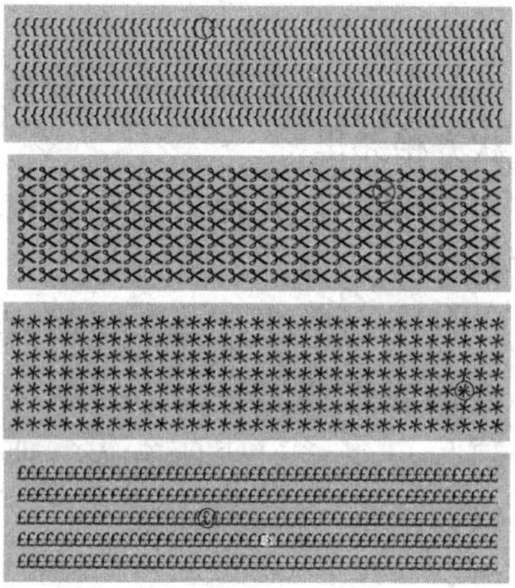

38...

略。

39...

E。

为了找到正确的答案，应该分析每一个孤立的元素的发展变化：

1. 深灰色的格子按顺时针方向改变位置。

2. 黑色的几何图形每次增加一条边。

3. 浅灰色的圆在中央的格子和其正下方的格子的位置上交替出现。

40...

货币→国家

比索→阿根廷

第纳尔→阿尔及利亚

列伊→罗马尼亚

谢克尔→以色列

铢→泰国

服饰→国家

北非有风帽的长袍→摩洛哥

缠腰式长裙→塔希提

南美牧人穿的披风→秘鲁

纱丽→印度

纱笼→泰国

41...

B。每个小方框里的箭头每次逆时针旋转 90°　。

42...

至少需要移动 7 次书：

1. 编号为③的书放在第一堆书上。

2. 编号为④的书放在第二堆书上。

3. 编号为③的书放在第二堆书上。

4. 编号为⑤的书放在第一堆书上。

5. 编号为③的书放在第三堆书上。

6. 编号为④的书放在第一堆书上。

7. 编号为③的书放在第一堆书上。

43...

D。

44...

略。

45...

略。

46...

略。

47...

略。

48...

8，3，2，7，6，5，1，4。

49...

1. 其中一张桌子上的蜡烛灭了。

2. 原来厨师的上衣的右部有一块污渍，现在污渍出现在上衣左部。

3. 厨师所在的桌子上的酒瓶没了。

4. 厨师所在的桌子上的杯子空了。

5. 服务员端来的菜变成了鱼，原来是牛排。

6.7 号桌变成了 4 号桌。

7. 面包篮的位置变了。

8. 穿毛衣的男宾客原来没有围围巾。

50...

略。

51...

A. 只有克里姆希尔特喜欢齐格弗里特。

B. 只有巩特尔喜欢布伦希尔特。

C. 布伦希尔特喜欢所有憎恨齐格弗里特的人。因为阿尔贝里希讨厌所有人，所以布伦希尔特喜欢他。

52...

至少需要移动 8 本书：

1. 编号为①的书放在第二堆书上。

2. 编号为③的书放在第二堆书上。

3. 编号为④的书放在第一堆书上。

4. 编号为③的书放在第一堆书上。

5. 编号为⑤的书放在第二堆书上。

6. 编号为③的书放在第

三堆书上。

7. 编号为④的书放在第二堆书上。

8. 编号为③的书放在第二堆书上。

53...

C。

54...

C。

为了找到正确的答案，应该分析每一个孤立的元素的发展和变化：

1. 黑色圆依次改变大小。

2. 浅灰色圆依次位于黑色圆的下方、中央和上方，如此循环。

3. 白色圆每次都按逆时针方向转动 1/4 圈，并且每两次就有一次转到黑色的圆后面。

55...

体育运动→国家

羽毛球→英国

手球→德国

冰球→加拿大

滑雪→挪威

排球→美国

神→领域

巴克斯→酒

丘比特→爱情

马尔斯→战争

内普杜尼→海

维斯达→火

56...

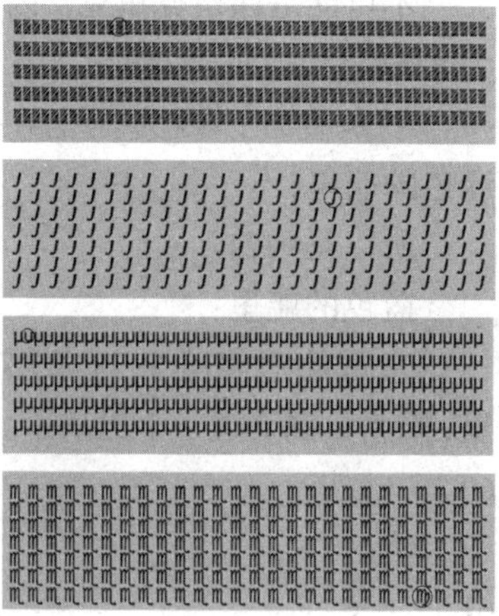

57...

略。

58...

59...

绿色的船里：

不是约翰；

不是弗雷德里克，因为他不可能自己和自己吵架；

所以是查理。

红色的船里：

不可能是弗雷德里克，因为这条船是他哥哥管理的；

不是查理，因为他坐在绿色的船里；

所以是约翰。

蓝色的船里：

弗雷德里克坐在这条船里，因为只剩下这一个男孩了。

60...

略。

61...

略。

62...

完成树形家谱

第一行：尤金。

第二行：莫里斯，玛丽亚，马克。

第三行：拉乌尔，凯特，珍妮，朱丽。

A. 马克。

B. 拉乌尔、凯特、珍妮和朱丽。

C. 马克和莫里斯。

63...

略。

64...

略。

65...

略。

66...

略。

67...

略。

68...

略。

69...

答案是 9。

分组进行计算，每组 3 个数字，每 3 个数字的和都应该等于 30：

12+8+10=30

3+5+22=30

28+1+1=30

14+7+9=30

70...

1. 其中一只老虎的斑纹不同。

2. 原来老虎园里的树枝上没有树叶。

3. 原来脖子上挂着相机的游客穿着一件长袖的衣服。

4. 小女孩的冰激凌变成了一个白色的小球。

5. 现在鸟笼里有 8 只鹦鹉，

而原来有 6 只。

6. 有一只猴子的尾巴变短了。

7. 一只猴子的动作方向变了。

8. 餐桌下的水洼的形状变了。

9. 垃圾桶中高脚杯里的吸管改变了方向。

71...

B、C、C。

72...

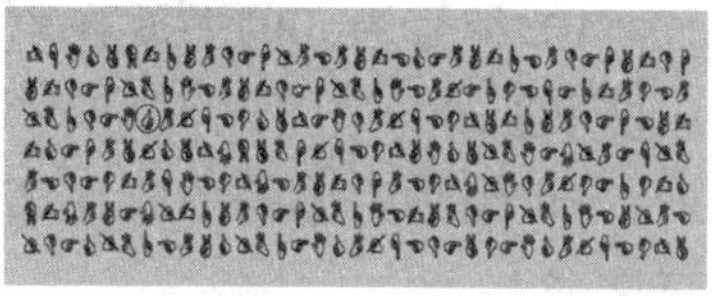

73...

5，3，2，4，7，6，1，8。

74...

至少应该移动 9 本书：

1. 编号为④的书放在第二堆书上。

2. 编号为①的书放在第三堆书上。

3. 编号为④的书放在第三堆书上。

4. 编号为②的书放在第一堆书上。

5. 编号为④的书放在第一堆书上。

6. 编号为③的书放在第三堆书上。

7. 编号为④的书放在第二堆书上。

8. 编号为②的书放在第三堆书上。

9. 编号为④的书放在第三堆书上。

75...

略。

76...

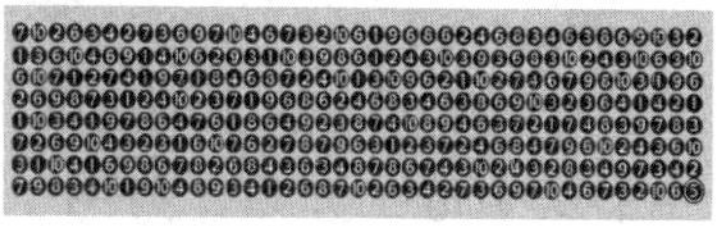

77...

州→首府

亚利桑那州→菲尼克斯

加利福尼亚州→萨克拉曼多

科罗拉多州→丹佛

夏威夷→火奴鲁鲁（檀香山）

印第安纳州→印第安纳波利斯

宝石→颜色

紫水晶→紫色

翡翠→绿色

天青石→蓝色

红宝石→红色

黄玉→黄色

78...

（1）B。

其他项图形相同，只是图形经过旋转后，所处的位置不同。

（2）D。

其他项图形相同，只是图形经过旋转后，所处的位置不同。

79...

略。

80...

B。

有两个同时发生的进展，一个从字母 Y 开始，另一个从字母 N 开始。按照字母顺序，从倒数第二个字母开始，回溯 4 个字母：

Y（XWV），N（MLK），U(TSR)，J(IHG)，Q(PON)，F（EDC），M（LKJ），B。

81...

至少应该移动 11 本书：

1. 编号为①的书放在第三堆书上。

2. 编号为③的书放在第一堆书上。

3. 编号为①的书放在第一堆书上。

4. 编号为④的书放在第三堆书上。

5. 编号为①的书放在第三堆书上。

6. 编号为③的书放在第二堆书上。

7. 编号为①的书放在第二堆书上。

8. 编号为②的书放在第三堆书上。

9. 编号为①的书放在第一堆书上。

10. 编号为③的书放在第三堆书上。

11. 编号为①的书放在第三堆书上。

82...

应该分步进行，采用排除法。

第一步：芭芭拉和纪尧姆一起离开，所以他俩都不可能再和其他人在一起。

第二步：塞琳娜不可能和弗雷德里克在一起。

第三步：弗雷德里克不可能和欧德在一起，因为他想去听一场管风琴演奏会，而欧德去了迪斯科舞厅。那么，他一定是和黛尔芬在一起。

第四步：艾尔维不可能和欧德在一起，因为他想去电影院，而欧德去了迪斯科舞厅。那么，他一定是和塞琳娜在一起。同样，欧德一定是和埃德蒙在一起，因为她既没有和弗雷德里克或纪尧姆在一起，也没有和艾尔维在一起。

83...

略。

84...

略。

85...

略。

86...

1. 最右面的男人原来腿是伸直的。

2. 跑步机上的女人穿的运动裤的颜色变了。

3. 左前方男人的文身变了。

4. 矮柜上的毛巾少了。

5. 哑铃变成了“20kg”。

6. 后排最左边的女人头上戴着发带。

7. 最左边地毯上的毛巾没有了。

8. 正在举哑铃的男人的鞋带开了。

9. 墙上的四幅体育运动照片中有一幅倾斜着。

87...

C、A、C。

88...

C。

89...

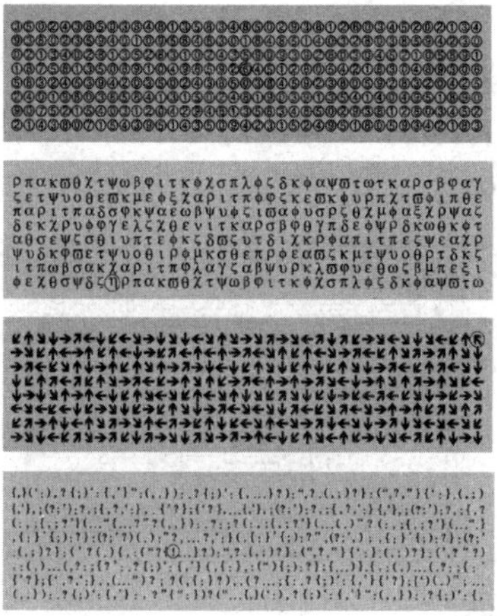

90...

略。

91...

略。

92...

略。

93...

B。

94...

A. 维克多。 B. 米歇尔。 C. 米歇尔。 D. 让娜。 E. 巴蒂西亚。

95...

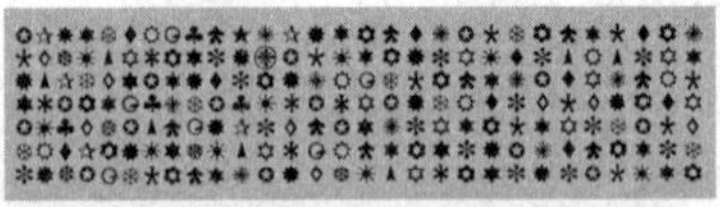

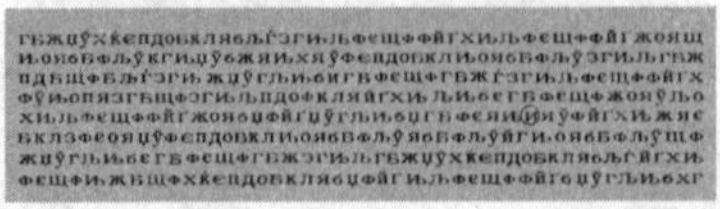

96...

8, 3, 4, 1, 2, 6, 5, 7。

97...

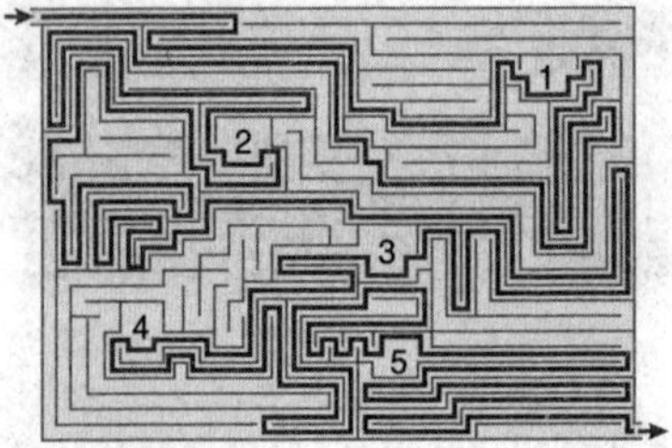

98...

略。

99...

E。

100...

中级

1...

4个。如图:

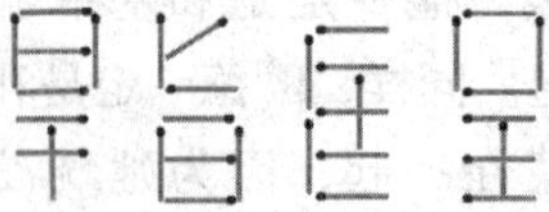

2...

一、二、三、四、五、六、七、八、九、十、百、千、万。

3...

横向: 1. 世界足球先生 2. 联通 3. 太平天国 4. 易如反掌 5. 安小慧 6. 堆积如山 7. 理科 8. 包法利夫人 9. 社会保险 10. 金山 11. 养老院 12. 千金

纵向:

一、世界贸易组织 二、执法如山 三、核反应堆 四、球迷 五、夫子 六、比如女人 七、生态平衡 八、社科院 九、联合国安全理事会 十、邢慧娜 十一、风险基金

4...

缺算(蒜)、少言(盐)、无缰(姜)、短将(酱)。

5...

原来冯梦龙要的是酒桌。

6...

答案是长征。《长征》是

毛泽东写的一首七律。红军长征经过 11 个省市。“长征”号运载火箭将中国第一颗人造地球卫星送上了轨道。红军长征经过了万水千山。

7...

如图：

			自	高	自	大			
			欺			庭			
			欺			广			
先	声	夺	人	多	势	众	口	铄	金
发			微			擎			刚
制			言			易			怒
人	微	权	轻	而	易	举	世	瞩	目
			重			国			
			缓			上			
			急	转	直	下			

8...

刁—习　凡—风　尤—龙

匆—匆　立—产　车—轧

开—卉　叶—吐　史—吏

主—庄　禾—杀　灭—灰

头—买　玉—压　去—丢

舌—乱　亚—严　西—酉

利—刹　烂—烊

9...

分。

10...

有声有色、不露声色

11...

水印木刻。

12...

翠

13...

金。五行指金、木、水、火、土，金是五行之一。金朝（1115—1234 年），由女真族完颜阿骨打所建，在中国北部。金是古代金属制的打击乐器，鸣金是撤兵的信号。金星是太阳系九大行星之一。

14...

丢车保帅、车水马龙、一马当先、身先士卒、自相矛盾、如法炮制、调兵遣将、行将就木、兵荒马乱。

15...

今是昨（非）同小（可）望不可（即）以其人之道，还治其人之（身）体力（行）若无（事）在人（为）所欲（为）富不（仁）至义（尽）心竭（力）不胜（任）重道（远）走高（飞）沙走（石）破天（惊）天动（地）利人（和）睦相（处）心积虑

醉生梦（死）去活（来）去自（如）花似（玉）树临（风）调雨（顺）手牵（羊）肠小（道）听途（说）长道（短）兵相（接）二连（三）言两（语）重心（长）

驱直（入）不敷（出）其不（意）气风（发）扬光（大）材小（用）兵如（神）采飞（扬）眉吐（气）象万（千）军万（马）到成（功）败垂（成）千上（万）古长（青）红皂（白）日作（梦）寐以（求）同存（异）想天（开）天辟地

16...

（1）《雾》《雨》《电》；（2）《家》《春》《秋》；（3）《童年》《在人间》《我的大学》；（4）《两姐妹》《一九一八年》《阴暗的早晨》；（5）《幻灭》《动摇》《追求》；（6）《歧路》《炼狱》《十字架》。

17...

如图：

18...

王秀才字谜诗的谜底是：“特来问安。”

朋友答字谜诗的谜底是：“请坐奉茶。”

19...

这是谐音“龟”（归）字。归、归……速归（竖龟）。

20...

为什么他们第一次不敲门，第二次才敲门呢？门上写“心”就是“闷”字，表示主人心情不好，不要去打扰；门上写“木”字，表示主人现在闲着，可以接待来客。

21...

五百里滇池，奔来眼底，披襟岸帻，喜茫茫，空阔无边！看：东骧神骏，西翥灵仪，北走蜿蜒，南翔缟素，高人韵士，何妨选胜登临，趁蟹屿螺洲，梳裹就风鬟雾鬓，更苹天苇地，点缀些翠羽丹霞，莫辜负四围香稻，万顷晴沙，九夏芙蓉，三春杨柳。

数千年往事，注到心头，把酒凌虚，叹滚滚，英雄谁在！想：汉习楼船，唐标铁柱，宋挥玉斧，元跨革囊，伟烈丰功，费尽移山心力，尽珠帘画栋，卷不及暮雨朝云，便断碣残碑，都付于苍烟落照，只赢得几许疏种，半江渔火，两行秋雁，一枕清霜。

22...

略。

23...

望眼欲穿。

24...

B. 表示他们分离了。C.3 个月亮表示他们分离 3 个月了。D. 表示孩子已出生了。E.8 个月亮表示希望丈夫 8 个月后回来。F. 表示全家团聚。

25...

安（谜面的意思是：生了一个“日”是宴字。宴字去掉“日”是“安”）。

26...

A.（2）龙戏珠＋（1）鸣惊人＝（3）令五申（0）敲碎打＋（1）来二去＝（1）事无成（3）生有幸＋（1）呼百应＝（4）海升平（7）步之才＋（1）举成名＝（8）面威风

B.（10）全十美－（1）发千钧＝（9）霄云外（8）方呼应－（1）网打尽＝（7）零八落（6）亲不认－（1）无所知＝（5）花八门（2）管齐下－（1）孔之见＝（1）落千丈

27...

山光物态弄春晖　张旭《山行留客》

荆山已去华山来　韩愈《次潼关先寄张十二阁老使君》

峨眉山下水如油 薛涛《乡思》

两岸青山相对出　李白《望天门山》

若非群玉山头见　李白《清平调词三首》

姑苏城外寒山寺　张继《枫桥夜泊》

轻舟已过万重山　李白《早发白帝城》

东风不与周郎便 杜牧《赤壁》

滚东滚西一万家　杜甫《夔州歌》

碧水东流至此回　李白《望天门山》

澶漫山东一百州　杜甫《承闻河北诸道节度入朝欢喜口号》

平明日出东南地　李益《度破讷沙二首》

坑灰未冷山东乱　章碣《焚书坑》

射雕今欲过山东　吴融《金桥感事》

28...

上联缺“一”，下联少“十”，就是谐音“缺衣少食”，所以郑板桥送来“及时雨”。

29...

日、旦、亘、旭、旯、旮、早、

示、末、全、驷、目、吾、叱、叭、叶、由、甲、申、田、古、茭、百、自、皂、查、切、分、轨、支。

30...

夫人，只要像我一样说假话就行了。

31...

父母大人拜上：新年好，晦气全无，人丁兴旺，读书少不得，五谷丰登。

32...

（1）巴山夜雨；（2）柳暗花明；（3）燕归来；（4）八千里路云和月；（5）一江春水向东流；（6）路漫漫；（7）春眠不觉晓；（8）彩云归；（9）万水千山；（10）花开花落。

33...

一二三四五六七八九十。

34...

“万岁，臣对的没错啊，臣讲的是‘水上一鸥游’。”

35...

“我还不知道这‘黑’字下面有个‘土’？这是写给日本人的，不能让他们带走‘土’，这叫作‘寸土不让’！”

36...

1.痛不欲生、物尽其用 2.出神入化、学而不厌 3.十全十美、不学无术 4.九霄云外、语无伦次 5.照本宣科、学以致用 6.既明且哲、学富五车 7.胸中有数、学贯中西 8.风云人物、理屈词穷 9.万众一心、理直气壮 10.烽火连天、文章盖世 11.弦外之音、乐不思蜀 12.顶天立地、理所当然 13.妙趣横生、物美价廉 14.贫下中农、开科取士 15.精兵简政、治病救人 16.不识大体、封山育林 17.一本正经、济济一堂 18.奉公守法、严于律己 19.甜言蜜语、文经武略 20.历历在目、史无前例

37...

如图：

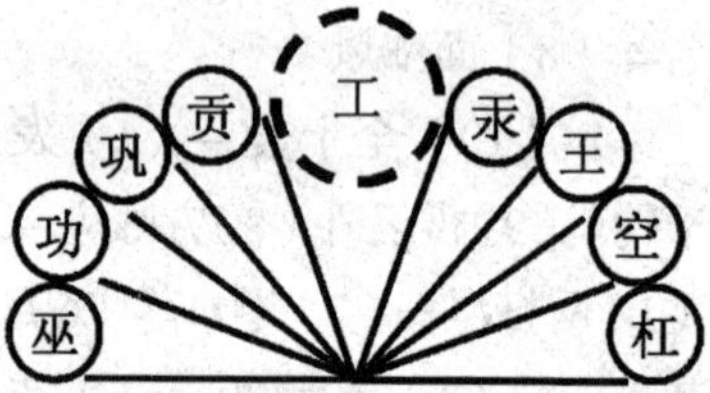

38...

横向：1.孙中山 2.出租车 3.黄药师 4.水浒传 5.女生贾梅 6.七龙珠 7.复写纸 8.光年 9.打油诗 10.机不可失 11.氢气 12.三重

门 13. 天府之国 14. 海南岛 15. 志在千里

纵向：一、复读机 二、中学生读写 三、不见天日 四、黄梅戏 五、苏打 六、三国志 七、出师表八、七言诗九、车水马龙十、海里 十一、珠光宝气 十二、纪传体 十三、胰岛素

39...

久慕秦郎假乱真，假乱真时又逢春；时又逢春花含玉，春花含玉久慕秦。

40...

填日字，拼成“香、晴、旭、早”四字。

41...

霓虹灯。霓虹灯被广泛用于广告显示和装饰，在广告事业中发挥了重要作用。霓虹灯的玻璃管内壁涂覆光粉，改变荧光粉的成分，即可辐射出不同颜色的光。1879年，在英国维多利亚女王60寿辰的庆典上，霓虹灯第一次作为烘托节日气氛的照明光源使用。《霓虹灯下的哨兵》是新中国的优秀影片。

42...

一共有5种读法：

（1）秋月曲如钩，
如钩上画楼。
画楼帘半卷，
半卷一痕秋。

（2）月曲如钩，
钩上画楼。
楼帘半卷，
卷一痕秋。

（3）月，
曲如钩，
上画楼。
上画楼，
帘半卷。
帘半卷，
一痕秋。

（4）秋，
月曲如钩上画楼。
帘半卷，一痕秋。

（5）秋痕一卷半帘楼，
卷半帘楼画上钩。
楼画上钩如曲月——秋。

43...

彬。

44...

鸡毛掸。公鸡的毛可以用来做鸡毛掸。鸡毛掸在有的地区叫鸡毛帚。鸡毛掸是用来掸灰尘的用具。鸡毛掸是把鸡毛扎在竹棒一端制成的。

45...

如图：

一波未平，	一波又起
一夫当关，	万夫莫开
十年树木，	百年树人
只可意会，	不可言传
成事不足，	败事有余
宁为玉碎，	不为瓦全
机不可失，	时不再来
有则改之，	无则加勉
道高一尺，	魔高一丈
言者无罪，	闻者足戒

46...

“您怎么放进去，我就怎么拿出来，您显然是凭嘴一说就把鸡装进了瓶子，那么我就用嘴再把鸡拿出来。”

47...

夺。

48...

香蕉（立）、苹果（日）、梨（十）

49...

谜底：窝头、火腿、点心。

50...

云。

51...

不打自招

52...

月。分别组成“胡”和“肥”字。

53...

谜底是水壶。

54...

（1）北斗七星高；（2）山月随人归；（3）月出惊山鸟；（4）白日依山尽；（5）一览众山小。

55...

青蛙、蛇。

56...

要是砍了树，院子里只剩下人，不就成了囚吗？囚比困更不吉利。

57...

3.5（不三不四）；2+3（接二连三）；333 和 555（三五成群）；9 寸 +1 寸 =1 尺（得寸进尺）；1256789（丢三落四）；12345609（七零八落）。

58...

田、面疙瘩、可乐

59...

如图：

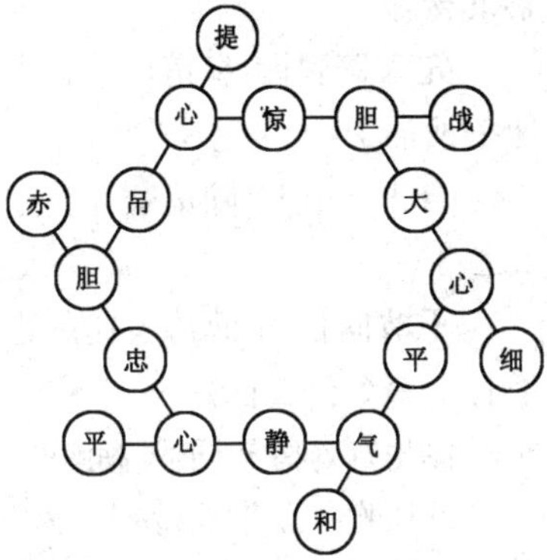

60...

汗（蜻蜓象形“干”，与“氵”组合）。

61...

①生死攸关、羽扇纶巾

②剑拔弩张、飞黄腾达

③千军万马、超凡脱俗

④飞苍走黄、忠言逆耳

⑤完璧归赵、云开见日

⑥千疮百孔、明察暗访

⑦招兵买马、良师益友

⑧单枪匹马、忠心赤胆

⑨改弦更张、松柏之茂

⑩及时行乐、进贤任能

⑪投桃报李、通风报信

⑫信口雌黄、盖世无双

⑬不肖子孙、权倾天下

⑭目不识丁、奉公守法

62...

如图：

63...

谜底是“鲜”字。

64...

①狡兔三窟；②枯木逢春；③蛛丝马迹；④水滴石穿

65...

大快人心、心口如一、一马当先、先声夺人、人才辈出、出其不意、意气风发、发扬光大

66...

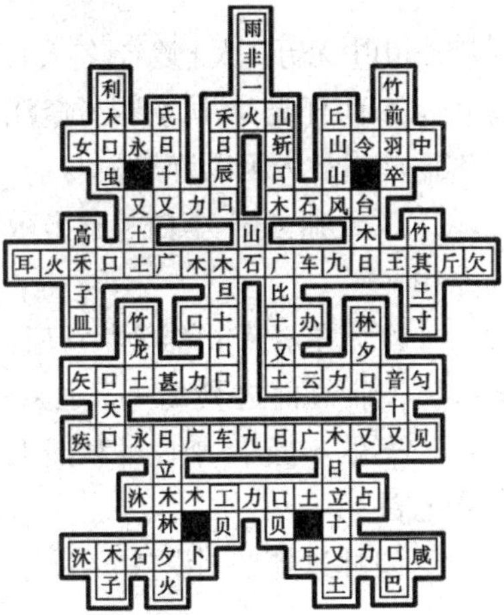

67...

置水写银河 崔国辅《七夕》

戎马关山北 杜甫《登岳阳楼》

未是渡河时 陈子良《七夕看新妇隔巷停车》

君问终南山 王维《答裴迪辋口过雨忆终南山》

脉脉广川流 上官仪《入朝洛堤步月》

渭水东流去 岑参《西过渭州见渭水思秦川》

三江潮水急 崔颢《长干曲四首》

村西日已斜 孟浩然《寻菊花潭主人》

山中一夜雨 王维《送梓州李使君》

西园引上才 李世民《赐房玄龄》

山中无历日 太上隐者《答人》

东西任老身 司空曙《逢江客向南中故人因以诗寄》

孤云独去闲 李白《独坐敬亭山》

江南季春天 严维《状江南》

身征辽海边 贾岛《寄远》

寒歌宁戚牛 李白《秋浦歌十七首》

园林过新节 韦应物《寒食后北楼作》

先人辟疆园 皇甫冉《题卢十一所居》

自古黄金贵 陆龟蒙《黄金二首》

不敢向松州 薛涛《罚赴边有怀上韦令公二首》

湖里鸳鸯鸟 崔国辅《湖南曲》

北风吹白云 苏颐《汾上惊秋》

五湖风浪涌 崔颢《长干曲》

湖南送君去 崔国辅《湖南曲》

不畏浙江风 姚合《送薛二十三郎中赴婺州》

牢落江湖意 白居易《庾楼新岁》

还见南台月 贾岛《上谷送客游江湖》

茅屋深湾里 杜荀鹤《钓叟》

鱼戏莲叶南 陆龟蒙《江南曲》

犹能扼帝京 皮日休《古函关》

夜战桑乾北 许浑《塞下》

关门限二京 李隆基《潼关口号》

渺渺望天涯 钱起《江行》

家住孟津河 王维《杂诗三首》

皆言四海同 李峤《中秋月二首》

宿雨川原霁 司空图《即事九首》

水上秋日鲜 王建《汽水曲》

四海无闲田 李绅《悯农》

江水千万层 孟郊《寒江吟》

苏武节旄尽 杨衡《边思》

68...

如图：

闲步浅青平绿，流水征车自逐。谁家挟弹少年，拟打红衣啄木。

69...

“天下”为“大”，“第一”者为头，“味”也可当菜讲，所以“天下第一味”是指“大头菜”。

70...

（1）一时半刻；（2）七上八下；（3）三长两短。

71...

如图：

72...

横向：

1. 阿尔巴尼亚
2. 叶甫盖尼奥涅金
3. 人无千日好
4. 丁小倩
5. 花旗参
6. 斯芬克斯
7. 欺人之谈
8. 通天岩
9. 安徒生
10. 朗拿度
11. 曲终人不见
12. 葛新爱
13. 爱情电影
14. 名不虚传
15. 昆仑山
16. 南山塞天地
17. 玉兰花
18. 地铁
19. 龙卷风

20. 热那亚
21. 堂皇
22. 拉力赛
23. 窗外
24. 大学
25. 观河楼
26. 格陵兰海
27. 文学家
28. 深山老林
29. 上款
30. 天下
31. 夜游
32. 爱上一个不回家的人
33. 门风
34. 西王母
35. 秦始皇
36. 花亭湖
37. 爱情鸟
38. 大西洋海岭
39. 朝阳花
40. 人生如梦
41. 游仙半壁画
42. 木人石心
43. 奇梦石
44. 观水法
45. 拉萨
46. 好丹非素
47. 情景说
48. 那一场风花雪月的事
49. 白日梦

纵向：

一、阿姆斯特朗
二、昆德拉
三、夜花花
四、人间第一情
五、拿破仑
六、力争上游
七、巴拉克
八、山地赛
九、西湖
十、如意
十一、小说
十二、斯通
十三、二王
十四、圆梦
十五、亚丁
十六、天地情缘
十七、陵园
十八、母爱
十九、冬不拉
二十、龙舌兰
二十一、情冷却
二十二、萨那
二十三、叶倩文
二十四、海滩上的鸟
二十五、道奇
二十六、心曲
二十七、南风窗

二十八、信天游
二十九、梦一场
三十、盖洛普
三十一、终南山
三十二、外文
三十三、仙枕石
三十四、佳人
三十五、塞尚
三十六、学而不厌
三十七、参半
三十八、樱花
三十九、奥地利
四十、不怨天
四十一、大家
四十二、壁上观
四十三、主见
四十四、地热学
四十五、西洋画
四十六、水中月
四十七、金花菜
四十八、深深的海洋
四十九、历法
五十、亚武山
五十一、海底针
五十二、好事
五十三、人参
五十四、徒有虚名
五十五、老狼
五十六、秦岭
五十七、拉封丹
五十八、欺生
五十九、伊始
六十、道木
六十一、千面人
六十二、玉皇观
六十三、皇朝
六十四、人生
六十五、素白
六十六、新西兰
六十七、河汾下门
六十八、阳起石
六十九、好想谈恋爱
七十、花戏楼
七十一、风雨花
七十二、心里有个梦

73...

独上江楼思悄然，风景依旧似去年。同来玩月人何在？月光如水水如天。

74...

蜂蜜、牛奶。

75...

如图：

最长的一天——度日如年
最难做的饭——无米之炊
最宽的视野——一览无余
最高的人——顶天立地
最大的容量——包罗万象
最大的变化——天翻地覆
最大的手术——脱胎换骨
最尖的针——无孔不入
最重的话——一言九鼎
最大的差别——天壤之别
最快的速度——风驰电掣
最怪的动物——虎头蛇尾
最宝贵的话——金玉良言

76...

关羽、项羽，都是羽，在户下边，就是“扇”。

77...

如图：

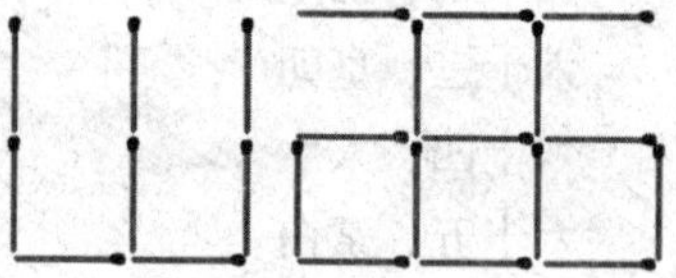

78...

调虎离山、放虎归山。

79...

天天树叶绿，日日百花开。地名：长春。

80...

西（要字去掉“女”）

81...

食尽皇家千钟禄，凤凰何少尔何多？

82...

各国军队列“阵”，托桃寓“脱逃”，合起来就是讽刺西太后当年“临阵脱逃”，跑到西安。

83...

弗莱德在上面写着：“先生，我排在队伍的第21位，在您看到我之前，请千万别忙着做出决定。”

84...

原来谜底就是“日”字。

85...

蚕为天下虫。

86...

李根源先生只是把蒋介石回的两句电文颠倒了一下，这样就使电文的意思变成了“罪无可恕，情有可原”8个字。而这样一来，大特务沈醉和他的手下还以为这是蒋介石的命令，自然也就不会再迫害那些爱国民主人士了。

87...

画。

88...

周末、点心（周字的末尾是“口”，点字的中心是“口”）。

89...

横向：1. 西双版纳 2. 阿布扎比 3. 杰宁 4. 马尔代夫 5. 奥伯斯坦 6. 冰火岛 7. 亚平宁半岛 8. 尼亚美 9. 利比亚 10. 华山 11. 巴哈马 12. 加拿大 13. 顿河 14. 尼罗河

纵向：

一、马来西亚 二、华盛顿 三、平顶山 四、南宁 五、纳杰夫 六、巴格达 七、冰岛 八、利马 九、阿拉伯半岛 十、尼亚加

拉河 十一、坦桑尼亚 十二、比萨 十三、大别山

90...

父亲的职业是挑水；母亲的职业是磨豆腐。

91...

一马当先、按兵不动。

92...

几何。几何是数学的一个分支。几何研究的是空间问题。笛卡儿创立了解析几何。几何有多少的意思。

93...

①朋 ②驯 ③闪 ④鲁

94...

谜底是“晶”字。

95...

斯德哥尔摩　阿姆斯特丹　布宜诺斯艾利斯　西雅图　圣菲波哥大　贝尔格莱德　布达佩斯　马德里　乌兰巴托　洛杉矶　哥本哈根　曼彻斯特　伊斯兰堡　危地马拉　直布罗陀 约翰内斯堡　里约热内卢　乌鲁木齐蒙特利尔　加尔各答

96...

（1）（秦）嬴政（2）（汉）刘邦（3）（唐）李渊（4）（宋）赵匡胤（5）（元）忽必烈（6）（明）朱元璋（7）（清）努尔哈赤

97...

生龙活虎 虎头蛇尾

龙潭虎穴 为虎作伥

骑虎难下 狼吞虎咽

虎视眈眈 降龙伏虎

虎背熊腰 三人成虎

养虎遗患 龙行虎步

龙吟虎啸 调虎离山

九牛二虎 虎口余生

98...

永、冰、江、泗、洲、汁、汗。

99...

对联。春节贴对联是一项习俗。对联是对偶的语句，通常成双成对。对联贴在门上。明代的徐渭（字文长）是善于写对联的奇才。

100...

片名成语（1）《小二黑结婚》，颠倒黑白。（2）《李二嫂改嫁》，张冠李戴。（3）《煤店新主人》，喜新厌旧。（4）《二十次列车》，丢卒保车。（5）《但愿人长久》，舍己为人。（6）《真是烦死人》，去伪存真。（7）《激战无名川》，有名无实。（8）《长虹号起义》，舍生取义。（9）《最

聪明的人》，弃暗投明。(10)《英雄坦克手》，手到病除。

101...

纪晓岚采用的是拆散字形结构的偏旁笔画方式暗示本意。他其实是在骂和珅一家个个是草包。“竹苞——个个草包。”

102...

口。

103...

如图：

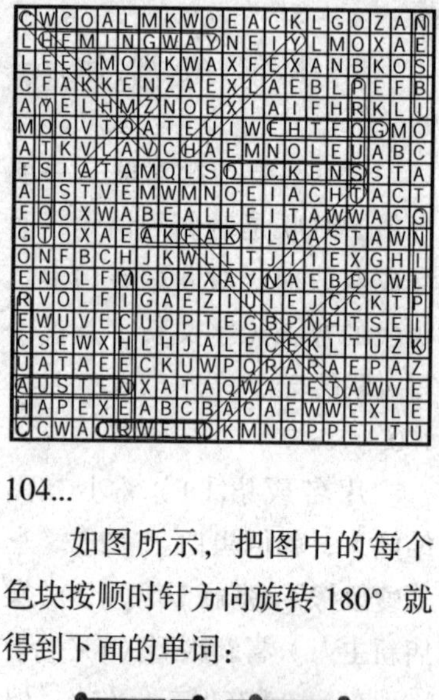

104...

如图所示，把图中的每个色块按顺时针方向旋转 180° 就得到下面的单词：

105...

C。

106...

C。

107...

略。

108...

略。

109...

C，每行的图形不论颜色如何都是顺序重复着的。

110...

略。

111...

这 3 次起义的时间可以用对比法来记，最令人头痛的是起义名称的先后顺序容易搞混。为此，可采用联想记忆法来记忆。这3次起义的名称都有颜色，即绿、红、黄，可与枫叶联系起来。枫叶春夏时绿，秋天变红，冬天变黄。

112...

B。

113...

略。

114...

B。

115...

略。

116...

略。

117...

C。

118...

略。

119...

可用谐音法记作：“大鱼取两边，小鱼取中间。”同时联想到吃大鱼只吃两边的肉，吃小鱼掐头去尾只吃中间。

120...

D。

121...

D。

122...

出现了两次的是空圆。一个图形或者出现一次，或者出现两次。假设空圆只出现一次，则图 1 和图 2 中的空圆是同一个侧面上的空圆。这样，和空圆相邻的四个侧面上，是四个互相不同并且与空圆也不同的图案。因此，图 1 中位于底部的图案一定出现了两次，这和条件矛盾。所以，图 1 和图 2 中的空圆是两个不同的侧面上的空圆，即出现了两次。

123...

略。

124...

有一顶帽子，它底下放一部电话机；电话机上尽是刺，因为这是仙人掌；拿这个仙人掌听筒的人确实不方便，何况他的嘴里还塞满点心。点心里有一个小信封，拆开里面还有钱。钱上印着一条鳗鱼，忽然这条鳗鱼变活，钻到办公桌下。原来这个办公桌是一所房屋，其烟囱是一支巨大的铅笔，它像火箭一样向上升起，落到上衣上。上衣有花边，中间有纽扣。但上衣口袋是无底的，铅笔漏到地上的袜子里，袜子夹着木夹。忽然铅笔又飞走了，飞到猫吃的米饭碗里。猫正蹲在一本书上。它一受惊就逃出门外，被一盏车灯照射。它向前一扑，恰巧被车前的钓钩钩着了。

125...

略。

126...

如图所示：

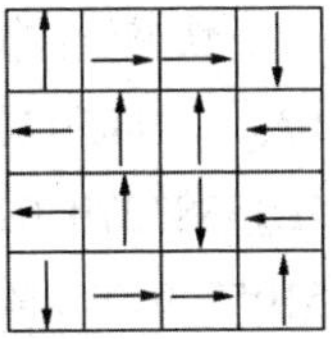

127...

略。

128...

A。

129...

B。

130...

略。

131...

B。

132...

如图：

B

133...

略。

134...

略。

135...

快速记住圆周率小数点后60位，3.141592653589793238462643383279502884197169399375105820974944

我们可以用两种方法记忆。前30位，用一个小故事记忆：山巅一寺一壶酒，尔乐苦杀吾，把酒吃，酒杀尔，杀不死，溜尔溜死，扇扇吧，扇尔吃酒。后30位用编码法记忆。第31—40位可记为：武林（50）中自己的儿子爬（28）上巴士（84），取药酒（19），去救一名党员（71）。第41—50位可记为：遛狗（69）的时候遇到一个卖胃药（39）的人，用一把旧伞（93）欺负（75）一个只会说“是”（10）的人。第51—60位可记为：我爸（58）用耳朵（20）去香港（97）换了一条死狗（49），这是一个事实（44）。

怎么样，是不是很轻松，只要你愿意，一千位，一万位都不会太费力气的。

136...

首先准备一套定位词，1. 头顶，2. 眼睛，3. 耳朵，4. 口，5. 手，6. 胸，7. 背，8. 臀，9. 膝，10. 脚。

然后可记为：我头上（1）顶着三支锅（三国演义），在看（2）一场精彩的球（好逑传）赛，耳朵（3）上挂着三个玉做得非常娇美的梨（玉娇梨），但那梨太硬不能吃，吃（4）的是平山产的冷炒燕窝（平山冷燕），手（5）上挂着一把水壶（水浒传），胸（6）前抱着（西游记），背（7）上背着一只琵琶（琵琶记），膝（8）盖上爬着一只白色的乌龟（白圭志），屁股（9）下被我坐平了的是一个转来转去的鬼（平鬼传），脚（10）下踏着绿色的祥云（绿云缘），真是优哉游哉。

137...

略。

138...

D。

139...

略。

140...

如图所示：

141...

略。

142...

一开始，如果你就被众多的数字所缠绕，那么你也许会很困惑，思路不清晰，不知道哪个信息是有用的，其实很简单，公交车共停了8站，如下表所示：

停站	上车人数（人）	下车人数（人）
第一站	4	4
第二站	10	4
第三站	6	11
第四站	4	4
第五站	15	8
第六站	7	6
第七站	0	5
第八站	8	1

143...

27个。

144...

浅灰色的门应该是选择2；深灰色的门应该选择7。

145...

略。

146...

这幅图中隐藏的是西班牙的米拉大厦。

147...

这幅图中隐藏的是中国的万里长城。

148...

这幅图中隐藏的是英国的巨石阵。

149...

这幅图中隐藏的是埃及的狮身人面像。

高级

1...

一样大。

2...

从甲乙两方的对话看，乙方以反问句的形式，指出甲方在谈判中无中生有，故意指责乙方，以便在本次谈判中讨价还价。

3...

这位董事长是女的，她在地牢里生了一个男孩。

4...

其实根本不是什么法术。悟空在八戒的鞋底上画了一条线，八戒走了几天才能磨完。

5...

既不会带来光明，也不会引起爆炸。因为没有氧气。

6...

在时间上，上午7点钟再

加上 8 个小时是下午 3 点钟。

7...

钢索的总重量虽然很大，但是整个重量是分布在全部长度上的。所以，可以把钢索放在地上，由货车拖着过桥，使分摊在桥上的重量不超过桥的载重量，便可以顺利通过大桥。等过了桥，再把钢索装到车上。

8...

如图中的2例都是正确答案。

SIX

英文的“6”

IX6

算式所得的“6”

9...

如图：

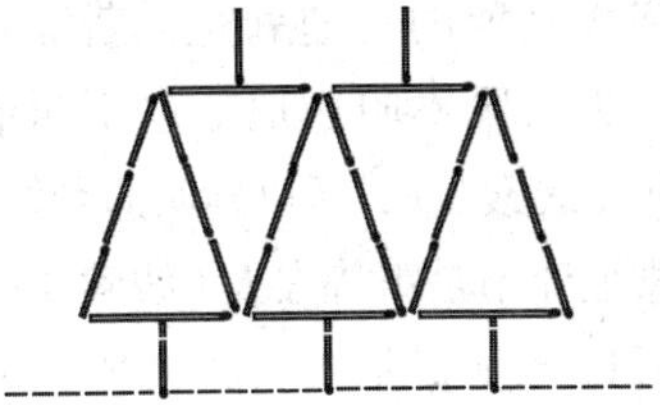

10...

你有没有上过当，以为某物的一半加$\frac{1}{2}$就不可能是一个整数？假如是这样的话，也许你会从掰开唱片的角度来考虑解决这个问题，那可就立即误入歧途了。本题窍门在于看出：数量为奇数的唱片，取其一半再加上半张唱片，一定是个整数。因为小熊在最后一次送礼后只剩下了一张唱片，所以在他把唱片送给小海之前，一定有 3 张唱片。3 的一半为 $1\frac{1}{2}$，而 $1\frac{1}{2}+\frac{1}{2}=2$，所以小熊最后一次送礼是 2 张唱片，末了自己留有一张完整的唱片。现在倒过来往前算就很简单了，他原来一定有 7 张唱片，给了小吴 4 张。

11...

到达岛上要 4 分钟的话，来回就要花 8 分钟。先让 5 个人乘船上岛，因为必须有一个人要把船划回来，所以只有 4 个人到达岛上避难（花 8 分钟，4 人获救）。然后再载 5 个人到岛上，1 个人再驾船回来（16 分钟，8 人获救），当船再载 5 个人离开后，就没有时间再回来接人了，当船到达岛上时，那艘船已经沉了。所以最多能有 13 人安全脱险。

12...

不少粗心的人做出的答案是6天。他们的思路是：青蛙每天白天向上爬6米，晚上向下滑3米，因此平均每天向上爬3米；井深18米，所以6天后青蛙爬出井口。他们忽略了关键的一点，即当最后一天青蛙爬出井口后就不再下滑了。因此，正确答案是青蛙只需5天爬出井口。前4天青蛙共向上爬了12米，第5天白天，青蛙正好爬完剩下的6米，爬出井口。

13...

已知4号士兵是所罗门·特普林（线索4），根据线索1，穿着灰色外衣的伊齐基尔·费希尔一定是2号或3号士兵，鼓手是1号或2号士兵。但1号是个步兵（线索3），因此鼓手是2号，伊齐基尔·费希尔是3号。现在我们已经知道一个士兵的兵种及另一个士兵的上衣颜色，可以推断出穿棕色上衣的配枪士兵（线索2）是4号士兵。然后通过排除法，穿灰色制服的伊齐基尔·费希尔是个炮手，根据线索2，2号鼓手必定是末底改·诺森，剩下1号步兵是吉迪安·海力克。他的上衣不是蓝色的（线索5），那就是红色，而2号鼓手末底改·诺森的制服是蓝色的。

答案：

1号：吉迪安·海力克，步兵，红色。

2号：末底改·诺森，鼓手，蓝色。

3号：伊齐基尔·费希尔，炮手，灰色。

4号：所罗门·特普林，配枪士兵，棕色。

14...

泊尔去了法国（线索1），去澳大利亚旅游的人摔断了一条腿（线索2），所以，摔断了锁骨的索尼亚（线索4）一定是在瑞士受伤的。综上所述，泊尔一定是摔断了她的手臂，去澳大利亚的是迪莉娅。斯塔布斯夫人既不叫索尼亚也不叫泊尔（线索3），所以她叫迪莉娅。索尼亚不是霍普夫人（线索4），所以她是费尔夫人，霍普夫人的名字是泊尔。

答案：

迪莉娅·斯塔布斯，澳大利亚，腿。

泊尔·霍普，法国，手臂。

索尼亚·费尔，瑞士，锁骨。

15...

以下是移动的步骤（W 表示白色，G 表示灰色；以纽扣所在的棋盘位置标识）：（1）W2 移到 3；（2）G4 移到 2；（3）G5 移到 4；（4）W3 移 到 5；（5）W1 移到 3；（6）G2 移到 1；（7）G4 移到 2；（8）W3 移到 4。

16...

答案如下：

（1）3 个面灰色的小立方体数：8 个；

（2）2 个面灰色的小立方体数：12 个；

（3）1 个面灰色的小立方体数：6 个；

（4）无色的小立方体数：1 个。

17...

尽管在解决这个难题时有人会采取将纸带猛拉出来的办法，但是，由于这个纸带太长，因而无法使用。必须先在距离硬币 2 厘米的地方把纸带从一边剪断或者撕掉才行。然后，抓住纸带的另一端，并且拉直使纸带与瓶子成 90 度。然后，伸出另一只手的食指，快速击打手与瓶子之间纸带的中间位置。这样，纸带就会快速从硬币下面脱出，同时由于速度很快，硬币会依靠惯性而不至于从瓶子的顶部掉落。

18...

两行筹码要相交在一个角。而那个角上的筹码上面又有另一个筹码，这样，一行有 3 个筹码而另一行有 4 个筹码（如图所示）。

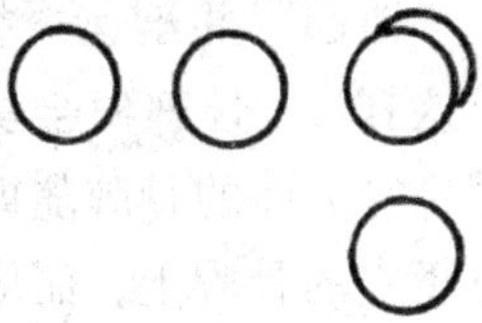

19...

因为船会随着潮水而上下浮动，所以潮水涨至最高点时水面上仍有 50 条横档。

20...

沿图 1 虚线切木板，然后按图 2 中的样子排列。

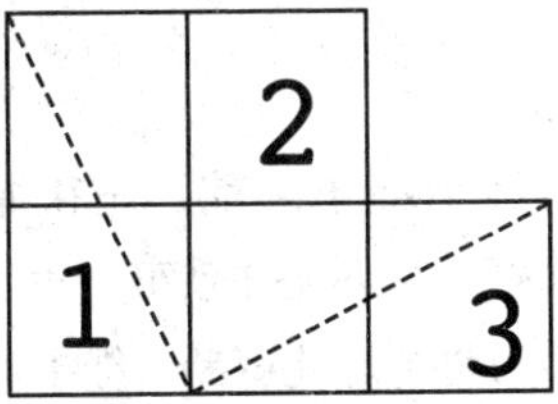

图 1

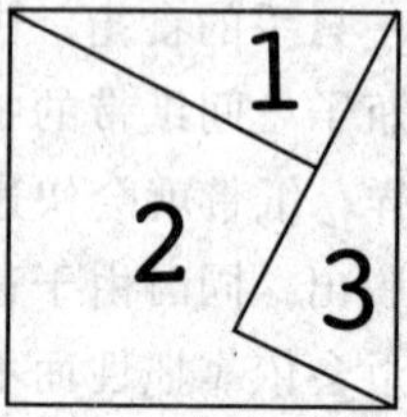

图 2

21...

这个题的答案就是快速行动。移动 B 骨牌使其垂直竖立时正好可以碰到 A 骨牌的边。将你的食指穿过塔的拱门，然后放在 B 骨牌的底边并且按紧；之后，“弹起”并迅速击打 A 骨牌。这样，A 骨牌便会从塔上分离，它上面的骨牌随即落在两边竖立的骨牌上，而塔安然无恙。

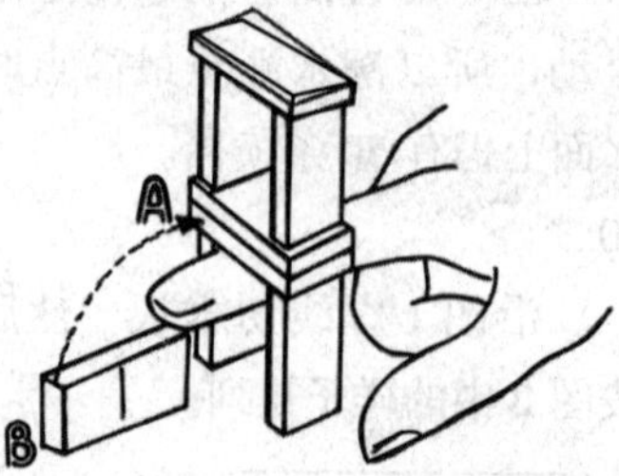

22...

在剪绳子之前，先在绳子中间打一个环儿并系牢，然后拿起剪刀将绳环儿剪断。绳子被剪为两段，而装饰物却安然无恙。

23...

你只需保证第一张牌和第三张牌的相加的和等于中间那张牌的数值。

24...

如果这个大图的边长为 8 厘米，那么各尺寸的正方形个数依次为：

8×8 厘米 1 个

6×6 厘米 4 个

4×4 厘米 9 个

2×2 厘米 18 个

1×1 厘米 8 个

总共 40 个正方形。

25...

首先使 2 枚硬币在桌上相接触，然后，再把 2 枚硬币放在它们上面，使 4 枚硬币相接触。最后，将第 5 枚硬币竖立放置（如图所示）。这样，所有 5 枚硬币都彼此接触。

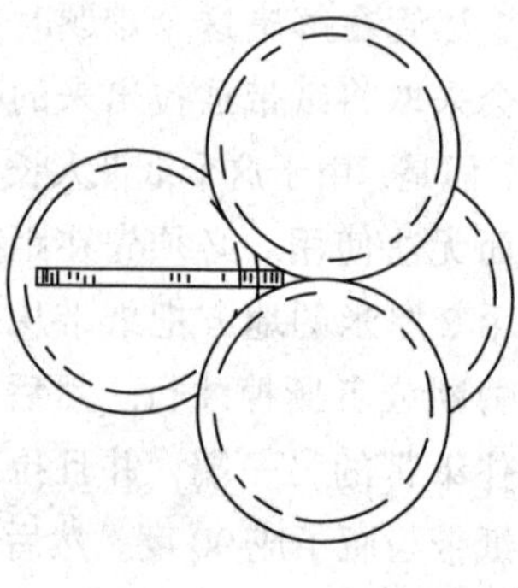

26...

把脸靠近这枚硬币，然后吹。如果用力吹，那么风会把这枚硬币将从盘子上吹下来。你所挑选的盘子的边缘坡度要小。

27...

答案的奥秘所在就是你要在拿绳子之前先将胳膊交叉。当你把绳子两端分别拿在手中时，再展开两个胳膊；这时，绳子中间就出现了结点。

28...

你所要做的就是按照图中所示把纸打成褶，这样问题就解决了。

29...

任何一个不知情的人都会将扑克牌慢慢地抽出，这无疑会失败。正确的方法是用左手向扑克牌的一个角猛弹，如果运用得当的话，扑克牌将旋转着快速飞出去，而硬币仍会安然停留在你的右手拇指上。

30...

答案为：

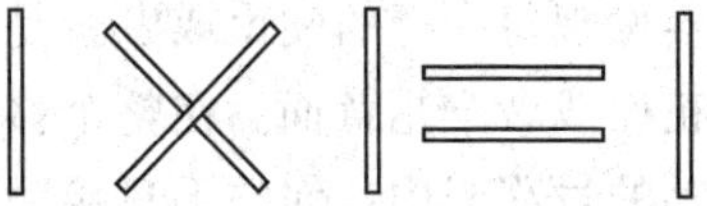

31...

图中虚线已经将所要移动的火柴说清楚了。

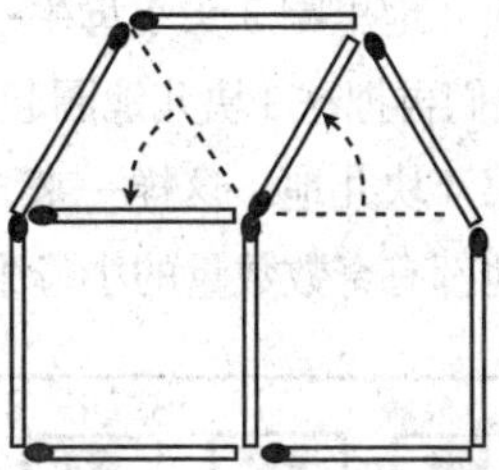

32...

如果将图中虚线所示的钉子拿走的话，那么将有 5 个小正方形和 1 个大正方形，一共是 6 个。

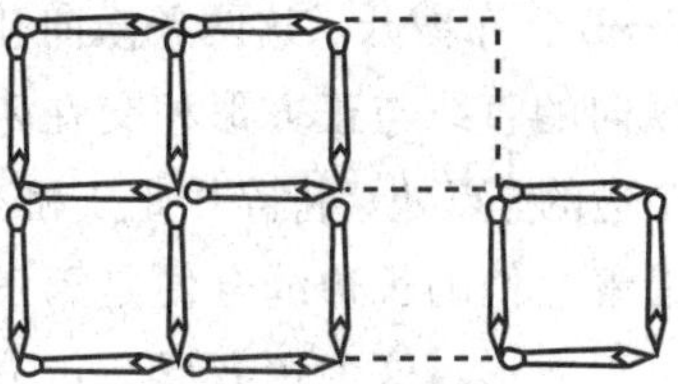

33...

将手指按在顶部中间那枚硬币上，然后向上滑动，再向左滑。接着，将硬币沿着左列硬币向下滑动。最后滑到底部中间硬币的下面。现在将中间那列硬币整体向上推，直到每行再次有 3 枚硬币。此时，你会发现每一行的硬币或者全是正面或者全是背面。在整个移动的过程当中，你的手只接触了一枚硬币。

34...

农夫先圈出 3 块儿地，并在每块儿地里圈 3 头小母牛；然后，他们再把这 3 块儿地圈起来，圈出第 4 块儿地。这样一来，每块儿地都有奇数数量的小母牛。

35...

答案就是沿直线 A—A，B—B 将布剪开。这两条横向和纵向的直线与正方形相交在四个边的$\frac{1}{3}$点处。将碎片儿 3 和 4 沿着它们的长边缝合便是第三个正方形。这个正方形与正方形 2 大小一样。

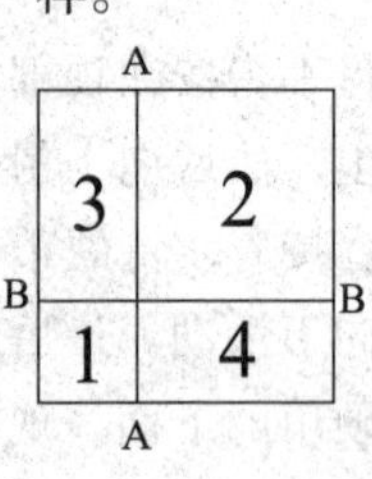

36...

这个题有很多种解法。下面的这个是斯本登勃洛先生提交的答案。

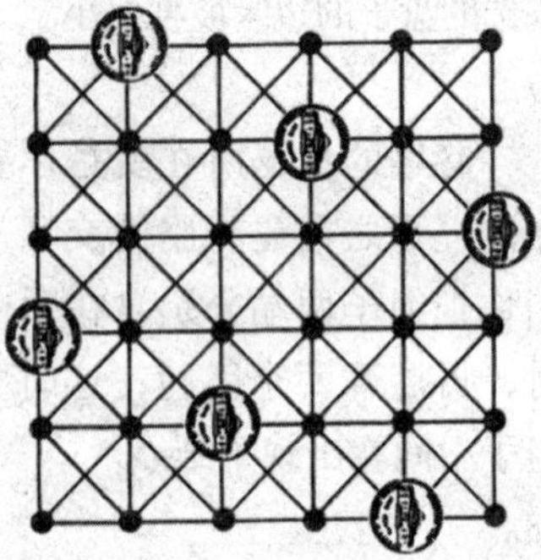

37...

答案是把那张硬纸板颠倒过来。这时，原来的数字表达式在重新排列之后就变成 81 加上 19，其结果就是 100。

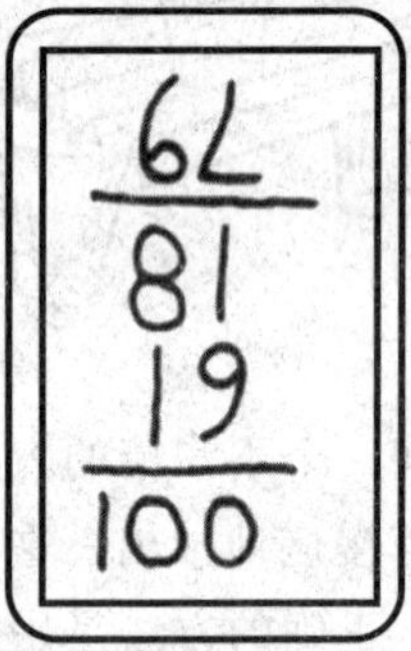

38...

K16，O5，Q36

39...

这幅图中隐藏的是印度的

泰姬陵。

40...

41...

男孩看到的自己是右边凸起的。

42...

眼睛贴近纸面，从图右下方的一点往上看。

43...

不可能。图中水所经之处是一个平面。

44...

花瓶是放在地面上的。该图使用了特殊的灯光技巧使物体和影子分离，造成了花瓶悬浮的假象。

45...

许多人错误地认为覆盖着冰雪的图片（上图）是照片。事实上，这张是底片，下图才是照片。

46...

线段 AB 与 CD 一样长。

47...

图中有 5 个脑袋，但是可以数出 10 个完整的身体。

48...

一样高。

49...

如图：

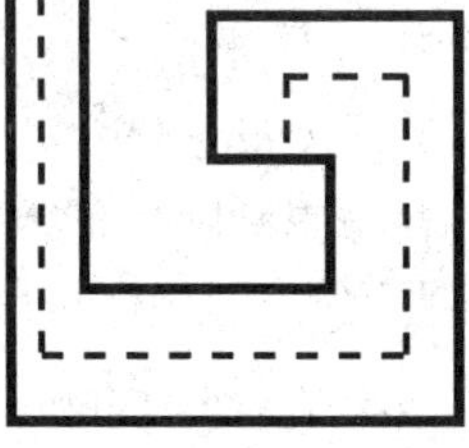

50...

双重间谍R出身罗马在题中被特别强调出来。一提到“出身罗马”，就要想到X不仅只是一个字母，而且又是一个罗马数字的10。那么R肯定是要写Ⅻ，但没写完就断了气。Ⅻ是12号，杀死R的人肯定是A间谍。

51...

吃粽子的时候，顺次在它的4个角上各咬一小口，每咬一口，在粽子上留下一个三角形截面，咬4口以后，留下4个三角形截面，粽子剩余部分，共有12个角。

52...

小景看到的人就是凶手。凶手是个圆脸的人。由于小景在窗户的细长的缝隙中看到他迅速地走来走去，这样看到的就是细长的脸而不是圆脸，这只是错觉。

53...

如图所示，由原来的6根火柴加上后来的5根共11根拼成了英文nine（9）。提到9，我们容易想到阿拉伯数字9或汉字九，英文虽然早已进入了我们的生活，但未能形成习惯性思维，容易被忽略。根据火柴棍的特点，nine的摆法仔细思考是可以想到的。

54...

5号和8号。

55...

如图所示，泰勒斯指挥部队在营寨后面挖了一条很深的弧形沟渠，使其两端与河水沟通。这样，湍急的河水分两股而流，原来河道的河水就变得浅而流缓，大部队足可以涉水过河了。

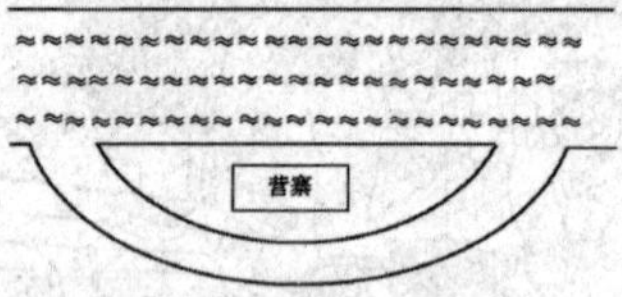

56...

如图：

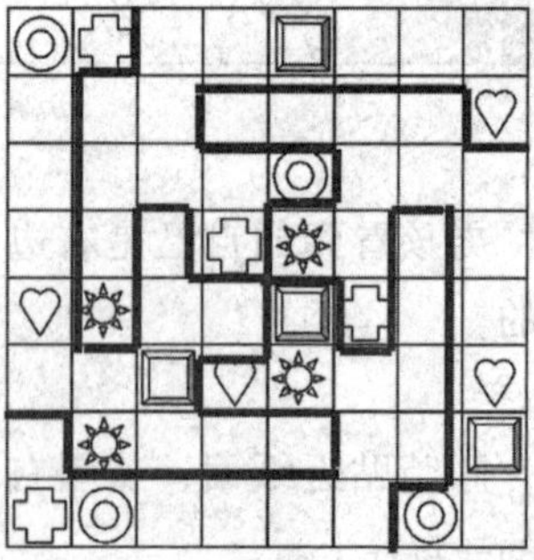
图1

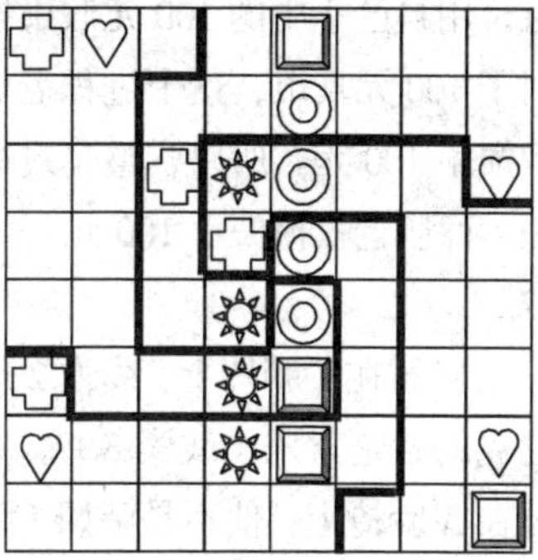

图2

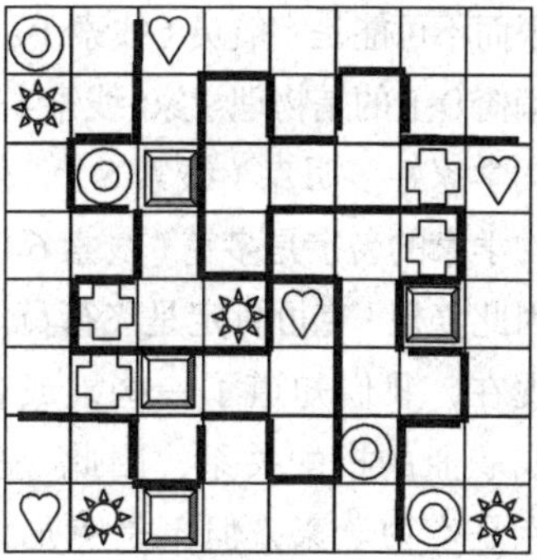

图3

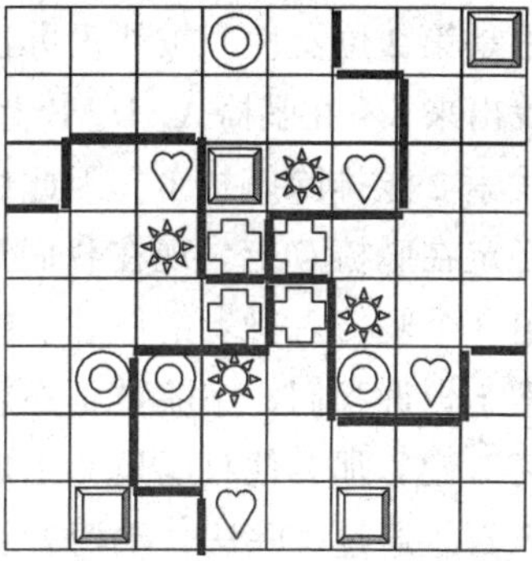

图4

57...

因为这个时候，时钟刚好比实际的时刻慢了6个小时。那座时钟是个传统式时钟，所以实际时刻和显示时刻的差不会比这更大了。虽然时钟会继续慢下去，但显示时刻反而更接近实际时刻，这个时候就不再是“时钟走得慢”，而是“时钟走得快”了。

58...

从甲地开往乙地的客轮，除了在海上会遇到13艘轮以外，还会遇到2艘：一艘是在开航时候遇到的（从乙地开过来的客轮），另一艘是到达乙地时遇到的正从乙地出发的客轮，所以，加起来一共是15艘客轮。

59...

解题步骤：（1）主队个人得分是一组等差数列，说明3名得22分的队员中，只有一名在主队；（2）客队个人得分上下只差3分，已知其中有两人各得22分，可见得30分者不在客队；（3）在主队个人得分的等差数列中，以30分为首项，22分只能是中项，由此可推知主队个人得分分别为30，26，

22，18，14分；（4）客队个人得分除两名得22分外，少于20分者只能是19。（5）根据条件3和4，余下两名的得分数只能是21和20。综合上述可知比赛结果为：主队110分，客队104分，赢6分。

60...

倒给要买12升水的客人。乍看之下，可能会让人觉得只要由25升的皮囊中倒出6升水，再把剩下的卖给第一位客人即可。但是，皮囊装有25升水的事情，只有水商知道，客人并不晓得。任何事都可视为大前提。在交易方面，让客人了解就是大前提。这个问题或许会出现多种解答方法，但首先能满足大前提者，才是正确的解答。

61...

商店老板损失了100元。老板与朋友换钱时，用100元假币换了100元真币，此过程中，老板没有损失，而朋友亏损了100元。老板与持假钞者在交易时：100=75+25元的货物，其中100元为兑换后的真币，所以这个过程中老板没有损失。朋友发现兑换的为假币后找老板退回时，用自己手中的100元假币换回了100元真币，这个过程老板亏损了100元。所以，整个过程中，商店老板损失了100元。

62...

巴石在E躺椅上（线索2），尼克的姓是索乐（线索3）。克可在A躺椅上，他不是萨姆（线索1），线索6告诉我们克可不是多克，那么克可肯定就是姜根而不可能是宇航员（线索1）；躺椅D上的是物理学家(线索4)，化学家姓多明克（线索5），生物学家的名字是多克（线索6），因此姜根·克可肯定是飞行员。现在，我们知道了一些姓或名或职业的搭配关系，因此，多克是生物学家，但不是克尼森（线索6），则肯定是戴尔。我们知道她（是的，多克·戴尔是第2位女性，虽然没办法找出来）不在躺椅A，D，E上，线索2能排除躺椅B，因此她必定在躺椅C上。现在我们知道3个躺椅占有者的职业。线索1告诉我们，宇航员不在躺椅B上，那么他只能是E上的巴石。通过排除法，躺椅B被多明克占了，她是化学家。另外，我们把姓和职业与名搭配，可以推得多明克只能是萨姆。通过排除法，尼克·索乐只能是躺椅 D 上的物理学家，而克尼森是 E 上的巴石。

答案：

躺椅 A：姜根·克可，飞行员。

躺椅 B：萨姆·多明克，化学家。

躺椅 C：多克·戴尔，生物学家。

躺椅 D：尼克·索乐，物理学家

躺椅 E：巴石·克尼森，宇航员。

63...

劳拉接到了朋友的电话(线索 1，2，3），所以女儿（不是乔伊斯）一定是艾莉森，是玛格丽特打电话给艾莉森的。通过排除法，乔伊斯肯定是其中一位女性的母亲，这位女性不可能是伯妮斯（线索 1），得出乔伊斯肯定是波林的母亲，因此伯妮斯是打电话给她的朋友劳拉的人。伯妮斯（线索 1）和玛格丽特（线索 2）都不是在 9：20 打的电话，因此，9：20 时，肯定是波林在打电话。而从线索 1 中知道，伯妮斯是在 9：22 打的电话，剩下只能是玛格丽特在 9：25 打电话。

答案：

9：20，波林打电话给母亲乔伊斯。

9：22，伯妮斯打电话给朋友劳拉。

9：25，玛格丽特打电话给女儿艾莉森。

64...

E	D	C	A	B
B	A	E	D	C
D	B	A	C	E
A	C	B	E	D
C	E	D	B	A

65...

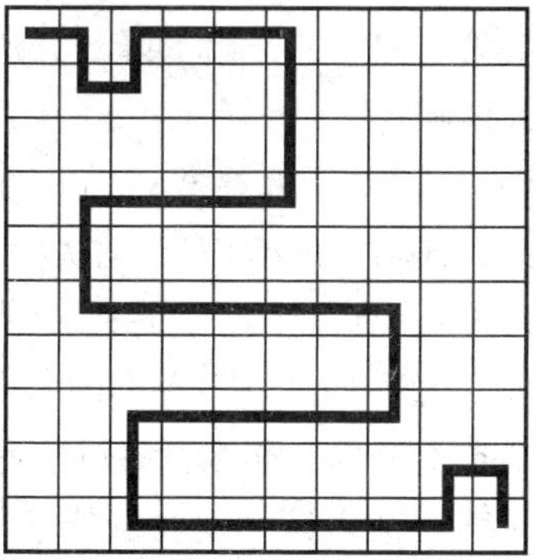

66...

保持相同排名的不是贝林福特队和罗克韦尔·汤队（线索1），从第2跌到第7的是匹特威利队（线索2），而保持相同排名的也不是克林汉姆队和格兰地威尔队（线索3），也非内德流浪者队和福来什运动队（线索6），因此通过排除法，只能是米尔登队，它最后取得了第3名（线索5），而在圣诞节时也是第3名。线索5告诉我们，中场时罗克韦尔·汤队是第4名，而最后取得了第1名（线索1）。贝林福特队到赛季末下降了2个名次（线索1），在圣诞节时它不可能是第7和第8，我们知道它也不可能是第2、第3和第4。既然我们已经知道了圣诞节时第3和第7名的队伍，而贝林福特队不可能从第1和第5开始下降的，那么只能从第6下降到第8（线索1）。从第1下降到第5的队（线索7）不可能是福来什运动队（线索6），克林汉姆队和格兰地威尔（线索3），因为他们的名次都是上升的，那么，只可能是内德流浪者队。现在从线索3中已经可以知道，在圣诞节时，克林汉姆队是第7，格兰地威尔是第8。剩下当时福来什运动队是第5。福来什运动队最后不是第4（线索4），那么肯定是第2名。最后，从线索3中知道，克林汉姆队以第4结束，而格兰地威尔队以第6告终。

答案：

圣诞

1. 内德流浪者队
2. 匹特威利队
3. 米尔登队
4. 罗克韦尔·汤队
5. 福来什运动队
6. 贝林福特队
7. 克林汉姆队
8. 格兰地威尔

赛季末

1. 罗克韦尔·汤队
2. 福来什运动队
3. 米尔登队
4. 克林汉姆队
5. 内德流浪者队
6. 格兰地威尔
7. 匹特威利队
8. 贝林福特队

67...

SD间谍在6号房间（线索

2），从线索5中知道，OSS间谍一定在5号房间，而SDECE间谍在3号房间，鲁宾在1号房间。2号房间的间谍不可能来自阿布威（线索3），也不来自M16，而间谍加西亚不在1号房间（线索1），那么他肯定是GRU的间谍。从线索4中知道，毛罗斯先生的房间是4号，罗布斯不可能在3号（线索1），也不可能在2号房间，因为加西亚不在4号房间，所以罗布斯也不可能在6号。罗布斯只能在5号房间，而加西亚在3号，M16的间谍则在4号房间（线索1）。6号房间的SD间谍不是罗布斯（线索2），则肯定是戴兹，剩下罗佩兹一定是2号房间的GRU间谍，最后通过排除法，1号房间的鲁宾是阿布威的间谍。

答案：

1号房间：鲁宾，阿布威。

2号房间：罗佩兹，GRU。

3号房间：加西亚，SDECE。

4号房间：毛罗斯，M16。

5号房间：罗布斯，OSS。

6号房间：戴兹，SD。

68...

人物3的运动项目是射击（线索3），人物5的项目不是滑冰（线索1）、羽毛球（线索3）和台球（线索4），则一定是高尔夫，那么人物4就是斯特拉·提兹（线索2），她的项目不是滑冰（线索1）和台球（线索4），那么一定是羽毛球。人物5刚从卡萨布兰卡回来（线索3），人物1不从罗马回来（线索5），也不是来自洛杉矶（线索1）和东京（线索4），那么一定从布里斯班来。人物2不是来自洛杉矶（线索1），也非东京（线索5），那么一定来自罗马。人物3和4来自洛杉矶或者东京。如果4来自洛杉矶，则从线索1中知道凯特·肯德尔就是人物3，来自东京。但线索1告诉我们，凯特·肯德尔不是来自东京，因此人物3一定来自洛杉矶，而4来自东京。因此凯特·肯德尔就是人物2。人物1的项目就是滑冰（线索1），人物5不是黛安娜·埃尔金（线索5），也不是格丽尼斯·福特（线索4），则一定是莫娜·洛甫特斯。黛安娜·埃尔金也不是人物1（线索5），那么她肯定是人物3，人物1就是格丽尼斯·福特。人物2凯特·肯德尔的项目是台球。

答案：

1号：格丽尼斯·福特，布里斯班，滑冰。

2号：凯特·肯德尔，罗马，台球。

3号：黛安娜·埃尔金，洛杉矶，射击。

4号：斯特拉·提兹，东京，羽毛球。

5号：莫娜·洛甫特斯，卡萨布兰卡，高尔夫。

69...

从线索1知道，雷停靠的巴士牌号要比324号大。7号的车牌不是324（线索2），雷停靠的也不是5号位置的车牌号为340的巴士（线索5）。特里的车号是361，那么雷的就是397。它不在6或者7号位置（线索1）。赖斯把车停靠在4号位置（线索7），5号的车牌是340，这就排除了雷的车是3号的可能性（线索1）。因3号车的车牌号要比邻近的车牌号都大（线索4），雷的车也不可能是2号（线索1），那么雷的车一定在1号位置。从线索1中知道，324一定在3号位置。从线索4中知道，2和4号位置的车牌都是2开头的。因此可以从线索2中知道，7号的车牌是361，是特里停靠的（线索3）。2号位置的车牌不是286（线索2），6号的也不是286（线索5），通过排除法，286一定是4号的车牌，是赖斯停靠的。线索6告诉我们车牌号为253的不在2号位置，那么它一定在6号。因此肯停靠的车在5号位置（线索6）。罗宾的车不在2或者3号（线索8），那么一定是6号。通过排除法，2号位置的车号一定是279。3号位置车的司机不是戴夫（线索4），则一定是埃迪，剩下戴夫是把车号为279的车停在2号位置的司机。

答案：

1号：雷，397。

2号：戴夫，279。

3号：埃迪，324。

4号：赖斯，286。

5号：肯，340。

6号：罗宾，253。

7号：特里，361。

70...

D	E	A	C	B
E	D	C	B	A
C	A	B	E	D
A	B	E	D	C
B	C	D	A	E

71...

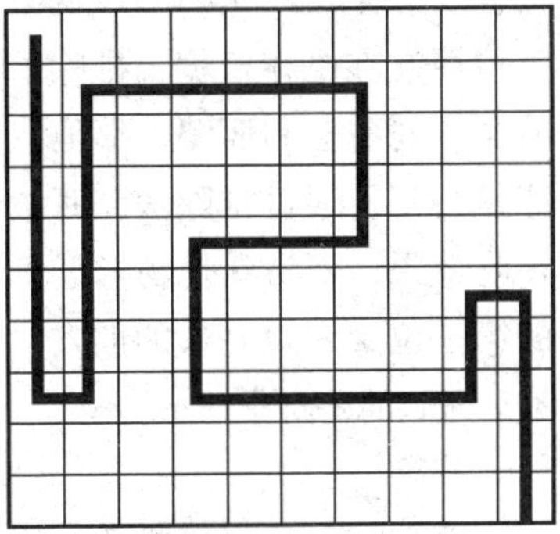

72...

杰茜的宠物是一条小狗（线索5）。朱莉娅的宠物不是虎皮鹦鹉（线索4），也不是乌龟（线索3），那么一定是只猫。因此她不是4号位置的女孩，后者的宠物是虎皮鹦鹉（线索5）。此事实也排除了杰茜是4号，线索1排除了詹妮，那么4号位置的一定是杰迈玛。通过排除法，乌龟是詹妮的宠物。因为杰迈玛在4号，那么朱莉娅不可能在3号（线索3），她也不可能在2号（线索4），所以她一定在1号位置。因朱莉娅的宠物是猫，那么杰茜不可能在2号（线索2）。因此她肯定在3号位置，2号则是詹妮。线索5告诉我们杰茜10岁，而朱莉娅不可能是8岁（线索4）和9岁（线索3），那么一定是11岁。詹妮不是9岁（线索1），那么一定是8岁，剩下杰迈玛今年9岁。

答案：

位置1：朱莉娅，11，猫。

位置2：詹妮，8，乌龟。

位置3：杰茜，10，小狗。

位置4：杰迈玛，9，虎皮鹦鹉。

73...

数字5都不是棕色的（线索1），那么棕色邮票的面值一定是10分，但不是第4张（线索2），因此在面值中有个1的第4张邮票（线索3）面值一定是15分。这样根据线索4，第二张邮票是蓝色的。由线索2告诉我们，是大教堂的那张邮票的面值中有个0，但不是第四张，而是第二张，从这个线索中，我们也可以知道第一张就是棕色的10分面值的邮票。根据同一个线索，第二张蓝色邮票的面值是50分。通过排除法，第三张邮票一定是25分面值的。山峰不是第一张10分邮票上的图案（线索5），也不是25分面值邮票上的图案（线索5），因为50分面值的邮票边框是蓝色的。而我们知道它也不是50分面值邮票上的图案，那只能是第四张15分邮票上的图案。这样根据线索5，25分邮票的边框是红色的，剩下15分邮票的边框是绿色的。线索3告诉我们第三张邮票上不是海湾，那一定是瀑布，剩下海湾是棕色的、10分面值的、第1张邮票上的图案。

答案：

第一张：海湾，10分，棕色。

第二张：大教堂，50分，蓝色。

第三张：瀑布，25分，红色。

第四张：山峰，15分，绿色。

74...

因为穿红毛衣的不是丹尼或吃巧克力派的刘易丝（线索4），而凯文的毛衣是蓝色的（线索1），所以穿红毛衣的一定是西蒙。碰到的第一位朋友穿的毛衣不是红色的（线索4），也不是蓝色的（线索1），而第三位穿着米色毛衣（线索2），由此得出第一位一定穿着绿毛衣。这样根据线索3，第二位朋友在吃香蕉，而且我们知道他的毛衣不是米色或绿色的，他也不是穿红毛衣的西蒙（线索3），那他一定是穿蓝毛衣的凯文。接着根据线索1，穿绿毛衣的第一位朋友在吃棒棒糖，排除了凯文、刘易丝和西蒙，那他只能是丹尼。通过排除法，西蒙在吃苹果，刘易丝是汤米碰到的第三位穿米色毛衣的朋友，最后碰到的是西蒙。

答案：

第一位：丹尼，绿色，棒棒糖。

第二位：凯文，蓝色，香蕉。

第三位：刘易丝，米色，巧克力派。

第四位：西蒙，红色，苹果。

75...

已知军官C不是陆军中尉

阿尔迪丝或水兵（线索5）。根据线索1，如果水兵是A或B，陆军中尉阿尔迪丝就是D，空军军官是E；如果水兵是D或E，那么陆军中尉阿尔迪丝是B，空军军官是A，这样得出空军军官一定是A或E。而他的家乡不是爱达荷州（线索1）、新墨西哥州（线索2）或缅因州（线索3），也不是乔治亚州（线索4），那么一定是堪萨斯州。由此知道他不是军官E（线索4），而是军官A。同时得出水兵是D或E，陆军中尉阿尔迪丝是B。水兵不是普迪上尉（线索2）或沃德少校（线索5），因此他是德莱尼上尉或哈伦上尉，这样得出军官C一定是沃德少校（线索5）。因为陆军中尉阿尔迪丝就是军官B，所以他不是步兵（线索2）或工兵（线索3），而是军事警察。军官C沃德少校不是工兵（线索3），而是步兵。那么普迪上尉就是军官A。而来自美国新墨西哥州的是军官B，即陆军中尉阿尔迪丝（线索2）。军官E不是哈伦上尉（线索4），而是德莱尼上尉，通过排除法，哈伦上尉就是军官D。因此来自乔治亚州的是军官E(线索4)。因为步兵梅吉尔·沃德不是来自缅因州（线索3），由此得出缅因州是军官D的家乡。现在可以知道军官E是工兵(线索3)。最后通过排除法，水兵是军官D哈伦上尉，而梅吉尔·沃德来自爱达荷州。

答案：

军官A：普迪上尉，空军，堪萨斯州。

军官B：陆军中尉阿尔迪丝，军事警察，新墨西哥州。

军官C：沃德少校，步兵，爱达荷州。

军官D：哈伦上尉，水兵，缅因州。

军官E：德莱尼上尉，工兵，乔治亚州。

76...

D	B	A	E	C
C	E	B	D	A
E	A	C	B	D
B	C	D	A	E
A	D	E	C	B

77...

根据线索4，纳斯德卡思在城墙上的3或4号位置，但3号位置上的是斯堪达隆思（线索2），因此纳斯德卡思一定在4号位置上。由于已经参军12年的人不是来自大不列颠的密尼布司（线索1），也不是来自伊伯利亚半岛（线索2），而来自高卢的士兵已经参军10年（线索3），因此通过排除法得出他是罗马市民。因为他不在4号位置（线索4），线索1还说明来自大不列颠密尼布司的那个人的参军年数不是11年，而且我们知道也不是10年或12年，所以他是最晚参军的，已经参军9年。剩下来自伊伯利亚半岛的士兵的参军年数是11年，根据线索2知道，3号位置上的斯堪达隆思来自罗马，并且他已经参军12年。由线索4得到最晚参军的密尼布司在2号位置，因此1号位置上的就是阿格里普斯。线索3告诉我们他不是来自高卢，那么来自高卢的是纳斯德卡思，最后剩下阿格里普斯是来自伊伯利亚半岛的已经参军11年的士兵。

答案：

1号：阿格里普斯，伊伯利亚半岛，11年。

2号：密尼布司，大不列颠，9年。

3号：斯堪达隆思，罗马，12年。

4号：纳斯德卡思，高卢，10年。

78...

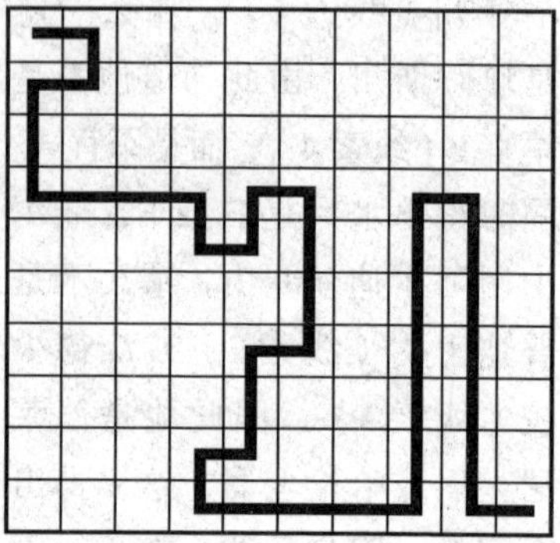

79...

由于下午3：00接的乘客来自剑桥（线索4），并且上午10：00的乘客不是来自北安普敦（线索3），那么他来自林肯，而来自北安普敦的乘客于12：30在4号站台被接到。上午10：00要接的站台号比下午3：00要接的站台号小（线索2），由此可以知道10：00接的客人在7号站台，而下午3：00接的客人德拉蒙德夫人在9号站台（线索2）。来自林肯的乘客将进入7号站台，因此斯坦尼夫人会进入4号站台（线索1），排除法得出古氏先生到7号站台。最后通过排除法，古氏先生来自林肯，斯坦尼夫人来自北安普敦，而德拉蒙德夫人来自剑桥。

答案：

上午10：00，7号站台，古氏先生，林肯。

中午12：30，4号站台，斯坦尼夫人，北安普敦。

下午3：00，9号站台，德拉蒙德夫人，剑桥。

80...

已知索菲在多恩卡斯特上车（线索4）。根据线索1，黛安娜不是从约克角旅行回来，线索1和3又排除了她来自格兰瑟姆的可能，而且搭乘1号出租车的妇女来自格兰瑟姆，所以可以得出黛安娜在皮特博芮上火车。我们现在知道从格兰瑟姆来的乘客不是黛安娜或索菲，也不是伯尼的乘客帕查（线索3），因此她是安妮特。根据排除法得出帕查从约克角旅行回来。黛安娜的司机不是詹森（线索1），也不是诺埃尔（线索2），那么他就是克莱德，而她搭乘的是4号出租车（线索5）。然后根据线索1，詹森是3号出租车的司机，他的乘客不是伯尼的乘客帕查，而是索菲。最后通过排除法，我们知道安妮特的司机是诺埃尔，伯尼的车是2号车。

答案：

1号：诺埃尔，安妮特，格兰瑟姆。

2号：伯尼，帕查，约克角。

3号：詹森，索菲，多恩卡斯特。

4号：克莱德，黛安娜，皮特博芮。

81...

B	A	E	C	D
D	C	A	B	E
E	B	D	A	C
A	D	C	E	B
C	E	B	D	A

82...

第2个村庄是丝特·多米尼克村（线索2）。丹尼斯住在村庄3（线索3），线索1说明波科勒村不是村庄1或村庄4，那么圣子埃特鲁米亚展览一定在村庄3开展（线索1），丹尼斯观看了这场展览。线索1告诉我们克里斯多佛住在村庄2，安德烈住在墨维里村（线索4），通过排除法，马丁所在的村庄是格鲁丝莫村，但它不是村庄1（线索5），而是村庄4，剩下村庄1是墨维里村。住在那里的安德烈没有在街道上跳舞（线索3），也没有看电视（线索4），那他一定参加了烟花大会。由线索4得知马丁没有看电视，那他一定在街道上跳舞，剩下克里斯多佛待在家里看电视。

答案：

村庄1：墨维里村，安德烈，烟花大会。

村庄2：丝特·多米尼克村，克里斯多佛，看电视。

村庄3：波科勒村，丹尼斯，圣子埃特鲁米亚展览。

村庄4：格鲁丝莫村，马丁，街道舞蹈。

83...

2号作品不可能是凯维丝夫人的（线索1），也不是福瑞木夫人的（线索2）。线索4告诉我们萨利·斯瑞德的作品在3或4号位置，这样通过排除法，2号作品是尼得勒夫人的。然后根据线索5，以斯帖刺绣了1号作品，但不是《雪景》（线索1）或《河边》（线索3），伊冯刺绣了《村舍花园》（线索2），可以得出以斯帖的作品是《乡村客栈》。接着根据线索4，萨利·斯瑞德制作了4号作品。根据线索3，赫尔迈厄尼就是刺绣2号作品的尼得勒夫人。排除法得出3号作品是伊冯的《村舍花园》，但她不是福瑞木夫人（线索2），而是凯维丝夫人，剩下福瑞木夫人是以斯帖。赫尔迈厄尼没有刺绣《河边》（线索3），因此她的作品一定是《雪景》，剩下《河边》是萨利·斯瑞德的作品。

答案：

1号：《乡村客栈》，以斯帖·福瑞木。

2号：《雪景》，赫尔迈厄尼·尼得勒。

3号:《村舍花园》,伊冯·凯维丝。

4号:《河边》,萨利·斯瑞德。

84...

由于言情电影(线索1)、枪战电影(线索2)和喜剧片(线索5)都不在C制片厂上,因此通过排除法,拉娜·范姆帕担任女主角的警匪片(线索4)是在那里拍摄的。然后根据线索4,奥尔弗·楞次在B制片厂担任导演。我们知道他不是和拉娜·范姆帕一起工作,线索1也排除了海伦·皮奇在B制片厂工作的可能。西尔维亚·斯敦汉姆主演的电影由卡尔·卡马拉导演(线索3),因此奥尔弗导演多拉·贝尔主演的电影。海伦·皮奇不在D制片厂工作(线索1),而是在A制片厂,剩下卡尔和西尔维亚在D制片厂工作。线索1现在告诉我们,奥尔弗和多拉在拍言情电影,这样根据线索2,枪战电影一定在A制片厂拍摄,喜剧在D制片厂拍摄。由线索2得出,沃尔多·特恩汉姆在C制片厂导演警匪片,鲍里斯·旭茨在A制片厂导演枪战电影,其中海伦·皮奇是女主角。

答案:

A制片厂:枪战,鲍里斯·旭茨,海伦·皮奇。

B制片厂:言情,奥尔弗·楞次,多拉·贝尔。

C制片厂:警匪,沃尔多·特恩汉姆,拉娜·范姆帕。

D制片厂:喜剧,卡尔·卡马拉,西尔维亚·斯敦汉姆。

85...

已知斯杰普生德桥是2号桥(线索2)。4号桥不是托福汉姆桥(线索1)或悬臂建筑维斯吉格桥(线索4),那么一定是埃斯博格桥。第1条河不是被吊桥横跨的波罗特(线索1),也不是戴斯尔河(线索3)和科玛河(线索4),因此一定是斯沃伦河。我们现在知道托福汉姆桥和维斯吉格桥是1号或3号桥,那么波罗特河(线索1)和科玛河(线索4)不可能是3号河,因此排除法得出第3条河是戴斯尔河,而它上面的桥不是拱桥(线索3),也不是摆桥(线索5)或吊桥,而是悬臂桥维斯吉格。根据线索4,科玛河是被埃斯博格横跨的第4条河。通过排除法，第1条河斯沃伦被托福汉姆横跨。由线索1得出，在波罗特河上的吊桥就是2号桥斯杰普生德。根据线索1和5，1号桥托福汉姆是座拱桥，而4号桥埃斯博格在科玛河上，并且是座摆桥。

答案：

1号桥：托福汉姆桥，斯沃伦河，拱桥。

2号桥：斯杰普生德桥，波罗特河，吊桥。

3号桥：维斯吉格桥，戴斯尔河，悬臂桥。

4号桥：埃斯博格桥，科玛河，摆桥。

86...

由于C位置上的旅店名是升起的太阳（线索3），D位置上的船属于凯斯家庭（线索4），因此根据线索1，停泊在挪亚方舟处的费希尔家庭的船在B位置上，而斯恩费希船在A位置上。我们知道停在狗和鸭码头的帕切尔号（线索2）不在A、B或C位置上，所以它一定属于D位置上的凯斯家庭。现在通过排除法，A位置上的旅店是钓鱼者休息处。罗德尼家庭的船不是停靠在升起的太阳处（线索3），而是在A位置上的钓鱼者休息处，并且是斯恩费希号，剩下停在C位置上的升起的太阳处的船属于德雷克家庭，但不是南尼斯号(线索3)，而是罗特斯号，费希尔家庭的船南尼斯停在B位置上的挪亚方舟处。

答案：

位置A：罗德尼，斯恩费希，钓鱼者休息处。

位置B：费希尔，南尼斯，挪亚方舟。

位置C：德雷克，罗特斯，升起的太阳。

位置D：凯斯，帕切尔，狗和鸭。

87...

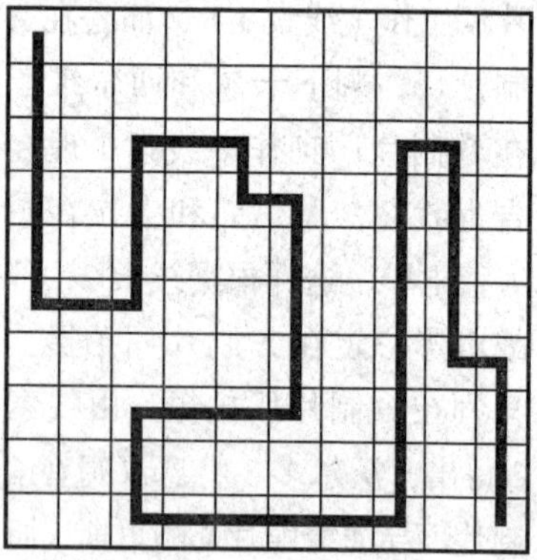

88...

海吉斯在2号位置(线索4)。由于4号马上的选手不是迪克兰·吉姆帕(线索3)和沃特(线索5)，因此他一定是赫多尔。这样根据线索2，安德鲁就是骑2号马的海吉斯。1号马不是“跳羚”(线索1)，不是“杰克”(线索3)，也不是被加百利骑着的“跳过黑暗”(线索5)，因此一定是“小瀑布”。我们现在知道安德鲁的马不是“小瀑布”和“跳过黑暗”，也不是“跳羚”(线索1)，那么就是“杰克”。现在线索3说明迪克兰·吉姆帕是骑1号马“小瀑布”的选手。通过排除法，沃特骑3号马。根据线索5，4号马是“跳过黑暗”，剩下沃特骑的是“跳羚”。现在已经知道赫多尔就叫加百利，而沃特是吉斯杰姆的姓。

答案：

1号：“小瀑布”，迪克兰·吉姆帕。

2号：“杰克”，安德鲁·海吉斯。

3号：“跳羚”，吉斯杰姆·沃特。

4号：“跳过黑暗”，加百利·赫多尔。

89...

由于最前面一辆车的司机不是菲利普（线索1）和曼纽尔（线索3），并且也不是汉斯（线索4），因此一定是安东尼奥。这样根据线索5，红车在2号位置上，那么它的数字是15（线索2）。第4个位置上的车不是车牌号为27的黄车（线索1），它的车牌号也不是38(线索3)，排除法得出它的车牌号是9。我们知道它不是红色或黄色，也不是绿色（线索4），那只能是蓝色。剩下车牌号38的车是绿色的，但绿车不在3号位置（线索3），因此它是领先的安东尼奥的车，剩下3号车是带数字27的黄车。线索4现在告诉我们汉斯是2号红车的司机，线索1说明菲利普是4号蓝车的司机，剩下曼纽尔是3号黄车的司机。

答案：

1号位置：安东尼奥，绿色，38。

2号位置：汉斯，红色，15。

3号位置：曼纽尔，黄色，27。

4号位置：菲利普，蓝色，9。

90...

E	C	A	B	D
B	D	C	A	E
D	E	B	C	A
A	B	E	D	C
C	A	D	E	B

91...

罗斯的房子达到7层高（线索5），所以她不可能是叠出4层高房子的2号女孩（线索2）。线索4排除了她在3号位置用蓝色纸牌的可能，她也不是在4号位置（线索5），所以，罗斯坐在1号座位。我们已知夏洛特用的纸牌是绿色的（线索1），她不在位置1和3，因为2号女孩叠出4层楼，所以，夏洛特不可能是在4号位置（线索1），因此，她是在位置2，造出了4层楼的房子。因此，由线索1得出，5层楼的房子是由4号女孩建造的。留下用蓝色纸牌造的6层房子在位置3。综上，根据线索4，罗斯用的是红色的纸牌，剩下由黑色纸牌构成的在位置4的5层房子，它不是由安吉拉建造的（线索3），而是蒂娜造的。安吉拉坐在3号位置，持蓝色纸牌。

答案：

座位1：罗斯，红色，7层楼。

座位2：夏洛特，绿色，4层楼。

座位3：安吉拉，蓝色，6层楼。

座位4：蒂娜，黑色，5层楼。

92...

亨利排在队伍的第3个位子（线索3）。第4个位子排的不是珀西瓦尔（线索1），也不是马克斯（线索2），所以，一定是威洛比。威洛比买的是星期五晚上的票（线索4）。星期六晚上定在包厢座位的票不是珀西瓦尔买的（线索1），也不是亨利买的（线索3），用排除法得知买票的是马克斯。所以，马克斯不可能是排在第1位的（线索1），而是排在第2位，第1位排的是珀西瓦尔。因此据线索2可得，第3位是亨利，买的是剧院花楼的票。但不是星期四的演出（线索2），是星期三的。剩下珀西瓦尔买的是星期四的票，并根据线索3得出，是在正厅后排的座位。所以，威洛比星期五晚上的票是正厅前排的座位。

答案：

位置1：珀西瓦尔，星期四，正厅后排座位。

位置2：马克斯，星期六，包厢。

位置3：亨利，星期三，剧院花楼。

位置4：威洛比，星期五，正厅前排座位。

93...

思德·塔克坐在C位置（线索1），BBMU的人坐在D位置（线索4），所以来自UMBM，不是坐在B位置的雷·肖（线索5），一定是在A位置。现在根据线索2，代表ABM的6位成员的那个人不可能是坐在A或C位置，也排除了坐在D位置的可能，所以他是坐在B位置；同样根据线索2，阿尔夫·巴特一定是在D位置。综上，吉姆·诺克斯坐在B位置，思德·塔克代表BBT坐在C位置。所以BBT代表的不是7位成员（线索3），也不是4位（线索1），我们知道是吉姆·诺克斯代表有6位成员的ABM，所以BBT有3位成员。UMBM的雷·肖代表的人数比ABM的吉姆·诺克斯代表的少（线索5），所以UMBM一定有4位成员，而BBMU的阿尔夫·巴特代表的是7位成员。

答案：

位置A：雷·肖，UMBM，4。

位置B：吉姆·诺克斯，ABM，6。

位置C：思德·塔克，BBT，3。

位置D：阿尔夫·巴特，BBMU，7。

94...

“布鲁克林”是第一名（线索5），身穿红色和橘黄色衣服的骑师是第三名（线索4），由线索1排除了“矶鹬”得第二名和第四名的可能性，所以，它排在第三名。根据线索1得出，卢克·格兰费尔身着黑蓝两色，骑的是排在第四的马。已知“国王兰赛姆”是马文·盖尔骑的那匹马（线索2），排名不是第一、第三和第四，所以是第二名。剩下卢克·格兰费尔骑的马叫“蓝色闪电”。马文穿的不是粉色和白色（线索2），所以应是黄色和绿色。而粉色和白色是穿在胜利的骑师身上。得胜的不是杰姬·摩兰恩（线索3），而是科纳·欧博里恩。杰姬·摩兰恩的马是排在第三名的“矶鹬”。

答案：

第一名：“布鲁克林”，科纳·欧博里恩，粉色和白色。

第二名：“国王兰赛姆”，马文·盖尔，黄色和绿色。

第三名：“矶鹬”，杰姬·摩兰恩，红色和橘黄色。

第四名：“蓝色闪电”，卢克·格兰费尔，黑色和蓝色。

95...

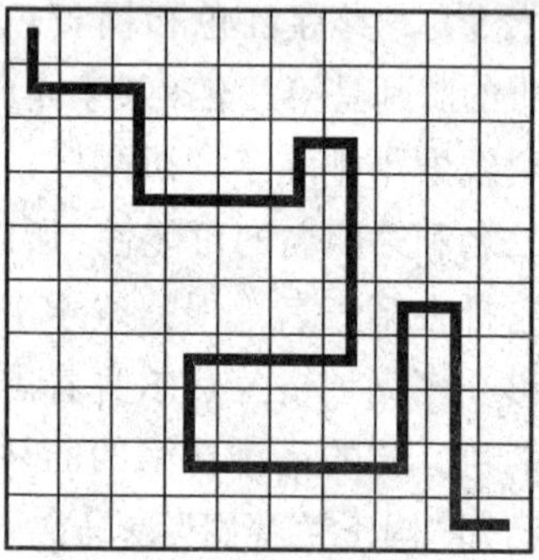

96...

肖特围着红色的围巾（线索2），伯妮斯·海恩的围巾不是黄色的（线索1），她也不是围着蓝色围巾的1号位置的溜冰者（线索1和4），所以她的围巾是绿色的，已知她不在1号位置，因为1号位置的人围着蓝色围巾，线索1同时也排除了她在2号位置的可能性，从线索3中得出她不可能在4号位置，所以伯妮斯·海恩在3号位置。因此从线索1得出，2号位置的溜冰者必定围着黄色围巾，而由线索3知道，路易丝一定是在4号位置，余下红色围巾由她围着，所以，她是肖特。杰姬不是2号溜冰者（线索5），她是1号溜冰者，2号是夏洛特。杰姬不姓劳恩（线索5），她姓特利尔，劳恩是夏洛特的姓。

答案：

位置1：杰姬·特利尔，蓝色。

位置2：夏洛特·劳恩，黄色。

位置3：伯妮斯·海恩，绿色。

位置4：路易丝·肖特，红色。

97...

戴夫在3号位置(线索5)，詹妮不可能是在4号位置（线索1），又因为2号位置骑的人是“迈德·海特”（线索3），线索1排除了1号位置是詹妮的可能，所以，詹妮是在2号位置，扮成“迈德·海特”。根据线索1，在3号位置的戴夫扮演的是“托德先生”。现在，由线索2得出，“诺德”一定是在1号位置,剩下“贝格尔斯”，即贝尔(线索4)，在4号位置。“诺德”不是基思扮演的（线索2)，所以他一定是莫尼卡扮的，而基思姓贝尔，扮的是“贝格尔斯”。莫尼卡不姓斯普埃克斯(线索2)，也不姓切诺(线索3)，所以她姓福克斯。最后，根据线索3，切诺不是扮成“迈德·海特”的詹妮，所以他是戴夫。詹妮姓斯普埃克斯。

答案：

1号：莫尼卡·福克斯，“诺德”。

2号：詹妮·斯普埃克斯，“迈德·海特”。

3号：戴夫· 切诺，“托德先生”。

4号：基思·贝尔，“贝格尔斯”。

98...

蓝色海湾镇拥有卡西诺赌场（线索4），巴瑞特一家人所住的小镇拥有宜人的海滩(线索2）。罗德斯一家人住在国王乡村中，但此处没有游艇港湾（线索1），所以它肯定是潜水中心。我们知道住在蓝色海湾镇上的家庭不是巴瑞特或者罗德斯一家，同时也不可能是沃德尔一家（线索4），所以它必定是莱斯特一家。因此，蓝色海湾镇位于B处(线索2)。D处小镇叫作白色沙滩（线索3）。在游艇港湾镇顺时针方向的下一站就是国王乡村镇（线索1），所以国王乡村镇不可能是C处小镇，它必然是A处小镇，剩下C处是纳尔逊镇。游艇港湾必定在白色沙滩镇上(线索1)，所以，用排除法可知，必定是沃德尔一家人住在白色沙滩镇上。那么巴瑞特一家人肯定在纳尔逊镇上，那里有宜人的海滩。

答案：

A镇：国王乡村，罗德斯，

潜水中心。

B 镇：蓝色海湾，莱斯特，卡西诺赌场。

C 镇：纳尔逊镇，巴瑞特，宜人海滩。

D 镇：白色沙滩，沃德尔，游艇港湾。

99...

因为 4 号窗口的顾客在购买一本邮票集锦（线索 4），3 号窗口的顾客在办理公路收费执照（线索 2）。路易斯在 3 号窗口办理业务（线索 3），那么亨利就在 1 号窗口工作。艾莉斯在 2 号窗口前提取养老金（线索 1）。用排除法可知，亨利必定在寄挂号信。所以，大卫必然在 2 号窗口工作（线索 5）。在亚当的窗口前办理业务的不是亨利（线索 2），所以迈根必然在 1 号窗口处工作，亚当在 4 号窗口处工作。从亚当那里购买邮票的不是玛格丽特（线索 4），他是丹尼尔，剩下在路易斯的窗口前办理公路收费执照的是玛格丽特。

答案：

1 号窗口：迈根，亨利，挂号信。

2 号窗口：大卫，艾莉斯，养老金。

3 号窗口：路易斯，玛格丽特，公路收费执照。

4 号窗口：亚当，丹尼尔，邮票集锦。

100...

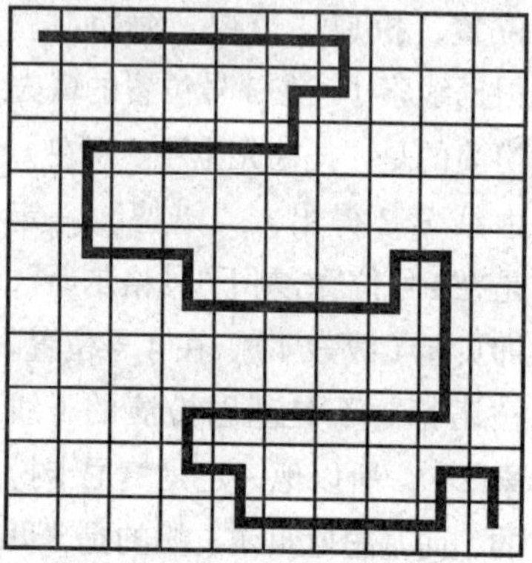

101...

D	B	E	C	A
C	A	D	B	E
B	D	A	E	C
E	C	B	A	D
A	E	C	D	B

102...

5B 班有 28 个学生（线索 3），3A 班的学生少于 30 个（线索5）。根据线索2，培根先生所教的30个学生不是1A班或2B班，所以是上地理课的4A班（线索4）。现在再由线索4得出，1A班有32个学生。而从线索3得知，海恩斯先生是在教室5给2B班上课的（线索2）。已知拉丁语课在教室4上（线索1），且不是培根先生或海恩斯先生教的，而线索1排除了汉森太太教的可能性，史宾克斯小姐教的是英语课（线索3），所以拉丁语课老师是伯尔先生。已知上拉丁语课的班级不是2B或4A班，也不是3A班（线索5），线索1排除了是1A班，所以伯尔先生是在教室4给5B班上拉丁语课的。根据线索1，汉森太太的课是给3A班上的，而史宾克斯小姐的英语课是给1A班上的。从线索2得知，历史课不是在教室1或5，所以一定是教室2。教室1是培根先生给4A班上地理课的教室（线索4）。综上所述得出，教室2的历史课是汉森太太给3A班上的。剩下海恩斯先生给2B班教数学。2B班不是29人（线索2），而是26人，29人的是3A班。

答案：

教室1：4A班，地理，培根先生，30人。

教室2：3A班，历史，汉森太太，29人。

教室3：1A班，英语，史宾克斯小姐，32人。

教室4：5B班，拉丁语，伯尔先生，28人。

教室5，2B班：数学，海恩斯先生，26人。

103...

梅勒妮母亲的作品不可能是A（线索2），也不是在索菲的旁边（线索5），而索菲的作品不是D（线索4），所以，梅勒妮母亲的作品不是B，而是C或D。而索菲的可能是A或B。索菲的女儿不是莎拉（线索1），当然也不可能是梅勒妮，因为哈里特母亲的作品一定是C或D（线索3），所以也不可能是哈里特，因此索菲的女儿是崔纱。米歇尔不是梅勒妮的母亲（线索1），她的女儿是哈里特，剩下梅勒妮是坦尼娅的女儿。D部分的主题不是艺术（线索2），不是物理教育（线索3），也不是人文学科（线索5），所以一定是科学技术。我们知道描述艺术类的那部分不可能是A作品，所以一定是B或C其中一个；而且另一个是描述物理教育的；因此A是有关人文学科的。关于艺术类的那部分作品不可能是坦尼娅负责的，也不是哈里特的母亲米歇尔的（线索2），所以必定是海伦或索菲的，因此它不可能是C作品。所以C是梅勒妮的母亲米歇尔的工作，它是有关物理教育方面的。因此，海伦的是B部分（线索3），索菲的是A部分，D部分是米歇尔的工作。

答案：

A部分：人文学科，索菲，崔纱。

B部分：艺术类，海伦，莎拉。

C部分：物理教育，坦尼娅，梅勒妮。

D部分：科学技术，米歇尔，哈里特。

104...

住在朴次茅斯的居民姓里得雷（线索4），而罗莎蒙德姓纳尔逊（线索5），所以不姓彼得斯（线索2），住在洛斯特的奥德丽一定是基思太太。奥德丽·基思没有接到8：30的电话（线索6），罗莎蒙德也没有（线索5），而伯妮斯接的是10：30的电话（线索3），所以一定是雪莉在8：30接到电话。所以9：30的电话是打到里丁的（线索1）。我们知道这不是打给雪莉或伯妮斯的，同时由于地域的限制也排除了是奥德丽的可能性，所以里丁的居住者一定是罗莎蒙德·纳尔逊。综上得出，奥德丽一定是11：30电话的接收者。而剑桥的居住者一定姓彼得斯，结合线索5可知，她是接到8：30电话的雪莉。剩下在10：30接到电话的伯妮斯，姓里得雷，住在朴次茅斯。

答案：

8：30：雪莉·彼得斯，剑桥。

9：30：罗莎蒙德·纳尔逊，里丁。

10：30：伯妮斯·里得雷，朴次茅斯。

11：30：奥德丽·基思，洛斯特。

105...

这个题的秘密就在于两只

手交叉时的位置。没有经验的人将两只手交叉时，手掌往往朝向身体，这样就会出现我们所描述的结果。要解决这个难题，要把右手的手掌向内转并把左手的手掌向外转，然后再抓住瓶塞。这样，两只手不仅不会相互交叉在一起反而会轻而易举地分开。

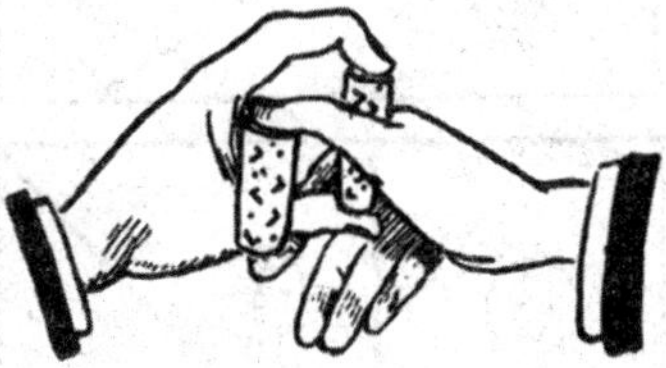

106...

这个问题的答案就是用分数来表示整数，比如$3\frac{3}{3}$，即等于偶数 4。其他例子：$9\frac{9}{9}$，即偶数 10；$7\frac{7}{7}$，即偶数 8。

107...

这位船长当然就是挪亚了。他的那艘巨轮装载了来自世界各地的动物，这些动物自然不是为了出售。因为没有陆地，所以他根本无须担心风向问题，所有的港口都被水淹没，他最希望的就是找到陆地将船停泊。

108...

移动的步骤如下：从 2 号到 3 号、从 8 号到 5 号、从 10 号到 7 号、从 3 号到 9 号、从 5 号到 2 号、从 7 号到 4 号、从 9 号到 6 号、从 4 号到 10 号、从 6 号到 8 号、从 1 号到 6 号、从 2 号到 4 号、从 6 号到 5 号、从 4 号到 3 号、从 10 号到 9 号、从 5 号到 7 号、从 3 号到 2 号、从 9 号到 1 号、从 7 号到 10 号。

109...

中间数字为：6。

5 + 6 + 7

9 + 6 + 3

10 + 6 + 2

11 + 6 + 1

8 + 6 + 4

如图所示：

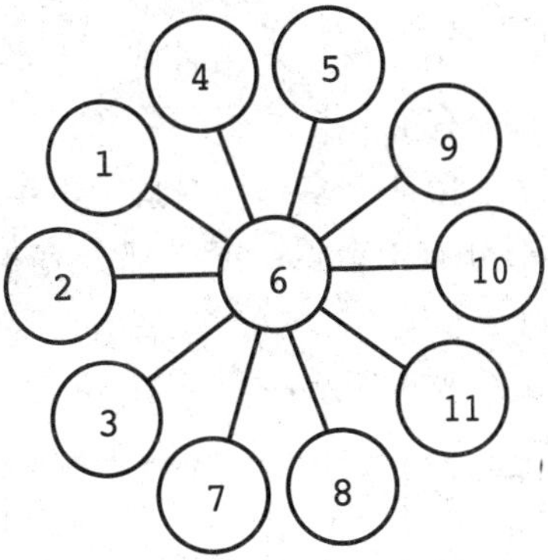

110...

这个题的解法有很多。下

面是其中一个：

111...

第 1 个多米诺骨牌：上半部分有 6 个点；下半部分有 4 个点。

第 2 个多米诺骨牌：上半部分有 1 个点；下半部分有 1 个点。

第 3 个多米诺骨牌：上半部分有 1 个点。

第 4 个多米诺骨牌：上半部分有 1 个点；下半部分有 4 个点。

如图所示：

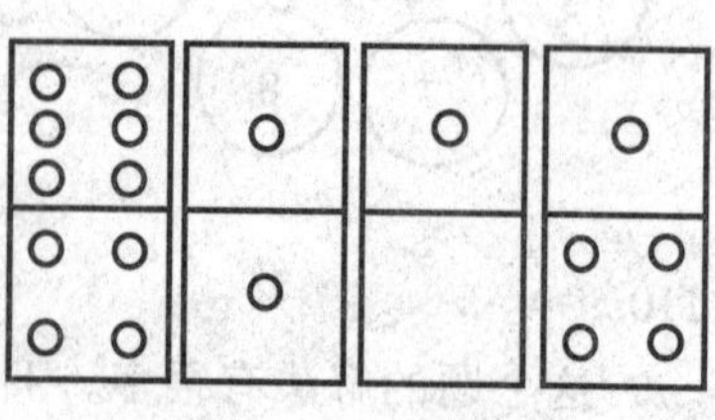

112...

答案如图所示：

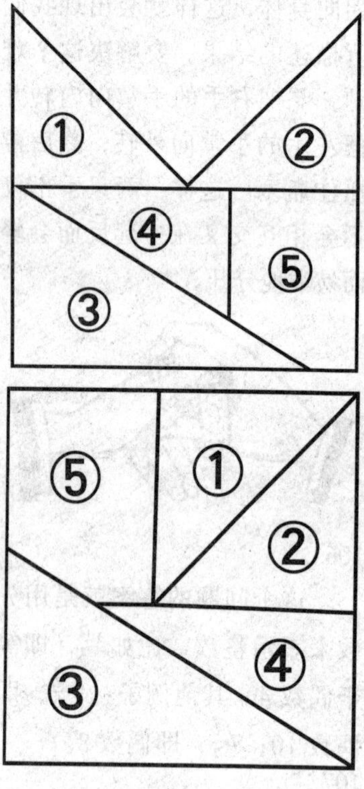

113...

答案如图所示：

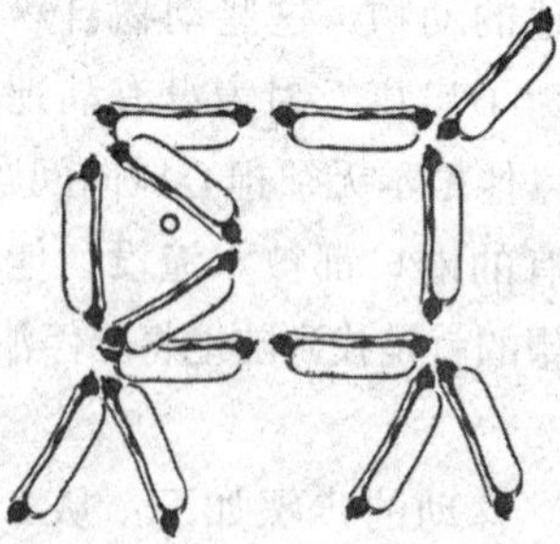

114...

在拿走玻璃杯之前，先把第二根火柴点着。然后，再用它点着支撑在两个玻璃杯之间的那根火柴；当这根也点着时，等一两秒钟，然后吹灭。稍等片刻，这根火柴就会熔贴在玻璃杯上。然后，你可以将另一侧的玻璃杯拿走，这时，这根火柴将会悬在空中。

115...

如果我们把这些火柴拼成一个直角三角形（如图所示），那么这个三角形的面积为 24 平方厘米（8 厘米 ×6 厘米 ÷2 = 24 平方厘米）。然后，按照图中的样子将 4 根火柴放进三角形内，这样，减去阴影部分的 12 平方厘米的面积，剩下就是一个面积为 12 平方厘米的区域。

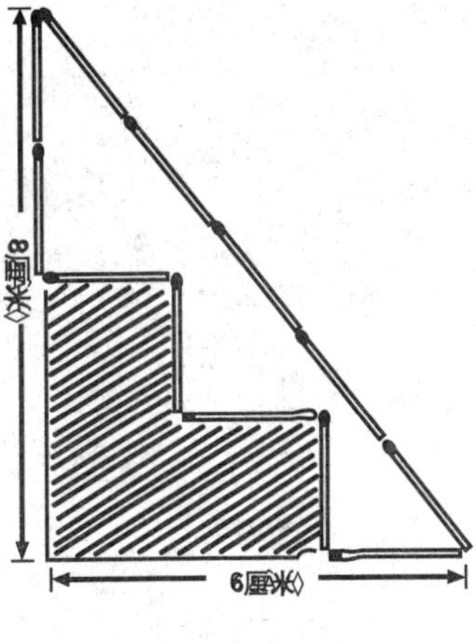

116...

这 22 步依次如下：10 号到 5 号、1 号到 8 号、11 号到 6 号、2 号到 9 号、12 号到 7 号、3 号到 4 号、5 号到 12 号、8 号到 3 号、6 号到 1 号、9 号到 10 号、7 号到 6 号、4 号到 9 号、12 号到 7 号、3 号到 4 号、1 号到 8 号、10 号到 5 号、6 号到 1 号、9 号到 10 号、7 号到 2 号、4 号到 11 号、8 号到 3 号、5 号到 12 号。

117...

我们知道，可以排列的最多的偶数行列数是 16。图中就是所要画出的棋盘。你也可以把筹码放在与之不同的地方，但是结果要保持一致。

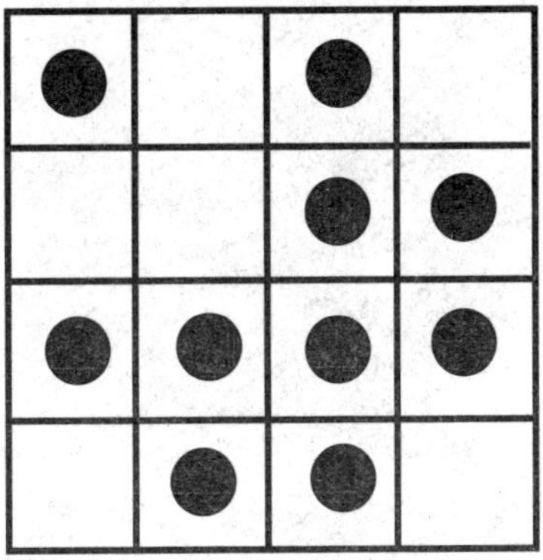

118...

将水缓缓倒入玻璃杯，直

到水平面几乎超出杯口。如果你小心操作的话，液体的表面张力会使水稍稍凸起。这样，瓶塞便会向上“漂”直到杯子的中央并停留在那里。

119...

答案如图所示：

第一步

第二步

第三步

第四步

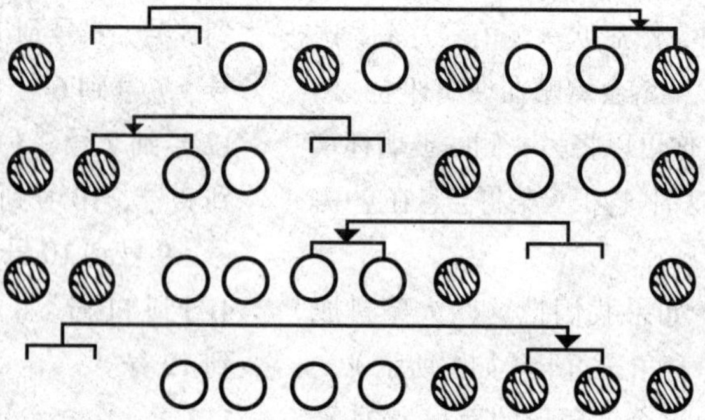

120...

$$\begin{array}{r} 96233 \\ +\ 62513 \\ \hline 158746 \end{array}$$

越练越聪明

超级记忆术